le Monde Végétal

FLEURS PLANTES FRUITS

etc

Aquarelles et Dessins

G. FRAIPONT

E. FLAMMARION Editeur PARIS

LE MONDE VÉGÉTAL

Fleurs
Plantes
Fruits

OUVRAGES DU MÊME AUTEUR

Texte et Illustrations

Les Montagnes de France. LES VOSGES . . . . 1 vol.

— — **LE JURA** (Ouvrage couronné par l'Académie française) . . . . 1 vol.

L'ÉVENTAIL. — L'ÉCRAN. — LE PARAVENT, avec aquarelles de l'auteur. . . . . 1 vol.

LA PLANTE dans la Nature et la Décoration, avec aquarelles de l'auteur. . . . . 1 vol.

L'Art de prendre un croquis . . . . 1 vol.

L'Art de peindre à l'aquarelle. . . . . 1 vol.

L'Art d'utiliser ses connaissances en dessins. . . . . 1 vol.

57 756. — Imprimerie Lahure, rue de Fleurus, 9, à Paris.

LE MONDE VÉGÉTAL

Texte, Dessins et Aquarelles

DE

G. FRAIPONT

Avec une Préface par ANDRÉ THEURIET

DE L'ACADÉMIE FRANÇAISE

PARIS
ERNEST FLAMMARION, ÉDITEUR
RUE RACINE, 26, PRÈS L'ODÉON

A

Mes Chères Sœurs

TÉMOIGNAGE DE PROFONDE AFFECTION

G. FRAIPONT

AVANT-PROPOS

La fleur! — le mot seul, par sa structure et sa sonorité, a je ne sais quelle vertu suggestive. — Il évoque la grâce et l'éclat du bouton prêt à s'épanouir à l'extrémité de la tige qu'il fait mollement ployer. C'est surtout aux fleurs qu'on peut appliquer ce vers du poète Ronsard :

> Doux miracles de la Nature!

Elles sont l'enchantement de la terre; elles la décorent en toute saison d'une parure délicate et frêle, dont les formes et les nuances se renouvellent sans cesse. Et elles sont aussi la joie et la consolation des créatures; elles nous prodiguent la fête de leurs couleurs, l'enivrement de leurs parfums; même après leur mort, elles ont le don de guérir les souffrances humaines. Je connais des gens qui demeurent insensibles devant un paysage, qui n'aiment pas la poésie ou qui sont rebelles aux beautés de la musique; je n'en connais guère qui ne soient touchés par la grâce des fleurs. Pour ma part, j'ai été attiré vers elles dès les premières saisons de ma petite enfance et je me rappelle encore avec attendrissement le coin de l'enclos paternel où j'ai été initié aux mystères de la vie des plantes.

Dans cet antique jardin, je prenais instinctivement plaisir à épier, aux jours de dégel, l'éclosion des *oreilles d'ours* veloutées, qui bordaient les parterres. Elles alternaient dans nos plates-bandes avec les primevères blanches et roses, et c'est là que je reçus, un matin, ma première leçon de botanique. Elle me fut donnée par une vieille grand'tante qui avait « des clartés de tout » et qui ne dédaignait pas de répondre aux interrogations posées sans relâche par un petit-neveu singulièrement questionneur. Ce matin-là, j'étais préoccupé de savoir d'où venait le miel dont on avait tartiné le pain de mon déjeuner. « Comment fait-on le miel, grand'tante? — Ce sont les abeilles qui le fabriquent. — Avec quoi? — Avec du sucre qu'elles vont chercher dans les fleurs. — Ah ! il y a du sucre dans les fleurs!... » Cette découverte réjouissait ma gourmandise. « Oui », répondit la tante. Elle se baissa, cueillit une primevère, enleva délicatement la corolle, et me posant le pistil humide et vert sur les lèvres : « Goûte », ajouta-t-elle. Et j'y goûtai, et je trouvai qu'effectivement cela avait une légère saveur sucrée. Alors la bonne femme cueillit une seconde primevère et m'expliqua la fonction des étamines, le pollen tombant en poudre d'or sur le pistil imbibé de suc, et par une métamorphose vraiment féerique, la fleur se changeant en fruit. Pour compléter la démonstration, elle m'ouvrit la capsule d'un pavot défleuri et me montra les milliers de petites graines qui y dormaient encore. En même temps, dans mon cerveau, des semences nouvelles germèrent tout à coup, et, mieux que dans le texte de mon *Histoire sainte*, je compris le mot de Dieu à Abraham : « Ta postérité sera aussi nombreuse que les étoiles du ciel ». Quoi d'étonnant, puisque dans cette seule tête de pavot il y avait assez de graines pour ensemencer trois ou quatre jardins comme celui de la grand'tante!

A partir de cette matinée, je me passionnai pour l'étude des plantes et, je le déclare, je n'ai jamais regretté un seul des moments passés dans leur intimité. Elles m'ont révélé de curieux mystères, elles m'ont donné de paisibles joies et elles m'ont aidé à supporter de mauvais quarts d'heure. Dès le mois de mars, quand la terre commence à devenir molle et à verdir, je faisais volontiers l'école buissonnière et je m'en allais à travers les prés à demi inondés, ou au long des lisières de bois, assister à l'éclosion des hâtives floraisons du printemps. Les daphnés ouvraient leurs étoiles roses sur les rameaux encore sans feuilles; les prunelliers éparpillaient leur neige blanche parmi les branches toutes noires, les cornouillers semaient d'une poudre d'or leurs tiges rougissantes, et je ressentais une sorte de griserie en aspirant la pénétrante odeur de la sève montante et des fleurs nouvelles.

Ces premières fleurs de la saison — primevères, anémones sauvages, hyacinthes et muguets des bois — me sont doublement chères; d'abord parce qu'elles annoncent la fuite de l'hiver, et puis parce qu'elles me parlent des jours d'autrefois, de ces heures enfantines où je vivais tout près de la terre, et pour ainsi dire de pair à compagnon avec les plantes qui germent obscurément dans son sein. Notre amour de la nature ne serait que la vague satisfaction des animaux vautrés en plein air, s'il ne s'y mêlait un autre sentiment plus subtil et plus élevé : le souvenir des joies que nous a données un commerce familier avec les choses de la terre, lorsque nous étions petits. En revoyant ces primevères dorées dont nous faisions des balles odorantes et dont nous sucions les corolles mielleuses; en écoutant les sifflets des merles, en respirant la fraîche haleine des violettes, nous retrouvons en nous les impressions lointaines du premier âge ; nous revoyons le soleil, nous resavourons les parfums de nos premières années, et cela suffit pour transformer une vague sensation de bien-être en un amour réfléchi et profond de la nature.

Ces impressions d'odeurs printanières, de terre mouillée et de forêts fleuries, un livre vient de me les rendre avec une rare intensité et un charme infini ; c'est l'ouvrage de M. G. Fraipont, intitulé *Fleurs, Plantes et Fruits*. En lisant les bonnes feuilles de ce beau livre, édité avec luxe par la maison Ernest Flammarion, j'ai entendu avec émotion chanter les voix d'or de mes années d'adolescence et de prime jeunesse, et j'ai revu les chemins des prairies et des forêts lorraines où je vagabondais jadis joyeusement en quête de fleurs sauvages.

M. G. Fraipont a, comme disait Musset, « un gentil brin de plume à son crayon ». Il n'en est pas à ses débuts comme écrivain ; il a déjà publié des études sur les Montagnes de France et des Souvenirs de voyages *en Franche-Comté*, dans le *Jura* et dans les *Vosges*, où de savoureux dessins se marient harmonieusement à un texte plein d'humour, de fantaisie et de naturel. C'est un artiste et un lettré; c'est aussi un fervent ami de la nature. Il a familièrement vécu en compagnie des plantes des jardins et des bois; il les décrit, non point en savant, mais en amoureux. Il n'a pas prétendu faire un livre de science; avec une candide franchise, il avoue qu'il a cherché « plutôt à voir qu'à savoir », et il explique comment il entend parler du monde végétal : « Je ferai de mon mieux et je chercherai à dire tant bien que mal sur les plantes ce que je sais d'elles, ce que j'ai appris de leur histoire; j'en tracerai les figures; puis, consultant les horticulteurs et les savants, je demanderai aux uns quand, comment on les sème; aux autres, comment germent les graines, comment se comportent les racines, comment grandissent les tiges. »

Ce programme, M. G. Fraipont l'a fort heureusement exécuté. Après avoir exposé avec beaucoup de clarté et de précision les notions scientifiques indispensables sur la vie et la structure de la plante, sur la formation de la racine, de la tige, de la feuille et de la fleur, il est entré dans le plein de son sujet et a établi une ingénieuse classification qui lui permet de parler des fleurs au fur et à mesure qu'il les rencontre dans ses promenades. Il étudie d'abord les plantes sauvages des *chemins et des sentiers*, puis celles des *champs et des prés*, enfin celles des *forêts*. Ces excursions à travers les monts et la plaine lui fournissent d'amples sujets d'observations, de réflexions, de digressions amusantes. Mais ce qui aide encore à l'intérêt du texte, c'est que chaque page est illustrée, éclairée par des dessins originaux : — paysages, études de fleurs et de fruits — qui donnent une vie, une diversité, une couleur inappréciables aux descriptions de l'auteur.

M. G. Fraipont ne s'en est point tenu là. Après avoir raconté en artiste et en humoriste les mœurs originales des plantes des champs, des eaux et des bois, il nous ouvre comme un écrin merveilleux le trésor des histoires et des légendes qui sont écloses dans les imaginations humaines, à propos des végétaux les plus connus.

Enfin il nous énumère les propriétés médicamenteuses, gastronomiques, industrielles des principales espèces. Car les plantes ne sont pas seulement une fête pour les yeux; elles servent aussi à nous guérir, à nous habiller, à nous alimenter. Elles nous donnent leurs sucs, leurs fruits et leurs parfums.

Elles sont les grandes nourricières des hommes et des bêtes et elles sont pour l'esprit des sources d'éternelle beauté. Elles nous comblent de bienfaits; elles nous réjouissent en toute saison. Aucune créature ne nous chante plus éloquemment l'hymne de vie que ces plantes épanouies, dont la floraison ne chôme pas un jour de l'année. Quand les chrysanthèmes ont célébré en chœur le déclin de l'automne, les romarins et les perce-neige murmurent discrètement la chanson de l'hiver. Les ajoncs d'or s'ouvrent dès la fin de janvier; les chatons des noisetiers fleurissent à la Chandeleur; et les anémones, les violettes, les jolis-bois embaument les feuilles sèches au milieu des giboulées de mars. Les fleurs sont l'enchantement des sombres jours de neige et des radieuses journées d'été. Ceux qui, comme M. G. Fraipont, nous les font mieux connaître et mieux aimer, ont bien mérité des artistes et du public.

André Theuriet,
de l'Académie française.

1er décembre 1899.

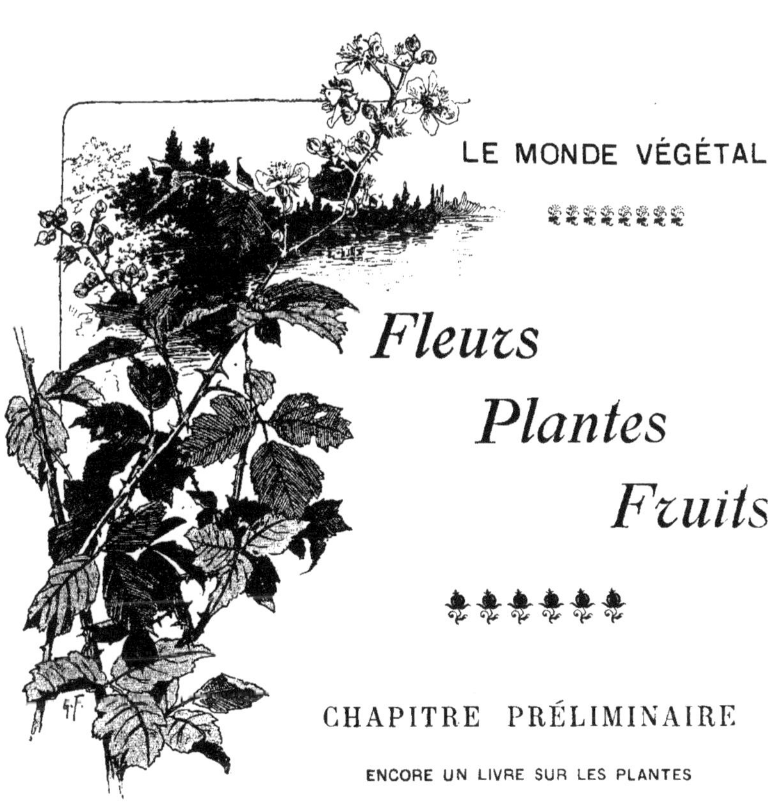

LE MONDE VÉGÉTAL

Fleurs Plantes Fruits

CHAPITRE PRÉLIMINAIRE

ENCORE UN LIVRE SUR LES PLANTES

Encore un livre sur les plantes?... Mais c'est fastidieux!...

Encore parler des roses de nos jardins, des églantines de nos bois! — Encore décrire la violette, précurseur du printemps, effeuiller le chrysanthème, mélancolique avant-coureur de l'hiver! Aller se piquer aux ronces du chemin ou s'agacer l'épiderme aux orties des fossés!

Encore se servir de mots barbares — (régal des savants, désespoir de ceux qui ne le sont pas) —, pour désigner les unes ou les autres alors qu'il serait si simple d'appeler « rose » la rose, comme on appelle chat un chat.

A tous vos noms scientifiques, — noms ronflants écorchant les oreilles qui les entendent et les bouches qui les prononcent, — croyez-vous que je ne préfère pas cent fois les noms poétiques inspirés par les formes ou les habitudes de la fleur? Ils se comprennent au moins! Vous voudriez peut-être m'amener à dire doctoralement : *Lonicera caprifolium* et *Delphinium consolida* quand je veux vous désigner le chèvrefeuille ou le pied-d'alouette?...

Serviteur, cher Monsieur!

Quand, aux premiers beaux jours, je vais par les chemins, aux lisières des grands bois, braver les piquants de quelque branche parfumée d'aubépine dont je veux faire hommage à.... à qui je sais, c'est bien de l'aubépine que j'entends rapporter et non du *Cratægus oxyacantha.* — Quand, à deux, nous courons par les blés à la recherche de ces étoiles couleur du ciel que nous nommons bluets, c'est bien du bluet que je veux piquer dans de souples cheveux blonds et non des *Centaurea cyanus.*

... « Permettez, Madame, qu'à vos pieds je dépose ce *Callistephus* que je viens de cueillir à votre intention.... » Jolie façon de dire, vraiment, qu'on offre une reine-marguerite.

Et les poètes! les voyez-vous « botanisant » dans leurs vers les noms des fleurs qu'ils chantent!...

Voyez-vous Joachim du Bellay offrant ainsi son bouquet?...

J'offre ces violæ odoratæ
Ces lilia candida et ces fleurettes
Et ces rosæ caninæ icy
Ces vermeillettes rosæ caninæ
Tout fraischement écloses
Et ces dianthi carophylli aussi!

« Ah! qu'en termes galants ces choses-là sont dites!... »

Et vos savants ne se contentent pas d'affubler ainsi d'aimables et jolies fleurs, de fouiller le latin jusque dans ses profondeurs pour y déterrer ces noms de baptême qui font leur orgueil, mais encore ils explorent les racines grecques pour y rechercher des noms affreux aux maladies dont les plantes ne sont pas plus exemptes que nous, et les rendent ainsi plus effrayantes encore :

Ce végétal dont les feuilles se crispent est atteint de *phyllorrhyssème....* et si elle les perd, c'est que sa maladie se complique de *carpoptosie.*

... Il est bien rachitique cet arbre aux rameaux recroquevillés, noués, tortueux, évidemment c'est un *stéléchorriphisique.*

... Hum! faites attention à celui-là, il croît avec une rapidité foudroyante, cela n'est pas naturel, il lui faut des soins, car il présente tous les symptômes de la *sphygosapanthésie!*

Aristote lui-même y eût perdu son grec et vous voudriez que nous y retrouvions le nôtre?...

Et vous vous figurez que nous allons vous suivre; que pour faire montre devant nous d'un savoir que vous ne possédez pas plus que nous peut-être, vous allez nous faire errer par les champs, les bois, les prés, traverser des gués, sauter des ruisseaux, braver la boue, la poussière à la recherche de quelque plante devant laquelle vous nous arrêterez et nous ferez des discours à faire bayer tous les saints du paradis!... Vous croyez que patiemment nous écouterons vos cours de botanique, de botanographie, que nous vous laisserons sans protester donner des leçons de *morphologie végétale*, d'*organogénie*, de *phytonogénie*, de *toxologie*, que sais-je?...

— Les voilà derechef, les mots barbares!...

Et d'abord, tout cela est vieux comme le monde. Nous voulons des sujets *nouveau siècle*, de l'inattendu, du suggestif, de l'étrange, au besoin de l'horrible!... Nous voulons être émotionnés, remués, nous voulons des sensations neuves, nous voulons rire ou pleurer, frissonner...

Tous ces sentiments, vos endormantes histoires sur les plantes sont incapables de nous faire éprouver! Et puis, vous êtes bien osé, en vérité!... Mais vous êtes un fat! Parler de la plante après tant de savants, de philosophes, de gens d'esprit!...

Non, non! Rengainez votre plume avant de l'avoir plongée dans votre encrier, bouchez celui-ci, remettez dans votre pupitre vos feuillets immaculés et laissez-nous tranquilles. — Si nous voulons respirer le parfum de la rose ou effeuiller les pétales de la marguerite, si nous voulons cueillir la cerise ou croquer la noisette, point n'est besoin de vous!

*
* *

Tel est le discours que je m'adressai à moi-même, — me figurant l'adresser à un autre, — lorsque l'idée me vint de bavarder encore sur la plante. J'allais suivre mon conseil et me promener, lorsque, jetant les yeux au dehors pour voir s'il faisait temps à canne ou temps à parapluie, je vis dans le jardin voisin des lilas croulant sous le poids des grappes mauves, lilas secoués par un vent léger apportant jusqu'à moi leur parfum exquis!...

Il faut un rien pour faire girouetter les idées, surtout lorsque ces idées, caressées depuis longtemps, ne sont qu'à regret abandonnées!... Adieu mon discours, adieu ma belle résolution de regarder, d'admirer la fleur sans en rien dire... je me sens de nouveau piqué par ma tarentule!... Je me figure, prétentieusement, que les saluts des lilas, et l'envoi de leurs parfums sont une invite à parler d'eux et m'y voilà!...

Je me ressasse mon discours mais je le discute point à point : Je me dis qu'après tout, si je parle de la rose, de l'églantine, du chardon, de l'ortie, c'est pour la satisfaction personnelle de m'entretenir avec des êtres que j'aime de tout mon cœur et tout autant les uns que les autres, car si la rose est superbe, si son odeur est pénétrante, la ronce n'est point à dédaigner non plus et son allure de bohémienne a son charme comme les manières de grande dame de sa voisine! — Si la femme du monde est exquise, la fille des champs a bien son attrait. Après avoir courtisé l'une, je puis fort bien conter fleurette à l'autre, d'autant que mes intentions sont pures et mes discours fort platoniques.

Vous avez peur des noms barbares? Rassurez-vous, j'éviterai ces vilains noms le plus souvent possible.

Vous ne voulez pas braver avec moi la boue des marécages où poussent les roseaux et les nénuphars, ni la poussière des chemins où vagabondent les genêts et les chardons?... Bien, j'irai seul.

Quant aux dissertations sur des matières que pompeusement on nomme *organogénie*, *phytogénésie*, que sais-je? n'ayez nulle crainte, ce serait me demander l'impossible; quand j'aborderai ces sujets, ce sera en m'appuyant sur des noms autorisés et lorsque ce sera indispensable.

Ceci est une réponse au reproche que vous me faites d'être un fat en osant aborder un sujet si bien traité par tant d'autres!... — Vous ne vous figurez pas, je pense, que je vais jouer au Linné, au Jussieu!

*
* *

Tous les auteurs qui ont écrit sur la plante, tous ceux qui l'ont étudiée, l'ont considérée à un point de vue particulier; beaucoup d'entre eux ont aimé la plante pour l'enseignement qu'elle renferme, enseignement scientifique, enseignement physiologique, enseignement philosophique; d'autres aiment la plante pour elle-même, ils admirent ses formes merveilleuses, se laissent éblouir par ses couleurs chatoyantes et respirent avec délices ses parfums exquis.

« Il y a plusieurs façons d'aimer les fleurs, a dit A. Karr. Les savants les aplatissent, les dessèchent et les enterrent dans des cimetières appelés herbiers, puis ils mettent au-dessous de prétentieuses épitaphes en langage barbare!

« Les *amateurs* n'aiment que les fleurs rares et les aiment non pas pour les voir et les respirer, mais pour les montrer; leurs jouissances consistent beaucoup moins à avoir certaines fleurs qu'à savoir que d'autres ne les ont pas.

« Mais il est d'autres gens plus heureux — qui aiment toutes les fleurs; ceux-ci doivent aux fleurs les plus pures et les plus certaines jouissances! »

Je suis de ceux-là, et j'aime non seulement les fleurs, mais les plantes, même celles qui ne fleurissent point ou dont la fleur tout au moins ne constitue pas le principal ornement.

C'est en « botanique » surtout que l'éclectisme est de saison, car toute plante est belle ou jolie, beauté ou grâce de caractères différents, mais beauté néanmoins. Il est évident que la rose, — je cite celle-là en premier puisqu'elle est dénommée *reine des fleurs* et que, hiérarchiquement, c'est devant une majesté qu'on se doit d'abord incliner, — il est évident, dis-je, que la beauté de la rose est d'un tout autre genre que la beauté du coquelicot, ce gavroche des champs.

Tandis que toujours correctement corsetée, haute sur sa tige, la reine a cent toilettes à sa disposition, arbore ici la robe rose, là, la robe incarnat, troque sa parure crème contre des atours d'un jaune d'or, notre prolétaire coquelicot garde toujours son vêtement rouge qu'il endosse tant bien que mal; peu lui importe d'être quelque peu dépenaillé, de laisser ici traîner un bout d'étoffe et de voir son veston faire un pli; il n'en a pas moins son « chic » particulier et son allure gouailleuse n'est pas faite pour déplaire.... Évidemment, voilà deux fleurs bien différentes, mais la grande beauté de l'une ne nuit en rien au charme de l'autre.

Qu'il s'agisse de fleurs cultivées ou de fleurs sauvages, la grâce reste leur apanage et, ma foi, je ne sais trop si celles-ci ne sont pas au moins aussi attrayantes que celles-là!

Mais c'est la plante bien en vie que j'aime et non point enfermée entre deux feuillets de buvard comme une tranche de jambon dans son sandwich!

Utile, l'herbier, certes, à quiconque veut étudier ou collectionner! Mais comme elles sont tristes ces plantes momifiées, sèches, ayant perdu formes et couleurs; fripées, recroquevillées, desséchées, un léger attouchement les réduit en poussière.

La plante en herbier, c'est l'oiseau empaillé; la fleur en bouquet, c'est l'oiseau en cage. Combien plus charmants ils étaient l'un et l'autre lorsqu'au grand air, libres, heureux, ils croissaient à leur guise, l'oiseau égrenant sa chanson, la fleur exhalant son parfum!...

Liberté! Cette belle chose à laquelle nous aspirons tous sans pouvoir jamais l'atteindre entièrement. Liberté! bonheur de la plante comme de l'homme, du poisson comme de l'oiseau, seul bien, en somme, renfermant tous les autres?... Mais il n'y a pas seulement que la liberté compromise par l'égoïsme d'autrui; la santé, la vie même sont amoindries ou sapées dans leurs sources....

Si le savant emprisonne, dissèque, fait souffrir les pauvres végétaux, c'est par amour de la science. Comme tous nous profitons de cette science, nous ne pouvons que l'en remercier.

Cherchant plus à « voir » qu'à savoir, le peintre s'inquiète peu, lui, de la vie intime de la plante. Si un feuillage est de formes élégantes et de couleurs harmonieuses, cela lui suffit; foin du scalpel et du bistouri, ses armes sont moins terribles.

Le savant veut « connaître » la plante, le peintre veut « l'apprendre ». L'un cherche à voir ce qui ne se voit pas, l'autre regarde ce qui se voit.

Puis voici venir l'horticulteur; il considère la plante à un autre point de vue encore; il ne la découpe ni ne l'anatomise comme le savant; s'il l'aime comme l'artiste, ce sentiment chez lui n'est pas exclusif, il s'occupe avant tout de l'élever, de l'éduquer...

Cette éducation est raisonnée, mais ne dépasse-t-elle pas quelquefois son but, et à force de vouloir bien faire n'arrive-t-elle pas, dans certains cas, à produire non seulement des phénomènes, mais des monstres?...

De tout cela, nous causerons plus tard, voulez-vous?

Pour l'instant, je voudrais être à la fois et savant et artiste et horticulteur, ou réunissant les trois en un seul, être un artiste-savant-horticulteur!

Je pourrais alors traiter de la plante comme je le désirerais si vivement : la considérer à tous les points de vue, la regarder sous tous ses aspects ; Dieu sait s'ils sont divers! En rechercher tous les emplois, dévoiler toutes les allégories qu'elles cachent, découvrir toutes les légendes qu'elles ont inspirées!...

Enfin!... je ferai de mon mieux et je chercherai à dire tant bien que mal sur les plantes ce que je sais d'elles, ce que j'ai appris de leur histoire; j'en tracerai les figures; puis, consultant les horticul-

teurs et les savants, je demanderai aux uns quand, comment on les sème, on les plante, on les élève; aux autres comment germent les graines, comment se comportent les racines, comment grandissent les tiges.

Je tâcherai qu'il y en ait un peu pour tous les goûts et que tous ceux qui s'intéressent à la plante, à quelque point de vue que ce soit, trouvent au moins ici à glaner quelque chose.

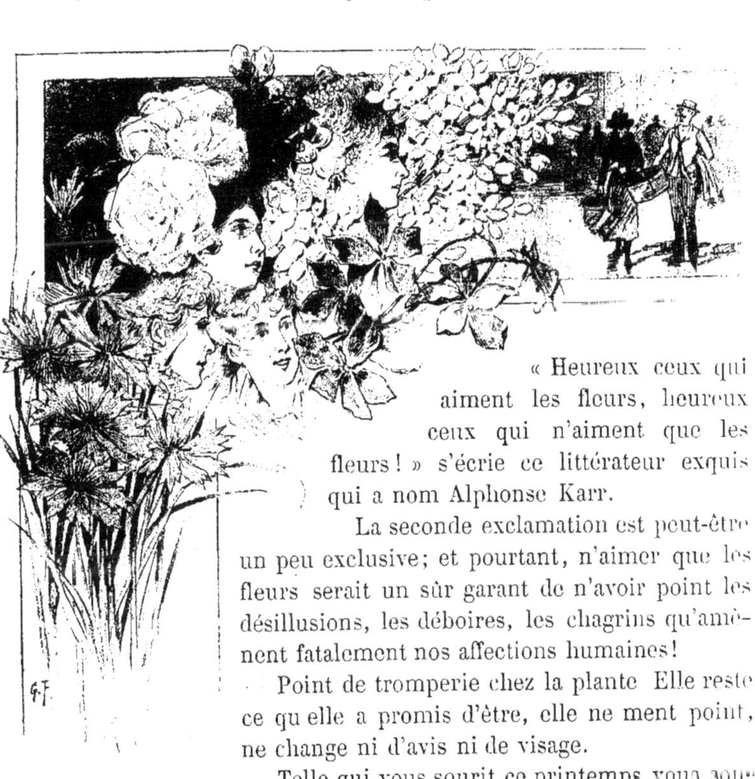

« Heureux ceux qui aiment les fleurs, heureux ceux qui n'aiment que les fleurs! » s'écrie ce littérateur exquis qui a nom Alphonse Karr.

La seconde exclamation est peut-être un peu exclusive; et pourtant, n'aimer que les fleurs serait un sûr garant de n'avoir point les désillusions, les déboires, les chagrins qu'amènent fatalement nos affections humaines!

Point de tromperie chez la plante Elle reste ce qu elle a promis d'être, elle ne ment point, ne change ni d'avis ni de visage.

Telle qui vous sourit ce printemps vous sourira l'an prochain. Celle qui vous grisa aujourd'hui de son délicat parfum ne se transformera pas en un poison subtil qui vous tuera demain. Ses promesses ne deviendront point des trahisons et si elle veut piquer, d'avance elle vous montrera ses piquants. C'est à vous à ne pas la brusquer; si vous la traitez délicatement, si vous l'aimez, elle vous accordera toutes ses faveurs sans vous les reprocher jamais.

Que vous soyiez riche ou pauvre elle acceptera également vos hommages. Son haleine exquise ou enivrante embaumera tout aussi bien le pauvre gueux que le grand seigneur.

La plante est à la portée de tous : Jenny l'ouvrière s'offrira l'humble violette, le modeste réséda; la grande dame le lilas blanc ou la délicate orchidée. L'une sera aussi bien partagée que l'autre.

Le gardénia qui orne la boutonnière du gommeux n'est pas plus joli que la touffe de muguet qui garnit le corsage du trottin.

Le bluet que Lisette a glissé entre les boucles de ses cheveux blonds sied aussi bien à sa frimousse rieuse que le camélia au fier visage de Marguerite Gautier!...

*
* *

Bijoux, pierreries, tableaux, objets d'art, tout cela n'est à la portée que des privilégiés.

Fleurettes aux jolies couleurs, feuillages aux gracieux contours, boutons d'or, pâquerettes, aubépines sont à la portée de tous.

Qui ne possède point de fleurs peut en jouir quand même : Jardins publics, marchés, modestes voiturettes des marchandes de quatre saisons en foisonnent. Si ce sont des plantes « précieuses » que par aventure vous voulez voir et dont vous désirez respirer le parfum, les fleuristes sont là... La vue en est permise, les narines peuvent humer à l'aise. Ce pauvre diable, amateur de fleurs rares, peut se rassasier les yeux et l'odorat, tandis que cet autre, qui aspire à plein nez les fumets de cette cuisine de grand restaurant, ne fera qu'aiguiser son appétit! L'un rentrera satisfait, l'autre le ventre creux!

Mais les fleurs rares, extraordinaires, ne sont pas les plus belles, tant s'en faut, certaines même deviennent affreuses à force d'être étranges; le chrysanthème, par exemple, cette ravissante, bien qu'un peu triste fleur dont les couleurs sont si variées et les formes si jolies, a été depuis quelques années tellement perfectionné, trituré, tiraillé en tous sens, allongé, grossi, qu'il en est devenu tout bête... en tous cas, horrible à voir! Ce n'est plus maintenant une lutte de beauté, de grâce, de coloris, c'est devenu un concours de grosseur. C'est la fleur « cent kilos »! — Drôle, original peut-être ce record au poids, mais gracieux?... Oh non!

Ces fleurs (je parle des chrysanthèmes) me causèrent dernièrement une singulière méprise. Je passais à quelques pas d'une vitrine où s'étalait un amas de choses diverses dont tout d'abord je ne m'expliquai pas la nature. Dans un angle gisait un amoncellement de grosses sphères jaunes, dans l'angle opposé, des écheveaux de bandelettes blanches... Ma vue défectueuse aidant, je pris les unes pour des éponges et les autres pour des nouilles. Je serais passé outre si l'assemblage de ces deux « articles » différents dans une même officine ne m'avait semblé particulièrement étrange. Des objets de toilette et des comestibles réunis!... Bizarre! — Je m'approchai et ce ne fut que de tout près que je reconnus dans mes éponges de volumineux chrysanthèmes jaunes, dans mes nouilles des chrysanthèmes échevelés d'un blanc laiteux.

A quoi bon être fleur, si c'est pour n'en pas avoir l'air?...

Je jure que je n'invente rien et que mon histoire n'est point exagérée.

Vous aurez beau dire et beau faire, vous ne ferez jamais mieux que la nature, messieurs les « perfectionneurs!... »

N'allez point surtout, vous qui me faites la grâce de me lire, me prendre pour un personnage arriéré; « un poncif!... » Que non pas! J'admets très bien et je suis même fort heureux, pour votre plaisir et pour le mien, qu'on cultive, qu'on guide et qu'on améliore la plante, qu'en croisant les races entre elles, on produise des sujets nouveaux!

J'applaudis à cela de toutes mes forces; mais, ce que je ne puis digérer, c'est qu'on défigure, qu'on déforme, qu'on rende monstrueuses de pauvres plantes qui ne vous ont point fait de mal, qui ne demandent qu'à vivre tranquilles, jolies et séduisantes comme leurs ancêtres!...

Au reste, j'ai peut-être tort de blâmer ainsi ce que d'autres approuvent! J'oublie, me semble-t-il, que mon bavardage voudrait s'adresser à tous; or, dans *tous* il y en a évidemment, au moins quelques-uns, qui adorent la plante... « perfectionnée » comme les Japonais adorent les végétaux baroques, arbres que la nature voulaient vigoureux et qu'ils empêchent de grandir, qu'ils recroquevillent, enferment dans des pots, taillent, rognent et rendent ainsi tordus, tortillés, bossus, vrais Quasimodos végétaux, alors qu'ils devraient s'élever hauts et droits... Tous les goûts sont dans la nature.

*
* *

Il en est de la fleur comme du reste. Par snobisme, souvent par plaisir de contradiction, pour se donner des airs originaux ou connaisseurs, certaines gens (j'en connais, et vous aussi, n'est-ce pas?) admirent, portent au pinacle des œuvres littéraires, picturales, sculpturales qui ne valent pas un fifrelin percé, qui parfois même sont odieuses, épouvantables! Le malheur est que ces mêmes gens nient les choses vraiment belles. L'*art nouveau!!!* leur fait méconnaître l'art ancien! L'Apollon du Belvédère serait par eux, s'ils l'osaient, traité de laideron, de mal bâti!... Admirez, si vous voulez, ces phénomènes informes, mais sapristi, ne répudiez pas les œuvres saines!

*
* *

Aux premiers beaux jours de printemps, il vous est certainement arrivé d'aller respirer un peu d'air pur au dehors de la ville et comme moi vous avez assisté, le soir, au spectacle si réjouissant de l'arrivée d'un train de banlieue. Pas un des voyageurs qui ne soit couvert de fleurs. Tous portent à pleins bras leur moisson de plantes de toutes sortes : branches de lilas, touffes de muguets, herbes et brindilles, qu'importe! ce sont des plantes, ce sont les premières de la saison, c'est le printemps qui renaît. C'est le soleil, la gaieté, la vie qui nous reviennent et c'est la jolie fleur qui nous annonce la bonne nouvelle!...

Elle nous apporte le premier sourire du printemps que ce poète exquis, ce merveilleux peintre qui a nom Théophile Gautier, a chanté si délicieusement dans des strophes que je ne résiste pas au désir de citer en entier. C'est un joyau détaché des *Émaux et Camées* que j'accroche ici :

Tandis qu'à leurs œuvres perverses
Les hommes courent haletants
Mars qui rit, malgré les averses,
Prépare en secret le printemps.

Pour les petites pâquerettes,
Sournoisement lorsque tout dort,
Il repasse des collerettes
Et cisèle des boutons d'or.

Dans le verger et dans la vigne
Il s'en va, furtif perruquier,
Avec une houppe de cygne
Poudrer à frimas l'amandier.

La Nature au lit se repose ;
Lui, descend au jardin désert
Et lace les boutons de rose
Dans leur corset de velours vert.

Tout en composant des solfèges,
Qu'aux merles il siffle à mi-voix,
Il sème aux prés les perce-neiges
Et les violettes aux bois.

Sur le cresson de la fontaine
Où le cerf boit, l'oreille au guet,
De sa main cachée il égrène
Les grelots d'argent du muguet.

Sous l'herbe, pour que tu la cueilles,
Il met la fraise au teint vermeil,
Et te tresse un chapeau de feuilles
Pour te garantir du soleil.

Puis, lorsque la besogne est faite,
Et que son règne va finir,
Au seuil d'avril tournant la tête,
Il dit : « Printemps, tu peux venir ! » (1).

1. Théophile Gautier, *Émaux et Camées : Premier sourire du printemps.*

Fleurs de printemps, que de joies vous ramenez, que de souvenirs vous évoquez! Souvenirs d'amour, souvenirs mélancoliques!

Au renouveau de l'an dernier, c'est avec « Elle » que j'allai cueillir le lilas... Aujourd'hui, je suis seul et c'est avec un autre qu'elle en arrache les thyrses mauves!...

C'est une ronce du chemin qui déchira sa robe neuve comme Elle déchira mon cœur ensuite!...

Passionnément! lança en s'envolant le dernier pétale arraché à la marguerite...

Elle a menti la fleur, la passion s'est effeuillée comme elle!

. . . .

... Et chaque printemps, les amoureux iront ensemble cueillir le lilas, le muguet, la violette. Au renouveau, ils partiront ensemble et feront des accrocs à leurs vêtements. Dès que paraîtra la première marguerite, ils l'effeuilleront encore et encore la feront mentir... Qu'importe! ils sont heureux, ils sont jeunes, ils vivent d'illusions! tant mieux; c'est le printemps!

L'amour naît en même temps que la fleur, les illusions, hélas! s'envolent aussi vite que ses pétales... L'an prochain, de nouvelles fleurs renaîtront et avec elles de nouvelles amours.

*
* *

Durant les longs mois d'hiver, dépouillés de verdure et mélancoliquement gris, on rêve près d'un bon feu aux splendeurs des beaux jours d'été, maugréant après le froid, la pluie, l'obscurité — .... Mais voici que le soleil chasse les nues, allume de chaudes clartés dans le ciel....

Adieu tristesse! des branches, jusqu'ici dénudées, jaillissent les premiers bourgeons.

Eh bientôt apparaît la blanche fleur du pommier, la rose étoile du pêcher.

> La noire et rapide hirondelle
> Revient vers le toit des maisons.
>
> A. Theuriet.

Hosannah!

Dès le premier rayon du soleil, dès la première fleur, n'éprouvons-nous pas tous ce désir intense de sortir des murs entre lesquels nous sommes restés si longtemps enfermés, de quitter la ville pour la campagne, d'aller vagabonder à travers les bois et les champs! On rêve chants d'oiseaux, fleurs, verdure, grand air!

Les oiselets se réveillent!... Si le printemps vous met le cœur en joie, ils sont, eux, plus heureux que vous encore de le voir revenir!

— « Les temps ont été durs l'hiver, la nourriture rare!... Vous avez mangé, bu, vous vous êtes mis au chaud tandis que nous, pauvres oiseaux, nous sommes souvent restés le ventre creux, grelottants,... bien des nôtres sont morts... Mais nos peines sont oubliées. Voici avril et avec lui les jours de fête! »

La mauvaise saison est passée, le roitelet s'est tu, car c'est l'hiver :

> Qu'il jette son chant clair
> Aux bois que le givre décore !
>
> A. Theuriet.

Le merle, hier déjà, a lancé ses trois notes vibrantes ; c'est le coup de clairon sonnant le réveil des beaux jours.

Le pinson, gai, heureux chante à plein gosier, d'une voix sonore, son épithalame au printemps ; volant de branche en branche, il va partout colporter la bonne nouvelle. Sa voisine, la fauvette, cachée là-bas dans les pois en

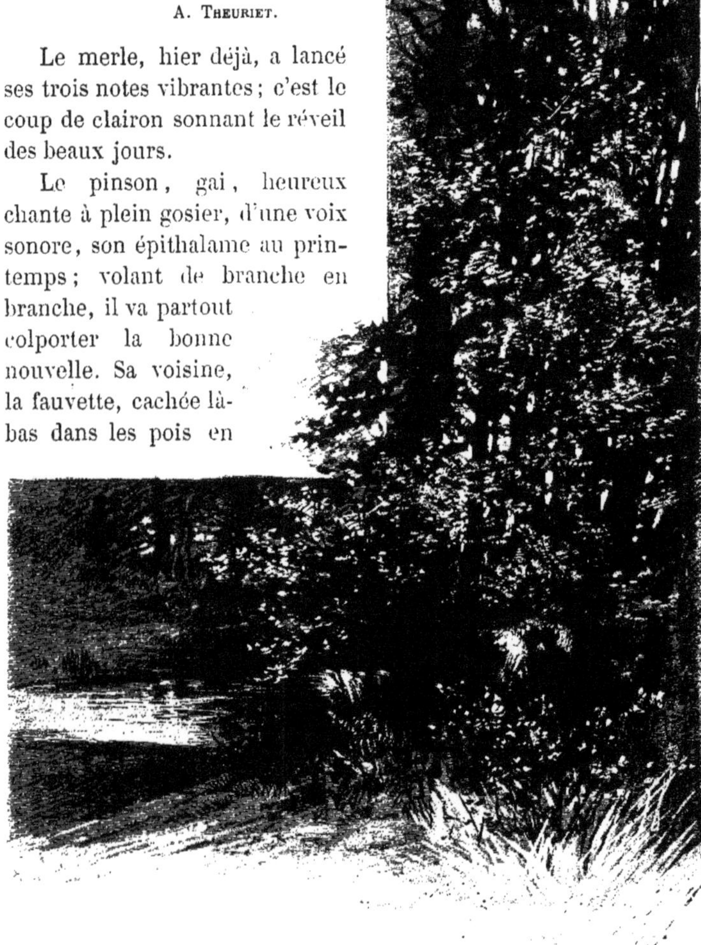

fleurs dont les ramées soutiennent le nid, lui répond en mélo-

dies légères; ses « *cri-cri, cara, cra cara* » alternent, joyeusement, avec les « *pi hit, pi hitt* » du pinson.

L'alouette se tait; blottie auprès de ses petits, elle se réserve; musicienne d'été, elle attend le soleil chaud pour tirelirer au ciel ses vibrantes chansons

— « Enfin, tintine une mésange de sa petite voix piquante, voici donc les premières fleurs, à bientôt les bons insectes bien grassouillets, exquise nourriture, délicieux festin!... »

— « Quelle veine, chuchote un effronté moineau, maraudeur incorrigible, gavroche invétéré, l'arbre du voisin est en fleurs, les bonnes cerises cramoisies ne tarderont pas; cristi, quelle noce!... L'eau m'en vient au bec!... »

— « Tu es un heureux mortel, Guilleri, lui répond un bouvreuil gourmand, tu seras tôt servi, toi, tandis qu'il me faut attendre encore la venue du sorbier!... »

Partout des babillages, des gazouillis!

Ils bavardent entre eux, les oiseaux! Les tout petits fringotent dans leur nid tandis que les parents font des projets d'avenir :

— « Regarde, les feuilles poussent dru, les branches des grands arbres se garnissent, bientôt les buissons seront touffus et nous pourrons, avec les petits, nous y assembler à l'aise, caqueter sans être vus, nous mettre à l'abri du vent qui hérisse nos plumes, de la pluie qui les défrise, du soleil qui nous brûle!... »

Le jour commence à baisser, les pères chardonnerets viennent causer entre eux à deux pas de leur demeure, s'interrompant parfois pour chanter quelque cavatine, tandis que les mamans affairées cherchent la nourriture des petiots.

. . . .

Le soleil disparaît, la nuit va tomber !... Citadins, massez vos gerbes de fleurs et en route, il faut rentrer, la saison n'est point venue encore de vous fixer ici....

Et pourtant, c'est la saison la plus belle que vous manquez! Mais les affaires!...

Le rossignol vous dit au revoir; pendant que vous faisiez ample moisson de fleurettes, il faisait, lui, ample moisson de larves pour sa famille et pour lui.

Alors que vous reprenez le chemin de la ville, il regagne son nid, et tandis que vous roulerez vers vos demeures, il jettera au clair de lune ses trilles et ses vocalises, chantera ses émotions printanières, lancera ses invocations à l'amour!...

En un autre langage, faites comme lui!

*
* *

Réjouissante au possible, cette journée à la campagne; et réconfortant, le bon air qu'on y a respiré!... Tout joyeux vous groupez les plantes cueillies, vous les plongez dans les vases qui ornent votre cheminée et cela donne à votre chambre un air de gaieté auquel elle n'était plus habituée.

Mais elles vont se faner ces fleurs, et dans quarante-huit heures il faudra les jeter, attendre votre prochaine envolée pour vous refleurir à nouveau; votre chambre, un instant égayée, n'en paraîtra que plus triste!...

C'est par aventure que vous possédez quelques fleurs; comme il est plus heureux celui qui vit au milieu d'elles!... il peut non seulement les admirer quand elles sont en plein épanouissement, mais encore il les a vues en boutons, avant le bouton, avant la feuille, à leur naissance. Quelles jouissances il a éprouvé à les voir grandir!

*
* *

L'art est passionnant; si l'on a le bonheur d'être venu au monde avec ce grain de folie qui caractérise l'artiste, on ressentira des joies profondes (aussi, il est vrai, des peines amères). Hélas! les unes ne vont pas sans les autres!

N'importe, si le grain de folie germe et donne à celui qui le possède la faculté de créer, par quelque moyen que ce soit, par la plume, l'ébauchoir ou le pinceau, des œuvres personnelles inspirées de la nature, la reproduisant ou l'interprétant, ce sera le bonheur! Mais le bonheur, c'est l'exception!

Être artiste n'est l'apanage que d'une minorité et ce n'est, par conséquent, qu'une minorité (très infime) qui peut rechercher ces jouissances refusées à bien d'autres.

Tandis que *tous* peuvent éprouver des sensations délicieuses s'ils veulent voir, étudier, aimer la nature!...

Ce n'est pas donné à tout le monde, me direz-vous, d'aller s'installer sur la lisière d'une forêt ou en pleins champs et de passer son temps à regarder pousser les violettes et les petits pois!...

Évidemment!... Les nécessités de la vie sont là et nous ne pouvons plus, comme nos ancêtres, être tous pasteurs et, toujours en pleine nature, nous contenter de ce qu'elle nous donne pour vivre heureux et tranquilles. Nous nous sommes créé d'autres besoins (oh, combien!). C'est là ce qu'on appelle le progrès, les bienfaits de la civilisation, grand merci!

Adonc! j'admets très bien que vous comme moi, nous ayons nos occupations; que ces occupations nous appellent vous à votre bureau, à votre magasin, à votre laboratoire, moi à la table où actuellement je griffonne (assez illisiblement du reste) les feuillets

que voici. J'admets, et j'y suis bien forcé, que si nous abandonnions vous vos affaires et moi les miennes pour aller rêvasser en pleins champs, il est fort probable que nous n'y trouverions point notre pâture... Quelques navets, quelques carottes peut-être, encore faudrait-il les dérober et aurions-nous sur le dos le garde-champêtre, ce « sergot » des campagnes, le cultivateur, cet être féroce entre tous quand on touche à sa terre !

Mais nous pouvons, l'un et l'autre, envier les heureux qui vivent en pleine nature !

O fortunatos nimium sua si bona norint agricolas, dit Virgile.

* * *

Vous souriez, Madame, vous haussez les épaules à l'idée de quitter votre boudoir pour les grands arbres, vos fins dîners pour la frugale mais saine nourriture des campagnes, de renoncer aux bals, aux théâtres, aux concerts, en faveur des champs où grisolle l'alouette et des bois où vocalise le rossignol. Vous frissonnez à la pen-

sée de quitter ces salons si bien éclairés où l'on flirte dans les coins pour ces chemins ombreux où l'on rêvasse au clair de lune!

Vous préférez les fleurs aristocratiques, orchidées faites de dentelles, camélias aux pétales de chair, bien rangés, serrés, régulièrement disposés dans les surtouts de table, au bleuet azuré, au coquelicot écarlate poussant ici, là, suivant sa fantaisie. La fleur en corbeille vous plaît davantage que la fleurette en liberté....

Et vous, Monsieur, le cercle, les courses, le jeu vous vont mieux que la vie aux champs, les promenades en forêt. Les filles maquillées vous séduisent plus que les filles des campagnes; quant aux fleurs!... « Pffttt..., ce que je m'en moque!... »

Affaire de goût, mais peut-être quelque jour changerez-vous d'avis!

Quand les cercles, les courses, le jeu vous auront éreinté, ruiné, quand vous aurez été suffisamment trompé, quand vous aurez perdu toutes vos illusions, peut-être irez-vous, — si vous ne vous enterrez en quelque Trappe, — vous réfugier au milieu de ces plantes qui jusqu'ici ne vous intéressent point et ferez-vous avec elles bon ménage.... Point d'exigence de leur part, quelques attentions venant de vous suffiront pour qu'elles soient tout à vous.

Point de diamants à leur offrir; la goutte de rosée en tient lieu, brille davantage et d'un éclat plus vrai. Point de bijoux; étant elles-mêmes rubis, topazes, émeraudes et grenats, elles n'ont nul besoin d'autres parures!...

Moquez-vous tant que vous voudrez, traitez-moi de radoteur si cela peut vous faire plaisir, mais j'ai vu des exemples de « conversions » comme celle que je vous souhaite, et c'est précisément parce que je sors de chez un « converti » qui m'a fait de la morale, que cette morale je vous la ressers, ne voulant pas la garder pour moi seul!

*
* *

Le « converti » dont je parle fut naguère un viveur acharné. Ayant hérité de bonne heure d'une grosse fortune, seul, désœuvré, sans famille, il devint grand buveur, grand joueur, grand coureur, gaspillant aussi bêtement que possible sa vie, son intelligence.

... Cela alla bien pendant quelques années, mais un beau matin, en se réveillant, il s'aperçut que cette existence idiote lui coûtait beaucoup d'argent, beaucoup de cheveux et toutes ses illusions; qu'il n'y avait gagné qu'une gastralgie aiguë et un dégoût profond pour ses contemporains. Il se dit qu'il était temps d'enrayer et qu'il fallait choisir entre deux voies : aller « nocer » dans l'autre monde ou cesser de « nocer » dans celui-ci.... Il opta pour cette dernière non sans se dire : « Bigre! ça sera dur!... Mais aux grands maux les grands remèdes. Si je reste à Paris, je suis flambé.... Filons à la campagne!... »

Et sans souffler mot, sans avertir âme qui vive, — il voulait éviter les conseils intéressés, les amis hypocrites qui malgré lui eussent pu le faire hésiter — il alla se camper en belle campagne non loin de Paris, en pleine vallée de Chevreuse, car malgré tout il craignait de ne pouvoir s'habituer à la vie de gentilhomme-campagnard qu'il s'était imposée et voulait avoir la ville sous la main dans le cas où l'envie de redevenir citadin le tourmenterait trop fort.

On était aux premiers beaux jours, les arbres commençaient à bourgeonner, les oiseaux à babiller, les plantes à sortir de terre....

Notre ami était mélancolique. Sa maison, jolie, bien exposée, son jardin savamment arrangé, les bois voisins bien touffus, tout cela n'émotionnait guère notre ermite.... Les yeux fixés dans la direction de la grande ville, il avait des tentations violentes de reprendre la vie échevelée à laquelle il venait à peine de renoncer.

— ... « Jamais je ne m'y ferai à cette existence d'ours de montagne! Ils ont beau chanter l'aubépine, les papillons, les clairs de lune et les couchers de soleils, ces poètes; je voudrais bien les voir à ma place! Ce qu'ils déchanteraient, les malheureux!...

« Décidément, il faut que je m'en aille si je ne veux mourir d'ennui ici!... »

— « Eh bien! mon cher, me dit mon ami qui lui-même me contait les phases par lesquelles il avait passé, ce fut une branchette garnie de trois fleurs qui me fit changer d'avis et me fixa ici. C'est à elle que je dois la saine et bonne existence que je mène aujourd'hui, à elle que je dois de m'être repris à de nouvelles affections... point trompeuses celles-là; à elle encore que je dois d'employer agréablement et utilement le peu de matière cérébrale que mes excès de jadis m'avaient laissée. Si je suis devenu une sorte de savant, — savant au savoir restreint je l'avoue, — c'est elle qui a commencé mon éducation.

« Quelques jours après mon arrivée ici, après avoir lutté de toutes mes forces contre l'ennui mortel qui me gagnait, avoir résisté aux tentations incessantes que j'éprouvais de revoir Paris et d'abandonner le terrain fertile pour l'asphalte poussiéreux, et les grands bois pour les arbres poitrinaires des boulevards parisiens, j'étais à bout de forces et bien décidé à lâcher l'absurde vie campagnarde (je la croyais absurde alors) contre la joyeuse vie parisienne (j'ai retiré ce qualificatif depuis). Mon idée était absolument arrêtée : demain je boucle mes valises, je ferme ma maison, j'envoie promener jardinier et tout le reste, et je file !

« Et le lendemain, en effet, je me réveille heureux de la décision prise.

« Il faisait un temps radieux. Paresseusement, fenêtre ouverte, je m'étirais dans mon lit lorsque, regardant machinalement au dehors, je vis l'ouverture de ma fenêtre rayée par une branche garnie de fleurs d'un rose éclatant...

« Tu sais que, malgré ma légèreté, j'ai toujours aimé les jolies choses de quelque ordre qu'elles soient; or, jamais je n'avais eu occasion, ou, si j'en avais eu l'occasion, jamais je n'avais songé à regarder ces tendres fleurs dont j'ignorais le nom, que je ne me souvenais avoir vu briller dans aucun bouquet, que je n'avais vu piquées sur aucun corsage... Je fus ravi de la grâce de celles-ci et intri-

gué par leur nouveauté...

« Cette petite branche de bois sec qui me semblait bois mort me faisait l'effet de quelque baguette magique subitement fleurie par quelque sortilège.

— « Qu'est-ce que c'est que ces fleurs-là! » criai-je à mon jardinier qui passait sous mes fenêtres, l'arrosoir à la main?

— « Çà, m'sieu! ben c'est d'la fleur de pêcher!... C'est des pêches en herbe, ben sûr, que vous voyez là! »

« Fleur-de-Pêcher! Singulière coïncidence, nom de plante qui me rappelait un surnom de femme pour laquelle j'avais fait des folies, payées du reste comme toutes mes folies, par des trompe-ries sans cesse renouvelées. J'étais assez bête pour pardonner toujours; elle, assez perverse pour recommencer un jour ce qu'elle avait juré la veille de ne plus faire jamais... De là, le surnom que mes bons petits amis lui avaient donné : « Fleur-de-Péché »... sans *r*.

« Et je me mis à songer, et je me dis que les mêmes serments suivis des mêmes tromperies allaient recommencer. Un peu poète, pas mal superstitieux, je voulus voir si la fleur de pêcher campagnarde serait aussi trompeuse que la Fleur-de-Péché de la ville et subitement je changeai de détermination....

« Si les fleurs de ma fenêtre tiennent les promesses qu'elles me font, si, reconnaissantes des soins dont je veux les entourer, elles m'apportent les fruits qu'elles me promettent, je reste et deviens définitivement campagnard. Si elles me trompent comme « l'autre », je pars...

« Tromperie pour tromperie, j'aime autant être trompé gaiement.

— « Cela te fait sourire et bien des sceptiques se moqueraient de moi et me traiteraient de nigaud si je leur contais mon histoire !... Qu'importe !...

« C'était ridicule, ce vœu, absurde ! Mais qui n'a fait des vœux absurdes et ridicules ? Ne sommes-nous point tous de grands enfants enclins à croire à la fatalité ? Maintes fois ne nous sommes nous pas dit les uns et les autres : « Si telle chose se passe ainsi, ce sera le signe que telle autre m'arrivera ?... »

« Ridicule ou non, en tous cas mon vœu fut une inspiration du ciel. — Mes fleurs tinrent bon quelques jours, puis leurs pétales se fripèrent, s'envolèrent. Les étamines desséchées restèrent seules piquées dans l'ovaire, comme une touffe de cheveux sur un crâne ; à leur tour elles disparurent.

« Et petit à petit l'ovaire grossit, s'arrondit, prit forme, se colora.

« Tous les matins je regardais les progrès de mes « nourrissons », car j'avais fini par prendre mes pêches pour des enfants et moi pour une nourrice... sèche, bien entendu.

« Tu ne te doutes pas de l'intérêt que j'attachais à la croissance de mes fruits... Dame ! c'était ma vie à venir que décidaient là ces petites baies déjà rosées, et je commençais à croire que c'était près d'elles que je resterais dorénavant ; j'en étais tout heureux et la campagne n'avait plus pour moi, le soleil, les fleurs et les oiseaux aidant, la mélancolie des premiers jours. — Je vivais au bon air, sans soucis, sans tracas, sans préoccupations autres que de voir mes arbres se couvrir de feuilles et mes plantes de fleurs.

« Je buvais sec, mangeais bien, digérais encore mieux et je dormais les poings fermés du coucher du soleil à la levée du jour.

« Je m'intéressais aux travaux de mon jardinier, le père François, brave homme, doux et tranquille à la condition qu'on ne marche pas dans ses plates-bandes, qu'on ne touche pas à ses plantations. Il est resté intransigeant sur ce chapitre-là et part toujours en guerre contre les oiseaux pillards que je défends de mon mieux, à son grand désespoir !...

— « Mais m'sieur, c'est vous qu'êtes cause des dégâts qu'y font ! C'est malin, allez, ces vilaines bêtes-là, et y voient ben que vous êtes de leur parti.. alors y s' f... ichent de moi, et j'aime pas ça... T'nez, r'gardez c' mécréant-là qui mange les pus belles c'rises à mon nez, à ma barbe !... C'est-y pas malheureux !... Veux-tu t'en sauver... Canaille !

Pauvre père François !... Encore s'il n'avait que les moineaux pour le faire enrager, mais il a les loirs qui grignotent ses fruits, les taupes qui défoncent son terrain. Et les chenilles, et les vers blancs et les pucerons, que sais-je ! Un tas d'ennemis qu'il faut combattre, ce qui n'est pas toujours facile !...

— Mais j'en reviens à mes pêches.

Petit à petit elles grossirent, prirent des couleurs de chair rougissante...

Allons ! le sort en était jeté. — Le viveur d'autrefois devenait décidément le brave campagnard que tu vois aujourd'hui.

A force de vivre avec le père François, qui sous ses dehors peu délurés cache un esprit très fin et connaît en tout cas son métier comme pas un, — à force de le voir soigner ses plantes, tailler, rogner, pincer, greffer, écussonner, je finis par apprendre un tas de choses toutes nouvelles et fort surprenantes pour moi.

Le père François riait souvent de mes airs ahuris :

— « Mossieu croit que j' blague, peut-être... Eh ben, y verra !...

Et, en effet, ce que m'annonçait mon brave homme au sujet de la façon de se comporter de telle ou telle plante, de ce qui devait résulter de la taille de celle-ci, de la greffe de celle-là, ne manquait jamais d'arriver, à moins d'accidents imprévus.

Quand on commence à connaître un sujet qui intéresse, on veut aller plus loin !... C'est fatal cela, et plus on en sait, plus on en veut savoir.

C'est ce qui m'est arrivé. J'ai voulu semer, planter, greffer moi-même. J'ai voulu savoir le pourquoi de chaque chose. J'ai acheté des traités botaniques de tous auteurs, de tous formats, avec et sans images, des *Bon Jardinier*, — des *Parfait Horticulteur*. — des livres, des livres, des livres sur la fleur à tous les points de vue, sur les plantes de tous les pays... Je possède la plupart des « bouquins » qui traitent des végétaux à un titre quelconque; ma bibliothèque déborde de brochures, d'opuscules, de petits in-8° et d'énormes in-folios.

C'est devenu une passion ! Passion que je suis heureux de ressentir, car elle ne me laisse que des satisfactions grandes... point de regrets... Quelques déboires, oui ! mais sans importance. Quelques grêlons crevant mes fruits ou perçant mes fleurs comme des écumoires; quelques vilaines bêtes s'acharnant à mes plantes... Mais baste ! Ce sont de petits chagrins, cela, on n'en pleure ni on n'en meurt !

J'ai fait construire des serres, une orangerie, un jardin d'hiver. — J'élève des sujets rares, je fais des croisements de races. — Je suis, mon cher, un très savant, très docte horticulteur, pépiniériste, fleuriste, mais je suis surtout un homme très sage et très heureux.

Comme ce poète du XVIe siècle ([1]), je m'écrie :

Ainsi vivant, rien n'est qui ne m'agrée,
J'ois des oiseaux la musique sacrée
Quand au matin ils bénissent les cieux,
Et le doux son des bruyantes fontaines
Qui vont coulant de ces roches hautaines,
Pour arroser nos prés délicieux.

Dis ça aux camarades qui ont continué à mener mon existence bête de jadis, et quand ils en auront assez qu'ils agissent comme moi, je leur ferai des cours de botanique... ça les changera.

1. Philippe Desportes.

— « C'est égal, termina l'ami, je crois que j'aurais conduit au docteur Blanche celui qui eût eu le toupet de me prédire que je serais un jour, de ce que j'étais, devenu ce que je suis; que moi qui naguère eusse à peine distingué une tulipe d'une jacinthe je serais un jour « botaniste ! » C'est tout à fait réjouissant...

Sacrée Fleur-de-Péché, va !...

* * *

— Voilà la commission transmise « aux camarades »... Qu'ils en fassent leur profit !

CHAPITRE PREMIER

LA VIE DES PLANTES

Jeter sur un terrain une poignée de grains. Quelques jours après, voir sortir à leur place ce petit brin d'herbe, cette foliole ténue, d'un vert tendre, qui grandit, se fortifie, monte, monte encore. Voir les tiges s'enfler, donner naissance à d'autres tiges, qui bientôt se garnissent de feuilles. Voir jaillir de petites excroissances qui seront des boutons se modelant en rond, en ovale, s'allongeant en pointe ou s'aplatissant jusqu'au moment où, crevant sous la poussée des éléments qu'ils renferment, ils laisseront surgir cette petite aigrette blanche ou rose, encore fripée, toute chiffonnée qui peu à peu se lisse, se redresse, bientôt prend forme et devient blanc narcisse ou rouge pivoine. Voilà pour l' « amateur botaniste », un plaisir égal à celui qu'éprouve l'oiseleur à voir sortir de l'œuf cette petite chose informe, rose, sanguinolente qui grelotte dans des débris de coquille, grossit à vue d'œil, se strie de petits poils qui poussent, se massent, deviennent des plumes d'où émerge une petite tête aux yeux clos, terminée par un petit bec s'ouvrant démesurément en gringottant pour réclamer la pâture. — La tête se développe, les yeux s'ouvrent...

L'oiselet est formé et bientôt s'étire, étend les ailes, commence à voleter. — Il est devenu pinson ou fauvette !

Plaisir égal à celui de l'amateur d'insectes qui voit la chrysalide trapue se remuer un beau jour sous les efforts de l'être qu'elle emprisonne, puis éclater et donner enfin la liberté au papillon aux ailes multicolores !

La graine est à la fleur ce que l'œuf est à l'oiseau, la chrysalide au papillon. — Inertes, ils renferment l'un et l'autre des germes de vie qui ne demandent qu'à éclore. Cela, tout le monde le sait, et chacun de nous a vu au moins une plante naître de sa graine, un oiseau de son œuf, un papillon de sa chrysalide.

Pour celui qui ne se contente pas de regarder mais voit, qui non seulement examine mais pense, l'intérêt est si grand qu'il veut s'expliquer le pourquoi et pénétrer ce mystère insondable qu'il ne percera jamais tout à fait. Il apprendra peut-être comment on naît, vit, meurt; il découvrira, étudiera les organes qui se meuvent quand on vit, qui s'arrêtent quand on meurt, mais ne saura jamais d'où vient cette vie, où va cette mort... Il supposera, déduira, argumentera, mais ne pourra jamais affirmer. La nature garde son secret et pourtant, parfois, elle se plaît à travailler au grand jour; elle a fait des œufs diaphanes dans lesquels vous pouvez voir s'opérer les transformations des êtres qu'ils renferment... Considérâtes-vous jamais des œufs de grenouille ? Si oui, vous savez qu'ils sont d'une transparence suffisante pour permettre d'examiner ce qui s'y passe. C'est d'abord un petit point noir qui s'enfle, grossit peu à peu, s'allonge, s'anime; puis il sort de son enveloppe, saute dans l'eau où il nage, va, vient avec une vivacité remarquable. Il n'est pas encore grenouille, il n'est que *têtard.* Phénomène étrange, ce n'est qu'une queue longue et souple manœuvrée par une tête. Pas trace de corps ni de pattes et par la suite, quand le têtard sera élevé au rang de grenouille il n'aura plus de queue du tout et sera gratifié de pattes énormes, à moins que la nature lui refusant cet honneur, ne le laisse vivre têtard toujours; ce qui est le cas de beaucoup.

Par quel prodige le petit point noir s'est-il ainsi peu à peu métamorphosé ?... Par quel miracle cette petite chose inerte est-elle devenue un être plein de vie ?

... Mystère !...

Et c'est pour ce besoin de connaître, que le savant consacre son existence entière à étudier les plantes, les animaux, les éléments. Celui-ci, à force de voir et d'observer est devenu un philosophe comme Michelet, un botaniste comme Linné, un zoologiste comme Buffon, un astronome comme Arago, un physicien comme Gay-Lussac, un chimiste comme Lavoisier.

*
* *

Faire de la botanique en amateur, c'est là un passe-temps exquis.

Étudier la plante en savant, c'est l'occupation d'une vie entière

L'amateur se contente de savoir à peu près les caractères des plantes qu'il y a dans son jardin ou qu'il trouve par les chemins; il connaît ses habitudes et ses besoins. Il apprend juste ce qu'il lui faut pour la cultiver, l'élever, en croiser les races; la modifier, obtenir des nuances nouvelles, transformer en large fleur la petite fleurette, en fleur double la fleur simple. Il est difficile pour ses élèves, il veut des fleurs correctes. Dans telle fleur les étamines dépassent le pistil, cette fleur a mauvaise tenue... il n'en faut pas.

Le savant considère tout autrement la plante, ce sont ses organes qui l'intéressent, ce sont ses caractères différents qui le préoccupent, ce sont ses races diverses dont il entend pénétrer l'histoire. Pour lui, les modifications, les corrections à la plante sont inadmissibles. Il recherche la fleur « type », rejette la fleur perfectionnée. Les fleurs doubles sont des monstres et le monstre est contre nature.

Les glaïeuls aux tons multicolores, aux formes étranges ; les roses moussues, roses doubles, triples ; les clématites démesurément agrandies... tous cela est bon à répudier, ne mérite aucune étude. Il lui faut le glaïeul primitif, la rose simple, la clématite sauvage :

Gladiolus communis.
Rosa canina.
Clematis vulgaris.

Et c'est bien suffisant !... Une existence entière ne suffirait pas pour étudier la dixième partie des végetaux qui poussent sur notre terre : on en connaît actuellement plus de *cent mille*. Ce chiffre n'a rien qui doive nous surprendre, quand on songe que sur le globe entier, sous tous les climats, au tropique comme au pôle arctique, à l'orient comme à l'occident, sous les eaux comme à leur surface ; dans les prés, les bois, les champs et les plaines ; aux anfractuosités des rochers, sur les pentes des montagnes, s'accrochant aux pans de murs ou émergeant des toits, vit cette foule nombreuse, ce monde incommensurable composé de types divers, d'individus de tous genres, de toutes formes, de toutes couleurs, monde d'une variété inouïe, plus complexe, plus nombreux mille et mille fois que notre monde à nous et qui constitue le MONDE VÉGÉTAL.

Comme chacun de nous, toute plante naît, vit, meurt. Comme nous, la plante respire, boit, mange, dort. Elle a son sexe et ses amours. Elle a comme nous ses heures de jeunesse, de grâce, d'éclat, suivis hélas, comme chez nous, de décrépitude, de vieillesse. Elle subit le sort commun, elle a ses maladies et ses infirmités. Comme l'homme, la plante a ses dégénérés, ses disgraciés, ses bossus, ses rachitiques; elle n'est point exempte non plus de cette grande et souvent triste loi de l'atavisme. Pauvre innocente, elle hérite souvent des imperfections ou des tares de ses ancêtres.

***

Parmi les végétaux combien sont mystérieux, combien dont la naissance, dont la vie sont inexplicables : sont-elles plantes, sont-elles bêtes ?... Sont-elles l'un ou l'autre, sont-elles l'un et l'autre ?...

Êtres merveilleux mais équivoques, leur existence n'a pu être expliquée et les savants ont en vain cherché à en pénétrer le mystère. Les uns prétendant voir en eux des animaux, les autres y reconnaissant des végétaux ; d'autres, reculant devant une affirmation, ont refusé de classer dans aucun règne ces plantes étranges qui par instants s'agitent, ces animaux troublants qui tout à coup végètent !

Les anémones de mer, les coraux, les madrépores, tous les polypes, que sont-ils ? *Ils* mangent, remuent, étendent leurs membres ?... sont-ce des plantes ?... *Elles* végètent, fleurissent ?... Sont-ce là des animaux ?...

Au moment d'insuffler la vie à certains êtres, la nature

semble subitement prise d'hésitation. Fera-t-elle de celui-ci une plante ou une bête?... fera-t-elle alterner l'un et l'autre, sera-t-il aujourd'hui végétal et demain animal?...

A l'époque de la reproduction, les cryptogames s'emplissent de germes qui s'agitent, fourmillent, sont doués d'une vitalité inconcevable. A la même époque, même activité chez les zoosporées qui s'animent tout à coup, semblent commencer une nouvelle vie, vie supérieure pour elles; puis, lorsqu'elles ont donné le jour à leur descendance, s'affaissent de nouveau, redeviennent plantes inertes...; à l'activité de l'animal a succédé la stagnation du végétal inférieur.

A d'autres êtres, les éphémères, la vie semble n'avoir été donnée que pour leur être aussitôt retirée... Ils naissent, aiment, procréent, meurent!... tout cela en un jour, parfois moins

Pourquoi cette vie qui n'est qu'un éclair à celui-ci?... Pourquoi cette vie de plusieurs siècles à celle-là?...

*
* *

Que son existence doive être longue ou courte, la plante, moins exigeante que nous, ne réclame pour être heureuse qu'un peu de terre, un peu d'eau, un rayon de soleil, un souffle d'air.

Elle s'en rapporte à la nature pour lui fournir les uns et les autres et lui choisir le terrain qui lui convient. La nature a en effet su faire une répartition de chaque espèce suivant la constitution des différentes parties de l'écorce du globe, suivant le climat, suivant l'exposition.

Elle a su placer chaque végétal de façon à le faire bénéficier du degré de chaleur et de lumière qui lui conviennent, à lui distribuer la somme de l'une et de l'autre nécessaires à son développement, indispensables aussi à sa toilette.

C'est à la lumière, en effet, que la fleur réclame les tons vifs ou adoucis dont elle désire se parer; c'est à ses rayons, diversement absorbés, qu'elle doit sa coloration.

Distribution de lumière et de chaleur se font en un laps de temps plus ou moins long. Si un mois a été plus froid qu'il n'eût fallu, il suffit que le mois suivant soit plus chaud, dans une pro-

portion analogue, pour rétablir une moyenne suffisante; la terre, où la plante plonge ses racines, tempère pour elle les excès de froid ou de chaud que subissent les parties directement exposées à l'air.

Chaque espèce demande pour vivre la moyenne de température qui lui convient; si cette moyenne ne lui est pas accordée, elle souffre et ne prospère pas. Enfin, suivant le degré de végétation où elle se trouve, la plante réclame certaines conditions de température. Au printemps, le temps de mars succédant au froid et au long repos hivernal détermine l'ascension de la sève; un temps identique survenant en novembre, après les chaleurs et le travail de l'été, amène un ralentissement de circulation de cette sève.

Comme l'enfant la jeune plante nécessite des soins constants, la nature doit veiller sur elle. Si, jeune encore, elle l'enveloppe d'une chaleur trop intense ou lui impose un froid trop vif, c'est parfois la mort à brève échéance ou tout au moins un retard dans la végétation.

Mais la lumière, la chaleur et l'air ne sont pas les seuls éléments vitaux dont tout végétal à besoin; il lui faut aussi trouver à se nourrir et la nature a pourvu à ceci comme à cela en choisissant pour chaque plante le milieu où ses racines trouveront les aliments nécessaires : pour les plantes aquatiques, les eaux douces; pour les algues et certaines espèces, les eaux salées. Certaines familles demandent à vivre dans les sables, d'autres veulent les terrains humides. Telle plante demande à s'accrocher aux flancs nus des rochers, telle autre préfère la crête d'un toit ou l'angle d'une muraille. Enfin ce parasite veut vivre aux dépens de telle essence sur laquelle il pourra se développer à l'aise. C'est le terrain calcaire qui conviendra aux légumineuses, les lieux stériles aux bruyères. Les plantes nivéales aiment à respirer l'air des hautes montagnes, les fougères veulent les terrains humides.... Tous les goûts sont prévus, respectés; la nature bienfaisante accorde à chacun les dons qu'il réclame.

*
* *

Les plantes ont leurs prédilections comme nous avons les nôtres. Certaines d'entre elles préfèrent la vie obscure et tranquille à la vie bruyante et mouvementée qui charme certaines autres; cette fleur recherche le voisinage des cités et celle-là le fuit.

Chacune a sa place désignée au soleil; cette place, elle la veut, elle luttera jusqu'à ce qu'elle l'ait conquise ou jusqu'à ce que mort s'en suive. Le besoin de vivre à l'air, de prospérer, est chez elle d'une intensité violente. Malgré tout elle veut franchir les obstacles qui s'opposent à sa croissance. Avec une opiniâtreté que rien ne rebute elle cherchera le sol qui lui convient, elle découvrira les endroits humides, les sources qui abreuveront ses racines, se glissera là où un rayon de soleil viendra l'égayer en la réchauffant, là où un souffle d'air viendra la rafraîchir.

Si la nature inattentive l'a placée dans un milieu où elle souffre, elle travaillera sans relâche pour améliorer son sort; elle se remuera, marchera en quelque sorte vers un endroit propice; il lui faut de l'air, de la lumière, une nourriture abondante; elle entend respirer à l'aise et manger à sa faim; elle ne veut point d'une existence malheureuse et préfère la mort à la misère.

Consultez à ce sujet les savants autorisés sur lesquels nous appuyons nos dires; lisez Michelet, Goëthe, Candolle, Bonnet, Vaucher, Ludwig, bien d'autres encore!...

*
* *

La plante témoigne de sa passion de vivre de cent façons, son énergie est admirable. Voyez le mouvement de ses racines qui vont en tous sens chercher au loin la nourriture et qui, pour la trouver, traversent des obstacles qu'on eût cru pour elle infranchissables! Les châtaigniers de l'Etna percent de leurs racines des murs de laves et de rocs au travers desquels elles vont puiser l'eau.

L'histoire de l'érable de New-Abbey, en Irlande, citée par le botaniste anglais Murray, est célèbre. Le besoin de vivre, l'instinct de la conservation sont ici poussés jusqu'à l'intelligence, jusqu'au raisonnement, si ces mots peuvent s'adapter à un végétal... et pourquoi non?

L'érable dont il s'agit, pauvre abondonné, traînait sa misérable existence sur un pan de muraille. Mourant de faim et de soif et souffrant avec d'autant plus d'acuité qu'au pied du mur qui lui servait de berceau se trouvait à profusion de bonne terre fertile. — Supplice atroce!... Nouveau Tantale, l'érable sentait près de lui ample et copieuse nourriture! Allait-il donc mourir de faim, quand là, à deux pas, se trouvait le salut?... Non! il luttera, assemblera toutes ses forces, fera des prodiges; il veut vivre! La pâture ne venant pas jusqu'à lui, il ira la chercher... Par quelle poussée vigoureuse, surnaturelle, arriva-t-il à faire jaillir de ses flancs un rejeton nouveau, une racine adventive. Comment ce nouvel organe parvint-il à s'allonger jusqu'à ce qu'il pût atteindre enfin le terrain convoité?... Mystère..., dont la nature a gardé le secret!

Toujours est-il que sitôt que la racine toucha terre elle s'y enfonça avec délices. C'était pour elle une source de vie, de force, de vigueur. L'érable était sauvé. Abandonnant ses racines primitives qui n'avaient pas sû le nourrir et l'avaient tenu enchaîné, il les laissa mourir dans leur prison et s'identifia avec l'organe auquel il devait la vie, organe qui bientôt se transforma à son tour en un tronc d'où partirent d'autres racines solidement accrochées au sol bienfaisant.

Le fait n'est pas unique; un autre botaniste a suivi la « promenade » d'un bouleau ayant pris naissance dans une fente de rocher et qui (connaissant probablement l'exploit de l'érable anglais?) a fait comme lui en usant du même procédé. Il était descendu de sa roche aride haute de plus de 3 mètres et s'était tranquillement installé dans le sol à 1 mètre ou 2 de distance. Ces histoires qui semblent invraisemblables, bien qu'absolument authentiques, ne feraient-elles pas supposer que la plante pense, qu'elle a une âme? « Pour la plante, croître c'est agir », a dit M. A. Boscowitz.

Si la plante montre une énergie sans pareille pour trouver à se nourrir, elle témoigne d'une tenacité non moins grande quand il s'agit pour elle de trouver l'air, la lumière.

LE ROSSIGNOL

Une remarque facile à faire : Placez une plante quelle qu'elle soit dans un endroit sombre, vous la verrez s'allonger, s'étirer vers l'endroit d'où vient la lumière, ses fleurs se tourneront vers elle. Si le point lumineux est petit, les tiges s'assembleront, se noueront, grimperont les unes sur les autres; ce sera entre elles une lutte à qui arrivera la première, à qui s'approchera le plus du jour convoité.

Enfermez des plantes dans une cave éclairée par un soupirail et vous verrez leurs tiges se dresser démesurément, abandonner souvent leur façon habituelle de pousser en touffes, pour s'assembler en une seule branche qui s'allongera, s'allongera, jusqu'à ce qu'elle soit parvenue à la lumière à laquelle elle aspire.

Mais voici qui prouvera mieux encore la vitalité surprenante de certains végétaux :

Les pèlerins qui vont à Jérusalem rapportent du couvent de la Casa-Nuova des herbes desséchées roulées sur elles-mêmes comme des cocons de vers-à-soie... Plantes fanées, mortes évidemment?... Eh bien, non! Comme le phénix, elles renaissent de leurs cendres.

Mettez-les dans l'eau et bientôt des bourgeons jeunes et pleins de sève apparaîtront, puis des fleurs, des roses : *les Roses de Jéricho !*

Aux premiers temps du Christianisme, les Gaulois jetaient dans les cercueils des graines, — la naissance à côté de la mort!... On a, de notre temps, recueilli quelques-unes de ces graines ; elles ont germé, verdi, fleuri !...

Mais toutes n'ont pas cette énergie de vivre. Il est de faibles plantes que la moindre contrariété attriste, que le moindre chagrin tue; elles ne sont pas bâties pour la lutte, elles ne résistent pas.

La plante subit le sort commun, sort souvent injuste. Dans la race végétale comme dans la race humaine, il est des forts et des chétifs, des vigoureux et des rachitiques, des orgueilleux et des humbles.

Pourquoi cette plante est-elle née juste dans le milieu qui lui convient, dans un terrain où elle vivra opulente et heureuse, alors qu'une autre, faisant partie de la même famille pourtant, est disgraciée, végète sur un sol où sa pâture est maigre ?

Pourquoi ?...

Pourquoi êtes-vous bien bâti alors que votre voisin est bossu? pourquoi celui-ci boite-t-il alors que celui-là marche droit? pourquoi un tel est-il idiot et tel autre homme d'esprit ?...

Égalité ! mot creux que la nature n'admet pas plus quand il s'agit d'un homme que d'une bête, d'un oiseau que d'une plante. A côté d'êtres sains et vigoureux, elle a voulu des rejetons scrofuleux, mal venus. Chaque race a ses bancals, ses tordus; chaque espèce, ses phénomènes et ses monstres !

CHAPITRE II

LA NOURRITURE DES PLANTES

Des plantes de toutes tailles, de toutes essences, éphémères ou durables, variées dans les formes autant que dans les couleurs, recouvrent la surface entière de notre planète d'un épais tapis : « le tapis végétal ! »

Tapis multicolore, aux capricieux dessins, aux trames diverses, merveilleusement tissées.

Tapis dont les plissements s'étendent partout, depuis la cime des montagnes les plus hautes, où vivent des lichens et des mousses, jusqu'aux profondeurs infinies des mers, où gisent des algues sous une pression de près de 400 atmosphères.

Tapis végétal, merveilleux tapis, « décoratif », dit le peintre, « indispensable », répond le savant, car si ce tapis disparaissait, il nous engloutirait tous avec lui ! Et si c'était nous qui disparaissions, ce tapis serait aussitôt et en même temps dissous.

Animaux et végétaux sont indissolublement solidaires les uns des autres. Les végétaux nous envoient l'*oxygène*, nous leur rendons l'*azote* et le *carbone* : l'*azote*, inerte et sans autre influence appréciable sur les phénomènes de la vie qu'une influence négative, une atténuation à la violente énergie brûlante de l'oxygène.

L'*oxygène!* Ce prodigieux gaz qui renferme toutes les propriétés actives et circule partout dans l'atmosphère, dans les nues les plus élevées, dans les eaux les plus profondes qu'il forme en se combinant à l'*hydrogène.*

Le *carbone,* ce mystérieux agent qui se décèle par les émanations mortelles de l'acide carbonique, mortelles pour nous, vivifiantes pour les végétaux.

L'atmosphère respirable, oxygène et azote, est saturée d'acide carbonique qui se dégage de partout, du sol, des volcans, de la putréfaction de tous les restes organiques qui se consument sans cesse, ne s'anéantissent pas, mais se transforment seulement.

« Dans nos voies respiratoires, a dit Lavoisier, il se produit une combustion lente de la substance de tous nos aliments. Le sang, renouvelé par ceux-ci, dépose dans tous nos organes les matières propres à les consolider et emporte celles qui sont détériorées et qui alors se composent de charbon; le sang, qui les charrie, doit s'en débarrasser; il les déverse dans les poumons. A chaque respiration, ceux-ci se gonflent d'air, aspirent, par conséquent, de l'oxygène, qui, se combinant avec les matières charbonneuses, les brûle, les transforme en acide carbonique que nous rejetons par l'expiration. »

L'air, saturé de ce gaz, serait donc irrespirable si d'autres êtres ne s'étaient fait un aliment de ce qui pour nous est un poison. Ces autres êtres sont les végétaux dont les feuilles absorbent le gaz carbonique par les milliers de pores dont leurs feuilles sont trouées.

Elles se décomposent, gardent pour elles le carbone et nous rendent l'oxygène.

C'est lorsqu'elles sont « éveillées » qu'elles travaillent ainsi. C'est sous l'influence de la lumière que les parties vertes de la plante séparent le carbone qu'elles gardent, de l'oxygène qu'elles rejettent. La nuit, elles se reposent, leur rôle change. Au lieu d'absorber l'acide carbonique, elles l'exhalent : c'est ce qui fait qu'il est imprudent de garder des plantes la nuit dans une chambre close, car elles en vicient l'air d'émanations si dangereuses qu'elles peuvent asphyxier qui les respire.

Mais l'hiver? Quand les arbres ont perdu leurs feuilles, par conséquent précisément ces parties vertes, réceptacles de l'acide carbonique?... L'hiver, lorsque nos plantes se reposent de leur travail d'été, elles s'en remettent aux bons soins de leurs sœurs de l'autre hémisphère pour purifier l'air que nous respirons ; elles savent que, en pleine végétation, celles-là aspireront les gaz délétères que les vents réguliers qui agitent l'atmosphère se chargeront de leur transporter.

Vous voyez que nous avions raison de dire que si les végétaux venaient à disparaître, notre pauvre race humaine — et tous les animaux sans exception — ne leur survivraient pas.

Sans les plantes nous n'aurions pu vivre dans cette mortelle atmosphère, sans elles nous n'eussions jamais existé.

L'admirable équilibre, l'impeccable harmonie qui régit toutes les manifestations de la nature a voulu que nous vivions les uns par les autres. Elle a voulu que les effluves du gaz asphyxiant fussent inhalées par la plante. Depuis des milliers de siècles elle n'a pas manqué à son rôle et ne laisse subsister cet élément nuisible que dans une proportion infime, cinq dix millièmes, environ.

Il faudrait donc des milliers d'années encore pour que nos respirations à tous arrivassent à modifier sensiblement la composition normale de l'air atmosphérique.

Mais le bienfaisant végétal ne se contente pas seulement d'assainir l'air que nous respirons, il nous donne les aliments qui nous sont indispensables. Je dis « nous donne », c'est « nous prépare, « transforme », que je devrais dire. La plante est le premier chimiste de l'univers, le cuisinier émérite, l'extraordinaire cordon bleu. Écoutez plutôt :

Six éléments primordiaux sont enfermés dans l'immense laboratoire où se manipulent toutes les vies organiques ; nous avons vu le rôle de plusieurs d'entre eux : l'oxygène d'abord, agent principal de toute vie, qui possède au plus haut degré la puissance créatrice. En se combinant avec l'azote, ce calmant, il forme l'air. Robuste, de tempérament bouillant, il se marie, pour donner naissance à l'eau, avec l'hydrogène, ce gaz volage, léger, qui s'enflamme à la moindre étincelle.

Puis voici venir le carbone, qui se fourre partout, se dissimule en tous lieux, — sauf dans le coke et le diamant où il reste à peu près pur, — qui ne décèle sa présence que par ses émanations malsaines.

Enfin, voici le *soufre* et le *phosphore*. Le soufre, cette matière d'un jaune froid, sans saveur aucune, inodore lorsqu'il ne brûle pas. Le phosphore, lumineux, qui brille dans l'obscurité, brûle intérieurement d'un feu inextinguible et flambe au moindre attouchement ; son ardeur est telle que, même sur l'eau, sa flamme ne s'éteint pas.

Voilà donc les six éléments qui, par leurs combinaisons infinies, sont les sources de la vie.

C'est la plante qui en fera les manipulations, c'est elle qui les transformera en éléments nutritifs qui passeront organisés et vivants dans le corps des animaux, les herbivores d'abord, les carnivores ensuite. Dissous par la mort, ceux-ci rentrent dans l'atmosphère d'où ils étaient sortis, d'où sort et où rentre tout être après avoir tourné dans ce cycle mystérieux, impénétrable : LA VIE.

La plante, cuisinier émérite, ai-je : dit jugez-en :

L'air qui flotte dans l'atmosphère, l'eau qui coule et le charbon qui gît partout constituent la nourriture de tous les êtres vivants. Mais cette nourriture, nous ne pouvons l'absorber telle quelle ! Nous avons vu le travail du végétal pour purifier l'air; la plante aquatique agit sur l'eau comme sur l'acide carbonique, elle la décompose pour s'emparer de l'hydrogène et laisse en liberté l'oxygène.

Reste le carbone, le charbon! notre « unique aliment ». ... Parfaitement! nous mangeons du charbon, toujours du charbon! Tout est charbon!... Charbon transformé, déguisé sous toutes les formes, sous toutes les couleurs, mais charbon néanmoins.

La croustillante praline que vous croquez de vos dents blanches, madame : charbon !

L'orange dorée dont le jus acidulé rafraîchit vos lèvres rouges : charbon ! l'essence à l'odeur enivrante dont vous parfumez vos cheveux blonds ou vos boucles brunes : charbon. Les primeurs que vous êtes si heureuse de voir réapparaître, la coupe de champagne que vous « sablez » si gaillardement, petits fours, mets exquis et mets indigestes, vins fins et « trois-six », crèmes, glaces, sorbets!... charbon, charbon toujours !...

Et c'est la plante chétive, que vous foulez de vos petits talons impatients, comme le grand arbre sous l'ombrage duquel vous aimez à vous abriter, c'est le lilas dont vous aspirez les printanières senteurs ou l'orme sous lequel « il » vous attend en vain, qui se chargent, par amour pour vos beaux yeux, de triturer, de broyer, de transformer ce charbon peu appétissant! Galamment, la plante vous le déguise pour que vous n'ayez nulle répugnance à l'avaler; adroitement, elle l'escamote pour vous le présenter ensuite sous une forme nouvelle... Passez muscade!... vous n'y avez rien vu! De bonne foi et de bon appétit vous avez avalé la pilule!... Dame, elle était dorée avec tant d'adresse!...

Pour nous être agréable, la plante, moins dégoûtée que nous, a ingurgité son charbon au naturel. Ses canaux, ses racines, ses pores l'ont absorbé, pompé, ingéré, puis l'ont métamorphosé en fécules et en herbes dont les animaux se nourrissent.

Nous arrivons ensuite et nous mangeons les uns et les autres, les plantes et les bêtes. C'est la loi universelle, nous vivons les uns aux dépens des autres, il faut être ou le mangeur ou le mangé!

Et voilà, madame, si vous voulez bien croire aux choses

extraordinaires que je viens de vous conter, qui vous prouvera que votre cordon bleu — quel que soit son talent — n'est qu'une mazette et que son « art culinaire » n'est en somme que l'art d'accommoder les restes provenant du banquet végétal!

Et c'est à la plante que vous devez non seulement le plaisir de contenter votre gourmandise, mais aussi la joie de satisfaire votre coquetterie : c'est elle qui confectionne pour vous cette dentelle qui s'enroule autour de votre gorge, ce corsage de satin qui moule si bien votre taille, ces couleurs chatoyantes qui vont si bien à votre teint.

N'allez pas supposer que ce

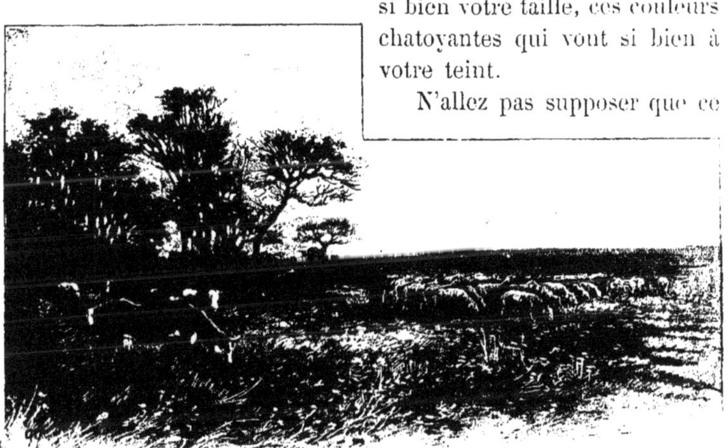

Animaux et végétaux sont solidaires les uns des autres (p. 44).

sont là des contes inventés à plaisir sous prétexte de causer avec vous; non point! Ce sont là choses sérieuses, racontées, prouvées, décrites, détaillées, affirmées, paraphées par une foule de savants dans les écrits desquels vous les pourrez vérifier.

Quels sont donc les merveilleux organes de cette plante, notre bienfaitrice, quelles fonctions prodigieuses remplissent ils?... Ces mêmes savants ont trouvé ces organes et divulgué le secret de leurs fonctions; si vous le voulez, nous vous dirons un peu plus loin ce qu'ils racontent à cet égard.

CHAPITRE III

LES AMOURS — LES MARIAGES

« Il y a dans le ciel et sur la terre plus de choses mystérieuses que notre philosophie n'en peut rêver », dit Hamlet ([1]).

L'amour n'est-il point une de ces choses mystérieuses? « C'est, dit Stahl, la chose indéfinissable par essence ! »

De l'amour et de tout ce qui touche à l'amour on peut tout dire, le pour et le contre, le oui et le non, sans avoir jamais tout à fait tort ou raison !

Amour de l'homme pour la femme, amour de l'oiseau pour l'oiselle, amour de la plante pour la plante? Car les plantes aiment comme nous, autant que nous; chez elles ce sentiment est divers, complexe comme chez nous. Suivant leur nature et leur tempérament, elles aiment doucement, tendrement ou leur amour est violent, fougueux, heureux ou malheureux.

Elles soupirent, elles vibrent !

Chez certains végétaux : « C'est un mal contagieux qui rend frénétiques ceux qu'il possède ([2]). »

Mais les plantes cachent soigneusement leurs amours et, pendant des siècles, elles ont su les dissimuler aux yeux de tous.

1. *Hamlet* (Shakespeare), acte I, sc. v.
2. *Hamilton*.

Pudiques, elles cachaient leur sexe avec tant de soin que nous ignorions qu'elles fussent nos égales à cet égard.

En 1716, un indiscret savant français, Sébastien Vaillant, perça le mystère de leur fécondation.

Ce fut une révolution !... La plante, que peu de gens étudiaient, fut à la mode; sa vie désormais « romanesque » devenait curieuse à connaître.

L'amour, là encore, montra sa puissance et tourna la cervelle à un tas de gens. Les femmes — alléchées à l'idée de découvrir chez la plante des secrets de boudoir, des mystères d'alcôves — se mirent avec rage à étudier la botanique.

L'amour des Plantes !... Bernardin de Saint-Pierre en fut attendri et vibra jusqu'au délire dans ses *Études de la Nature*. J.-J. Rousseau, troublé, envoya promener ses livres, ses études, oublia ses systèmes, cessa sa polémique.

— « La sexualité des plantes, dit M. Eugène Noël, avait été, comme toute grande découverte, pressentie longtemps d'avance par quelques bons esprits. Au XVIe siècle, à l'École de Montpellier, un célèbre professeur, le futur auteur de *Pantagruel*, — probablement avec Guillaume Rondelet, son ami, — enseignait déjà la nouvelle doctrine; toutefois, on ne soupçonnait ce mystère que chez les végétaux à sexes séparés et l'on prit même longtemps les fleurs pistillées pour les fleurs mâles ! »

* *

— Et vous croyez, Madame, que chez les plantes l'amour est, contrairement à ce qu'il est chez nous, pur et sans nuages ?... Qu'il n'est parmi elles ni amoureux volages ni époux infidèles ?... Que, plus heureuses que nous, elles ignorent ce sentiment qui vous a fait tant souffrir : la jalousie ?...

Quelle erreur est la vôtre et comme vous connaissez mal Cupidon — car je suppose que c'est ce même petit dieu volage qui préside aux amours de la rose et du jasmin comme il préside aux vôtres ; c'est lui, je pense, qui lance aux fleurs, comme aux femmes, ces petites flèches qui pénètrent si avant dans le cœur des unes et des autres.

Donc, détrompez-vous, s'il est chez nous d'excellents ménages,

il en est d'exécrables ; s'il est des époux fidèles, il en est qui le sont si peu !... De même chez les végétaux.

Le destin capricieux a, pour certains, voulu une vie heureuse : ces deux êtres qui s'aiment pourront vivre l'un près de l'autre. Pour d'autres, il en a décidé autrement : ils s'aimeront, mais vivront séparés; habitant porte à porte, ils pourront se voir, mais non se rapprocher, et s'ils peuvent s'embrasser ou s'étreindre, ce sera furtivement !

Cette plante (c'est heureusement le cas le plus répandu) abrite dans la même demeure (sa corolle) l'époux et l'épouse, le pistil et

les étamines. Cette autre — ce coudrier, par exemple — porte sur une même branche, à quelques feuilles de distance, une fleur mâle et une fleur femelle; elles se font les doux yeux, soupirent, mais, rivées à leur tige, elles ne pourront s'unir que si le bon zéphir vient les rapprocher.

Les melons, les gourdes, les citrouilles, etc., sont dans le même cas.

Pauvres melons! Pauvres citrouilles!

Toutes les plantes n'ont pas la résignation du coudrier, du melon, de la citrouille; l'amoureux veut se rapprocher de celle qu'il aime! on l'a éloigné d'elle, entre eux on a dressé des obstacles, on s'oppose à leur mariage?... N'importe, il veut aimer, il aimera!

Certains arbres — le *sablier d'Amérique*, par exemple, qui porte des fleurs mâles et des fleurs femelles — rapproche ses branches pour unir les unes aux autres.

De quels méfaits s'est donc rendue coupable cette pauvre *vallisnérie* qui vit dans les eaux du Rhône, sur les canaux du Midi? Quel fut son péché originel pour subir un supplice pareil à celui qu'on lui a infligé? Pour que, à tout jamais, on ait séparé l'amoureux de sa fiancée! Pourquoi laisser celle-ci errer tristement, alanguie sur l'eau, alors que celui-là est solidement emprisonné au fond. Tandis que les fleurs pistillées accrochées à de longues tiges souples et flexibles nagent à la surface, les fleurs staminées se morfondent dans une spathe épaisse rivée à de courts pédoncules.... Séparés pour toujours?... Non!...

« *Omnia vincit amor!* »

a dit Virgile, et la merveilleuse plante prouvera une fois de plus que le poète a raison.

Tout renaît dans la nature, la saison des amours est revenue; le prisonnier rassemble toute son énergie, brise les parois de sa prison... libre enfin, il s'élance fougueusement et va retrouver sa bien-aimée.

Il est pourtant des plantes plus malheureuses encore que la vallisnerie. Pour elles, tout rapprochement, même furtif, est formellement interdit. Les lichens de sexe différent ne vivront jamais sur la même touffe. Les palmiers mâles végéteront parfois à des distances considérables des palmiers femelles; les soupirs des uns seront portés aux autres par un souffle de vent!...

Alors?...

Alors, vous voulez savoir comment font ces malheureux pour perpétuer leur race?

— Le vent d'abord se charge de porter aux fleurs à pistils le pollen que d'un souffle il a en passant détaché des fleurs à étamines.

Le botaniste protège lui aussi les amours des fleurs, mais seulement de celles qui sont de noble race ou desquelles il attend comme récompense des fleurs superbes ou des fruits savoureux. Il laisse les autres se débrouiller comme elles l'entendent.

*
* *

Autrefois, les Babyloniens avaient l'habitude de secouer les fleurs à étamines au-dessus des fleurs à pistils des dattiers. « En 1800, raconte M. Félix Hément (¹), la récolte des dattes manqua en Égypte, l'invasion française ayant détourné les habitants du pays de leurs soins accoutumés. Les Égyptiens pratiquaient alors la *fécondation artificielle.* »

— Dans une grande ville allemande, à Berlin je crois, vivait un palmier nain; ses fleurs étaient à pistils... point de mariage possible, par la bonne raison qu'on ne pouvait lui trouver de fiancé. Le propriétaire de la pauvre délaissée apprend enfin qu'un botaniste

1. *Menus propos sur les sciences.*

possède dans ses serres de Carlsruhe un palmier de même race mais à fleurs staminées.

Des pourparlers de mariage ont lieu par correspondance... une enveloppe chargée arrive... elle contient du pollen aussitôt saupoudré sur les fleurs pistillées.... Quelques mois après le palmier, ainsi fécondé, portait des dattes sur ses tiges.

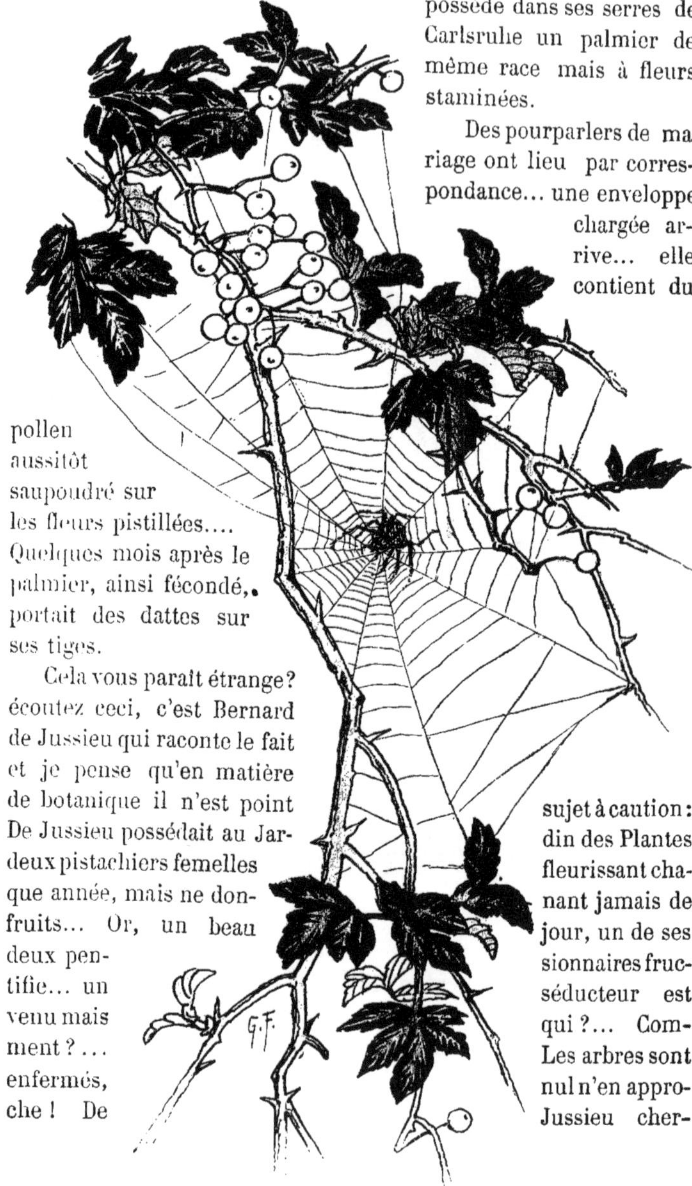

Cela vous paraît étrange? écoutez ceci, c'est Bernard de Jussieu qui raconte le fait et je pense qu'en matière de botanique il n'est point sujet à caution: De Jussieu possédait au Jardin des Plantes deux pistachiers femelles fleurissant chaque année, mais ne donnant jamais de fruits... Or, un beau jour, un de ses deux pensionnaires fructifie... un séducteur est venu mais qui?... Comment?... Les arbres sont enfermés, nul n'en approche! De Jussieu cherche, s'informe et finit par apprendre que le séducteur n'est autre qu'un pistachier gardé dans une orangerie du Luxembourg... le vent ou un insecte avait été le complice !

Mais toutes les plantes n'ont pas la chance du pistachier de M. de Jussieu, toutes n'ont point le bonheur que quelque botaniste bien avisé s'occupe d'elles. Comment font ces pauvres délaissées?...

La nature, cruelle envers elles, n'a pas exigé pourtant qu'elles mourussent victimes de leur affection; elle les a autorisées à communiquer entre elles par intermédiaires.

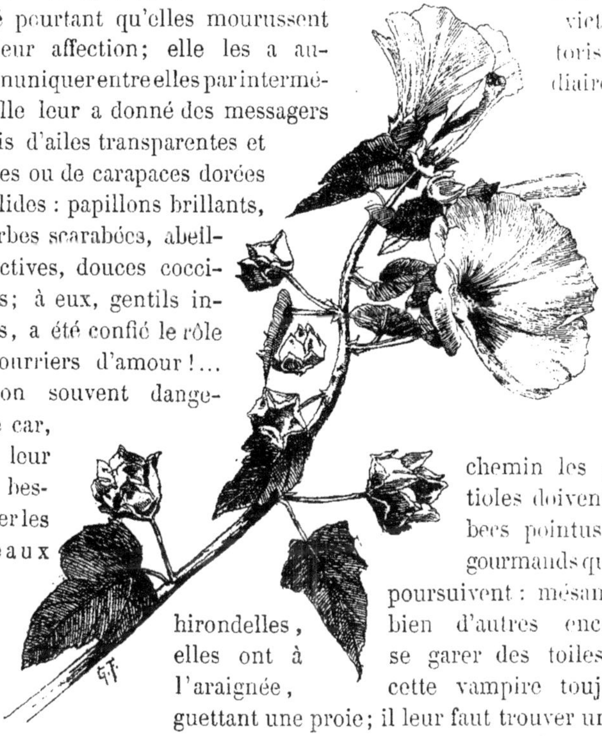

Elle leur a donné des messagers munis d'ailes transparentes et légères ou de carapaces dorées et solides : papillons brillants, superbes scarabées, abeilles actives, douces coccinelles; à eux, gentils insectes, a été confié le rôle de courriers d'amour !... Mission souvent dangereuse car, sur leur chemin les pauvres bestioles doivent affronter les becs pointus des oiseaux gourmands qui les poursuivent : mésanges, hirondelles, bien d'autres encore; elles ont à se garer des toiles de l'araignée, cette vampire toujours guettant une proie; il leur faut trouver un refuge certain contre les tempêtes et les orages, sans cela, le message qu'elles portent, le pollen, disparaîtrait avec elles.

Mais voilà !.. chaque chose a son mauvais côté, chaque médaille son revers. Il est des messagers fidèles, mais il en est d'autres qui se plaisent à brouiller les ménages !

Voici une fleur superbe d'un rouge éclatant; sous ses pétales se blottissent étamines et pistils; ménage heureux, uni, époux bien assortis qui s'adorent....

Survient un personnage dont on se méfie d'autant moins que son allure est tout aimable, sa tournure charmante; il porte de jolies ailes et pose si doucement ses petites pattes fines sur la corolle de la fleur que celle-ci lui sourit et l'accueille. Adieu la paix du ménage! cet inconnu vient de la part de la blanche fleur d'à côté apporter aux pistils de celle-ci les tendres messages qu'ils ont la faiblesse d'agréer!...

Ainsi que le croisement d'un nègre et d'une blanche produit le mulâtre, de même le croisement des fleurs de nuances diverses produiront des rejetons panachés, moitié d'un ton, moitié d'un autre. — Maris jaloux, maris méfiants cachant avec soin leur épouse, sont trompés comme les autres !

Rosine a beau être gardée, surveillée par le farouche Bartholo, Figaro trouvera toujours le moyen de lui faire parvenir les déclarations de l'amoureux Almaviva!

Les *mauves*, cette famille nombreuse, comptant des membres petits et grands dans tous les climats, sous toutes les latitudes, sont de nature inquiète. Cachant leurs pistils à tous les yeux, les étamines croient pouvoir dormir tranquilles!... O naïveté!... Elles accueillent l'insecte, ont l'imprudence de le laisser approcher du pistil... le tour est joué, la déclaration amoureuse que l'insecte porte en sa trompe perfide, soigneusement dissimulée, est arrivée à son adresse!

Au moment de la floraison, la mauve interdite se demandera d'où proviennent ces enfants striés de couleurs inconnues jusqu'ici parmi les siens et comment il se fait qu'étant violacée et son épouse aussi, sa descendance est bariolée de blanc et de rose?...

Demande à l'insecte, pauvre mauve, il te répondra!

Il ne faudrait pas déduire de là que les malvacées sont de nature volage; au contraire, l'infidélité est chez elles moins fréquente que dans beaucoup d'autres familles, celle des *dahlias*, par exemple.

Je ne voudrais pas que vous alliez partout répéter ce propos, mais entre nous, leurs épouses sont d'un dévergondage! Aussi voyez leur descendance!... Pas un des enfants qui ressemble au père!... C'est honteux!

— Tous les jaloux ne sont pas des naïfs! S'il est des Bartholo, il est aussi des Othello!... Il en est de farouches.

La *dyonée* n'admet pas que les insectes viennent chez elle conter fleurette à ses pistils; l'audacieux qui se permet semblable liberté voit aussitôt la fleur resserrer son calice.... L'imprudent, pris en flagrant délit par le jaloux, est étouffé entre les lobes de ses pinces!

Il est des plantes qui « flirtent » comme le *coquelicot* et le *bluet* qui aiment à se trouver ensemble, enlacent volontiers leurs corolles rouges et bleues; il en est d'autres qui se détestent. Est-ce jalousie, est-ce tout autre sentiment?... Elles se fuient et là où croît l'une, l'autre ne pousse jamais!...

D'autres se marient volontiers entre elles.

« Sais-tu que les plantes se marient ? dit l'héroïne d'un roman de Mérimée [1]; on appelle les unes *phanérogames*, si j'ai bien retenu ce nom barbare; c'est du grec qui veut dire mariées publiquement à la municipalité. Il y a ensuite les *cryptogames*, mariages secrets. Les champignons que tu manges se marient secrètement. Tout cela est fort scandaleux. »

*
* *

Comme les animaux, les plantes n'ont-elles pas un langage? langage muet, évidemment incompréhensible pour nous, mais langage néanmoins, et ne pourrait-on dire d'elles ce qu'un voyageur français disait des Chinois : « Ils parlent une langue bizarre mais, chose curieuse, ils se comprennent entre eux, et l'on voit dans cet étonnant pays de tout petits Chinois qui parlent déjà chinois!... »

Ce que Michelet disait si merveilleusement des insectes, ne peut-il s'attribuer aux plantes. Écoutez-le :

« Nul être ne se révèle plus clairement mais de lui à lui, d'insecte à insecte. Ils sont entre eux; c'est un monde fermé qui ne dit rien en dehors, ne se parle qu'à lui-même [2].

« Pour les usages ordinaires, une télégraphie électrique existe dans leurs antennes. Mais le grand, l'éloquent langage apparaît chez eux vers la fin, pour un moment court, il est vrai, qui de près annonce la mort, la grande fête de l'amour!... »

1. Mérimée, *L'abbé Aubain.*
2. Michelet, *L'Insecte.*

N'avons-nous pas vu, tout à l'heure, la vallisnérie s'échapper du sein des eaux pour aller amoureusement « causer » à la fleur qu'il adore !...

Mais écoutons encore Michelet :

« Ils (les insectes) parlent par ces brillants hiéroglyphes de couleurs, de dessins bizarres, cette coquetterie étrange de toilettes extraordinaires. Ils parlent par la lumière même et quelques espèces révèlent leur flamme intérieure par un visible flambeau ! »

* * *

Les fleurs respirent, mangent, dorment, aiment, pourquoi ne parleraient-elles pas?... Pourquoi, puisqu'elles s'aiment, ne pourraient-elles se le dire ? Le parfum qui se dégage d'une fleur n'est-il pas une déclaration amoureuse portée à une autre fleur ? Qu'en savons-nous ?

Lorsque les pétales craquettent, agités par le vent, qui nous prouve qu'elles ne chuchotent pas entre elles de douces paroles?... des paroles d'amour?...

LES CARACTÈRES — LES MŒURS

La nature, complexe dans toutes ses créations, capricieuse, fantaisiste, surtout inventive, s'est plu aux oppositions les plus violentes, à la composition des types les plus divers.

A côté de l'infiniment petit elle a fait l'infiniment grand. Tout près de cette poussière impalpable qu'est le lichen, poussent des géants tropicaux hauts comme les plus hautes cathédrales.

Dans une goutte d'eau stagnante s'agitent des cryptogames de l'ordre le plus inférieur. Regardez-les au microscope, vous les verrez croître rapidement. Cela vous paraît être des mousses, des mousses qui vont fleurir. Au moment où vous croyez la fleur prête à s'épanouir, la plante semble prise de folie subite, se trémousse, danse, s'incline, s'allonge, se tortille, puis le tableau change tout à coup : comme un décor qui s'effondre, le cryptogame se désagrège, se réduit en miettes et chacune de ces miettes a reçu le souffle vital. Les voilà nageant furieusement en tous sens. La plante que tout à l'heure vous observiez curieusement s'est transformée, pulvérisée en quelque sorte, et ces grains de poussière sont des animalcules animés. Des infiniment petits !

A la surface de cette eau croupissante, nauséabonde où vous

avez puisé la goutte dans laquelle s'agitent ces atomes, s'étale, opposition stupéfiante, une géante, native de l'Afrique centrale : C'est la Rafflésie, fleur sinistre, dont les feuilles de deux mètres, véritables îlots, sont d'une chair épaisse, flasque, molle, au teint

livide. Épouvantable plante, plante macabre qui répand dans les airs une affreuse odeur de cadavre en putréfaction. Étrange fleur de ce tropique où les végétaux surchauffés exagèrent leur croissance, atteignent des proportions ignorées dans nos climats.

Si les antithèses de grandeurs, de proportions, de formes et de couleurs sont, dans le règne végétal comme dans le règne animal, d'autant plus frappantes qu'elles sont plus exagérées, les différences de caractères, de mœurs ne le sont pas moins.

Il y aurait une comparaison curieuse à faire entre nos caractères à nous et les caractères des végétaux, entre nos « défauts » et les leurs.

S'il est parmi les hommes des sauvages et des civilisés, des bons et des mauvais, des gens aimables et des gens hargneux, s'il en est de gais et de tristes, des humbles et des orgueilleux, si les uns sont apathiques et les autres nerveux, si ceux-là sont des audacieux et ceux-ci des timides ; si, parmi nous, il est des gens qui recherchent la société et d'autres qui préfèrent la solitude, il en est de même chez les plantes.

Importuns, indiscrets, personnages au caractère pointu, gens agaçants, natures franches, natures perfides ; fantaisistes, vagabonds, corrects de tenue ou dégingandés, originaux ; types bizarres aux mœurs étranges... la collection végétale possède tout cela comme la collection humaine. Botanique et ethnologie sont également bien partagées.

Importun, indiscret, ce chiendent qui se fourre partout; vous avez beau l'arracher, le fouler aux pieds, l'envoyer à tous les diables, il reparaît quand même, semblable en cela à ces gêneurs que vous avez beau jeter à la porte et qui rentrent par les lucarnes. Caractère pointu, celui du chardon, celui de la ronce qui se vexent d'un rien, n'admettent pas que vous les frôliez sans se regimber aussitôt et vous piquent de leurs aiguillons comme bien des gens vous piquent de la langue.

Agaçante comme telles personnes qu'elle vous rappelle et auxquelles vous donnez son nom, cette teigne qui s'agrippe à vous, malgré vous. Nature franche, le bouton d'or qui brille au milieu des prés verts; nature perfide, cette ciguë qui se dissimule au milieu des cerfeuils dont elle cherche à imiter les formes!

Fantaisiste, ce pavot qui s'offre sur une même tige des fleurs doubles et des simples, des roses et des rouges, porte en même temps des boutons, des fleurs et des têtes bourrées de graines!

Vagabondes, ces milles plantes, qui poussent partout sur les

murailles et sur les toits, courent les grands chemins comme des bohémiennes, traînent dans les fossés, se baignent dans les ruisseaux!... Audacieuse, cette bryone qui saute d'un arbre à l'autre, grimpe ici, se laisse retomber là, traverse les sentiers, s'accroche aux buissons.

Timide, la jolie violette; modeste le muguet; prétentieuse la rose trémière; orgueilleux le camélia!...

En colonies nombreuses, en familles bien unies vivent les coquelicots, les bluets, les marguerites, les nielles; petits et grands, jeunes et vieux s'assemblent, se groupent, adorent la vie en commun; gais de caractère, ils se parent de gaies couleurs, font bon ménage avec les blés parmi lesquels ils folâtrent, et dont ils sont le sourire. Ce sont là de « braves gens »; vivant en plein soleil, chevelures au vent ; ne faisant de mal à personne, ils ne redoutent personne ; ils n'ont aucun méfait à se reprocher et se montrent au grand jour.

Solitaires, tristes, misanthropes, détestant le monde qui le leur

A côté du souple roseau se dresse le chêne solide (p. 66).

rond bien, la rose de serpent se dépêche de fleurir avant toutes les autres plantes dont elle ne veut pas voir les fleurs ; plus loin l'hellébore aux feuilles ridées, crochues comme des doigts de sorcières, épanche sa bile au milieu des décombres.

A côté de plantes modestes, tranquilles, si simples de formes, si atténuées de couleurs, qu'elles passent presque inaperçues, tout à fait charmantes néanmoins, se dressent des végétaux robustes, aux encolures énormes, au corps vigoureux. A côté du souple roseau pour qui

« Un roitelet est un pesant fardeau »

se dresse le chêne solide qui :

« Non content d'arrêter les rayons du soleil
« Brave l'effort de la tempête... »

L'humble et le superbe, le pauvre diable et le seigneur!... Et pourtant, que sont les grands arbres de nos climats, les plantes curieuses qui croissent à leurs pieds auprès des colosses du Nouveau Monde, auprès des végétaux bizarres, extraordinaires qui vivent sur les terrains vierges?...

C'est dans les inexplorables forêts du Nouveau Monde, aux Indes, sur les bords du Nil, que les plantes, libres de toutes entraves, maîtresses absolues du terrain, accusent leur puissance inouïe. Toutes sont phénoménales, certaines deviennent monstrueuses. Non seulement les formes en sont exagérées et les forces décuplées, mais les couleurs dont elles se parent sont aveuglantes et feraient paraître décolorées nos roses les plus brillantes, nos œillets les plus beaux! Elles tiennent haut leurs tiges comme des sceptres dominateurs et leurs fronts portent de majestueuses couronnes.

Végétaux et animaux rivalisent de taille et de vigueur, leurs évolutions sont miraculeuses, leur vitalité incomparable!

Les uns rampent et s'enroulent en anneaux indéroulables, les autres s'élèvent à des hauteurs vertigineuses! Les uns aromatisent l'air de parfums délirants, d'autres répandent une odeur nauséabonde; ceux-ci portent en eux un suc bienfaisant, ceux-là distillent un mortel poison.

Les fleurs, les plantes qui ici nous semblent si belles, sont des pygmées à côté de leurs sœurs de là-bas!... Le nénuphar, dont les étoiles au cœur d'or scintillent sur nos étangs, dont les feuilles donnent asile aux argyronètes et aux libellules, devient là-bas la royale victoria qui règne comme un roi fainéant sur le fleuve indien, y étale majestueusement son immense couronne teintée de rose tendre et de blanc éclatant et dissimule, sous ses feuilles de velours vert doublées d'écarlate, le sommeil puissant du monstrueux crocodile, du hideux hippopotame, de la tortue géante.

En ce pays de soleil cuisant, de lumière aveuglante, tout s'agrandit démesurément, s'amplifie dans des proportions folles. Le brin d'herbe devient buisson épais, le liseron, la capucine aux doux enlacements se transforment en lianes aux étreintes farouches. L'arbre qui, sous notre ciel, a d'avance ses limites de croissance arrêtées, ne connaît plus, là-bas, de frein ni de barrière, il monte, monte, monte, grossit en sa rugueuse écorce et vit si longtemps que les siècles pour lui ne comptent plus et qu'il semble presque éternel.

Un arbre ici donne à peine son ombrage à deux ou trois personnes; à Ceylan, une feuille de *talipot* abrite une douzaine d'hommes. Dans le trou creux de nos saules, un enfant pourrait à peine se dissimuler; dans le corps ouvert du baobab africain, une colonie entière de nègres peut se réfugier(1). Sûrs de leur force et de leur puissance, disposés à en faire profiter ceux qui en ont besoin, ces géants paisibles et sans méchanceté distribuent complaisamment leurs souverains bienfaits, donnent asile aux vagabonds sans abri.

Non seulement les dimensions s'exagèrent, mais aussi les formes. Certains végétaux au caractère belliqueux, rébarbatif et violent, prennent des figures inquiétantes; ils semblent, comme les anciens guerriers japonais ou chinois, s'être cachés sous des masques terribles pour faire peur à qui voudrait les approcher. Celui-ci a pris les allures de l'horrible Python, comme lui il s'enroule convulsivement sur le sol; celui-là étend ses racines énormes comme un monstrueux poulpe, comme une pieuvre gigantesque cherchant à étreindre quelque Gilliatt. Cette fleur s'est déguisée en crocodile à la gueule béante, cette autre s'est munie de pointes acérées et semble un porc-épic dont les piquants seraient des lances.

Nous sommes loin de nos plantes qui plaisamment cherchent, elles aussi, à figurer des êtres d'un autre règne que le leur, mais avec moins de sauvagerie; plus aimables, elles semblent vouloir

1. Dans les *Merveilles du monde végétal*, M. Xavier Golbéry cite un baobab dont le tronc creusé ouvrait une grotte de 22 pieds de haut sur 20 de diamètre.

distraire ceux qui les frôlent en passant : elles *font des imitations* de choses connues comme certains hommes singent des acteurs en renom. Le muflier, dont les fleurs aux couleurs variées, s'ouvrent béantes sous la poussée des doigts, croient ressembler à des mufles d'animaux; le pied-d'alouette accroche ses pétales à ses pédoncules de façon à les faire ressembler aux pattes de l'oiseau chanteur; la mandragore se figure reproduire en sa racine la partie inférieure du corps de l'homme.

Pastiches plus ou moins réussis, grimaces enfantines qui ne sauraient en rien nous effrayer.

A côté des plantes tropicales d'aspect féroce ou imposant il en est d'autres terrorisées sans doute par l'inquiétant voisinage; pauvres plantes timides, tremblantes, qu'un rien effraie, que le moindre choc anéantit.

La *nervosité* étant universelle, les plantes « nerveuses », si j'ose ainsi dire, poussent sous tous les climats.

La sensitive, cette *neurasthénique*, se trouble pour un rien; une odeur, une ombre, un souffle la font s'évanouir; sa « pudeur » (les botanistes la nomment *mimosa pudica*) s'effarouche au moindre attouchement.

Plus sensible encore est la pauvre wulferine carinthienne; le choc le plus léger, coup d'aile d'oiseau, baiser de papillon, la tuent.

Nerveuse aussi, la desmodie, mais sa nervosité se trahit par des mouvements saccadés, rapides, constants, des folioles de ses feuilles impatientes.

Voici la capricieuse rose des Alpes, douce, aimable, sans aiguillons si on la laisse vivre sur la montagne, mais qui se met sur la défensive et se garnit d'épines si on la transporte dans la vallée.

*
* *

Ce sont les variations atmosphériques qui surtout influent sur

d'autres plantes; elles sourient au soleil, boudent au temps gris, dorment s'il pleut.

Le mouron des oiseaux, peu matinal, attend le soleil de neuf heures pour se réveiller et s'ouvrir à ses rayons. Si le soleil ne luit pas, la plante ne se lèvera pas et dormira à pétales fermés.

Le temps est-il orageux, bien vite les trèfles replient leurs folioles qu'ils ne veulent pas exposer à l'averse.

Est-ce le vilain nom dont on l'a baptisé qui décide le pissenlit à laisser sa fleur fermée les jours de pluie? veut-il ainsi protester contre la mauvaise habitude que ce nom semble lui attribuer, et prouver « qu'au contraire », il déteste l'humidité?.....

Plus calmes, moins préoccupées des changements de température, moins sensibles aux attouchements des insectes, aux souffles des vents, moins capricieuses, d'autres plantes mènent une existence calme et exemplaire. Comme de sages petites personnes, bien raisonnables, elles dorment la nuit; le jour elles sourient au soleil, subissent, sans se plaindre, la pluie ou la brise, et agréent volontiers les hommages des abeilles, les caresses des papillons.

Beaucoup de végétaux sommeillent; aussitôt le coucher du soleil, leurs feuilles s'inclinent vers la terre; leurs pistils, leurs étamines restent immobiles jusqu'aux premiers rayons du jour. Les acacias, les trèfles agissent ainsi.

Pythagore, qui avait interdit à ses disciples de manger certains animaux, leur avait défendu de même de manger des fèves; il avait observé chez celles-ci le phénomène dont nous venons de parler, et en avait déduit qu'elles avaient une âme.

Le célèbre lotus, la fleur égyptienne, et les larges nénuphars blancs du Nil font mieux; non seulement ils dorment, mais se couchent dès le soir venu, la lumière éteinte; les fleurs se referment, redescendent sans bruit au sein des eaux où elles vont passer la nuit et dormir pour ne réapparaître à leur surface toutes fraîches, toutes reposées, que quand le jour renaît.

Voilà des noctambules au blanc plastron boutonné de points d'or, gainées de velours, comme la belle-de-nuit; elles brillent la nuit et, fatiguées, s'endorment au lever du jour.

Certaines plantes ne sont pas exemptes du péché de gourmandise; très friandes d'insectes, ceux-ci font, généralement, les frais du festin. Le rossolis ou drosère laisse briller sur ses feuilles une gouttelette argentée qui semble une larme de rosée qui n'est, en réalité, qu'un dangereux appât pour le pauvre moucheron; s'il l'effleure de ses pattes ou de ses ailes, le malheureux est perdu; la goutte de rosée n'est qu'une goutte de glu dont le moucheron ne pourra se détacher. Plus il fait d'efforts et plus il aggrave sa situation, tous ses mouvements ne servent qu'à donner de l'impulsion aux poils qui garnissent les feuilles de la plante et qui se rapprochent, s'enchevêtrent et enferment la victime en cage, où il est dévoré.

Le népenthès (plante très commune à Madagascar) fait lui aussi une grande consommation d'insectes. C'est la nuit qu'il dresse ses pièges. Il remplit d'une eau limpide les urnes que sont ses fleurs; le chatoiement de cette eau attire les insectes, comme le miroir, les alouettes, et ils s'y noient; le liquide dissout leurs cadavres, la plante les ingère.

Il est des végétaux qui possèdent la singulière propriété de répandre une chaleur violente. Au moment de la floraison, la fièvre paraît s'emparer d'eux et, sans que la plante semble en souffrir, sans qu'aucune inflammation en résulte, elle devient brûlante ; l'arum d'Italie, l'arum d'Amérique sont

dans ce cas ; M. Hubert, un naturaliste, a constaté chez cette fleur 44 degrés centigrades, alors que la température ambiante n'en possédait que vingt.

La majestueuse royale victoria, dont nous avons parlé, présente le même phénomène.

Certains végétaux ont été accusés de noire perfidie.

Le fameux mancenillier africain, par exemple, qui, dans le pays

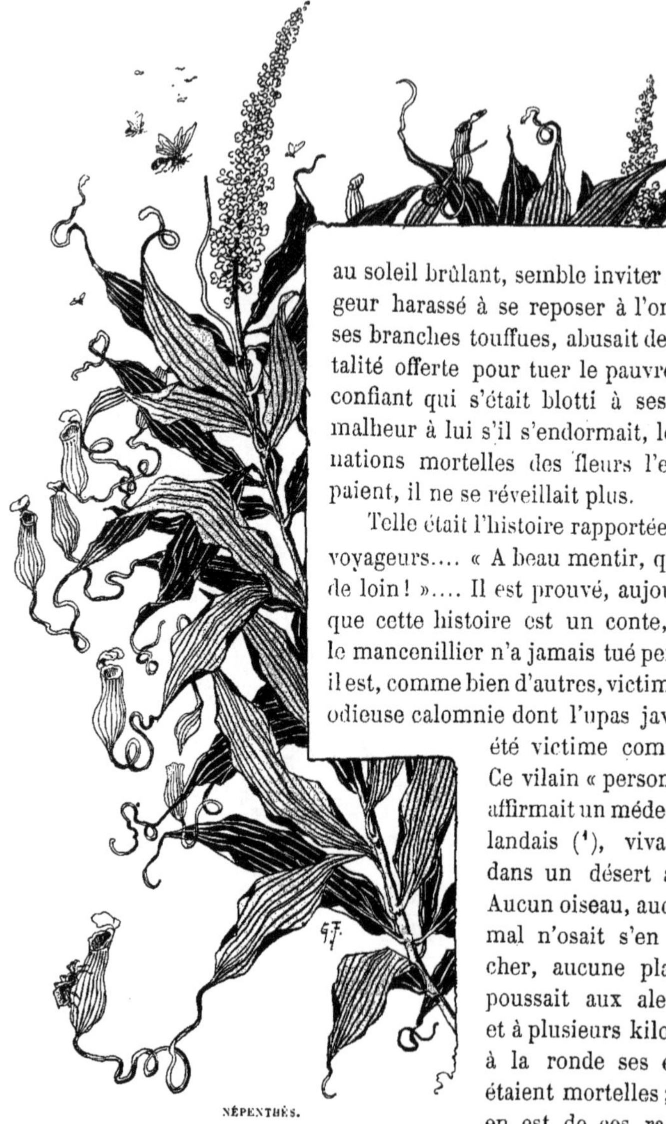

NÉPENTHÈS.

au soleil brûlant, semble inviter le voyageur harassé à se reposer à l'ombre de ses branches touffues, abusait de l'hospitalité offerte pour tuer le pauvre diable confiant qui s'était blotti à ses pieds; malheur à lui s'il s'endormait, les émanations mortelles des fleurs l'enveloppaient, il ne se réveillait plus.

Telle était l'histoire rapportée par des voyageurs.... « A beau mentir, qui vient de loin! ».... Il est prouvé, aujourd'hui, que cette histoire est un conte, et que le mancenillier n'a jamais tué personne; il est, comme bien d'autres, victime d'une odieuse calomnie dont l'upas javanais a été victime comme lui. Ce vilain « personnage », affirmait un médecin hollandais ([1]), vivait seul dans un désert affreux. Aucun oiseau, aucun animal n'osait s'en approcher, aucune plante ne poussait aux alentours, et à plusieurs kilomètres à la ronde ses effluves étaient mortelles; or, il en est de ces racontars comme des autres : l'upas n'est pas plus méchant que le mancenillier.

Nous avons, malheureusement, assez de plantes malsaines, contenant dans leur sève un poison dangereux, mortel même, sans en avoir d'autres qui vous tuent à distance!...

1. Le docteur Foersch, qui vivait à la fin du siècle dernier.

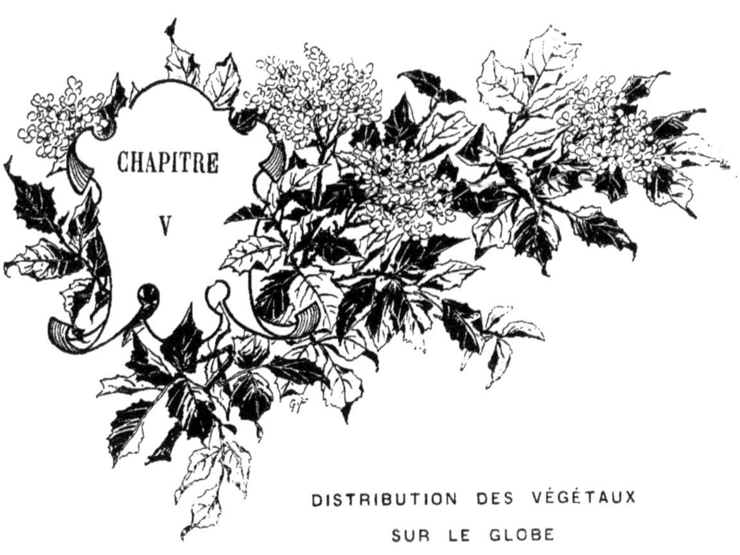

DISTRIBUTION DES VÉGÉTAUX SUR LE GLOBE

Chaque partie du globe a ses végétaux particuliers; les caractères, les formes, les allures changent avec les variations climatologiques, aussi avec les éléments du « support » où les plantes se sont fixées.

Avec une vitalité surprenante elles poussent partout, variant leur mode de croissance suivant les conditions où elles sont placées.

Les contrées intertropicales sont les plus favorables à la végétation; c'est là que se trouvent réunies les meilleures conditions de chaleur et d'humidité propres à la croissance des plantes.

Les plantes les plus répandues, aussi bien dans notre hémisphère que dans l'autre, sont les plantes *bonnes* et les plantes *jolies*; chose fort consolante.

« La végétation, dit M. Grimard, n'est pas seulement un décor sur la scène du monde; c'est une république fédérale dont les communautés ou associations donnent la vie ou la tarissent, créent ou dépeuplent, et transformeraient bien vite la terre en désert si l'homme négligeait, pendant quelques années seulement, de diriger et d'utiliser à leur profit leur puissance redoutable.

« Parmi ces associations, les forêts, par leur importance,

occupent le premier rang. Ce sont elles qui, au plus haut degré, interviennent dans l'aspect des diverses contrées de la terre et dans l'économie statique de la nature. A leur ombre, le sol conserve une éternelle humidité que favorise, qu'augmente sans cesse le refroidissement de l'atmosphère entretenu par l'évaporation même qu'occasionne la forêt. Par suite d'un admirable enchaînement d'actions réciproques, l'effet reproduit la cause en devenant cause à son tour. Le nuage donne l'eau à la forêt; la forêt crée le nuage, et du suintement général des terres humides naissent les sources, les ruisseaux et les fleuves dont on connaît l'importance capitale dans l'histoire de l'humanité. »

Les plantes naissant dans certaines régions peuvent très bien s'acclimater dans d'autres et même surmonter pour cela des obstacles matériels. — Là où vivent certaines races — végétaux, bêtes ou gens — ne pourraient subsister certaines autres races. Ces races végétales, animales ou humaines ne sauraient braver impunément l'action d'un climat contraire à celui sous lequel elles ont vu le jour, et si elles veulent malgré tout lutter, elles seront vaincues dans un temps plus ou moins long, le climat restera fatalement victorieux.

Les conditions hygrométriques, le degré de sécheresse, les sources de température variables pour chaque plante et la persistance des neiges amènent nécessairement des variations dans la distribution des diverses espèces de végétaux.

La constitution lumineuse de telle ou telle région modifie non-seulement les conditions, mais augmente ou diminue la force de végétation de la plante, modifie ses caractères spécifiques.

« Chaque espèce, dit M. Alfred Maury, a une zone d'habitation, de superficie et de configuration très différentes. »

Les conditions locales déterminent ce qu'on nomme stations végétales. Ces conditions locales varient à l'infini non seulement suivant le degré de sécheresse ou d'humidité, mais encore suivant les compositions géologiques des terrains, la présence ou l'absence de matières salines ou azotées, la différence d'intensité de lumière. Et ce sont ces causes qui déterminent des stations nettement indiquées : les rochers, les plaines, les marais, les terrains sablonneux, les terrains humides, etc.

Puis, par une sorte d'entente tacite, par une rotation incompréhensible, telle race cède la place à telle autre. Dans la prairie, les légumineuses cèdent le pas aux graminées, puis celles-ci disparaissent et celles-là reviennent à nouveau. Dans la forêt, mêmes changements. Le chêne et le hêtre se retirent laissant le terrain libre aux essences résineuses; une politesse en vaut une autre : l'essence résineuse cède à son tour la place à d'autres espèces.

Évolutions curieuses, à peu près inexplicables.

Le globe est en quelque sorte divisé en réseaux enlacés et dans ces différents réseaux croissent les différentes espèces. Ces réseaux sont d'autant plus petits que l'organisme de l'espèce qui y a élu domicile est plus développé, plus parfait. Cette loi est confirmée par l'évolution des végétaux.

Les cryptogames, les plantes aquatiques et celles des terrains cultivés occupent, en revanche, les réseaux les plus vastes. « Et si l'on songe, a dit M. A. de Candolle, à l'extension des mousses, des lichens, si l'on fait attention à la taille relative de certaines espèces annuelles et vivaces, arbustes, arbrisseaux et arbres, on reconnaît que l'aire moyenne des espèces végétales est d'autant plus vaste que leur taille moyenne est moindre. »

Le même auteur dit que l'aire moyenne des espèces diminue à mesure qu'on s'avance du pôle arctique aux extrémités australes des continents. Cela paraît tenir à ce que, dans l'hémisphère boréal, les terres sont plus rapprochées les unes des autres, tandis qu'elles vont en divergeant à mesure qu'on se rapproche du pôle antarctique.

Cette distribution de notre planète en réseaux représentant des régions végétales ne saurait être rigoureuse.

Dans telles régions fort étendues la même flore, à peu de chose près, prend naissance malgré des différences de climats, mais grâce à une certaine conformité topographique.

Dans telles autres, au contraire, d'espace restreint, croissent des variétés végétales nombreuses qui présentent des affinités grandes avec les espèces croissant dans des pays souvent fort éloignés.

Les régions végétales empiètent donc les unes sur les autres, en des pays divers, et il serait difficile, impossible presque, d'en tracer une « carte géographique végétale ».

Nous n'entrerons pas dans des détails nombreux et nous

n'entreprendrons pas une nomenclature des espèces caractérisant chaque pays, c'est-à-dire celles qui offrent la plus grande proportion d'espèces dans l'ensemble de celles qui en composent la flore.

Bien des végétaux ont été transportés d'un continent à un autre et ont pu se propager sur le nouveau sol où on les avait implantés.

Pour beaucoup d'entre eux, le changement de climat agissant

Avec une vitalité surprenante les plantes poussent partout (p. 73).

sur leur organisation particulière, a modifié leurs allures. D'autres, au contraire, s'accommodant parfaitement de leur émigration accidentelle ou voulue, y font souche, donnent naissance à de nombreux rejetons, se multiplient et finissent par adopter comme la leur cette nouvelle patrie où ils prennent enfin leurs lettres de grande naturalisation.

Ceci tendrait à prouver que chaque région n'a pas reçu de la nature toutes les espèces qui eussent pu y vivre et que les causes physiques actuelles ne sauraient les engendrer toutes ou les modifier.

Non seulement les plantes sont importées par les botanistes qui veulent les étudier ou par les horticulteurs qui veulent les cultiver — ce que nous appelions « émigrations voulues » — mais les vents, les eaux, les courants divers, les animaux, les oiseaux, entraînent dans un pays autre que le leur, des graines qui y germent, y poussent, s'y acclimatent; c'est ce qui nous faisait dire « émigrations accidentelles ».

Lors de l'introduction en France des laines étrangères, des plantes ignorées dans nos climats ont été importées.

Lavées en plein air, ces laines ont laissé glisser sur le sol des graines qui s'étaient accrochées dans leurs touffes et y ont germé.

Certaines graines fines, munies de poils follets ou d'aigrettes légères peuvent être portées au loin par les divers courants ; des plantes aquatiques, originaires des pays lointains, sont venues jusqu'à nous, transportées par les flots.

Enfin les oiseaux, qui dans leur estomac ou dans leurs pattes emportent tant de graines de sortes diverses, sont d'actifs agents de naturalisation.

Mais si certaines plantes, comme certains animaux, ont pu s'habituer chez nous, combien d'autres y sont devenues anémiques, s'y sont étiolées, se sont montrées rétives à toute acclimatation.

Nous sommes riches, néanmoins, en végétaux que nous considérons aujourd'hui comme nos compatriotes, et qui, pourtant, ne vivaient autrefois qu'en de lointains pays, tels la rose de Bengale, la renoncule et la rose de Damas.

L'odorant lilas, qui croît partout avec profusion, nous est venu de Perse il y a trois siècles.

Le marronnier des Tuileries — dont vous allez guetter les fleurs au mois de mars — et tous les marronniers à l'ombrage épais qui ornent nos jardins publics, nos promenades, nos bois, ont eu pour berceau les Indes.

Le réséda est du pays des Pharaons.

La capucine, du pays de l'or dont elle a emprunté les tons brillants.

Le chrysanthème, aux mille et une couleurs, vient du pays aux mille et une nuits.

La tulipe fut asiatique avant de devenir hollandaise.

Saviez-vous que si vous mangez de la laitue, cuite ou en salade, de l'artichaut poivrade ou à la sauce blanche, si vous risquez l'indigestion ou la colique grâce au succulent melon, c'est à Rabelais que vous le devez? Saviez-vous que c'est le gai curé de Meudon qui les a rapportés d'Italie, agrémentés de quelques œillets d'Alexandrie, pour son ami le cardinal d'Estissac?

Le froment, l'orge, l'avoine et le seigle sont des cadeaux que nous a faits l'Asie Centrale.

Mais, malgré tous nos efforts, malgré toute notre science, en dépit de tous nos soins, bien des plantes entendent rester en leur patrie. La nature végétale prétend, sur certains points, conserver son empire, comme la nature animale la conserve sur certains autres. Nous ne pouvons modifier qu'en partie notre culture, et encore, à la condition de respecter les lois qui régissent la croissance de tous les végétaux.

LES SOUFFRANCES — LA MORT

« Ah ! notre globe est un monde barbare, je veux dire jeune encore, monde d'ébauche et d'essai, livré aux cruelles servitudes : la nuit ! la faim ! la mort ! la peur ! »... s'écrie le grand Michelet.

La nuit, la faim, la mort, la peur ! La plante, pas plus que nous, n'est exempte de ces maux ! — Elle respire, donc elle doit souffrir ; elle vit, donc elle doit mourir ; dilemme fatal, auquel nul n'échappe !

Si la plante a sur nous cet avantage énorme de ne pas éprouver nos insatiables besoins, nos funestes passions ; si elle ne demande qu'à vivre librement, ne réclame qu'un peu d'air et de lumière ; si elle ignore l'envie et la haine qui rongent, les guerres et les révolutions qui déciment, elle connaît la souffrance et elle a ses ennemis.

La nature, si généreuse envers elle, la nature qui s'est chargée de pourvoir à tous ses besoins, qui l'a fait naître belle, gaie, heureuse, se plaît parfois, en de terribles caprices, à détruire son œuvre. Le sourire prometteur qu'elle lui adressait lorsque toute frêle elle sortait de terre, le rayon de soleil qu'elle lui envoyait pour la réchauffer et dorer ses bourgeons, la douce brise qui gracieusement faisait onduler ses tiges, la goutte de rosée, bijou rutilant que ce matin elle épinglait à la corolle de sa fleur, se transforment tout à coup. Le sourire est devenu une épouvantable grimace, signe d'une colère rageuse; le rayon de soleil, effrayé, s'est blotti derrière cette nuée opaque, masse noire, lourde, frôlante, menaçant d'écraser la pauvre plante effarée qui se blottit courbant la tête. La brise douce souffle maintenant en tempête, arrache les feuilles de leurs pétioles, éparpille au loin les

L'ombrage épais retire aux autres la lumière et l'air (p. 82).

pétales des fleurs. Au lieu de gouttes de rosée, suspendues aux corolles, voici des grêlons durs et secs qui les déchirent, lancés en mitraille par l'invisible main qui se dissimule derrière le lourd nuage! Ils hachent, pilent, déchiquettent les mignonnes fleurettes qui, tout à l'heure alertes et vives, étalaient leurs formes charmantes et leurs brillantes couleurs.

Ouragans, bourrasques, chaleur trop ardente qui les brûlent ou les dessèchent, froid intense qui les recroqueville et les gèle, ne sont pas les seuls dangers que court la plante.

LA BRISE DOUCE SOUFFLE MAINTENANT EN TEMPÊTE. (Page 80.)

Les brusques cataclysmes, les ressauts violents, les brutales fantaisies de la nature ne sont que passagers; bientôt elle redevient clémente et, par ses soins constants, fait vite oublier ses terribles colères.

Mais la plante doit braver d'autres dangers, elle est la proie d'autres ennemis tenaces, qui la détruisent petit à petit, attaquent ses racines, sucent sa sève, rongent ses feuilles, dévorent gloutonnement ses fleurs : les insectes, l'affreuse chenille, la limace gluante, l'odieux puceron, cent autres encore.

Puis l'homme, cet être parfois bêtement nuisible qui, sans raison, la fustige de sa canne ou l'écrase de son talon!

Parmi ses congénères elle a des ennemis aussi, non ennemis par haine ou besoin de nuire, mais ennemis par égoïsme, sacrifiant pour leur bien-être à eux le bien-être des autres, et qui, comme dans notre pauvre espèce à nous, se rient du malheur d'autrui pourvu qu'ils jouissent, eux, d'un bonheur parfait.

Étouffées, affamées, les pauvrettes qui ont eu l'imprudence de pousser à leurs pieds végètent chétives et meurent tôt, si elles ne peuvent s'allonger en rampant et s'écarter de la zone mortelle.

Tels sont les grands chênes, les hêtres, aux lourdes branches, dont l'ombrage épais retire aux autres la lumière et l'air, et dont les racines gloutonnes gardent pour elles seules tous les éléments nutritifs.

Tels sont d'autres arbres, les saules, les bois blancs, qui, voulant jouir vite de l'existence, se pressent, croissent avec une vertigineuse rapidité et scellent dans le sol leurs souches durables, au détriment de tous les autres.

Telles sont aussi des végétaux plus petits qui, ne pouvant user de force, abusent de leur don prodigieux de procréation et, semant autour d'eux leurs abondantes graines, étouffent sous le nombre quiconque veut leur disputer le terrain; ainsi fait le rouge coquelicot, l'arroche.

D'autres encore, comme le fraisier, la renoncule aquatique, etc., étendent leurs ramifications nombreuses, en forment un filet aux mailles inextricables, si serrées, si enchevêtrées, que nul végétal n'essaiera de passer sans être aussitôt étranglé.

Mais voici d'autres ennemis : les parasites, ces vagabonds sans feu ni lieu, qui ne vivent qu'aux dépens d'autrui, quittes à ruiner souvent qui leur donne asile.

Voici le gui, étreignant les branches du pommier, du frêne, de l'acacia; le gui, plante consacrée par les Druides, n'installant que rarement ses touffes sur les branches du chêne, arbre sacré, vénéré des Gaulois!

L'orobranche, autre parasite qui s'attaque aux racines et les épuise.

La mélampyre, qui sournoisement se glisse au milieu des blés. L'oïdium tuckeri, qui attaque la vigne... Parasites de nos climats, redoutables certes, mais bien moins que certains parasites des pays tropicaux, comme le figuier maudit, par exemple.

Cet aventurier vient traîtreusement s'installer sur un palmier d'une espèce particulière; il se fait humble, suppliant, demande l'hospitalité, là dans un coin... il tient si peu de place!

Le palmier bienveillant (un peu naïf, comme beaucoup de gens trop bienveillants) a pitié de la pauvre brindille toute tremblante qui ne montre d'abord timidement qu'une feuille, puis deux, puis davantage. On la laisse faire, elle s'enhardit et montre une mignonne racine, grêle, flexible, qu'un rien briserait; une seconde racine surgit, puis une autre, encore une autre! négligemment elles restent suspendues à la branche qui leur sert d'appui, flottent au gré des vents..., mais elles s'allongent, s'allongent, vont atteindre le sol. Le palmier est habitué à sa commensale qui ne le gêne en rien ; il la laisse agir à son gré....

Mais tout change, les fines racines ont touché la terre, elles s'y agrippent, s'y enfoncent.

Le traître commence à lever la tête, ses racines pompent, aux dépens de celui qui l'a nourri, hébergé jusqu'ici, tous les sucs nutritifs; goulument, il s'en nourrit; insatiable, il puise, puise, dans le sol, la nourriture qui alimentait le palmier, se développe, grossit aux dépens de celui-ci qui meurt épuisé, étouffé, victime d'une bonne action!... Le figuier maudit étend alors ses racines en tous sens, donne naissance à de nouveaux rejetons qui se multiplient à l'infini...

L'humble petite herbe est devenue impénétrable forêt!

L'histoire de ce palmier et du figuier maudit n'est-elle pas celle de bien des gens?... N'est-elle pas l'image de ce qui se passe journellement parmi nous?...

Lequel d'entre nous n'a pas été victime de son bon cœur. Combien, pour avoir eu un bon élan, ont éprouvé des regrets cuisants?...

Auquel d'entre nous un service rendu n'a-t-il pas été payé de la plus attristante ingratitude?...

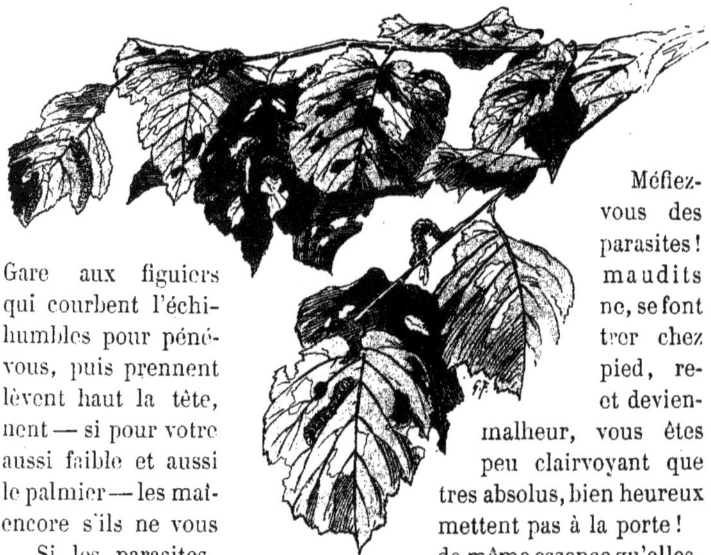

Méfiez-vous des parasites! Gare aux figuiers maudits qui courbent l'échine, se font humbles pour pénétrer chez vous, puis prennent pied, relèvent haut la tête, et deviennent — si pour votre malheur, vous êtes aussi faible et aussi peu clairvoyant que le palmier — les maîtres absolus, bien heureux encore s'ils ne vous mettent pas à la porte!

Si les parasites, de même essence qu'elles, sont funestes aux plantes, combien le sont d'avantage ceux d'une autre race qui les viennent dévorer!... Le parasite végétal tue rarement celui aux dépens duquel il vit, car ce serait aussi sa mort à lui. Le parasite animal, s'il s'attaque aux organes vitaux, le tue parfois, toujours l'épuise, l'anéantit!

A côté de l'insecte bienfaisant qui fait œuvre de vie, à côté de l'abeille, du scarabée, qui viennent recueillir le pollen d'une fleur pour le porter à une autre, — messagers bienfaisants qui aident à la multiplication des fleurs qu'ils aiment, — vit dans l'ombre l'insecte nuisible qui fait œuvre de mort.

L'insecte est un ennemi d'autant plus redoutable que la plante qu'il attaque est sans défense !

Pauvre Prométhée, rivée à la terre, elle doit se laisser dévorer peu à peu.

C'est le ver blanc, larve odieuse, qui sous terre ronge les racines, caché aux yeux de tous ; on ne se doute pas de sa présence. La plante dont il a attaqué les organes vitaux baisse tristement la tête, ses tiges se recroquevillent, ses feuilles tombent, elle agonise, elle meurt !

C'est la répugnante chenille velue, aux poils hérissés,

qui contracte ses anneaux pour grimper aux feuilles de l'arbuste. Elle ne travaille pas seule, seule elle ne suffirait pas à la destruction de sa victime. Elles sont cent, mille, dix mille montant à l'assaut, lentement mais sûrement !... elles se suivent, passant en longues files, se tassent en grouillant les unes contre les autres !... En peu de temps, l'arbre tantôt vigoureux, superbement couvert de feuilles bien vivaces, est dénudé, dépouillé,... il n'en reste que le squelette. On ne saurait croire la rapidité avec laquelle elles opèrent.

Il me souvient que, voyageant en Bourgogne, j'avais un jour commencé l'étude d'un arbre superbe, au feuillage touffu. Surpris par le mauvais temps, je dus abandonner mon croquis. Je revins pour le continuer deux jours après... Plus une feuille à mon arbre, plus une !... J'étais ahuri et je me demandais la cause de cette étonnante métamorphose lorsque je m'aperçus que les arbres précédents étaient dans le même état et que celui qui le suivait était à demi dépouillé. Une myriade de chenilles étaient les dévastatrices ; elles agissaient stratégiquement, semblaient suivre une tactique, avaient commencé par dévorer les premiers arbres du chemin et continuaient graduellement leur route en dévorant les autres !...

Hideux, épouvantable grouillement que celui de cet indestructible régiment qui rampe sûr de sa victoire par le nombre !

Chenilles fileuses qui accrochent aux branches leurs cocons blancs renfermant des milliers d'œufs, inquiétude de l'avenir ; *chenilles serpenteuses* qui vivent en société et filent en commun les toiles où elles se retireront pour changer de peau, voyageant sans cesse d'un arbre à un autre, tissant sans relâche de nouveaux filets pour les époques de mue.

Chenilles processionnaires, voyageant toujours par groupes, semant sur leur route leurs poils dangereux, même pour les humains ([1]).

Chenilles tordeuses, s'attaquant aux jeunes pins.

Chenilles du bombyx moine, dévorant le feuillage du chêne.

Chenilles à livrées et *Chenilles de phalènes*, qui nous mangent nos arbres fruitiers et nos plantes potagères.

Chenilles de toutes tailles et de toutes couleurs... Autant d'ennemis répugnants dont les végétaux ont à subir les hideuses morsures !...

Et ces êtres rampants, affreux à voir, se mouvant avec peine, deviendront des papillons au vol rapide, charmants à regarder dans leurs évolutions gracieuses d'une plante à une autre ! Oui, mais ces beaux papillons iront, entre deux fleurs, déposer leur larve. Ils peuvent mourir, à présent, car ils sont sûrs que leur génération vivra et que leurs descendants, avant d'être à leur tour papillons,

1. Les poils de ces chenilles adhèrent très peu à leur peau. Dans les endroits infestés de ces insectes, ces poils, qui voltigent, peuvent, en s'introduisant dans les voies respiratoires, causer des maladies de poitrine parfois très graves.

continueront l'œuvre de destruction qu'eux-mêmes avaient commencée.

Presque chaque plante a ses ennemis acharnés dont l'attaque est d'autant plus redoutable que toujours ils sont légion. Leur force c'est le nombre ! C'est par centaines de mille qu'on compte leurs espèces bien des fois plus nombreuses que celles des végétaux !

Plantes vénéneuses et plantes potagères, arbres forestiers et arbres fruitiers ont chacun leurs ennemis implacables. — Le chêne en a plus de cinquante, les poiriers et les pommiers en nourrissent une trentaine, le rosier au moins vingt. Plus ils sont petits plus ils sont terribles, car plus ils sont nombreux et plus leur fécondité est grande !

Les plantes potagères ont les tiquets, les altises, les punaises, les larves des tipules dont la peau est si dure qu'on l'a surnommée *jaquette de cuir.*

La tipule, ce grand cousin, insecte inquiétant, tout en pattes et en ailes, et dont la femelle pond, d'une portée, trois cents œufs qu'elle éparpille autour d'elle d'une poussée terrible.

Dévorant les racines jeunes encore, sans s'inquiéter du genre de végétaux auxquels elles appartiennent, voilà la courtilière, grande dévastatrice, sillonnant la terre en tous sens, hachant tout de ses pattes acérées, creusant de vastes trous pour y déposer ses œufs aussi nombreux que ceux de la tipule ailée.

Le lis blanc, cette fleur superbe, majestueuse, est impitoyablement déchiqueté par le *criocère,* dont la robe rouge semble teintée du sang qui coule des blessures faites à la chair immaculée des pétales !

Et tandis que l'insecte dévore la fleur, sa larve attaque la feuille, larve immonde qui, pour se garantir du soleil et du bec des oiseaux, se couvre de ses excréments et sous eux se dissimule !...

Mettez-la à découvert, enlevez-lui son répugnant manteau et vous la verrez aussitôt avaler gloutonnement la feuille où elle bave afin de pouvoir vite produire un autre vêtement....

Parasites encore les alucites qui ravagent nos blés et dont la vitalité est telle qu'elles peuvent donner naissance à plusieurs générations.

Les fausses-teignes logeant leurs œufs dans les grains du froment.

Le mildew microscopique mais terrible qui dessèche les feuilles de la vigne, laisse ainsi les grappes vermeilles sans abri, étiole le sarment et finit par le tuer.

Le Phylloxera, puceron terrible qui, non content de poser des galles sur les feuilles, se fixe aux racines et ne les abandonne qu'après la mort du cep!...

Larves, charançons, teignes, vers, limaces!... sales bêtes, ennemis implacables, dévorateurs insatiables de nos plantes les plus utiles, de nos fleurs les plus belles, nous ne pouvons lutter contre vos armées innombrables ! Pour mille des vôtres que nous tuons, vous en faites renaître dix mille !

Pour une plante que nous sauvons des attaques de vos pinces ou de vos suçoirs, cinquante souffrent de vos meurtrissures ou meurent sous vos coups !...

La nature en a ainsi décidé ! Insectes, vous remplissez le rôle qui vous a été dévolu, vous obéissez à la loi qui vous a été imposée, loi inéluctable pour vous comme pour toutes les autres créatures !

Votre multiplication stupéfiante est calculée d'après celle des végétaux que vous devez combattre sous peine de voir ceux-ci devenir dangereux par leur envahissement qui détruirait les harmonies de la nature.

Vous concourez à maintenir l'équilibre général, mais d'autres y concourent comme vous et si vous dévorez, vous serez dévorés à votre tour.

A chaque plante l'un de vous s'attaque... à chacun de vous un autre s'attaquera !

Vous êtes herbivores, d'autres seront carnassiers !

Puceron, tu serviras de pâture à la rouge coccinelle.

Chenilles, vous deviendrez la proie de l'ichneumon ou du carabe terrible, ce courageux fauve des insectes, muni pour le carnage de défenses solides et d'armes terribles.

Petits vous serez dévorés par de plus grands que vous.

C'est là une sentence commune à tous !...

Encore si, aux prises constantes avec ces ennemis ailés ou rampants, vous étiez, pauvres plantes, exemptes des maladies ! Si après avoir aimé, fleuri, fructifié, vous disparaissiez sans souffrir! Mais non, vous êtes sujettes aux maux de toutes sortes.

Sur vos tiges gracieuses, sur vos branches élégantes, les ressauts de température agissent comme sur nos pauvres carcasses

Lin aux fines fleurs azurées, tu seras fine batiste ou dentelle aristocratique... (p. 90).

humaines! Une chaleur trop brûlante dessèche votre moelle, un froid intense la congèle! L'humidité exagérée moisit vos racines; la sécheresse les racornit.

Vous avez vos maladies épidémiques, endémiques, contagieuses, qui vous anémient, vous rendent impotentes ou infirmes, tordent vos branches, creusent vos troncs, gercent vos écorces, arrachent vos feuilles, pourrissent vos racines!

Vous avez vos ulcères, votre lèpre, crevasses d'où votre sève s'échappe : *meunier* ([1]) redouté qui macule vos feuilles de dartres blafardes, s'attaque à vos organes, tue presque subitement certains d'entre vous ([2]).

Si ce n'est pas le parasite qui vous ronge ou la maladie qui vous anéantit, si vous avez résisté aux intempéries, beaucoup d'entre vous mourront de mort violente, tuées par l'homme, cet autre destructeur. Vous serez coupées, déchiquetées par les armes terribles qu'il s'est confectionnées : Binettes qui vous extirpent, sarcloirs qui vous arrachent, haches qui vous décapitent; bêches qui déterrent vos racines, cognées qui meurtrissent vos troncs!!!

Ainsi le destin a fixé votre sort! Vous êtes nées pour nous faire vivre en vivant, pour nous être utiles après votre mort. — Vos feuilles, vos graines, vos fleurs et vos fruits seront pour nous panacées ou aliments; de vos tiges nous extrairons les matières textiles qui, tissées, serviront à nous vêtir; votre bois découpé, travaillé, servira à nos constructions ou à notre chauffage!

L'homme ne voit en vous que l'élément agréable ou utile :

Beau fruit il te mange tout cru ou te transforme en gelée ou en compote.

Vigne aux grappes cramoisies, houblon aux pompons d'or, vous vous liquéfiez pour devenir vin ou bière.

Bourrache aux fleurs veloutées, artichaut à la crête pointue, jolies plantes, vous serez ou tisane ou légume.

Plantes vénéneuses, votre poison, que vous eussiez voulu nous rendre funeste, sera transformé en médicament salutaire!

Chênes, hêtres, peupliers et bouleaux, de vos bois solides ou tendres vous soutiendrez nos maisons ou vous les meublerez.

Sapins des pays froids vous nous apporterez la chaleur, vos troncs résineux flamberont pendant les tristes mois d'hiver, nous réchaufferont en nous égayant.

1. *Meunier*, nom d'une maladie appelée communément *le blanc.*

2. Le pêcher, notamment, ne résiste pas à une maladie vulgairement nommée : *le coup-de-soleil.*

Chanvres élégants vous deviendrez, passant sur nos rouets, le cordage solide ou la toile épaisse.

Lin aux fleurs azurées tu seras fine batiste ou dentelle aristocratique !... Ne te plains pas, ton sort est enviable. Ton tissu ira recouvrir de superbes épaules, tu voileras légèrement des gorges nacrées dont tu laisseras transparaître, au travers de tes trames, les douces carnations !...

Mais toutes ces transformations sont néanmoins la mort. — C'est la fin inévitable pour toi végétal comme pour l'insecte qui t'a fait souffrir, comme pour l'animal qui a mangé l'insecte, comme pour l'homme qui a mangé tous les autres.

Pour nous tous, la vie c'est le berceau, — le lit nuptial, — la tombe !.

LES ANCÊTRES

Les maladies, si fréquentes chez certains végétaux, semblent n'avoir aucune prise sur certains autres.

La mort, si prompte à faucher celles-ci, semble reculer devant celles-là.

Fugacité, pour les uns, longévité pour les autres!...

Fleurs jolies vivent quelques heures, chênes robustes deviennent séculaires.

Dans notre pauvre race, dans la race animale en général, des limites ont été tracées; nous avons une moyenne de développement dans laquelle nous nous renfermons tous, un maximum de durée et de taille que nous ne pouvons franchir.

Le géant dépasse plus ou moins la moyenne, mais dans des proportions relativement restreintes; le vieillard, s'il atteint un siècle, ira bien peu au delà!

L'arbre, dans certaines espèces, a une ductilité que rien n'arrête, une viabilité presque sans bornes!

Il peut monter, monter encore, s'élargir, grossir sans cesse.

Les uns, chêne, noyer, orme, etc., vont lentement dans leur évolution; les autres, sapins, aunes, peupliers, précipitent leur croissance. Il en est d'autres encore, pressés de vivre, pressés de devenir grands et forts, dont le développement est prodigieux : des agaves américains, qui ont pris racine sur les côtes de Sicile

Chêne d'Allouville.

et sur les rochers du golfe de Gênes, se sont élevés en quarante jours à 10 ou 12 mètres de hauteur; c'est M. Achille Richard qui les a signalés.

Sans sortir de France, vous pourrez admirer des « anciens » de la race végétale :

J'ose à peine citer le *cèdre du Liban*, qui étale ses lourdes branches dans l'un des labyrinthes du Jardin des Plantes de Paris; il fut rapporté tout petit par M. de Jussieu qui lui avait donné asile dans son chapeau, domicile que la plante, petit arbuste lilliputien alors, n'avait point prévu; il faut croire, pourtant, qu'il ne se trouva pas trop mal dans ce savant couvre-chef et qu'il fut reconnaissant à son propriétaire des bons soins dont il fut par lui entouré, car il prospéra! — Le botaniste eut pour lui des attentions maternelles, il l'arrosa, le dorlota durant tout le voyage,— fort long à cette époque, — et dut même supporter les lazzis et les moqueries de ses compagnons de route, mis en gaieté par cette culture d'un nouveau genre. — Quoi qu'il en soit, l'élève de M. de Jussieu arriva en fort bon état au Jardin des Plantes; je n'en dirai pas autant du chapeau!...

L'arbre vit toujours, plus robuste que jamais... depuis longtemps les cendres de son bienfaiteur dorment sous terre.

C'est en 1734 que M. de Jussieu transplanta son cèdre, il n'a donc qu'un peu plus d'un siècle et demi, une bagatelle relativement à d'autres; aussi je le cite plutôt à cause du célèbre botaniste qu'à cause de l'arbre lui-même.

Tous ceux d'entre vous qui ont vu notre belle Bretagne, ceux qui sont allés à Roscoff, auront certainement été rendre hommage au fameux figuier, illustre *urticée* qui, de son pays natal—(comme tous les figuiers, celui-ci est de race étrangère)—est venu, il y a plusieurs siècles, se fixer dans la petite ville bretonne; il s'est établi dans l'enclos des capucins, où on l'a laissé croître à sa guise. Usant largement de la permission, il a étendu ses branches robustes, épaisses comme des troncs de chêne; il les a contournées, contorsionnées en tous sens; bienveillants, les habitants de l'enclos ont dressé pour les soutenir des murailles et des piliers solides... aujourd'hui, son feuillage recouvre tout le jardin.

Dans les Vosges, vous pourrez voir, non loin de Longemer, un sapin, célèbre géant portant sa mensuration étiquetée sur la poitrine : hauteur, 48 mètres; circonférence, 5^m,20.... Pour un sapin, cela est respectable!

En Normandie, à Allouville, près d'Yvetot, trône le doyen des chênes de la localité, portant une chapelle en cimier. L'interrogatoire qu'on fit subir à l'arbre, — alors que les plantes parlaient tout comme les bêtes, — nous apprend qu'il fut planté vers l'an mil;

le sujet ne s'est pas souvenu de la date exacte de sa naissance, il hésita aussi sur le nom du potentat régnant à cette époque; en tout cas, affirma-t-il, c'était Hugues Capet ou Robert le Pieux, personnages beaucoup plus imposants, lorsqu'ils étaient montés sur leurs superbes destriers, que ne le fut plus tard le célèbre roi d'Yvetot juché sur son bourriquet.

Le chêne d'Allouville est un adolescent à côté de celui de Saintes (Charente-Inférieure), âgé de 1800 ans et qui mesure 10 mètres de diamètre.

Si le chêne d'Allouville a sa chapelle, celui de Saintes a son salon; installé dans la partie creuse du tronc, il est éclairé par une fenêtre et tapissé de mousses et de lichens.

Au château de Chaillé, dans le département des Deux-Sèvres, vivait un tilleul âgé de onze siècles et mesurant 27 mètres de circonférence.

Dans l'Eure, à Haie de Routot, les morts dorment au cimetière à l'ombre de deux ifs gigantesques qui abritent également une partie de l'église.

Voulez-vous quitter la France et chercher les merveilles végétales des autres pays? Allez en Sicile, vous y verrez un arbre célèbre entre tous : le châtaignier de l'Etna, surnommé, dans le pays, *Castagno di cento cavalli* ([1]). Le pauvre arbre a peut-être fini sa carrière maintenant, car il était bien malade!... Sa circonférence? — Plus de 50 mètres! Son âge?... — Plus de trente siècles!

Il fut baptisé par la reine d'Aragon qu'y s'y réfugia pendant l'orage avec son escorte composée de cent cavaliers.

Xavier Marmier cite un if qui vit en Angleterre dans le comté de Kent et dont l'existence remonte bien au delà de l'invasion des Normands, du règne de Canut et des premières légendes britanniques.

Pline parle du platane de Lycie dans la cavité duquel le consul Licianus Mutianus et dix-huit personnes couchèrent.

Cette « chambre à coucher » avait 80 pieds de circonférence.

M. Grimard évoque un voyageur qui vit, près de Constantinople,

1. Châtaignier des cent cavaliers.

un platane de 90 pieds de hauteur et de 150 de circonférence. Il était creusé d'une cavité de 500 pieds carrés.

Le Wurtemberg possède à Neustadt, depuis sept cents ans, un tilleul aujourd'hui étayé par plus de 100 colonnes qui soutiennent ses vieilles branches.

En Crimée, près de Balaklava, un noyer porte annuellement de 70 à 80 000 noix. On prétend qu'il date de l'époque où les colonies grecques faisaient avec Rome le commerce des noix! Il fait actuellement vivre cinq familles tatares qui se partagent ses produits.

Dans la Caroline du Sud, un sycomore, creux à l'intérieur, peut donner asile à sept cavaliers avec leurs montures; cet arbre aurait, dit-on, servi d'abri à des réfugiés pendant les guerres de l'indépendance.

Un figuier du Malabar qui croît sur le bord du Nerbuddah, dans l'Inde, a été, dit M. Grimard, connu d'Alexandre le Grand. Un seul pied s'est étendu au point qu'il offre maintenant 350 gros troncs et environ 3000 petits. Ces troncs offrent ensemble une circonférence de 600 mètres et forment à eux seuls une petite forêt sous l'ombrage de laquelle peut s'abriter une armée de six à sept mille hommes.

Pour bien comprendre ce qui précède, il faut savoir que certaines espèces de figuiers, figuier des Pagodes, figuier des Banyans, figuier religieux, etc,... figuiers divers, étendent leurs branches si loin qu'elles s'inclinent sous le poids; elles toucheraient la terre s'il ne surgissait des racines adventives qui s'échappent, se dirigent verticalement et finissent par se transformer en troncs émettant à leur tour d'autres branches et d'autres racines. — Le figuier de Roscoff dont je parlais tantôt est évidemment de même sorte.

Et maintenant voulez-vous que je vous cite des sujets plus extraordinaires encore et que, par cela même, j'ai réservé pour la fin ?

Ne croyez pas que ce soient là des inventions créées de toutes pièces comme le célèbre serpent de mer (dont l'existence, après tout, ne peut être formellement niée) ou autres monstres imaginés à plaisir. Du tout, je vous nomme mes auteurs et sur eux je m'appuie :

M. Charles Müller parle d'un arbre inconnu pendant longtemps, et appelé l'*arbre mammouth*. Il fut découvert en Californie, sur la Sierra Nevada, par le naturaliste Lobb.

Ce mammouth est de la famille des conifères (à laquelle nous vous présenterons par la suite) et monte à près de 140 mètres de haut, soit plus de deux fois la hauteur des tours Notre-Dame!...

Que dites-vous de ce gaillard?...

Mais c'est un grand maigre, car son diamètre ne mesure guère que 8 à 9 mètres, ce qui serait déjà pas mal pour un autre, mais n'est que bien modeste pour lui! — Cet arbre n'est pas un tout jeune homme, il compte environ trois mille ans!

Notez que si j'emploie le singulier c'est par pur caprice, car ce mammouth n'est pas seul, il a une quantité de parents de même

âge et de même taille! M. Grimard nous en cite quelques exemples.

Ils sont une centaine groupés près d'un ruisseau sur un sol fertile. Les chercheurs d'or, — préoccupés pourtant d'une moisson autre que celle des végétaux et plus enclins à la géologie qu'à la botanique, — les ont remarqués. Leurs hautes statures, leur étrangeté, les allures diverses de chacun d'eux, les ont fait baptiser par eux de noms divers : L'un, appelé *miner's cabin*, porte une tige de 100 mètres de haut, creusée d'une large excavation.

Trois arbres partant d'une même racine sont nommés : les *Trois Sœurs.* Un autre, antithèse des précédents, vit tout seul, renfrogné dans son coin, loin de ses pareils. C'est le *Vieux Célibataire.* Cet assemblage de vieux et de jeunes représente *La Famille.* Dans le tronc de celui-ci, renversé et évidé par le temps, on peut se promener à cheval sur une longueur de vingt-cinq mètres, c'est l'*École d'équitation.* L'écorce de ces gigantesques gaillards est, par endroits, épaisse de soixante centimètres.

Voilà des « modèles » de croissance. Voulez-vous des « modèles » de longévité? Dans le cimetière de Santa Maria de Técla, au Mexique, vit un cyprès auquel le célèbre botaniste, M. de Candolle, n'a pas hésité à attribuer l'âge de six mille ans!...

C'est déjà pas mal, mais voici plus fort encore [1] : Dans un jardin de l'île de Ténériffe subsistent les restes d'un dragonnier qui vécut dix mille ans!... C'est un autre savant non moins célèbre, M. de Humboldt, qui découvrit son acte de naissance.

Des végétaux remarquables par leur taille imposante, ou leur âge respectable, on pourrait en citer beaucoup, mais après ceux dont nous avons parlé il est permis, je pense, de « tirer l'échelle » et de clore le chapitre.

1. Jules Leclerc, *Voyage aux îles Fortunées.*

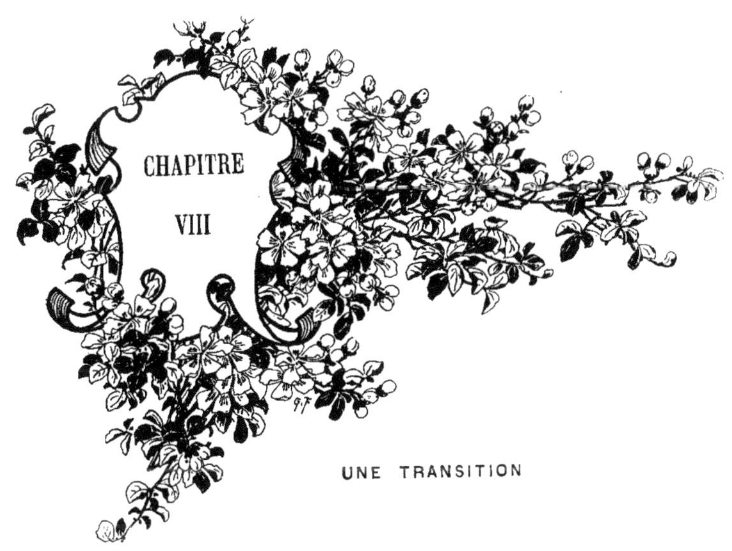

CHAPITRE VIII

UNE TRANSITION

Pour apprendre des choses que vous saviez en somme aussi bien que moi, Madame, vous avez été assez patiente pour me suivre jusqu'ici. Je n'ai pas le droit de m'en faire gloire, car ce n'est pas évidemment l'intérêt de la causerie elle-même qui vous a fait tourner les feuillets précédents, mais bien celui que vous portez aux êtres dont il est question ; ils ont avec vous tant de points de ressemblance et même, lorsqu'il s'agit de fleurs, tant de points de contact que ce qui les concerne ne saurait vous laisser indifférente.

Voir naître une plante, l'entendre respirer, être la confidente de ses amours puis, hélas ! assister à son agonie..., autant de sujets touchants, gais, aimables ou tristes qui permettent de longs bavardages. La petite feuille qui pousse est mignonne, la voir grandir est bien intéressant; les petits potins entre le coquelicot et le bluet, le flirt entre le papillon et la rose sont amusants au possible ; mettons que ceci soit l'agréable, mais l'utile ?..... Dame ! il sera un peu plus aride.

La plante naît, qui lui donne le jour?

Elle respire !.... Par quels organes ?

Elle aime !.... Comment?

Elle meurt !.... Pourquoi ?...

Si vous voulez répondre à ces quatre questions, il faudra supporter des explications scientifiques !...

A ces interrogations, des savants ont répondu en termes.... savants !

Il va donc falloir braver des termes techniques, des mots étranges, des noms bizarres !... Cela ne sera peut-être pas toujours très très joyeux, mais soyez bien persuadée que cela sera toujours très très intéressant.

Le brin d'herbe qui pousse là entre deux pierres de votre perron, la fleurette bleue qui demande asile à l'angle de votre fenêtre

n'attirent guère votre attention ; seules les roses, les orchidées, les œillets dentelés ou les chrysanthèmes chevelus ont le don de vous plaire.... Et pourtant ! petit brin d'herbe et fleur modeste ont la passion de vivre et de procréer tout autant que vos plantes superbes ; leurs organes sont tout aussi compliqués, leurs caractères tout aussi complexes !...

Les savants vous démontreront cela !

« Les savants ! vous écriez-vous,... mais le savant c'est ma bête noire ! C'est l'être que je redoute le plus ! C'est le plus ennuyeux, le plus laid de tous les animaux !...

« Toujours chauve, toujours vieux, toujours le nez armé de lunettes, toujours en cravate blanche ! Ne parlant que grec ou latin !.... Disant *amor* pour amour et *mulier* pour femme !... Et ça feuillette les bouquins moisis au lieu de chiffonner nos fines dentelles ; et ça préfère l'atmosphère poussiéreuse des bibliothèques à l'air parfumé des boudoirs !

« Déchiffrer quelque vieux grimoire est pour lui mille fois plus agréable que déchiffrer un cœur de femme !.... »

— Plus agréable ? Je ne sais, mais combien plus facile !.... Un grimoire cela se déchiffre toujours, un cœur de femme, jamais !....

Pauvres savants ! ce qu'ils sont méconnus !

Je ne prétends pas, certes, qu'ils soient toujours amusants — et il en est pourtant !...

Et puis, détrompez-vous, Madame, tous n'ont pas de lunettes, il en est qui ne sont ni chauves, ni vieux, ni de blanc cravatés et j'en connais qui lâcheraient tous les bouquins du monde, — quitte à y revenir ensuite — pour quelque joli minois et vous parleraient d'amour en excellent français !...

Toutes les boutades qu'on a lancées sur les savants, les touchent fort peu, au reste. Molière a eu beau faire dire à ses personnages :

TRISSOTIN.

J'ai cru jusques ici que c'était l'ignorance
Qui faisait les grands sots et non pas la science.

CLITANDRE.

Vous avez cru fort mal et je vous suis garant
Qu'un sot savant est sot plus qu'un sot ignorant ! (1).

1. *Les Femmes savantes*, acte IV, sc. III.

Il n'en reste pas moins acquis que les savants sont gens fort précieux, et que sans eux nous serions tous, moi en tête, d'une ignorance honteuse !...

De la plante, puisque c'est là le sujet qui nous occupe, que saurions-nous sans eux?... Pas grand'chose, rien !...

Ce n'est pas vous, Madame, qui auriez fatigué vos beaux yeux à regarder au microscope, ce n'est pas vous qui auriez, de vos doigts fuselés, manœuvré le scalpel pour découvrir, étudier, chaque organe végétal. — Ni moi non plus !

Voyez donc comme cet être que vous répudiiez tout à l'heure est au contraire un être exquis. — Regardez-le bien, ce savant, de bête noire il se transformera en personnage bienfaisant.

Pendant que vous dansez, il travaille; alors que vous « babillez » il est en tête-à-tête avec le sujet qu'il étudie. Pour vous, nulle préoccupation ; un autre travaille à votre place et vous serez toujours certaine que ce que vous voudrez connaître, vous le connaîtrez.... Par qui?... Par votre « bête noire » qui cherche ce que vous ne voulez chercher, qui pénètre les secrets que vous ne pouvez pénétrer vous-même, mais qu'il vous confiera quand cela vous fera plaisir.

En voyant ces mots scientifiques qui vous dansent devant les yeux, en lisant ces explications données d'un ton docte, net, sec parfois, vous doutez-vous combien de recherches les uns et les autres ont nécessitées?

Évidemment il vous semble tout naturel que ces plantes possèdent des organes, qu'elles aient des familles, des tribus, des espèces; que cette fleur qui orne votre corsage soit de telle race, et celle qui se fane dans ce vase, de tel genre, mais encore fallait-il le découvrir.

Soyez donc indulgente, si, dans ce qui va suivre, il est des mots rébarbatifs, des termes techniques, des explications scientifiques; les uns et les autres sont inévitables, et, dans des pages traitant des végétaux considérés à maints points de vue, il est impossible de ne pas les employer. Dire que les plantes vivent sans dévoiler les organes de cette vie serait une lacune que vous blâmeriez la première.... Lacune, du reste, que vous pourriez produire vous-même, si la science d'après les scientifiques vous ennuyait vraiment trop.

LA CELLULE ET LES TISSUS,

STRUCTURE ANATOMIQUE,

ORGANES ET FONCTIONS PHYSIOLOGIQUES,

CARACTÈRES ET EXCEPTIONS.

LA RACINE. . . . . NUTRITION

LA TIGE . . . . CIRCULATION

LA FEUILLE . . . . RESPIRATION

LA FLEUR . . . . REPRODUCTION

CHAPITRE IX

LA STRUCTURE DE LA PLANTE

Histologie. Ces êtres délicats ou robustes, éphémères ou vivaces ; ces êtres vivants, végétaux dont nous venons de voir le rôle prépondérant dans la nature, sont organisés comme nous. Comme nous ils ont une structure, une anatomie compliquée, comme nous ils remplissent des fonctions physiologiques ; comme nous enfin, ayant besoin de se nourrir, de reproduire le type de leur race, ils sont formés de cellules, de fibres et de vaisseaux infiniment petits que le microscope seul peut surprendre.

*
* *

La cellule. Tout être a pour élément principal la CELLULE, constituée par une substance primordiale, d'apparence gélatineuse, formée de petits grains unis par une matière fluide ; barrière infranchissable derrière laquelle le savant ne voit que le néant, car on ne peut pas remonter plus loin dans l'explication de la vie organisée.

Cette matière fondamentale est douée de mouvement : on observe en effet que les granules du *protoplasma*, substance gélatineuse de la cellule, se déplacent lentement dans une direction déterminée et forment noyau. Bientôt, sur la périphérie de cette masse pâteuse, une membrane se constitue : c'est la première cellule.

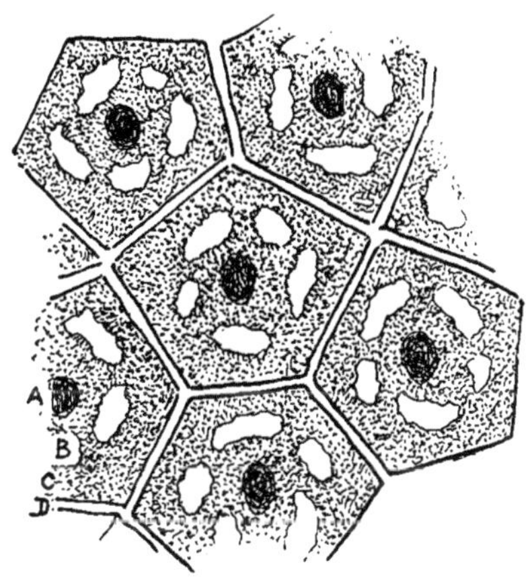

CELLULES.
A, noyau. — B, suc cellulaire. — C, protoplasma. D, membrane.

Voilà donc bien le premier principe d'existence, la cellule douée de mouvement.

Cette cellule pour durer a besoin de vivre, aussi procède-t-elle par assimilation. Elle s'entoure des matériaux nécessaires à sa nutrition, puis après, par oxydation de la cellule ou des matériaux en contact, elle se désassimile.

Quand le noyau de la cellule a acquis sa taille définitive, il se divise en deux noyaux distincts.

La cellule elle-même se divise à son tour en s'étranglant; une membrane se forme, s'étend vers les bords, entoure les noyaux nouvellement formés : deux cellules sont nées qui se divisent en quatre, huit, etc. Continuez l'opération et vous aurez compris la multiplication des cellules ou *caryokinèse*.

Les cellules se succèdent sans interruption; mais, comme dans toute évolution, les générateurs doivent disparaître pour laisser la place. Ainsi, quand une cellule vieillit, elle se modifie dans son contenu. Le protoplasma et le noyau sont refoulés peu à peu contre la membrane; le suc cellulaire, qui se forme au milieu du protoplasma dans des petites cavités, occupe toute la surface. La cellule est devenue simplement une cavité remplie d'eau ou quelquefois d'air : à ce moment elle est morte.

Quand ces cellules sont agrégées entre elles, elles forment des tissus.

*
* *

Les tissus. Bien que les tissus présentent des caractères analogues, étant le résultat du groupement des cellules, ils varient pourtant suivant les modifications chimiques ou extérieures avec lesquelles ils sont en contact

Les uns, conservant leur protoplasma, s'appellent *tissus vivants*. Les autres, ayant perdu leur protoplasma et leur noyau, s'appellent *tissus morts*. Nous les passerons en revue rapidement, voulant être fidèles à notre promesse de ne pas être « scientifiques » trop longtemps.

*
* *

Tissus vivants. Le *méristème*, tissu type de tous les autres et qu'on rencontre souvent à l'extrémité des tiges, est formé de cellules jeunes en voie de croissance, ayant une abondante masse protoplasmique et exactement accolées les unes aux autres. Elles ne demandent qu'à se développer.

L'*épiderme* couvre la surface extérieure de la plupart des plantes. Il est formé de cellules très régulières, disposées comme des briques les unes sur les autres. La membrane de ces cellules est peu épaisse sur la face interne ; sur la face externe, en contact avec l'extérieur, un vernis imperméable les protège.

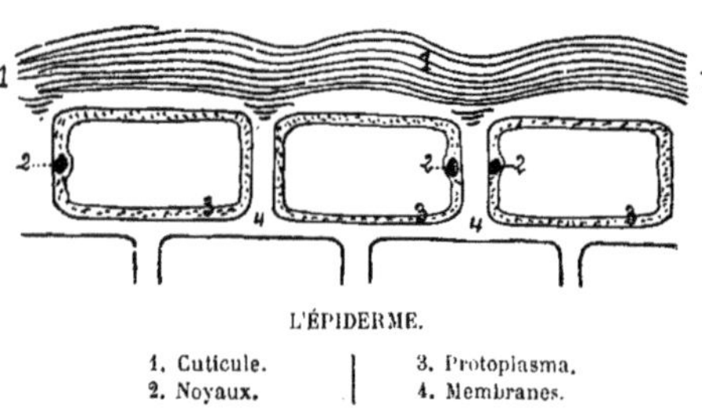

L'ÉPIDERME.

1. Cuticule. | 3. Protoplasma.
2. Noyaux. | 4. Membranes.

N'y a-t-il pas un rapport à faire entre l'épiderme végétal et l'épiderme animal? Celui-là, en contact avec les parties profondes, est admirablement protégé. Celui-ci, formé d'une couche muqueuse sur la face interne, présente une couche cornée sèche, dure, qui protège le derme contre le contact des corps environnants.

Il y a donc là une analogie extraordinaire et nous pourrons en rencontrer bien d'autres.

Des ouvertures très nombreuses (on en a compté plus de sept cents par millimètre carré), bordées par des cellules et appelées *stomates*, mettent les tissus recouverts en contact avec l'extérieur.

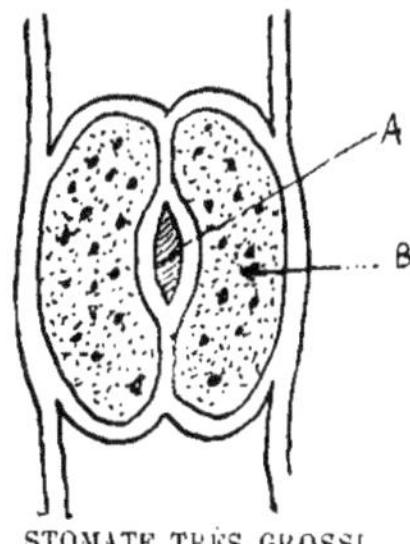

STOMATE TRÈS GROSSI
A ostiole.
B cellule stomatique.

N'y a-t-il pas à la surface de l'épiderme, dans le règne animal, une multitude de petits pertuis ou pores comparables aux stomates du règne végétal?

Sous l'épiderme, est un tissu très répandu puisqu'il se tient dans la tige, les feuilles, etc., et qu'on nomme le *parenchyme*. Il présente plusieurs variétés de formes :

Le parenchyme *tabulaire* qui ressemble à une table sans pieds, ce qui lui a valu son nom.

Le parenchyme *arrondi*, qui préside à la naissance de certains organes, est formé de cellules arrondies, ovoïdes, séparées par

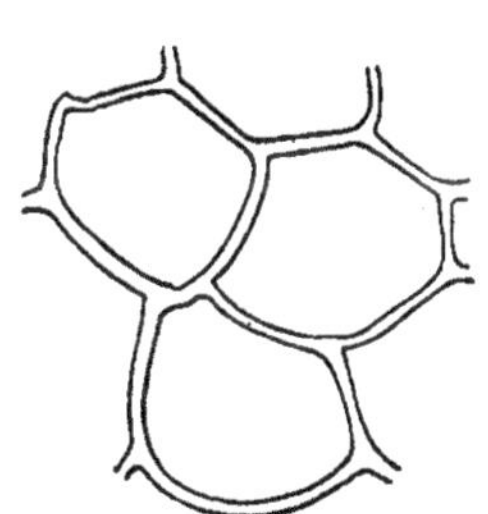
PARENCHYME.

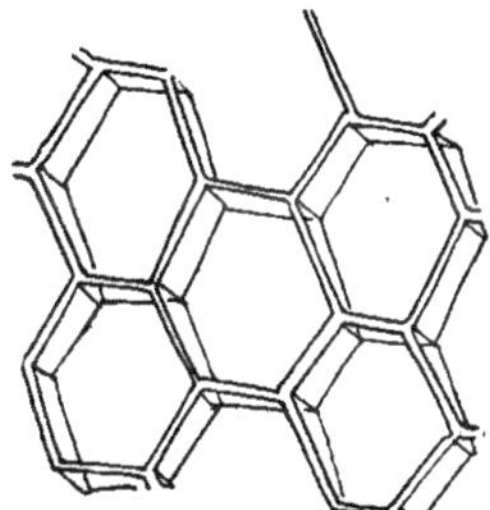
PARENCHYME TABULAIRE.

des vides, existant dans tous les tissus et servant de cloisons entre les cellules. Ce parenchyme se trouve dans les plantes grasses et dans la chair de quelques fruits. Dans la moelle des tiges cette substance, d'apparence spongieuse et légère, est constituée par une série de cellules qui, pressées réciproquement, ont quitté leur forme ronde pour devenir polyédriques : ce tissu s'appelle, à cause de sa forme, *tissu hexagonal*.

On a donné le nom de *muriformes* à des parenchymes dont les cellules, exactement parallélogrammatiques, se disposent comme un mur bien construit.

D'autres tissus, comme le parenchyme *rameux*, cessent d'être unis et présentent des enfoncements, des saillies, comme un amas de branchages. On les trouve à la face des feuilles inférieures. D'autres enfin, les parenchymes *étoilés*, ont leurs cellules disposées avec une extraordinaire régularité prenant la forme d'étoiles : on les découvre dans les plantes aquatiques.

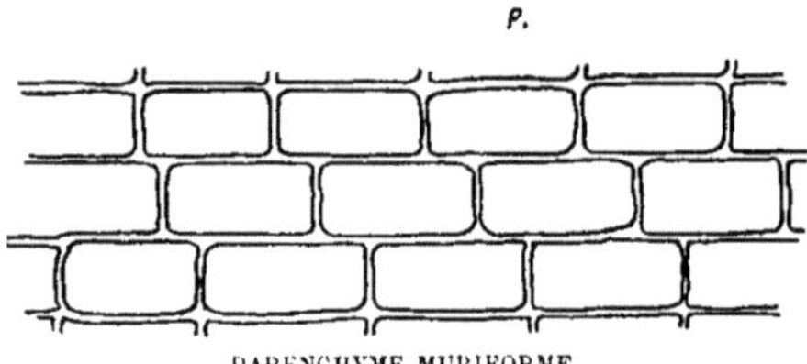

PARENCHYME MURIFORME.

Il y a, en somme, une infinie variété de tissus disposés comme des réseaux de jeux de fond avec une exactitude qui rendrait jaloux un décorateur.

PARENCHYME ÉTOILÉ.

*
* *

A côté des tissus dont nous venons de parler, et qui constituent proprement l'individu, il y a d'autres tissus ayant un emploi particulier : ce sont les *tissus sécréteurs* destinés à extraire des végétaux les substances inutiles pour leur développement. Des tubes étroits, parcourant tout l'organe, sont entourés de cellules sécrétantes qui renferment un protoplasma granuleux : ce liquide se déverse dans le canal central.

D'autres cellules allongées sont généralement disposées dans la portion de l'écorce des arbres appelé *liber*; nous aurons occasion d'en reparler. Elles renferment un liquide opaque : c'est ce liquide qui s'échappe quand on blesse certaines plantes.

Prenez un pavot, brisez sa tige et pressez-la, vous en verrez sortir un liquide blanc ; dans l'artichaut, le liquide sera orangé, dans la sanguinaire, rouge, etc. Je dirais bien encore que les vaisseaux laticifères se distinguent des canaux sécréteurs par leurs parois plus minces, mais je crains vraiment de vous ennuyer par des mots trop barbares... et j'abandonne les plus indigestes... pour passer vivement en revue la série des tissus morts.

*
* *

Tissus morts.

Le *sclérenchyme* est un tissu dont les cellules, fort allongées, finissent par former des cylindres qu'on appelle fibres : celles-ci présentent généralement une cavité intérieure absolument vide.

On pourrait comparer le sclérenchyme, qui joue le rôle de soutien, au squelette dans le règne animal. L'un et l'autre sont des carcasses.

Enfin il reste un dernier tissu mort formé de vaisseaux, ce qui lui a valu son nom de *tissu vasculaire*.

Ces vaisseaux sont des tubes formés par des cellules dont les membranes s'épaississent de bonne heure et présentent des sculptures variées. Placées comme des colonnes, leur protoplasma et leur noyau ayant disparu, elles permettent à la sève de monter pour alimenter la plante. Il y aurait une curieuse analogie à faire encore avec certains vaisseaux que l'on trouve chez les animaux : les vaisseaux lymphatiques, disposés de la même façon et ayant une fonction à peu près équivalente.

TISSUS MORTS.

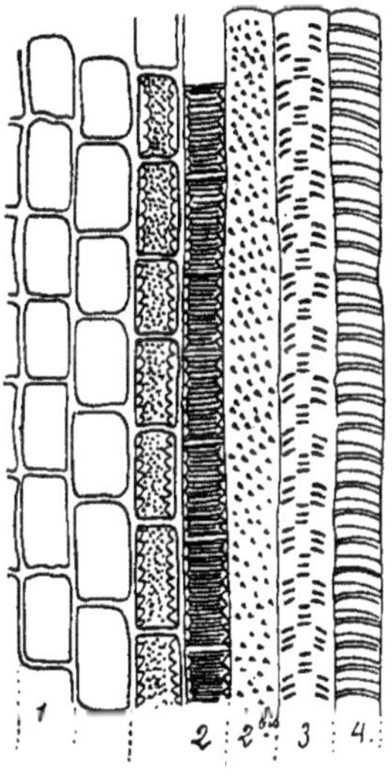

1 2 2 bis 3 4.

1. Tissus cellulaires. — 2. Vaisseaux ponctués (en voie de formation). — 2 bis. Vaisseaux ponctués formés. — 3. Vaisseaux rayés. — 4. Vaisseaux spiralés.

Les vaisseaux de ce tissu présentent des variétés : les uns sont spiralés, d'autres ponctués, d'autres annelés. Certains vaisseaux spiralés ont une structure tellement semblable à celle de la trachée des insectes, qu'on les a appelés fausses trachées : ce sont des vaisseaux présentant intérieurement une sorte de fil roulé en spirale. Ces trachées sont localisées autour de la moelle.

Les yeux se fatiguent à la longue à demander au microscope tant de secrets, tant de subtilités dont nous ne prenons qu'une faible partie; laissons-le pour un instant, quittons le laboratoire et regardons des organes plus visibles.

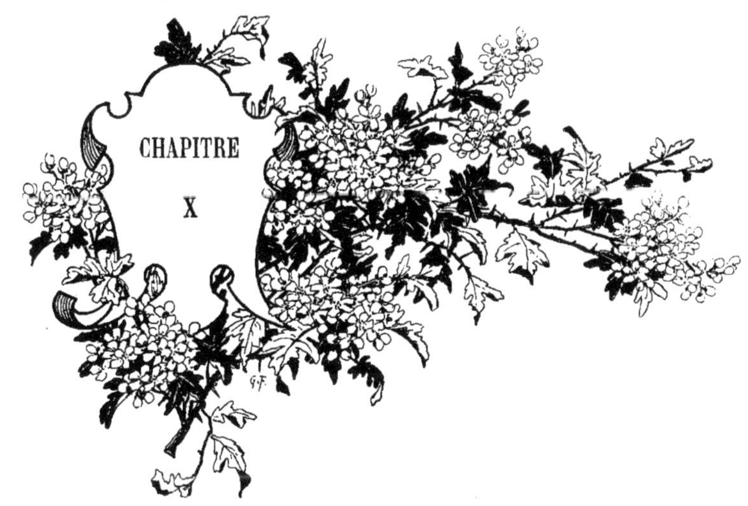

LA RACINE

La racine est un organe de fixation, destiné non seulement à soutenir l'édifice végétal, mais encore à absorber la nourriture nécessaire à la plante et à l'assimiler.

Une racine, dans sa première phase, est un cylindre à base conique. Une calotte, une *coiffe*, selon l'expression, entoure son extrémité pour la préserver des duretés du sol. Elle grandit; des *poils* commencent à pousser dans la région au-dessus de la coiffe. Peu après, au-dessus des poils, des bourgeons apparaissent, donnent naissance à d'autres cylindres coiffés comme le premier : des poils naissent de même sur ces nouvelles pousses. Enfin des bourgeons se montrent sur chaque nouveau rejet, même opération : voilà la racine constituée dans son ensemble.

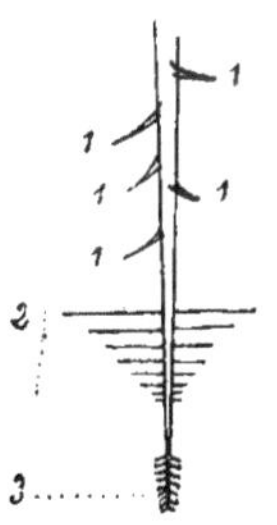

1. Radicelles.
2. Poils absorbants.
3. Coiffe.

Suivant qu'elle appartient à des dicotylédones, à des monocotylédones ou à toute autre espèce, elles varient

Les unes portent des radicelles de longueurs décroissantes comme dans la betterave; ce sont des racines *pivotantes;* d'autres, comme dans les pois, portent le nom de racines *fasciculées*;

les radicelles au contraire se sont beaucoup allongées. Il y a encore maintes espèces de racines.

En voici quelques-unes : *fibreuse, rameuse, noueuse, tubéreuse, napiforme, bulbeuse.*

D'autres enfin ont des radicelles qui se développent sur les

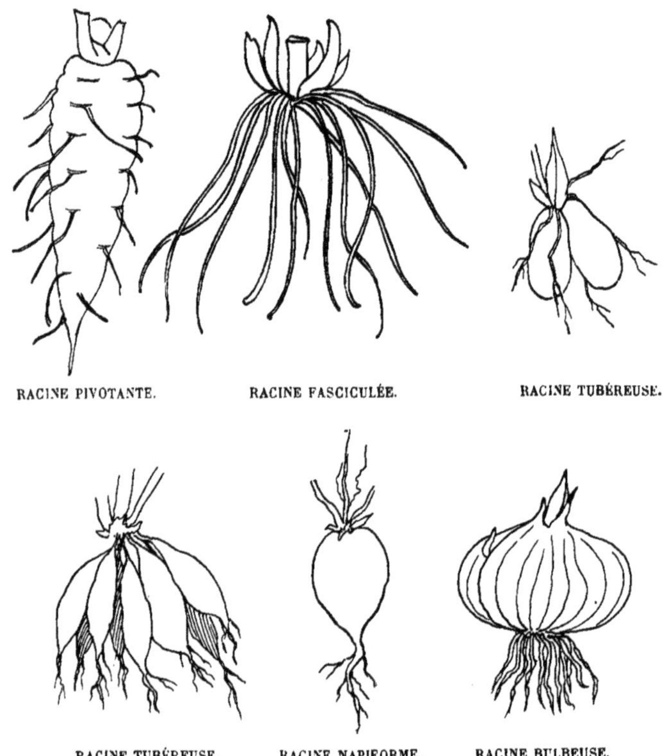

RACINE PIVOTANTE. RACINE FASCICULÉE. RACINE TUBÉREUSE.

RACINE TUBÉREUSE. RACINE NAPIFORME. RACINE BULBEUSE.

tiges, les rameaux. Ce sont les plus intéressantes pour nous, car elles donnent lieu à des opérations bien connues, le *bouturage* et le *marcottage.*

Tout le monde s'est amusé à couper une portion de géranium, par exemple, et à la planter. Les feuilles, d'abord attendries par cette amputation, baissent piteusement la tête, puis bientôt elles

reprennent leur éclat, s'ouvrent, s'étalent. Un nouveau pied de géranium est formé.

Eh bien, c'est grâce aux racines *adventives* que ce phénomène a pu se produire. Après la transplantation, l'écorce s'est soulevée en plusieurs points, puis, ayant éclaté, a donné issue à un cône radiculaire qui fournit bientôt une racine.

Le marcottage se fait de la même façon sauf que l'on n'arrache point brusquement le nouveau rejeton à la racine mère. Ce n'est qu'au bout d'un certain temps qu'on supprime toute relation, quand

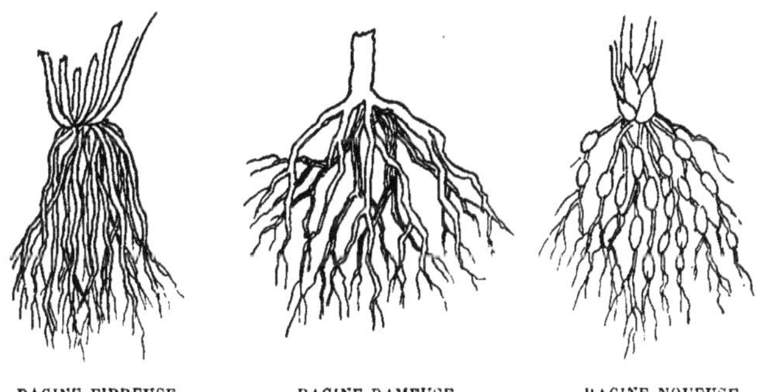

RACINE FIBREUSE. RACINE RAMEUSE. RACINE NOUEUSE.

la nouvelle plante n'a plus besoin d'être nourrie, et qu'elle peut seule subvenir à ses besoins. C'est ce qui s'appelle sevrer la marcotte.

Elle forme alors une nouvelle souche qui en fournit d'autres sans cesse avec une vitalité, une énergie extraordinaires.

Figurez-vous ce monde souterrain qui se cramponne à la terre, ces radicelles qui s'accrochent désespérément au sol pour y vivre, ces longs bras qui s'allongent encore, s'entre-croisent, se ramifient en tous sens.

Comme des écheveaux de serpents qui se roulent et dévorent les éléments du sol, les racines accomplissent leur travail silencieux dans les ténèbres

Une activité dévorante les tient en éveil et leur besoin égoïste de vivre et de bien vivre ne leur laisse aucun repos; avec une ténacité extraordinaire, leurs suçoirs mangent et boivent sans relâche, et comme la pieuvre légendaire dont les énormes bras poussaient au fur et à mesure que Gilliatt les coupait, des radicules poussent, sans cesse, remplaçant celles qui meurent, se succédant précipitamment comme si elles craignaient d'être en nombre insuffisant pour dévorer encore.

Dans ce besoin de vitalité où chacun cherche sa meilleure existence, il y a des luttes extraordinaires entre les plantes mêmes. Comme s'ils avaient l'instinct de vie, comme s'ils avaient une âme qui leur permissent de sentir ce besoin, les végétaux, ces premiers individus organisés, doués peut-être de sensibilité, soutiennent entre eux des guerres incessantes.

Ceux de vous qui ont vécu à la campagne ont pu entendre les paysans maudire le chiendent qui développe ses racines voraces, s'introduit partout, étouffe les jeunes pousses, renaît des lambeaux de son corps que la bêche a détruits, triomphe de l'incendie. Il s'est fait une telle réputation d'encombrement qu'on dit encore quand on est embarrassé : « Voilà le chiendent! »

Si on laissait faire les racines, si on leur laissait suivre cette marche rapide qui ne recule devant aucun obstacle, aucune difficulté pour aller atteindre un but déterminé, si on n'était pas plus entêté qu'elles, on serait rapidement envahi; c'est à un tel point qu'on a fait un calcul assez curieux : si on laissait pendant quelques années la terre dépouillée de culture, certaines espèces de plantes, aux racines nombreuses, en couvriraient le sol et détruiraient complètement les légumineuses qui y seraient demeurées Rien n'arrête les racines : ni les couches de terre durcie, ni les calcaires ni les cailloux; les murailles à traverser sont un jeu pour elles; elles les disloquent, les lézardent, souvent même les renversent: elles prennent tout leur temps, mais, avec une obstination extraordinaire, arrivent au résultut qu'elles cherchaient. Et tout cela, pour aller se baigner dans quelque filet d'eau qu'elles ont senti dans le voisinage et dont elles ont besoin pour vivre.

La racine va au gré de son caprice et de sa fantaisie. Là-bas sur ce mur, elle court en festons ornés, décrit des courbes gracieuses : un arbre l'arrête, elle l'entoure en spiralant et redescend jusqu'à un ruisseau ou elle se tortille comme une couleuvre.

Plus loin, un arbre laisse émerger de terre des racines énormes qui zigzaguent et semblent des contreforts robustes disposés pour soutenir tout l'édifice.

Là un lierre, poussé par une sève abondante, monte aussi haut qu'il peut atteindre. Il couvre tout un côté de maison, grimpe sur le toit, redescend, perce le plafond, entre par les cloisons, envahit tout. Auprès de lui la bryone s'est accrochée, se suspendant par ses crampons partout où elle peut, répandant ses filets serrés sur les plantes qu'elle étouffe et gagne sans arrêt.

Et c'est grâce à ces crampons, à ces suçoirs que la racine peut vivre. Si elle n'avait pas pour elle toutes ces défenses, tous ces moyens de mouvement, elle serait vite écrasée, étouffée; le moindre obstacle la gênerait, la moindre modification apportée à sa croissance la ferait périr. Si la racine poursuit son œuvre avec une tenacité aussi grande, il ne faut pas trop l'accuser d'égoïsme, car elle ne travaille pas seulement pour son compte. Elle est l'organe principal de la plante tout entière; elle en est non seulement la colonne vertébrale, l'organe de soutien, elle est aussi l'appareil nourricier.

Reprenons le microscope, pour un instant très court, et examinons la constitution d'une racine ; nous comprendrons plus aisément comment s'opère le phénomène d'absorption.

*
* *

La science doit rendre cruel, car nous avons plus haut parlé de la sensibilité probable des plantes, et sans souci des souffrances que nous pouvons occasionner, nous prenons une racine et nous la sectionnons horizontalement. Nous faisons comme les enfants qui cassent leurs jouets pour voir « ce qu'il y a dedans » tant nous sommes désireux d'en savoir plus long.

Deux parties bien distinctes se présentent d'abord.

L'une plus développée, extérieure, qu'on appelle l'*écorce*, l'autre plus petite qui a nom *cylindre central*.

Tout d'abord, à l'extérieur, une rangée de poils entoure tout le cylindre, puis une série de cellules polyédriques formant un parenchyme se succèdent, d'abord sans régularité, puis ensuite deviennent régulières; enfin une dernière assise, la plus rapprochée du cylindre central, est formée de cellules cubiques qui alternent régulièrement avec les premières assises de cellules du cylindre central.

Dans le cylindre central on voit en coupe horizontale des taches noires : ce sont des *faisceaux*. Les uns forment le *liber*, les autres forment le *bois* de la racine.

Quand je vous dirai que les uns sont spiralés, les autres criblés, que ces derniers sont accompagnés de cellules parenchymateuses, etc., je n'ajouterai rien de vraiment intéressant à nos recherches.

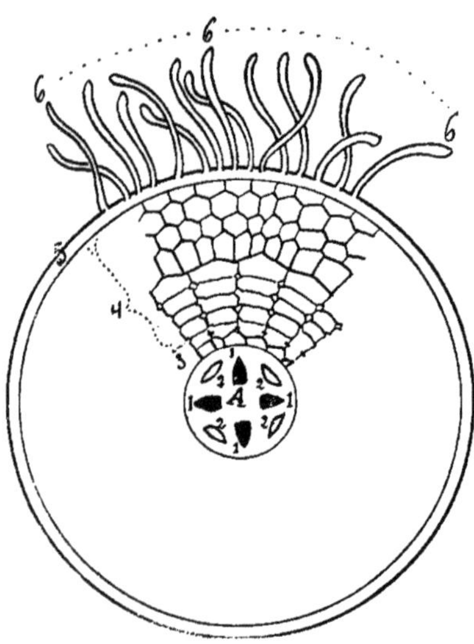

COUPE DE LA RACINE.
A. Faisceaux libéro-ligneux. — 1. Faisceaux de bois. — 2. Faisceaux de liber. — 3. Endoderme. — 4. Parenchyme. 5. Assise pilifère. — 6. Poils.

Il nous suffit de connaître la disposition d'une racine, aussi comprendrons-nous aisément le phénomène de l'absorption. L'eau, pénétrant d'abord par les poils, traverse l'écorce puis arrivant au cylindre central, s'introduit dans les faisceaux pour monter vers la tige.

C'est par les poils de la racine que la plante s'alimente des principes nécessaires à sa nutrition :

Les poudres les plus impalpables ne peuvent être assimilées par les racines. Il n'y a donc que dans l'air ou l'eau que les racines peuvent prendre les éléments chimiques utiles à leurs besoins.

*
* *

Il y a, dans les plantes vertes, un principe dissolvant très curieux qu'on appelle *chlorophylle* [1]; ainsi que l'indique son nom, c'est la substance qui colore les feuilles en vert; elle se présente dans les cellules sous forme de gelée composée de grains arrondis microscopiques, appelés grains de chlorophylle, constitués par une masse de protoplasma et par une substance soluble dans l'alcool.

1. Χλωρόν, φύλλον, feuille verte.

Quelques chimistes prétendent que la chlorophylle serait formée de deux principes : l'un jaune et l'autre bleu.

Un savant, M. Dutrochet, a exposé sur cette substance une théorie audacieuse. Il suppose que cette matière verte n'est qu'un système nerveux primitif, où pourrait donc éclore un vague commencement de sensibilité.

Cette théorie ouvrirait des horizons inouïs, ferait naître des hypothèses effrayantes : ne pourrait-on pas voir dans la plante un être embryonnaire, peut-être à l'état de développement, sur la limite des êtres organisés. D'ailleurs, récemment, n'y a-t-il pas eu une théorie qui voulait faire remonter à la plante l'origine de notre constitution!! D'autres prétendent que la chlorophylle est un composé de cire, de résine et de fer, ayant quelque analogie avec le sang qui contient du fer également.

La chlorophylle serait la matière colorante de la plante, comme l'hémoglobine est celle du sang et une plante étiolée, souffrante, aurait de la chlorophylle en quantité moindre et serait décolorée comme un anémique qui a des pâles couleurs.

*
* *

Revenons à la nutrition de notre plante. La chlorophylle, aidée de la lumière, a le pouvoir d'absorber l'acide carbonique du milieu ambiant, de le décomposer: elle exhale alors l'oxygène et retient le carbone.

Le carbone se trouve bientôt combiné avec quelques corps simples comme l'oxygène, l'hydrogène et l'azote, et enrichit les cellules de composés organiques. Enfin la racine absorbe, pour le compte de la plante, du soufre et du phosphore qu'elle trouve dans la terre.

Il y a donc, dans les tissus vivants, de l'eau, des substances organiques et des principes minéraux, aliments indispensables de la plante

Chaque élément qui forme la plante a ses fonctions bien déterminées; aussi allons-nous examiner la tige, dans ses organes d'abord, ses particularités et son existence, dans son anatomie ensuite. Nous verrons après le rôle qu'elle joue dans la plante.

CHAPITRE XI

LA TIGE

Quand on sait qu'une tige type, dans son aspect normal, se compose d'un *bourgeon terminal*, constitué par un ensemble de petites feuilles collées les unes aux autres, et cachant son extrémité qu'elles enveloppent; que la tige se compose de *nœuds* où s'attachent ces feuilles, d'*entre-nœuds*, séparation entre deux nœuds; que l'angle formé par la feuille et la tige s'appelle *aisselle*; que les bourgeons placés aux aisselles s'appellent des *bourgeons axillaires*, on se figure être muni de toutes les lumières pour reconnaître une tige sans difficulté et naïvement on croit ne pas se tromper. C'est une erreur.

BOURGEON TERMINAL.

Les tiges présentent des transformations et des aspects si différents, que le plus malin est souvent embarrassé.

Voyez ces boules hérissées, ces cactus, ces raquettes épineuses, ces colonnes énormes, ces phénomènes étranges, les uns poilus, velus, les autres dénudés, ceux-ci chargés de hampes florifères, ceux-là unis; regardez ces grands piliers au front verdoyant, au pied desquels de minces filaments supportent une fleur toute mignonne : tout cela, ce sont des tiges; comment y voir clair au milieu de toutes ces formes variées contradictoires? — Examinons-les attentivement, nous finirons bien par découvrir le défaut de la cuirasse derrière laquelle elles abritent leur caprice.

Elles prennent de faux airs de feuilles ou de fleurs, elles nous

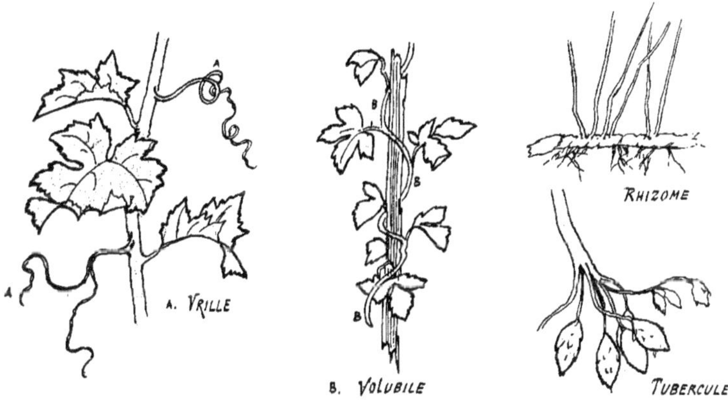

déroutent en revêtant un costume bizarre, mais, sous le vêtement trompeur, nous distinguons à la surface même des bourgeons d'où vont partir de nouveaux rameaux; là est le signe certain : les tiges seules portent de ces appareils : elles n'ont pas su assez habilement nous mentir.

La tige est partout, dans toute plante, malgré la difficulté qu'il y a souvent à la découvrir. Comment en pourrait-il être autrement?

Elle est l'organe indispensable, autant que les artères dans le corps humain.

Elle forme tout le système circulatoire : l'*axe végétal*, prolongement de la racine qui lui apporte les matériaux assimilables et dont elle est séparée par le *collet*.

Elle a toutes les fantaisies; tantôt brindille menue, à peine visible, elle se dissimule dans les herbes; tantôt arbre énorme, monstrueux, elle s'élève à 10 mètres; tantôt courte, lourdaude comme la betterave, elle sommeille dans le sol, se gave de nourriture, grossit, devient obèse ; tantôt, comme certaines lianes tropicales, elle est prise d'une folle vitalité, s'allonge, serpente, enlaçant tout sur son passage et atteignant 300 mètres de longueur.

La tige se dresse simple dans le cocotier, elle devient *vrille* dans la vigne ou *volubile* dans le liseron.

Plus loin, vivant sous terre, renflée, montrant ses yeux, elle s'est transformée en *tubercule*, en pomme de terre; enfin elle est toute courte, entourée de feuilles blanches et épaisses, d'écailles, elle s'appelle *bulbe*, comme dans le lis.

Festons, guirlandes, astragales, moulures, colonnes cannelées, annelées, pylône, rubans..., je ne trouve plus de termes pour exprimer l'infinie variété que présente la physionomie de la tige.

Dans sa structure anatomique elle ne diffère pas beaucoup de celle de la racine. Comme celle-ci elle est formée de deux parties distinctes : l'*écorce*, ou enveloppe extérieure, et le *cylindre central*.

*
* *

Dans l'écorce nous trouvons différents tissus dont les cellules se succèdent dans un ordre plus ou moins régulier. Au lieu d'une assise pilifère nous remarquons la présence d'un épiderme qui, d'ailleurs, a une existence d'assez courte durée : il meurt rapidement et tombe, passant son rôle de protecteur au liège qui le remplace bientôt, souvent en quantité considérable.

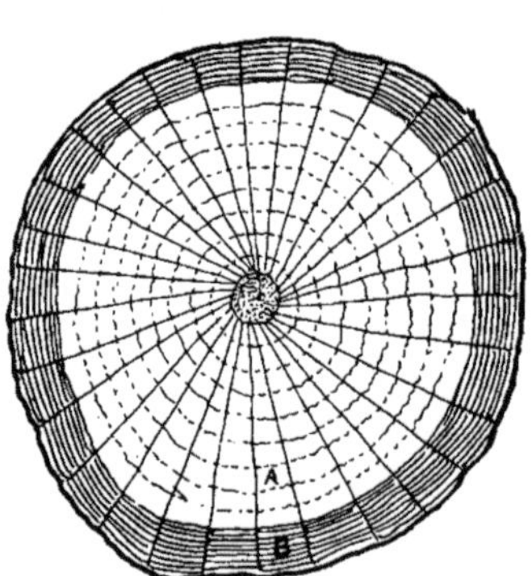

COUPE TRANSVERSALE D'UNE TIGE.
A. Bois. — B. Écorce et liber.

Dans le cylindre central, des points clairs et des points noirs : ce sont des faisceaux de liber et de bois. Au lieu d'être alternés comme dans la racine, ils sont opposés; le liber et le bois se trouvent réunis sur le même faisceau.

LA, UN LIERRE POUSSÉ PAR UNE SÈVE ABONDANTE. (Page 15.)

Si l'écorce s'est modifiée, le cylindre central prend part, lui aussi, à toutes ces transformations.

Les cellules placées dans le cylindre entre le liber et le bois étaient jusque-là restées tranquilles, mais voici qu'elles commencent à s'agiter; elle se divisent. Les cellules des rayons médullaires, qu'on voit dans la section d'un arbre disposées comme les rayons d'une roue et destinées à mettre le cylindre central en communication avec l'écorce, suivent le même mouvement et bientôt une zone génératrice se forme autour de la tige. Les cellules issues de l'activité de cette zone se séparent, les unes vont à l'extérieur en éléments libériens, les autres à l'intérieur en éléments ligneux. C'est une nouvelle pousse, une nouvelle éclosion : les premiers faisceaux de bois et de liber subissent le choc de cette vigoureuse attaque de jeunes rejetons. D'abord ébranlés ils se dirigent vers la périphérie, mais bientôt terrassés, ils meurent et disparaissent.

Les jeunes éléments qui viennent de naître de la couche génératrice se rangent bientôt en ordre, les rayons médullaires se resserrent et l'on distingue ensuite une couche de liber et une couche de bois : la tige a un an.

L'hiver arrive, c'est le repos absolu, le sommeil profond. Mais voilà le printemps, la sève reprend son travail avec activité; tout s'agite et une nouvelle transformation s'opère.

La zone génératrice produit chaque année un anneau de liber qui se place en dedans du liber précédent et un anneau de bois qui se dispose à l'extérieur du bois de l'année d'avant.

C'est ce qui permet de calculer l'âge des tiges et c'est ce qui étonne si fort Montaigne quand il dit dans ses Essais :

« Il m'enseigna, dit-il en parlant d'un jardinier célèbre, que tous les arbres portent autant de cercles qu'ils ont duré d'années et me le fit voir dans tous ceux qu'il avait dans sa boutique. Et la partie qui regarde le septentrion est plus étroite et a les cercles plus serrés et plus denses que l'autre. Par ce, il se vante, quelque morceau qu'on lui porte, de juger combien d'ans avait l'arbre et dans quelle situation il poussait. »

On reconnaît que ces remarques sont justes. En effet, sous l'écorce généralement crevassée, on trouve le liber disposé en couches concentriques, — la couche génératrice molle, peu résistante, — puis le bois qui durcit à mesure qu'il se rapproche du centre, enfin la moelle.

Les couches molles du pourtour ont reçu le nom d'*aubier*, celles qui sont disposées vers le centre, le nom de *cœur*.

Cette disposition des dicotylédones, chêne, saule, etc., n'est pas la même dans tous les végétaux.

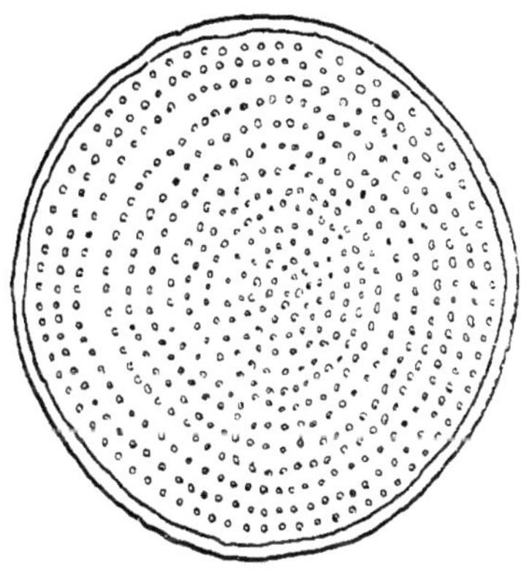

COUPE HORIZONTALE DU STIPE D'UNE MONOCOTYLÉDONE.

Dans les monocotylédones comme le palmier, le blé, l'asperge, il n'y a plus d'assises régulièrement alternées de liber et de bois en allant du centre à la périphérie. On distingue simplement dans le tissu parenchymatoux des faisceaux libéro-ligneux disposés sans ordre comme un semis.

Nous avons vu tout à l'heure comment la plante absorbait par la racine tous les éléments nécessaires à sa nutrition. Les faisceaux dont nous avons parlé, ces veines et ces artères de la plante, cet appareil circulatoire de la tige en un mot, va jouer son rôle important. La tige n'est autre chose qu'un corps de pompe par lequel la colonne liquide monte, arrose, inonde tout de ses sucs bienfaisants.

La racine baignant dans l'eau, — véhicule qui se charge de tous les principes chimiques qui forment cette substance merveilleuse chargée d'approvisionner la plante, de lui donner sa force, son éclat, sa couleur, sa vie, grâce aux éléments chimiques, le carbone, le soufre, le phosphore, le chlore, la chaux, etc., qu'elle transporte, — a donc absorbé tous ces sels minéraux. Les faisceaux de bois se gonflent de sève qui envahit tout l'appareil par l'aubier d'abord. Endormie par l'hiver, la vie végétative, grise, morose, se teinte de vagues couleurs sous cette énergique action. Puis, une tonalité plus gaie se met à vibrer; le vert, le jaune, le bleu, le rouge s'éveillent. Le printemps a ouvert sa palette rutilante et vivement, sûrement, colore la nature avec un éclat extraordinaire.

Le liquide arrose toutes les cellules, monte avec une force considérable et devient de plus en plus dense. Les vaisseaux, ponctués, rayés, striés, scalariformes, bénéficient de cette inondation.

La sève brute a fait son chemin, elle va maintenant par l'innombrable quantité de stomates qui pointillent les feuilles, se mettre en communication avec l'air atmosphérique, puis, une fois élaborée, elle va suivre un autre chemin. Montée d'abord par les fibres ligneuses de l'aubier, elle va s'épandre en nappes vivifiantes d'un bout à l'autre de la tige, glisser le long des branches entre le bois et les couches libériennes, couvrir le végétal entier d'une sorte d'étui conique qui élargit les zones ligneuses, épaissit les couches corticales. Les bourgeons, sous cette action bienfaisante, émergent du tronc et se développent pour donner naissance à des pousses plus robustes.

Mais, me dites-vous, la sève brute s'est élaborée, est passée par les stomates, a enrichi les feuilles d'un suc nourrissant; mais comment, par quel phénomène?

Je ne vous le dirai pas avant de vous avoir expliqué l'appareil dans lequel s'opère cette transformation et qui a, lui aussi, sa fonction très importante, la respiration : je veux vous parler de la feuille.

CHAPITRE XII

LA FEUILLE

Au milieu de cette profusion extraordinaire de formes, de dentelures si variées, on a peine à retrouver un type bien déterminé de la feuille. Ici, la feuille entière ne présente aucune découpure, le

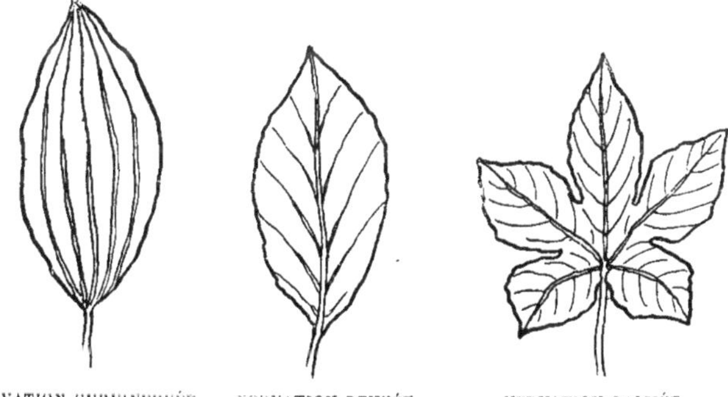

NERVATION CURVINERVÉE. NERVATION PENNÉE. NERVATION PALMÉE.

bord est formé par une succession de lignes brisées. Tantôt elle est dentelée, tantôt crénelée, tantôt lobée si ses découpures sont profondes. Voici des feuilles sagittées, en forme de lance, puis des feuilles dont les entailles pénètrent jusqu'à la nervure principale.

Et dans leurs nervations elles présentent encore des aspects différents. Certaines feuilles n'ont qu'une nervure comme le sapin,

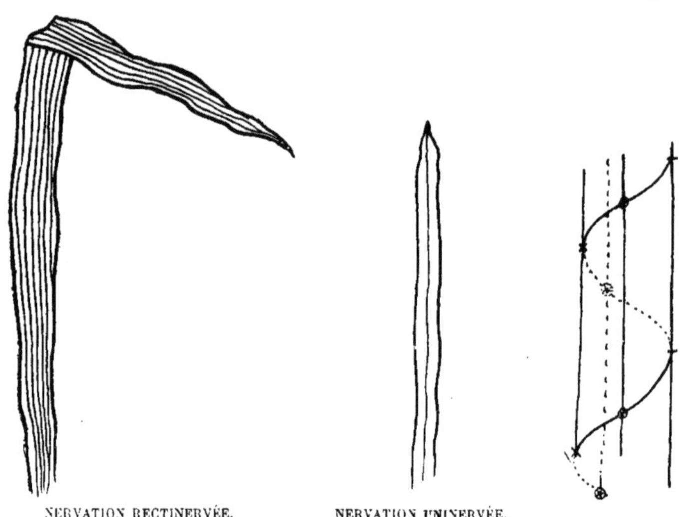

NERVATION RECTINERVÉE. NERVATION UNINERVÉE.

on les appelle *uninerves;* d'autres ont une nervure médiane portant à droite et à gauche des nervures secondaires qui donnent

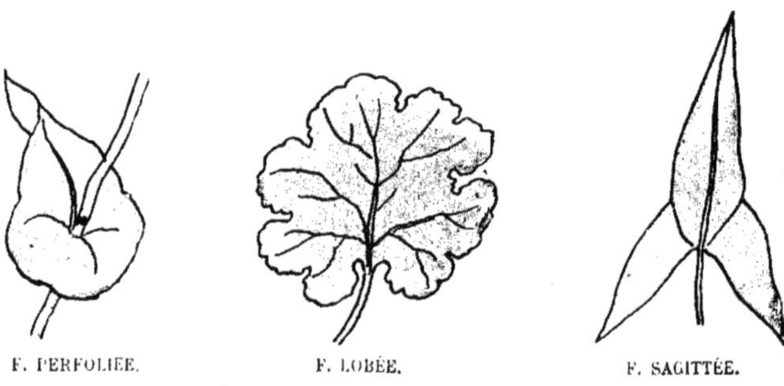

F. PERFOLIÉE. F. LOBÉE. F. SAGITTÉE.

naissance à des nervures tertiaires et ainsi de suite pour former une dentelle d'une finesse merveilleuse. Celle-ci rappelle par la disposition de ses nervures une plume d'oiseau avec ses barbes. Celle-là a une nervure médiane autour de laquelle en rayonnent d'autres à droite et à gauche et qui divergent comme les doigts écartés d'une main. Enfin voici des feuilles de blé où les nervures sont parallèles.

Les feuilles varient encore dans leur disposition sur la tige

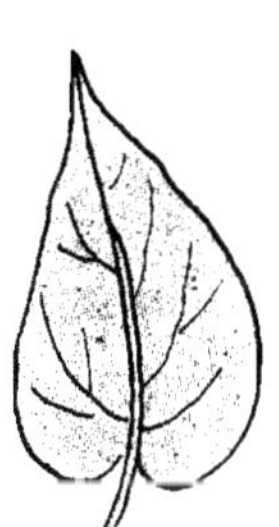

F. ENTIÈRE.

F. DENTÉE.

F. LACINIÉE.

et les rameaux. C'est l'étude de cette disposition que les savants dotent du joli nom de *phyllotaxie*. Distinguons d'abord la feuille simple, c'est-à-dire celle qui est supportée par une tigelle sur la branche, séparément des autres; *composée*, comme dans le rosier;

F. PALMÉE.

F. PENNÉE.

F. DIGITÉE.

le long de cette petite tige des feuilles sont disposées inégalement. Dans le marronnier la feuille est *palmée* : cinq folioles sont disposées comme les cinq doigts de la main.

La disposition de ces feuilles, simples ou composées, varie considérablement. Les feuilles peuvent être alternes et paraissent au premier abord disposées sans ordre. Si l'on examine de plus près, on remarque que les feuilles se répartissent en séries rectilignes suivant les génératrices du tronc. Si l'on fait partir d'une feuille un fil en le faisant passer par tous les points d'attache des autres feuilles, on décrit autour du tronc une spirale régulière. L'intersection de cette spirale, avec toutes les génératrices, détermine des points régulièrement distants les uns des autres sur chaque génératrice.

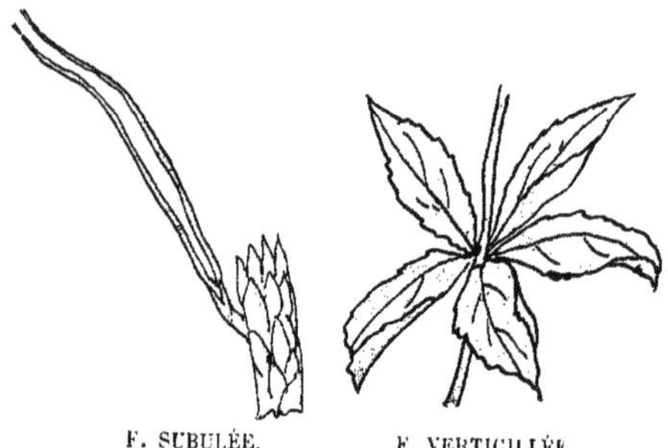

F. SUBULÉE. F. VERTICILLÉE.

Les dispositions varient. Dans certains cas, on trouve une feuille alternativement à droite et à gauche : ce sont les feuilles *distiques*, comme dans l'orme. Après cette disposition, on trouve celle qui est représentée par trois feuilles, puis par quatre.

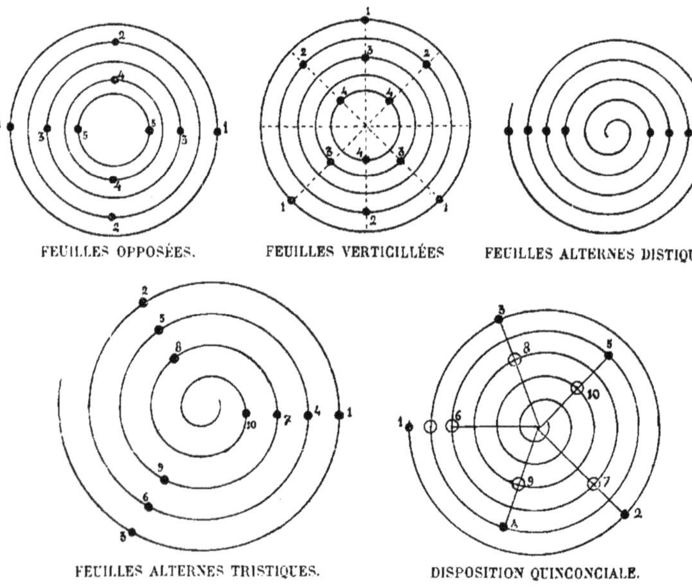

FEUILLES OPPOSÉES. FEUILLES VERTICILLÉES FEUILLES ALTERNES DISTIQUES.

FEUILLES ALTERNES TRISTIQUES. DISPOSITION QUINCONCIALE.

Dans d'autres cas, à chaque nœud on trouve plus d'une feuille. Elles sont *opposées* quand elles sont au nombre de deux (le houblon, par exemple), *verticillées* quand elles sont au nombre de trois ou quatre (laurier-rose).

Toutes ces dispositions géométriques se traduisent par des fractions. Le numérateur indique le nombre de tours à faire, le dénominateur le nombre des feuilles trouvées, ainsi par exemple si l'on trouve trois feuilles en faisant un tour on écrira la fraction : 1/3.

A. STIPULE.

* * *

Bien des feuilles ont subi des transformations qui les travestissent complètement.

Les stipules ne sont, en somme, que des feuilles. Ce sont des appendices foliacés qu'on trouve au point d'intersection du pétiole, organe d'attache de la feuille avec la tige.

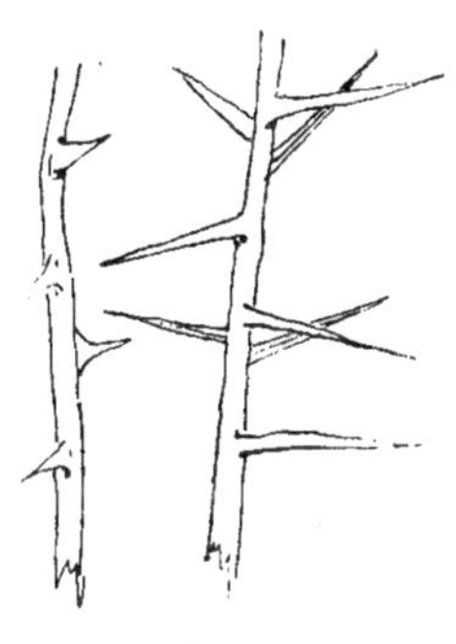

ÉPINES.

Dans le tilleul, les stipules sont *latérales* ; semblables, elles s'attachent de chaque côté de la feuille ; dans la ronce elles sont *pétiolaires* parce qu'elles adhèrent au pétiole.

En grandissant, les stipules peuvent former une stipule unique qui ressemble beaucoup à une feuille. Dans certaines plantes, comme le sarrasin, elles forment autour de la tige une sorte de manchette ; dans d'autres (la garance), elles atteignent la dimension des feuilles. Elles peuvent enfin subir d'autres modifications et devenir épines ou vrilles.

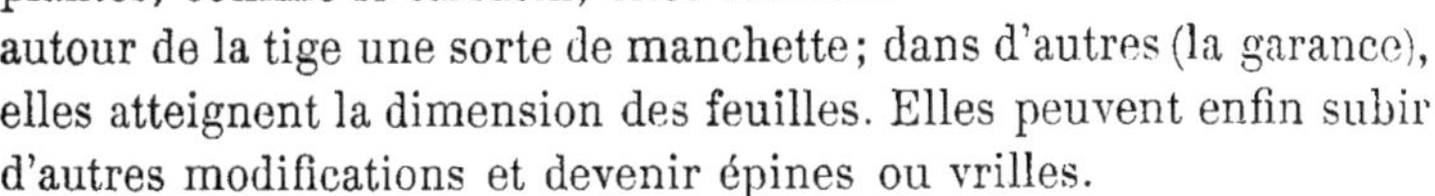

En effet, les vrilles et les épines sont tout simplement des feuilles modifiées.

Les vrilles, ces mains de la plante qui s'enroulent en spirale autour des corps voisins et soutiennent les tiges trop frêles, résultent généralement d'un développement imparfait des organes appendiculaires.

Dans la vigne, la vrille sort sur la tige d'un point toujours diamétralement opposé à l'attache de la feuille. Les feuilles inférieures manquent de vrilles sur les sarments fertiles, les premières vrilles sont remplacées par des grappes, d'autres portent quelques fleurs et plus tard quelques grains de raisin. La vrille de la vigne n'est, en somme, qu'une grappe modifiée, et par déduction, un rameau modifié.

Dans certaines plantes comme dans la clématite, le pétiole s'entortille pour renforcer la tige.

Dans la vigne vierge, les vrilles sont encore plus curieuses. Quand ses crampons ne sont pas assez robustes pour la soutenir dans la brique ou la pierre, elle ne périt pas, bien au contraire. Elle se modifie suivant les besoins, et ses doigts, allongés, fins, qui s'enroulaient tendrement, deviennent des pattes trapues.

Les volubilis élancés s'élargissent, s'aplatissent et se munissent aux extrémités de pelotes pleines d'un suc visqueux qui les colle aux parois de la muraille dont rien ne les peut faire bouger.

D'ailleurs, les phénomènes, pour certaines plantes, sont si extraordinaires qu'on pourrait se demander si elles ne sont pas douées de raisonnement. Leurs vrilles sont créées spontanément pour les besoins de la cause.

Mettez un corps quelconque, pas trop volumineux, près d'une bryone. Aussitôt, à ce contact, une agitation saisit la plante et bientôt contractée, repliée, tortueuse, elle serpentera, s'enroulera, formera des boucles et des agrafes dont elle emprisonnera le corps qu'on lui présente.

Mettez un corps énorme auprès d'elle, elle passera par-dessus : elle a éprouvé des sensations diverses aux divers contacts et n'a point jugé utile, pour un corps trop important, de développer ces vrilles qui semblent être une création facultative.

Les épines sont d'autres modifications de la feuille. Ce sont, en effet, des rameaux qu'un défaut de nourriture a rendus mauvais, car ils se sont armés pour piquer l'un ou l'autre, arracher une plume à l'oiseau qui passe, un lambeau de chair à la main qui s'aventure pour cueillir une fleur ou un fruit.

Tantôt petite, tantôt énorme comme dans la plante appelée communément épine du Christ et qui, dit la tradition, servit à tresser la couronne du Crucifié dont la souffrance dut être terrible, car certains aiguillons sont plus longs que le doigt.

*
* *

Il y a sur les feuilles d'autres organes dont nous voulons dire quelques mots, bien qu'ils ne soient pas précisément « des folioles modifiées », mais ils font, dans certains cas, partie intégrante de la feuille. Je veux parler des poils.

Cette production est une dépendance de l'épiderme.

Le poil est constitué par une cellule, quelquefois plusieurs, qui se juxtaposent, se renflent aux extrémités.

Certains contiennent une substance vénéneuse dans leur conduit capillaire et si notre épiderme s'irrite au contact de l'ortie c'est que le poil, dès qu'il a pénétré dans la peau, se casse et laisse couler un suc mauvais.

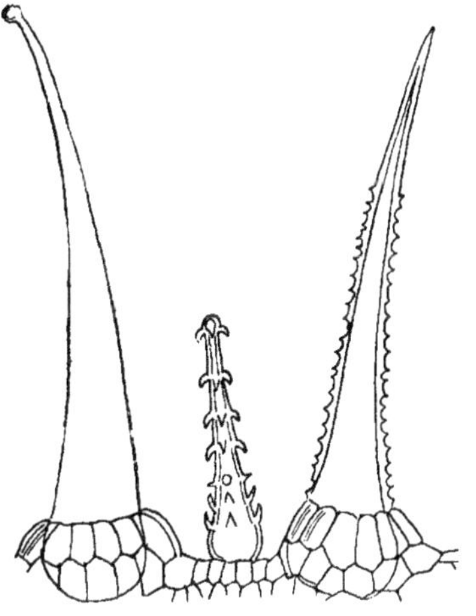

POILS GROSSIS ENVIRON 400 FOIS.

Dans l'Inde il y a de ces plantes qui tuent, ou tout au moins frappent leurs victimes de paralysies ou de maladies dangereuses. A côté des poils qui distillent un poison, il en est de bienfaisants et d'utiles. Tels ceux de la graine du cotonnier qui constituent cet admirable produit dont l'industrie s'est emparée.

D'autres, comme dans la fraxinelle, versent une huile grasse propre aux illuminations. Essayez le soir de mettre une allumette au-dessous de la fraxinelle et vous verrez l'atmosphère ambiante se colorer d'une flamme bleuâtre. Enfin, le léger duvet que forment les poils à la surface de certaines feuilles, semble destiné à les préserver d'une évaporation trop rapide sous l'influence de la chaleur, comme les tissus de laine préservent les Arabes de la chaleur cuisante du désert.

*
* *

La feuille offre bien d'autres exemples de transformations, et se présente souvent sous des aspects extraordinaires. Toutes les feuilles bizarres proviennent, la plupart du temps, du sacrifice que fait la feuille proprement dite pour le pétiole qui la soutient. Elle se supprime quelquefois complètement et le pétiole alors prend un ample développement qui lui donne des aspects de feuille.

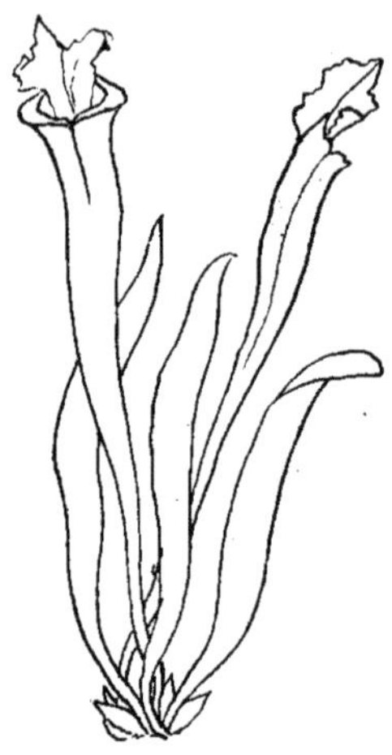

FEUILLE DE SARRACENIA.

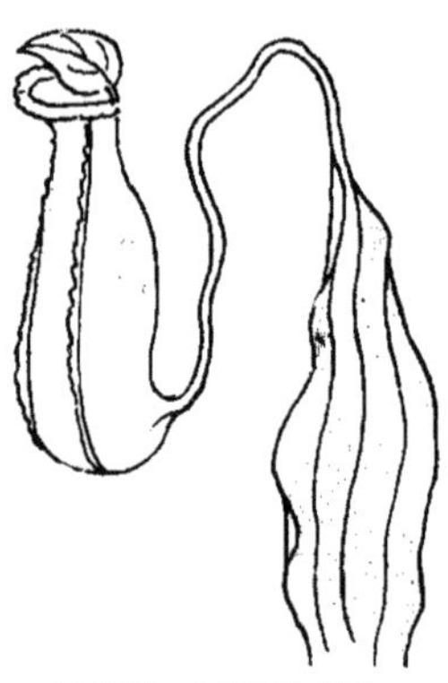

FEUILLE DE NÉPENTHÈS.

Tantôt la feuille est un long ruban uniforme, tantôt une lance à trois pointes, un fer de flèche. Tantôt elle ressemble, à s'y méprendre, au léger duvet d'un oiseau qui se serait accroché en passant à la plante. Là c'est un sabre recourbé, ici une scie dentée qui vous griffe au passage et vous fait saigner. Le vent agite une nuée de papillons qui battent des ailes : non, ce sont des feuilles diaprées et transparentes qui s'agitent autour d'une plante aux contours en forme de lyre ; ce sont elles sans doute qui vibrent le soir au contact de la brise.

Des trèfles, des palmes, des cœurs, des croissants, des griffes, voilà étalées devant le décorateur toutes les formes que son imagination a fécondées.

Telles feuilles jouent des tours aux pauvres insectes qui ne prennent garde à elle. Voici le *sarracenia*, qui pousse dans l'Amérique septentrionale.

Son long godet ovoïde se termine par un orifice à deux lèvres et ressemble si peu à une feuille qu'il faut beaucoup de bonne volonté pour la qualifier ainsi ; ce godet est garni intérieurement de poils plantés en sens inverse ; dans le fond de cette urne est un liquide sucré que les insectes recherchent. Ils entrent sans difficulté, mais pour ressortir, impossible. Les poils dressés en brosse leur présentent une barrière infranchissable.

Nous dirons, pour finir cette nomenclature des étranges aspects que présente la feuille, quelques mots du *Népenthès*. Voici comment en parle M. Duchartre, un savant botaniste :

« La détermination des parties de la feuille devient difficile à cause de leur multiplicité. En effet, elle offre successivement une courte portion basilaire grêle s'élargissant peu à peu en une grande lame foliacée remarquable par la forte côte médiane qui la parcourt ; au sommet de cette expansion la côte semble se prolonger en un filet grêle ; enfin, c'est à l'extrémité de celui-ci que se trouve l'ascidie elle-même qui, dans certaines espèces, acquiert de fortes proportions, au point de pouvoir contenir un verre de liquide. »

Plante étrange, curieuse, qui distille dans son amphore une eau fraîche et pure dont les voyageurs épuisés par la soif ont souvent accepté l'offre avec reconnaissance.

* * *

Les types dont nous avons essayé de montrer le déguisement sont assez rares et, si beaucoup de feuilles sont incomplètes dans leurs organes, malgré tous ses aspects la feuille montre plus ou moins le « bout de l'oreille ».

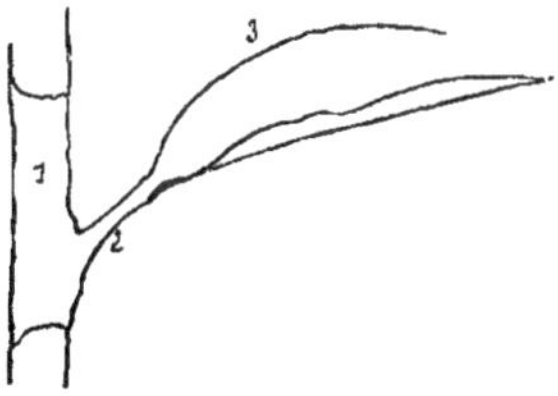

Trois organes principaux la composent généralement : le limbe, le pétiole et la gaine.

FEUILLE.
1. Gaine. — 2. Pétiole. — 3. Limbe.

La *gaine* est la base de la feuille complète ; elle entoure plus ou moins l'arc qui la porte. Le *pétiole*, qu'on appelle vulgairement la queue de la feuille, surmonte la gaine ; il est le plus souvent arrondi, dans certains cas cependant on le trouve aplati. Le *limbe* est la portion verte et aplatie de la feuille ; l'aplatissement est parallèle au sol.

Les feuilles présentent assez peu souvent ce degré de perfection. La plupart de celles de nos pays sont dépourvues de gaine, quelques-unes s'attachent directement à la tige sans pétiole et quelquefois, nous l'avons vu plus haut, le limbe disparaît et le pétiole s'accroît et le remplace. En somme, c'est le limbe qui est l'organe le plus commun, celui qu'on rencontre le plus souvent, c'est la partie la plus importante de la feuille.

A sa naissance, une feuille est un mamelon uniquement cellulaire. Les cellules qui occupent la place de la nervure médiane se transforment en trachées déroulables. Les vaisseaux n'apparaissent que plus tard.

A. Bois — B. Liber
1. Tige. — 2. Pétiole — 3. Bourgeons axillaires.

Lorsque la feuille est adulte, le pétiole est constitué par un épiderme sous lequel se voit un parenchyme et des faisceaux libéro-ligneux. Ces faisceaux entrent dans le limbe pour en devenir les nervures ; dans les nervures plus fines, ils s'amoindrissent et disparaissent quelquefois pour n'être représentés que par des trachées.

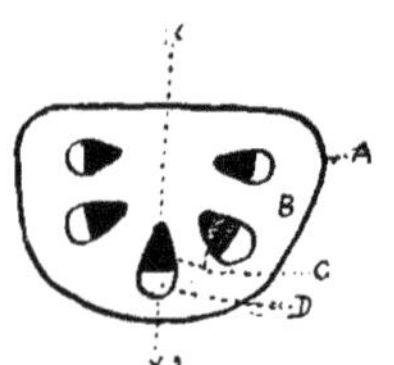

COUPE TRANSVERSALE DU PÉTIOLE.
A. Épiderme. — B. Parenchyme. — C. Bois. — D. Liber. — X, X'. Plan de symétrie.

L'épiderme du limbe est presque toujours dépourvu de chlorophylle inclus dans les cellules du parenchyme. C'est sur l'épiderme que se trouvent les stomates, plus nombreux chez les végétaux ligneux à la partie inférieure du limbe, égaux sur les deux faces chez les plantes herbacées.

Sous l'épiderme supérieur on trouve des cellules dirigées perpendiculairement vers l'épiderme et serrées entre elles. On les appelle des cellules *en palissade*. Vers la face inférieure on remarque un parenchyme lacuneux habituellement d'un vert pâle.

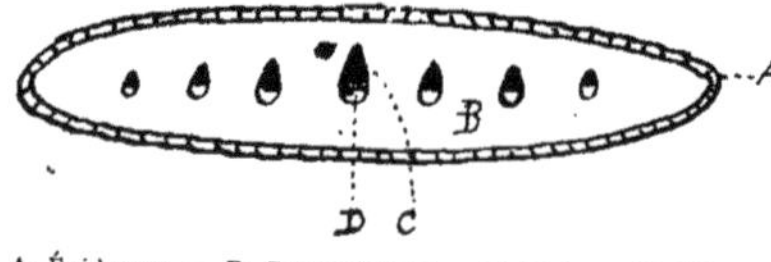

A. Épiderme. — B. Parenchyme. — C. Bois. — D. Liber.

Suivant leur lieu d'habitat, les feuilles ont une structure différente.

Les feuilles qui vivent submergées sont presque exclusivement formées de tissu cellulaire; les nervures persistent mais elles perdent leurs vaisseaux; elles prennent plus d'épaisseur et se creusent de lacunes

Dans les eaux douces les feuilles manquent d'épiderme et par conséquent de stomates; c'est ce qui explique pourquoi elles périssent si vite quand on les enlève de l'eau. Dans la mer, au contraire, les feuilles ont un véritable épiderme gorgé de chlorophylle. Les nervures sans vaisseaux sont parallèles entre elles.

SENSIBILITÉ — CHUTE DES FEUILLES

Nous avions laissé tout à l'heure la sève tout en haut des tiges quand elle avait inondé les cellules et toutes les parties de la plante. Que devient-elle quand elle arrive aux feuilles ?

De toutes parts elle circule dans le tissu aux innombrables cellules puis se met, par les stomates que l'on compte par milliers, en communication avec l'air atmosphérique. Il se présente alors deux phénomènes extraordinaires : la transpiration et la respiration.

La racine fournit le liquide qui monte par la tige, le corps de pompe de l'appareil laisse en passant les éléments chimiques et, par les stomates, dégage la vapeur d'eau. Ces dégagements sont énormes ; c'est leur total qui forme au pied des forêts ces masses blanches, floconneuses, condensées par le froid, et qu'on voit au crépuscule.

On a mesuré la quantité de vapeur d'eau dégagée et l'on est arrivé à des résultats fort curieux. Un grand pied de tournesol fournit 1 kilogramme d'eau par jour ; un arbre d'une grandeur moyenne dégage une dizaine de litres ; un chêne portant environ 700.000 feuilles transpire en six mois 112.000 kilogrammes d'eau ;

un champ de choux dégage par hectare, en douze heures, 20.000 kilogrammes d'eau.

Les feuilles ne se contentent pas de dégager de la vapeur d'eau, elles sécrètent, par leurs stomates, les matières organiques dont elles n'ont pas besoin.

On voit pendant l'été, sur certaines feuilles, des matières qui les couvrent; les cires, les gommes, les huiles sont des excrétions.

Au phénomène de transpiration doit s'ajouter celui de respiration.

Un savant du siècle dernier disait ce mot audacieux : « Les feuilles servent aux végétaux comme les poumons aux animaux. » C'est peut-être aller un peu loin et cependant il y a là quelque analogie.

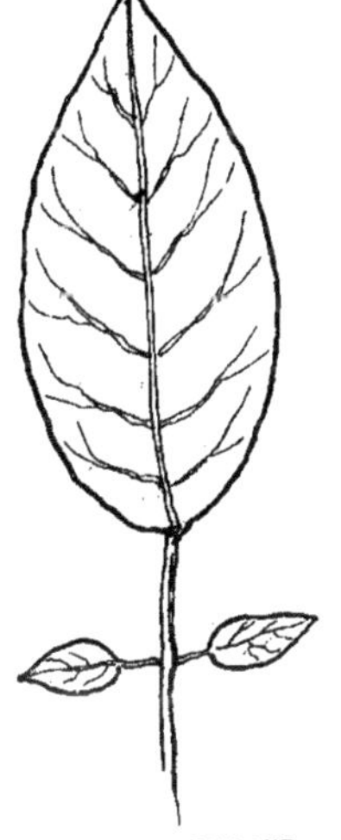
SAINFOIN OSCILLANT.

La lumière est un des grands agents de ces phénomènes. C'est sous son action que les feuilles s'assimilent, par leurs cellules vertes, du carbone et dégagent de l'oxygène; l'acide carbonique de l'air se décompose au bénéfice des feuilles.

Quand la lumière a disparu, les feuilles n'en continuent pas moins à respirer. La nuit, au contraire, elles absorbent de l'oxygène et exhalent de l'acide carbonique.

Certains auteurs ont joué sur le mot « respiration », prétendant que les feuilles respiraient la nuit seulement et que dans le jour elles accomplissaient la fonction d'assimiler le carbone.

D'une façon ou d'une autre, l'acte de décomposer l'acide carbonique de l'air est un phénomène de nutrition, une fonction chlorophyllienne.

Nous avons parlé plus haut de la sensibilité de certaines plantes dont les feuilles s'émouvaient au moindre contact : ces mouvements particuliers à certaines plantes ont pour cause l'intervention d'une force extérieure. Mais il est d'autres mouvements en connexion intime avec la marche de la végétation; nous voulons parler du sommeil des feuilles.

*
* *

Vous avez déjà remarqué ce phénomène, sans doute. Regardez un acacia dans le jour. Les folioles se tiennent presque tous horizontalement autour du pétiole principal. Quand le soleil s'est couché, les folioles s'inclinent de telle sorte que celles de gauche touchent celles de droite. Dès que le soleil est levé, elles reprennent leur position normale.

Les feuilles, en agissant ainsi, ne s'abandonnent pas, elles obéissent à un véritable mouvement, car elles sont capables de soulever un poids considérable pour elles quand elles se redressent. Elles se replient, se serrent les unes contre les autres comme pour avoir plus chaud et mettre à l'abri du froid leurs organes délicats.

Certaines plantes s'enveloppent la tête bien chaudement : le lotus par exemple. C'est ce qui a permis à Linné de découvrir le sommeil des plantes. Il avait reçu d'un botaniste un magnifique lotus qui ne tarda pas à s'épanouir.

Une nuit, par hasard, Linné entra dans sa serre, et, en passant, chercha son lotus; la fleur avait disparu. Anxieux, Linné revient le lendemain matin, la fleur étalait au soleil ses couleurs brillantes. De plus en plus ébahi, le savant revient le soir : plus de fleur! Il regarde attentivement cette fois. Le lotus, soucieux de conserver son teint et son éclat, avait enveloppé sa fleur de toutes les feuilles environnantes. Ce fut grâce à lui qu'on découvrit que, comme nous, les plantes dorment.

Il y a cependant des plantes, moins occupées d'elles-mêmes, qui n'ont pas du tout envie de dormir. Tel le sainfoin oscillant, véritable horloge végétale.

Sa feuille se compose de trois folioles, celle du milieu étant trente fois plus grande que les deux autres; jour et nuit les petites ailes oscillent régulièrement toutes les secondes, tandis que la grande foliole, sensible aux caresses du soleil, s'élève et s'abaisse à peu près toutes les heures et vers midi est prise d'un frémissement extraordinaire. La tige elle-même suit le mouvement du soleil.

D'autres mouvements peuvent être facilement observés.

Essayez, par exemple, de retourner les feuilles d'un arbre; au bout de peu de temps la face, toujours tournée vers le soleil, reviendra à sa position normale, quoi que vous fassiez. Toutes les feuilles subissent ce principe.

Essayez de mettre contre un vitrage la face inférieure d'une feuille en bouchant hermétiquement la lumière à la face supérieure. Vous verrez la feuille accomplir des efforts surnaturels pour se retourner. Si elle n'y arrive pas, elle prendra un autre parti : Elle se faufilera, trouvera une issue pour gagner l'air libre et là reprendra sa position normale.

* * *

Nous ne reviendrons pas sur ce que nous avons dit dans un précédent chapitre « sur les caractères, les mœurs des plantes » quand nous parlions de leur extrême sensibilité. Disons seulement que ces mouvements étranges, que l'on constate dans la sensitive par exemple, restent inexplicables. Signalons les effets sans chercher à comprendre les causes, car nous y perdrions notre temps, ce sont là les secrets de la nature. Si l'expérience vérifie certains phénomènes, elle est incapable de les expliquer, pas plus qu'elle n'explique la génération.

* * *

Un mot encore pour finir ce chapitre.

Nous voulons parler de la chute des feuilles qui sait inspirer les poètes sensibles « élégiacomélancoliques », attrister les pauvres malades aux yeux hâves et brillants, au teint creusé, qui voient avec anxiété les arbres se dépouiller peu à peu, marquant, à chaque tombée de feuille, une heure de moins à vivre horloge sinistre qui tinte leur glas funèbre. C'est en automne que l'arbre se dégarnit, alors que les peintres enthousiasmés par l'or et la rouille qui couvrent tout, par les vêtements de tons chauds et vibrants qui habillent les arbres en laissant voir leur puissante ossature, mais que les savants, plus calmes, s'attristent de voir les feuilles jaunir parce que, pour elles, c'est le teint de la mort. D'un seul coup, les feuilles recroquevillées se cassent net et tombent... la terre est bientôt jonchée de leurs cadavres; la pluie cingle fine et le vent mugit. C'est la tristesse qui vient envahir les bois et les champs comme elle envahit notre cœur; c'est le froid, la souffrance des miséreux, la mort.

Comment s'accomplit ce phénomène?

Un savant allemand, M. Hugo de Mohl, a découvert qu'un rang de cellules jeunes, transparentes, se forme à la base de la feuille. A l'heure dite, celles-ci se décollent, laissant, par la fente qu'elles ont produite, les faisceaux du pétiole seuls soutenir l'édifice. Trop faibles pour cette forte tâche, ils se rompent, la feuille privée de tout soutien tournoie tristement dans le vent et va grossir le nombre de ses compagnes déjà foulées aux pieds.

LA FLEUR

On ne s'étonne point que de tout temps, depuis l'antiquité, on ait pris la fleur pour symbole.

Sa forme si variée, son parfum exquis, ses couleurs éclatantes, ont provoqué dans l'esprit des observateurs des rêves que le mystère, dont s'enveloppent les calices et les corolles, faisait tout naturellement naître.

De là à identifier une couleur, un aspect à un symbole, il n'y avait qu'un pas, et l'idée que cet être renfermait en soi tous les principes de vie, de reproduction accomplie en silence, comme dans un sanctuaire caché jalousement aux profanes, faisait songer à l'admirable poème de la nature. — D'ailleurs, nous avons dit l'enthousiaste curiosité de tous quand un savant précisa ces phénomènes, le trouble que cette découverte jeta dans les esprits, les beaux esprits du XVIIIe siècle, qui voyaient là, non un voile levé sur un coin de vérité, mais un amusement raffiné, une analogie étrange. Et ce n'étaient qu'allusions sur ce phénomène, conversations précieuses sur la botanique et les botaniciens, potins et nouvelles sur les nouveaux travaux, mots d'esprit... ou sottises.

*
* *

Cependant les décorateurs avaient depuis longtemps épuisé les ressources qu'offrent les fleurs. Ils avaient remarqué leur structure extérieure, leurs formes, leurs groupements, leurs variétés. Pour avoir une connaissance complète, il fallait ce mouvement de curiosité que donnèrent les savants sur leur conformation intérieure.

Il était impossible que les artistes ne fussent frappés par les formes extérieures de la plante, elles sont si nombreuses! leur arrangement, leur *inflorescence*, pour parler scientifiquement, est si variée!

*
* *

Inflorescence. — On trouve assez rarement une fleur qui émerge directement de la tige. Elle est généralement portée par un rameau spécial, le *pédoncule*, qui s'attache sur la tige comme le pétiole de la feuille.

Quand le pédoncule se trouve à l'extrémité d'une plante, qu'il la domine comme une couronne, il est *terminal*; s'il sort de la tige sur laquelle il s'échelonne, il devient *axillaire*.

Il y a d'abord lieu de déterminer deux inflorescences : l'inflorescence *solitaire* et l'inflorescence *groupée*.

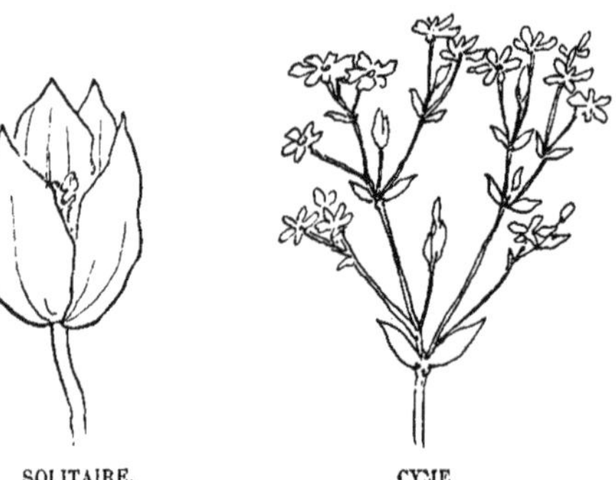

SOLITAIRE. CYME.

Dans la première, le pédoncule floral ne porte qu'une fleur; dans le coquelicot, la tulipe, la violette, par exemple.

Dans le second cas, le pédoncule floral porte plusieurs fleurs.

L'inflorescence terminale, solitaire, est en outre *définie* puisque la fleur, en terminant la tige, l'arrête dans sa croissance. Les axes sont terminés par une fleur.

La florescence, saillante, groupée, est *indéfinie*; en effet, les pédoncules commencent par le bas de la tige, croissent sans cesse, montent en se superposant sans que leur développement s'arrête. L'axe principal est indéterminé, l'axe des générations successives est indéfini.

Le type des inflorescences définies est la *cyme*.

Quand, de chaque côté du pédoncule principal, naissent deux nouveaux rameaux qui se terminent par une fleur, que chacun de ces rameaux porte deux rameaux de troisième génération, il y a *dichotomie*, c'est-à-dire séparation, distribution de deux en deux : la cyme est *bipare*, comme dans l'œillet, qui croît d'après ce principe.

Quand la croissance s'opère par trois, la cyme est *tripare*. — La cyme peut être aussi unipare de deux façons : *hélicoïde*, quand ses grappes sont disposées suivant une spirale génératrice qui passe par toutes les bractées de l'inflorescence; *scorpioïde*, quand l'axe se courbe comme une queue de scorpion et que les grappes se trouvent sur la partie convexe de la courbe.

SCORPIOÏDE.

La *grappe* proprement dite est le type des inflorescences indéfinies.

Elle est formée d'un axe primaire allongé et portant un grand nombre d'axes secondaires à peu près égaux, terminés par une fleur à l'aisselle des bractées alternes : par exemple le groseiller; ce sont des grappes *simples*.

Dans les grappes *composées*, chaque pédoncule secondaire se comporte comme le pédoncule principal d'une grappe simple, exemple : la vigne.

Le *corymbe* est une grappe dont les axes secondaires inégaux portent leur fleur au même niveau : exemple, le poirier.

L'*épi* a des axes secondaires fort courts et les fleurs sont sessiles, comme dans le plantain.

Quand les fleurs sont d'un seul sexe sur l'épi, comme dans le saule, celui-ci porte le nom de *chaton*.

Le *spadice* est un épi formé de fleurs mâles et femelles, groupées séparément; mais, pour l'instant, ne nous occupons pas du sexe des fleurs puisque nous n'avons point parlé encore des merveilleux phénomènes de génération, et reprenons notre nomenclature de quelques inflorescences.

L'*ombelle* est un corymbe dans lequel le pédoncule principal

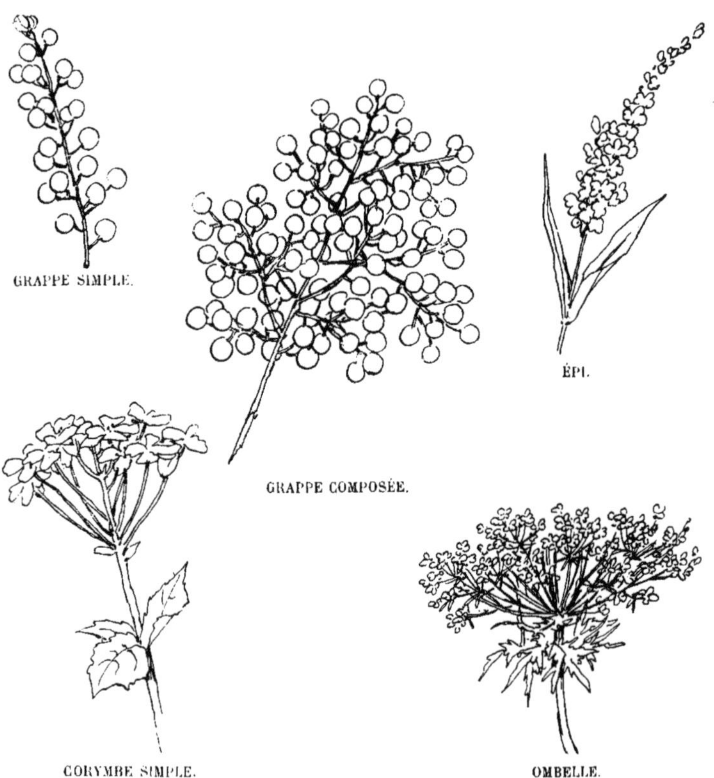

est fort court, et les pédoncules secondaires égaux et fixés en un même point, de telle sorte que toutes les fleurs sont à la même hauteur : exemple, la ciguë.

Dans le *capitule* le pédoncule principal, très court, est fort élargi au sommet et porte des fleurs sans pédoncules : il est caractérisé par la reine-marguerite, le bleuet, etc.

Il y a encore d'autres inflorescences, d'autres groupements, mais nous les passerons sous silence, jugeant que la nomenclature précédente est assez complète pour distinguer les principaux arrangements et... suffisamment ennuyeuse pour être cessée.

CAPITULE.

*
* *

Le sommet de l'axe dilaté sur lequel repose la fleur se nomme *réceptacle.* C'est un des organes qui présentent le plus de variétés. Il est allongé, raccourci, contracté, contourné, ramassé, convexe ou concave et se couvre d'inflorescences variées.

THYRSE.

Malgré ces différences, qui déroutent au premier abord, malgré toutes ces étranges bizarreries, on remarque, quand on examine attentivement ces différentes formes, qu'elles ne sont autre chose que les modifications d'un même type.

Prenons à présent une fleur sur une des inflorescences que nous avons examinées et considérons ses principaux organes.

D'abord, à la base de la fleur, se groupent des folioles généralement vertes, appelées *sépales,* destinées à garantir le bouton de la fleur : c'est le *calice.*

L'ensemble des *pétales,* feuilles modifiées qui constituent le corps de la fleur, se nomme *corolle.*

Arrachons un à un ces pétales, nous remarquons des petites baguettes rigides terminées par une agglomération de poussière colorée; ces baguettes sont les *étamines,* leur ensemble forme l'*androcée.*

Enlevons encore ces étamines : il subsiste un dernier organe, formé d'une ou plusieurs feuilles modifiées appelées *carpelles*, et qui reçoit le nom général de *pistil*.

Nous avons disséqué les quatre éléments principaux de la fleur : le calice, la corolle, l'androcée et le pistil.

Reprenons-les à tour de rôle et voyons comment ils sont faits, les formes qu'ils affectent, les transformations qu'ils subissent.

A. Sépale (calice). — B. Étamines (androcée). — C. Carpelles (gynécée ou pistil). — D. Pétales (corolle).

Le calice est avant tout un organe de protection; il est destiné à couvrir la corolle, plus délicate, plus sensible.

Dans certains cas, il joue consciencieusement son rôle en arrondissant ses sépales comme un berceau pour abriter la corolle quand elle se fane et les grains qui mûrissent, ou, faisant plus encore, il se modifie ou disparaît comme dans l'Elasticaria du Brésil où les sépales, étroitement fermés, s'ouvrent brusquement à la maturité de la graine pour lancer celle-ci et lui permettre de germer; dans d'autres cas, négligeant sa responsabilité.

Les sépales qui sont des folioles transformées, sont libres ou soudés.

Dans le premier cas, ils constituent le calice *polysépale*; dans le second cas, le calice *monosépale*; la soudure est variable. Tantôt elle a lieu sur les bords, tantôt sur une faible étendue, tantôt sur toute l'étendue. Aussi pouvez-vous penser combien la forme peut varier. Le calice est globuleux, conique, en tube, en godet, en forme de campanule, renflé, aplati, allongé.

Suivant la disposition des sépales, le calice est *régulier* ou *irrégulier*.

Régulier comme dans le fraisier, la renoncule, la giroflée, les folioles présentent des divisions semblables et symétriques, autour d'un point central.

Irrégulier, le calice a ses parties symétriques, à un plan, comme dans le trèfle, l'aconit, où les sépales ont des dimensions plus ou moins grandes, plus ou moins régulières, plus ou moins circulaires. Des calices sont dentés, contournés, lobés irrégulièrement.

Dans d'autres les folioles se transforment en pointes ou en épines. Dans certains calices enfin, la nervure de chaque foliole demeure seule.

Quelquefois les fleurs sont tellement rapprochées qu'on ne trouve plus autour des fleurons qu'un amas de paillettes, comme dans l'artichaut.

*
* *

Nous arrivons à la fleur proprement dite, à ce diadème étincelant qui couronne la tige, le joyau limpide aux couleurs variées, fines, éclatantes, offrant une gamme d'une richesse inouïe qui passe des tons les plus sourds aux tons les plus violents, des colorations les plus froides aux colorations les plus chaudes, la source des parfums les plus exquis, les plus délicats.

Et cependant la corolle n'est qu'une transformation de la feuille, métamorphose extraordinaire, splendide. Elle offre la même disposition que le calice, étant comme lui formée de folioles qui ont reçu le nom de pétales, analogues d'une façon si frappante avec les feuilles, malgré leurs modifications, qu'on dit encore *effeuiller* une marguerite.

Comme la feuille, le pétale présente d'innombrables diversités : frangé, dentelé, chiffonné, rigide ou gracieusement courbé, il se montre sous des aspects infinis. Là il est au nombre de deux, de quatre, ici de huit, de douze, de plus encore pour former la corolle.

Dans la rose à cent feuilles il est en nombre illimité.

En général, dans la fleur, chaque pétale est fixé entre deux sépales ; autrement dit, les pétales alternent avec les sépales : quelques fleurs font exception et ont leurs pétales superposés aux sépales, mais le cas est rare.

Le pétale est attaché par l'*onglet*, analogue au pétiole de la feuille ; la partie supérieure, élargie, qui semble rappeler le limbe de la feuille, est appelée la *lame*.

Comme les sépales, les pétales sont libres ou soudés, polypétales ou monopétales.

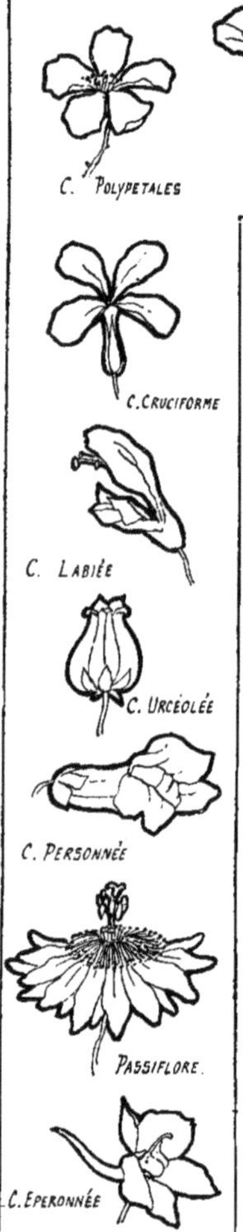

Les folioles des premiers peuvent être individuellement séparés sans que les autres se détachent; il n'en est pas de même pour les seconds.

*
* *

On peut aussi subdiviser les corolles, comme les calices, en corolles régulières ou irrégulières, suivant leur figuration; mais, plus encore que pour les tiges, les feuilles, et tous les organes de la plante, on doit être embarrassé de déterminer les formes des corolles. C'est l'infini, l'inattendu, et quand on a parcouru toutes les séries, épuisé toutes les analogies, on a oublié encore bien des types.

Voilà des corolles polypétales en forme d'étoiles comme la fleur d'églantier, puis d'autres en forme d'outres.

Voilà des tubes poilus, aux courbes variées, des doigts de gant comme la digitale, des clochettes comme la campanule, des entonnoirs plus ou moins évasés ou étranglés, des globes échancrés, des vases aux aspects si divers que nul décorateur ne saurait en inventer de plus variés. Voici des corolles encapuchonnées, d'autres qui menacent de leur éperon; celles-ci flottent au vent (haricot), et l'on dirait des papillons, celles-là forment une croix grecque.

Ici une rosace habilement dessinée.

La fleur de passiflore ceinte d'une couronne d'étamines, dardant comme des épines, laisse tomber des pétales comme en signe de deuil.

A côté, une corolle est toute chiffonnée, toute fripée, tel un morceau d'étoffe froissée par une main impatiente; des grelots, des coupes, des languettes, des pointes, des boules, des lèvres, des aiguilles, des duvets, des formes inimaginables et tout cela : corolle !

Et comment le pauvre savant, qui veut enfermer ce monde dans une analyse méthodique, ne perd-il pas la tête?

Quelques signes distinctifs, toujours répétés, permettent de distribuer quelques classes d'après le nombre des pétales.

Les cruciformes, formant croix, n'ont que quatre pétales.

Les cariophyllées, l'œillet, en ont cinq.

Les liliacées en ont six.

La catégorie des résédas comprend deux pétales supérieurs plus grands et plus concaves que les autres et munis d'une longue frange dorsale.

Celle des balsamines a trois pétales, dissemblables, dont un beaucoup plus grand que les autres.

*
* *

A l'élégance de la forme, il faut ajouter une autre splendeur de la fleur : celle de la couleur.

Toutes les recherches raffinées de la couleur, toutes les harmonies possibles, toutes les richesses imaginables sont représentées dans la corolle. Il n'y a pas de rubis, ni d'émeraude, qui n'y trouve son équivalent. Les papillons les plus merveilleux, les insectes les plus brillants semblent avoir volé en passant leur éclat aux fleurs qu'ils frôlent. C'est un jet de flammes colorées, transparentes, éblouissantes. C'est la lumière sous tous ses aspects, c'est le soleil, c'est un embrasement. Des blancs à peine rosés aux rouges incarnats, aux laques étincelantes, des jaunes crémeux aux ors les plus chauds, des bleus les plus fins aux bleus les plus vibrants. Toutes les alternances, tous les mariages, toutes les valeurs et les nuances que vous pouvez concevoir.

Miroitement des fleurs qui donnent les impressions les plus diverses : étoffes ou métaux.

Les pétales se nuancent, passent d'une tonalité douce à une tonalité éclatante. Et tout cela dure relativement peu ; avec une énergie extraordinaire, la corolle répand des flots éclatants autour d'elle, puis, comme si elle était épuisée par cet effort, pâlit, se recroqueville et meurt en quelques jours. Mais d'autres lui succèdent, qui disparaîtront et, sans cesse, c'est une activité inouïe qui ne s'arrête que quand le soleil, caché par les brouillards de l'automne, interrompt son action, s'apaise, laissant souffler les ouragans et tomber les neiges pour reprendre, quelques mois après, de puissants élans de force et donner au printemps la fièvre brûlante qui envahit tout, fait monter la sève, donne une poussée vigoureuse et épanouit à nouveau, dans un sourire, la vie végétative qui s'était ralentie.

Si dans certaines fleurs le calice manque, si la corolle n'est pas indispensable, il n'en est pas de même pour l'androcée et ses étamines, organe reproducteur de la plante.

Une étamine, comme tous les éléments de la fleur, est une feuille modifiée, un pétale métamorphosé, et cependant, en l'examinant au premier abord, on a de la peine à se persuader d'une telle transformation.

En effet, l'étamine se compose de deux parties, le *filet* et l'*anthère*. Eh bien, le filet a de grandes analogies avec l'onglet du pétale et le pétiole de la feuille.

L'anthère ressemble beaucoup à la lame du pétale et au limbe de la feuille.

Ces rapprochements sont assez extraordinaires et permettent de dire que l'étamine est une feuille modifiée comme le pétale, suivant les besoins, sans doute ; quant à expliquer rationnellement ces modifications il faudrait demander à d'autres que nous, et encore ! Sauraient-ils jamais expliquer ces mystérieux phénomènes ?

Le filet peut, comme l'onglet et le pétiole, manquer : dans ce cas l'insertion est *sessile ;* l'anthère ne manque jamais.

L'étamine s'attache directement au réceptacle de la fleur.

L'insertion est *immédiate* quand le filet est indépendant de la corolle dans toute son étendue ; elle est *médiate* si le filet est soudé à la corolle.

Le filet est ordinairement grêle.

Il peut être assez long pour que les étamines dépassent la hauteur de la corolle ou assez court pour qu'elles restent cachées.

Quand on examine au microscope le filet, on est plus convaincu encore de ses rapports avec le pétiole, car il a la même structure anatomique, étant formé d'un épiderme et d'un tissu parenchymateux qui contient des faisceaux libéro-ligneux, orientés comme dans le pétiole.

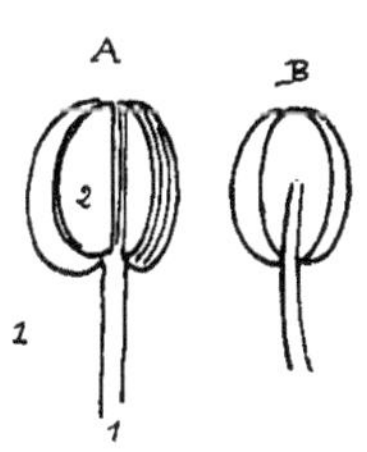

A. Face antérieure. — B. Face postérieure. — 1. Filet. — 2. Anthère.

En général, le filet se prolonge dans l'anthère, seconde partie de l'étamine.

C'est d'ailleurs la partie la plus importante. C'est un corps globuleux, creux, formé par l'enroulement du limbe et partagé par une cloison verticale en deux loges qui contiennent une poussière, le *pollen*, destiné à féconder les ovules.

1. Stigmate. — 2. Style. — 3. Ovaire. — 4. Ovule. — 5. Funiculaire.

Un tissu parenchymateux forme cet appareil et c'est dans ce tissu que se trouvent les sacs *polliniques* au nombre de quatre : deux de chaque côté de la cloison.

Les grains de *pollen* qui s'y forment sont cylindriques et constitués à peu près comme les cellules : on trouve en effet une membrane formée de deux couches; une couche externe (l'*exine*) inégalement épaissie et dont les épaississements les plus forts font saillie à l'extérieur sous forme de pointes, les plus faibles formant des pores ou des plis par où nous verrons sortir le tube pollinique; une couche interne, (l'*intine*), cellulosique et mince.

On trouve aussi un liquide protoplasmique (*fovilla*).

Puis enfin deux noyaux, un grand et un petit.

Telle est la constitution de l'androcée (organe mâle) qui présente, lui aussi, bien des variétés.

Continuant toujours notre méthode de comparaison, nous dirons que l'étamine, comme les sépales et les pétales, est libre ou soudée par des filets et se présente en nombre variable. On en trouve une seule dans le pin d'eau, trois dans l'iris, six dans l'oseille, un très grand nombre dans d'autres familles, jusqu'à cent dans certaines espèces.

ÉTAMINES

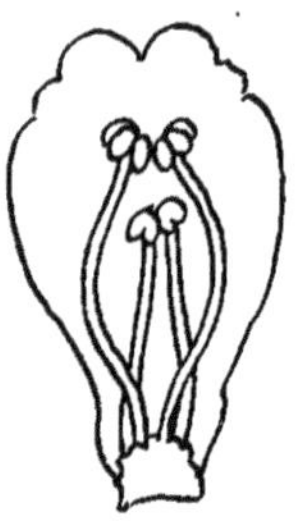

. DIDYNAMES

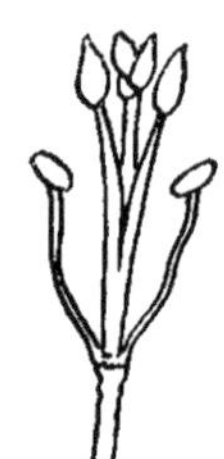

E. TETRADYNAMES.

. MONADELPHES.

E. DIADELPHES.

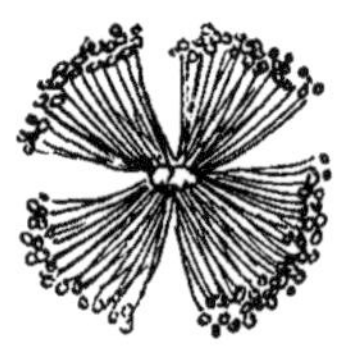

E. TETRADELPHES.

E. POLYADELPHES.

E. TRIADELPHES.

Placées plus ou moins également, les étamines sont disposées de différentes façons, sur un ou plusieurs rangs. Elles sont étalées, rigides, écartées, rapprochées, aplaties ou affectent des courbes plus ou moins simples. Le filet se tord, s'infléchit de mille façons; il se charge même quelquefois d'écailles, de becs, de pointes. Il est varié aussi dans sa couleur comme dans sa forme.

Le grain de pollen lui-même, dont nous avons décrit le type général, peut être ovoïde, ellipsoïde, dénudé ou couvert de papilles. Il diffère enfin par sa couleur : il est jaune dans le lis blanc, bleu ou violet dans les tulipes, rouge dans les géraniums, orangé dans quelques lis.

*
* *

Il nous reste à examiner le quatrième vertical floral, l'organe femelle, gynécée, ou pistil. Une série de petits organes compose ce dernier élément.

Ces organes, nommés carpelles, sont au pistil ce que les étamines sont à l'androcée, les pétales à la corolle, les sépales au calice.

Comme toutes les parties de la fleur, le carpelle n'est encore

ANDROCÉE ET GYNÉCÉE.

STYLES SOUDÉS.

STYLE TRIPARTITE.

STYLE QUINQUÉFIDE

qu'une magnifique transformation. C'est une étamine convertie et, par analogie, une modification de la feuille.

La métamorphose est plus complète que pour tous les autres organes. Un carpelle suffit quelquefois à former le pistil. Cependant on en trouve deux, trois et même plus. Suivant le nombre, le pistil est *unicarpellé* ou *pluricarpellé*.

Il y a trois parties importantes dans le carpelle : le *style*, le *stigmate* et l'*ovaire*.

Le style, situé généralement au sommet de l'ovaire, est le prolongement de celui-ci. Dans certaines espèces il est latéral à l'ovaire ou même placé à la base.

Les styles, comme les étamines, affectent des formes variées : ils sont droits, infléchis ou contournés, épais ou filiformes, coniques ou cylindriques, etc.

De même que les sépales, les pétales ou les étamines, ils sont libres ou soudés. Leur structure anatomique présente des analogies sensibles avec celle de l'ovaire; comme lui ils ont un épiderme, un parenchyme et des faisceaux libéro-ligneux.

Le centre du style est, en général, occupé par un canal dont les parois présentent des cellules molles; ce sont ces cellules qui constituent le tissu conducteur qui s'étend de la cavité ovarienne à l'extrémité du style qui s'épanouit pour former le stigmate.

Le stigmate est la partie du pistil généralement humide; elle est destinée à recevoir et à retenir, au moyen d'un liquide visqueux sucré et acide, les grains de pollen échappés des anthères, qui arrivent à son contact et reçoivent sa nourriture.

Les cellules allongées qui le forment laissent entre elles des méats nombreux constituant à la surface des saillies nommées *papilles*.

La forme du stigmate, comme celle de tous les organes d'ailleurs, est variable. Tantôt le stigmate est sessile, quand le style manque, ce qui arrive quelquefois; tantôt il est complet, quand il est distinct au-dessus du style; tantôt incomplet, quand il naît à la surface du style ou même sur le côté.

*
* *

Arrivons à l'ovaire, partie importante du pistil, puisqu'il renferme les semences ou ovules.

L'ovaire, partie inférieure et creuse du carpelle, dépend toujours de la feuille dont il est formé, aussi est-il simple, composé, ovoïde, cylindrique, allongé, etc.

Les soudures des feuilles carpellaires font, dans la cavité ainsi formée, deux saillies qui deviennent le support commun des ovules. Ces renflements s'appellent les *placentas*.

Les *placentations*, c'est-à-dire la situation et l'arrangement des placentas dans l'ovaire, se présentent de différentes façons.

Les *ovules* sont destinés à devenir des graines. L'ovule est attaché sur le bord de la feuille carpellaire par un petit cordon nommé *funicule*, que certains même appellent cordon ombilical. Ce point de jonction se nomme *hile*. L'ovule lui-même se compose de deux parties importantes : le *tégument*, le *nucelle*.

Le tégument enferme complètement le nucelle, sauf en un point, le micropyle, porte ouverte.

Enfin, une cellule beaucoup plus grande que les autres, se distingue dans le nucelle : c'est le sac *embryonnaire* composé lui-même de trois cellules pourvues d'une masse de protoplasma.

La cellule médiane s'appelle *oosphère,* les deux autres *synergides.* Au milieu du sac, un noyau solitaire. A l'autre extrémité, trois cellules antipodes.

Nous voilà fort savants, ferrés de mots; nous connaissons la disposition d'une étamine, d'un ovule, etc. Nous n'ignorons pas les termes qui les désignent, nous ferons un croquis de tous ces secrets que le microscope nous a dévoilés.

Et puis après? Nous voilà bien avancés! A quoi sert tout cela, comment cela manœuvre-t-il, quelles fonctions ont tous ces organes?

Autant de questions auxquelles nous essayerons de répondre en parlant de la reproduction.

Mais avant d'entrer dans cette grave question, permettez que j'ouvre une légère parenthèse sur les *Gymnospermes.*

*
* *

Nous avons dit quelque part que si les fleurs manquaient quelquefois de calice, pouvaient ne pas avoir de corolles, jamais l'androcée et le pistil n'étaient absents.

C'est le cas des Gymnospermes, race à laquelle appartiennent les pins et les sapins.

Ils sont privés de calice et de corolle et ont simplifié leurs autres organes : l'androcée est simplement représentée par les anthères, le pistil par les ovules.

Examinons-les un peu attentivement.

Cette pomme de pin est formée par la réunion des fleurs serrées les unes aux autres.

Chaque fleur est composée d'une feuille modifiée qu'on appelle écaille, creusée sur sa face inférieure de deux cavités, les sacs polliniques. Les noyaux des grains de pollen, différemment de ceux des Phanérogames, sont séparés par une cloison de cellulose.

Les fleurs, qui portent des ovules sont constituées, elles aussi, en forme de cône. Chaque fleur, résultat d'une feuille modifiée (bractée), porte à sa face supérieure une écaille qui contient deux ovules dont le micropyle est tourné vers l'axe du cône.

Les ovules n'ont qu'une enveloppe, la primine.

Dans le nucelle, on trouve un sac embryonnaire pourvu d'un seul noyau. Ce noyau primitif se subdivise.

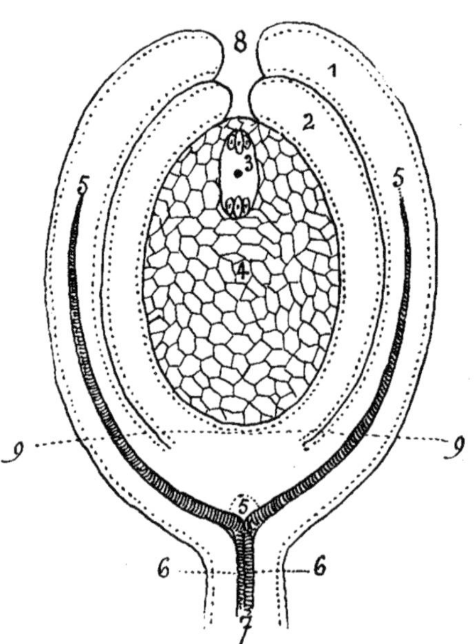

1. Primine. — 2. Secondaire. — 3. Sac embryonnaire. — 4. Nucelle. — 5. Faisceau libéro-ligneux. — 6. Hile. — 7. Funicule. — 8. Micropyle. — 9. Chalaze.

Chaque division s'entoure de protoplasma et bientôt le sac fort grossi constitue un véritable tissu nommé *endosperme*. Les oosphères placées vers le micropyle portent à leur extrémité une rosette de quatre cellules laissant entre elles un canal étroit.

Ces quatre cellules et l'oosphère se nomment *corpuscules*.

Au moment de la fécondation, plusieurs embryons se forment puisqu'il y a plusieurs œufs provenus de la division du noyau primitif; l'endosperme se résorbe en partie, mais il ne reste qu'un embryon.

*
* *

Revenons maintenant à la reproduction de nos Phanérogames.

Nous avons vu que le pollen qui naît sur l'androcée était destiné à féconder les ovules.

Le vent, les insectes, les oiseaux, nous l'avons dit, sont des agents destinés à transporter cette poussière.

Dans le trajet qu'il parcourt, le pollen est arrêté en partie par les stigmates qui le retiennent au moyen du liquide visqueux dont ces organes sont enduits. Qu'arrive-t-il alors?

Aussitôt que le pollen est arrêté sur le stigmate, il commence son œuvre et se transforme.

Le protoplasma se gonfle, s'accroît et pousse devant lui *l'intine,* couche interne des grains de pollen, et s'allonge en dehors en sortant par un des pores. Il atteint souvent mille fois la longueur du grain de pollen primitif.

Le tube s'allonge toujours, se nourrissant sur son chemin, s'insinuant dans les papilles du stigmate, descendant dans le style puis pénétrant dans l'ovaire. Là, il continue sa route le long des placentas, et, arrivé au micropyle, pénètre dans le sac embryonnaire.

Quelques cellules le séparent encore de l'oosphère, la cellule médiane du sac; ces cellules sont bientôt digérées et le hile entre en contact. Le noyau du tube pollénique et celui de l'oosphère se confondent : l'œuf est formé.

*
* *

Il arrive souvent dans le transport du pollen qu'il y a croisement de race.

Les horticulteurs font ainsi des croisements raisonnés. Quand ils mêlent deux espèces, ils créent des *hybrides;* quand ils mêlent deux variétés, il en résulte des *métis*, c'est ce qui nous donne des plantes si diverses, empruntant couleur ou forme à la voisine, mariant deux tonalités, créant des combinaisons nouvelles.

LA REPRODUCTION CHEZ LES CRYPTOGAMES

Les plantes dont nous venons d'étudier la reproduction sont des *Phanérogames*, qui accomplissent leur mariage en plein jour.

Mais d'autres, nous l'avons dit au commencement de ce livre, cachent absolument leur union ; ce sont les *Cryptogames*. Algues, champignons, mousses, lichens et fougères, à l'existence mystérieuse.

Quand on examine attentivement, en été, la face inférieure d'une feuille de fougère, on remarque de petites taches brunes, de forme et de dimensions variées : ces taches se nomment *spores*.

Une spore est une petite cavité recouverte par un prolongement de l'épiderme nommé *indusie*.

De petits sacs, appelés *sporanges*, remplissent cette cavité et chaque sac contient cette poussière formée de grains arrondis appelés spores.

Voilà donc tous les éléments nécessaires à la reproduction.

Les spores tombent sur le sol, germent, se déchirent. Un tube qui s'allonge et s'élargit sort de l'ouverture et se transforme.

Au bout d'un certain temps il est devenu le *prothalle*, gaine verte, en triangle, qui s'applique sur le sol, s'y fixe par un grand nombre de poils absorbants.

Sur la face inférieure du prothalle, dès sa venue, on distingue deux sortes de sacs : les *anthéridies*, les *archégones*.

Les premières, quand elles sont mûres, s'ouvrent et laissent passer des corpuscules qui nagent dans l'eau : les *anthérozoïdes*, enroulés en tire-bouchon, et dont l'extrémité est munie de cils vibratiles pour favoriser les mouvements.

Les archégones présentent un col avec un canal et une partie renflée qui renferme l'oosphère. Les anthérozoïdes pénètrent dans le col et vont féconder l'oosphère qui devient un œuf.

L'œuf se divise en quatre cellules :

L'une de ces cellules devient le pied de la plante, qui prend sa nourriture dans le prothalle, une autre, la tige, la troisième, une feuille, la quatrième, la radicule, qui s'allonge, prend pied, se couvre de poils.

D'autres feuilles se constituent : voilà la plante formée qui va répandre de nouveaux spores sur le terrain et cela sans solution de continuité.

Les fougères sont donc soumises à une alternance de deux générations étroitement liées.

*
* *

Une autre famille, celle des *Thallophytes*, subissant la loi étrange des reproductions dont nous venons de dire quelques mots, présente en outre trois genres de reproduction.

La reproduction sexuelle.

Prenons comme exemple les algues, ces longs filaments minces et souples qui se balancent sur les ruisseaux et qu'on appelle *vauchéries*. C'est un tube soyeux, le long duquel se remarquent des inégalités, des boules, distribuées comme les grains d'un chapelet, ou des crochets.

Les boules sont des *sporanges*, les crochets des *anthéridies*. Les anthérozoïdes s'échappent de leur enveloppe, se massent autour des sporanges et fécondent les spores qui vont germer bientôt.

Les algues obéissent à d'autres modes de fécondation qui d'ailleurs ne sont pas très bien connus.

*
* *

Considérons maintenant une mousse.

Nous remarquerons, à un certain moment, que la tige se pro-

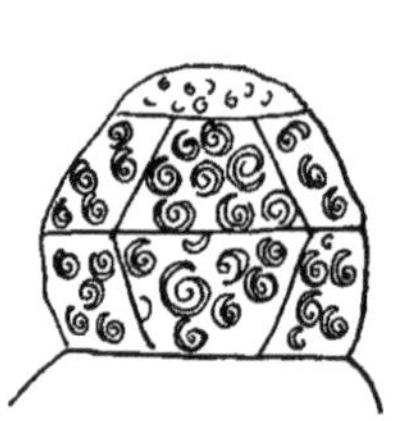

PROTHALLE.
Anthéridie contenant des anthérozoïdes.

ANTHÉROZOIDE.

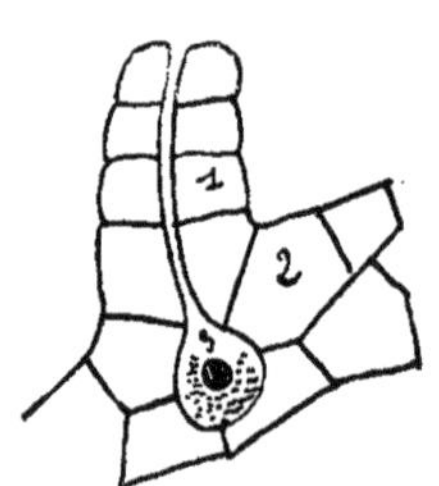

ARCHÉGONE.
1. Col. 2. Prothalle. — 3. Oosphère.

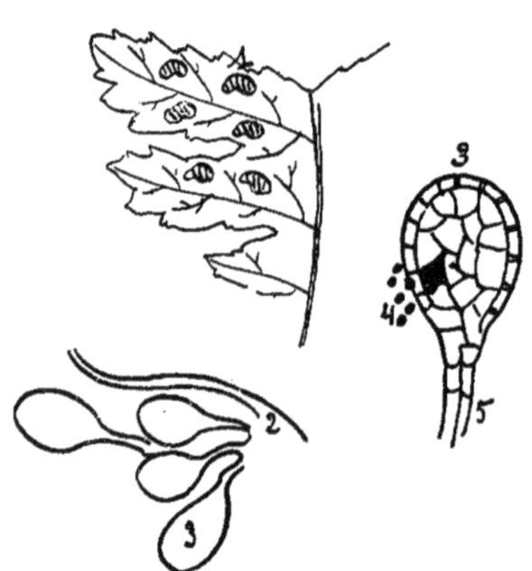

1. Sores. — 2. Indusie. — 3. Sporanges. — 4. Spores.
5. Pédicelle.

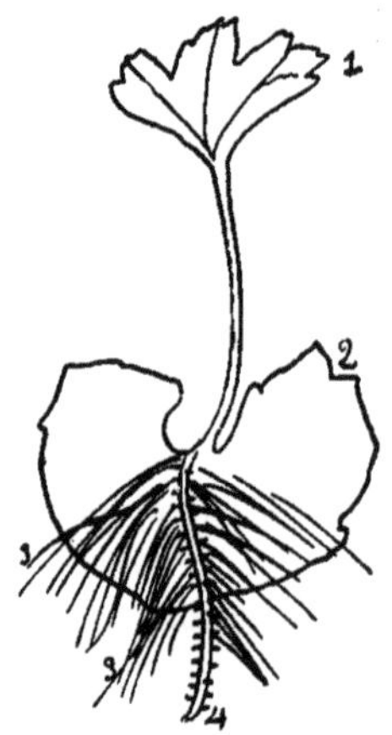

1. Feuille. — 2. Protballe. — 3. Poils.
4. Racine.

longe et se termine par un renflement : le nouvel organe est le *sporogone*.

Le filament se nomme *pédicelle*, le renflement *capsule*; celle-ci recouverte d'une sorte de capuchon.

Ce renflement n'est pas autre chose qu'un sac rempli de spo-

LA CHUTE DES FEUILLES.

res : à la maturité le capuchon tombe et la boîte ouverte laisse échapper ceux-ci, ils germent sur le sol, s'allongent en tubes nombreux qui forment dans leur ensemble un enchevêtrement de filaments ténus, couverts de poils destinés à leur nourriture.

Cette association de filaments se nomme le *protoxenia*, sur lequel bientôt se forment de petits bourgeons : ces bourgeons vont grandir et sont destinés à être des mousses.

L'organe fécondateur, l'anthérogoïde (comme pour les fougères), est contenu dans l'anthéridie, sac allongé qui se trouve à l'extrémité des tiges auprès des archégones qui contiennent les œufs. L'œuf, en se développant, se divise et forme un corps allongé qui s'enfonce dans les tissus de la tige.

Le ventre de l'archégone se fend circulairement, **sa** partie supérieure forme la coiffe; la partie terminale se renfle et constitue la capsule bientôt remplie de spores.

L'œuf est devenu le sporogone.

Il y a donc alternance de génération pour les mousses comme pour les fougères, leurs voisines : d'abord le spore, puis le protoxenia (comme le prothalle pour la fougère); la mousse proprement dite, le développement de l'œuf, puis le sporogone et la nouvelle formation des spores.

« Dans le cours de son existence, une même espèce de champignons, dit M. Duchartre, peut le plus souvent développer, l'une après l'autre, parfois même simultanément, plusieurs des différentes sortes de corps reproducteurs, que les observateurs se sont efforcés de reconnaître dans la famille entière. Par là, son aspect, ses caractères les plus frappants se modifient à ce point, que la même espèce, sous ses différents états, a été prise presque toujours pour tout autant d'espèces, trop souvent même pour tout autant de genres distincts et séparés. »

C'est dire combien il est quelquefois difficile de déterminer à chacun les caractères qui lui appartiennent en propre.

Le champignon proprement dit est composé de filaments qui poussent sous la terre, on nomme cette partie *mycélium*; à l'extérieur, une tige surmonté de chapeaux aux formes plus ou moins bizarres.

Le mycélium naît d'un spore, pousse et se ramifie assez

rapidement, moins rapidement cependant que la partie extérieure, organe fructificateur du champignon, qui se développe

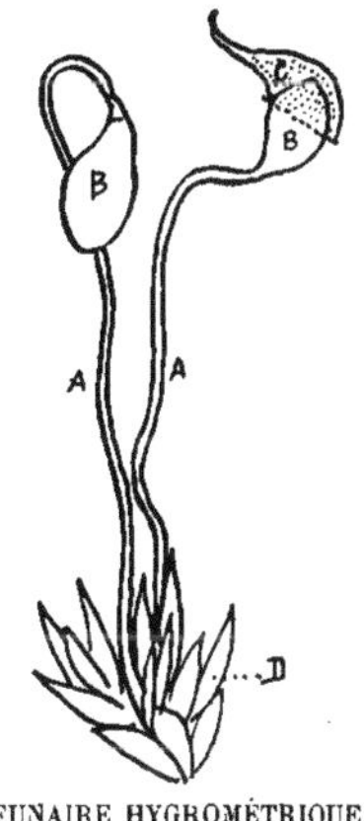

FUNAIRE HYGROMÉTRIQUE.

A. Pédicelle. — B. Capsule. C. Coiffe. — D. Feuilles.

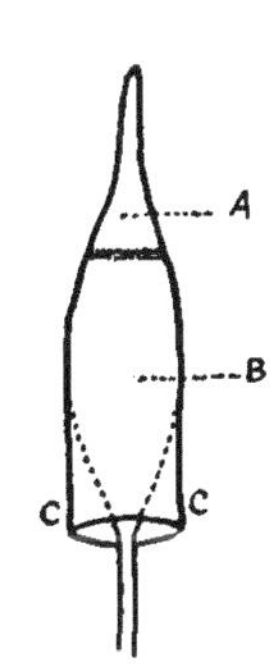

CAPSULE DE LA FUNAIRE AVEC SA COIFFE.

A. Opercule. — B. Urne. C. Coiffe.

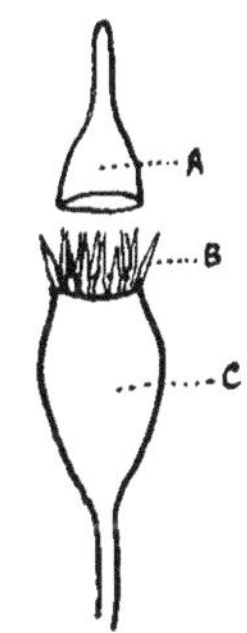

CAPSULE DE LA FUNAIRE OUVERTE.

A. Opercule — B. Bord de l'ouverture. — C. Urne.

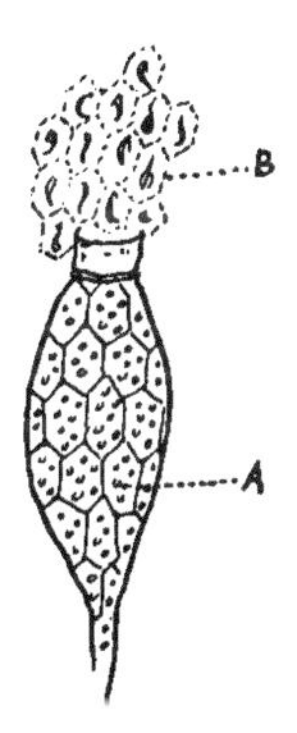

A. Anthéridie de mousse — B. Anthérozoïdes s'échappant de l'anthéridie.

ANTHÉROZOÏDES DE MOUSSE (très agrandis).

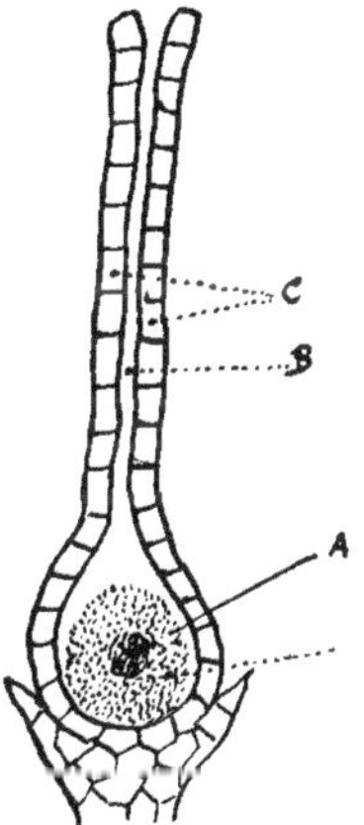

ARCHÉGONE DE MOUSSE.
A. Oosphère. — B. Canal du col. C. Col.

avec une rapidité inouïe, puisque une nuit lui suffit pour être constitué.

Ici les sporanges, qui contiennent les spores, ont reçu un nouveau nom, on les appelle les *thèques*. Chaque thèque produit huit cellules ou plus : et voilà pour la reproduction non sexuelle des champignons.

Certains champignons, comme certaines algues, offrent un exemple de reproduction ambique. Deux filaments voisins s'enflent, se rapprochent, s'allongent puis, au point de contact, s'arrondissent en globule : ce globule est un spore.

Quant à la fécondation sexuelle, elle se fait suivant les lois générales.

Un filament renflé s'avance, comme le tube pollinique, pour féconder un autre filament renflé, comparable au sporange.

Les champignons ne sont, en somme, que des parasites, qui vivent aux dépens du milieu dans lequel ils se trouvent et dont ils empruntent les substances organiques. Non contents de vivre au compte d'autrui, les champignons sont les agents des terribles maladies qui frappent les plantes : l'oïdium, le mildiou des vignes, la rouille des blés, l'ergot des seigles.

Enfin, les champignons s'associent aux algues, qu'ils protègent et dont ils empêchent la dessiccation; les algues décomposent l'acide carbonique de l'air, fabriquent les substances nécessaires à cette association intime qui donne naissance aux lichens.

Ce sont là d'étranges manifestations, des phénomènes curieux qu'on a pu constater, mais qui ne sont pas encore bien clairs.

Sporanges, anthéridies, thèques et autres organes tourbillonnent incessamment dans une goutte d'eau, sans qu'on puisse expliquer sûrement cette vitalité extraordinaire, cette existence mystérieuse....

Nous nous sommes bien éloigné depuis que le tube pollinique est venu féconder l'oosphère. Qu'est devenu notre œuf pendant ce temps? Nous allons vous le dire.

LE FRUIT ET LA GRAINE

La fleur est morte ; sa corolle fanée n'a plus de pétales ; les étamines sont flétries et le pistil a disparu.

Les couleurs brillantes et les parfums exquis se sont envolés.

FRUIT MULTIPLE.

FRUIT COMPOSÉ.

FRUIT INDUVIÉ.

FRUIT INDUVIÉ.

Seul l'ovaire s'est développé, s'est modifié et, en grandissant, il est devenu le fruit.

L'ovule est devenu la graine.

Fruits. — Il y a deux parties bien distinctes dans le fruit : le *péricarpe*, qui n'est autre que l'ovaire fécondé, et la *graine*, ovule parvenu à maturité.

Le péricarpe existe dans tous les fruits et son épaisseur varie.

Dans le blé, il est si mince qu'il se soude à la graine et constitue le son quand la meule l'arrache.

Le fruit présente des aspects différents suivant les modifications qu'a subies l'ovaire, suivant la disposition des ovaires. Qu'il soit, comme nous l'avons dit plus haut, pariétale, axile, etc.; le nombre des loges des fruits et la place des graines dépendent presque toujours du nombre des cellules de l'ovaire et de l'agencement des ovules.

Les tissus des fruits se modifient aussi considérablement, ce qui a donné lieu à deux groupes : les fruits *charnus*, les fruits *secs*.

Si le tissu de l'ovaire conserve des cellules vivantes, celles-ci accumulent diverses substances : amidon, matières grasses, etc.; ces matières, acides au début de la maturité, se transforment bientôt en glucose. Les fruits sont dits alors charnus.

Si les cellules perdent leur protoplasma, se dessèchent et meurent, les fruits sont dits secs.

Parmi les fruits charnus on distingue : 1° les *baies*, 2° les *drupes*.

Dans la baie, le péricarpe entier est charnu; c'est une masse pulpeuse, renfermant les graines.

Exemple : Le raisin, la groseille.

Dans la drupe, le péricarpe est en partie dur, en partie charnu et les graines sont enfermées dans une masse ligneuse, le noyau.

Ex. : La cerise, la prune, dont la membrane extérieure appelée *épicarpe*, est une simple pellicule d'épaisseur variable, que l'on enlève facilement. Dans la grenade l'épicarpe est plus résistant.

L'*endocarpe*, membrane intérieure, présente différents aspects Elle est parcheminée ou bien dure, ligneuse, osseuse et prend alors le nom de *noyau*.

Les fruits secs se divisent, eux aussi, en deux classes.

Les fruits secs *déhiscents* les fruits secs *indéhiscents*.

Les premiers s'ouvrent à la maturité et laissent tomber les graines, comme dans le haricot.

Les seconds, comme dans le blé, ne s'ouvrent pas à la maturité.

Les fruits indéhiscents sont *uniloculaires :* ils ne contiennent qu'une graine.

Les principaux sont l'*akène :* la graine n'adhère au péricarpe que par un point d'attache.

Il suffit de déchirer le péricarpe pour en séparer la graine. Ex. : le sarrasin.

Le *caryopse :* la graine est fixée au péricarpe et forme corps avec lui. Ex. : le blé.

La *samare* : akène à repli membraneux ailé. Ex. : l'orme.

Les fruits déhiscents se distinguent par la façon dont s'opère la déhiscence. Il y en a de plusieurs sortes.

Le *follicule*, fruit uniloculaire, s'ouvrant par son bord ventral qui porte les graines.

Ex. : la pivoine.

La *gousse* est formée d'un seul carpelle à la fois déhiscent sur les deux bords, comme dans le haricot.

La *pyxide*, qui s'ouvre par une fente horizontale comme une boîte à savonnette (mouron).

La *silique*, fruit biloculaire, se détachant en deux valves qui tombent en mettant à nu leur placenta sous forme d'un châssis sur les bords duquel sont attachées les graines.

Ex. : Les crucifères.

DÉHISCENCES.

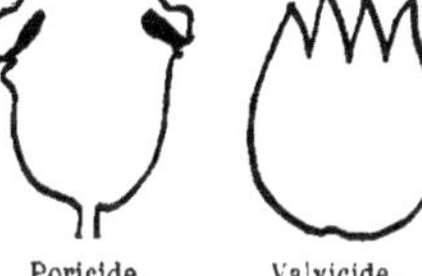

Poricide. Valvicide.

La *capsule* est un fruit déhiscent qui n'est ni follicule, ni gousse, ni pyxide, ni silique : Ex. : le ricin, la tulipe.

Il y a plusieurs sortes de capsules.

Dans les capsules *loculicides*, la déhiscence se fait par une fente au niveau de la ligne dorsale des carpelles.

Ex. : l'iris.

Dans les capsules *septicides*, elle s'opère par dédoublement des cloisons : le tabac.

Les capsules *septifrages* ont leur déhiscence par des fentes pratiquées de chaque côté des cloisons : la saxifrage.

La déhiscence *poricide* s'opère sur le sommet de la capsule qui s'ouvre.

Ex. : le pavot.

Déhiscence *valvicide* : les valves se divisent au sommet en petites dents :

Ex. : l'œillet.

Les fruits sont *simples* quand ils ne renferment qu'un seul carpelle : Ex. : le pommier.

Multiples, quand ils renferment plusieurs carpelles indépendants qui se développent en autant de fruits : (fraises).

Composés, formés par autant de fleurs simples qui, réunies, forment inflorescences : (pois, mûrier, figuier).

Induviés, quand les fruits sont enveloppés par une partie de la fleur qui s'est accrue pendant la maturité : (chêne, noisette).

Et, c'est dans ces types si différents, que se trouvent les ovules fécondés, destinés à reproduire la race; ces graines microscopiques dont une poignée tient dans la main et qui va couvrir des surfaces considérables !...

Il y a deux parties dans la graine :

1° L'*enveloppe*, qui s'appelle tégument ou *spermoderme*, peau de la semence. Sur cette enveloppe, entre les cotylédons, un point : c'est le micropyle, passage où s'est introduit le tube pollinique qui a fécondé l'oosphère.

Dans une cosse de pois de petits filaments : le point d'attache à la charnière, c'est le placenta, le fil c'est le funicule; le point d'attache à la graine c'est le hile.

2° L'*amande:* l'amande elle-même est formée de deux parties : l'*albumen*, l'*embryon*.

* * *

Quelques graines sont dépourvues d'albumen. Leurs substances nutritives sont alors accumulées dans les cotylédons.

Les graines sans albumen se reconnaissent quand, déchirant le tégument, elles se partagent en deux parties égales : chaque moitié correspond à un cotylédon.

Nous avons retrouvé tous les éléments que nous avons découverts au moment de la fécondation; depuis ce moment le sac embryonnaire s'est beaucoup modifié.

Les synergides et les cellules antipodes ont disparu, l'œuf seul est resté et s'est partagé en deux cellules par une cloison perpendiculaire à l'axe du nucelle.

La cellule supérieure devient un organe transitoire, variable de forme; c'est l'organe suspenseur.

La cellule inférieure se divise aussi et forme un massif cellulaire enveloppé par un épiderme.

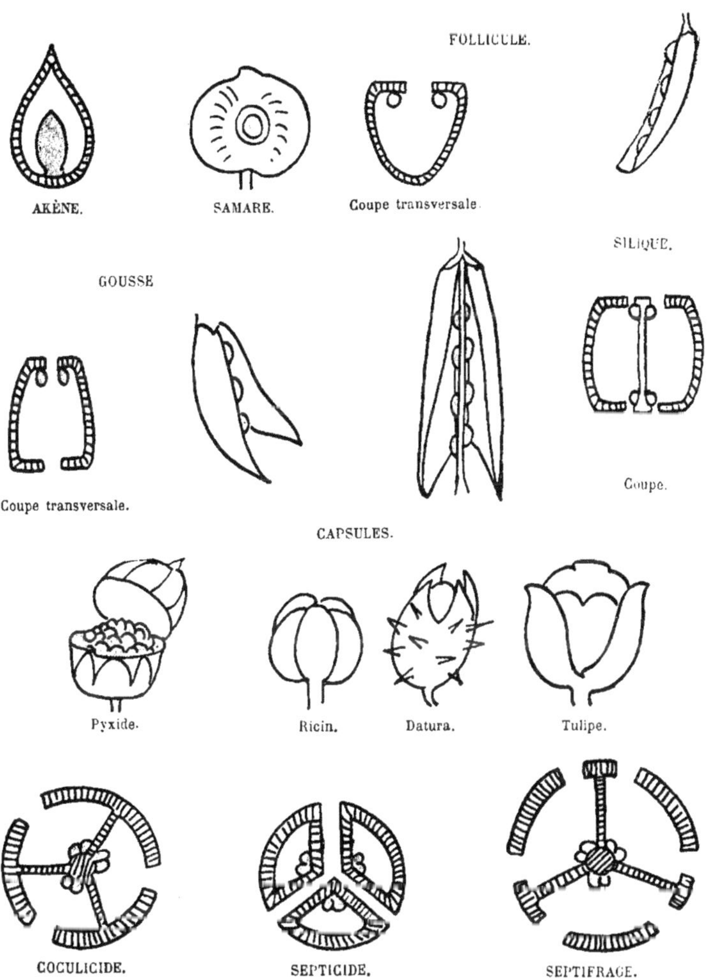

Ce massif grandit, augmente, devient un embryon de plante où l'on reconnaît : une radicelle, une tigelle, une ou deux feuilles incolores (cotylédons).

*
* *

Le noyau du sac embryonnaire se divise aussi et constitue d'autres noyaux avec leur protoplasma ; l'ensemble forme des cellules. Celles-ci, par leur réunion, constituent l'*albumen*, substance nutritive de l'embryon pendant la germination de la graine.

Le nucelle a disparu; la primine persiste et constitue l'enveloppe de la graine; la secondine est résorbée.

Quand toutes ces modifications ont eu lieu, la graine mûrit et, quand elle est arrivée à maturité complète, elle passe à l'état de vie latente jusqu'à ce qu'elle soit soumise aux conditions de germination.

Quelles sont les conditions intrinsèques pour que la graine passe de la vie ralentie à la vie active?

Il faut qu'elle soit d'abord bien conformée dans toutes ses parties, car des graines peuvent très bien, sous une enveloppe normale, renfermer une amande atrophiée. Pour s'assurer de leur efficacité on les met dans l'eau : les bonnes graines vont au fond de l'eau parce qu'elles sont plus denses, les mauvaises flottent. Ce procédé ne peut pas s'appliquer pour toutes les graines, celles à albumen gras étant moins denses.

En général, les graines renferment des réserves nutritives immédiatement assimilables, c'est-à-dire sont mûres quand le fruit a lui-même atteint sa maturité.

Certaines graines peuvent cependant germer avant la maturité du fruit (haricot), d'autres ne germent qu'après (pêcher).

Les graines s'oxydent à l'air : les réserves nutritives s'abiment et perdent leur pouvoir germinatif qui a généralement une durée plus grande pour les graines enfouies; ainsi on a pu faire germer des graines qu'on avait trouvées dans des tombeaux gallo-romains.

Il y a encore d'autres conditions à remplir : les conditions extrinsèques.

Il faut à la graine : de l'eau, de l'oxygène et de la chaleur; autrement elle ne germe pas, elle s'arrête, même si elle a commencé à germer. On a remarqué qu'il faut, pour bien remplir les conditions favorables, que chaque graine de même espèce ait deux limites de température : minimum et maximum.

En résumé ces trois agents nécessaires ont leur rôle caractérisé.

L'eau pénètre dans la graine, gonfle les tissus.

L'oxygène sert à la respiration des graines, très active pendant la germination.

La chaleur est nécessaire à la croissance de l'embryon.

Voyons un peu comment se produit ce phénomène de germination et, pour cela, prenons une graine de haricot. La graine se gonfle, les téguments se déchirent ; la radicelle s'allonge verticalement et se couvre bientôt de poils absorbants.

La tigelle, comprise entre la limite supérieure de la région pilifère et l'insertion des cotylédons, sort de terre sous forme d'anse, puis elle se redresse entraînant les cotylédons gonflés et grandis ; ils s'écartent, laissent passer la gemmule qui se couvre bientôt de feuilles et les cotylédons diminuent....

Nous voilà revenus au début de notre livre : qu'est-ce qu'une racine ? etc.... C'est l'éternel recommencement, l'éternelle chaîne végétale qui reproduit sans interruption les types de sa race.

Nous avons, dans ce bref chapitre où il nous a fallu, malgré nous, être un peu scientifique, examiné cet être organisé, vivant, qui a ses canaux, ses tissus, ses appareils circulatoires et respiratoires, organes de reproduction dont l'origine apour point de départ une masse microscopique, la cellule, qui se multiplie à l'infini, variant ses formes, ses aspects, ses fonctions, produisant ses individus, ses espèces bien caractérisés et limités vivant d'une manière analogue et constitués, également, depuis l'origine.

CLASSIFICATIONS SCIENTIFIQUES

Dans le règne végétal chaque sujet présente des caractères spéciaux, essentiels, qui se perpétuent. C'est d'après ces caractères, pareils ou similaires bien qu'affirmés parfois chez des plantes d'aspect divers, qu'on a établi les subdivisions par *espèces*.

Dans chaque espèce on a remarqué des végétaux qui, bien que présentant certaines parités de conformation de leurs fleurs et de leurs fruits, par exemple, se distinguaient pourtant par des dissemblances marquantes, soit dans la forme de leurs feuilles, soit dans la nature de leurs tiges, soit dans leur allure générale.

L'assemblage des diverses espèces constitue un *genre* comprenant les végétaux qui par leur affinité forment une unité supérieure.

A leur tour, les genres furent groupés suivant les rapports que présentent les organes de fécondation, la formation, la structure de la graine, la nature du fruit, la disposition des pistils et des étamines.

Toute la gent végétale fut donc enrégimentée par corps d'armées, divisions, régiments, bataillons, compagnies, etc., qui prirent les noms de DIVISIONS, CLASSES, ORDRES OU FAMILLES, GROUPES, TRIBUS, etc., etc.

Les diverses classifications faites suivant certains principes, basés sur certains caractères, sur les analogies des végétaux entre eux, constituent ce que l'on est convenu d'appeler *système des plantes*, d'après les uns; *méthode botanique*, d'après les autres.

La plus ancienne méthode botanique date du XVIe siècle, elle fut publiée par Conrad Gesner.

PITON DE TOURNEFORT

Après lui d'autres méthodes furent imaginées. La première admise fut celle qu'établit un botaniste français, Piton de Tournefort.

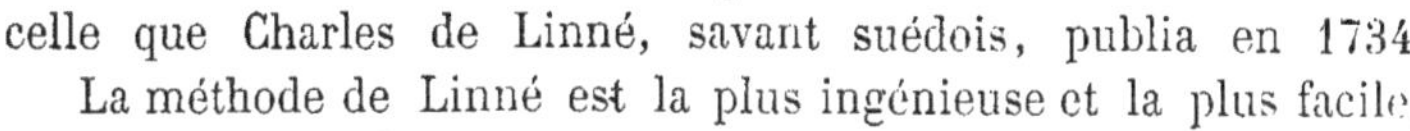

Elle fut bientôt détrônée par celle que Charles de Linné, savant suédois, publia en 1734.

La méthode de Linné est la plus ingénieuse et la plus facile; elle est basée sur les organes sexuels des végétaux (d'où son nom de *Système sexuel*). Elle eut d'abord un succès universel puis, fut à son tour abandonnée (en France surtout), en faveur de celle que

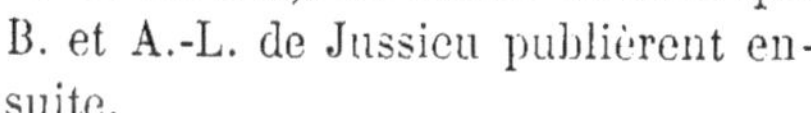

B. et A.-L. de Jussieu publièrent ensuite.

CHARLES DE LINNÉ

La classification imaginée par les de Jussieu se divise en trois grands embranchements basés sur la structure de la graine :

1° Les ACOTYLÉDONES, c'est-à-dire les végétaux dont l'embryon n'a pas de *cotylédons* ou lobes terminaux ;

2° Les MONOCOTYLÉDONES, comprenant ceux dont l'embryon n'a qu'un cotylédon ;

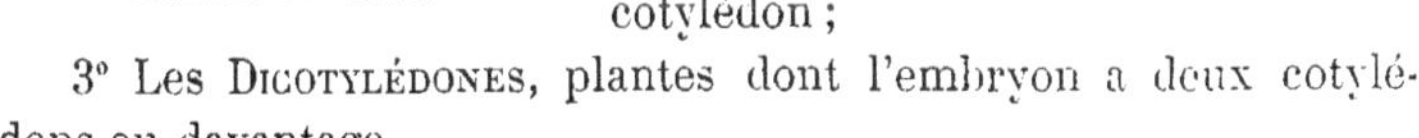

3° Les DICOTYLÉDONES, plantes dont l'embryon a deux cotylédons ou davantage.

L'embranchement des ACOTYLÉDONES correspond à la CRYPTOGAMIE de Linné.

Celui des Monocotylédones est établi d'après l'insertion des étamines.

Quant aux Dicotylédones elles furent divisées d'abord en deux groupes : fleurs *unisexuées*, fleurs *hermaphrodites*.

On subdivisa ensuite ces dernières en trois sections, suivant que la corolle était absente ou qu'elle se trouvait être *monopétale* ou *polypétale*.

Enfin, ces principales divisions furent elles-mêmes partagées en vingt-quatre classes d'après l'insertion des étamines. Les classes sont en outre subdivisées par ordres. Les ordres des treize premières classes se tirent du nombre des styles, ceux des quatorzième et quinzième de la forme du fruit, ceux des seizième, dix-septième, dix-huitième du nombre des étamines, ceux de la dix-neuvième des états relatifs d'absence ou de présence entre les étamines et les pistils. Les ordres de la vingtième, de la vingt-unième et vingt-deuxième classes se déduisent du nombre des étamines, ceux de la vingt-troisième des fleurs hermaphrodites réunies sur la même plante ou séparées sur deux ou trois plantes. Enfin, les ordres de la vingt-quatrième classe se déduisent de la diversité de substance et de structure des plantes qu'elle contient.

La méthode des de Jussieu est aujourd'hui universellement admise; elle fut modifiée par divers botanistes : Candolle, Richard, Lindley, Endlicher, mais son principe de classification est resté intact.

Nous croyons bien faire en traçant, ci-contre, un tableau des différentes méthodes, celle de Linné, celle des de Jussieu, que nous ferons suivre d'une nomenclature des familles naturelles de chaque embranchement.

Dans tous les différents systèmes c'est surtout le premier développement de la graine qui détermine la classification; ils s'accordent tous, en tout cas, sur un point : la division du règne végétal en *monocotylédones*, *dicotylédones*, *acotylédones*. Ces derniers correspondent à la vingt-quatrième classe de Linné. Les *monocotylédones* comprennent les graminées, les plantes bulbeuses, les palmiers; les *dicotylédones* comprennent le reste des végétaux. Les divisions en classes, ordres, familles, groupes, etc., sont tout à fait artificielles.

Aux classifications de Linné et de Jussieu qui suivent nous ajoutons le système Endlicher.

Nous ne pouvons donner ici les caractères spéciaux de chacune d'elles, cela serait, du reste, faire double emploi avec maints ouvrages spéciaux où ceux que cela intéressera trouveront tous les renseignements dont ils auront besoin. S'il fallait, en ce volume, entrer dans le détail de chaque plante prise séparément, nous en arriverions à avoir, non plus un livre, mais un dictionnaire à la panse rebondie, qui sortirait absolument du cadre que nous nous sommes imposé.

BERNARD DE JUSSIEU

Nous voulons donner sur la plante en général le plus de renseignements possibles; nous voudrions dire sur la plante prise en particulier tout ce que nous saurons d'intéressant, mais, en ces feuillets, on ne devra pas exiger la nomenclature complète de tous les végétaux du globe avec les transformations, les modifications, les perfectionnements qu'ils subissent.

A chaque saison naît une sorte nouvelle dont la paternité revient à quelque habile horticulteur qui la baptise à son gré.

Et s'il fallait ici expliquer la caractéristique de chaque famille, les particularités de chaque plante, sans en omettre une seule, puis passer en revue chaque individu de chaque espèce, nous courrions le risque, non seulement, d'être fort ennuyeux, mais encore celui, plus grave, de ne jamais terminer l'œuvre commencée.

Songez qu'il existe trois ou quatre mille espèces de roses, un nombre incalculable de dahlias, des myriades de glaïeuls, des régiments d'œillets, des colonies de pivoines. Pour les nommer toutes il faudrait créer le *Bottin des Plantes*.... Nous laisserons ce soin à d'autres plus autorisés et plus savants.

CLEF DU SYSTÈME DE LINNÉ.

						CLASSES.	EXPLICATION.	EXEMPLES.
Plantes à organes de fructification bien visibles.	Hermaphrodites.	Les étamines non soudées au pistil.	Non soudées entre elles.	La longueur relative sans importance.	Nombre déterminé et inférieur à vingt.	1. Monandrie.	Un mâle, une étamine dans une même fleur.	Pesse.
						2. Diandrie.	Deux mâles, deux étamines id.	Véronique.
						3. Triandrie.	Trois mâles, trois étamines id.	Valériane.
						4. Tétrandrie.	Quatre mâles, quatre étamines id.	Caille-lait.
						5. Pentandrie.	Cinq mâles, cinq étamines id.	Tabac.
						6. Hexandrie.	Six mâles, six étamines id.	Lis rouge.
						7. Heptandrie.	Sept mâles, sept étamines id.	Marronnier d'Inde.
						8. Octandrie.	Huit mâles, huit étamines id.	Onagre.
						9. Ennéandrie.	Neuf mâles, neuf étamines id.	Jonc fleuri.
						10. Décandrie.	Dix mâles, dix étamines id.	Œillet.
						11. Dodécandrie.	Douze mâles, onze à dix-neuf étamines id.	Joubarbe.
					Nombre non déterminé et supérieur à vingt. Insérées au calice.	12. Icosandrie.	Vingt mâles, vingt à cent étamines sur le même calice.	Rose.
					Insérées au réceptacle.	13. Polyandrie.	Nombre illimité de mâles, plus de vingt étamines insérées sur le réceptacle.	Pavot.
				Une paire plus courte que les autres	Quatre en tout.	14. Didynamie.	Quatre étamines dont deux plus longues.	Digitale.
					Six en tout.	15. Tétradynamie.	Six étamines dont quatre plus longues.	Navette.
			Soudées entre elles.		Par les filets.	16. Monadelphie.	Un faisceau d'étamines soudées.	Mauve.
						17. Diadelphie.	Deux faisceaux d'étamines, généralement neuf soudées et une libre.	Lentille.
						18. Polyadelphie.	Vingt étamines ou plus soudées en trois faisceaux ou davantage.	Millepertuis.
					Par les anthères.	19. Syngénésie.	Anthères soudées en un tube; ces plantes sont à fleurs *composées*.	Chardons.
		Les étamines soudées au pistil.				20. Gynandrie.	Mâles sur le pistil, anthères soudées au pistil.	Orchidées.
	Unisexuées ou Diclines.	Étamines et pistils sur la même plante.				21. Monœcie.	Étamines et pistils se trouvant séparément en des fleurs distinctes sur une même plante.	Sapin.
		Étamines et pistils sur plantes différentes.				22. Diœcie.	Fleurs mâles ne se trouvant pas sur la même plante que les fleurs femelles.	Mercuriale.
		Fleurs unisexuées mélangées aux fleurs hermaphrodites.				23. Polygamie.	Fleurs mélangées, c'est-à-dire que, sur une même plante, on trouve des fleurs mâles et des fleurs femelles, ou les deux à la fois mélangées à des fleurs hermaphrodites.	Frêne.
Plantes à organes de fructification non visibles.						24. Cryptogamie.	Fécondation dissimulée.	Fougères. Champignons.

CLEF DE LA MÉTHODE A.-L. DE JUSSIEU.

					NOMS DES CLASSES.	EXEMPLES.
Première division.					—	—
ACOTYLÉDONES					1. ACOTYLÉDONIE	Champignons.
Deuxième division.						
MONOCOTYLÉDONES			Étamines.	([1]) *Hypogynes*	2. MONOHYPOGYNIE	Froment.
				([2]) *Périgynes.*	3. MONOPÉRIGYNIE	Asperges.
				([3]) *Epigynes*	4. MONOÉPIGYNIE	Orchis.
Troisième division.						
DICOTYLÉDONES	Hermaphrodites.	APÉTALES	Étamines.	*Epigynes*	5. EPISTAMINIE	Aristoloche.
				Périgynes	6. PÉRISTAMINIE	Chalef.
				Hypogynes	7. HYPOSTAMINIE	Phytolacca.
		MONOPÉTALES.	Corolle	*Hypogynes*	8. HYPOCOROLLIE	Primevère.
				Périgynes	9. PERICOROLLIE	Rhododendron.
				Epigynes. Étamines soudées	10. SYNANTHÉRIE	Soleil.
				Epigynes. Étamines libres	11. CHORISANTHÉRIE	Scabieuse.
		POLYPÉTALES	Étamines.	*Epigynes*	12. EPIPÉTALIE	Carotte.
				Hypogynes	13. HYPOPÉTALIE	Pavot.
				Périgynes	14. PÉRIPÉTALIE	Pêcher.
	Diclines. — Sexes séparés dans des fleurs différentes				15. DICLINIE	Noyer.

1. *Hypogynes.* — Étamines ou corolle insérées *sous* l'ovaire ou les pistils.
2. *Périgynes.* — Étamines ou corolle insérées sur le calice ou *autour* du pistil.
3. *Épigynes.* — Corolle, calice ou étamines situés *sur* l'ovaire ou portés par le pistil comme dans les orchidées, les aristoloches.

CLASSIFICATION D'APRÈS LA MÉTHODE DE A.-L. DE JUSSIEU.

Après chaque nom de « famille » nous donnons, pour aider le lecteur, le nom d'une plante type lui appartenant. Les familles végétales sont trop nombreuses pour que nous puissions ici donner les caractères de chacune d'elles, ce qui, du reste, sortirait absolument de notre programme.

Pour faciliter les recherches, nous classons les familles de chaque section par ordre alphabétique :

Première classe.

ACOTYLÉDONES.

Première section. — CRYPTOGAMES.

A. *Cryptogames cellulaires*. . . . . Champignons.
B. *Cryptogames vasculaires* . . . . Fougères.
C. *Lycopodiacées* . . . . Lycopodes.

Deuxième classe.

MONOCOTYLÉDONES.

Deuxième section. — PHANÉROGAMES.

A. Monocotylédones aquatiques a graines sans albumen.

Alismacées . . . . . Plantain d'eau.
Butomées. . . . . . Jonc fleuri.
Hydrocharidées. . Vallisnérie.
Naïadées. . . . . . Caulimé.

B. Monocotylédones a graines pourvues d'albumen, fleurs sans périanthe ou sans enveloppes florales.

Aracées ou *Aroïdées*. Arum (Gouet).
Cypéracées. . . . . . . Souchet long.
Graminées . . . . Froment.
Pandanées . . . . . Nipa.
Typhacées. . . . . . Roseaux.

C. Monocotylédones a graines pourvues d'albumen a fleurs périanthées ou pourvues d'enveloppes colorées.

Amaryllidées. . . . Narcisse des prés.
Broméliacées. . . . Ananas.
Cannées. . . . . . . Canna.
Commélynées. . . . Commélinetubéreuse.
Dioscorées. . . . . . Taminier.
Hæmodoracées . . . Xiphidion.
Hypoxidées. . . . . Hypoxis.
rIidées. . . . . Iris.
Joncées . . . . Jonc.
Liliacées. . . . . . . Lis.
Mélanthacées. . . . Colchique.
Musacées . . . . . . Bananier
Orchidées. . . . . . Vanille.
Palmiers . . . . . . Dattier.
Pontédériacées. . . Pontéderia.
Zingibéracées. . . . Gingembre.

Troisième classe.

DICOTYLÉDONES.

A. Dicotylédones apétales, diclines ou a fleurs dépourvues de corolle, ne présentant pas a la fois pistils et étamines.

Artocarpées. . . . . Arbre à pain.
Balsamifluées. . . . Copal d'Amérique.
Bétulinées. . . . . . Aune.
Cannabinées . . . . Houblon.
Casuarinées. . . . . Casuarine.
Celtidées . . . . . . Micocoulier.
Conifères . . . . . . If, Genévrier.
Cycadées . . . . . . Cycas.
Garryacées . . . . . Garrya.
Gnétacées . . . . . . Ephedra.
Euphorbiacées . . . Ricin.
Juglandées . . . . . Noyer blanc.
Morées. . . . . Mûrier.
Myricées . . . . . . Piment royal.
Népenthées. . . . . Népenthès.
Pipéracées . . . . . Poivrier.
Platanées. . . . . . Platane.
Quercinées . . . . . Charme.
Salicinées. . . . . . Peuplier.
Saururées. . . . . . Houttuynie.
Ulmacées . . . . . . Orme.
Urticées. . . . . . . Ortie.

B. Dicotylédones a fleurs apétales hermaphrodites.

Amarantacées . . . Amaranthe.
Aristolochées. . . . Aristoloche.
Chénopodées . . . . Betterave.
Elœaniées. . . . . . Argousier.
Laurinées. . . . . . Laurier.
Nyctaginées. . . . . Belle-de-Nuit.
Nyssacées. . . . . . Tulépo.
Phytolaccacées. . . Raisin d'Amérique.
Polygonées . . . Rhubarbe.
Protéacées . . . . . Grévillée.
Thymelées . . . . . Bois-Joli.

C. Dicotylédones monopétales hypogynes.

Acanthacées. . . . . Acanthe.
Apocynées. . . . . . Laurier-rose.
Asclépiadées. . . . . Asclépiade.
Bignoniacées. . . . Catalpa.
Borraginées. . . . Consoude.
Convolvulacées. . . Liseron.
Ebénacées. . . . . . Ebénier.
Epacridées . . . . . Rhododendron.
Ericacées. . . . . . Bruyère.
Gentianées . . . . . Trèfle d'eau.
Globulariées . . . . Globulaire.
Hydroléacées. . . . Wigandia.
Hydrophyllées . . . Eutoque de Meuziès.
Jasminées . . . . . Jasmin.
Labiées . . . . Mélisse.
Myoporinées . . . . Myopore.
Myrsinées. . . . . . Ardisia.
Nolanées . . . . . . Nolane.
Oleinées. . . . . . . Olivier.
Plantaginées . . . . Plantain.
Plombaginées. . . . Statice.
Polémoniacées . . . Cobœa.
Primulacées . . . . Primevère.
Pyrolacées . . . . . Pyrola.
Sapotées. . . . . . . Achras.
Scrophularinées . . Scrofulaire.
Sélaginées. . . . . . Selagine.
Sésamées . . . . . . Cornaret.
Solanées. . . . . . . Tabac.
Spigéliacées. . . . . Spigélie.
Styracées. . . . . . Halésie.
Théophrastées . . . Jacquinia.
Verbénacées. . . . . Verveines.

D. Dicotylédones monopétales périgynes.

Campanulacées. . . Campanule.
Gesnériacées . . . . Ramondie.
Goodéniacées. . . . Goodénia.
Lobéliacées . . . . . Tupa.
Stylidiées. . . . . . Stylidium.

E. Dicotylédones monopétales épigynes.

Caprifoliacées. . . . Chèvrefeuille.
Composées. . . . . . Chardon-Marie.
Dipsacées. . . . . . Scabieuse.
Rubiacées. . . . . . Aspérule.
Valérianées. . . . . Mâche.

F. Dicotylédones polypétales épigynes.

Araliacées. . . . . . Lierre.
Cornées. . . . . . . Cornouiller.
Hamamélidées. . . Rhodoleia.
Helwingiacées . . . Helwingia.
Ombellifères . . . . Carotte.

G. Dicotylédones polypétales hypogynes.

Acerinées. . . . . . Acer.
Ampélidées. . . . . Vigne-Vierge.
Anonacées. . . . . . Pomme, Canelle.
Aurantiacées . . . . Oranger.
Balsaminées . . . . Balsamine.
Bixinées. . . . . . . Rocou.
Berbéridées. . . . . Épine-Vinette.
Bombacées.. . . . . Baobab.
Buttnériacées. . . . Hermanie.
Capparidées. . . . . Câprier.
Cariophyllées. . . . Œillet.
Cédrelées. . . . . . Cèdre.
Cistinées. . . . . . . Ciste.
Clusiacées. . . . . . Abricotier de Saint-Domingue.
Coriariées . . . . . Corroyère.
Crucifères.. . . . . Radis.
Dianthacées. . . . . (Voir *Cariophyllées*.)
Dillémiacées.. . . . Actinidie.
Diosmées . . . . . . Fraxinelle.
Droséracées. . . . . Dionée.
Eleocarpées. . . . . Eleocarpe.
Fumariacées. . . . Fumeterre.
Géraniacées. . . . . Géranium.
Hippocastanées. . . Pavier.
Hypéricinées. . . . Millepertuis.
Lardizabalées. . . . Lardizabala.
Linées. . . . . Lin.
Magnoliacées. . . . Tulipier.
Malpighiacées . . . Stigmaphylle.
Malvacées. . . . . . Mauve.
Meliacées. . . . . . Faux-Sycomore.
Ménispernées. . . . Cocculus.
Nélombonées. . . . Lotus.
Nymphéacées. . . . Nénuphar.
Oxalidées. . . . . . Surelle.
Papavéracées. . . . Pavot.
Pittosporées. . . . . Billardière.
Polygalées. . . . . . Polygala.
Renonculacées . . . Pivoine.
Résédacées . . . . . Réséda.
Rutacées . . . . . . Rue.
Sapindacées. . . . . Savonnier paniculé.
Sarracéniées . . . . Sarracenia.
Schizandrées. . . . Schizandra.
Simarubées. . . . . Cédron.
Sterculiacées. . . . (Voir *Bombacées*.)
Tamariscinées . . . Tamarix.
Ternstrœmiacées. . Camelia.
Tiliacées. . . . . . . Tilleul.
Tropéolées. . . . . . Capucine.
Violariées. . . . . . Pensée sauvage.
Zanthoxylées. . . . Orme à trois feuilles.
Zypophyllées. . . . Melianthe.

H. Dicotylédones polypétales périgynes.

Anacardiacées . . . Pistachier.
Cactées . . . . Figue d'Inde.
Calycanthées. . . . Chimonanthe.
Celastrinées. . . . . Celastre.
Cesalpinées. . . . . Caroubier.
Combrétacées. . . . Poivrea.
Crassulacées . . . Joubarbe.
Cucurbitacées. . . . Concombre.
Francoacées. . . . . Francoa.
Ficoïdes . . (Voir *Mésembrianthémé es*.
Granatées. . . . . . Grenadier.
Ilicinées. . . . . . . Houx.
Lecythidées. . . . . Lecythis.
Loasées . . . . Bartonie.

Lythrariées	Salicaire.	*Philadelphées*. . . .	Deutzie.
Melastomacées. . . .	Bertolonie.	*Portulacées*.	Pourpier.
Mésambrianthémées	Ficoïde.	*Rhamnées*.	Jujubier.
Mimosées.	Acacia.	*Ribésiacées*.	Groseiller.
Œnothérées	Fuchsia.	*Rosacées*.	Églantier.
Myrtacées	Myrte.	*Saxifragées*.	Saxifrage.
Papillonacées	Chelidoine.	*Staphyléacées*. . . .	Staphylée.
Passiflorées.	Passiflore.	*Turnéracées*	Turnère.

Pour les *Bégoniacées*, type : Bégonia, il y a divergence d'opinions entre les botanistes quant à la place qu'elles doivent occuper dans la série des familles. Certains les ont rapprochées des *Polygonées*, d'autres des *Cucurbitacées*. Les premiers se basent sur la forme des stipules et la nature des sucs, les seconds sur l'adhérence de l'ovaire et la structure des stigmates.

APERÇU DU SYSTÈME D'ENDLICHER.

PREMIER RÈGNE.

VÉGÉTAUX A SPORES. — *SPOROPHYTA*.

Reproduction par cellules microscopiques dépourvues de germes (*spores*).

CELLULOSÆ.

Exclusivement composées de cellules.

I. — Fibro cellulosæ.

Composées de cellules fibreuses et filamenteuses sans organes sexuels distincts.

1re classe : *Champignons*, **Fungi.**

Végétaux dépourvus de chlorophylle.

2e classe : *Lichens*, **Lichenes.**

Végétaux munis de chlorophylles cachées.

II. — Parenchymaca.

Composées de cellules parenchymateuses, ordinairement munies d'organes mâles et femelles bien accusés.

A. Plantes aquatiques. — 3e classe : *Algues*, **Algæ.**

Plantes en frondes coloriées en vert ou autres couleurs.

4e classe : *Characées*, **Characæ.**

Plantes vertes, feuillées, très ramifiées.

B. Plantes terrestres. — 5e classe : *Mousses*, **Musci.**

Plantes vertes, ordinairement feuillées à fleurs mâles et femelles.

VASCULARIA.

Composées de cellules et faisceaux fibro-vasculaires.

6e classe : *Fougères*, **Filices.**

Plantes dont les feuilles portent les capsules à spores.

7e classe : *Prèles*, **Equisetacæ.**

Plantes verticillées, feuilles avortées dont les sporanges (fruits à spores) sont disposés en épis terminaux.

8e classe : *Rhizocarpées*, **Rhizocarpæ.**

Plantes feuillées, aquatiques ou terrestres à sporanges situés sur les racines ou dans leur voisinage.

9e classe : *Lycopodiacées*, **Lycopodiaceæ.**

Plantes feuillées terrestres à tiges, racines et rameaux fourchus portant sporanges soit dans les aisselles des feuilles, soit en épis terminaux.

SECOND RÈGNE.

VÉGÉTAUX A GRAINES. — *SPERMATOPHYTA.*

Reproduction par un corps cellulaire muni d'un germe (*graine*).

GYMNOSPERMÆ.

A graine nue, c'est-à-dire dépourvue d'enveloppe attendu qu'il n'y a pas d'ovaires.

10e classe : *Gymnospermes*, **Gymnospermæ.**

Classe comprenant les Loranthacées, les Cycadées et les Conifères.

ANGIOSPERMÆ.

A graines couvertes, c'est-à-dire dans une enveloppe de fruit, attendu qu'il y a des ovaires.

MONOCOTYLÉDONES. — 11e classe : *Monocotylédones*, **Monocotyledones.**

Classe comprenant les Liliacées, les Graminées, les Orchidées, Palmiers, etc.

DICOTYLÉDONES. — 12e classe : *Sans pétales*, **Apetalæ,**

Sans enveloppe florale ou avec une seule enveloppe (périgone). Classe comprenant les Chenopodées, les Urticées, les Amentacées, etc., etc.

13e classe : *Gamopétales*, **Gamopetalæ.**

Avec un calice et une corolle, les folioles de celle-ci, parfois aussi de celui-là, soudées en un seul corps. Cette classe comprend les Labiées, les Composées, les Campanulacées, etc.

14e classe : *Dialypétales*, **Dialypetalæ.**

Avec un calice et une corolle libres entre elles chez la dernière, souvent aussi chez le premier. Cette classe comprend les Papilionacées, les Ombellifères et les Crucifères.

CLASSIFICATIONS FANTAISISTES

De doctes botanistes, nous venons de le voir, ont classé les végétaux d'après divers systèmes adoptés par les horticulteurs qui élèvent, par les savants qui dissèquent, par les professeurs qui enseignent.

Classifications éminemment scientifiques, basées sur les caractères différents de chaque plante, sur la diversité des formes, sur leur mode de reproduction.

La complexité inouïe de la gent végétale, les particularités de certains « individus », leurs singularités même, rendraient aisées bien d'autres classifications, moins scientifiques à coup sûr, mais logiques néanmoins.

Enfin, le point de vue auquel on se place, — point de vue variant suivant les aptitudes ou le tempérament, les goûts ou la nature de chacun — et qui font juger et apprécier les choses de façons différentes, permettraient bien d'autres classements encore!

A l'enfant on apprend de bonne heure que tel fruit se mange et qu'il ne faut pas porter tel autre à la bouche :

« ... Mange cela, mon chéri, c'est du *nanan!*... »

« Veux-tu cracher ça, bien vite, c'est du *poison!* »

Le bébé mange ou crache et sa petite cervelle fait déjà une classification première, « les bons, les mauvais », classification commencée aux fruits, qui s'étendra à toutes les plantes : celles qui piquent et celles qui n'ont ni épines ni aiguillons.

Cette division-là serait, avouons-le, un peu trop primitive, bien que très raisonnable... laissons-la aux bébés seulement.

***

Réaumur avait eu la pensée charmante, lui qui les aimait tant et les a si joliment décrits, de classer les insectes suivant leurs habitudes. Il voulait les diviser par corps d'état : tisserands comme les araignées ; maçons comme les guêpes ; pasteurs comme les fourmis qui élèvent des pucerons pour les traire ; confiseurs, comme les abeilles, etc., etc.

L'idée fort originale pourrait, dans une certaine mesure et avec une variante, s'adapter aux plantes ; on les considérerait au point de vue de l'emploi qu'on leur donne : le lin, plante des tisserands ; le chanvre, plante des cordiers ; le houblon, plante des brasseurs ; l'absinthe, plante du.... *mastroquet!*

Je ne sais qui a dit qu'on pourrait classer les insectes suivant les plantes dont ils se nourrissent ; la proposition pourrait tout aussi bien être renversée, chaque plante ayant son insecte « de prédilection » (prédilection à rebours, car l'une se passerait très bien de l'autre), mais il faudrait, pour cela, connaître le nom de chaque insecte et la plante qu'il a choisie. Décidément ce serait plus compliqué encore que d'apprendre le nom de la plante... cette classification ne vaut rien. Laissons-la aux insectes seuls qui la connaissent sans l'avoir apprise.

***

A moins que votre profession ou vos goûts pour l'étude de la botanique ne vous y forcent ou ne vous y attirent, à moins que vous soyez pharmacien, herboriste — et encore! — vous n'aurez retenu que vaguement les noms des espèces, des genres, des

familles ou, si leur consonnance vous est restée dans l'oreille, leur signification vous sera peut-être sortie de la cervelle. — En présence de la moindre brindille ou de la fleur la plus commune, vous resterez bouche bée si l'on vous demande : « De quelle famille ?... à quelle classe ?... »

Il en est ainsi, hélas ! de bien des choses apprises, et chacun de nous supplée comme il peut à son manque de mémoire... ou de savoir.

Quand nous ne nous rappelons plus nos classifications scientifiques, nous « classifions » à notre manière.

Pour tout le monde il y a la plante des champs, celle qui croît dans les blés ; la plante des bois ; la plante des murailles, la plante des chemins ; les aquatiques : nénuphars et roseaux.

Le poète y voit des symboles.

Le peintre catalogue par plantes décoratives, plantes pittoresques ;

Le pavot, le chardon ; plantes décoratives.

La ronce, la bryone ; plantes pittoresques.

Plantes superbes de couleur, ou belles de formes :

« — Quel joli premier plan va me faire cette clématite accrochée là-bas. »

« Ces touffes de genêts ainsi dorés par le soleil couchant sont éclatants de couleur ! »

Les herboristes les classeront par bocaux ou par touffes séchant à l'étalage de leur officine.

Les femmes, suivant leur parfum : plantes odorantes, plantes sans odeur, plantes puantes :

Parfums pénétrants ; le muguet. Senteurs fades ; l'oranger. Odeurs enivrantes ; la rose. Essence poivrée ; l'œillet. Doux arome ; la violette.

Le jasmin embaume, le réséda grise, le seringat donne la migraine !...

Les amoureux groupent les fleurs suivant les souvenirs qu'elles rappellent, fleurs cueillies ensemble, fleurs dont le parfum plaisait à la femme aimée !

... « Et je ne sais s'il faut féliciter ou plaindre l'homme sage et peu sensible que l'odeur des fleurs que sa maîtresse a sur le sein ne fit jamais palpiter !... » a dit J.-Jacques Rousseau.

Les « amateurs »?... Ils classent les plantes suivant leur fantaisie.

Ils n'aiment que celles-ci et rejettent celles-là.

Ils ne connaissent que la fleur rare qu'ils surchauffent dans leur serre ou la plante curieuse qu'ils ont dans leur jardin, plantes « de valeur »... parce qu'elles ont poussé chez eux.

Les *snobs*, car il faut bien parler d'eux, apprécient la fleur suivant le prix qu'elle coûte, suivant la mode du moment : hier l'œillet vert, horreur ! aujourd'hui la rose rouge, demain les lilas blancs....

Fleurs de deuil : pensées, immortelles.

Fleurs gaies : coquelicots, boutons d'or.

Fleurs mélancoliques : scabieuses, chrysanthèmes.

Fleurs blanches, fleurs rouges, fleurs bleues, fleurs jaunes, fleurs aux tons panachés, fleurs à stries, à taches, à mouchetures... chacun vous étiquète, vous catalogue à sa guise, suivant ses goûts, ses souvenirs, sa façon de vous voir.

*
* *

A notre tour, il nous faut adopter une classification, purement fantaisiste, ou plutôt une division qui nous permettra d'aller de droite et de gauche sans être gênés par aucune préoccupation scientifique. Si vous le voulez bien, nous ne nous inquiéterons nullement, pour grouper les plantes, de leurs parentés, de leurs voisinages ou de leurs affinités.

Nous irons les retrouver dans les endroits où elles aiment à se tenir plutôt que de les aller chercher dans leurs familles dont nous dirons seulement les noms.

Les seules analogies sur lesquelles nous nous baserons seront les analogies « d'habitat », si nous pouvons nous exprimer ainsi.

Dans les champs, dans les bois, dans les prés, au bord des routes, nous trouverons les plantes dites : *sauvages;* les indépendantes.

Aux champs : le coquelicot, le bleuet.

Sous bois : le muguet, le fraisier aux fruits parfumés, les buissons de clématite et de chèvrefeuille.

Dans les prés : ces étoiles d'or qu'on nomme renoncules, ces améthystes appelées colchiques.

A la lisière des chemins, au bord des sentiers : le chardon rébarbatif, le brillant senneçon, les touffes de genêts ou de houblon sauvage.

Mille plantes jolies, qui recherchent la fraîcheur, poussent au bord du ruisseau ou de la mince rivière qui coule gaiement ses eaux à l'ombre des saules touffus aux troncs défoncés ou des hauts peupliers aux panaches élancés.

Roseaux flexibles, iris jaunes, ajoncs pointus vivent là heureux et tranquilles, faisant bon ménage avec les poissons qui se blottissent sous leurs racines, avec les libellules qui se jouent sur leurs tiges.

Ce ne sont pas encore des plantes aquatiques mais presque des *amphibies*, affectionnant les terrains humides, vivant au bord de l'eau, non dedans, comme la nymphœa aux blancs pétales — qui lui ont valu son nom de *lis d'eau*, — ou le nénuphar jaune aux globules d'or, qui sommeillent sur les lacs ou les étangs.

Mille plantes poussent au bord du ruisseau.

Au potager nous trouverons les légumes : la carotte ocrée, le chou aux reflets bleus, l'épinard peint en vert cru.

Au verger nous cueillerons des pommes, plus loin nous gaulerons des noix et là nous secouerons le prunier aux baies violacées.

Les arbres « d'agrément », frênes blancs, tulipiers ; les grands arbres de nos forêts, chênes vigoureux, robustes châtaigniers, tristes sapins, auront notre visite.

Nous retournerons aux champs voir comment poussent le blé, le seigle, le froment et plus loin, la betterave cramoisie, le potiron doré.

Nous irons à la recherche des champignons, nous tâcherons de démêler les bons d'avec les mauvais.

Ici, là, à droite, à gauche, en haut, en bas, nous verrons, agrippées aux branches élevées des arbres ou accrochées à leurs pieds, des plantes vivant au détriment d'autres plantes, nous en trouverons partout, car partout il y a des parasites.

Dans les jardins, nous parcourrons les plates-bandes et les massifs; là, entourées de soins constants, vivent les fleurs élégantes, mais prisonnières.

Elles ne peuvent, comme les « sauvagesses » des sentiers et des bois, étendre leurs tiges à leur gré. Elles sont choyées, dorlotées, mais à la condition de suivre les règles qui leur sont imposées par leurs gardiens, Messieurs les jardiniers, qui n'entendent point du tout que celle-ci aille s'étirer dans le domaine de celle-là; point d'allures vagabondes, mesdemoiselles! Roses, rhododendrons, dahlias, œillets, hortensias, votre tenue doit toujours être correcte, votre toilette tirée à quatre épingles.

Puis voici les serres, maisons de santé pour végétaux.

Ici température douce, là température surchauffée, soins constants, dorlottements perpétuels. Ce ne sont point précisément des malades qui dorment là, mais des chétives, des capricieuses, des nerveuses; aussi des étrangères qui ne consentent à vivre « chez nous » qu'à la condition d'y retrouver le climat de « chez elles ».

Notre *méthode botanique*, vous le voyez, est bien simplette, très primitive et point du tout savante; aussi n'espérons-nous point la voir quelque jour remplacer celles de MM. Linné, de Jussieu et consorts.

Mais elle nous suffira, ceci n'étant point un « Traité de botanique » mais une « Causerie sur la plante », causerie que nous compléterons toutefois par des renseignements scientifiques ou pratiques qui nous sembleront utiles à donner d'après des noms autorisés de botanistes pour une part, d'horticulteurs pour une autre.

Adonc, c'est entendu, nous subdivisons ainsi nos végétaux :

I. — Plantes sauvages :

§ 1. — *Par les chemins et les sentiers.*
§ 2. — *Aux prés et aux champs.*
§ 3. — *Dans les forêts et dans les bois.*
§ 4. — *Près de l'eau et dans l'eau.*
§ 5. — *Quelques parasites.*
§ 6. — *Les cryptogames, fougères, mousses, lichens, champignons.*

II. — Arbres et Arbustes.

III. — Plantes cultivées.

Jardins et Serres, Plantes d'agrément.

IV. — Arbres fruitiers.

V. — Légumes et Céréales.

Puisse cette subdivision vous agréer! En tous cas vous pourrez toujours vous reporter à la table de Linné ou à celle de Jussieu dont nous vous avons donné la clef. Vous pourrez parcourir les appendices que nous donnons après certains chapitres et, s'ils ne vous suffisent pas, consulter des ouvrages *ad hoc*.

PAR LES CHEMINS ET LES SENTIERS

Lorsque, confortablement assise dans ce fauteuil rustique, vous vous balancez, madame, en vous éventant, ou, qu'en ce jardin aux allées bien ratissées, aux plates-bandes copieusement garnies de fleurs, dont vous admirez les couleurs et humez les parfums, vous êtes mollement étendue dans cet élégant hamac, avez-vous songé quelquefois que la plupart d'entre ces fleurs ne sont que les « civilisées » de ce monde végétal si riche, si varié ; que telle fleur jolie, aujourd'hui fleur aristocratique, rougirait si vous lui parliez de ses ancêtres? Cette *Rose* superbe, à la tournure altière, qui semble de haute noblesse, n'est pourtant que la descendante de quelque « gratte-cul » roturier qui s'encanaillait dans les bois avec les orties et les ronces. Cette *Clématite* monumentale, grande comme une assiette aux marlis mauves ou rosés, d'un blanc éclatant ou d'un violet profond, a eu comme aïeule cette petite clématite qui accroche ses fleurs nombreuses là-bas, sur ce pan de mur qu'elle cherche à escalader, sans doute pour revoir la superbe qui la dédaigne aujourd'hui et se prélasse belle et choyée sur la rampe en fer forgé, laissant misérablement pousser au dehors, dédaignée, celle à laquelle pourtant elle doit tout.

Pareille à bien des gens qui arrivés aux honneurs y perdent leurs qualités de cœur, celle-ci y a perdu son arome. Tandis que la clé-

matite sauvage attire par son parfum exquis, la clématite cultivée n'a pour elle que ses beaux atours. Même la *Violette*, au si délicat parfum lorsqu'elle est modeste fleur des bois, perd ce parfum en perdant sa modestie ; devenue fleur élégante, violette de Parme à la toilette compliquée, sa senteur exquise s'est atténuée quand elle s'est parée de ses dentelles mauves.

Ce *Millepertuis* à la robe d'or d'où émerge une rutilante aigrette diamantée, a pour cousins de vulgaires chemineaux errant dans les fossés qui bordent les grandes routes ; il y a gagné du luxe pour sa fleur, mais il y a perdu la caractéristique de ses feuilles, fin découpage et tulle aux mailles serrées auquel il doit son nom.

Cette *Campanule* vêtue comme un évêque et dont les fleurs, grâce au bon régime, sont devenues des cloches, fait la sourde oreille quand les petites clochettes de ses parents pauvres tintinnabulent là-bas dans les champs; elle est trop fière pour retourner à eux, ils sont trop pauvres pour venir à elle!

*
* *

C'est à ces plantes sauvages, que vous foulez du pied, que vous fustigez de votre ombrelle, c'est à ces pauvres jolies fleurettes injustement dédaignées que vous devez pourtant, en grande partie du moins, les végétaux superbes que, tout à l'heure, vous ne vous lassiez pas d'admirer.

*
* *

Des plantes « communes », des plantes « sauvages », il y en a partout; vous ne leur accordez ni vos regards, ni vos soins; elles s'en passent fort bien du reste et vous le prouvent par leur santé robuste. Alors que beaucoup de celles que vous choyez en vos parterres restent chétives, nécessitent des soins constants et sont de véritables petites maîtresses, nerveuses, capricieuses, ces autres, qui vivent au bon air, en pleine campagne, sont vigoureuses; superbes filles des champs, elles ignorent les malaises, les « vapeurs » et bravent gaiement, la pluie et le vent, le soleil et le gel.

C'est même peut-être cette vitalité surprenante que possèdent des plantes sauvages, qui est, en grande partie, cause du dédain qu'on leur porte; comme on les trouve partout, comme elles poussent dans tous les coins, que sans aide elles se reproduisent à l'infini, elles perdent toute valeur, tout attrait.

*
* *

Les plantes sauvages sont aux fleurs superbes ce que les cailloux sont aux diamants; les uns pullulent, les autres sont rares.

Difficile à obtenir, telle fleur au calice merveilleux qu'on voudrait voir briller au milieu d'un parterre, tandis que ces sauvagesses croissent au bord des chemins ou en plein bois : « Ça pousse comme de la mauvaise herbe !... » Expression de suprême mépris que ne méritent pas toujours celles auxquelles elle s'adresse. La qualité vaut mieux que la quantité, soit ; mais l'une n'exclut pas toujours l'autre et je connais maintes plantes réputées « mauvaises herbes » qui non seulement sont fort charmantes à regarder mais possèdent des qualités précieuses à divers titres ; quand ce ne serait que d'offrir à l'hygiène et à la médecine ses principaux éléments : tisanes adoucissantes ou poisons stimulants que jamais plante cultivée ne fournira. Généralement elles se multiplient surtout là où l'on a besoin d'elles : les antidotes là où naissent les animaux au mortel venin ; les quinquinas, là où la fièvre est à l'état latent. — « Ça pousse comme du chiendent ! » dit-on encore. Eh mais ! ce *Chiendent* ne fait-il pas une excellente tisane très appréciée des gens qui ont besoin de rafraîchissants ou de diurétiques ?... N'a-t-il pas en plus cette propriété, appréciée de maints brasseurs, de pouvoir se substituer au grain dans la confection de la bière ?...

Je sais bien que ces qualités-là ne suffisent pas à excuser les incursions véritablement exagérées de la plante qui, audacieusement, envahirait tout le terrain au détriment des autres végétaux si on la laissait faire. Je sais que, bonne en tisane ou en bière, elle est terrible lorsqu'elle se fourre dans les champs cultivés dont elle devient le fléau ! Si elle fait la joie des herboristes et des brasseurs, elle fait le désespoir des cultivateurs. Si les uns la récoltent, les autres ne demandent qu'à s'en débarrasser, ce qui n'est point aisé. Telle est la vitalité inouïe du végétal que si on en laisse en terre la moindre parcelle, il repousse avec plus de fougue que jamais. Pire que l'hydre de Lerne, à laquelle il fallait couper les sept têtes d'un coup pour l'anéantir, on doit, pour se débarrasser du chiendent, lui enlever non seulement les têtes, mais les racines, mais tous les éléments qui le constituent.

Ceci dit assez que je ne préconise en aucune façon sa « culture ». Si j'ai cité le chiendent, cauchemar des cultivateurs et des jardiniers, c'est justement pour prouver que le pire des végétaux possède néanmoins ses qualités.... Mais j'empiète : des qualités médicinales, tinctoriales, etc., des végétaux, nous dirons quelques mots dans un chapitre spécial. Pour l'instant contentons-nous d'examiner certaines de ces plantes communes qui étalent leurs fleurs et leurs feuilles un peu partout, laissent traîner leurs tiges dans les fossés ou les accrochent aux talus.

*
* *

Je voudrais, si possible, réhabiliter quelque peu certaines d'entre elles et, sans nier leurs défauts, ne pas méconnaître non plus les attraits qu'elles présentent dans leur forme ou leur allure.

Leur défaut prédominant, à la plupart de ces plantes, c'est « l'indiscrétion ». Ce sont des sauvages, c'est entendu; elles man-

Voyons-le dans son champ, il anime le paysage.

quent absolument d'éducation, par conséquent de tact, elles n'ont aucune tenue et pour peu que vous les laissiez faire elles envahissent tout.

Elles ont cela de commun avec certaines gens aussi peu civilisés comme « gens » qu'elles le sont comme végétaux. Si vous avez le malheur de leur entr'ouvrir votre porte, ils en poussent les deux battants, entrent en se bousculant pour passer ; si vous ne les mettez de suite dehors, ils s'installent, amènent leurs frères, leurs sœurs, leurs cousins, leurs petits-cousins, leurs amis et c'est vous qui devez leur céder le terrain.

Il faut que chacun reste à sa place; tel qui est parfait dans son milieu devient ridicule si on l'en sort. Allons trouver le paysan dans sa chaumière; acagnardé sous le manteau de la cheminée, il fume

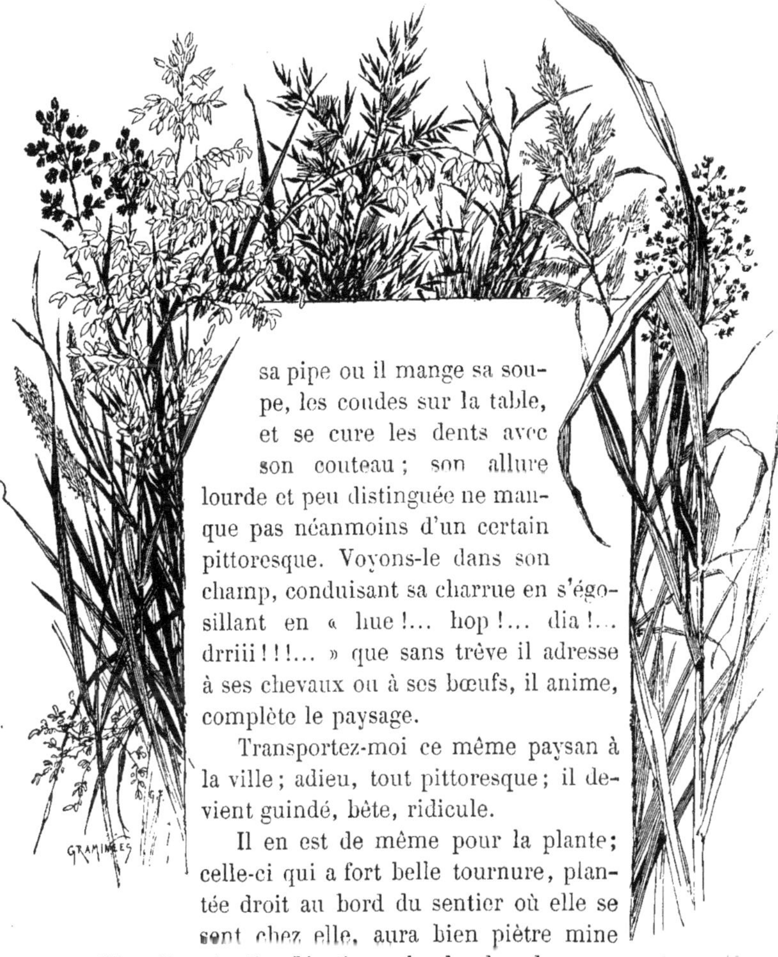

sa pipe ou il mange sa soupe, les coudes sur la table, et se cure les dents avec son couteau ; son allure lourde et peu distinguée ne manque pas néanmoins d'un certain pittoresque. Voyons-le dans son champ, conduisant sa charrue en s'égosillant en « hue !... hop !... dia !... drriii ! ! !... » que sans trêve il adresse à ses chevaux ou à ses bœufs, il anime, complète le paysage.

Transportez-moi ce même paysan à la ville ; adieu, tout pittoresque ; il devient guindé, bête, ridicule.

Il en est de même pour la plante ; celle-ci qui a fort belle tournure, plantée droit au bord du sentier où elle se sent chez elle, aura bien piètre mine au milieu d'un jardin. L'ortie ou le chardon dans un parterre de roses fera la même figure piteuse que la campagnarde dans un salon orné de femmes en élégantes toilettes.

La campagnarde chez elle est souvent « beau brin de fille » ; à la ville elle devient laide et triviale. Le Chardon des grands chemins est un fort beau gaillard ; dans un jardin il serait vilain et commun.

Adonc, voyons le paysan dans sa campagne et chaque plante dans son domaine.

*
* *

J'ai dit « chaque plante », ce qui ne doit pas se traduire par « toutes les plantes ». Nous n'en finirions point s'il nous fallait citer ne fût-ce que la dixième partie des végétaux qui surgissent du sol de notre planète et même de notre hémisphère seulement. Contentons-nous de visiter celles que nous voyons le plus communément, encore ne pourrons-nous en voir qu'une minime partie.

Un peu partout nous frôlerons les tiges des graminées, ces plantes élégantes (dont une seule, l'ivraie, est vénéneuse) et que Linné a si joliment caractérisées en ces termes :

« *Gramina plebeii, rustici, pauperes, culmacei; vulgatissimi simplicissimi, vivacissimi ; regni vegetabilis vim et robur constituentes, quoque magis mulctati et calcati, magis multiplicativi* (1). »

Notre première subdivision, que vous avez bien voulu admettre, comprend :

Plantes sauvages : *des chemins et des sentiers, des champs et des prés, des forêts et des bois*. Parcourons les chemins qui sillonnent la campagne et voyons les plantes qui s'y sont installées :

Voici d'abord le *Chardon* ou plutôt les chardons,car les variétés en sont nombreuses.

Ils sont hérissés de piquants qui se dressent en tous sens, ils en portent partout : aux tiges, aux feuilles, aux fleurs qui ne sont elles-mêmes qu'une agglomération de pointes.

Si l'on faisait une classification de végétaux sous la rubrique : *plantes rébarbatives*, le chardon, ce porc-épic végétal, en serait à coup sûr, le prototype.

1. « Les graminées sont les plébéiens, les miséreux, les paysans du règne végétal; elles en sont les sujets les plus modestes, les plus répandus, les plus vivaces; en elles sont la vaillance et la vigueur de ce règne; plus on les maltraite, plus on les foule aux pieds et plus elles se multiplient. » (*Linnœus. Systema naturæ.*)

Voyons-en quelques espèces :

Le *Chardon crépu*, aux capitules garnis de fleurs d'un rouge violacé, est celui que nous rencontrons communément au bord des chemins.

Le *Chardon acanthe*, appelé aussi *Pédane*, est un des plus vigoureux. S'il a la chance de croître en un terrain qui lui convienne et surtout d'échapper à la mâchoire solide et gourmande des maîtres Aliboron d'alentour, — friands à l'excès de ses feuilles pointues, — il atteindra parfois près de 3 mètres de hauteur.

Cette prédilection du baudet pour le chardon est cause qu'on a ajouté au simple nom de *chardon* le titre de : *aux ânes*, *Chardon-aux-ânes*, appellation dont il se serait fort bien passé, car elle ne peut que rappeler à la plante les dangers de l'amour excessif de la bête!

Dans les terrains incultes poussent spontanément :

Ce joli *Chardon bénit* aux touffes basses, aux feuilles maigrelettes, aux fleurs d'un jaune d'or éclatant sur les longues bractées effilées comme des aiguilles.

Le *Chardon étoilé* ou *Chausse-trappe*, feuillage d'un vert bleuté, fleurs en étoiles munies, elles aussi, de bractées longues et solides.

Le *Cirse acaule* aux nombreuses feuilles épineuses s'étalant en rosette sur le sol, rosette d'où naît un capitule à fleurs rouges, à peine pédonculées, se transformant après la floraison en aigrettes plumeuses.

La famille des chardons est fort complexe. Aucune n'a désarmé, toutes continuent à porter l'armure hérissée de pointes que leurs ancêtres leur ont transmises.

Voici la *Cardère*, portant les noms transparents de *chardon à foulon*, *Chardon à bonnetier*, *chardon à drapier*, etc.

La *cardère* (originaire d'Orient) sert en effet au cardage des draps.

Sur les montagnes croît une espèce aux fleurs superbes, faites d'un large capitule aplati, entouré des folioles blanches du calice, et cernant comme d'une couronne d'argent, le cœur staminé, d'un jaune tendre. Les feuilles épineuses, très découpées, étalées à plat autour de la fleur, lui font une seconde couronne. L'ensemble est des plus harmonieux, ce dont se soucient comme d'un gland MM. les cochons, fort goulus de cette plante qu'ils recherchent avec avidité. Cette espèce de chardon se nomme *Carline acaule.* Voilà une bien jolie plante pour un animal qui ne l'est guère!

CARLINE ACAULE

Confondant les épines de leurs tiges souples avec les piquants des chardons, les *Ronces* barrent le chemin et défendent ainsi toute incursion dans leurs domaines. Quelque cuirassé que soit votre épiderme, il ne ferait pas bon aller vous frotter au milieu du buisson, vous n'en sortiriez point sans quelques déchirures, d'autant plus douloureuses, que l'ortie fera cause commune avec ses voisines et ajoutera à leurs piqûres l'insupportable démangeaison que son duvet, hypocritement dissimulé, vous occasionnera pour peu que vous la frôliez. Ces plantes sont comme l'amour : « traîtresses, elles vous égratignent lors même qu'on ne cherche qu'à jouer avec elles. »

Le poil de l'ortie est absolument combiné comme l'infâme crochet de la vipère; il insinue dans l'invisible plaie qu'il produit

AU POTAGER NOUS TROUVERONS LES LÉGUMES (p. 188).

et où il se brise, un suc malfaisant, longuement distillé. Dans nos climats, les piqûres de l'ortie n'occasionnent qu'une sorte de démangeaison brûlante vite dissipée du reste ; mais dans les pays chauds, dans les Indes et à Java, par exemple, il pousse telles variétés d'orties dont les blessures tuent ou amènent des paralysies de longue durée accompagnées de symptômes tétaniques.... Charmants végétaux qu'on fera bien de ne pas acclimater chez nous !

***

La *Ronce* est quelque peu grincheuse, mais on ne peut nier son élégante allure. Comme bien des gens elle a le caractère pointu, mais ses piqûres, à elle, n'ont jamais de gravité.

Ses tiges sont d'une souplesse inouïe, s'allongent en courbes gracieuses, s'accrochent en festons, retombent en volutes. Garnies, au printemps, de mignonnes fleurettes blanches ou rosées, elles sont couvertes, en été, de grappes, d'abord rouges comme des framboises dont elles ont la forme, — elles sont de même race du reste, — puis noires lorsqu'elles sont à maturité. Elles font alors les délices de bien des gens qui adorent ce fruit sauvage, cette *mûre* (la *ronce* s'appelle aussi *mûrier des bois*), qu'ils croquent goulûment, quitte à se barbouiller les lèvres, la langue et les dents comme s'ils avaient bu à quelque encrier. Les feuilles de la ronce sont d'un vert sombre bénéficiant parfois du ton carminé des tiges. Elles sont variées de formes, portent tantôt trois et tantôt cinq folioles, tandis que celles qui avoisinent les fleurs restent simples.

L'*Ortie blanche* (qui, comme l'ortie rouge n'a d'ortie que le nom et une analogie dans les feuilles) est très appréciée des abeilles qui trouvent dans ses fleurs un suc abondant qu'elles transformeront en miel. L'*Ortie jaune*, à peu près de même taille s'installe aux mêmes endroits.

Pêle-mêle le long des chemins, croissant sur le bord des talu ou dans des pans de murailles :

La *Véronique à trois feuilles* qui doit son nom à cette particularité que les feuilles supérieures, proches des fleurs, sont profondément divisées en trois parties, tandis que les autres sont quintilobées. Les fleurs sont d'un violet presque bleu, petites, à quatre pétales.

La *Verveine* ou *Herbe sacrée*, aux fleurs violettes, et à laquelle autrefois on attribuait de merveilleuses propriétés médicales. On ne lui en attribue plus du tout aujourd'hui; autres temps, autres mœurs.

La *Traîne* ou *Traînasse*, petite plante à petites fleurs bleues, qui « traîne » partout, aussi bien dans les bois que sur les chemins, dans les champs herbeux que dans les champs en friche, dans les jardins (peu soignés) comme dans les vignes.

Le *Pied-de-poule*, qui affectionne les collines sèches, les terrains sablonneux où elle aime à voir se balancer ses petites aigrettes violettes.

Le *Dactyle aggloméré*, le *Dactyle pelotonné*; graminées que les chiens s'administrent comme vomitif.

L'*Amourette*, portant avec son gracieux nom de gracieux épillets en forme de cœurs, cœurs volages certes, car ils tournent à la moindre brise, si bien que celle qui les porte le long de ses tiges, a pris aussi le nom de *Branle-toujours*. On lui a donné aussi le nom peu galant de *Langue de Femme*.

L'*Holostée en ombelle* reste toute petite lorsqu'elle étale, au printemps, ses mignonnes fleurettes blanches et grandit au quadruple lorsque ses fleurs se transforment en fruits dont elle est fière.

Le *Caille-lait blanc* et le *Caille-lait jaune* ornent de leurs panicules blancs ou jaunes aussi bien la lisière des bois que les pelouses sèches et les bords des sentiers.

La *Buglosse* ou *Langue de bœuf* atteint parfois 1 mètre de haut et présente cette particularité (elle a ceci de commun avec la *pulmonaire*) que ses fleurs sont rouges avant leur complet épanouissement et deviennent ensuite violettes.... Le ruban rouge avant le ruban violet.

La *petite Buglosse*, plus modeste de taille, l'est aussi de nature; elle se contente du violet seulement.

La *Cynoglosse* ou *Langue de chien*, porte des feuilles revêtues d'un épais duvet qui garnit également les lobes du calice des fleurs dont les corolles sont d'un rouge terne.

La *Bourrache* est une jolie plante que vous ne connaissez peut-être qu'à l'état de bienfaisante tisane, mais qui mérite pourtant d'être regardée de près. Ses fleurs sont des étoiles bleues du milieu desquelles émergent des squamules d'un violet presque noir. Les tiges, les feuilles, les pétioles, les boutons, un peu rudes au toucher, sont couverts partout d'un duvet argenté qui forme autour une sorte d'auréole.

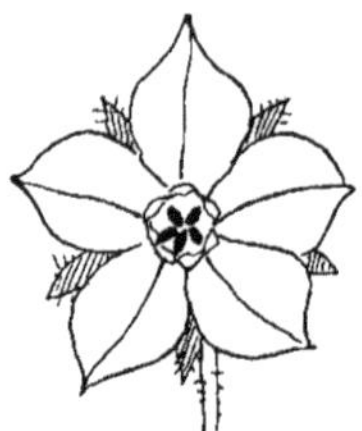

FLEUR DE BOURRACHE (grandeur naturelle).

La *Vipérine commune*, à la tige hérissée, porte en cime un superbe panache de fleurs bleutées d'où pointent les étamines et les pistils; ceux-ci affectent la forme d'une langue acérée de serpent, d'où le nom de *Vipérine* ou *Herbe-aux-vipères* donné à la plante qui ne renferme pourtant aucun suc malfaisant, au contraire.

La *Campanule à feuilles rondes*, tige agrémentée de charmantes clochettes violettes.

Le *Bouillon blanc*, vigoureuse plante aux larges feuilles veloutées qui semblent blanchies par la poussière des routes et d'où s'élance un haut épi de fleurs d'un jaune clair. Plante bienfaisante en tisane, contrairement à sa voisine la vénéneuse *Jusquiame noire*, dont les feuilles sont piquetées de poils glanduleux. Ses fleurs, d'un blanc sale, sont striées de veines violacées. Dans ses jeunes pousses la jusquiame peut être confondue avec le pissenlit. Il est bon de s'en méfier, c'est un très dangereux narcotique.

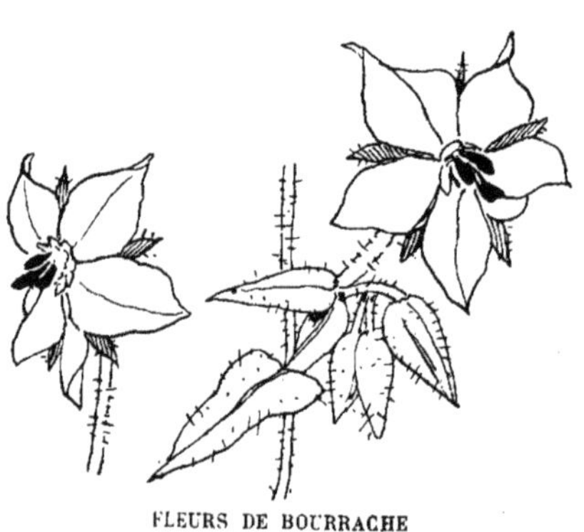

FLEURS DE BOURRACHE (grandeur naturelle).

La plante porte aussi les noms de *Hanebane, Herbe-aux-chevaux*.

Aussi dangereuse qu'elle, est sa voisine, la *Morelle*. Cette herbe, dont la tige atteint parfois 60 centimètres, porte des grappes de fleurettes blanches qui donnent naissance à de petites baies vertes d'abord, noires ensuite, que par antiphrase on nomme *bonbons noirs*, et qui renferment sous leur drupe un violent poison. La morelle est aussi baptisée du surnom méprisant de *Crève-chien*.

BOURRACHE

L'*Herbe bleue*, vaguement ressemble à la scabieuse.

La *Gentiane*, charmante fleurette bleue étoilée de blanc par les appendices des cinq lobes de sa corolle, est portée sur une tige qui ne dépasse pas la hauteur d'un doigt.

Le *Diotame blanc* choisit, pour s'y installer, les endroits très secs exposés au midi, il est si joli qu'on le cultive volontiers dans les jardins ; ses fleurs blanches à stries rosées, réunies en grappes droites, portent cinq pétales et répandent un fort arome.

Le *Mouron blanc* ou *Morgeline* : « Du mouron

pour les petits oiseaux!... » La petite herbe, qui croît un peu partout, est en effet un régal pour eux. Les tiges, couchées d'abord, garnies d'un côté d'une série de poils, se redressent ensuite. Sa fleurette est une étoile blanche dépassée par le vert calice qui la supporte.

Le *Carnillet* ou *Behen blanc* porte des fleurs blanches découpées en festons et portées par des calices ventrus.

La *Silénée penchée* se garnit aussi de fleurs blanches aux nombreux pétales, sa tige est salie de poils glanduleux sécrétant une matière visqueuse.

Le *Tithymale commun*, sorte d'euphorbe, a comme toutes celles de son espèce des fleurs singulières. Celles-ci, portées en corymbe, sont jaunes, entourées de bractées, et offrent quatre ou cinq pétales en forme de croissant au bord d'un calice renflé. Le tithymale renferme un latex blanc âcre et vénéneux.

La *Benoîte* produit des fleurs jaunes supportées par des pédoncules longs et velus, ses pistils nombreux donnent naissance à des akènes munis d'arêtes recourbées.

Le *Serpolet* est un arbrisseau lilliputien aux fleurettes roses, aux feuilles parfumées. Les lapins en sont friands, les cuisinières l'apprécient pour aromatiser leurs sauces. *Thym bâtard, Pouliot bâtard,* sont les noms supplémentaires que porte la plante.

La *Menthe poivrée*, autre plante aux feuilles odoriférantes, à la senteur réconfortante, porte des thyrses de fleurettes blanches.

L'*Origan*, qui dissimule ses fleurs rouges dans les aisselles des bractées, marie son odeur douce à celle des précédentes et les aide à parfumer la haie où elle se blottit.

En revanche l'*Agripaume*, à fleurs rougeâtres elle aussi, jalouse ses voisines et cherche à étouffer par ses fétides exhalaisons leurs effluves odorants.

L'*Herbe-aux-chantres* est commune au bord des chemins. En quoi cette petite plante insignifiante peut-elle intéresser les chantres?... Mystère! il est vrai que, pour ceux que cela intrigue trop, elle change de nom et s'appelle tout prosaïquement *Tortelle* ou *Velar*.

*
* *

Laissant traîner dans la poussière des chemins ses feuilles joliment découpées, voici la *Petite Mauve* portant de délicates fleurs violacées veinées de rouge. On a donné à la charmante plante le nom vilain de *Fromagère* ou *Fromageon* sous le fallacieux prétexte que ses fruits, entourés d'un petit calice et composés de capsules à une seule graine disposées en cercle, ressemblent à de petits fromages... il faut y mettre une certaine complaisance pour trouver cette ressemblance. Comme dans toute la famille nombreuse des Malvacées, cette plante comporte à la base du calice trois bractées qui forment un second calice.

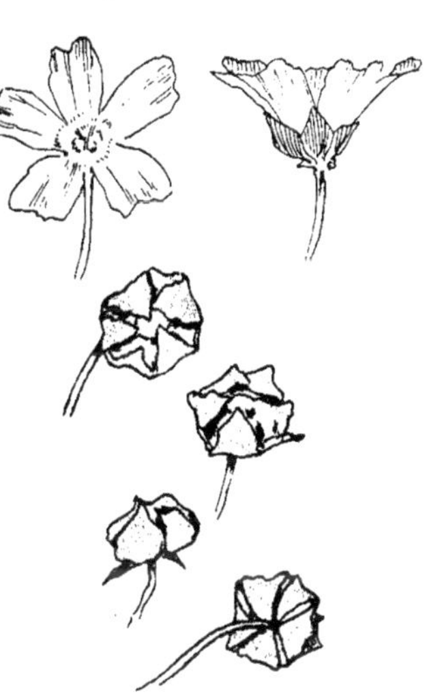
FLEURS ET BOUTONS DE MAUVE SAUVAGE (grandeur naturelle).

Le *Fer-à-cheval* est muni d'une série de fleurs jaunes dont l'ensemble forme rosace. Ce végétal doit son nom à ses gousses de forme particulière, composées d'articulations qui rappellent, en effet, assez bien la forme du fer à cheval, fer à cheval lilliputien, par exemple.

La *Laitue vireuse*, traîtreusement s'efforce de ressembler à l'excellente plante dont elle a usurpé non seulement la figure mais le nom et sécrète un dangereux poison qui se trahit, heureusement, par une odeur nauséabonde. Au reste son analogie avec la *Laitue comestible* n'est qu'apparente, ses feuilles, épineuses vers les bords, sont en outre garnies à la face inférieure de piquants qui la trahissent.

Voici le *Pissenlit* au nom trivial. Il pousse partout et dissimule sous son aspect modeste maintes qualités : l'homme le mange cuit en légume ou assaisonné en salade, le bétail le croque tel quel, le médecin l'ordonne comme dépuratif, le campagnard le consulte comme baromètre. Ses fleurs, petits soleils souriant au grand soleil, restent closes s'il doit pleuvoir.

Il n'est point avare de ses services, le brave pissenlit, et tient à nous les offrir sans cesse, car partout il étale à ras de terre sa large rosace de feuilles bien dentelées qui le font appeler *Dent-de-lion*. La plante s'accommode aussi bien des interstices du pavé que des creux des fossés, des talus que des terrains plats. Après la floraison ses fleurs se transforment en sphères faites d'un duvet léger que le plus léger souffle emporte. De la reconnaissance des services rendus? pfutt!... autant en emporte le vent.

Une variété du pissenlit est le ***Liondent***, surnom renversé du précédent dont il diffère par une tige ramifiée et des capitules plus petits.

De la même espèce : la *Picride fausse-épervière* à tige dressée, poilue, à fleurs jaunes, ayant quelque analogie avec celles du *pissenlit*.

La *Piloselle*, dite *Oreille-de-rat*, même aspect en plus petit.

Enfin, la *Crépide des toits*, plus petite encore mais conservant la même allure; celle-ci choisit surtout comme habitat les murailles et les terrains pierreux.

Au reste, bien des plantes sont dans le même cas, il en est beaucoup qui préfèrent les vieux murs décrépits ou les décombres aux bons terrains bien gras et, dédaignant les terrains bien découverts, aiment à se nicher entre les interstices de quelques pierres. La plupart de ces plantes ont-elles conscience de leur simplicité? Se blottissent-elles dans ces « petits trous pas chers » pour passer

CHÉLIDOINE OU GRANDE ÉCLAIRE

inaperçues?... Est-ce par prudence, par crainte des lourds talons et des semelles à clous qui rôdent par les chemins? Est-ce par pure fantaisie végétale?... fausse honte?... Qui sait?

Longeons ce pan de mur dont les pierres se désagrègent laissant entre elles de minces fentes ou de larges déchirures; nous trouverons tous les intervalles occupés par quelque plante qui spontanément y a élu domicile :

Grand plantain aux larges feuilles bien nervées, aux longs épis cylindriques rougeâtres ou violacés.

Rupette couchée ou *Bardanette* aux feuilles rudes, étalant ses parties inférieures tandis que ses rameaux aux petites fleurs violacées se redressent.

Onagre ou *Herbe aux ânes* dont la gerbe de fleurs jaunes est si jolie qu'elle tente même les jardiniers qui ne dédaignent pas de la soigner dans leurs plates-bandes. Ce végétal nous vient de l'Amérique septentrionale. A tous les endroits il préfère les remblais de chemins de fer; est-ce en souvenir du chemin parcouru pour atteindre nos climats, est-ce espoir d'être ramené quelque jour dans son pays natal?...

Vermiculaire, petite herbe à fleurs jaunes, aux feuilles d'un goût piquant, ce qui lui a valu le titre de *Poivre des murailles*.

Gaude, sorte de réséda sauvage à fleurs jaunes employées comme teinture.

Grande Joubarbe, à feuilles charnues d'un vert gris et qui s'efforce de singer l'artichaut. Elle y arrive à peu près quant aux feuilles, mais point du tout quant à la fleur, de tons jaunes et purpurins, portée sur une longue tige émergeant du centre de la plante. Son imitation bien qu'imparfaitement réussie, lui a néanmoins fait donner le nom d'*Artichaut bâtard*. Cette plante a une prédilection toute particulière pour les toits de chaume où elle vit en bon voisinage avec les *Iris* et les *Ravenelles*, ancêtres des *Giroflées* de tous genres.

Grande Éclaire ou *Chélidoine*, à fleurs cuivrées en forme de croix de Malte, à feuilles découpées comme celles du chêne mais plus souples et d'un vert plus clair. Ses tiges et ses pétioles sécrètent un suc d'un ton orangé, suc vénéneux employé en pharmacie et qu'on prétend souverain pour faire disparaître les verrues. En appliquant trois ou quatre fois par jour, pendant quelque temps, ce latex sur les verrues, celles-ci tombent, paraît-il.

Je donne le remède sans le conseiller, ne voulant point risquer d'être poursuivi pour exercice illégal de la médecine. En tous cas la plante porte le nom d'*Herbe aux verrues*; ceci tendrait à affirmer mon dire; il est vrai qu'elle s'appelle encore *Herbe aux boucs* (ce qui me déconcerte un peu) et *Herbe à l'hirondelle*, par traduction du grec *Chelidon* d'où Linné a tiré le nom de *Chélidoine*; peut-être le naturaliste s'est-il souvenu d'une fable de Pline qui raconte que les hirondelles guérissent leurs petits aveugles avec le suc de la plante?

Ballotte ou *Marrube noir*, ressemblant passablement à une ortie dont les fleurs seraient violettes, mais qui exhale une fétide odeur, tandis que son homonyme le *Marrube* (sans qualificatif) plus grand, aux feuilles similaires mais aux fleurs blanches en verticilles serrées, dégage une odeur exquise. Deux parents de caractères opposés. Cela se voit dans bien des familles!

Bourse à pasteur ou *Bourse de capucin*. Bien petites bourses, ces bourses-là et dans lesquelles les oiseaux seuls trouvent leur compte, car ils sont très friands des graines qui y sont renfermées.

FLEURS ET GOUSSES DE CHÉLIDOINE (grandeur naturelle).

Pastel, se multipliant en nombreuses grappes de fleurs jaunes. Le *Pastel*, ou *Vouède*, ou *Gouède*, est une plante utile à maints égards, nous aurons occasion d'en parler plus loin.

Sagesse des chirurgiens, végétal aux feuilles légères finement découpées, aux fleurettes jaune pâle donnant naissance à des siliques étroites portées sur de hautes tiges et garnies de gousses renfermant les graines. Pourquoi sagesse des chirurgiens?... Ce serait en ce cas une plante éminemment philanthrope.

Laiteron, ou *Laite*, ou *Laceron*, ou *Lacheron*, quatre noms pour un seul végétal ressemblant aux pissenlits, à la famille desquels il appartient.

Laitue des murs. Feuilles lancéolées d'où émergent des tiges portant de grandes fleurs jaunes à silhouettes de marguerites.

C'est une touffe d'*Ortie grièche* qui couronne le mur que nous venons de longer. Elle porte aussi le nom de *Petite Ortie*, mais sa petitesse n'empêcherait pas l'intensité de la brûlure que vous éprouveriez si la fantaisie vous venait de la vouloir cueillir ou frôler seulement. Toutes ses feuilles à dentelures profondément incisées sont garnies de petits poils, autant d'aiguillons dont il faut vous garer.

* * *

Parcourons encore ce bout de chemin qui nous conduit vers les champs et cherchons quelques plantes point rencontrées encore.

Ces jolies fleurs d'un mauve tendre, accrochées le long d'une hampe, sont l'ornement de la *Chicorée sauvage*. Vous l'eussiez aisément reconnue à ses feuilles dentelées. Inutile de vous dire que c'est avec la racine torréfiée de cette plante qu'on fabrique la chicorée que vous ajoutez discrètement à votre café, mais que certains débitants y mettent avec une profusion exagérée.

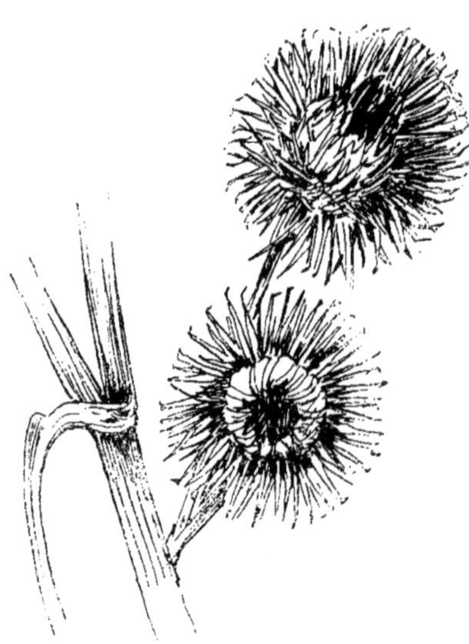

Ce terrain, qui semble recouvert de sequins d'or étincelants de soleil est tout simplement envahi par une colonie de *Seneçons*. Le Seneçon est une plante des plus communes mais néanmoins des plus jolies. Son allure est celle du chrysanthème dont elle semble porter les feuilles; ses fleurs, assemblage d'étoiles d'un jaune brillant, éclatent avec profusion en capitules jaunes sans rayons ; un calice commun porte à la base une rangée d'écailles formant second calice. Après la floraison le calice intérieur s'ouvre pour laisser les aigrettes des graines nombreuses s'étaler à l'aise.

Les oiseaux prisent fort ces graines dont ils font ripaille. Les serins surtout en raffolent ; affinité de couleur, sans doute !

Mélangeant ses fleurs, assez semblables à de petites marguerites jaunes, la *Jacobée* (ou *Herbe de Saint-Jacques*) cherche à lutter de couleurs avec son rutilant voisin ; elle y arrive presque.

A côté de l'or, l'argent; à côté des fleurs jaunes des seneçons et des jacobées, les paquets de fleurs blanches des *Millefeuilles* (ou *Achillées*) au feuillage découpé menu, menu, dentelé à l'excès, et celles des *Camomilles* aux feuilles plus menues encore, aux fleurs en forme de marguerites dont elles sont les parentes.

Inutile d'ajouter, vous le savez aussi bien que moi, que ces fleurs en tisane ont des propriétés éminentes comme antispasmodiques. Nous en recauserons. Méfiez-vous de la voisine, la *Maroute,* qui ressemble physiquement à la Camomille, mais n'a point ses vertus ; sa mauvaise nature se décèle, du reste, par sa mauvaise odeur qui vous empêchera de la confondre avec les précédentes ; aussi lui donne-t-on dédaigneusement les appellations de *Camomille puante* ou de *Camomille des chiens.*

De la même famille est la *Tanaisie* que, contrairement à la plante dont nous venons de parler, on nomme vulgairement *Sent-bon;* contrairement à elle aussi, elle répand une odeur aromatique, un peu violente même. Ses fleurs, disposées en corymbes, semblent des pastilles d'un jaune bronzé. Ses feuilles, qui renferment l'aromate, sont découpées en fine dentelle, frisées, tuyautées, d'une complication à défier le crayon le plus habile.

Croissant en terrain sablonneux, cette plante aux feuilles lancéolées qui dresse ses épis de fleurs enveloppées dans de longues bractées, c'est la *Salsepareille d'Allemagne* ou *Carosse.* Elle présente cette particularité, commune à toutes celles de sa race, de porter sur ses épis des fleurs mâles et des fleurs femelles, non point confondues les unes avec les autres, mais séparées en : *classe des garçons* et *classe des filles.* Parfois les fleurs mâles sont en tête de l'épi et les fleurs femelles à la partie inférieure et parfois les premiers redescendent pour laisser galamment la place aux secondes.

Nommons encore : Le *Trolle d'Europe,* qui aime le séjour des vallées.

La *Lavande,* plante odoriférante qui préfère les collines et les montagnes arides.

L'*Herbe aux chats,* amoureuse des rochers et dont l'odeur camphrée plaît aux matous, d'où son nom. — La *Brunelle,* qui a des propriétés médicinales. — La *Linaire* dont la corolle soufre est munie d'un éperon. — L'*Alysson calcinal.* — La *Drave printanière.* — La *Teesdalie* à tiges nues. — L'*Arabette des sables* et l'*Arabette de Thalins.* — La *Moutarde sauvage.* — Le *Fumeterre.* — Le *Mélilot.*

Les *Trèfles,* que bien des gens considèrent avec une attention soutenue espérant y trouver le « quatre-feuilles » qui doit leur porter bonheur. Trèfle blanc, trèfle jaune, trèfle des campagnes, « ternes » qu'on voudrait voir « quaternes ».

La *Mignonnette*, à fleurs jaunes, ressemblant étonnamment au trèfle et portant en outre les noms de *Lupuline*, *Minette*, *Petit-Triolet*.

L'*Hyoséride fétide*, originaire des Alpes et des Pyrénées et dont la racine et la feuille répandent une fort désagréable odeur.

La *Bardane*, dite *Lappe*, *Coupeau*, *Glouteron*, *Picons*, qui, après sa floraison, porte des boules munies de pointes crochues qui s'accrochent aux vêtements.

Le *Pied-de-chat*. — La *Vergerette* la saveur âcre et irritante; plante que la Pharmacie de naguère employait, que la Pharmacie moderne rejette.

L'*Œil-de-bœuf*, recherché en teinture.

La *Mercuriale*, repoussée de tous, mauvaise herbe envahissante.

Le *Percefeuille*, superbe plante annuelle portant élégamment son ombelle de fleurs dorées. — L'*Ivraie vivace* ou *Ray-Grass*, que nous semons dans nos jardins sous le nom de gazon anglais.

Ne pas confondre cette plante avec l'*Ivraie* simplement dite, terrible ennemi des céréales.

J'allais commettre un oubli que maintes gens ne m'eussent pas pardonné. Heureusement qu'à point nommé les petits grelots jaunes de l'*Herbe sainte* s'agitent pour attirer mon attention et me rappeler que je n'ai point parlé d'elle, « Elle » à qui nous devons « ce breuvage exquis et bienfaisant », disent les uns, « ce poison affolant et terrible », disent les autres : l'*Absinthe*, « puisqu'il faut l'appeler par son nom », nom alléchant, nom effrayant aussi.

Le suc amer de la plante est très employé par les médecins... Il l'est davantage encore par les distillateurs. Les premiers l'ordonnent comme remède, les seconds le transforment en cette liqueur d'une transparence mordorée quand elle est pure, d'une opacité laiteuse lorsque goutte à goutte — c'est un principe cela — on y laisse tomber l'eau frappée.

Pour la plus grande joie des « amateurs », et ils sont nombreux, l'absinthe pousse avec une facilité inouïe, se contente des terrains les plus médiocres, croît dans les sols pierreux, bien que leur préférant de beaucoup la pente des coteaux bien exposés au levant ; aussi est-ce sur ceux-ci que les cultivateurs la plantent, car c'est là qu'elle se multiplie à l'aise. Joli végétal, du reste, au feuillage argenté, festonné, découpé comme celui de l'aubépine et portant au bout de ses tiges des grappes de fleurettes jaunes au pédoncule vert qui semblent des boutons prêts à s'épanouir. Et maintenant que nous avons bien respiré l'odeur qu'exhale la plante « apéritive », allons aux champs.

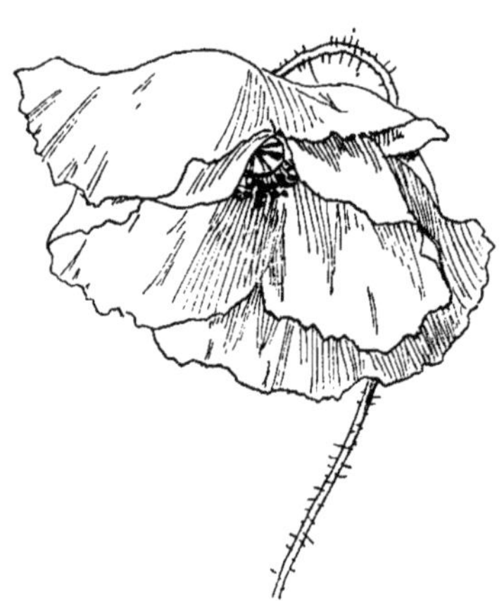

AUX PRÉS ET AUX CHAMPS

Nous avons atteint le plateau où s'allongent les champs fertiles, où l'alouette, « l'oiseau du laboureur, sa compagne assidue », lance à tue-tête son entraînante mélodie, élevant de plus en plus la voix au fur et à mesure qu'elle s'élève elle-même davantage.

Les larges prés sont rutilants

> D'azur, d'émail et de mille couleurs;
> Mon œil se paît des trésors de la plaine
> Riche d'œillets, de lis, de marjolaine
> Et du beau teint des printanières fleurs!

Au milieu des paillettes mordorées des blés, voici les fleurs dont vous aimez à former des bouquets. Nous pourrions presque les nommer « fleurs nationales », non pas que nous soyons seuls à en jouir en notre belle France, mais parce que leur assemblage nous offre l'image de notre drapeau : bleu, blanc, rouge; bluets, marguerites, coquelicots! Les trois fleurs recherchent les mêmes terrains, demandent à vivre côte à côte. Là où l'une d'elles prend naissance, les autres font aussitôt voir leurs jeunes tiges.

Bleuet (ou *bluet*)[1], mignonne étoile teinte avec l'azur du ciel;

1. Le Bluet se nomme aussi *Aubifoin* ou *Casse-Lunettes*.

Marguerite, bijou d'or serti d'une couronne d'argent; *Coquelicot*, corolle de feu brûlant autour d'un bouclier rayonnant.

Puis voici les compagnes charmantes de nos trois fleurs, aimant comme elles les riches moissons : *Nielle*, à fleurs purpurines, surnommée *Couronne des blés*.

Adonide, aux pétales cuivrés ou jaune citron, au cœur noir.

Pied-d'alouette, paniculé de délicates breloques d'améthyste ; fleurs étranges et charmantes, dont un sépale se prolonge en longue pointe, et qui frétillent en tous sens le long de la tige aux feuilles persillées à laquelle elles se suspendent. La forme de la fleur lui a valu les noms de *Bec-d'oiseau, Éperon-de-chevalier*.

Toutes ces plantes si jolies, qui semblent faire si bon ménage avec les blés, leur sont pourtant nuisibles, comme toutes celles qui envahissent leur sol, du reste. Qu'elles se nomment bleuets ou coquelicots, pieds-d'alouette ou adonides, qu'elles soient gracieuses de forme ou vigoureuses d'aspect, les cultivateurs, méconnaissant leur beauté de formes ou de couleurs, les appellent « mauvaises herbes », n'ont pour elles nul égard et les détruisent sans pitié.

— Promeneurs, vous ne cherchez en ces fleurs qu'un prétexte à bouquets charmants ; le cultivateur n'y voit que des parasites encombrant inutilement le terrain réservé à ses récoltes.

Mais, parmi ces étrangers qui se glissent dans les blés, il en est un vraiment malfaisant : l'*Ivraie* « qu'il faut, a dit l'Évangile, séparer du bon grain ». C'est le désespoir des moissons qu'elles rendent malsaines si leurs graines se trouvent mêlées à celles des céréales. L'épi est pourtant fort joli, plus élégant même que celui du froment, tout garni de longues barbes effilées, son ton est roussâtre. L'Ivraie porte, en outre, le nom de *Zizanie*; il met en effet la zizanie parmi les blés comme certaines gens la mettent dans les ménages; l'ivraie manque à tous ses devoirs de *Graminée :* De toute cette famille, elle seule est malfaisante.

***

Dans les prés et les champs, au hasard de la promenade, nous rencontrerons sûrement :

La *Sauge des prés*, munie de larges feuilles et portant sur ses tiges de longues pyramides de fleurs violacées ayant assez bien l'aspect de petites gueules ouvertes. Comme la plupart des plantes ayant la même floraison, ses fleurs supérieures restent en boutons alors que les autres sont en plein épanouissement.

COQUELICOT

La *Flouve odorante*, graminée portant deux petites fleurs stériles et au milieu une fleur fertile.

Graminée aussi, le *Vulpin des prés*, dont les épillets aux anthères capricieuses se vouent au blanc d'abord, passent ensuite au lilas pour finir en bleu.

La *Crételle commune*, comprenant deux séries d'épillets fleuris, accompagnés d'une sorte d'enveloppe en forme de peigne qui n'est qu'un troisième épillet de fleurs avortées.

Là se dresse la *Scabieuse*, dite *Oreille-de-lièvre*, à tige poilue, à fleurs d'un violet tendre, aux nombreux pétales enserrés à la base par de nombreuses bractées.

Cette petite herbe jolie à feuilles pointillées à la base, à fleurettes d'un beau rouge cuivré, est le *Mouron des champs* qu'il ne faut pas confondre avec le mouron des oiseaux ; celui-ci est excellent pour les gentilles petites bêtes, celui-là est un poison pour elles. On attribuait autrefois au mouron des champs des qualités efficaces contre l'hydrophobie.

Parmi toutes les plantes portant en ombelles des fleurettes blanches, plantes éminemment décoratives, aux feuilles découpées finement comme celles du persil ou du cerfeuil, distinguons : ici le *Persil d'âne* ou *Anthrisque sauvage*, doué d'une excessive

PIED-D'ALOUETTE — Fleurs d'après nature.

vitalité, se multipliant à l'infini et devenant, pour les prairies où il élit domicile, un fort joli ornement; les racines ont, dit-on, des propriétés narcotiques.

La *Caucalide des champs* coupe un peu la blancheur des ombelles de sa voisine de ses ombelles rosées.

La *Radiaire* ou *Sanicle femelle*, rosée également.

Le *Boucage*, à fleurs blanches, dont la racine est aromatique.

Le *Carvi*, qui renferme son aromate dans ses fleurs rangées en forme de rosace.

A côté de ces plantes jolies, odorantes ou bienfaisantes, voici des plantes nauséabondes, nuisibles; doucereusement celles-ci se glissent au milieu de celles-là, espérant qu'on les confondra et qu'elles pourront ainsi infiltrer leur poison à qui les cueillera sans les avoir examinées. Examen auquel elles ne résisteront pas, car, vues de près, elles sont répugnantes : la *Grande Ciguë*, dite *Ciguë officinale* ou *Ciguë tachetée*, monte jusqu'à 2 mètres; elle porte sur sa tige des fistules répugnantes, des taches sanguinolentes. Son venin suinte par tous les pores et exhale une odeur fétide, indices auxquels on ne peut se méprendre, si l'on y fait attention. Ne la confondez jamais avec le cerfeuil dont elle porte le feuillage ! Ses fleurs blanches, en ombelles rosacées, se transforment en fruits globuleux à côtes crénelées. Plante mortelle, elle délaisse volontiers les champs pour croître dans les cimetières. Provoquant la mort, elle en aime le domaine.

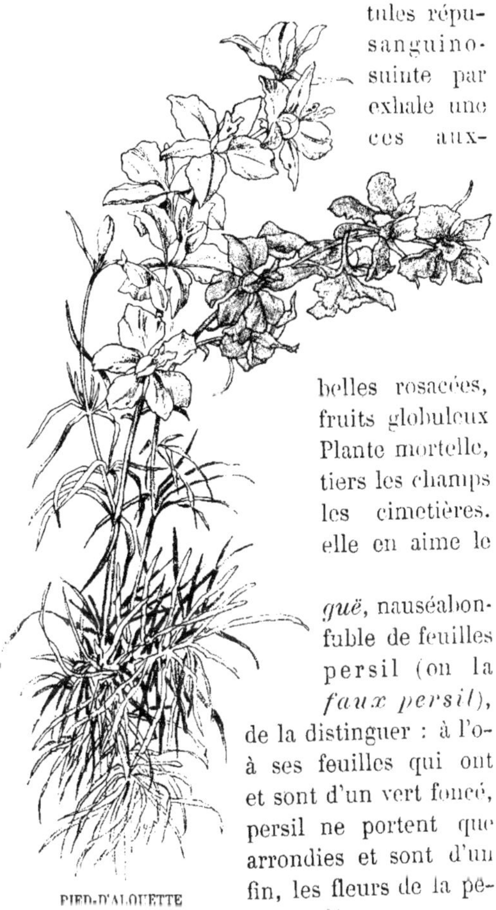

La *petite Ciguë*, nauséabonde également, s'affuble de feuilles imitant celles du persil (on la nomme du reste *faux persil*), duquel il est facile de la distinguer : à l'odeur d'abord, puis à ses feuilles qui ont trois folioles aiguës et sont d'un vert foncé, alors que celles du persil ne portent que deux folioles plutôt arrondies et sont d'un vert plus frais; enfin, les fleurs de la petite ciguë sont blanches, celles du persil sont jaunâtres.

PIED-D'ALOUETTE

Après le pré, blanchi par les fleurs des ombellifères, voici le terrain sablonneux, rosé de pétales de *Pavots*, une des plantes les plus jolies qu'il soit possible de voir.

Ses feuilles contournées, dentelées, à découpures capricieuses, s'enroulent autour de tiges souples qui portent, les unes des boutons, les autres des fleurs épanouies, d'autres des têtes où fourmillent les graines.

Capricieux et fantaisiste à l'excès, le superbe végétal porte tout à la fois sur un même plant non seulement les emblèmes des trois étapes de son existence — jeunesse, le bouton; puberté, la fleur; âge mûr, la graine; — mais encore divers types : fleurs simples, fleurs doubles, fleurs quadruples, quintuples, que sais-je?... Les premières, à corolle munie de larges pétales, laissent bien visible l'ovaire à croisillon, les étamines, le pistil; les secondes ajoutent à leurs pétales simples de petits pétales fluets, légers, qui se blottissent autour du cœur; les autres, plus compliquées, forment une véritable bouffette composée de pétales dentelés, frisottés, mousse fine qui s'échevèle en tous sens et dissimule complètement, sous sa fine guipure, le cœur de la fleur.

Le *pavot* est une plante éminemment décorative, mais hélas! ses fleurs durent peu; des boutons, il est vrai, sont tout prêts à faire craquer leurs enveloppes pour laisser sortir les pétales carnés qui seront de nouvelles fleurs, mais, à peine écloses, leurs calices s'effeuilleront, laissant à nu l'ovaire qui s'élargit, grossit, agrandit ses cloisons entre lesquelles mûrissent des milliers de graines menues comme des grains de sable; si on les laisse venir à maturité, elles se sèmeront seules et le carré de pavots sera, l'an prochain, un large champ bariolé de mauve, de rose et de rouge.

En vérité, je vous le dis, le pavot, cet Oriental importé chez nous, est une des plus merveilleuses plantes que nous possédions.

Encore ne parlé-je ici que de ses qualités « plastiques ».

Citons encore : la *Céraiste* aux fleurs blanches.

L'*Aigremoine* aux poils crochus.

L'*Hélianthème* aux rameaux ornés de fleurs jaunes. Est-ce pour cette raison, ou parce qu'elle tourne constamment ses corolles vers l'astre du jour, qu'on l'a surnommée *Tournesol* et *Fleur-du-Soleil*?... Cette particularité, du reste, est commune à une quantité de plantes.

La *Coquelourde* violette, nommée aussi *Coquerelle, Herbe-du-Vent.*

La *Bugle* aux fleurs bleues, aux stolons rampants.

La *Caméline* aux graines oléagineuses.

Le *Pied-de-Lièvre*, fleur à nom d'animal dont les fleurs blanches ou rougeâtres sont presque masquées entièrement par les poils du calice.

La *Chondrille effilée* au suc amer, etc., etc.

* * *

Peut-on rêver nuances plus exquises, tapis plus joli et à la fois plus moelleux que ce pré où nous entrons et dont la trame d'herbe bien verte paraît tissée de fleurs des tons les plus fins ! Ici c'est le mauve tendre du *Safran bâtard* (aussi appelé *Tue-chiens*, *Veilleuse*, *Veillotte*), dont le gracieux calice, dépourvu de feuilles, sort de terre tout d'une venue; on dirait des fleurs adroitement piquées sur un vaste éventaire. Cette fleur si jolie est pourtant le prémice d'un poison violent. Au printemps prochain, un fruit capsulaire, entouré de feuilles assez semblables à celles de la tulipe, surgira là où actuellement est la fleur aux tendres couleurs, il renfermera des graines au suc vénéneux : la *colchique*.

PAVOT

Comme pour faire valoir la toilette mauve dont elle s'est parée ici, la prairie s'est garnie là de broderies jaunes. Les colchiques semblent des flammes violettes sortant des coupes de vermeil des *Renoncules-des-champs*, ces fleurettes étincelantes que nous nommons *Boutons-d'or*, que d'autres appellent *Bassinets, Clairs-bassins*. Comme sa voisine, peut-être l'ignoriez-vous, le *Bassinet* renferme, lui aussi, un suc vénéneux. Évitez donc de le poser entre vos lèvres, comme vous le faites pour maintes fleurs, comme vous le feriez pour l'inoffensive et bien mignonne *Pâquerette*, la *Petite marguerite*, son incomparable compagne, cette étoile d'argent des prés, dont la renoncule est l'étoile d'or, et parmi lesquelles se piquent, de temps à autre, les girandoles rosées des *Pimprenelles*.

BOUTONS-D'OR
(grandeur naturelle).

*
* *

Nous voici proche du bois où nous pénétrerons tout à l'heure; à nos pieds ont pris naissance des fleurs singulières appartenant à la grande famille des *Orchidées*, dont nous aurons à reparler un peu plus tard. Celles que nous voyons là sont les roturières de cette classe aristocratique si à la mode depuis quelques années et qui, à côté de spécimens merveilleux de beauté, compte parmi ses membres des individus à l'allure plus que bizarre.

Celle-ci, portant au bout de sa tige enroulée de feuilles des fleurs violettes, éperonnées, que d'autres portent blanches, est l'*Orchis bouffon*.

Celle-là, plus haute de plus du triple (elle atteint jusqu'à 60 et 70 centimètres alors que l'autre n'en dépasse pas 20, porte une grappe de fleurs bigarrées de formes tout à fait étranges. La réunion des folioles de chaque fleur donne à celle-ci la forme d'un casque d'où retombe une labelle pourprée qui, considérée avec un peu de bonne volonté, simule la silhouette d'un corps avec ses deux bras et ses deux jambes. On dirait d'un guerrier minuscule coiffé d'un casque énorme : de là sans doute le titre d'*Orchis militaire* donné à ce phénomène végétal.

La *Gymnadénie moucheron* est le nom de cette autre orchidée qui semble le diminutif de l'orchis bouffon ; violette comme lui, elle est, de plus, munie de longs éperons et répand une odeur exquise.

Éperonné aussi, l'*Orchis brûlé* ; mais, plus mignon encore, il projette un épi où se serrent des fleurs petites à labelle blanche pointillée de pourpre, et dont les folioles extérieures, presque noires, font paraître le sommet de l'épi carbonisé. Cette espèce est beaucoup plus rare que les précédentes.

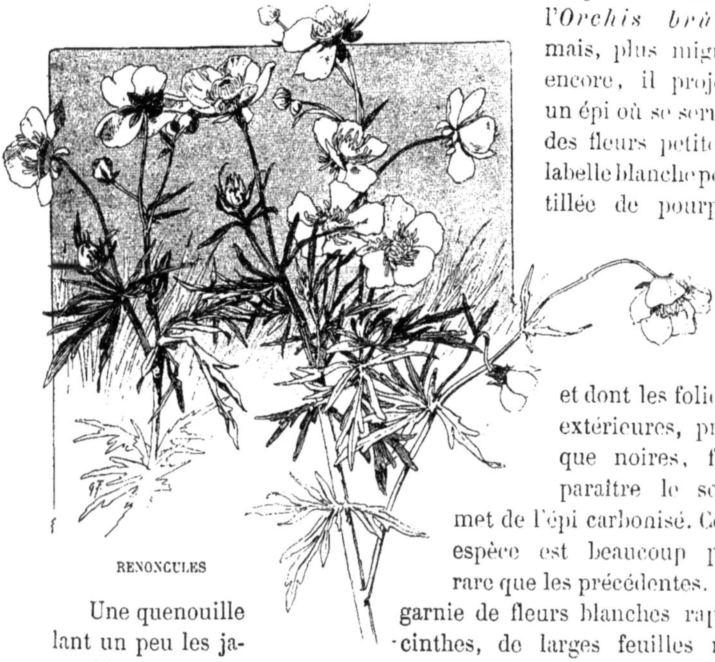

RENONCULES

Une quenouille garnie de fleurs blanches rappelant un peu les jacinthes, de larges feuilles ressemblant à celles du muguet, mais arrondies du bout, tel est le *Platanthère à deux feuilles* qui emprunte l'odeur de ces deux plantes, mais n'en parfume l'atmosphère que le soir et surtout la nuit.

Nous avons parlé de plantes « imitatrices ». Voici l'*Ophrys mouche*. Ses fleurs, en épi également, affectent absolument la forme d'une mouche.

Cette autre, plus étrange encore, a l'aspect d'un frelon au corps brun strié de jaune, aux ailes rosées. Certains, doués d'une imagination fertile, prétendent voir sur cette fleur des dessins cabalistiques tels que : tête de mort sur laquelle s'est posée une colombe prête à s'envoler. Cette Orchidée se nomme *Ophrys frelon.*

*
* *

Dans ce sentier qui conduit au bois, voilà d'autres plantes encore; celles-ci ont besoin de supports : pans de murs, barrières rustiques, troncs d'arbres ou buissons, tout leur est bon pourvu qu'elles trouvent un soutien.

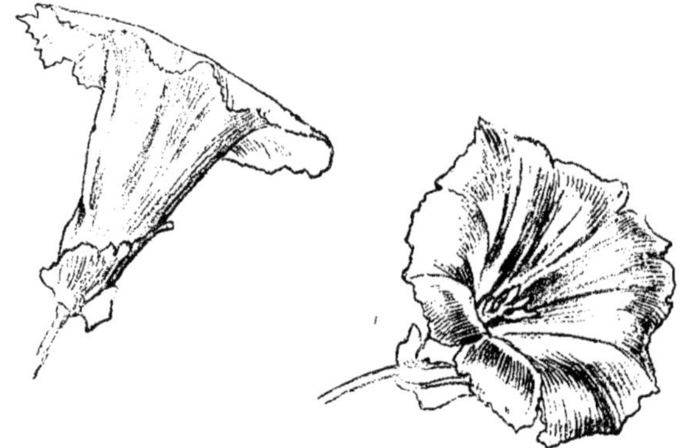

GRAND LISERON (grandeur naturelle).

Cette dentelle blanche, qui semble une longue mantille accrochée aux épines de la haie, est une *Clématite sauvage* ou *Viorne.* Ses fleurs délicates, odorantes, semblent faites d'ailes de papillon, ses aigrettes fines en sont les antennes; pourquoi avoir donné à la plante charmante le nom méprisant d'*Herbe aux Gueux?* Est-ce parce que ceux-ci trouvent en elle, non seulement un ornement qui leur fait oublier quelque peu la laideur de leurs haillons, mais encore un parfum exquis qui les réconforte?

A l'automne, la fleur ayant perdu ses pétales, ce papillon ayant perdu ses ailes, se transforme en une grosse araignée velue aux pattes nombreuses. Les fleurs sont devenues des fruits barbus, la plante en est couverte et prend alors un aspect des plus curieux.

Elle a quitté sa légère toilette de printemps, un tulle, pour un chaud vêtement d'automne, une pelisse ouatée.

Les grappes du *Houblon sauvage*, aux cônes écailleux, pendillent comme des grelots parmi les fleurs de la clématite qui les recouvrent en partie, tandis que ses larges feuilles bien découpées semblent protéger les feuilles menues de sa voisine ; leurs tiges se mêlent, s'enroulent les unes dans les autres, se nouent, s'allongent, rampent, montent, redescendent pour regrimper encore.

GRAND LISERON

Aux tiges sarmenteuses viennent se tire-bouchonner les vrilles du *Grand liseron* qui a pris naissance dans le même terrain, au pied de la même haie qu'il fleurit et égaie de ses larges clochettes en entonnoir où aiment à s'enfoncer les abeilles et les bourdons, clochettes si blanches qu'on leur a donné le nom charmant de *Chemise de Notre-Dame*.

Et maintenant pénétrons sous les grands arbres.

DANS LES FORÊTS ET DANS LES BOIS

Dans nos forêts et dans nos bois, mille plantes croissent heureuses, les unes s'abritant sous le feuillage des hauts arbres qui les garantissent des rayons trop chauds du soleil, d'autres recherchant les terrains découverts des clairières.

Alors que soufflent dur bise et aquilon, alors que le terrain glacé est couvert de neige, deux fleurs apparaissent. L'une, étalant ses larges pétales rosés qui bravent les plus grands froids ; l'autre, accrochant de mignonnes clochettes du même ton que la neige au travers de laquelle ses tiges se sont fait jour. L'une est la *Rose de Noël*, l'autre le *Perce-Neige*.

Mais dès que les beaux jours renaissent, les fleurs d'hiver se fanent. Elles n'étaient apparues que pour égayer un peu la forêt sombre et, au milieu des arbres aux squelettes dénudés, donner à la forêt morte une étincelle de vie.

∴

Voici les premiers rayons de soleil, les bourgeons commencent à pointer, Roses de Noël et Perce-Neige rentrent sous terre, laissant la place aux fleurs printanières.

CLÉMATITE SAUVAGE

Tout d'abord les *Primevères* de tous genres :

Primevère commune, *Primevère élevée, Narcisse des bois* au gentil nom de *Jeannette*; *Coucou*, *Coqueluchon*, *Brayette*, autant de fleurs qui sonnent le printemps; pour fêter sa venue elles colorent le bois de leurs pétales aux fraîches nuances, tandis que les *Violettes* le parfument de leurs fraîches exhalaisons.

Violettes ! cassolettes d'améthyste rivées sur une épingle d'or, fleurs exquises. Blotties sous vos touffes de feuilles, qui sont des cœurs en liberté, sous bois vous chantez avril ! Prisonnières, étalées sur les éventaires en paquets à deux sous, vos tiges ficelées, vos fleurs cuirassées de feuilles de lierre, annoncent aux citadins que le soleil est de retour.

Puis le *Muguet* brandille ses clochettes d'argent derrière les longues feuilles brillantes où nul ne soupçonnerait leur présence si leur odeur exquise ne les décelait aux narines, sinon aux yeux.

Fleur de printemps aussi, la *Petite Pervenche* bleutée qui rampe sous bois; ses feuilles luisantes, solides, pointues, brillent comme de minuscules fers de lances.

***

Pêle-mêle, en un inextricable fouillis, accrochées au sol qu'elles recouvrent d'une mystérieuse dentelle ou masquant les fonds de leur écran multicolore, un amoncellement de fleurs écloses ou en boutons, de feuilles, de tiges, de rameaux, émergent de toutes parts. Fleurs simples ou compliquées, ombelles et épis, thyrses et grappes, boutons allongés ou camards, pointus ou arrondis, suspendus ou se redressant sur leurs pétioles. Feuilles luisantes ou duvetées, festonnées ou dentelées, souples comme des étoffes ou dures comme des métaux. Tiges raides ou souples, grimpantes ou rampantes, montant tout d'une venue ou s'accrochant à leurs voisines comme ces belles touffes odoriférantes que voilà! Vous ne résisterez pas à la tentation de les cueillir sachant bien que leurs jolies pendeloques blanches, jaunâtres ou carminées ajouteront à votre corsage une passementerie qui l'ornera, une cassolette qui le parfumera; car ces fleurs légèrement colorées, formant une gerbe en couronne partant du centre d'une feuille, se nomment *Chèvrefeuille*. Prenez-en un pied et transplantez-le dans votre jardin, il recouvrira à merveille le berceau ou la tonnelle sous laquelle vous aimez à rêver.

Singulière plante, quand on la regarde attentivement; les feuilles sont traversées par la tige; les fleurs, pleinement épanouies rappellent à merveille, vues de profil, le capricieux animal dont elles ont pris le nom; les pétales relevés en arrière forment les cornes, les pistils et les étamines retombants dessinent la barbe d'une chevrette.

La *Brout-biquette* ou *Chèvrefeuille sauvage* fait, avec le premier, très bon ménage. Les deux s'accommodent fort bien du même terrain et d'un voisinage tout à fait rapproché, mais leurs fleurs désirent ne point paraître ensemble, sans doute pour ne pas se nuire les unes aux autres. Tandis que l'une fleurit au printemps, l'autre ne fleurit qu'en été.... Mélangez donc les deux pour garnir votre berceau, et si vous voulez en outre y ajouter de la clématite, vous le rendrez, non seulement fleuri, mais embaumé pour toute la saison.

* * *

Végétaux utiles ou nuisibles, distillant un suc bienfaisant ou sécrétant un poison mortel; plantes odorantes ou pestilentielles, aux émanations douces ou à la senteur âcre : toutes les espèces, tous les genres pullulent dans nos bois et nos forêts.

Millet étalé aux larges feuilles, couronnées d'épillets uniflores supportés par de hautes tiges qui abritent la minuscule *Centenille* dont la petitesse fait la beauté.

Raiponce en épi à fleurs jaunâtres.

Raiponce en épi à fleurs bleutées.

Petite Centaurée, Herbe à mille florins, remarquable par ses corymbes à fleurs rouges.

Véronique mâle appelée *Thé d'Europe*, portant feuilles velues, et fleurs épilliformes.

Seille à deux feuilles, aux réjouissantes fleurettes bleues, ou blanches ou roses.

CLÉMATITE SAUVAGE (grandeur naturelle).

Myrtilles à petits rameaux couverts de baies exquises dont sont si friands nos Vosgiens, qui les nomment *Brimbelles*, en récoltent en abondance et en font des tartes succulentes : tartes « tinctoriales » par exemple, car après en avoir mangé, les lèvres, les dents, la langue, sont d'un noir violacé à faire rêver un nègre; noir solide qui ne s'efface qu'à l'aide d'eau vinaigrée ou d'un acide analogue.... Revers de la médaille, mauvais côté de la tarte aux airelles, cela, car *Airelle*, et encore *Abrétier*, et encore *Abrêt* noir sont les autres noms donnés à la plante.

Récoltez des « brimbelles » tant et plus, faites-en des gâteaux, des tartes, des confitures; barbouillez-vous-en la figure tant que vous voudrez, nul mal n'en résultera sinon, peut-être, une légère indigestion si vous en avez abusé; mais évitez de toucher aux fruits, bien plus beaux pourtant, de cette plante qui pousse non loin sur la montée. Celle-là est la dangereuse *Belladone*, elle distille un poison redoutable dissimulé sous ses baies, d'aspect si appétissant, ressemblant si bien à des cerises-guignes qu'elles vous invitent à en goûter.

Malheur à vous si vous ne résistez à la tentation, votre gourmandise étourdie pourra être mortellement punie. Regardez-la donc attentivement pour l'éviter et la faire éviter aux autres. Sa tige est rameuse et atteint une hauteur de 1 à 2 mètres. Ses rameaux, aux feuilles largement festonnées, portent des fleurs d'un violacé brunâtre, campanulées, à calice vert. Ses fruits portent également à leur base un calice fait de cinq sépales verts.

ANCOLIE (grandeur naturelle).

Rappelez-vous ce signalement et gardez-vous d'elle quand vous la rencontrerez dans les bois frais ou sur les rochers ombragés qu'elle affectionne....

Et belladone veut dire belle-dame!... Qu'est-ce à dire?... sans doute que « belle » n'est point toujours synonyme de « bonne! »

A côté du poison un remède : le *Dompte-venin* ou *Ipécacuanha des Allemands* aux fleurs blanches, et dont la racine fournit un vomitif violent.

Puis encore une plante vénéneuse : l'*Herbe à Pàris* ou *Raisin de renard;* laissons au renard le soin de le cueillir, si le cœur lui en dit; mais soyez persuadé que, malin comme il l'est, il le trouvera toujours « trop vert », même lorsque le fruit aura pris son plus beau ton noir bleuté.

* *
*

Le sol est recouvert ici d'un tapis qui restera vert, même pendant les grands froids, grâce aux *Pyroles* ou *Verdures d'hiver*. Actuellement, outre son feuillage, la pyrole porte ses grapillons de fleurettes blanches à style recourbé vers le sol.

La *Pyrole à style court* est garnie de fleurs plus petites encore qu'elle dresse en épis serrés.

La *Pyrole unilatérale* à épi, à grappe unilatérale, porte des fleurs verdâtres.

La *Pyrole uniflore*, la plus petite de toutes (elle atteint à peine 10 millimètres), ne donne qu'une seule fleur, mais elle est odorante et porte le style droit.

Les charmantes *Saponaires* semblent piquer, dans la verdure des pyroles, leurs bouquets de fleurs en couronnes d'un rose délicat. La racine de cette plante a la singulière propriété de former une sorte de savon lorsqu'on l'écrase dans l'eau, si bien qu'on peut s'en servir pour laver. De là, le surnom de *Savonnière* qui lui a été donné.

Ces feuilles serrées, en forme de trèfle, et dont le goût est d'une acidité plus grande que celle de l'oseille, appartiennent à la *Surelle* dont les fleurs blanches rosées sont en pleine floraison; *Surelle* ou *Pain de Coucou*, ou bien *Alleluia*.

ANCOLIE

* * *

Encore une plante vénéneuse appartenant à la race des *Aconits;* celle-ci se nomme *Herbe au Loup, Tue-Loup, Étrangle-Loup;* si elle est dangereuse pour cet animal, ce qui est un bien, elle n'est guère moins dangereuse pour les humains, ce qui est un mal... à moins qu'on en ingurgite le suc sur ordonnance de la Faculté, car celle-ci s'est emparée de son poison, comme de celui de bien d'autres plantes, pour l'utiliser contre certaines maladies.

La fleur jaune de l'Herbe au Loup semble une pyramide de casques de cuivre en diminutif. Sa corolle est faite de deux folioles longuement pédicellées, creuses et épousant la forme de capuchons renfermés dans la sépale, creuse également.

S'il ne faut pas mettre en bouche les tiges de l'Herbe au Loup, en revanche vous pourrez goûter tant que vous voudrez à ces petits cônes rouges au parfum exquis, à la couleur vermeille; ce sont les *Fraises des bois,* cachées prudemment sous les larges feuilles où elles se sont développées, car elles savent le sort qui les attend si elles sont aperçues,... encore si elles étaient sûres de n'être croquées que par vos jolies dents, madame, de ne passer que par des lèvres plus rouges et plus appétissantes qu'elles-mêmes... mais hélas! on rencontre dans les bois plus de manants que de jolies femmes, et la fraise est plus souvent dévorée par eux que goûtée par elles!

Ici l'*Ancolie,* — que vous pourrez appeler aussi *Colombine* ou *Cornette* à votre choix, — balance ses pendeloques violettes, fleurs aux pétales prolongés en éperons qui semblent les boucles de ces pendeloques si gracieuses qu'on leur fait volontiers quitter les bois où elles sont nées pour les transplanter dans les jardins où elles grandiront.

Là, la *Sylvie* dont les fleurs sont d'un rose délicat comme des joues de jeune fille dont elle porte le nom, avec ceux de *Pâquette,* tout aussi XVIIIe siècle, et de *Fleur du Vendredi saint,* plus mélancolique et qui semble démentir les deux autres.

Plus loin l'*Hépatique,* jolie fleur bleutée, sorte d'anémone, qui se venge de son nom médical injustifié en portant celui d'*Herbe de la Trinité*. A ses pieds rampe le bienfaisant *Lierre terrestre* aux fleurettes mauves, et le *Polygala* ou *Laitier commun* dont les fleurs bleues ou purpurines ont parfois la fantaisie d'être blanches.

Fleurs bleutées également parmi des feuilles bien dentelées, celles du *Géranium des prés* qui, malgré son nom, affectionne surtout les bois. Comme tous ses parents, ce géranium porte un fruit de conformation curieuse : du milieu du réceptacle, renfermé dans un calice persistant, émerge une colonne qui n'est que le prolongement de l'axe floral et sur laquelle se rivent les styles et les logis de l'ovaire; venues à maturité, les capsules se détachent en bas et restent suspendues en haut de la colonne.

La *Corydale creuse* dresse ses gerbes de fleurs éperonnées, parfois blanches, mais ici, pour rester dans le ton de ses voisines, prend la teinte violette qu'elle affectionne.

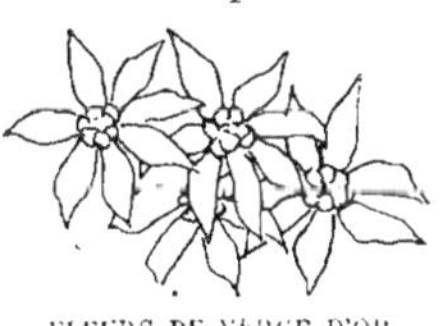

FLEURS DE VERGE D'OR (grandeur naturelle).

Cette fleur, à étendard et carène rouges, ailée de bleu, a nom : *Orobe printanier*; l'orobe fait partie de la nombreuse famille des pois, dont la *Vesce sauvage* (*Vesceron* ou *Faux Pois*) est un autre échantillon. Nous eussions pu rencontrer cette plante partout ailleurs, car tous les terrains lui sont bons et elle donne ses fleurs violacées aussi bien dans les haies et les buissons qu'à l'ombre des grands arbres, elle a cela de commun avec le *Gland de terre*, variété de la même espèce, mais portant fleurs rouges et roses odoriférantes, qui émergent de racines tubéreuses comestibles.

Voici le *Millepertuis*, merveilleuse fleur d'or couronnée d'une aigrette fine, que nos adonistes cultivent volontiers. Ses feuilles, vues en transparence, apparaissent percées de milliers d'imperceptibles petits trous, véritables écumoires auxquelles la plante doit son nom de millepertuis. Mais elle porte en outre celui d'*Herbe de la Saint-Jean*, qui a donné naissance au fameux dicton que vous connaissez.

Encore une fleur jaune, mais bien moins jolie de forme et moins brillante de couleurs, beaucoup plus petite, du reste : la *Sarrette*, à l'ombelle échevelée.

VERGE D'OR

∴

Les fleurs jaunes se sont décidément donné rendez-vous ici comme là-bas les fleurs violettes; amour des complémentaires sans doute !

Voici la *Verge d'or* qui, pour nous charmer, dresse ses magnifiques épis faits d'étoiles d'un jaune éclatant. Nous approchons d'une clairière, certainement, car c'est sur la lisière des bois que le végétal aime à se trouver.

La plante que voici tendrait encore à le prouver, elle affectionne les mêmes endroits à défaut des haies, des buissons ou des vignes, dont elle s'accommode fort bien aussi, car elle y trouve des soutiens pour ses tiges qui, après avoir rampé, ne cherchent qu'à grimper, à s'enrouler capricieusement.

Son nom? *Aristoloche clématite*. Ses feuilles? en forme de cœur, un peu comme des feuilles de lilas largement agrandies et sous lesquelles pendillent des fleurs jaune clair, on dirait de petites pipes en buis.

Non loin, est une autre plante de même sorte à racine aromatisée : l'*Asaret, Cabaret, Oreille d'ours*, à feuilles arrondies, à fleurs courtement pédonculées, vert olive en dehors, rouge sang en dedans.

Encore un grimpant dont les volubiles vont s'accrocher partout. On se demande vraiment comment fait cette jolie plante, cette *Bryone*, pour s'élancer ainsi d'un arbre à l'autre pour retomber ensuite en guirlandes touffues, gracieusement suspendues, d'où partent d'autres guirlandes qui vont plus loin s'attacher encore formant ainsi des voûtes de lianes du plus merveilleux effet.

La plante est véritablement exquise, ses feuilles d'un vert tendre tiennent à la fois de la vigne et du lierre, plus souples et plus découpées que celles-ci, plus petites et moins dentelées que celles-là ; couvertes à la fois de tendres fleurettes d'un blanc laiteux, de fruits verdâtres et de fruits rouges. Cette bryone est une fantaisiste remarquable.

La plante, douée d'une vitalité surprenante, est fort indiscrète. Elle se fourre partout, se mêle à tout, embrouille tout, emmêle les branches de celui-ci avec les rameaux de celui-là, forme des touffes, des gerbes, des pendentifs, des plafonds, envahit tout, si l'on n'y veille.

GRANDE ÉPIAIRE (hortie puante).

Dans les endroits où l'on veut du pittoresque, sur des tonnelles ou des berceaux, rien de mieux, mais gare dans les jardins, ses ramifications s'étendent partout. Souple comme un serpent, sachant s'enrouler comme lui, on a surnommé la plante : *Couleuvrée*.

Voici le *Gouet* ou *Pied-de-veau*, diminutif de l'*Arum*, ce « faux-col » blanc, à la famille duquel il appartenait.

L'arum est brésilien, le gouet croît en nos climats. Plus petit beaucoup que son frère exotique, il porte comme lui des feuilles sagittées, mais parfois maculées de pourpre comme de minuscules hallebardes tachées de sang; d'entre ces feuilles se déroule, porté sur une courte tige, un cornet blanc ou violacé renfermant un spadice violet, dressé en forme de massue; au-dessous de cette massue sont de nombreuses glandes nectarifères, plus bas des fleurs mâles à anthères rouges, plus bas encore des fleurs femelles avec leurs stigmates.

Quand la massue s'est effondrée, quand les fleurs mâles sont fanées, les pistils se développent et se métamorphosent en baies rouges, âcres et vénéneuses. Singulier végétal qui semble armé de toutes pièces : ses feuilles portent la lance, sa fleur la massue, son fruit le poison.

***

Nous voici dans la clairière bordée de sapins, le terrain sablonneux est granité de rose, se carminant ici, se violaçant là, et bordé d'une large bande d'un jaune éclatant. Le rose est fait de fleurs de bruyères (*Bruyère commune* ou *Brande*), jaillissant d'un feuillage vert terne, le jaune est produit par celles des *Genêts* supportées sur de longs rameaux d'un vert foncé.

Couleurs jaunes, teintes roses se marient pour décorer superbement ce coin de forêt découvert où le soleil entre à larges rayons.

***

Bruyères, modestes fleurs des forêts aux thyrses faits de petites clochettes sonnaillant sans bruit.

Genêts, fleurs qui semblent des papillons d'or posés aux tiges.

Bruyères cendrées, *ciliées*, *multiflores*, *multicaules*, etc., dérivées de la bruyère commune et cultivées dans les jardins.

Genêts à balais ou *Genettes*, aux feuilles tantôt simples et tantôt trifoliées, aux rameaux anguleux sans épines. *Genêts d'Allemagne*, aux fleurs plus petites réunies en grappes, aux feuilles lancéolées, poilues, aux rameaux pourvus d'épines composées, les plus âgés tout au moins. *Genêts à tiges ailées*, plus petits que les précédents, poussant plus en largeur qu'en hauteur, formant de leurs tiges rameuses, élargies, ciliées et meublées de feuilles ovales, velues, de larges piquets de fleurs d'un jaune clair massées en grappes serrées.

Enfin les *Ajoncs*, *Landiers* ou *Vigneaux*, à longues épines acérées; ces épines ont beau être fleuries — c'est sur elles, curieux caprice, que viennent naître les fleurs — elles n'en sont pas moins dangereuses.

* * *

Très originale, très jolie, cette plante qui croît parmi les genêts et les bruyères, mais très empoisonnée. A ses hautes tiges garnies de doigts de gants d'un tissu carminé en dehors, blanc, moucheté de points et de fines auréoles en dedans, à ses larges feuilles d'un vert foncé, vous avez reconnu la *Digitale*. L'allure gracieuse du végétal ne ferait pas pardonner son poison si elle n'avait su rendre celui-ci utile et même bienfaisant en bien des cas; la médecine a en effet trouvé en lui un de ses médicaments les plus efficaces.

La digitale porte en outre le nom gracieux de *Gants de bergère*.

Pêle-mêle : l'*Œillet des Chartreux*, exquise fleur aux cinq pétales cramoisis;

L'*Anthéric* ou *Herbe à l'araignée*, portant en épis ses fleurs blanches qui donnent en effet l'illusion d'araignées dont ses étamines forment les pattes;

L'*Alchemille commune*, à fleurettes verdâtres nombreuses, s'échappant de rosaces de feuilles rappelant celles de la mauve. Ne la foulez pas aux pieds, madame! Si vous connaissiez les vertus

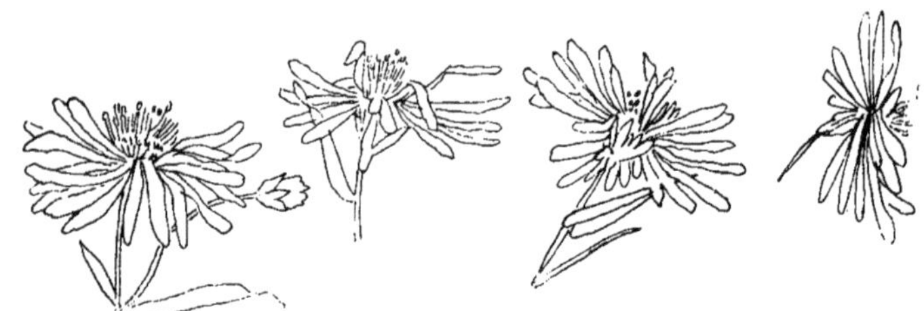

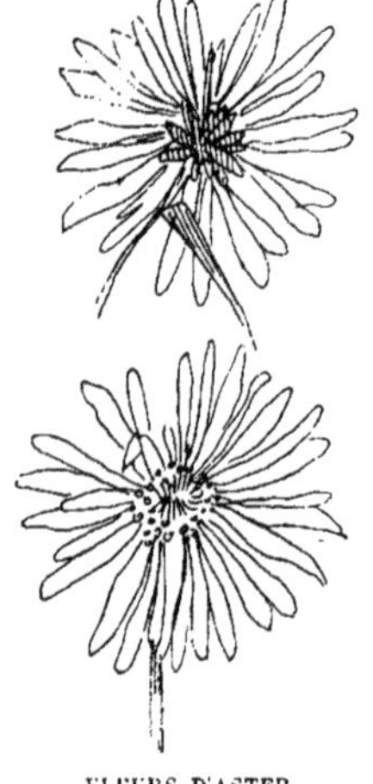

FLEURS D'ASTER
(grandeur naturelle).

qu'on lui attribue (dont vous n'avez que faire quant à présent), vous la jugeriez digne d'être par vous enfermée dans quelque odorant sachet.... Quelles vertus?... Elle

« Répare des ans l'irréparable outrage »

et rend aux traits fanés l'éclat et la fraîcheur.... Tout au moins sont-ce les vieux auteurs qui content cela; s'ils disent vrai, *Alchemille « de Jouvence »* conviendrait mieux à la plante qu'alchemille commune! — Qu'en pensez-vous?

La *Globulaire*, aux minuscules ballons bleutés, assemblage serré de minuscules fleurettes;

La *Bétonie*, aux épis rouges;

La *Clénopode* ou *grand Basilic*, qui semble une ortie abritant des fleurs roses sous les aisselles de ses feuilles supérieures;

La *grande Épiaire*, ortie véritable celle-ci, montant souvent à 1 mètre et dont les feuilles velues, arrondies en cœur, sont réunies ainsi que les fleurs, d'un rouge sombre presque pourpre, et piquetées de blanc, en un épi répandant si mauvaise odeur que la plante a été baptisée : *Ortie puante*;

L'*Euphraise*, aux petits rameaux dentelés terminés par de petites fleurettes blanches dentelées également;

La *Tourette*, à feuilles sagittées, enroulant une longue tige couronnée d'un panache de fleurs d'un blanc crémeux;

La *Vulnéraire*, précieux fourrage;

La *Coronille bigarrée*, qui de ses rosaces bariolées de blanc, de rouge ou de lilas, orne non seulement les clairières et les

L'ALOUETTE LANCE A PLEIN GOSIER SON ENTRAINANTE MÉLODIE (p. 217).

coteaux secs, mais encore les bords de chemins de fer, caprice étrange;

L'*Aster-amelle*, cette jolie marguerite aux pétales mauves pointant d'un disque doré, et qui a été jugée digne d'être cultivée dans les jardins où elle est fort bien à sa place;

L'*Aster de Micheli*, plante toute petite à côté de son homonyme, mais portant des fleurs aux pétales plus nombreux encore, teintés d'un rose tendre.

Cet aster est à la pâquerette ce que son voisin est à la reine-marguerite.

***

Terminons notre promenade dans les bois en citant ces quelques noms qui nous reviennent en mémoire :

Sanicle de Montagne, dont la racine est caractérisée par une myriade de petits tubercules granuleux.

Mélique simple, offrant entre les glumes de ses épillets deux fleurs fertiles et une stérile.

La *Tormentille*, utile aux teinturiers et aux tanneurs.

L'*Herbe de Saint-Christophe*, à racine noire, fleurs blanches, fruits violacés foncés.

Le *Chanvre sauvage*, qu'un œil peu exercé confondrait aisément avec l'ortie.

La *Rougeole des bois*, aux belles bractées bleues, quelquefois blanches.

La *Dentaire bulbifère*, à bubilles noires placées sous les aisselles et qui affectionne surtout les forêts montagneuses.

L'*Alliaire*, dont les feuilles empestent l'ail pour peu qu'on les écrase entre les doigts.

Le *Sainfoin* ou *Esparcette*, à fleurs purpurines, semblant des crêtes de coq. Plante non seulement jolie, mais fournissant un si excellent fourrage qu'on la cultive en grand.

Le Bengale est la patrie d'une sorte de sainfoin curieux dont nous avons parlé déjà et qui palpite sans cesse. Il fut, dit-on, découvert au siècle dernier, par une botaniste anglaise, lady Monson.

La feuille de ce sainfoin est en forme de trèfle, un trèfle de forme spéciale toutefois, car la foliole médiane est 30 ou 40 fois plus grande que les folioles latérales qui semblent deux toutes petites ailes attachées à un corps énorme. Et ces deux petites ailes battent sans discontinuer, jour et nuit elles s'agitent, frétillent

ASTER.

en un mouvement de va-et-vient, tandis que la foliole à laquelle elles sont rivées se balance mollement, s'inclinant comme pour saluer le soleil; vers midi elle est prise aussi d'une agitation incompréhensible, puis se calme et recommence ses salutations.

Ce singulier végétal se nomme *Sainfoin oscillant* ou *Desmodie oscillante.*

Bien d'autres végétaux sont dignes d'attirer ici notre attention, mais, puisque nous avons de concert adopté des subdivisions, il faut nous y renfermer; ces végétaux, nous les verrons plus tard.

Les uns, comme ce *Gui*, ont leur place parmi les parasites; d'autres, comme cet *Églantier*, ont la leur parmi les arbustes.

Enfin les fougères, les mousses, les champignons, qui encombrent le sol, auront leur tour lorsque le moment sera venu de causer des Cryptogames, cette classe spéciale dont les trois font partie.

APPENDICE AUX PRÉCÉDENTS

Pour faire la part de chacun, donnons maintenant, par ordre alphabétique (ceci pour faciliter les recherches), les noms scientifiques, la classe, la famille à laquelle appartiennent les végétaux que nous venons de citer.

Nous en ferons autant après chacune de nos subdivisions.

PLANTES SAUVAGES DES CHEMINS, DES CHAMPS ET DES PRÉS, DES FORÊTS ET DES BOIS.

NOM VULGAIRE	NOM SCIENTIFIQUE	FAMILLE	ÉPOQUE DE FLORAISON
A			
ABLÉTIER. Voyez Myrtille.			
ABRÉT. Voyez Myrtille.			
ABSINTHE	*Artemisia absinthium.*	Composée.	Été.
ACONIT SAUVAGE	*Aconitum lycoctonum.*	Renonculacée.	Été.
ADONIDE D'ÉTÉ	*Adonis æstivalis*	Renonculacée.	»
AGRIPAUME	*Leonurus cardiaca.*	Labiée.	Été.
AIGREMOINE	*Agrimonia eupatoria.*	Rosacée.	Juin-Août.
AIRELLE. Voyez Myrtille.			
AJONC	*Ulex Europæus.*	Papilionacée.	Printemps-Été.
ALCHEMILLE COMMUNE	*Alchemilla vulgaris.*	Sanguisorbée	Mai à Juillet.
ALLELUIA. Voyez Surelle.			
ALLIAIRE	*Alliaria officinalis.*	Crucifère	Mai.
ALYSSON CALICINAL	*Alyssum calycinum*	Crucifère.	Mai-Juin.
AMOURETTE	*Briza media.*	»	
ANCOLIE	*Aquilegia vulgaris.*	Graminée.	
ANTHRISQUE SAUVAGE. Voyez Persil d'âne.			
ARABETTE DES SABLES	*Arabis arenosa.*	Crucifère	Été.
ARABETTE THALIANE	*Arabis thaliana.*	Crucifère	Printemps.
ARAIGNÉE	*Nigella arvensis.*	Renonculacée.	Été.
ARISTOLOCHE CLÉMATITE	*Aristolochia clematitis.*	Aristolochiée	Mai-Septembre.
ARTICHAUT BATARD. Voyez Joubarde.			
ASARET	*Asarum europæum.*	Aristolochiée	Avril-Mai.
ASTER AMELLE	*Aster amellus.*	Composée.	Juillet-Septembre.
ASTER DE MICHELI	*Bellidiastrum Michelii.*	Composée.	Juin-Juillet.
AUBIFOIN. Voyez Bleuet.			
B			
BALLOTTE. Voyez Marrube.			
BARDANE	*Lappa major.*	Composée.	Été.

NOM VULGAIRE	NOM SCIENTIFIQUE	FAMILLE	ÉPOQUE DE FLORAISON
BARDANETTE. Voyez Râpette couchée.			
BASILIC. Voyez Clénopode.			
BASSINET. Voyez Renoncule des champs.			
BEC D'OISEAU. Voyez Pied-d'Alouette.			
BEHEN BLANC. Voyez Carnillette.			
BELLADONE	*Atropa belladona.*	Solanée	Juin-Août.
BENOÎTE.	*Geum urbanum*	Labiée.	Été.
BETOINE.	*Betonica officinalis.*	Labiée.	
BLEUET ou BLUET.	*Centaurea cyanus.*	Composée.	Été.
BONBON NOIR. Voyez Morelle.			
BOUCAGE.	*Pimpinella saxifraga*	Ombellifère.	Juin à Octobre.
BOUILLON BLANC.	*Verbascum thapsus*	Scrofularinée.	Mai à Août.
BOURRACHE	*Borrago officinalis.*	Borraginée	Mai à Septembre.
BOURSE A PASTEUR	*Thlaspi bursa pastoris.*	Crucifère	Presque toute l'année.
BOURSE DE CAPUCIN.	»	»	»
BOUTON D'OR. Voyez Renoncule des champs.			
BRANDE. Voyez Bruyère commune.			
BRANLE-TOUJOURS. Voyez Amourette.			
BRAYETTE. Voyez Primevère commune.			
BRIMBELLE. Voyez Myrtille.			
BROUT-BIQUETTE. Voyez Chèvrefeuille.			
BRUNELLE.	*Brunella vulgaris.*	Labiée.	Été.
BRUYÈRE COMMUNE.	*Calluna vulgaris* ou *er[illegible]*	Ericinée.	Été jusqu'à l'Automne.
BRYONE.	*Bryona alba.*	»	Mai-Juillet.
BUGLE.	*Ajuga reptans.*	Labiée.	Mai-Juin.
BUGLOSSE.	*Anchusa officinalis.*	Borraginée	»
BUGLOSSE (PETITE).	*Lycospis arvensis.*	Borraginée	»
C			
CABARET. Voyez Asaret.			
CAILLE-LAIT BLANC.	*Galium mollugo*	Rubiacée	Juin à Septembre.
CAMELINE.	*Camelina sativa.*	Crucifère à silicule.	Été.
CAMOMILLE	*Matricaria chamomilla.*	Composée.	Été.

NOM VULGAIRE.	NOM SCIENTIFIQUE	FAMILLE	ÉPOQUE DE FLORAISON
Camomille des chiens. Voyez Maroute.			
Camomille puante. Voyez Maroute.			
Camomille romaine	*Anthemis nobilis.*	Composée.	Été.
Campanule	*Campanula rotundifolia*	Campanulacée	Juin à Août.
Cardère	*Dipsacus fullonum.*	Dipsacée.	Mai à Septembre.
Carline acaule	*Carlina acaulis.*	Composée.	Été.
Carnillet	*Silene inflata.*	Caryophyllée.	Juin-Septembre.
Carosse. Voyez Salsepareille d'Allemagne.			
Carvi	*Carum carvi.*	Ombellifère.	Mai à Juillet.
Casse-lunettes. Voyez Bluet.			
Caucalide des champs	*Caucalis arvensis.*	Ombellifère.	Août-Septembre.
Centaurée (petite)	*Chironia centaurum.*	Gentianée.	
Centenille	*Centunculus minimus.*	Primulacée.	Mai et Juin.
Ceraiste des champs	*Cerastium arvense.*	Caryophyllée	Avril-Mai.
Chanvre sauvage	*Galeopsis tetrahit.*	Labiée.	Juillet-Août.
Chardon aux ânes. Voyez Gracenthe.			
Chardon-acanthe	*Onopordon acanthium.*	Composée.	Été.
Chardon à bonnetier. Voyez Cardère.			
Chardon crépu	*Carduus crispus.*	Composée.	Été.
Chardon à drapier. Voyez Cardère.			
Chardon à foulon. Voyez Cardère.			
Chélidoine. Voyez Grande éclaire.			
Chemise de Notre-Dame. Voyez Liseron (grand).			
Chèvrefeuille	*Lonicera caprifolium*	Caprifoliacée	Juin et Juillet.
Chicorée sauvage	*Cichorium intybus.*	Composée.	Juillet-Août.
Chiendent	*Triticum repens.*	Graminée.	»
Chondrille effilée	*Chondrilla juncea.*	Composée.	Été.
Cigüe (grande)	*Conium maculatum.*	Ombellifère.	Mai-Août.
Cigüe officinale. Voyez Cigüe (grande).			
Cigüe tachetée. Voyez Cigüe (grande)			
Cigüe (petite	*Æthusa sinapium.*	Ombellifère.	»
Cirse acaule	*Circium acaule.*	Composée.	Été.
Clair-bassin. Voyez Renoncule.			
Clématite sauvage. Voyez Viorne.			

NOM VULGAIRE	NOM SCIENTIFIQUE	FAMILLE	ÉPOQUE DE FLORAISON
CLINOPODE	*Clinopodium vulgaris.*	Labiée.	Été.
COLCHIQUE. Voyez Safran bâtard.			
COLOMBINE. Voyez Ancolie.			
COQUELICOT.	*Papaver rhœas.*	Papaveracée.	Été.
COQUELOURDE.	*Pulsatilla vulgaris.*	Renonculacée.	Avril-Juin
COQUELUCHON. Voyez Primevère.			
COQUERELLE. Voyez Coquelourde.			
CORNETTE. Voyez Ancolie.			
CORONILLE BIGARRÉE.	*Coronilla varia.*	Papilionacée	Juin-Août.
CORYDALE CREUSE.	*Corydalis bulbosa*	Fumariacée.	Avril.
COUCOU. Voir Narcisse des bois.			
COULEUVRÉE. Voir Bryone.			
COUPEAU. Voyez Bardane.			
COURONNE DES BLÉS. Voyez Nielle.			
CRÉPIDE DES TOITS.	*Crepis tectorum*	Composée.	Juin à Juillet.
CRÉTELLE COMMUNE.	*Cynosurus cristatus.*	Graminée.	Mai à Juillet.
CYNOGLOSSE.	*Cynoglossum officinalis.*	Boraginée.	»
D			
DACTYLE AGGLOMÉRÉ OU PELOTONNÉ.	*Dactylis glomerata.*	Graminée.	»
DENTAIRE BULBIFÈRE	*Dentaria bulbifera.*	Crucifère à silique.	»
DICTAME BLANC	*Dictamnus albus.*	Ristacée.	Juin-Juillet.
DIGITALE.	*Digitalis purpurea.*	Scrofularinée.	Eté.
DOMPTE-VENIN. Voyez Ipecacuanha des Allemands.			
DRAVE PRINTANIÈRE.	*Draba verna*	Crucifère à silicule.	Février-Mars.
DENT DE LION. Voyez Pissenlit.			
E			
ECLAIRE (GRANDE).	*Chelidonium majus*	Papaveracée.	Été.
EPERON DE CHEVALIER. Voyez Pied-d'Alouette.			
EPIAIRE (GRANDE).	*Stachys sylvatica.*	Labiée.	Juin et Août.

NOM VULGAIRE	NOM SCIENTIFIQUE	FAMILLE	ÉPOQUE DE FLORAISON
ESPARCETTE. Voyez Sainfoin.			
ETRANGLE-LOUP. Voyez Aconit.			
F			
FAUX POIS. Voyez Vesce sauvage.			
FER A CHEVAL	*Hippocrepis comosa*	Papilionacée	Mai-Juillet.
FLEUR DU VENDREDI SAINT. Voyez Sylvie.			
FLOUVE ODORANTE	*Anthoxanthum odoratum*	Graminée	Mai-Juin.
FRAISIER DES BOIS	*Fragaria vesca*	Rosacée	Printemps.
FROMAGEON. Voyez Mauve.			
FROMAGÈRE. Voyez Mauve.			
FUMETERRE	*Fumaria officinalis*	Fumariacée	Mai à Octobre.
G			
GANTS DE BERGÈRE. Voyez Digitale.			
GAUDE	*Reseda luteola*	Résédacée	Été.
GAZON ANGLAIS. Voyez Ivraie vivace.			
GENÊT A BALAI	*Spartium scoparium*	Papilionacée	Avril à Juin.
GENÊT D'ALLEMAGNE	*Genista germanica*	»	»
GENÊT A TIGES AILÉES	*Genista sagitta alis*	»	»
GENETTE. Voyez Genêt à balai.			
GENTIANE PRINTANIÈRE	*Gentiana verna*	Gentianée	Mars-Avril.
GÉRANIUM DES PRÉS	*Geranium pratense*	Géranacée	Septembre-Octobre.
GLAND DE TERRE	*Lathyrus tuberosus*	Papilionacée	Été.
GLOBULAIRE	*Globularia vulgaris*	Globulariée	Mai-Juin.
GLOUTERON. Voyez Bardane.			
GOUÈDE. Voyez Pastel			
GOUET	*Arum maculatum*	Aroïdée	Avril-Mai.
GYMNADÉNIE MOUCHERON	*Gymnadenia conopsea*	Orchidée	Juin-Juillet.
H			
HANEBANNE. Voyez Jusquiame.			

NOM VULGAIRE	NOM SCIENTIFIQUE	FAMILLE	ÉPOQUE DE FLORAISON
HERBE AUX ANES. Voyez Onagre bleue.			
HERBE AUX BOUCS	*Jasione montana.*	Campanulacée	Juin à Septembre.
HERBE AUX CHANTRES.	*Sisymbrium officinal*	Crucifère à silique.	Eté.
HERBE AUX CHATS	*Teucrium marum*	Labiée.	»
HERBE AUX CHEVAUX. Voyez Jusquiame.			
HERBE AUX GUEUX. Voyez Clématite sauvage.			
HERBE AU LOUP. Voyez Aconit.			
HERBE A MILLE FLORINS. Voyez Centaurée (petite).			
HERBE A PARIS.	*Paris quadrifolia.*	Asparaginée.	Avril-Mai.
HERBE AUX VERRUES. Voyez Chélidoine.			
HERBE AUX VIPÈRES. Voyez Vipérine.			
HERBE DE L'HIRONDELLE	»	»	»
HERBE DE SAINT CHRISTOPHE.	*Actæa spicata.*	Renonculacée.	Mai-Juin.
HERBE DE SAINT JACQUES. Voyez Jacobée.			
HERBE DE LA SAINT-JEAN. Voyez Millepertuis.			
HERBE SAINTE. Voyez Absinthe.			
HERBE DE LA TRINITÉ. Voyez Hépatique.			
HERBE DU VENT. Voyez Coquelourde.			
HÉLIANTHÈME	*Helianthemum vulgare.*	Cistinée.	Juin-Août.
HÉPATIQUE.	*Hepatica nobilis.*	Renonculacée.	Mars-Avril.
HOLOSTÉE.	*Holosteum umbellatum.*	Caryophyllée.	»
HOUBLON SAUVAGE	*Humulus lupulus*	Cannabinée.	Été.
HYOSÉRIDE FÉTIDE	*Hyoseris fœtida.*	Composée.	Eté.
I			
IPÉCACUANHA DES ALLEMANDS.	*Vincetoxicum officinale.*	Asclépiadée.	»
IVRAIE VIVACE.	*Lolium perenne*	Graminée.	»
IVRAIE.	*Lolium temulentum.*	Graminée.	Été.
J			
JACOBÉE.	*Senecio jacobæa*	Composée.	Juin-Septembre.
JEANNETTE. Voyez Narcisse des bois.			

NOM VULGAIRE	NOM SCIENTIFIQUE	FAMILLE	ÉPOQUE DE FLORAISON
JOUBARDE (GRANDE)	*Sempervivum tectorum*	Crassulacée	Printemps-Été.
JUSQUIAME NOIRE	*Jossiamus niger*	Solanée	Mai à Juillet.
L			
LACERON. Voyez Laiteron.			
LACHERON. Voyez Laiteron.			
LAITE. Voyez Laiteron.			
LAITERON	*Sonchus oleraceus*	Composée	Été.
LAITIER COMMUN. Voyez Polygala.			
LAITUE DES MURS	*Lactuca muralis*		Juin-Septembre.
LAITUE VIREUSE	*Lactuca virosa*	Composée	Juillet-Août.
LANDIER. Voyez Ajonc.			
LANGUE-DE-BOEUF. Voyez Buglosse.			
LANGUE-DE-CHIEN. Voyez Cynoglosse.			
LAPPE. Voyez Bardane.			
LAVANDE	*Lavandula vera*	Labiee	Été.
LIERRE TERRESTRE	*Glechoma hederacea*	Labiée	Avril-Mai.
LINAIRE	*Linaria vulgaris*	Scrofularinée	Été.
LIONDENT	*Leontodon autumnale*	Composée	Juillet-Octobre.
LISERON	*Convolvulus sepium*	Convolvulacée	Mai à Septembre.
LUPULINE. Voyez Mignonnette.			
M			
MARGUERITE	*Chysanthemum leucanthemum*	Composée	Mai-Août.
MARGUERITE (PETITE). Voyez Pâquerette.			
MAROUTE	*Anthemis cotula*	Composée	Été.
MARRUBE NOIR	*Marrubium vulgare*	Labiée	Été.
MAUVE (PETITE)	*Malva rotundifolia*	Malvacée	Été.
MÉLILOT	*Melilotus officinalis*	Papilionacée	Été.
MÉLIQUE PENCHÉE	*Melica nutans*	Graminée	»
MENTHE POIVRÉE	*Mentha piperita*	Labiée	Été.
MERCURIALE	*Mercurialis annua*	Euphorbiacée	Été.
MIGNONNETTE	*Medicago lupiana*	Papilionacée	»

NOM VULGAIRE	NOM SCIENTIFIQUE	FAMILLE	ÉPOQUE DE FLORAISON
MILLE-FEUILLES	*Achillea millefolium*	Composée	Mai-Septembre.
MILLEPERTUIS	*Hypericum perforatum*	Hypericinée	Juin-Septembre.
MILLET ÉTALÉ	*Millium effusum*	Graminée	»
MINETTE. Voyez Mignonnette.			
MORELLE	*Solanum nigrum*	Solanée	Juin à Août.
MORGELINE. Voyez Mouron blanc.			
MOURON BLANC	*Alsine nodia*	Caryophyllée	Toute l'année.
MOURON DES CHAMPS	*Anagalis arvensis*	Primulacée	Mai-Juin.
MOUTARDE SAUVAGE	*Sinapis arvensis*	Crucifère à silique	Eté.
MUGUET	*Asperula odorata*	Rubiacée	Mai-Juin.
MURIER DES BOIS. Voyez Ronces.			
MYRTILLE	*Vaccinium myrtillus*	Vacciniée	Avril-Mai.
N			
NARCISSE DES BOIS	*Narcissus pseudonarcissus*	Amaryllidée	Mars-Avril.
NIELLE	*Agrostemma githago*	Caryophyllée	Eté.
O			
ŒIL-DE-BŒUF	*Anthemis tinctoria*	Composée	Juin-Août.
ŒILLET DES CHARTREUX	*Dianthus carthusianorum*	Caryophyllée	»
ONAGRE	*Œnothera biennis*	Onograriée	Juin-Juillet.
OPHRYS FRELON	*Ophrys arachnites*	»	Mai-Juin.
OPHRYS MOUCHE	*Ophrys myodes*	»	Mai-Juin.
ORCHIS BOUFFON	*Orchis morio*	Orchidée	Avril-Juin.
ORCHIS BRULÉ	*Orchis ustulata*	»	»
ORCHIS MILITAIRE	*Orchis militaris*	»	»
OREILLE-DE-CHAT. Voyez Piloselle.			
OREILLE-DE-LIÈVRE. Voyez Scabieuse.			
OREILLE-D'OURS. Voyez Asaret.			
ORIGAN	*Origanum vulgare*	Labiée	Juillet-Septembre.
ORTIE BLANCHE	*Lamium album*	Labiée	Eté.
ORTIE GRIÈCHE	*Urtica urens*	Urticée	Eté.
ORTIE JAUNE	*Galeobdolon luteum*	»	Avril-Juin.
ORTIE PUANTE. Voyez Epiaire.			

NOM VULGAIRE	NOM SCIENTIFIQUE	FAMILLE	ÉPOQUE DE FLORAISON
P			
PAIN-DE-COUCOU. Voyez Surelle.			
PAQUERETTE.	*Bellis peurennis.*	Composée.	Mars à Octobre.
PAQUETTE. Voyez Sylvie.			
PASTEL.	*Isatis tinctoria.*	Crucifère à silique.	Mai-Juin.
PAVOT.	*Papaver somniferum.*	Papaveracée.	Mai à Juillet.
PEDANE. Voyez Chardon.			
PERCEFEUILLE.	*Torilis anthriscus.*	Ombellifère.	Été.
PERCE-NEIGE.	*Galanthus nivalis*	Amaryllidée.	Février-Mars.
PERSIL D'ANE.	*Anthriscus sylvestris*	Ombellifère.	Mai-Juin.
PERVENCHE (PETITE).	*Vinca minor.*	Apocinée	Mars à Mai.
PETIT-TRIOLET. Voyez Trèfle blanc.			
PLATANTHÈRE.	*Platanthera bifolia.*	Orchidée.	Mai-Juin.
PICONS. Voyez Bardane.			
PICRIDE FAUSSE-ÉPERVIÈRE.	*Picris hieracioides.*	Composée.	Été.
PIED-D'ALOUETTE.	*Delphinium consolida.*	Renonculacée.	Juin-Août.
PIED-DE-CHAT.	*Gnapholeum dioicum*	Composée.	Mai-Juin.
PIED-DE-LIÈVRE.	*Trifolium arvense*	Papilionacée	Août-Septembre.
PIED-DE-POULE.	*Andropogon ischæmum.*	Graminée.	Juillet à Septembre.
PIED-DE-VEAU. Voyez Gouet.			
PILOSELLE.	*Hieracium pilosella.*	Composée.	Été.
PIMPRENELLE.	*Sanguis orba officinalis.*	Sanguisorbée.	Juillet à Septembre.
PISSENLIT.	*Leontodon taraxacum.*	Composée.	Été.
PLANTIN (GRAND).	*Plantago major.*	Plantaginée.	Mai à Septembre.
POIVRE DES MURAILLES. Voyez Vermiculaire.			
POLYGALA.	*Polygala vulgaris.*	Polygalée.	Mai à Juillet.
POULIOT BATARD. Voyez Serpolet.			
PRIMEVÈRE ÉLEVÉE.	*Primula elatior.*	Primulacée.	Mars-Avril.
PULMONAIRE.	*Pulmonaria officinalis*	Borraginée.	Mars à Mai.
PYROLE.	*Pyrola rotundifolia.*	Pyrolacée.	»
PYROLE A STILE COURT.	*Pyrola minor.*	Pyrolacée.	»
PYROLE UNIFLORE.	*Pyrola uniflora.*	Pyrolacée.	»
PYROLE UNILATÉRALE	*Pyrola secunda.*	Pyrolacée.	»

NOM VULGAIRE	NOM SCIENTIFIQUE	FAMILLE	ÉPOQUE DE FLORAISON
R			
Radiaire	*Astrantia major*	Ombellifère.	Mai-Juin.
Raiponce	*Phyteuma spicatum*	Campanulacée	Mai-Juin.
Raisin de renard. Voyez Herbe à Pàris.			
Rapette couchée	*Asperugo procumbens*	Borraginée	»
Raygrass. Voyez Ivraie vivace.			
Renoncule	*Ranunculus acris*	Renonculacée	Printemps-Été.
Ronce	*Rubus fruticosus*	Rosacée	Printemps.
Rose de Noel	*Elleborus niger*	Renonculacée	Hiver.
Rougeole des bois	*Melanpyrum menorosum*	Scrofularinée	Juin-Août.
S			
Sagesse-des-chirurgiens	*Sisymbrium sophia*	Crucifère à silique	Été.
Safran batard	*Colchium autumnale*	Colchicacée	Automne.
Sainfoin	*Onobrychis sativa*	Papilionacée	Été.
Salsepareille d'Allemagne	*Carex arenaria*	Cypéracée	Été.
Sanicle femelle. Voyez Radiaire.			
Sanicle des montagnes	*Saxifraga granulata*	Saxifragée	Avril-Juin.
Saponaire	*Saponaria officinalis*	Caryophyllée	»
Savonnière. Voyez Saponaire.			
Sarrette	*Serratula tinctoria*	Composée	Été.
Sauge des prés	*Salvia pratensis*	Labiée	Mai à Juillet.
Scabieuse	*Scabiosa arvensis*	Dipsacée	Mai à Septembre.
Scille a deux feuilles	*Scilla bifolia*	Liliacée	Mars-Avril.
Seneçon	*Senecio vulgaris*	Composée	Toute l'année, sauf l'hiv.
Sent-bon. Voyez Tanaisie.			
Serpolet	*Thymus serpillum*	Labiée	Été.
Silénée penchée	*Silene nutans*	Caryophyllée	»
Surelle	*Oxalis acetoscela*	Oxalidée	Avril-Juin.
Sylvie	*Anemone nemorosa*	Renonculacée	Mars-Avril.
T			
Tanaisie	*Tanacetum vulgare*	Composée	Juillet-Septembre.
Teesdalie	*Teesdalia nudicaulis*	Crucifère à silicule.	»

NOM VULGAIRE	NOM SCIENTIFIQUE	FAMILLE	ÉPOQUE DE FLORAISON
Thé d'Europe. Voyez Véronique mâle.			
Thym batard Voyez Serpolet.			
Titimale commun	*Euphorbia cyparissias*	Euphorbiacée	Août-Septembre.
Tormentille	*Tormentilla crecta*	Rosacée	»
Toutel. Voyez Herbe aux chantres.			
Tourette	*Turritis glabra*	Crucifère à silique	Mai-Juillet.
Traine	*Agrostis vulgaris*	Graminée	Eté.
Trainasse	*Polygonum aviculare*	Polygonée	Eté.
Trèfle blanc	*Trifolium repens*	Renonculacée	Mai-Juin.
Trolle d'Europe	*Trollius europeus*	»	»
Tue-chien. Voyez Safran bâtard.			
Tue-loup. Voyez Aconit.			
V			
Velar. Voyez Herbe aux chantres.			
Veilleuse. Voyez Safran bâtard.			
Veillotte. Voyez Safran bâtard.			
Verdure d'hiver. Voyez Pyrole.			
Verge d'or	*Solidago virgaurea*	Composée	Juillet-Septembre.
Vergerette acre	*Erigeron acre*	Composée	Eté.
Vermiculaire	*Sedum acre*	Crassulacée	Eté.
Véronique a trois feuilles	*Veronica triphyllos*	Scrofularinée	Mars à Mai.
Véronique male	*Veronica officinalis*	Scrofularinée	Mai à Juillet.
Verveine	*Verbena*	Verbenacée	Juin à Octobre.
Vesce sauvage	*Vicia sepum*	Papilionacée	Mai-Juillet.
Vesceron. Voyez Vesce.			
Vigneau. Voyez Ajonc.			
Violette	*Viola odorata*	Violariée	Mars-Avril.
Viorne, Voyez Clématite	*Clematis vitalba*	Renonculacée	Juin-Août.
Vipérine	*Echium vulgare*	Borraginée	
Vouède. Voyez Pastel.			
Vulpin des prés	*Alopecurus pratensis*	Graminée	»
Vulnéraire	*Anthyllis vulneraria*	Papilionacée	Juin-Juillet.

PRÈS DE L'EAU ET DANS L'EAU

Chaussez-vous solidement de brodequins imperméables car, pour « botaniser », nous allons patauger en de marécageux endroits où vivent maints végétaux aux « pieds humides »....

— De votre talon, madame, vous venez de meurtrir l'une d'elles, une *Gratiole*. Vous l'avez amputée d'un de ses rameaux à fleurs rosées (d'autres sont jaunâtres), mais le mal n'est pas grand ; supérieure à nous, en cela, plus on mutile cette plante et plus elle prend de vigueur. La tige souterraine, articulée (ou rhizome) de la *Gratiole* — (*Herbe à pauvre homme*, si vous préférez), — qui rampe sous terre, donnera naissance à des tiges nouvelles.

— De la violette, ceci?... Non !

Cette fleur lui ressemble en effet, elle est mauve comme elle et, comme elle, a un chaton doré; c'est une *Grassette*, regardez-en les feuilles et vous reconnaîtrez votre erreur. Celles-ci sont épaisses, charnues, se massent contre la racine au lieu de s'étaler en touffes ; elles sont d'un vert pâle, couvertes de poils glanduleux et sécrètent un liquide visqueux... nous sommes loin des émanations exquises de la violette.

Voilà une *Linaigrette commune*, elle sera surtout jolie et tout à fait ornementale après sa floraison, alors que de longs poils blancs, s'échappant de l'épillet, viendront entourer les graines qui se transformeront en autant de petites houppes blanches qui dodelineront au gré du vent.

— « *Ne m'oubliez pas!* » vous murmure la mignonne fleurette que voici, le *Myosotis*, aux pétales azurés. Et ces mots, que je redis avec elle, font rougir les boutons tout jeunes encore et tout timides qui l'entourent. Partout on lui fait répéter, son doux appel : « *Vergiss mein nicht* », chantent les Allemands ; « *Forget me not* », chuchotent les Anglais.

REINE DES PRÉS

Le *Myosotis des marais* est de beaucoup le plus joli, ses fleurs sont sensiblement plus grandes que dans les autres espèces.

Le *Myosotis des champs*, tout en étant charmant, a des fleurs insignifiantes.

A côté de la timide petite plante, la *grande Consoude* dresse fièrement sa hampe où pendillent des fleurs d'un jaune pâle (parfois purpurines) dont la forme rappelle celle des campanules ventrues.

Ces feuilles qui d'un côté (la face inférieure) semblent houppées de poudre de riz, tandis que l'autre reste vert, appartiennent à une primevère qu'on a, pour ce motif, appelée *Primevère farineuse*. Les corolles lilas deviennent bleues en séchant. Cette plante est assez rare chez nous, elle préfère les climats des Alpes et du midi de l'Europe.

Voici du *Trèfle d'eau*; son thyrse de fleurettes rosées rappelle quelque peu celui de la jacinthe.

Autre thyrse, mais jaune et plus ramassé, c'est celui du *Chasse-bosse* ou *Corneille* qui monte ses tiges, pour peu que le terrain lui convienne, à plus d'un mètre de hauteur.

*
* *

Nous avons dans les bois trouvé la Pulmonaire. Voici une plante qui porte le même nom auquel on a adjoint la dénomination « des marais ».

La *Pulmonaire des marais* est de beaucoup supérieure à l'autre en beauté et en élégance; c'est du reste une des plus jolies fleurs parmi celles qui croissent dans les terrains humides. Les feuilles longues, étroites, semblent s'amincir tant qu'elles peuvent, s'effacer le plus possible pour laisser s'agrandir à l'aise les corolles superbes des larges fleurs d'un violacé intense et très pur qui ornent les tiges.

Ah! voici encore, il s'en glisse partout, une plante dangereuse, une ciguë, ciguë d'une autre espèce mais contenant comme ses homonymes un poison violent.

Dans celle-ci, la *Cicutaire* ou *ciguë aquatique*, le toxique, suc jaunâtre, se tient surtout dans la racine, un rhizome charnu de la forme d'une rave. Son goût douceâtre a tué bien des ignorants qui imprudemment en ont mangé. La plante est aisée à reconnaître. Comme les autres ciguës elle est ombellifère. Son ombelle est faite de fleurettes blanches, ses feuilles sont allongées, lancéolées, dentelées aux bords. Sa tige, qui atteint parfois 1 mètre, est creuse et cylindrique. Extérieurement sa racine, nous l'avons dit, ressemble à la rave ou au panais, mais en la coupant sur la longueur aucune confusion n'est plus possible, on s'aperçoit qu'elle est divisée par des cloisons transversales.

La plante est surtout dangereuse pour les bestiaux. On prétend même que telle est la violence de son poison que l'eau où elle croît (car elle éclot souvent dans les mares et les ruisseaux) est malsaine.

Bien que ressemblant un peu à la *Cicutaire*, appartenant à la même race, l'*Herbe aux goutteux* ou *Herbe à Girard*, qui pousse non loin, n'est pas dangereuse comme elle; elle fut au contraire employée pour soulager les atroces douleurs des pauvres goutteux.... C'est sans doute un de ceux-ci qui, par reconnaissance, lui aura servi de parrain.

La plante voisine, *Plantain d'eau* ou *Flûteau*, était naguère, à tort ou à raison, considérée comme ayant des vertus remarquables contre les morsures des chiens enragés. Aujourd'hui, nous avons l'Institut Pasteur, ce qui vaut mieux !

Le Plantain d'eau est une plante à larges feuilles ovales portées par de longs pétioles à hautes tiges s'échevelant de minuscules fleurettes roses.

Roses également sont les fleurs de l'*Œillet des prés* ou *Lamprette*; on dirait des bluets ayant changé de couleur.

*
* *

Pyramides pailletées de lamelles cramoisies sur de hautes tiges (elles atteignent parfois 1 m. 50) enrubannées de feuilles aux formes variées, lancéolées, ici opposées et là verticillées, tel est la *Salicaire* qui, avec la *Reine des prés*, fait un des plus gracieux ornements de ces prairies au sol détrempé. Cette dernière est couronnée de corymbes à fleurettes d'un blanc crème, ses feuilles ressemblent un peu à celles des ronces mais sont plus souples et d'un vert plus clair; ses tiges, droites, sont anguleuses mais dépourvues d'épines.

La *Reine des prés* ou *Ulmaire* que nous avons sous les yeux est à fleurs simples; les fleurs de la Reine des prés double changent complètement de formes, elles s'agrandissent et semblent une gerbe de bouffettes accumulées.

A nos pieds rampent les feuilles, argentées par un fin duvet, de l'*Ansérine* ou *Argentine*. Ses fleurs solitaires rappellent par leur couleur et par leur forme les Renoncules des prés.

En revanche, sa voisine violette, la *grande Scrofulaire*, imite assez exactement l'allure du Pied-d'alouette, non seulement par sa fleur mais aussi par sa feuille.

SOUCI D'EAU

Autrefois on attribuait à cette plante, et c'est à cela qu'elle doit son nom, des propriétés efficaces pour combattre les scrofules. Elle ne guérit pas à coup sûr cette odieuse maladie, jusqu'ici incurable, mais l'application de ses feuilles sur les tumeurs scrofuleuses en calme les douleurs. La grande Scrofulaire est encore employée en pharmacie, nous le verrons plus loin.

Les formes les plus curieuses sont prises par les plantes, les imitations les plus inattendues sont faites par elles. En voici une, l'*Herbe de Sainte-Barbe*, aussi appelée *Barbarée* ou *Girarde jaune*, qui s'évertue à donner à ses feuilles inférieures une forme

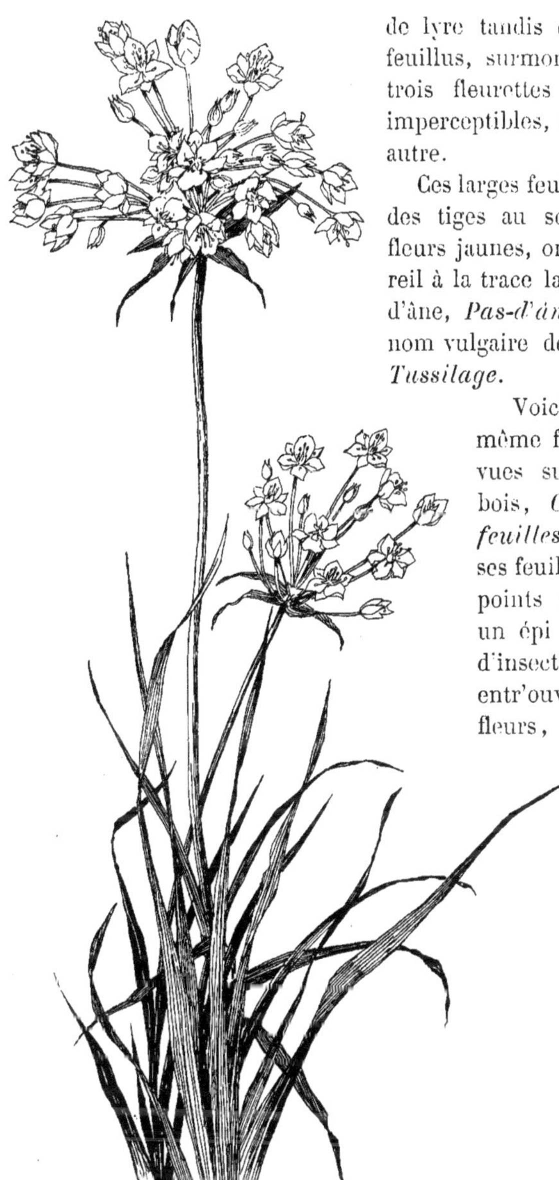
JONC FLEURI

de lyre tandis que ses rameaux feuillus, surmontés de deux ou trois fleurettes jaunes presque imperceptibles, en dessinent une autre.

Ces larges feuilles, d'où partent des tiges au sommet stellé de fleurs jaunes, ont un contour pareil à la trace laissée par un pied d'âne, *Pas-d'âne* est du reste le nom vulgaire de cette plante, le *Tussilage*.

Voici une Orchidée de même famille que celles vues sur la lisière des bois, *Orchis à larges feuilles* est son nom. De ses feuilles mouchetées de points rouges se dresse un épi qui semble garni d'insectes violets aux ailes entr'ouvertes, ce sont ses fleurs, étranges comme presque toutes les fleurs d'Orchidées.

*
* *

Vous citerai-je encore parmi les plantes se plaisant dans les terrains humides :

L'*Andromède* à tiges rampantes, dont les fleurs en grelots semblent des muguets rougissants?

Le *Populage* ou *Souci d'eau* qui semble un nénuphar jaune épanoui?

Le *Cresson des prés* aux fleurs lilas groupées sur de longues tiges?

Le *Cresson amer* plus petit, même allure, fleurettes blanches, et dont les feuilles, à la saveur un peu âcre, peuvent remplacer celles du *Cresson de fontaine* ou *Cresson d'eau* à fleurs plus petites encore? — « Le beau cresson d'fontaine, la santé du corps! »...

La *Moutarde noire* dont les graines foncées servent, comme les graines claires de la *Moutarde blanche*, à fabriquer toutes les moutardes possibles, tous les sinapismes désirables?

*
* *

Des verdures de tous genres, feuilles acérées comme des épées ou tortillées comme des fers forgés, déchirent le rideau fait de lentilles et d'étoiles aquatiques :

Canneberges à fleurs roses destinées à être plus tard de grosses baies jaunes parfois pointillées de rouge, fruits à la saveur aigre dont se montreront friands oiselles et oiseaux.

Gesces ou *Gesse des prés*, aux jaunes fleurs odorantes.

Cinéraires des marais, aux pétales d'un ton paille, au feuillage duveté.

Valérianes ou *Herbes à la meurtrie*, dont les racines sont bienfaisantes.

Tofieldies des marais, qui de leurs touffes de feuilles raides lancent d'une venue leurs gracieux fuseaux de fleurs jaunes.

Menthes aquatiques, sœurs de la *Menthe crépue* ou *Baume*, cultivée dans nos jardins et qui porte en outre le nom macabre de *Herbe-du-mort!*

*
* *

Gare! nous commençons à patauger ferme, cela devient dangereux; quelques pas de plus et nous nous enlisions en pleine tourbière, nous nous enfoncions en plein marécage.

C'est ici le domaine des *Sphaignes à feuilles pointues* et des *Charagnes*, deux cryptogames aquatiques recouvrant, de leurs coussins spongieux ou de leurs feuilles fragiles, les eaux où dorment des *Cannetilles* (*Grains de grenouilles*, *Lentilles d'eau* ou *Canillées*), dont les feuilles minuscules prennent naissance les unes des autres et finissent par en recouvrir d'un tapis vert brillant toute la surface.

Sous ce tapis sont d'inextricables enlacements, des mailles compliquées, qui sont les racines des plantes aquatiques où s'accrochent des polypes, des *Hydres*. Moins grandes et moins dangereuses que celle dont triompha Hercule, elles sont plus extraordinaires encore.

Quand on coupait une tête à l'hydre de Lerne, cette tête repoussait aussitôt.... C'est à faire sourire de pitié l'hydre des marais, si celle-ci peut sourire!... Coupez-lui un bras, le membre amputé se transformera en peu de temps en polype tout entier et quant à « l'opéré » il ne se trouvera pas embarrassé pour si peu, il s'offrira de nouveaux bras remplaçant le bras disparu.

Vous croyez peut-être que la vitalité surprenante de l'animal s arrête-là? Nullement; il peut vivre à l'envers aussi bien qu'à l'endroit. Vous pouvez vous offrir la fantaisie de le retourner comme un doigt de gant... il s'en moque comme du bras que vous lui avez enlevé et s'accommode fort bien de sa nouvelle situation; à vrai dire il cherchera à se remettre à l'endroit — la force de l'habitude — et parfois y arrivera, sinon il en prendra son parti et ses petits, qu'il a coutume de porter à la surface du corps, se trouvant naturellement transportés à l'intérieur, continueront à grandir et sortiront par la bouche de leur maman quand ils seront en âge de naviguer tout seuls.

Ce qui prouve que le merveilleux créé par l'imagination laisse loin derrière lui la vérité créée par la nature.

...Ceci est une digression qui a trait évidemment plus à la zoologie qu'à la botanique, mais l'hydre est si solidement agrippée aux racines des plantes d'eau, notamment des lentilles, qu'elle fait presque corps avec elles et à ce titre nous n'avons pu résister au désir d'en parler.

*
* *

Voici les *Airelles fangeuses* dont les fruits noirs ressemblant à ceux de l'airelle des bois mais sont, contrairement à ceux-ci, malsains et narcotiques, et voilà les *Romarins sauvages*, plantes vénéneuses, aux feuilles étroites, coriaces, feutrées d'un duvet roussâtre et portant au bout de leurs rameaux des ombelles de fleurs blanches, parfois rosées.

Le marécage est encombré des plantes les plus diverses qui, les pieds dans l'eau, l'envahissent complètement.

Foin du Parnasse, à fleurs blanches, à cinq pétales, cinq fois staminées, supportées par un calice à cinq sépales également.

FLEURS DE JONC FLEURI (grandeur naturelle).

Jonc fleuri, superbes tiges droites, où s'accrochent de longues feuilles en lames de sabres, assez semblables à celles des roseaux, et couronnées d'une superbe auréole de fleurs extérieurement pourpres ou rougeâtres, intérieurement blanches.

Jonc aggloméré dont le rhizome rampant donne naissance à des chaumes cylindriques enveloppés à la base de gaines qui sont des feuilles rudimentaires et qui portent au-dessous de l'extrémité supérieure un épais glomérule de fleurs.... Ce roseau, mille fois vous l'avez vu, car il pousse en tous lieux humides, aussi bien au bord des fossés, des ruisseaux, des rivières, qu'au milieu des étangs, des mares et des tourbières.

Tout à fait bizarre est cet autre jonc, la ***Massette*** dite ***Masse*** *d'eau, Quenouille, Canne de jonc*, qui s'élève droit, souvent à 2 mètres de haut, et dont les tiges, en forme de glaive, érigent à leur sommet deux spadices à fleurs. L'un, celui d'en haut, est jaune à fleurs mâles; l'autre, long cylindre brun, est assez semblable, lorsque les fleurs supérieures sont tombées, à une seringue qui n'est qu'un composé de fleurs femelles étroitement réunies; les pistils sont enveloppés de poils nombreux qui plus tard couvriront les fruits d'une sorte de feutre.

NÉNUPHARS BLANCS

* * *

Voici maintenant une petite plante à la fois étrange et exquise, on la nomme *Rossolis*, mais aussi *Rosée du soleil*. Ses feuilles, longuement pétiolées, sont limbées d'une frange d'une délicatesse remarquable, fine guipure blanc pourpré, qui sécrète un suc limpide, étincelant comme des gouttes de rosée sous les rayons du soleil. Les feuilles du végétal sont de beaucoup plus jolies que ses fleurs, assez insignifiantes, d'un blanc froid et supportées par une tige florale grêle et nue. L'ensemble n'atteint guère plus de 15 centimètres de haut.

Luttant de petitesse, la *Scheuchzérie des marais*, jonc gracile, tout mignon, balance mollement sur le côté son grappillon de fleurettes jaunes stellées.

A côté, la *Pédiculaire des marais* fleurit rouge; cette pauvre plante porte le très vilain nom d'*Herbe-aux-Poux*.

*
* *

Sur les eaux stagnantes des étangs et des mares qui avoisinent marécages et tourbières, ou sur leurs rivages, bien des végétaux ont élu domicile, ils s'y multiplient à l'aise et égayent un peu par leur présence la mélancolie de ces endroits aux émanations fiévreuses.

Tout d'abord voilà le superbe *Nénuphar blanc*, le *Lis des étangs*. C'est sans contredit le plus beau de nos ornements aquatiques. Éclatants, ses pétales de chair s'enchâssent dans un brillant chaton d'or. Loin des rives, la fleur splendide s'étend mollement sur ses larges feuilles d'un vert pur qui fait encore valoir sa blancheur immaculée.

Reine des eaux, elle reçoit là les hommages de ses courtisans : libellules élégantes aux toilettes constellées d'émeraudes et de turquoises; phryganes et papillons aux mille couleurs; hydrophiles verts, cuirassés, éperonnés qui, accrochés au revers des feuilles, semblent des gardes du corps; argyronètes vêtues de velours fauve; nèpes hydrocrises; dytiques, insectes toujours pressés, courant à la surface des eaux, glissant en tous sens, allant aux nouvelles ou en apportant à leur reine, sans doute?... Nullement, ils cherchent tout simplement à dérouter les gueules voraces des carpes, des vérons et des perches qui les guettent entre deux eaux!

Calme au milieu de son royaume, la souveraine reçoit tous les hommages. Elle laisse, à ses côtés, frétiller le têtard inachevé impatient d'être élevé au rang de grenouille, et subit l'admiration de l'ancien têtard, aujourd'hui grenouille, dont le ventre palpite et qui béatement vient s'asseoir sur les larges feuilles, la fixe de ses gros yeux à fleur de tête; immobile la bête semble hypnotisée dans une admiration passive de la fleur.

Le nénuphar (ou nénufar) porte de larges fleurs blanches et doubles en forme de volant. Il en referme les pétales, qu'il rentre sous l'eau le soir, ou même par les temps gris et pluvieux, tandis que ses feuilles rondes, grandes comme des assiettes, continuent à flotter.

Très beau aussi, le *Nénuphar jaune* fleurit non loin. Habillé de brocart, on dirait qu'il prend un bain. Ses fleurs, vastes renoncules, sont simples, plus petites que celles du Nénuphar blanc ; ses feuilles, presque aussi grandes, sont plus allongées. Le nénuphar jaune répand une odeur citrique très prononcée, un peu commune même, alors que le blanc, toujours distingué, exhale un arome fin et discret.

Tout autour, comme des hallebardiers l'arme haute, les roseaux et les joncs, les prêles et les iris montent la garde, dressant leurs épis pointus ou leurs boucliers dorés ou balançant leurs cimiers surmontés d'aigrettes ou de panaches.

Jonc des tonneliers, aux épillets jaunes partant en fusées de droite et de gauche.

Jonc à balais (ou *Roseau à balais*), haute graminée atteignant parfois 3 mètres et ornée de panaches d'un brun carminé, souples comme des plumes, et de feuilles longues et aiguës coupantes et pointues comme des dagues.

L'*Alpiste roseau*, superbe avec ses larges feuilles pointues, effilées comme celles de ses compagnes, mais agrémentées d'ornements épillets en pompons, gracieusement disposés et frétillant au vent.

A côté l'*Osier fleuri de Saint-Antoine*. De ses tiges surgissent de petites étoiles roses et plus bas de longues capsules quadrangulaires, réceptacle des graines ; au-dessous s'étagent les feuilles lancéolées.

... Diable !... voici des régiments de moustiques et des bataillons de cousins ; ils viennent sans doute porter leurs hommages à la reine de céans, et notre séjour prolongé en ces endroits peu fréquentés les intrigue... Ils nous arrivent musique en tête... ce bourdonnement inquiétant est un chant guerrier ; les bestioles se disposent à l'attaque, gare à nos épidermes !... prenons le parti... « héroïque » que bien des gens adoptent devant le danger... filons !...

***

Il nous reste à voir encore quelques plantes aquatiques, celles qui préfèrent les limpides eaux courantes aux eaux mortes, ternies.

Un ruisselet coule là-bas en chantonnant gaîment, allons vers lui. Sur ses rives s'entre-croisent en un gracieux fouillis :

L'élégante *Eupatoire* portant fièrement son aigrette rosâtre comme une grue couronnée porte la sienne. L'*Eupatoire* se nomme aussi *Chanvrine* ou *Pantagruélon aquatique*.

Le *Bident penché* dont les capitules floraux sont ornés de disques garnis de rayons jaunes ou dénués de rayons suivant leur bon caprice.

NENUPHAR BLANC (réduit d'un tiers).

L'Herbe de Saint-Roch aux feuilles feutrées, aux fleurs à rayons nombreux qui rappellent par leur forme et leur couleur celles de certains pissenlits.

L'Herbe-n'y-touchez-pas. Singulier végétal à gousses détonantes. Les fleurs jaunes, de forme particulière, ressemblent assez, vues de profil, à une tête barbue coiffée d'un éteignoir ou d'une bourguignote; ces fleurs se métamorphoseront en fruits capsulaires, allongés. Lorsque l'époque de la maturité approchera, le plus léger attouchement les fera éclater. Pif! Paf! la capsule s'ouvre avec un bruit sec et les graines qui y sont contenues sont projetées au loin... Catapulte en miniature.

Dépassant de plusieurs têtes toutes ses voisines, voici la Cardère. *Miroir de Vénus, Bain de Vénus, Cabaret des oiseaux*; ainsi fut gracieusement baptisée, sans doute par quelque botaniste poète, cette plante de svelte tournure et d'allure élégante qui n'est pourtant qu'une sorte de chardon. Haute sur pied (elle atteint parfois 2 mètres) elle lance de droite et de gauche ses tiges rameuses, à longues épines, coiffées de tiares d'un mauve tendre enfermées en de longues bractées recourbées, tels des bijoux dans des griffes. De grandes feuilles opposées d'un vert brillant, à nervures bien dessinées, se déroulent le long de la tige, formant à leur point de départ des replis creux qui gardent les gouttes de pluie et les larmes de rosée, coupes où viennent se désaltérer les oiseaux et se mirer Vénus.

CARDÈRE

Une *Douce-amère* noue ses sarments à fleurettes mauves qui deviendront des breloques de corail rouge. Il est bon de ne point les porter à la bouche si l'on ne veut ingurgiter tout à la fois vomitif et purgatif.

*
* *

Se rapprochant des bords ou s'aventurant en pleine eau, pêle-mêle, voici :

Le *Rubanier* à capitules globuleux, tiges simples, feuilles étroites, pareil à quelque graminée égarée en ces lieux.

La *Stratiote faux-aloès*, plante submergée qui, à l'époque de la floraison, permet aux extrémités de ses feuilles et de ses pédoncules de venir respirer un peu à la surface des eaux.

Le *Potamot nageant, Épi d'eau*, dont les feuilles se plaquent sur l'eau tandis que les épis se dressent. Plante recherchée des poissons qui y déposent volontiers leur frai.

Le *Mille-feuille aquatique* ne ressemble guère à son homonyme terrestre ; il porte une gerbe de fleurs blanches ou rosées qui émergent de l'eau tandis que ses feuilles, qui semblent des plumes, sont entièrement sous l'eau. La plante est du reste fort jolie.

Enfin l'*Utriculaire*, singulier végétal, sorte de racine constituée par de petites feuilles submergées, portant des utricules qui à l'époque de la floraison se gonflent d'air, soulèvent hors de l'eau la tige ; celle-ci s'ornera de fleurs jaunes ayant quelque analogie avec des fleurs de genêt. — Plante munie de ceintures de natation alors?... Parfaitement!

Tour à tour voici la *Macre nageante*, rosace feuillue de vert et de marron qui surnage en dissimulant ses fleurs blanches sous les aisselles de ses feuilles.

La *Saxifrage dorée*, herbe mignonne à feuilles arrondies réniformes, à fleurettes jaunes.

L'*Étoile d'eau* aux tiges délicates si rapprochées qu'elles forment un tapis de fleurs charmantes à bractées blanchâtres.

Puis, l'une des plus jolies parmi les jolies fleurs que les bords de l'eau attirent : l'*Iris des marais*, l'*Iris jaune*, fleur gracile, délicieuse; on dirait d'une libellule aurifiée par la baguette de quelque génie des eaux. Immobilisée sur la tige, elle se penche vers l'eau courante où naguère elle volait capricieusement.

A côté l'*Acore odorant,* qui a quitté l'Asie, son berceau, pour venir répandre chez nous le parfum aromatique qu'exhale son rhizome tubéreux.

Plus loin la *Toque* (ou *Tertianaire*) marie ses fleurs violettes aux fleurs pourpres de l'*Ortie morte* qui dédaigne les fossés et les terrains où croissent ses sœurs pour venir s'installer au bord de l'eau.

*
* *

...Mais la fraîcheur du soir commence à se faire sentir. Trop longtemps nous sommes restés en ces endroits humides où le rhumatisme nous guette. — Rentrons ! Nous avons vu, du reste, à peu près tout ce que nous cherchions en ces parages.

*
* *

Tout en réintégrant nos domiciles respectifs voulez-vous que, chemin faisant, nous passions en revue quelques plantes, aquatiques également, mais auxquelles nous ne pouvons, quant à présent, aller rendre visite?... Ces plantes vous les avez vues souvent, au moins certaines d'entre-elles, lorsque l'été vous alliez vous reposer sur quelque plage.... Ceci vous dit assez que c'est aux *Plantes marines* que je fais allusion.

Elles sont nombreuses aussi et il en est qui vivent sous les eaux à des profondeurs telles que jamais œil humain, autre que celui du plongeur, n'a pu les contempler.

Nous avons d'abord les *Algues.* Celles-ci font partie de la famille si étrange des *Cryptogames* dont nous parlerons plus loin; mais puisque nous sommes aux plantes aquatiques, il me semble qu'elles trouvent ici leur place.

Les *Algues* ou *Hydrophiles,* ces premiers venus parmi les végétaux, sont en quelque sorte la préface de la flore. C'est chez eux que se retrouvent les infiniment petits, *Protococcacées,*

Diatomées, *Desmidiacées*, globules primitifs, filaments si imperceptibles qu'il en tiendrait des millions dans la main la plus mignonne!... Et pourtant ils produisent des amas immenses, tellement est violente leur force de multiplication.

La nature, qui se plaît aux oppositions les plus extraordinaires, aux antithèses les plus exagérées, s'est plu à mettre, à côté de l'atome, la masse énorme ; à faire naître dans la famille des algues des membres presque invisibles et des membres de grandeur démesurée : *Fucus* de cinq cents mètres, *Sargasses* monstrueux qui causèrent l'épouvante aux matelots de Christophe Colomb, monstres végétaux qui s'assemblent, s'enchevêtrent et forment dans certaines régions océaniques des prairies immenses, d'inextricables forêts qui barreraient la route aux navires assez audacieux pour s'aventurer dans leurs domaines. Dans les mers navigables entre les Açores et les Bermudes, au sud-est de l'Afrique et en face de la côte californienne, gisent des champs immenses de ces immenses végétaux; réunis entre eux, ils couvriraient dix fois la superficie de la France[1].

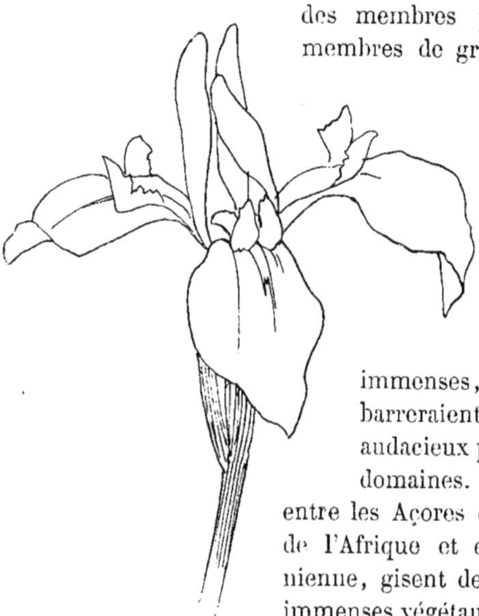

IRIS JAUNE
(Grandeur naturelle).

C'est particulièrement sur les côtes du Pacifique que se tiennent les types les plus extraordinaires de la flore marine, réunissant à la fois les formes et les couleurs, la grâce la plus exquise et la bizarrerie la plus curieuse, dans des prés formés de milliards de petites conferves se teintant des verts les plus variés et où viennent se piquer les *Roses marnier*, les *Laitues de mer* et les *Iridées*.

Thalassiophytes aux feuilles rouges, vertes, jaunes, éployées comme de larges écrans enlacés par les rubans souples des

1. Ed. Grimard, *La Plante*.

Laminaires dont les bouts flottent au-dessus d'elles, *Alariées* à la tige frangée se terminant par une feuille unique atteignant 15 mètres. Puis ce sont des arbres immenses auxquels nos arbres terrestres n'ont rien à envier, *néorocystes* dont la tige renfle graduellement et éclate en un audacieux panache de rubans flottants, tête énorme ornée d'une énorme fontange.

Mais... tout cela est loin, loin, plus loin que je ne voulais vous mener.... Revenons dans nos climats.

Les plantes marines y sont, évidemment, moins monumentales, moins extraordinaires, moins variées aussi, mais méritent, néanmoins, qu'on s'en occupe un instant.

IRIS JAUNE

Les algues ne sont point, comme nos plantes terrestres, munies de véritables racines ;

celles-ci sont remplacées chez elles par une sorte de renflement, un faisceau de crampons qui n'a, du reste, pas le même office que les racines; il ne se préoccupe en aucune façon de la subsistance des plantes qui absorbent, par tous les points de leur surface, la nourriture qu'elles trouvent dans l'eau; peu leur importe, dès lors, le terrain où elles s'accrochent; beaucoup d'entre elles choisissent même les rochers et s'y trouvent fort bien.

Les algues sont de consistance membraneuse ou coriace, parfois gélatineuse, et uniquement composées de tissus cellulaires. Les organes de fructification sont enfermés, soit dans l'intérieur de la plante, soit dans des conceptacles spéciaux, ou bien ils se confondent avec les organes de la végétation.

* * *

Il est trois familles d'algues qui se distinguent les unes des autres par les couleurs dont elles se parent. La première a adopté le vert (ce sont les *zoospermées*). La seconde le bronze ou le vert olive (on les nomme *phycées*). La troisième le rouge (les *floridées*).

Dans nos climats nous avons :

La *Laitue de mer* ou *Ulve* dont la large feuille ovale, frisée, ondulée, d'un beau vert transparent, se mange comme notre laitue terrestre. Les algues vertes sont les plus communes, elles forment cette sorte de velours glissant qui recouvre les rochers et constitue ce que nous appelons le *Gazon de mer*.

Les *Varechs* ou *Fucus*, de formes variées.

Le *Varech commun* ou *Chêne marin*, fixé au rocher par une sorte d'empatement d'où s'élève une tige cylindrique s'élargissant bientôt, puis bifurquant et se parsemant de vessies remplies d'air.

Sur les plages, vous en vîtes certainement faire la récolte : hommes et femmes, au teint hâlé, grouillent au milieu des amas gluants rejetés par les vagues; armés de fourches, de râteaux et de crocs, ils tirent à eux, arrachent, entassent leur moisson en meules flasques trempées d'eau de mer.

Le *Varech noueux* aux tiges épaisses renflées de place en place de glandes remplies d'air; la plante ressemble assez à un lourd chapelet à longues perles.

Des différentes sortes de varech on extrait l'iode qui nous est si utile en maints cas.

La *Laminaire digitée*, une des plantes marines les plus robustes, aux feuilles bien découpées s'étalant en éventail ; elle contient, paraît-il, un sucre incristallisable. Une autre espèce de laminaire, poétiquement dénommée *Baudrier de Neptune*, ondoie en tous sens, formant un long ruban qui flotte au gré des vagues ; sa tige solide sert pour la confection de différents objets, des manches de couteau notamment ; mais il faut y enfoncer la lame alors que la plante vient d'être coupée, car, en se séchant, ses fibres se contractent, enserrent le corps qu'on y a introduit — tel un fer dans un étau — et se durcit en se ridant au point de prendre la résistance et l'apparence de la corne de cerf. Cette laminaire, quelque vigoureuse qu'elle soit, n'est qu'un pygmée comparée à celles dont nous parlions plus haut, les Sargasses gigantesques.

Les fucus sont de la race bronzée.

Parmi les algues à « faces rouges » ou floridées :

La *Coralline*, qui doit son nom à sa ressemblance avec le corail. Comme celui-ci elle a la curieuse propriété de se revêtir d'une couche de carbonate de chaux qu'elle puise dans la mer et qui a la propriété de lui conserver ses formes primitives intactes alors que toutes ses parties végétales sont mortes. Vivante, la coralline est rose ou rouge, morte, son squelette de pierre est blanc.

La *Delesserie sanglante*, aux feuilles rougeâtres, en forme de feuilles de laurier frisotées sur les bords.

La *Corne de glace*, jolie floridée, arbrisseau en diminutif, d'un ton rosé également.

Les *Céramies* de toutes sortes, les unes qui semblent faites de plumes, les autres de fines aiguillettes blanches ou rosées.

Deux plantes nous paraissent encore devoir ici trouver place ; elles croissent non dans la mer, mais sur les bords :

Le *Chou marin* à larges feuilles ressemblant un peu à des feuilles d'acanthe et dont on mange les jeunes pousses. Ses fleurs, en thyrse, sont blanches ; la plante croît spontanément aux bords de la mer du Nord et de la mer Baltique. On la cultive aussi dans les jardins.

L'*Herbe-aux-cuillers, Cranson* ou *Cochlearia*, à fleurs blanches également, plante très aimée des marins car elle a, dit-on, des propriétes particulières pour combattre le scorbut.

*
* *

La mer n'a pas seule la faculté de nourrir des algues, il est également des algues d'eau douce; il en est aussi qui se retrouvent tout à la fois dans les eaux douces et les eaux salées, telles sont les *conferves*.

FUCUS (Varech commun).

Parmi les algues d'eau douce, nous avons notamment celles qu'on désigne sous le nom générique de *Conjuguées*. Elles consistent en cellules de formes variées ou en cylindres cloisonnés enfermant une matière verte. Telle est, par exemple, la *Spyrogyre quinina*, touffe de filaments qui semble une mèche de cheveux verts.

Les *Diatomées* ou *Baccilariées* sont des algues microscopiques séjournant dans les eaux douces saumâtres; infiniment petites elles sont, par moments, douées d'une vivacité inouïe.... C'est à leur sujet que maints savants sont restés perplexes : plantes?... animaux?... les deux?...

Citons encore : la *Frustulie*. — La *Diatomée floconneuse*. — La *Navicule verdoyante*.

Puis voici les algues appelées *Algues douteuses*; elles sont gélatineuses, vert bleuté, rouges, noires ou brunes; algues amphibies s'accommodant aussi bien de la terre ou des pierres humides que des eaux douces, rarement elles vont « à la mer ». Ce sont des globules ou des filaments rameux ou simples. Algues douteuses, parce qu'on ne les considère que comme des types dégénérés des autres familles d'algues.

Exemple : le *Protococcus verdoyant*, matière verte, pulvérulente, veloutant les planches, les treillages humides, les troncs d'arbres.

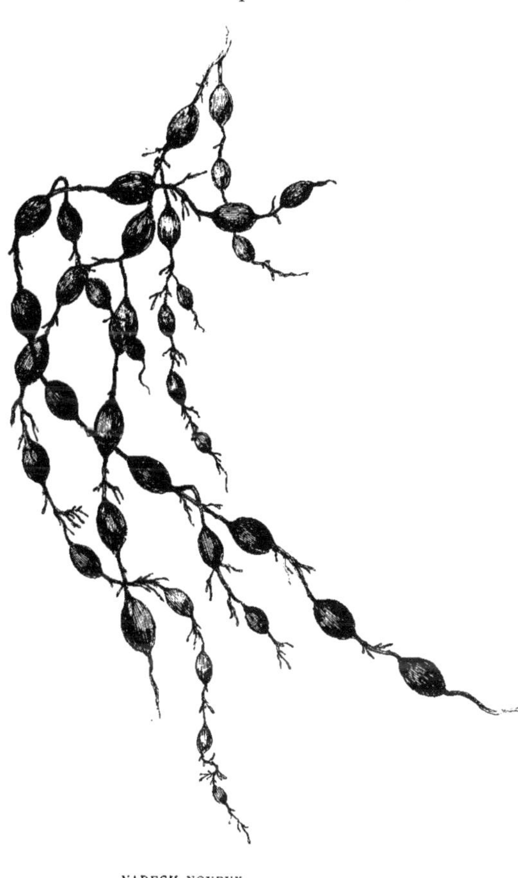

VARECH NOUEUX

* * *

Le jour baisse, les fleurs replient leurs corolles, le nénuphar a refermé ses pétales blancs et s'est retiré sous l'eau où il repose.

En bavardant, nous ne nous sommes point aperçu de la longueur du chemin parcouru et nous voici rendus à destination.

Vous plairait-il d'aller, dans une prochaine promenade, voir quelques parasites banqueter à la table d'autrui?... Cela vous fait faire la grimace et songer malgré vous, aux « Gnaton » modernes, race si commune chez nous?...

APPENDICE AU CHAPITRE PRÈS DE L'EAU ET DANS L'EAU

NOM VULGAIRE	NOM SCIENTIFIQUE	FAMILLE	ÉPOQUE DE FLORAISON
A			
ACORE ODORANT	*Acorus calamus*	Aroïdées	Été.
AIRELLE FANGEUSE	*Vaccinium uliginosum*	Vacciniées	Printemps.
ANDROMÈDE	*Andromeda polyfolium*	Ericinées	»
ANSÉRINE	*Potentilla anserina*	Rosacées	Été.
ARGENTINE. Voyez Ansérine.			
ALPISTE ROSEAU	*Phalaris arundinacea*	Graminées	Été.
B			
BAIN DE VÉNUS. Voyez Miroir de Vénus.			
BARBARÉ. Voyez H. de Sainte-Barbe.			
BAUME. Voyez Menthe aquatique.			
BIDENT PENCHÉ	*Bidens cernua*	Composées	Été.
C			
CABARET DES OISEAUX. Voyez Miroir de Vénus.			
CANNEBERGE	*Vaccinium oxycoccos*	Vacciniées	Été.
CANNETILLE. Voyez Lentille d'eau.			
CANILLÉE. Voyez Lentille d'eau.			
CANNE DE JONC. Voyez Massette.			
CARDÈRE. Voyez Miroir de Vénus.			
CHANVRINE. Voyez Eupatoire.			
CHARAGNE COMMUNE	*Chara vulgaris*	Characée	»
CHASSE-BOSSE	*Lysimachia vulgaris*	Primulacées	Été.
CHATAIGNE D'EAU. Voyez Macre nageant.			
CHÊNE MARIN. Voyez Varech commun.			
CHOU MARIN	*Crambe maritima*	Crucifères à silicule.	»

NOM VULGAIRE	NOM SCIENTIFIQUE	FAMILLE	ÉPOQUE DE FLORAISON
Cicutaire. Voyez Ciguë aquatique.	*Cicuta virosa.*	Ombellifères.	Printemps-Été.
Cinéraire des marais.	*Cineraria palustris*	Composées	Été.
Cochléaria. Voyez aux Herbe cuillers.			
Consoude (grande)	*Symphytum officinale.*	Boraginées	Mai-Juin.
Corneille. Voycz Chasse-Bosse.			
Corneille. Voyez Macre.			
Coralline	*Plocamium purpureum*	Algues floridées	»
Corne de glace.	*Gelidium corneum.*	Algues floridées	»
Cranson. Voycz Herbe aux cuillers.			
Cresson de fontaine.	*Nasturtium officinale.*	Crucifères à silique.	Avril-Mai.
Cresson d'eau. Voyez de Fontaine.			
Cresson des prés.	*Cardamine pratensis*	Crucifères à silique.	Avril-Mai.
D			
Delesserie sanglante.	*Delesseria sanguinea*	Algue floridée.	»
Diatomée floconneuse	*Diatoma flocculosum*	Algue diatomée.	»
Douce-Amère.	*Solanum dulcamara.*	Solanées.	Été.
E			
Epi d'eau. Voyez Potamot.			
Etoile d'eau.	*Callitriche verna*	Callitrichinées	Juin-Septembre.
Eupatoire	*Eupatorium cannabinum*	Composées	Juin-Août.
F			
Fluteau. Voyez Plantain d'eau.			
Foin du Parnasse.	*Parnassia palustris*	Ombellifères	Juin-Septembre.
Fustulie	*Frustulia*	Algue diatomée	»

NOM VULGAIRE	NOM SCIENTIFIQUE	FAMILLE	ÉPOQUE DE FLORAISON
G			
GESSE ou GESCE DES PRÉS	*Lathyrus pratensis*	Papillonacées	Été.
GIRARDE JAUNE. Voyez Herbe de Sainte-Barbe.			
GRAIN DE GRENOUILLE. Voyez Lentille d'eau.			
GLAÏEUL DES MARAIS. Voyez Iris Jaune.			
GRASSETTE	*Pinguicula vulgaris.*	Lentibulariées	Mai-Juin.
GRATIOLE	*Gratiola officinalis*	Scrofularinées	»
H			
HERBE A GÉRARD. Voyez Herbe aux goutteux.			
HERBE AUX GOUTTEUX	*Ægopodium podagraria*	Ombellifères	Été.
HERBE A LA MANNE	»	»	»
HERBE A LA MEURTRIE. Voyez Valériane.			
HERBE A PAUVRE HOMME. Voyez Aratiole.			
HERBE AUX CUILLERS	*Cochlearia officinalis*	Crucifères à silique	Été.
HERBE AUX POUX. Voyez Pédiculaire.			
HERBE SAINT-ROCH	*Inula dyssenterica.*	Composées	Juin-Août.
HERBE AU MORT. Voyez Menthe aquatique.			
HERBE DE SAINTE-BARBE	*Barbarea vulgaris.*	Crucifères à silique	Été.
HERBE N'Y TOUCHEZ PAS	*Impatiens noli tangere*	Balsaminées	Juin-Août.
I			
IRIS JAUNE. Voyez Iris des marais.			
IRIS DES MARAIS	*Iris pseudo acorus.*	Iridées	Juin-Juillet.
J			
JONC A BALAIS	*Arundo phragmites.*	Graminées	Été-Automne.
JONC AGGLOMÉRÉ	*Juncus conglomeratus.*	Joncacées	Été.

AU BORD DE L'EAU.

NOM VULGAIRE	NOM SCIENTIFIQUE	FAMILLE	ÉPOQUE DE FLORAISON
JONC DES TONNELIERS	*Scirpus lacustris*	Cypéracées	Printemps-Été.
JONC FLEURI	*Butomus umbellatus*	Butomées	Juin-Août.
L			
LAITUE DE MER	*Ulva Latissima*	Algues confervées	»
LAMINAIRE DIGITÉE	*Laminaria digitata*	Algues fucacées	»
LAMPRETTE. Voyez Œillet des prés.			
LAURIER DE SAINT-ANTOINE	*Epilobium angustifolium*	Onograriées	Juin-Août.
LENTILLE D'EAU (PETITE)	*Lemna minor*	Lemnacées	»
LINAIGRETTE COMMUNE	*Eriophorum latifolium*	Cypéracées	Printemps-Été.
M			
MACRE	*Trapa natans*	Haloragées	Juin-Juillet.
MASSE D'EAU. Voyez Massette.			
MASSETTE	*Typha latifolia*	Typhacées	Juin-Juillet.
MENTHE AQUATIQUE	*Mentha aquatica*	Labiées	Eté.
MENTHE CRÉPUE	*Mentha crispa*	»	»
MILLEFEUILLES AQUATIQUE	*Hottonia palustris*	Primulacées	Mai-Juin.
MIROIR DE VÉNUS	*Dipsacus sylvestris*	Dipsacées	Juillet-Septembre.
MOUTARDE BLANCHE	*Sinapis alba*	Crucifères à silique	»
MOUTARDE NOIRE	*Sinapis nigra*	»	»
MYOSOTIS DES CHAMPS	» »	»	»
MYOSOTIS DES MARAIS	*Myosotis palustris*	Boraginées	Printemps-Été.
N			
NAVICULE VERDOYANTE	*Navicula viridis*	Algues diatomées	»
NE M'OUBLIEZ PAS. Voyez Myosotis.			
NÉNUPHAR BLANC	*Nymphæa alba*	Nymphéacées	Été.
NÉNUPHAR JAUNE	*Nymphæa lutea*	»	»

NOM VULGAIRE	NOM SCIENTIFIQUE	FAMILLE	ÉPOQUE DE FLORAISON
O			
ŒILLET DES PRÉS	*Lychnis flos cuculi*	Caryophyllées	Avril-Juillet.
ORCHIS A LARGES FEUILLES	*Orchis latifolia*	Orchidées	Mai-Juin.
ORTIE MORTE	*Stachys palustris*	Labiées	Juin-Septembre.
OSIER FLEURI. Voyez Laurier de Saint-Antoine.			
P			
PAS D'ANE	*Tussilago farfara*	Composées	Mars-Avril.
PÉDICULAIRE	*Pedicularis palustris*	Scrofularinées	Mai-Août.
PLANTAIN D'EAU	*Alisma plantago*	Alismacées	Eté.
POPULAGE	*Caltha palustris*	Renonculacées	Avril-Juin.
POTAMOT NAGEANT	*Potamogeton natans*	Potamées	Eté.
PROTOCOCCUS VERDOYANT	*Protococcus viridis*	Algue douteuse	»
PRIMEVÈRE FARINEUSE	*Primula farinosa*	Primulacées	Avril-Mai.
PULMONAIRE DES MARAIS	*Gentiana pneumonanthe*	Gentianées	Juillet-Août.
PLUMEAU. Voyez Millefeuille aquatique.			
Q			
QUENOUILLE. Voyez Massette.			
R			
REINE DES PRÉS	*Spirœa ulmaria*	Rosacées	Été.
ROMARIN SAUVAGE	*Ledum palustre*	Ericinées	Eté.
ROSEAU A BALAI. Voyez Jonc à balai.			
ROSEAU DU SOLEIL. Voyez Rossolis.			
ROSSOLIS	*Drosera rotundifolia*	Droséracées	Été.
RUBANIER	*Sparganium simplex*	Typhacées	Mai-Août.

NOM VULGAIRE	NOM SCIENTIFIQUE	FAMILLE	ÉPOQUE DE FLORAISON
S			
Salicaire	*Lythrum salicaria*	Lythrariées	Juillet-Septembre.
Sargasse	*Sargassum natans*	Algues fucacées	»
Saxifrage	*Chrysosplenium alternifolium*	Saxifragées	Printemps.
Scheuchzérie des marais	*Scheuchzeria palustris*	Jonquacénées	Eté.
Scrofulaire (grande)	*Scofularia nodosa*	Scrofulariées	Eté.
Souci d'eau. Voyez Populage.			
Sphaignes a feuilles pointues	*Sphagnum cuspidatum*	Cryptogames	»
Spirogyre quinina	*Spirogyra quinina*	Algues conjugées	»
Stratiote faux aloès	*Stratiotes aloides*	Hydrocharidées	Eté.
T			
Tertianaire. Voyez Toque.			
Trèfle d'eau	*Menianthes trifoliata*	Gentianées	Avril-Mai.
Tofieldie des marais	*Tofielda palustris*	Colchicacées	Eté.
Toque	*Scutellaria galericulata*	Labiées	Eté.
Tussilage. Voyez Pas d'âne.			
U			
Ulmaire. Voyez Reine des prés.			
Ulve. Voyez Laitue de mer.			
Utriculaire	*Utricularia vulgaris*	Lentibulariées	Juin-Août.
V			
Valériane	*Valeriana officinalis*	Valérianées	Eté.
Varech commun	*Fucus vesiculosus*	Algues fucacées	»
Varech noueux	*Fucus nodosus*	Algues fucacées	»

QUELQUES PARASITES

Des parasites !... On en trouve partout !

Tous nous avons les nôtres. Notre pauvre race humaine en est encombrée !

Non seulement parasites de même espèce, personnages dénués de sens moral vivant aux dépens d'autrui, mais encore insectes de toutes formes, microbes invisibles....

Les microbes, on les combat... quand on les connaît ; les insectes, on s'en débarrasse pour peu qu'on se soigne. Quant aux autres, les parasites humains, on les subit, à contre-cœur, mais c'est souvent ceux dont on se débarrasse le moins aisément.

Les plantes, à cet égard, sont aussi « bien » partagées que nous. Ses parasites sont légions... ils sont microbes, insectes, ou végétaux comme elles. Ils s'appellent :

Oïdium, Blanc de la Vigne, microbes terribles qui les rendent malades.

Pucerons, Chenilles, Vers blancs, odieux insectes qui les dévorent.

Champignons, Lichens, Mousses, Gui, Sucepin, parasites végétaux qui les épuisent.

*
* *

Des deux premières espèces, nous ne nous occuperons pas.

Mais cherchons à voir, au moins, quelques sujets parmi les autres[1].

Je parle ici des parasites qui vraiment vivent de la sève d'autres plantes, non de ceux qui encombrent les terrains disposés pour d'autres, bien que les agriculteurs les rangent parmi les parasites; à proprement parler ils n'en sont point.

Pour le cultivateur, toute plante qui pousse inopinément, sans qu'on l'en ait priée, dans une terre labourée, préparée pour d'autres, est un parasite.

Coquelicot : parasite.

Marguerite : parasite.

Bluet : parasite.

Ah! mais non!... ne donnez donc pas ce nom avilissant à ces jolies plantes! A vrai dire, quand elles poussent dans le champ où vous avez semé du blé et où vous voudriez ne voir que de beaux épis blonds, j'admets que leur présence vous agace; je comprends que toutes ces calottes rouges, ces étoiles blanches et ces rosettes bleues vous portent sur les nerfs. Vous vous dites que chaque tige, couronnée de l'une ou de l'autre, a pris la place d'une belle pousse surmontée d'un épi bien plein et que la réunion de ces tiges prend la place de bien des gerbes. Soit!... mais en somme le mal n'est pas bien grand; un peu de terrain « chipé » par-ci. par-là, ne vous cause point grand dommage et jamais marguerite, bluet ou coquelicot, n'a tué, blessé ou épuisé le blé près duquel il pousse. Les racines des uns et des autres travaillent pour leur compte comme celles du blé pour le leur. Ce n'est pas d'une sève produite par un autre qu'ils se nourrissent, mais de celle qu'eux-mêmes vont chercher sous terre. Il faut bien que tout le monde vive!...

Mauvaises herbes, plantes sauvages, fleurs encombrantes, tant que vous voudrez, mais non point, à proprement parler « parasites ».

Que vous les arrachiez, que vous les brûliez, elles et bien d'au-

1. Pour les mousses et lichens et pour les champignons, voir chap. XXIV et chapitre qui leur a trait.

tres, pour laisser place nette aux céréales que vous plantez, rien de plus juste ; j'approuve en tant que « consommateur », bien que je déplore en tant « qu'amateur ».

Nuisibles, c'est vrai, mais si jolies parfois !

Du reste, si l'on voulait comprendre dans les parasites toutes les plantes qui nuisent aux récoltes en encombrant le terrain, on y comprendrait à peu près toutes les plantes sauvages et même des grands arbres.

En principe, tous les *grands végétaux nuisent aux blés*, non seulement parce qu'ils absorbent dans le sol une nourriture qui eût pu profiter à ceux-ci, mais encore parce qu'ils leur prennent une partie de la chaleur et de la lumière qui eût pu leur être favorable.

On a dit et répété que les *Ormes* plantés le long des routes nuisent aux céréales situées dans leur voisinage et que — M. Duhamel le prétend — la sphère de cette influence mauvaise s'agrandit au fur et à mesure que l'orme prend de l'âge.

Le *Noyer* a un effet pernicieux sur les blés qui croissent sous ses branches, les pluies dissolvant certaines parties astringentes de ses feuilles et la répandant sur le blé et son terrain.

On accuse l'*Épine-Vinette* de faire naître la *rouille*, la *carie*, voire le *charbon* sur les végétaux qui l'avoisinent.

Le *Coquelicot*, la *Crête-de-Coq* effritent la terre; renfermant des sucs âcres, ils laissent transsuder des matières qui l'altèrent.

La *Nielle*, la *Cirse des champs*, l'*Erigeron âcre*, l'*Ivraie* sécrètent des matières contraires à la végétation du froment ; leurs graines, récoltées avec les graines des céréales, les noircissent, leur donnent un goût mauvais, parfois malsain.

Les *Joncs* occupent inutilement beaucoup de terrain.

Le *Butome en ombelle*, le *Plantain d'eau*, la *Colchique*, etc., nuisent à la récolte et à la qualité du foin.

L'*Aristoloche*, la *Clématite* lui communiquent une détestable odeur.

Je suis bien forcé d'avouer que tous ces végétaux et bien d'autres encore sont, à des points de vue différents, nuisibles à d'autres végétaux, mais, et j'insiste : « Ce ne sont point des parasites ». Comme tels nous entendons la plante qui s'agrippe à une autre pour lui plonger ses suçoirs dans les flancs; celle qui s'abreuve de sa sève, qui l'enroule dans les anneaux de ses vrilles et l'étouffe comme un serpent étouffe sa proie; mauvais calcul, du reste, de la part des unes et des autres, car la mort de la victime entraîne celle du bourreau!

*
* *

Parmi les parasites, il est une plante que vous avez, non seulement vue souvent, mais que, suivant la mode anglaise, « *Christmas*! » vous aimez à suspendre chez vous en grosses touffes accrochées au plafond, véritables lustres végétaux dont les baies nacrées sont les lumignons :

GUI

« Au gui l'an neuf! »

C'est en effet à l'approche du jour de l'an, à la Noël, que de pauvres diables vont, dans les forêts, grimper sur les hauts arbres au risque de se casser le cou, pour scalper ces chevelures de feuilles et de tiges; dans les rues, ils les promènent ensuite suspendues à de longs bâtons comme des trophées dont ils cherchent à vous faire hommage... moyennant finances!

Tout parasite qu'il est, le *Gui* est ravissant, il est surtout très curieux de construction.

L'avez-vous jamais regardé de près? Si oui, vous aurez remarqué ses tiges raides, droites, interrompues par des renflements, des joints qui se soudent entre eux comme des genouillères, bifurquent brusquement et vont un peu plus loin se souder encore à d'autres tiges, qui bifurquent encore, repartent à droite, à gauche, en X, en étoile et finissent par se croisillonner en un inextricable fouillis dont la forme d'ensemble reste toujours cylindrique.

A ces tiges, à ces rameaux, s'agrafent des feuilles opposées, grasses, épaisses, d'un beau vert, longues et étroites au départ de la tige, plus larges et arrondies aux extrémités. Sous les aisselles de ces feuilles paraissent au printemps, vers mars ou avril, des petits bouquets de fleurettes jaunâtres; peu à peu elles se transforment en fruits, baies vertes qui, à leur maturité, ont l'aspect de groseilles blanches sans côtes ni toupet. Écrasez un de ces fruits, vous y découvrirez, nageant dans un suc visqueux, une graine aplatie, triangulaire, argentée. De cette graine germeront deux radicelles vertes. Ce sont les armes du végétal, c'est elles qui s'insinueront sous l'écorce, comme la gale sous la peau, et y feront pénétrer leurs suçoirs jusqu'à la sève dont le gui se délecte et de laquelle il vit.

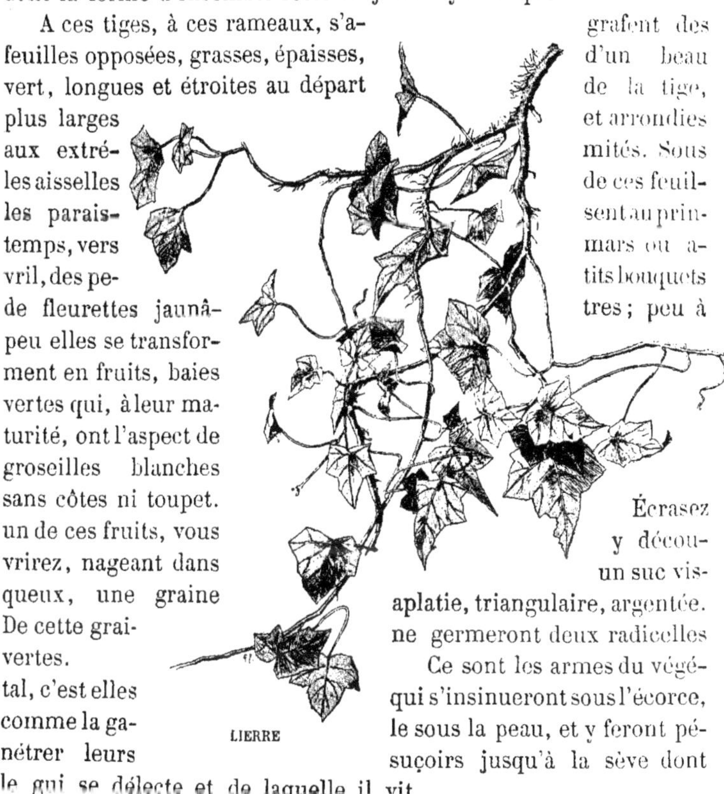
LIERRE

Grives et Merles sont gourmands des fruits du Gui, pour eux vraie friandise.

La Grive de Gui surtout en fait ripaille; c'est à elle en grande partie que le végétal doit sa propagation. Prévoyante, sans doute, et craignant de manquer de victuailles, la bête, en avalant la baie, laisse la graine intacte et la dépose sur quelque arbre où elle germe; de nouvelles touffes de gui apparaissent alors.

Le Gui, qu'on appelle aussi *Brai*, pousse surtout sur les pommiers, les poiriers, les frênes, les peupliers, les acacias, parfois sur les sapins, plus rarement sur les chênes où les Druides jadis le recherchaient....

Le parasite traverse de ses suçoirs l'écorce des arbres les plus gros, s'y greffe, arrête ainsi la marche des sucs descendants, dont une partie ne va plus alimenter les racines, et attire à lui la sève ascendante qu'il s'attribue au détriment des feuilles de celui auquel il s'est rivé.

*
* *

Parler des parasites sans dire les moyens de s'en débarrasser serait manquer à tous nos devoirs. Pour le gui, il n'y a qu'un remède : l'arracher sans pitié dès que paraissent ses premières pousses; avoir soin d'enlever tout l'empatement qui lui sert de racine, sinon on n'aurait fait qu'une amputation dont il ne se soucierait guère; il vous le prouverait en faisant bientôt renaître de nouvelles pousses.

Si vous attendez que le parasite soit grand déjà, il aura eu le temps de s'agripper solidement à son support; c'est celui-ci alors qu'il faudra amputer et dont il faudra profondément inciser le tronc, blessure qui pourra être mortelle. En détruisant le vampire, vous aurez aussi tué sa proie.

*
* *

Le *Lierre* doit-il être tout à fait considéré comme un parasite?.. Non, il n'est, comme les Mousses, les Lichens, les Hépatiques et certaines Orchidées des pays chauds, qu'un demi-parasite, un *faux parasite*, pour nous servir d'un terme adopté par les botanistes.

Il a ses racines bien à lui, il les plonge dans la terre où elles puisent les éléments nécessaires à sa vie, mais néanmoins, quand il s'accroche à un arbre et y enfonce dans son écorce ses crampons solides, il finit par l'étouffer sous ses étreintes.

Tant pis pour celui au pied duquel il s'est installé; il faut que le lierre grimpe, qu'il s'étende; ses tiges ne sont ni assez robustes, ni assez épaisses pour se soutenir et monter seules, elles ne veulent pas en être réduites à ramper toujours; un arbre solide se trouve à sa portée, il s'y fixe, s'y enroule, s'y étale.

Son intention n'est pas de vivre de la vie de son support mais bien de profiter de sa force; peu lui importe sa sève, il a la sienne, c'est un soutien qu'il veut, non un nourricier.

Il vous le prouve souvent en choisissant, au lieu de végétaux, les murailles ou les ruines; gardez-vous alors de le détruire; de ses feuilles toujours vertes, serrées les unes contre les autres, il formera un manteau épais qui masquera la nudité des uns, la vétusté des autres. Laissez-le faire et bientôt les amas de moellons seront transformés en monceaux de feuillage.

J'ai vu ainsi une église absolument recouverte de lierre; pas un endroit où l'on retrouvât la pierre : les murs, les contreforts, le clocher, la croix même étaient emmitouflés.... Ainsi vêtu, le monument de pierre, métamorphosé en un monument de verdure, cherchait à se mirer dans les eaux de l'étang dormant à ses pieds. Mais les eaux avaient voulu aussi se parer, en tous sens elles avaient projeté des verdures exagérées : joncs et roseaux, crevant de leurs tiges pointues le velours des lentilles et des étoiles d'eau, nénuphars jaunes et blancs, piquant sur leurs grandes feuilles leur cabochon d'or ou leur rosace d'argent.

Jamais je n'ai vu ensemble aussi pittoresque, un peu mélancolique peut-être, mais d'une exquise poésie. Vous pourrez du reste en juger par vous-même; cette église verte au bord de cette eau verte se trouve à Criquebeuf, sur la jolie route bordée par la mer, de Honfleur à Trouville.

Je suppose, du moins, et j'espère, qu'elle existe encore et qu'on n'a pas « raclé » le lierre qui lui seyait si bien.

*
* *

Si une pousse de lierre s'avise de grimper sur l'un de vos arbres, — où il pourra être, du reste, tout autant décoratif, — empressez-vous d'arracher ses racines pour peu que vous teniez à l'existence de cet arbre.

Au besoin vous transplanterez ce lierre au pied de quelque vieille muraille qui fera fort bien son affaire et qu'il s'empressera de parer de ses luisantes petites feuilles triangulaires.

Vous décrire les formes du végétal, vous dire sa couleur est chose superflue, vous les connaissez aussi bien que moi, peut-être même en avez-vous quelque tige enroulée aux volutes de votre balcon. Passons donc à un autre.

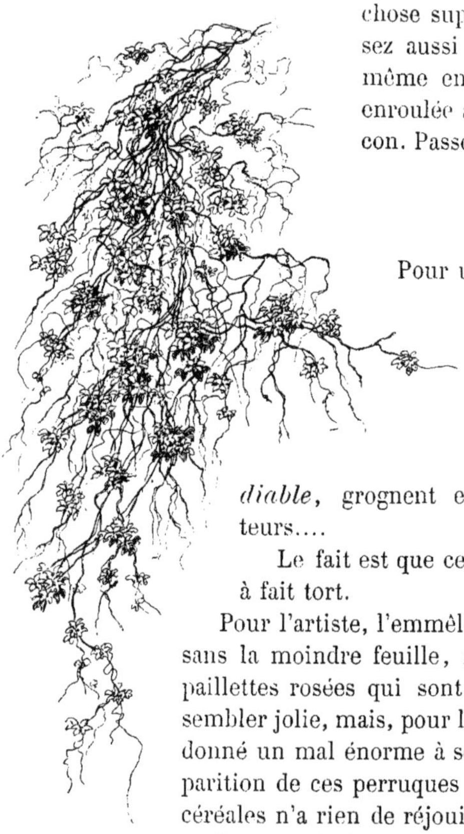

.˙.

Pour un vrai parasite, voici un vrai parasite : *Grande cuscute*, disent les botanistes, *Cheveux de Vénus*, répondent en souriant les poètes; *Teigne*, *Cheveux du diable*, grognent en rageant les cultivateurs....

Le fait est que ces derniers n'ont pas tout à fait tort.

Pour l'artiste, l'emmêlement de ces frêles tiges sans la moindre feuille, mais toutes picotées de paillettes rosées qui sont de petites fleurs, peut sembler jolie, mais, pour le pauvre paysan qui s'est donné un mal énorme à semer de la luzerne, l'apparition de ces perruques coiffant les tiges de ses céréales n'a rien de réjouissant.

GRANDE CUSCUTE

La *grande Cuscute* ou *Cuscute d'Europe* est la plus redoutable pour nos cultures ; si dès son apparition on ne l'a pas extirpée, gare! bientôt tout le champ sera envahi. Des tâches rougeâtres qui vont en s'agrandissant apparaissent, la luzerne cesse de croître, ses tiges se recroquevillent, dépérissent, bien que les racines restent intactes. Les tiges de la Cuscute donnent naissance, à leurs nœuds, à de petites excroissances par lesquelles

elles s'attachent à la plante dont elles sucent la sève; c'est aussi sur ces nœuds que naissent les fleurs.

Le seul remède contre le parasite est de couper, à quelques centimètres au-dessous du collet, les souches auxquelles il s'est attaqué et de les brûler. Les racines de la plante, restées saines, se reproduiront débarrassées de son ennemi.

C'est par ses graines, toutefois, que la *Cuscute* se reproduit le plus; il ne faut donc pas leur laisser le temps de mûrir et de se répandre sur le sol où elles ne manqueront pas de germer.

LATHRÉE ÉCAILLEUSE

En nettoyant le terrain et en l'arrosant avec une dissolution de sulfate de fer ou couperose verte[1], le parasite sera tué.

Il est de tradition, dans la famille des Cuscutes, de vivre aux dépens d'autrui. Citons parmi ses membres aussi voraces les uns que les autres mais de goûts différents :

La *Cuscute du lin*, qui s'attache aux tiges de celui-ci, les entortille de ses écheveaux, les force à se mêler les unes aux autres, les réunit en paquets, les tue. Il faut arracher les tiges de lin attaquées dès que le parasite apparaît.

La *Cuscute monogyne* a les tiges beaucoup plus solides, plus grosses, aussi s'attaque-t-elle à des végétaux plus robustes, notamment à la vigne qu'elle étrangle dans ses enlacements.

La *Cuscute à grappes* ou *Cuscute suave*;... suavité qui ne l'empêche pas d'être néfaste aux plantes dont elle entend se nourrir. Comme sa grande sœur, elle a une prédilection marquée pour la Luzerne dont elle fait une ample consommation quand on lui laisse le champ libre.

La Cuscute suave teinte d'un jaune orangé ses tiges capillaires. Elle est originaire du Nouveau-Monde et n'a fait, jusqu'ici, que de rares incursions en France; mais, étant donnée la facilité avec

1. Trois kilogrammes par 100 litres d'eau.

laquelle on voyage de nos jours, soyez certain qu'elle viendra un de ces quatre matins élire domicile chez nous et, si l'on n'y prend garde, s'installera sur nos carrés de luzerne avec autant de sans-façon que ses compatriotes dans nos écoles de dessin et dans nos ateliers de peinture où ils sont plus chez eux que nous chez nous.. autre genre de parasitisme contre lequel m'est avis qu'on ne se prémunit pas assez.

Le cadeau que nous font les Américains de leur Cuscute suave, serait-elle leur façon de nous prouver leur reconnaissance; ou bien veulent-ils nous faire voir combien largement ils comprennent l'hospitalité... chez les autres?... Le bon Dieu les bénisse!...

*
* *

Après la famille des Cuscutes, voici la famille des *Orobanches*, qui n'est guère plus estimable.

Sans façons elle installe commodément les racines de ses membres sur les racines d'autrui et s'y prélasse.

Lorsqu'elles choisissent pour domicile des plantes sauvages, vigoureuses comme les Armoises, les Genêts, les Serpolets, etc., celles-ci ne s'en portent pas beaucoup plus mal et finissent par s'habituer à leurs compagnons forcés, mais, quand c'est aux plantes cultivées que les Orobanches s'attaquent, elles dépérissent.

L'*Orobanche du Gaillet* affectionne les pâturages herbeux, les lisières des bois, c'est là qu'elle cherche « chaussure à sa racine » C'est une assez singulière plante que cette Orobanche : rousse ou d'un blanc jaunâtre, elle est couverte de poils glanduleux, ses feuilles et ses bractées ont la forme d'écailles, ses fleurs celle d'une gueule; elles rappellent assez, comme allure, les fleurs du *Muflier*. Cette Orobanche atteint parfois une hauteur de près de 2 mètres

Chaque sorte d'Orobanche a ses prédilections :

L'*Orobanche rameuse* s'offre le chanvre.

L'*Orobanche rouge* — à corolle d'un brun rougeâtre, à odeur de muguet, l'hypocrite ! — préfère la luzerne.

L'*Orobanche à petites fleurs*, à corolle arquée et d'un blanc lilacé, le nain de la famille (elle n'atteint au maximum que 30 centimètres), a choisi une plante en rapport avec sa taille : le trèfle.

L'*Orobanche sanguine* a un goût prononcé pour les légumineuses, mais surtout pour les sainfoins. Sa corolle est jaune, à gorge tachée de rouge sang avec stigmate jaune.

L'*Orobanche de la Fève*, dont le nom dit assez les préférences. Celle-ci a détruit parfois des carrés entiers de Fèves et de Pois.

Remède : Extirpation complète avant floraison, mais surtout avant qu'elle n'ait pu semer ses graines sur le sol.

Il faut faire la même opération pour l'*Euphraise*, jolie petite plante à fleurs mauves tachées de jaune au centre.

*
* *

Autres parasites : la *Mélampyre*, dite *Rougeole, Blé de vache, Queue de loup, Queue de renard*, profusion de noms de baptême portés par une tige rameuse huppée d'un épi à bractées rosées et fleurs d'un jaune paille mélangé de rouge, qu'elle porte comme un plumet sur un shako.

Enfin la *Rhinanthe*.

Ces plantes sont moins voraces peut-être que les précédentes. Quand elles se contentent de s'installer dans les prairies elles deviennent presque recommandables, car leurs tiges peuvent être considérées comme fourragères, mais, quand elles implantent leurs racines sur celles du blé et d'autres graminées, elles leur causent grand dommage.

Question de milieu, cela. Changez de place certains parasites et parfois vous changerez leurs habitudes.

Il est des individus qui sont devenus parasites par la bonasserie des gens chez lesquels ils se sont installés.... Ailleurs ils n'oseraient, on ne les supporterait point.

*
* *

Voici une plante assez singulière, ressemblant pas mal à une longue chenille d'un blanc rosé. C'est la *Lathrée écailleuse*, aussi nommée *Clandestine*; elle vit sur les racines de différents arbres. Ce parasite ne porte point de feuilles. Ses fleurs, collées à la tige, ont des pétales rouges encornetés dans un calice du même ton, la tige est couverte d'écailles nombreuses, serrées surtout dans la partie souterraine.

L'arrachage, seul remède.

Longue tige écailleuse aussi mais d'un jaune paille, celle du *Sucepin* dont les fleurs, du même jaune, forment un épi ou une grappe inclinée. Ce bizarre végétal, qui semble inachevé et ne porte pas la moindre teinte de vert, agrippe ses racines à celles des Pins et des Hêtres.

Même moyen de destruction que pour le précédent.

*
* *

Sont-ce là tous les parasites végétaux à la merci desquels se trouvent arbres et céréales?... Non, il en est d'autres encore, mais ceux que nous venons de citer sont les principaux parmi les plus grands.

Dans les mousses, les lichens, etc., nous en verrons d'autres de proportions plus minimes, parfois déchiffrables au microscope seulement. Ceux-là sont de véritables gales, d'autant plus terribles pour ceux auxquels elles s'attaquent, qu'elles sont plus difficiles à saisir. Le mal qu'elles font est souvent en raison inverse de leur taille.

APPENDICE AU CHAPITRE DES PARASITES

NOM VULGAIRE	NOM SCIENTIFIQUE	FAMILLE	ÉPOQUE DE FLORAISON
Blé de Vache. Voyez Mélampyre.			
Brai. Voyez Gui.			
Clandestine. Voyez Lathrée.			
Cheveux de Vénus. Voyez Cuscute.			
Cheveux du Diable. Voyez Cuscute.			
Cuscute du lin	*Cuscuta epilinum*	Convolvulacées	Printemps-Été.
Cuscute grande	*Cuscuta europæa*	Idem.	Idem.
Cuscute monogyne	*Cuscuta monogyna*	Idem.	Idem.
Cuscute suave ou à grappes	*Cuscuta suaveolens* ou *racemosa.*	Idem.	Idem.
Euphraise	*Euphrasia officinalis*	Scrofularinées	Juillet-Octobre.
Gui	*Viscum album*	Loranthacées	»
Lathrée écailleuse	*Lathræa squamaria*	Orobanchées	Mars-Avril.
Mélampyre	*Melampyrum arvens*	Scrofularinées	Juin-Août.
Orobanche à petites fleurs	*Orobanche minor*	Orobanchées	Juin-Août.
Orobanche de la fève	*Orobanche fabæ*	Idem.	Idem.
Orobanche du gaillet	*Orobanche gallii*	Idem.	Idem.
Orobanche rameuse	*Orobanche ramosa*	Idem.	Idem.
Orobanche rouge	*Orobanche rubens*	Idem.	Idem.
Orobanche sanguine	*Orobanche cruenta*	Idem.	Idem.
Queue de loup. Voyez Mélampyre.			
Queue de renard. Voyez Mélampyre.			
Sucepin	*Monotropa Hypopithys*	Monotropées	Été-Automne.
Teigne. Voyez Cuscute.			

LES CRYPTOGAMES

I

FOUGÈRES. — MOUSSES. — LICHENS.

Les *Cryptogames!* famille étrange, complexe, dont les membres affectent les allures les plus diverses, les formes les plus variées, mais qui tous observent les mystérieux errements de leurs ancêtres.

« Cryptogames », nom que Linné tira de deux mots grecs et qui indique bien le caractère spécial de ce genre de végétaux : *fécondation cachée.*

Nous avons, ailleurs, dit de notre mieux leur mode de reproduction, nous n'y reviendrons pas.

Les Cryptogames, dont la race renferme les infiniment petits, jouent sur notre globe un rôle remarquable, ce sont eux qui préparent le sol, eux qui l'enrichissent.

Les lichens, ces nains, s'attaquent aux rochers, ces géants! De leurs ramifications légères ils enserrent le dur granit, leurs minces racines pénètrent dans l'impénétrable matière, la désagrègent et de cette désagrégation, comme de leurs propres débris, composent cet humus d'où émane toute vie.

C'est lentement, mais sûrement, que s'accomplit le travail des Cryptogames.

Le sol préparé par les lichens — les plus simples, les plus primitifs d'entre eux, — ne peut d'abord être occupé que par d'autres cryptogames d'organisation un peu plus compliquée qui disparaissent à leur tour et à leur tour sont remplacés par d'autres plus compliqués encore.

C'est par gradation que ces métamorphoses s'opèrent, c'est par échelons que montent les végétaux.

Les mousses succèdent aux lichens, les fougères remplacent les mousses. Des graminées, des plantes florifères surgissent ensuite, genêts ,bruyères, chardons, montrent bientôt leurs papillons dorés, leurs clochettes roses ou leurs capitules cramoisis. Puis des arbrisseaux, rares d'abord, aventurent leurs rameaux : sureaux à ombelles blanches, viornes aux fleurs parfumées.

Enfin, dans ce terrain enrichi maintenant des débris de toutes les générations, fortifié par les éléments vitaux qu'ils y ont laissé, viennent germer, apportées par quelque oiseau de passage, des graines qui deviendront des conifères aux feuillages toujours verts, des bouleaux aux troncs neigeux, des châtaigniers et des chênes aux branches vigoureuses, des arbres de toutes essences.

Ainsi, peu à peu, s'accomplit la surprenante transformation. C'est dans le plus petit, le plus infime, presque l'invisible, qu'il faut rechercher la source du plus grand, du plus robuste, du plus imposant.

Ce tissu moelleux, si doux, qui sous vos pieds semble matière inerte, est fait de milliards d'êtres vivants travaillant pour l'avenir : lichens, mousses et champignons qui préparent le sol où surgiront plus tard, dans des siècles peut-être, bois touffus et forêts vierges.

* * *

Certains botanistes ont divisé les Cryptogames en deux grandes classes : Cryptogames *feuillés* et Cryptogames *aphylles*. Ces divisions, un peu arbitraires, ne tenant pas assez compte d'analogies dans les organes reproducteurs, ont suscité des controverses entre savants,... nous n'aurons garde de nous fourrer entre les deux camps.

Linné avait adopté quatre ordres : les *Fougères*, les *Mousses*, les *Algues* et les *Champignons*.

D'autres subdivisions ont été faites depuis : les *Prèles* (*Equisetacées*), les *Fougères* (*Filices*), les *Ophioglossées*, les *Lycopodiacées*, etc., etc. En ce qui nous concerne, nous nous en tiendrons, si vous le voulez bien, au classement de Linné.

Passons en revue celles de ces plantes qui nous paraîtront intéressantes.

***

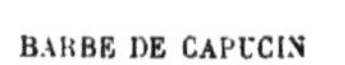

BARBE DE CAPUCIN

Des *Algues*, bien que Cryptogames, nous nous sommes occupé en parlant des *Plantes aquatiques* où, vu les divisions adoptées dès le début, elles nous paraissaient trouver naturellement leur place.

***

Allons d'abord aux plus simples, les *Lichens*, qui vivent en bonne intelligence avec les *Mousses* dont ils partagent les rustiques habitats : écorces d'arbres, rochers, murs décrépits ; tuiles ou ardoises des toits, ferrailles exposées à l'air ou se contentent de recouvrir le sol de leurs ramifications. Jamais ils ne croissent dans l'eau, sauf deux espèces, exceptions prouvant la règle[1].

Les lichens sont, pour la plupart, comme de simples expansions foliacées, croûtes grises et parfois jaunâtres ou orangées. Lichens *foliacés*, ondulés sur les bords et n'adhérant à leurs supports que par des points épars; Lichens *fruticuleux* s'élevant verticalement en tiges grêles ou ramifiées et s'attachant par une base étroite; Lichens *crustacés* qui, comme des ventouses, s'appliquent de toutes leurs forces et par toutes leurs parties et adhèrent si solidement là où ils se fixent qu'on ne les détache guère qu'en les déchirant.

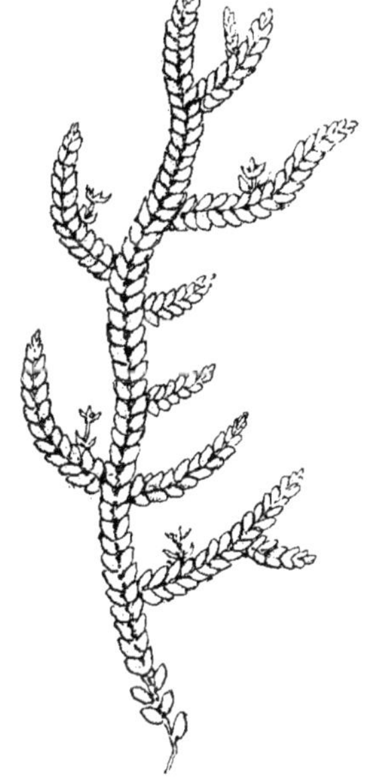

HÉPATIQUE A LARGES FEUILLES.

Le lichen dont nous usons comme remède pectoral est assez rare dans nos climats; on le trouve pourtant dans le nord de l'Europe et parfois dans nos montagnes, c'est le *Lichen d'Islande*, dont se nourrissent, en Laponie les rennes; dans la longue saison d'hiver ils savent, sous la neige, en trouver les rameaux vivaces.

Nos lichens indigènes sont: la *Barbe-de-Capucin* s'agrippant aux tiges et aux rameaux des arbres qu'elle entortille en tous sens de ses minuscules linaments où se jouent des disques plans ou concaves, orbiculaires aussi, qui sont ses fructifications, relativement rares.

Les *Corails des montagnes*, *Pyrèles* ou *Mousses du Nord*, fréquents dans nos bruyères, couvrent, dans les pays arctiques, d'immenses surfaces de terrains; on dirait des petits arbres encore ridiculement réduits.

1. La *Verrucaria halodytes* et la *Verrucaria mucosa*, submergées toutes deux, l'une dans les eaux salées, l'autre dans les eaux douces.

La *Fausse Cochenille, Herbe-à-feu*, ravissant cryptogame qui recherche le voisinage des bruyères, l'ombrage des forêts ; échafaudage de godets rentrant les uns dans les autres comme des gobelets de prestidigitateurs et sur lesquels se développent les fruits.

Le *Lichen de Grèce* (dit aussi *Lichen français*), fort apprécié des chimistes (nous le verrons par la suite). Celui-ci est un enchevêtrement de tiges s'échevelant en tous sens.

La *Pérelle des murs* qui s'installe plus souvent sur le bois que sur la pierre et dont le fruit jaunâtre se picote de points rouges.

Les *Bæomyces rosés*, joli lichen terrestre que les terrains maigres de la plaine ou des montagnes attirent surtout et qui semblent de petits, tout petits champignons coiffés de calottes rouges.

Le *Parmelia de Tartarie*, abondant dans le nord de l'Europe, et qu'on récolte en grand dans certaines contrées pour en extraire la matière colorante qu'il renferme.

L'*Aréolaire*, lichen crustacé qui abonde partout.

La *Lécidie géographique* qui parfois, dans les hautes montagnes, dissimule entièrement sous un manteau couleur soufre, des blocs immenses de roches dont elle masque ainsi l'aridité.

*
* *

Pénétrons maintenant dans le domaine des *Mousses*, des *Sphaignes* et des *Hépatiques*, qui emmitouflent, de leur fin duvet, l'écorce des grands arbres, la surface des rochers ou les ruines des vieux murs ; peluche mordorée ou velours olivâtre se mêlant aux roseaux et aux joncs pour feutrer les bords de l'eau de leurs minuscules et délicats rameaux.

Les mousses, les lichens, les Sphaignes, les Hépatiques sont — contrairement aux Prêles et aux Fougères — dépourvus de vaisseaux et constituent la classe nombreuse et variée des *Cryptogames cellulaires*. Les mousses ont toutefois une organisation particulière leurs tiges et leurs feuilles sont parcourues par des cellules allongées qui rappellent les faisceaux des plantes précédentes.

Les feuilles de ces Cryptogames (mousses, sphaignes, hépatiques) sont très hygroscopiques et semblent reprendre vie quand on les plonge dans l'eau.

Les couleurs des diverses espèces varient sensiblement; alors que les mousses sont d'un vert éclatant, les sphaignes sont pâles, parfois rougeâtres, parfois rouge foncé.

Citons d'abord le *Minium étoilé* qui tapisse les chemins creux et les murs ombragés; ses feuilles d'une structure délicate sont presque transparentes.

Le *Capillaire doré* ou *Brosse de bruyère,* lilliputien palmier mais mousse grandissime, car elle projette parfois à 35 centimètres de haut son petit pompon d'un brun jaunâtre, son urne triangulaire dont l'orifice est garni de dents. Les fleurs mâles et les fleurs femelles ne se trouvent jamais sur le même pied. Les mâles sont entourées de petites rosettes rouges qui donnent à la plante mignonne des aspects tout à fait élégants.

L'*Hypnum en spatule* appartient à une espèce des plus nombreuses caractérisée par une coiffe oblique et des urnes qui, garnies intérieurement de dents, sont, à l'extérieur, recouvertes d'une membrane; celle-ci a sa feuille filigranée comme la feuille du sapin.

Pour peu que vous ayez exploré les montagnes, notamment les Alpes et les Pyrénées, vous aurez été heureux de trouver sous vos pieds un terrain copieusement moletonné, amortissant tout à fait le bruit des pas. Ces coussins épais sont confectionnés par des amoncellements de cette jolie mousse qu'on appelle l'*Andræa alpestre.*

*
* *

Nous avons vu dans les marécages, les *Sphaignes* et les *Charagnes* amonceler leurs feuilles qui dissimulent sous leurs aisselles leurs capsules globuleuses. Ces plantes ne sont pas assez intéressantes pour que nous en reparlions ici; nous y faisons de nouveau allusion parce que nous ne pouvions tout à fait les séparer des mousses avec lesquelles elles ont des liens de parenté.

*
* *

Parmi les *Hépatiques,* — plantes beaucoup plus délicates que les précédentes, — qui fuient le soleil et vivent mélancoliquement à l'ombre dans les lieux humides, nous trouvons des végétaux munis de véritables feuilles obliquement attachées à une tige distincte, les *Hépatiques feuillées ;* d'autres dont les feuilles et la tige se confondent en une fronde aplatie, les *Hépatiques à frondes.* Les unes et les autres offrent d'innombrables variétés de formes et de divisions. L'*Hépatique à larges feuilles*, qui aime à se fixer sur les troncs d'arbres où ses rameaux en forme de tresses rampent en tous sens.

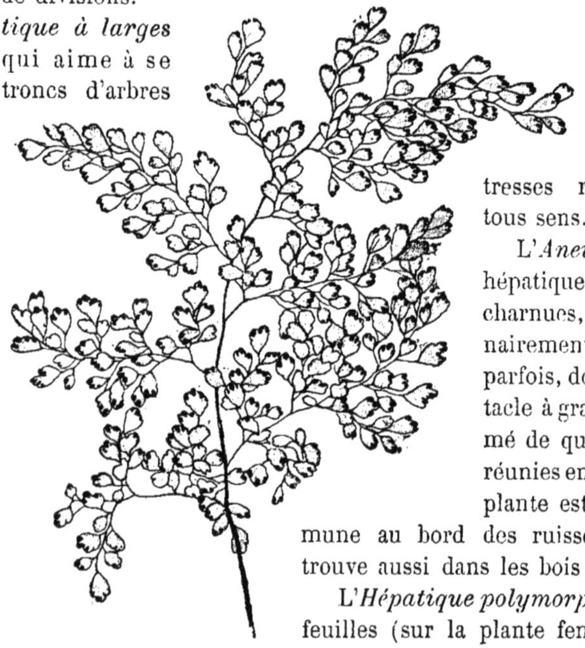

L'*Aneura épaisse,* hépatique à frondes charnues, verte ordinairement, rougeâtre parfois, dont le réceptacle à graines est formé de quatre gousses réunies en croix. Cette plante est assez commune au bord des ruisseaux, on la trouve aussi dans les bois humides.

L'*Hépatique polymorphe,* dont les feuilles (sur la plante femelle) s'augmentent de petits godets d'où partent de fins propagules qui peuvent servir à la multiplication de l'espèce.

CAPILLAIRE COMMUNE

L'*Anthrocée brillante*, plus rare que la précédente, munie comme elle de fruits bivalves d'où s'élance une hampe portant les graines sur un épi qui paraît soutenu entre deux pinces recourbées.

*
* *

En somme, Mousses, Hépatiques, Lichens, sont surtout curieux à regarder au microscope; à l'œil nu tous ces cryptogames se ressemblent d'aspect, sinon de couleur, encore les couleurs ne varient-elles que fort peu et se renferment-elles dans des tonalités vertes ou rousses; leurs floraisons mêmes n'ont guère d'éclat. Aussi n'est-on point, à moins de raisons spéciales, — amour de l'étude ou intérêt professionnel, — tenté de les examiner avec autant de soin que les espèces si complexes vues auparavant et qui se permettent à la fois les fantaisies de formes les plus inattendues et les caprices de couleur les plus audacieux.

Ici point de tout cela, c'est en s'amoncelant, en tassant les unes contre les autres leurs légères ramifications, que nos modestes plantes arrivent à forcer l'attention par le miroitant coloris dont elles teintent rochers qui s'effritent et troncs qui se dénudent, bouchant les crevasses des uns et les gerçures des autres.

*
* *

Faisons une excursion au pays des Fougères, dont les sujets présentent entre eux de notables différences mais restent toujours élégants. Les unes sont sveltes, comme la Fougère commune, d'autres sont d'une exquise légè-

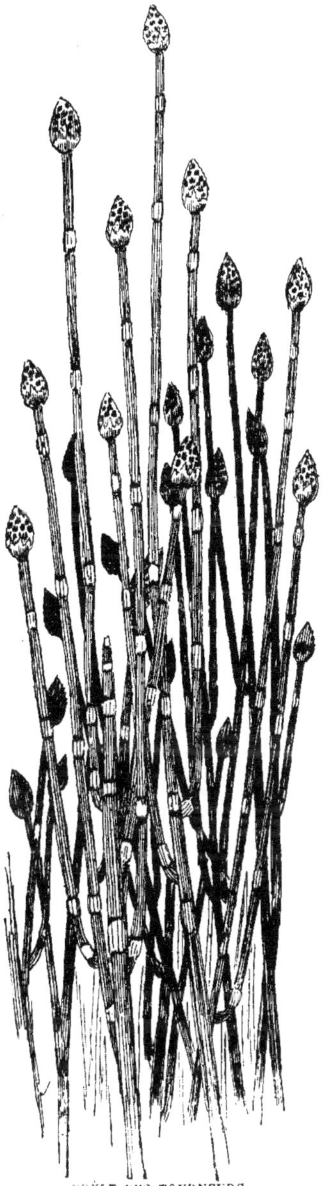

PRÊLE DES TOURNEURS

reté, comme les Capillaires, certaines sont tout à fait singulières.

La famille des Fougères est une des plus riches, mais c'est surtout — car la plupart des Fougères recherchent l'humidité — dans les forêts humides des pays tropicaux qu'elles prennent une extension, une vigueur surprenante. Là s'élancent, comme des bouquets de Palmiers, les fougères arborescentes dont les tiges souples et élancées portent au sommet un majestueux panache de feuilles gigantesques aux découpures finement dentelées.

Toutes les fougères de nos climats sont non-arborescentes, elles forment des touffes souvent épaisses, mais leur croissance se borne là. Quelque petites qu'elles soient, relativement à leurs sœurs des pays chauds, leurs feuilles pointues, légères comme des plumes, sont dans nos forêts un ornement merveilleux. Larges palmes que les adonistes n'ont garde, du reste, d'oublier dans l'arrangement des jardins ou des parcs. Ces feuilles, ou, pour être plus juste, ces *frondes*[1], développent, à leur face inférieure, de petits points qui sont des fruits, mais cela capricieusement. Tantôt toutes les feuilles d'un même pied sont fructifères, tantôt quelques-unes seulement et tantôt point du tout; ce dernier cas est plus rare. Les frondes à fruits ont généralement une forme particulière, différente des frondes stériles.

Mais c'est assez causé de généralités, voyons maintenant les différentes espèces acclimatées chez nous. Parmi elles nous trouvons :

La *Fougère commune*, c'est-à-dire celle que nous rencontrons un peu dans tous les endroits humides de nos forêts et de nos bois, celle même que, sans aller si loin, nous pouvons voir à la ville, car nos marchandes des quatre-saisons, — qui aiment à parer leur marchandise et qui ont raison, — s'en servent comme d'un tapis pour capitonner le fond de leurs voiturettes, où fruits, primeurs, poissons, non seulement se conservent ainsi au frais, mais font en outre très bonne figure.

La Fougère commune est la plus grande espèce de nos fougères européennes. Dans un terrain à sa convenance elle arrive à atteindre la taille d'un homme. Ses faisceaux de feuillages, partant du pied,

1. La *fronde* diffère de la feuille en ce qu'elle porte la fructification, ce que ne fait jamais la feuille proprement dite.

se disposent de telle façon que, vus en coupe oblique, leur ensemble donne, à s'y méprendre, la silhouette héraldique d'un aigle à deux têtes. Cette fougère porte des sporanges ou capsules, contenant les spores ou graines le long des frondes, formant ainsi en bordure une véritable passementerie.

La *Fougère mâle*, à peu près pareille de forme et dont les feuilles arrivent parfois à un mètre, est facile à reconnaître aux lobes de la fronde où les sporanges, petites taches brunâtres, se disposent, par deux lignes régulières, en un picotis qui suit les nervures.

La *Fougère fleurie*, luttant parfois de grandeur avec les précédentes, a des feuilles disposées le long des tiges un peu comme des feuilles d'acacia mais d'une forme différente ; tandis que celles-là sont généralement arrondies, celles-ci sont, au contraire, pointues, en forme de fer de lance. Les sporanges, presque de la forme des feuilles, sont en grappes déployées au sommet des feuilles.

Le *Polypode*, fougère que vous avez vue souvent aussi sur les rochers ou sur des troncs d'arbres; ses feuilles sont longues, en forme de javelot et profondément dentelées.

La *Fougère en épis*, plus finement dentelée encore et prenant tout à fait l'aspect d'une palmette semblable à celle que les Grecs mettaient à profusion dans leurs décorations. Cette plante est assez commune dans nos bois.

La *Scolopendre*, aux longues feuilles vertes ressemblant à des algues terrestres.

Puis les *Capillaires*, tribu de fougères la plus riche en espèces de toutes sortes et de toutes formes.

La *Capillaire commune*; de longs pétioles où sont rangées de petites feuilles ovales opposées, petites dans le bas, s'enflant vers le milieu, puis diminuant encore pour finir en pointe. Comme une aigrette de plumes, elle se pique dans une fente de rocher ou dans l'interstice de quelque mur en ruine, son endroit de prédilection, qui est aussi celui de la *Rue de muraille*, aux longues tiges finissant par un couronnement de feuilles légères disposées en trèfles dentelés et celui de la *Doradille septentrionale*, filaments terminés par des feuilles en flammes vertes où se sont, en tas, amassées les graines rousses, cendres de ces flammes ; enfin de la *Capil-*

laire de Montpellier, une des plus charmantes parmi les capillaires. Elle porte au bout de pétioles noirâtres, aussi fins que des cheveux, des petites feuilles irrégulières qui d'un côté ont l'air d'avoir été coupées par un ciseau maladroit et qui frétillent au moindre vent. L'ensemble des tiges réunies à la tige mère est irrégulier aussi et s'enferme dans une forme rappelant celle des feuilles. Les capillaires présentent une foule de variétés, différant les unes des autres par les dimensions de leurs feuilles et la

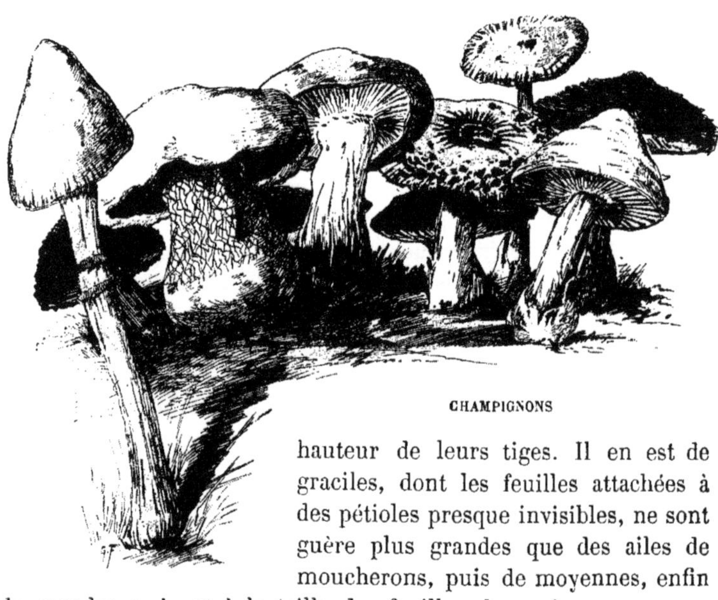

CHAMPIGNONS

hauteur de leurs tiges. Il en est de graciles, dont les feuilles attachées à des pétioles presque invisibles, ne sont guère plus grandes que des ailes de moucherons, puis de moyennes, enfin de grandes arrivant à la taille des feuilles du rosier.

Certains savants prétendent enfermer dans une autre classe une sorte de fougères, appelées *Ophioglossées*. Chez celles-ci, la nature du rhizome n'est plus pareille; les frondes se développent sans être enroulées en crosses, leur texture varie; les sporanges sont disposées en épi ou en grappe sur une hampe.

En voici une curieuse : Épi brun granuleux s'insinuant hors de la feuille qui l'enroule à moitié. Le pédoncule se glisse dans le pétiole creux de la feuille comme une lame dans un fourreau : *Langue-de-serpent*, nom donné au bizarre cryptogame, lui est bien approprié; on dirait, en effet, d'une langue effilée de reptile dardant d'une gueule triangulaire grande ouverte.

La plante porte un autre nom : *Herbe-sans-couture*.

De la même espèce, voici le *Botrychium lunaire*, tige qui s'allonge entre des théories de feuilles, — minuscules éventails déployés, — et s'épanouit en un épi de granules jaunâtres qui sont ses graines.

Telles sont, à peu près, toutes les sortes de fougères qui, spontanément, croissent dans nos climats.

FAUSSES ORONGES

*
* *

D'une tout autre nature est la race des *Prèles*, cryptogames également. Celles-ci portent des tiges et des rameaux fistuleux. Leurs feuilles ne sont que des gaines brunâtres, dentelées. Les tiges sont capitées de cônes écailleux qui renferment les spores enserrés dans des filaments élastiques dont la mission paraît être de lancer au loin leur contenu, au moment de la maturité, pour donner naissance à de nouvelles plantes.

La *Prèle des tourneurs* : Certains corps de métier se servent de cette plante pour polir les bois, opération à laquelle convient on ne peut mieux son épiderme rêche comme une lime et incrustée de cilice.

Très souvent, dans les champs et les prés, vous avez remarqué une petite plante à tige rosée, portant de place en place des agrafes de feuilles roussâtres et au sommet une sorte de fuseau garni d'anneaux granulés qui sont les porte-graines. Cette plante est la *Queue-de-rat* dont les rhizomes souterrains se ramifiant en tous sens émottent des bourgeons qui, en se développant, produisent les tiges dont nous venons de parler. Ce cryptogame se multiplie avec tant de fougue qu'il nuit à la culture des terrains où il s'est installé et dont il est souvent difficile de l'expulser.

Autres espèces de cryptogames :

Les *Lycopodes*, végétaux vivaces à tiges grimpantes ou rampantes et émettant, à leur face inférieure, des racines adventives. Leurs feuilles sont en forme d'écailles; leurs sporanges sont réunis en épis ou placés sous les aisselles des feuilles supérieures. Les sporanges à parois épaisses se fendent pour laisser s'échapper les graines dont la germination est, pour nous, restée lettre close.

Le *Lycopode commun*, aux noms divers de *Griffe-de-loup*, *Herbe-à-la-plique*, *Plicaire*, etc., est commun parmi les bruyères de nos bois et sur les rochers. Les tiges rampantes, souvent longues de plusieurs pieds, se couvrent de feuilles assez semblables à des chenilles. Montés sur des tiges droites, des épillets s'en échappent, ils portent les spores, poudre d'un jaune clair propre à plusieurs emplois, — nous le verrons par la suite, — et à laquelle on a donné le nom de *Soufre végétal*.

Parmi les *Isotées*, intermédiaires entre les Lycopodes et les *Rhizocarpées*, nous trouvons : l'*Isotée-des-étangs*, plante tubéreuse aux longues tiges pointues rassemblées vers la base; on croirait voir une colonie de rats enfoncés en terre et laissant seulement émerger leurs queues au dehors.

Les *Rhizocarpées* doivent leur nom à cette particularité que leurs sujets portent leurs fruits dans le voisinage des racines. Plantes assez insignifiantes, du reste, et dépourvues de tout intérêt. Exemples :

La *Pilulaire*, dont les touffes de filaments aiment à se dresser dans les sables tourbeux.

La *Salvinie nageante*, aux feuilles ovales qui se groupent volontiers sur les eaux tranquilles; végétal assez rare.

II

CHAMPIGNONS

Les *Champignons*, race pullulante dont les tribus nombreuses se répandent partout, sèment leurs sujets dans tous les coins, sous tous les climats !

Vivant isolés, en misanthropes, ou se groupant par colonies, ils s'installent en parasites sur les végétaux, sur les bêtes, sur les gens. Trouvant leur existence dans les résidus des plantes mortes ou sur les carcasses putrides des animaux, ils causent ou accélèrent la décomposition des matières végétales ou animales.

Cette race, comme toutes les races, donne le jour à des êtres sains, honnêtes, bienfaisants, — champignons comestibles à la saveur exquise — et à des sujets tarés, pervers, scélérats, hypocrites, se parant de couleurs chatoyantes ou gardant un aspect placide pour mieux dissimuler leur venin. Les uns sont des atomes microscopiques comme les moisissures, d'autres des sujets bien plantés comme les oronges.

Très variés de formes, les champignons le sont aussi de couleurs.

Beaucoup d'entre eux ont adopté la tournure d'un parasol tenu ouvert par des myriades de lamelles, de tubes, de membranes qui portent les spores et semblent les baleines de ces ombrelles supportées par un manche épais (le pied du cryptogame). Ces ombrelles sont tantôt aplaties ou creusées comme si elles étaient exagérément déployées, tantôt en dôme, comme ouvertes au cran normal, tantôt en pointe, comme si elles n'étaient ouvertes qu'à demi.

D'autres champignons, installés sur les vieux arbres, semblent des excroissances, des verrues. D'autres encore se dressent droits comme des bornes. Il en est qui s'aplatissent en disque, qui se creusent en entonnoir, se trouent comme des éponges, s'enroulent comme des coquillages, se coiffent comme des Annamites ou portent mitre comme des évêques.

Il en est d'un blanc éclatant, d'un brun terne, d'un jaune brillant, d'un rouge sanguinolent.

*
* *

Au milieu des membres si divers d'une même famille, comment démêler les bons d'avec les mauvais? Comment découvrir les qualités de celui-ci et comment deviner les vices de celui-là?

C'est souvent bien difficile et beaucoup d'imprudents, se fiant à leurs connaissances incomplètes, ont payé de leur vie les erreurs commises. A moins d'être *absolument sûr de soi*, — et l'est-on jamais complètement ? — il ne faut point aller à la « cueillette aux champignons ». En tous cas il faut y regarder de très près et, au risque de faire piètre récolte, rejeter au loin tout sujet aux allures suspectes.

Tous les ans, vous voyez se reproduire le lamentable récit de familles entières empoisonnées par de traîtres cryptogames. Et vous croyez que cela sert de leçon et effraie les audacieux ?... Nullement. Nous nous jugeons toujours plus malin que notre voisin, c'est inhérent à notre nature, cela.... « Lui, c'est possible, mais moi ?... Oh moi, pas si bête ! Il n'y a pas de danger que je m'y laisse prendre !... » Et le lendemain le beau discoureur est pincé comme les autres !

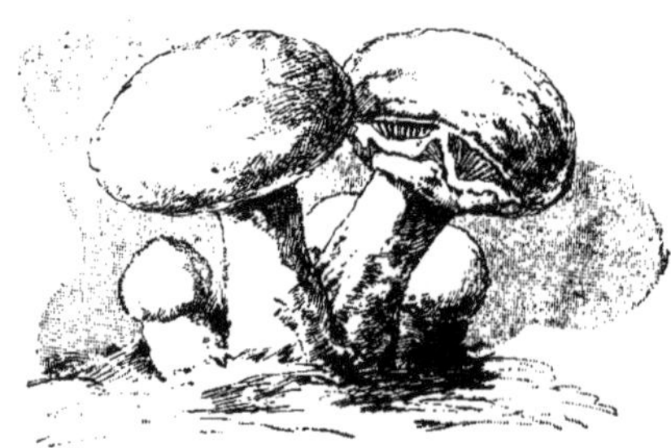
CHAMPIGNONS DE COUCHE

Parbleu ! les bons champignons sont mets très enviables, mais dame, tout bon champignon a son sosie et c'est celui-là qu'il faut fuir !

*
* *

Essayons d'indiquer, autant que possible, les caractères de chacun. Quand la chose ne sera pas trop malaisée, dévoilons les tares qui flétrissent les mauvais, les signes auxquels on reconnaît les bons.

Mais ne vous y fiez pas ! nos explications ne sauraient être ni assez précises, ni assez « démonstratives » pour vous éviter toute erreur et vous permettre de courir les prés herbeux, les clairières rosées de bruyères et les forêts ombreuses à la recherche de quelque succulente *Oronge*.... C'est sur la *Fausse oronge* que vous pourriez tomber. Elle croît dans les mêmes lieux, lui ressemble d'étonnante façon mais contient un mortel poison.

En somme, les gens tout à fait sages s'en tiennent au conseil des savants autorisés par leurs connaissances en matière de champignons. A part les trois sortes dont la vente est permise sur nos marchés, — sortes faciles à reconnaître et qui sont : la *Truffe*, la *Morille* et l'*Agaric comestible* ou *Champignon de couche*, — le mieux est de S'ABSTENIR COMPLÈTEMENT.

Le Dr Léveillé dit ceci : « Tous les jours, on me demande comment on peut distinguer les champignons vénéneux de ceux qui ne le sont pas et j'avoue que je ne sais encore comment répondre à cette question après vingt-cinq années d'études sérieuses *Les caractères auxquels on reconnaît les espèces comestibles sont si légers, qu'il faut avoir une extrême habitude pour les saisir*; *ni la couleur ni la saveur ne fournissent de bons renseignements*. Les épreuves de la cuiller d'étain ou d'argent ne signifient absolument rien. »

GIROLLE

La dessiccation comme moyen de destruction du principe vénéneux est également une erreur. Secs, les champignons malsains le sont autant que frais. C'est toujours le Dr Léveillé qui l'affirme.

La conclusion de tout ceci st donc qu'il faut s'en tenir, sauf CERTITUDE ABSOLUE, aux trois espèces sus-mentionnées dont nous allons dire quelques mots.

Puis, vous supposant suffisamment prémunis contre toute imprudence, nous citerons quelques autres sortes comestibles.

*
* *

La Truffe,... — car la truffe n'est qu'un champignon, ne vous déplaise! — a à peine besoin d'être décrite. — Vous connaissez le délicieux Cryptogame qui apparaît sur les tables comme « rembourrage » de dindes ou d'oies : dans leur ventre il tient compagnie aux marrons auxquels il est cimenté par une farce parfumée.

Vous le connaissez encore sous forme de rondelles encastrées dans l'onctueux foie gras.

Vous le vîtes aussi, certainement, avant ces diverses transformations, hermétiquement enfermé dans de longs flacons de verre. Mais, vous occupâtes-vous jamais de la façon dont il pousse et de celle dont on le récolte?

— Pourquoi il vient ici plutôt que là?... Mystère. Champignon il est, en champignon il agit.

Sans raisons apparentes, un beau matin, dans une allée de votre jardin ou au milieu d'une pelouse, vous apercevez un régiment de champignons; il a plu à ces champignons d'apparaître là, demain ils n'y seront plus.

Les truffes agissent de même; elles font leur apparition dans telles localités et n'iront jamais dans telles autres. Le sol vous paraît pourtant de même nature? Elle n'en juge point ainsi, la bonne truffe, et, comme elle est beaucoup plus intéressée que vous à se trouver à l'aise, elle vient là, parce que là elle trouve un élément qui lui convient, une situation qui lui plaît. « Je pousse ici, profitez-en, le reste ne vous regarde pas! »

Nous savons, toutefois, que les truffes affectionnent les terrains sablonneux et secs abrités par les chênes et les châtaigniers.

Prudentes, sachant combien la chasse qu'on leur fait est néfaste pour elles, elles s'enfoncent sous terre à une profondeur de 10 ou 15 centimètres et ne décèlent leur présence par aucun signe extérieur. Mais c'est justement, pour un œil exercé, l'absence de toute végétation qui les trahit. De légers soulèvements de terrain se produisent, des essaims de petites mouches, qui vivent à ses dépens, volettent fiévreusement au-dessus des endroits où elles gisent... ce qui prouve que quelque précaution que l'on prenne on ne pense pas à tout.

Enfin la truffe a compté sans le porc![1]

La nature, qui aime les contrastes, a précisément choisi l'animal le moins délicat dans le choix de ses aliments pour découvrir cette délicate friandise. Il va, fouillant le sol, et ne s'y trompe pas. S'il est une truffière dans les environs, en deux coups de boutoir il l'a mise à jour; en deux coups de mâchoires il la dévorerait tout entière si l'on n'avait eu soin de mettre un anneau au bout de son groin pointu... boucle d'oreille changée de place.

1. La truie surtout est habile à découvrir la truffe.

Le cochon est l'indicateur, c'est lui qui découvre, mais c'est nous qui mangeons la truffe... et, en guise de remerciements, nous mangeons le cochon après !

*
* *

On dit : *Truffes blanches*, *Truffes blondes*, *Truffes noires* et maintes gens croient que ce sont là diverses espèces; nullement. Ces différentes nuances indiquent différents âges.

Dans la prime jeunesse (de mai à juin), toutes les truffes sont blanches; adultes, elles grisonnent; en atteignant l'âge mûr (elles grossissent jusqu'aux gelées), elles deviennent noires.

Pour en finir sur le compte de l'excellent champignon, ajoutons — sans vouloir faire de « réclame » pour aucun pays — que les meilleurs proviennent de Périgueux, d'Angoulême, de Cahors; que le canton de Sarlat (Périgord) est renommé pour ses truffes comme le clos Vougeot (Bourgogne) l'est pour son vin; que celles du Dauphiné, notamment celles de Romans, ont l'inconvénient d'être souvent mélangées à des truffes musquées et qu'elles paraissent alors sortir de l'officine de quelque parfumeur. On cite encore les truffes du Piémont, mais celles-ci ne se mangent guère qu'en salade. Avis aux amateurs.

*
* *

La *Morille*. Avec ce champignon-là, au moins, on sait à quoi s'en tenir, il est franc et net; impossible de le confondre avec aucun autre.

La conscience tranquille, il porte haut son front coiffé d'un chapeau ovale plus ou moins régulier, auquel, d'une chiquenaude capricieuse, il donne parfois une forme légèrement pyramidale ou conique, et qu'il agrémente de cellules polygonales qui rappellent celles d'un rayon d'abeilles.

Ce chapeau ne s'ouvre pas, comme celui d'autres espèces (les *Bolets*, par exemple) mais reste adhérent au pédicule qu'il surpasse généralement en longueur. Ses couleurs sont le brun noirâtre ou le fauve florescent, parfois légèrement cendré.

La patrie de la morille est le Midi, mais elle daigne pousser aussi à notre profit à Meudon, Saint-Germain, Montmorency. Toutefois, pour bien accentuer ses préférences, elle gratifie d'une seconde pousse (en automne) son pays natal.

Son goût, moins parfumé toutefois, rappelle celui de la truffe.

On en distingue deux espèces surtout : la *Morille comestible* et la *Morille délicieuse*; celle-ci, plus claire de ton, porte le chapeau cylindrique sur un pédoncule creux et plus court que chez celle-là, qui est brune, noirâtre, rugueuse.

BOLET COMESTIBLE ou CÈPE ORDINAIRE.

***

L'*Agaric comestible* ou *Champignon de couche.*

Ce champignon, vous le connaissez trop pour que nous en parlions longuement. Vous l'avez mangé à toutes les sauces, ou plutôt dans toutes les sauces; il traîne en tas sur les éventaires des halles. Sa tige est courte et grosse, son chapeau arrondi, blanc au-dessus, rougeâtre au-dessous. La chair en est ferme.

L'agaric se cultive dans des caves ou des carrières.

On le multiplie à l'aide de filaments blancs vulgairement appelés le *blanc de champignon* que les botanistes désignent sous le nom de *mycélium.*

Ce mycélium mélangé au fumier dont on fait les *couches* ou *meules* germe et produit des sujets nombreux qui se renouvellent sans cesse :

Ces champignons « poussent... comme des champignons ». L'avantage de cette culture est de présenter une sécurité absolue, jamais sur les meules il ne peut se glisser de champignons vénéneux. Donc, amateurs, mes frères, dormez en paix.

*
* *

CHAMPIGNON DES CAVES

Je ne vous en dirai pas autant, par exemple, au sujet des autres cryptogames « comestibles » dont je vais vous parler; ceux-ci ont des similaires dangereux.

Je vous signale la différence entre les uns et les autres, mais je vous avertis que, si vous en goûtez, c'est à vos risques et périls.

Donc, je vous présente d'abord des frères du précédent, mais ceux-ci, sans éducation, courent les bois et les prés, et dame, à mener cette existence vagabonde, certains d'entre eux se pervertissent; c'est eux qui constituent le danger.

Parmi les bons : l'*Agaric printanier*, appelé *Mousseron* parce qu'il germe dans les herbages « mousseux » courts, au milieu des plantes aromatiques recherchées des chevaux et des bestiaux. Son chapeau, comme celui de ses homonymes, est charnu à la partie supérieure, lamé au-dessous en rayons qui s'écartent de plus en plus quand le champignon grandit. Les lamelles sont d'un blanc mat comme le chapeau qui est légèrement velouté, hâlé vers le centre.

L'*Agaric de Bruyère* diffère peu du précédent. Le centre du chapeau est roussâtre, ocré. Les lames sont rose clair, comme si les bruyères au milieu desquelles vit le cryptogame avaient déteint sur lui. Plus tard ces lamelles brunissent, puis noircissent; le champignon alors n'est plus bon. Nous avons omis de dire que lorsque les lamelles de l'*Agaric printanier* jaunissent, il faut également le rejeter.

Il est encore d'autres sortes d'agarics « mangeables », tels que le *Faux-Mousseron* ou *Agaric aromatique*; les Méridionaux, qui en sont friands, l'appellent simplement *Restaurant.*

Les Faux-Mousserons pullulent parmi les gazons des fossés et les chemins où passent les bestiaux.

*
* *

Vers la fin de l'été, aux approches de l'automne, on trouve, dans les prés bordant les forêts, l'*Agaric élevé,* au long pédicule surmonté d'un anneau charnu et coiffé d'un chapeau en forme de soucoupe, parsemé de taches rousses et portant une pointe au centre; ses feuillets sont blancs. Il aime à éclore sous les touffes de ronces. On le prétend exquis.

Plus petits sont : l'*Agaric à taches de sang* et l'*Agaric fusiforme.* Le premier a le chapeau conique, le bas de son pédicule est teinté d'une couleur rougeâtre assez pareille à celle du sang mélangé d'eau, d'où son nom; le second est porté sur un pédicule en forme de fuseau. Son chapeau pointu est crânement relevé sur les bords.

Voici l'*Oronge vraie*, au chapeau orangé lisse, garni au-dessous de lamelles jaunes du même ton que le pied.... Gare! il a un homonyme terrible, la *Fausse Oronge*, tout aussi belle, mais portant « *généralement* » de petites paillettes blanches sur le chapeau; je souligne *généralement*, parce que ces paillettes peuvent manquer et, dans ce cas, la confusion est aussi aisée que dangereuse.

Le pied de la fausse oronge et les lamelles du chapeau sont blancs.

C'est dommage qu'il y ait toujours ce point inquiétant quand il s'agit d'*Oronges* car leur chair est d'une remarquable succulence!... Enfin! mieux vaut bouder son ventre que d'y risquer d'épouvantables coliques dont l'issue pourrait être fatale!

Les oronges ont des surnoms : *Jaune d'œuf, Jaserand, Cadran* pour la vraie, *Agaric-Mouche, Tue-Mouche* pour la fausse.

* * *

Un des champignons les plus connus est la *Chanterelle*, appelée aussi *Girolle, Sanette, Moelle de terre.* Il est jaune, exhale une odeur de violette; son chapeau n'est pas lamé au-dessous mais nervé comme son pédoncule qui est en forme de vase.

Prenez garde de le confondre avec un voisin qui lui ressemble, bien que d'une couleur plus foncée et portant un stipe noirâtre plus allongé; ce voisin a nom *Chanterelle auranthiacus* ou *fausse-Girolle* et affectionne les mêmes endroits, — forêts de pins et de sapins, — mais les vertus de l'autre sont, chez lui, devenues des vices; n'en goûtez pas.

La *Clavaire botryoïde* vit parmi les hêtres et les chênes. Jeune, il est comestible; en vieillissant, il devient amer. Sa forme diffère absolument de celle de ceux que nous venons de citer. Il s'étale en une large crête qui semble supportée par des tiges ramifiées. Il est généralement violacé, parfois jaune verdâtre. Vulgairement on le désigne encore sous les noms de *Griffe* ou *Menotte*, sans doute à cause des tiges dont nous parlions et qui, en effet, se séparent comme des doigts pour supporter le couronnement.

Les *Bolets*, plus connus sous le nom de *Cèpes*, renferment plusieurs espèces comestibles mais aussi, revers de la médaille, plusieurs sortes vénéneuses. On les trouve généralement dans les forêts de chênes, de châtaigniers et de hêtres.

Le *Bolet comestible* ou *Cèpe ordinaire* porte un chapeau très large, arrondi, lisse et d'un ton jaune brunâtre; au-dessous sont de longues cavités jaunâtres.

Le *Bolet noir* ou *Bolet charbonnier* (*Cèpe noir*) : chapeau brun, tube se détachant aisément. L'intérieur est blanc et *ne change pas de couleur*, signe qui le distingue du *Bolet* vénéneux dont la chair, quand on la coupe, devient verte, bleue ou noire.

Le *Bolet orangé* ou *Girolle rouge* est assez recherché; son chapeau, d'abord convexe, se retourne ensuite pour devenir légèrement concave.

Citons encore, et cela terminera la série des champignons « bons à manger » :

L'*Helvelle alimentaire* qui croît dans les endroits découverts mais ombragés par les pins. Il est brun; son chapeau est fripé, plissé, recroquevillé et posé comme un béret sur un stipe blanchâtre.

Les *Pieds de mouton*, au chapeau irrégulier d'un jaune sale. Ils poussent par compagnies.

Les *Russule-Vache*, au chapeau de cardinal d'un rouge vif et lamé de jaune en dessous.

FAUSSE GIROLLE

Ce champignon, au dire des amateurs, a un goût délicieux et une odeur exquise... passe encore pour l'odeur, j'en veux bien respirer, mais goûter sa saveur... Nenni! j'aime mieux m'en priver, et cela avec d'autant plus de raison que je me méfie fortement de la *Russule vénéneuse*, qui n'aurait qu'à se glisser parmi les autres pour tout gâter. Vous avez beau me dire que cette dernière se démasque en laissant voir ses lamelles qui sont blanches, alors que celles de son bon voisin sont jaunes, l'indice n'est pas suffisant, et c'est le seul; j'aime décidément mieux me récuser.

***

Voici maintenant un champignon qui cherche ailleurs que dans l'art culinaire le moyen de se rendre utile : l'*Amadouvier*.

Son nom vous dit sa qualité. Il produit l'amadou qu'on prépare en faisant bouillir le cryptogame, en le battant ensuite. Certaines espèces d'Amadouviers poussent sur le tronc des hêtres, d'autres sur les vieux pommiers et sur les vieux saules. Leur aspect est, en somme, celui de l'amadou : ils sont d'un roux foncé, leur tissu

DANS LES FOUGÈRES.

est dur et ligneux; leur surface inférieure criblée de trous, orifices de tubes où ils enferment leurs spores.

*
* *

Nous venons de voir ensemble quelques « braves gens »; par leur excellent naturel, ils réhabiliteraient presque la famille des champignons si décriée, à laquelle ils appartiennent, mais hélas! leurs congénères de mauvaise vie sont si nombreux, ils ont tant de crimes sur la conscience que le nom : *Champignon* laissera toujours une arrière-pensée, éveillera une certaine inquiétude, un vague malaise. Les bons, en ceci comme en bien des choses, paient pour les mauvais; on les dédaigne, on les fuit.

Tant pis! Mieux vaut méconnaître les qualités de certains d'entre eux que d'être la victime des autres.

Le procès des champignons est, du reste, fort ancien. Pour notre part, rendons justice à certains d'entre eux et proclamons volontiers leur innocence; nous voudrions pouvoir démasquer tous les autres et les condamner sans pitié, mais ils sont légion et il nous faudrait des pages et des pages pour les citer; il est du reste des livres spéciaux qui ne parlent que de cette race de cryptogames.

*
* *

Toute fermentation, toute décomposition, toute putréfaction se produisant sur des corps organisés sont dues à certains champignons microscopiques que maintes fois vous avez vus à l'œuvre : vous les appelez : « moisissure ».

Ces champignons déposent leurs spores sur tous les corps qu'ils peuvent rencontrer, les y font germer, enlèvent à ces corps certaines matières essentielles indispensables à leur existence, s'en nourrissent et produisent ainsi des dégâts considérables :

La *Rouille* attaque nos céréales.

L'*Ergot*, ennemi des Graminées, choisit de préférence le maïs et le seigle comme victimes, insinue entre leurs glumes sa corne obtuse, dure, noire, cassante, chasse les graines et prend leur place.

Le *Champignon de la pomme de terre* pourrit cet excellent tubercule.

Le *Mildiou* et l'*Oïdium*, terribles ennemis de la vigne, qui avait pourtant déjà d'autres ennemis si redoutables, comme ce puceron vorace nommé *Phylloxera.*

Le vénéneux *Verdet, Vert-de-Gris, Verderame*, empoisonne le maïs.

Tous ces dévastateurs, ces corrupteurs sont des champignons!

Champignons également les *Rœstelies* qui granitent nos poires, les empêchent de grossir et font tomber en décrépitude l'arbre qui les porte; le *Meunier* qui marbre de plaques blanches, de dartres, les feuilles de nos végétaux et les débilite; le *Blanc du rosier*, qui anémie la plante et effeuille les pétales de sa jolie fleur.

La *Puccine*, le *Charbon*, la *Carie*, dix autres, champignons toujours, microbes terribles, atomes presque invisibles s'assemblant par milliards, s'unissant, se tassant les uns contre les autres pour tuer leurs victimes[1].

*
* *

Puis en voici d'autres plus grands, plus « dessinés ».

D'abord cet odieux *Champignon des caves*, d'un gris sale, pustuleux, répugnant à voir, encore plus à toucher, et qui se reproduit avec une rapidité vraiment effrayante.

Les déprédations qu'il commet sont tout aussi rapides : les poutres les plus épaisses, les poteaux les plus résistants sont en peu de temps réduits à néant.

Il a du reste, dans son histoire, des pages dont il est fier sans doute, le misérable.

Ce sont ses ancêtres qui, à la fin du siècle dernier et au début de celui-ci, détruisirent en deux ou trois ans un vaisseau français de 80 canons, LE FOUDROYANT et un navire anglais, la frégate REINE CHARLOTTE. Ceci peut donner une idée de la force inouïe de ce cryptogame. Dépourvu de stipe, il pousse sous forme de membranes charnues; ses spores qui se développent en immense quantité sont, antithèse singulière, du rose le plus frais.

1. Nous aurons occasion de reparler de ces parasites dans un chapitre spécial à la suite de celui sur les horticulteurs.

Vivant à l'ombre, recherchant l'obscurité où, à l'aise, le misérable fait sa néfaste besogne, il s'étale entre les poutres et les planches des habitations. S'il est exposé au jour il se couvre de duvet pour se garantir. Bientôt surgissent des verrues qui sécrètent un liquide blanchâtre, poison violent.

Non seulement ce cryptogame est nuisible par sa force destructive, mais sa présence rend très malsains les endroits où il croît en abondance

La *Pezize amorphe*, moins terrible que le précédent, s'attaque surtout aux mélèzes ; il vit en parasite sur leur écorce, se reproduit avec profusion et cause de grands dommages dans les forêts où il fait son apparition.

La *Pezize orangée* croît au bord des champs, dans les forêts où il guette la taille des bois pour installer en parasite, sur les troncs des arbres abattus, sa coupe rose doublée de rouge. Ceux-ci nuisent aux végétaux aux dépens desquels ils vivent, mais on prétend que les *Pezizes* sont comestibles... J'aime mieux le croire que d'y aller voir, car, sur l'article « champignon », je reste sceptique.

MYCÈNE PUR.

Le *Boviste verruqueux* a pris l'aspect d'une pelote, d'un blanc sale, piquée d'épingles à têtes brunes. On le rencontre souvent dans les bois et les forêts, il recherche le voisinage des hêtres.

Le *Cyathus Olla*, singulier assemblage de champignons jaunâtres épousant la forme de cornes d'abondance dont le contenu sont les spores.

*
* *

Il en est d'autres qui ne sont ni comestibles ni vénéneux, on les dit « indifférents », on ferait mieux de les dire « douteux » ! Tels sont, par exemple, le *Leptone de Kervern*, au chapeau jaunâtre doublé de rose, au long stipe blanc ; le *Claudope variable*, à lamelles violacées et qui se pique sur le bois, comme les huîtres sur leur parc ; les *Cortinaires visqueux*, *purpurins* ou *blancs* ; les *Polypores* ; la *Stérée poilue*, etc., etc.

Vous voulez quelques noms de champignons vénéneux?... Nous n'avons qu'à puiser dans le tas :

Parmi les *Amanites* (sorte qui renferme aussi des comestibles) voici l'*Amanite citrine*, d'un jaune clair ; l'*Amanite phalloïde*, un peu plus foncée ; l'*Amanite panthérée*, au moucheté rosé sur fond marron ; le *Mycène pur*, au chapeau rose tendre ; la *Chanterelle orangée*, en forme d'entonnoir ; les *Hypholomes* en touffes, bariolés de rouge et de jaune, etc., des centaines et des centaines d'autres encore !

HYPHOLOMES EN TOUFFES

*
* *

Il nous reste à vous dire quelques mots d'un épouvantable produit de même race. Je doute que, même sans être prévenu contre lui, vous ayez jamais la tentation non seulement de goûter à sa chair, mais même de le toucher, fût-ce du bout du pied ; il est répugnant d'aspect, surtout quand il a atteint son entier développement.

Ce champignon a nom *Satyre, Œuf du Diable.*

Lorsqu'il germe il est blanc et prend assez l'aspect d'un œuf, « l'œuf du Diable », d'où sortira rapidement un long stipe jaunâtre piqueté de taches. Bientôt ce stipe se coiffe d'un chapeau sans bord, d'un serre-tête verdâtre plutôt, strié de croisillons entre lesquels, comme une croûte lépreuse, s'étalent les spores. Cette lèpre, en mûrissant, se liquéfie peu à peu, et, comme un abcès qui crève, se répand en un mucilage fétide dont l'odeur putride suffoque..., goutte à goutte elle se répand, englue le chapeau, coule le long du stipe et l'empoisonne. Le champignon a vécu, son propre venin l'a tué.

Peut-être avez-vous vu parfois des réprésentants de cette race immonde. Rarement ils vivent en groupes, préfèrent la solitude, l'isolement.

Les pluies d'été, pluies chaudes, pluies d'orages, le font éclore aussi bien dans les forêts que dans les haies, dans les jardins que dans les vignobles.

*
* *

Sont-ce là tous les champignons malsains qui croissent dans nos climats?... Non, certes, il en est beaucoup d'autres mais, outre que la nomenclature en serait assez longue, elle deviendrait fatalement monotone et je finis ici, comme j'ai commencé, en vous engageant à vous en tenir, à moins d'une sûreté appuyée de preuves évidentes, aux trois sortes admises; dès lors, que vous importent les autres?

*
* *

Avant de quitter la race *Cryptogamique*, laissez-moi, toutefois, vous signaler encore un champignon assez curieux. La préoccupation de celui-ci n'est ni de vous nourrir, ni de vous empoisonner, il a autre chose à faire. C'est un maniaque inoffensif; il se nomme *Geaster hygrométrique.*

Ce geaster passe son existence à regarder le temps qu'il fait et à en noter les variations par les contractions de ses valves.

Ce bizarre personnage s'est habillé d'un double vêtement, ce champignon a double enveloppe : l'une extérieure, dure, coriace, l'autre douce, membraneuse; l'une est l'imperméable, le pardessus, l'autre (qui s'ouvre en valves) est le vêtement de dessous.

Le temps est-il à la pluie, l'horizon est-il masqué par le brouillard? notre gaillard reste calfeutré dans son imperméable.

Le soleil luit-il, a-t-il de ses rayons dissipé pluie et brouillard? aussitôt le pardessus s'entrouve, les valves se recourbent vers l'extérieur, le cryptogame hume le bon air.

La chaleur fait mûrir les graines brunes que renferme son réceptacle qui se rompt bientôt, répand son contenu sur le sol où naîtront d'autres individus, tout aussi maniaques et tout aussi préoccupés de noter les variations climatériques.

La couleur du geaster est fauve. Lorsqu'il est ouvert par le beau temps, il a un peu l'aspect d'une large rosace, d'une grosse noisette dont on aurait écarté l'enveloppe, mais ici cette enveloppe est faite de folioles sans dentelures, lancéolées.

*
* *

Nous avons vu ensemble les « petits » de l'espèce végétale; vous plairait-il maintenant que nous en voyions de plus grands?... Arbustes, arbrisseaux poussant à l'aventure, arbres bocaresques et arbres forestiers?... Près d'eux nous sommes passés souvent mais, occupés que nous étions à chercher à nos pieds la fleurette jolie ou la plante gracieuse, nous n'avons pas eu le loisir de leur accorder un regard; ils sont dignes qu'on s'occcupe d'eux, pourtant, et si vous le voulez bien nous ferons, à leur intention, quelques nouvelles excursions.

APPENDICE AU CHAPITRE PRÉCÉDENT — CRYPTOGAMES

NOM VULGAIRE	NOM SCIENTIFIQUE	FAMILLE
A		
Agaric aromatique.	*Agaricus aromaticus.*	Champignons.
Agaric a taches de sang	*Agaricus hæmatachelis* . . .	»
Agaric comestible.	*Agaricus campestris*	Champignons.
Agaric de bruyère.	*Agaricus edulis.*	»
Agaric fusiforme	*Agaricus fusiformis*	»
Agaric mouche. V. Fausse oronge.		
Agaric printanier	*Agaricus albellus.*	Champignons.
Amadouvier.	*Polyporus fomentarius.* . . .	Champignons.
Andrœa alpestre	*Andræa alpina*	Muscinées.
Aneura épaisse.	*Aneura pinguis.*	Hépaticées.
Anthrocée brillante	*Anthroceros levis.*	»
Aréolaire	*Pertusaria communis*	Lichens.
B		
Barbe de capucin	*Usnea barbata.*	Lichens.
Blanc du rosier	*Sphærotheca pannosa*	Champignons.
Bœmyces rose.	*Bœmyces roseus*	Lichens.
Bolet charbonnier. Voyez Noir.		
Bolet comestible	*Boletus edulis.*	Champignons.
Bolet noir.	*Boletus niger*	»
Bolet orangé	*Boletus aurantiaca.*	»
Botrychium lunaire	*Botrychium lunaria*	Fougères.
Boviste verruqueux	*Lycoperdon perlatum.*	Champignons.
Brosse de bruyère. Voyez Capillaire doré.		
C		
Cadran. Voyez Fausse oronge.		
Capillaire commun.	*Asplenium trichomanes* . . .	Fougères.
Capillaire doré	*Polytrichum communis* . . .	Muscinées.
Capillaire de Montpellier	*Adiantum capillus veneris.* .	Fougères.
Carie.	*Uredo caries.*	Champignons.
Cèpe. Voyez Bolet.		
Champignon de couche. Voy. Agaric.		
Champignon de la pomme de terre.	*Peronospora infestans.* . . .	Champ., algue.
Champignon des caves.	*Merulius lacrimans*	Champignons.
Chanterelle.	*Cantharellus sybarius.* . . .	Champignons.
Chanterelle aueanthiacus	*Cantharellus auranthiacus.* .	»
Charbon	*Uredo carbo.*	»
Clavaire botryoïde	*Clavaria botrytis*	»
Corail des montagnes.	*Cladonia rangiferina.*	Lichens.
Cyathus olla.	*Cyathus olla.*	Champignons.
D		
Doradille septentrionale.	*Asplenium septentrionale* . .	Fougères.
E		
Ergot.	*Claviceps purpurea.*	»
Erisiphé. Voyez Meunier.		

NOM VULGAIRE	NOM SCIENTIFIQUE	FAMILLE
F		
FAUSSE COCHENILLE.	*Cladonia coccifera*	Lichens.
FAUSSE ORONGE.	*Agaricus muscarius*	Champignon.
FAUX MOUSSERON	*Agaricus tortillis*.	»
FOUGÈRE COMMUNE.	*Pteris aquilina*	Fougères.
FOUGÈRE EN ÉPI.	*Blechnum spiceus*.	»
FOUGÈRE FLEURIE.	*Osmunda regalis*	»
FOUGÈRE MALE	*Aspidium filix mas*.	Fougères.
G		
GEASTER HYGRONOMÉTRIQUE.	*Geaster hygrometricus*. . . .	Champignon.
GIROLLE. Voyez Chanterelle.		
GIROLLE ROUGE. Voyez Bolet orange.		
GRIFFE. Voyez Clavaire.		
GRIFFE DE LOUP. Voyez Lycopode.		
H		
HELVELLE ALIMENTAIRE.	*Helvela esculenta*.	Champignon.
HERBE A FEU. V. Fausse cochenille.		
HERBE LA PLIQUE. Voyez Lycopode.		
HERBE SANS COUTURE. Voyez Langue de serpent.		
HÉPATIQUE A LARGES FEUILLES	*Madotheca platyphylla*. . . .	Hépaticées.
HÉPATIQUE POLYMORPHE	*Marchantia polymorpha*. . .	Hépaticées.
HYPNUM EN SPATULE.	*Hypnum rutabulum*.	Muscinées.
I		
ISOTÉE DES ÉTANGS.	*Isoetes lacustris*	Isotées.
J		
JASERAN. Voyez Oronge.		
JAUNE D'ŒUF. Voyez Oronge.		
L		
LANGUE DE SERPENT	*Ophioglossum vulgatum*. . .	Fougères.
LECIDIE GÉOGRAPHIQUE.	*Lecidia geographica*	Lichens.
LICHEN DE GRÈCE.	*Roxella tinctoria*	Lichens.
LICHEN FRANÇAIS. Voyez de Grèce.		
LICHEN D'ISLANDE.	*Cetraria Islandica*	Lichens.
LYCOPODE COMMUN	*Lycopodium clavatum*. . . .	Lycopodéacées.
M		
MENOTTE. Voyez Clavaire.		
MEUNIER	*Erysiphe*.	Champignon.
MILDEW.	*Peronospora viticola*	Champignon.
MINIUM ETOILÉ	*Minium stellare*.	Muscinées.
MOELLE DE TERRE. Voy. Chanterelle.		
MORILLE.	*Morchella esculenta*.	Champignon.
MOUSSE DU NORD. Voyez Corail des montagnes.		
MOUSSERON. Voyez Agaric.		

NOM VULGAIRE	NOM SCIENTIFIQUE	FAMILLE
O		
ŒUF DU DIABLE. Voyez Satyre.		
OÏDIUM	*Oïdium tuckeri*	Champignon.
ORONGE VRAIE	*Agaricus Cæsarius*	»
P		
PARMELIA DE TARTARIE	*Lecanora tartarea*	Lichens.
PERELLE DES MURS	*Parmelia parietina*	Lichens.
PEZIZE AMORPHE	*Peziza amorpha*	Champignon.
PEZIZE ORANGÉE	*Peziza auranthiaca*	Champignon.
PIED DE MOUTON	*Hydeus*	«
PILULAIRE	*Pilularia globifera*	Rhizocarpées.
PLICAIRE. Voyez Lycopode.		
POLYPODE	*Polypodium vulgare*	Fougères.
PRÊLE DES TOURNEURS	*Equisetum hyemale*	Equisétacées.
PUCCINE	*Puccinia graminium*	Champignons.
PYRÈLE. V. Corail des montagnes.		
Q		
QUEUE DE RAT	*Equisetum arvense*	Equisétacées.
R		
RESTAURANT. Voyez Agaric.		
ROUILLE	*Uredo rubigo*	Champignon.
RUE DE MURAILLE	*Asplenium ruta muraria*	Fougères.
RUSSULE VACHE	»	»
RUSSULE VÉNÉNEUSE	»	»
S		
SALVINIE NAGEANTE	*Salvinia natans*	Rhizocarpées.
SANETTE. Voyez Chanterelle.		
SATYRE	*Phallus impudicus*	Champignon.
SCOLOPENDRE	»	»
T		
TRUFFE	*Tuber sibarium*	Champignon.
TUE-MOUCHE. Voyez Fausse oronge.		
V		
VERDET	*Sporisorium Maïdis*	Champignon.
VERT-DE-GRIS. Voyez Verdet.		
VERDERAME. Voyez Verdet.		

ARBRES ET ARBUSTES FORESTIERS ET CHAMPÊTRES

Dans les forêts épaisses et dans les bois ombreux, dans les prés et au bord des rivières, mille arbres enchevêtrent en tous sens leurs branches robustes ou graciles, marient leurs feuilles aux tons clairs ou foncés. Nul ne rivalise de force et de majesté avec le Chêne, notre *Chêne rouvre* (1),

> « Celui de qui la tête au Ciel étoit voisine
> « Et dont les pieds touchoient à l'Empire des Morts. »

Roi de nos forêts, nul n'a de dynastie plus ancienne; la Gaule fut son berceau, toujours il l'abrita sous ses larges frondaisons.

Aux époques primitives il a couvert de son ombre mystérieuse toute l'Europe occidentale, depuis les bords sauvages de la Baltique jusqu'aux plages fertiles de la Méditerranée.

Cent espèces de chênes, à *feuilles persistantes* ou à *feuillage tombant*, ont fait en vain jaillir du sol leurs troncs droits ou contournés : *Chênes tauzin*, *Chênes brosses*, *Chênes prases*, *Chênes velani* ont inutilement lutté de vigueur! Inutilement le

1. On dit aussi *Chêne roure*

Chêne verris a de rage tordu ses branches noueuses et le *Chêne pyramidal* ramassé les siennes. Le *Chêne liège* a en vain allégé son écorce, le *Chêne ballote* adouci son fruit, le *Chêne kermès* fait scintiller sur ses rameaux des insectes cramoisis, nul n'a pu détrôner le vieux chêne gaulois, le *Chêne rouvre.*

Son histoire, nous nous en occuperons plus loin; pour l'instant contentons-nous d'en admirer la superbe allure.

CHÊNE

Tout en lui indique la vigueur : ses racines épaisses bossuant le terrain comme les veines en relief d'un homme robuste bossuent sa peau; son tronc rugueux sillonné comme un torse d'hercule; ses branches noueuses musclées comme des bras et des jambes d'athlète; ses feuilles même, brillantes et fermes, qui bravent vents et gelées; elles roussiront, prendront une tonalité de bronze mat, mais ne consentiront à quitter les branches où elles s'étaient attachées qu'à l'apparition des nouvelles pousses.

Inutile de vous décrire le chêne. Vous connaissez sa feuille jolie aux larges festons; vous connaissez son fruit, ce gland, qui semble un œuf dans un coquetier; vous savez comme moi que ce gland est un régal pour le rose animal dont saint Antoine fit son inséparable compagnon. Affirmer qu'en rôdant sous les chênes, pour y trouver des glands, il ne préférerait pas de beaucoup y découvrir des truffes serait peut-être méconnaître les goûts de cette bête « soyeuse », mais dame! si faute de grives nous mangeons des merles, faute de truffes il dévore des glands.

* * *

En reconnaissant la royauté du chêne nous n'entendons nullement méconnaître la valeur des autres forestiers, du Chataignier, par exemple.

Celui-ci possède à nos yeux une qualité grande : il nous fournit... les *châtaignes*. Or, ceci vous laisse froid peut-être; je pourrais alors vous répondre par cet absurde jeu de mots : « Mangez-les toutes chaudes! » d'autant que c'est un fruit d'hiver!..... Dès les premiers froids, de larges poêles à rissoler font leur apparition aux angles des devantures des marchands de vins où elles remplacent les bourriches d'huîtres. Chaque poêle à marrons — car on appelle marrons ce qui est châtaigne — est accompagnée d'un personnage, généralement Auvergnat, dont la mission est de faire griller la succulente amande à robe brune.

Exquise alors, mangée toute bouillante! Merveilleuse lorsqu'il gèle à pierre fendre et qu'on rentre le soir l'onglée aux doigts. « Deux sous de marrons »! un sou dans chaque poche et vous avez là une chaufferette toute trouvée, chaufferette comestible, qui plus est!...

Et glacée! madame, qu'en dites-vous?... Car la vulgaire châtaigne grillée, débitée aux portes des marchands de vins... fi!... voilà une friandise trop commune pour vous!... Vous lui préférez, évidemment, l'onctueux marron glacé emmailloté d'une couche de sucre... j'avoue que moi aussi!...

Mais la gourmandise m'entraîne vraiment et je disserte sur le fruit avant même de vous avoir montré l'arbre sur lequel il pousse. Le voici!... C'est un « ancien » celui-là, il a dû fournir des châtaignes à bien des générations et, vu la longévité dont jouit ordinairement sa race, il est probable qu'il en fournira encore alors que nous serons à croquer celles d'un monde meilleur... ou pire!

*
* *

Arbre superbe, le châtaignier, aime à étaler à l'aise ses fortes branches garnies de feuilles en fer de lance, dentelées comme des scies, luisantes, dures et d'entre lesquelles pendillent ici de longues franges jaunâtres, — passementeries qui sont les fleurs femelles, — s'accrochent là des chatons épineux, ramassés en boule, comme de lilliputiens porcs-épics, ne présentant partout que des piquants. Sous cette enveloppe quelque peu rébarbative se cachent, tassées les unes contre les autres, les bonnes châtaignes qui tout à l'heure nous faisaient venir l'eau à la bouche.

Trois fruits aplatis d'un côté, arrondis de l'autre, se juxtaposent exactement. Inutile de chercher à écarter les piquants de la cassolette pointue qui les renferme, le contenu n'est pas à point; lorsque la maturité sera venue, les châtaignes naïves, ignorant sans doute leur destin, crèveront leur enveloppe et s'en échapperont. C'est l'automne qu'elles choisissent pour quitter leur prison.

Le châtaignier vit volontiers en compagnie du chêne et du hêtre; tous trois sont, du reste, de la même famille.

*
* *

Le Hêtre est un arbre très beau, lui aussi. Son tronc gris cendré s'élève droit; ses branches souples se garnissent d'un abondant feuillage, feuilles plus simples que celles du chêne ou du châtaignier, n'ayant point ou presque point de dentelures, elles sont presque ovales, d'un vert luisant, mais minces et douces au toucher. Comme le châtaignier, le hêtre porte des fleurs staminées et des fleurs pistillées; les premières, suspendues à un pédicule long et velu, sont sphériques; les secondes, se réunissant par deux dans un involucre épineux, donnent naissance à ce petit fruit triangulaire qui a nom *faîne* et dont on extrait une huile assez recherchée.

Certains auteurs ne reconnaissent qu'une seule sorte de hêtre, d'autres prétendent qu'il en existe deux : le *Hêtre blanc* ou *Hêtre des montagnes*, le *Hêtre rouge* ou *Hêtre des plaines*. Nous devons à l'Amérique du Nord la variété à feuille rouge, moins élevée mais offrant un bois de qualité supérieure. Toutefois cette espèce a l'inconvénient d'exiger un sol riche et profond, tandis que notre vieux hêtre trouve sa vie et prend des proportions de géant dans des terres ingrates.

Le *Hêtre* porte aussi les noms de *Fayard*, *Foyard* ou *Fauteau*.

*
* *

Le chêne, le châtaignier, le hêtre sont les géants de nos contrées, géants qui seraient presque pygmées comparés aux arbres tropicaux, mais dont nos climats, toutefois, se contentent fort bien.

Après eux, de belle venue aussi, voici des *Ormes*, famille aux nombreuses espèces :

L'*Orme champêtre* croît dans nos forêts mais on aime à le planter aux bords des chemins et des grand's routes qu'il abrite de son ombre épaisse

De petites feuilles brunâtres en forme de cœur et se groupant en paquets apparaissent d'abord au printemps; peu après les rameaux se couvrent de feuilles ovales doublement dentelées sur les bords. Les fleurs, petites, sont hermaphrodites.

C'est pendant le développement des feuilles que mûrissent les fruits portant une graine unique renfermée dans une sorte d'aileron membraneux.

Le bois de l'orme est très dur, aussi l'emploie-t-on pour la fabrication d'ustensiles pouvant résister à la fatigue : vis de pressoirs, travaux de charronnage, etc.

L'orme a des parents un peu dans toutes les régions tempérées de l'hémisphère boréal. Le plus commun, le plus répandu est l'*Orme champêtre*. C'est sous son feuillage que se donnent les rendez-vous auxquels on a l'intention de manquer. «*Attendez-moi sous l'orme!....* » locution usitée et si souvent mise en pratique.

ORME.

Ces arbres, pour nous, représentent la vigueur, comme d'autres, non loin, représentent l'élégance.

*
* *

Voici le BOULEAU, au tronc lamé d'argent, au feuillage délicat de forme et fin de ton. Sa silhouette claire se dessine gaîment sur les tonalités foncées des grands forestiers; à eux la note sévère, à lui la note gaie ; à eux les formes robustes, à lui l'allure svelte.

Le bois des chênes et des hêtres est dur, consistant, halé, le sien est tendre, souple, d'un blanc laiteux; avec ceux-là on construit des charpentes solides, des meubles durables, avec celui-ci on ne fait que des menus objets; calciné, il est recherché pour la fabrication de la poudre. Dans nos contrées, son emploi se borne presque à cela.

Ailleurs, car le bouleau est de mœurs faciles et s'accommode aussi bien du climat froid que du climat tempéré, du terrain sec et aride quo du sol détrempé, marécageux, ailleurs disons-nous, on le met à « toutes sauces ».

Les Finlandais font infuser ses feuilles en guise de thé.

FRÊNE BLANC.

Les habitants du Kamtchatka mélangent son écorce aux œufs de poisson et composent ainsi un mets qu'ils prétendent exquis. Les Scandinaves affouragent les feuilles et leurs bestiaux s'en nourrissent l'hiver; pour eux-mêmes ils extraient de la sève de l'arbre un sirop agréable.

Chez les Russes le bouleau supplée à l'orge dans la fabrication de la bière.

Les Lapons obtiennent par la combustion de l'écorce une huile médicinale ; cette écorce leur sert aussi à la confection de chaussures.

Arbre précieux, le bouleau, vous le voyez, et qui sait à l'agréable ajouter l'utile. Comme les précédents il porte des fleurs mâles disposées en chatons, non pointus mais écailleux; les chatons des fleurs femelles cachent sous leurs écailles de petites noix ailées ; les feuilles argentées sont triangulaires ou ovales, pointues et dentelées.

Du même genre, — famille des *amentacées*, — offrant avec le précédent de grandes analogies, est le Charme. Le charme commun est appelé, du reste, *Charme-Bouleau* bien que, physiquement, il ne lui ressemble guère : son tronc au lieu d'être élancé, lisse, comme lamé de bandelettes blanches, est court, souvent mal proportionné et cerclé de reliefs, d'espèces de cordes, dirait-on, qui, partant des principales racines, serpentent jusqu'aux rameaux, tels les muscles d'un écorché. L'écorce est grise, assez lisse, mouchetée de taches blanches, mais dartrée, généralement, d'une mousse brune. Les feuilles sont allongées, simples et alternes.

Le charme porte des fleurs mâles et des fleurs femelles; le fruit est une petite noix ovoïde, angulaire, ne renfermant qu'une semence. L'arbre a cet avantage de n'être pas plus difficile que le bouleau sur le choix du terrain et d'être malléable à l'excès; sans regimber, il se prête à toutes les fantaisies de formes qu'on veut lui imposer : colonnades, portiques, arceaux ou simplement haies ou berceaux, peu lui importe, il se trouve aussi à l'aise sous un déguisement que sous un autre; ces déguisements lui sont, du reste, si personnels que « Charmille » est le terme sous lequel on les désigne.

*
* *

Il existe une grande variété de Frênes, indigènes ou exotiques. La plus intéressante est celle que nous connaissons le mieux : Le *Frêne commun* ou *Grand Frêne*. Il monte droit et haut, son tronc élégant se couronne de rameaux maigres, peu étendus, aux tiges verdâtres, point du tout en rapport avec les proportions de ce tronc d'un beau gris cendré dont on attendrait des frondaisons plus cossues. Ses feuilles sont opposées, imparipinnées ; ses fleurs, en panicules serrées, sont dépourvues de corolle et de calice, les unes sont mâles, d'autres hermaphrodites, d'autres femelles ; ces deux dernières donnent naissance à des fruits à une seule graine.

Vous avez vu souvent, sans nul doute, le *Frêne blanc*, curieux par son feuillage varié portant des feuilles bariolées de blanc crémeux et de vert clair. Pas une qui se ressemble. Il en est de presque complètement blanches, ne portant qu'une strie, une tache timide de vert; chez d'autres, c'est l'inversion, le vert domine, le blanc est discrètement rappelé par un mince filet, une touche minuscule; celles-ci sont absolument immaculées, d'un blanc pur, celles-là littéralement vertes; d'autres enfin sont mi-partie d'un ton, mi-partie d'un autre comme des personnages moyen âge; une même tige est parfois garnie d'échantillons de toutes les variétés.

Ce frêne est très recherché comme arbre ornemental, son feuillage de tons inattendus donne une note toute particulière; c'est donc surtout dans les jardins qu'on le rencontre; si nous en parlons ici, c'est pour ne pas le séparer des siens.

Une autre sorte de frêne vulgairement appelé *Frêne de Calabre* produit la substance médicale qu'on administre aux enfants sous le nom de *Manne*; substance sucrée que ceux-ci croquent comme des bonbons sans se douter de l'effet « laxatif » qui s'ensuivra.

*
* *

Sous ces longs rameaux souples s'élançant en tous sens ou gracieusement retombant, vous trouverez — masqués par de larges feuilles arrondies, bien nervées, dentelées sur les bords, — des pendantifs ressemblant à des papillotes; papillottes frangées renfermant non une sucrerie mais, sous une coque jaunâtre ou rosée, une délicieuse amande, la *noisette!*... Ceci vous dit assez que ces rameaux élégants qui montent peu — comme pour vous permettre sans peine la cueillette — appartiennent au Noisetier ou, pour mieux dire, au Coudrier dont les tiges sont « magiques », ou plutôt divinatoires, nul ne l'ignore!... Vous voulez découvrir quelque source? Rien de plus simple : « Toc, Toc!... » vous touchez le sol de votre baguette de coudrier!... Elle tourne dans vos doigts?... c'est un indice certain que là coule sous terre une source limpide. Creusez le sable à cet endroit, les eaux surgiront aussitôt.

S'agit-il de découvrir quelque trésor enfoui?... Même jeu : « Pan, pan! » votre baguette pivote? vite une brèche, fouillez le terrain.... bijoux précieux, joyaux, monnaies d'or et monnaies d'argent s'étaleront à vos yeux émerveillés...

Hélas! En notre siècle de positivisme, nul ne voulant plus croire en lui, le coudrier a perdu ses vertus! C'est grand dom-

AUBÉPINE.

mage! Son bois a seulement conservé sa souplesse; de propriétés magiques, plus trace! les propriétés utiles seules ont persisté. Des doigts des fées et des devins, ses branches ont passé entre les mains plus prosaïques des vanniers, des fabricants de cerceaux et de bois recourbés. Ses baguettes magiques se sont transformées en supports de ligne, peut-être persistent-elles à souffler, à l'oreille des pêcheurs convaincus, l'endroit où le poisson pullule.

Quant au fruit, il a heureusement gardé son exquise saveur; qu'il pousse teinté de carmin sur le *Noisetier franc*; qu'il s'abrite, aveline ronde, sous les feuilles du *Noisetier à gros fruit* (ou *Avelinier*); qu'il se groupe aux rameaux du *Noisetier en grappes* ou pendille aux branches du *Noisetier d'Espagne*, il reste ce qu'il a toujours été : un fruit succulent. C'est vers la fin de l'été qu'il arrive à maturité, tandis que sa fleur a été une des premières à faire son apparition dès le début du printemps.

*
* *

Agglomération de feuilles luisantes, d'aspect métallique, dures, recroquevillées, contournées, dentelées, hérissées de pointes dardées en tous sens. Tiges d'un bois dur, plus dense que l'eau, très blanc, d'un grain fin et serré, voilà le Houx *commun* au feuillage toujours vert, égayé en été de fleurs blanches, en hiver de perles d'un rouge éclatant.

Ici il croît spontanément, formant parfois d'impénétrables buissons, parfois des arbres d'une assez jolie hauteur. Cultivé, on en a vu s'élever jusqu'à vingt et vingt-cinq mètres.

Sujet très décoratif, le houx a été adopté comme plante d'ornement. Il comporte maintes espèces variées de formes et de couleurs; les unes portant des fruits blancs ou des fruits jaunes, des feuilles où les piquants se multiplient d'inquiétante façon, d'autres ne portant point de piquants du tout. Ceux-ci ont des feuilles d'un vert éclatant en dessus, d'un gris cendré au-dessous, ceux-là les portent bariolées de blanc crème et de vert tendre. *Houx des Baléares*, *Houx du Japon*, *Houx maté*, *Houx apalachine* ou *Thé des Apalaches* [1] dont les feuilles et les fruits sont vomitifs, *Petit Houx*, *Houx Frélon*. Les uns assez rares, les autres très communs; en tous cas plantes solides, résistant aux ardeurs du soleil comme aux piqûres de la gelée.

*
* *

En fait d'arbustes d'une certaine importance nous trouverons encore dans nos bois :

Le Cornouiller *commun* (vulgairement appelé *Cornier*) et qui produit comme fruit une drupe comestible, la Cornouille.

Le Cornouiller croît lentement, mais sûrement, justifiant le dicton italien : « *Qui va piano va sano* ». Il va doucement, prudemment mais son existence se prolonge parfois pendant plusieurs siècles; son bois dur et lourd, de ton foncé, devient de plus en plus noir au fur et à mesure qu'il avance en âge.

*
* *

L'Aubépine, porte des paquets de fleurs, petites étoiles blanches ou rouges; elles se transforment aussi en paquets de fruits, petites pommes carminées tranchant sur un feuillage d'un vert sombre aux contours festonnés. Les fleurs parfumées, bouquets tout composés, sont tentantes à cueillir, elles le savent; aussi ont-elles eu la prudence d'ériger de longues épines, sur les tiges qui les portent, armes défensives dont il faut se méfier.

Ces larges ombelles odorantes, d'un blanc jaunâtre, appartien-

1. Nom d'un peuple jadis très puissant des bords de la rivière Rouge, à l'ouest du Mississipi.

nent au SUREAU, fleurs bienfaisantes fournissant des tisanes calmantes. L'arbre passe du blanc au noir. Ses fleurs crémeuses deviendront des baies noires se groupant les unes contre les autres en corymbes aplatis comme actuellement les fleurs. Il y a plusieurs sortes de sureaux; les uns portent des feuilles découpées finement comme des feuilles de persil, d'autres les gardent plus larges et seulement dentelées.

Bien planté sur un tronc droit à écorce lisse, couronné de branches étendues sans confusion, le MERISIER porte de longues feuilles entre lesquelles se balancent, comme des pendeloques, des perles noires.

Le MERISIER DES BOIS se multiplie lui-même par les noyaux de ses fruits. Arbre très recherché des pépiniéristes, c'est sur son plant que se greffent toutes les sortes de cerisiers; très recherché des ébénistes et des fabricants de pipes, car son bois odorant est parfait pour maints travaux de boissellerie; très recherché des distillateurs qui transforment ses fruits et ses noyaux en kirsch et en ratafia; très recherché enfin des oiseaux qui becquètent avec délices les succulentes petites baies noires. En somme, arbre précieux.

*
* *

Ces lourdes grappes dorées qui retombent au travers d'un léger feuillage vert tendre et qui font les délices de certains oiseaux — la grive gourmande en raffole — appartiennent au SORBIER, arbre de moyenne grandeur. Avant d'être des grappes de fruits, ces pendentifs furent des grappes de fleurs blanches. Actuellement jaunes, les petites pommes minuscules deviendront orangées, se fonceront de plus en plus et passeront enfin au ton cramoisi le plus éclatant. L'arbre alors sera véritablement superbe.

Dans certains pays, dans les Vosges notamment, j'ai vu des routes entières bordées de sorbiers, l'aspect est des plus réjouissants; mais, par exemple, il ne faut pas compter sur leur ombre pour s'abriter, le feuillage clairsemé laisse passer les rayons du soleil, comme à travers une écumoire; à ce point de vue, le Sorbier ne joint pas l'utile à l'agréable.

*
* *

Voici des arbrisseaux plus petits, des buissons : Troènes à fleurs blanches, à fruits non comestibles pour nous, mais nourriture excellente pour la gent plumée qui, l'hiver, en fait une ample consommation.

Fusains, aux fruits singuliers, capsules côtelées, d'un rouge écarlate, épousant absolument et adoptant la couleur du bonnet de cardinal, ce qui les a du reste fait surnommer *Bonnets sacrés*.

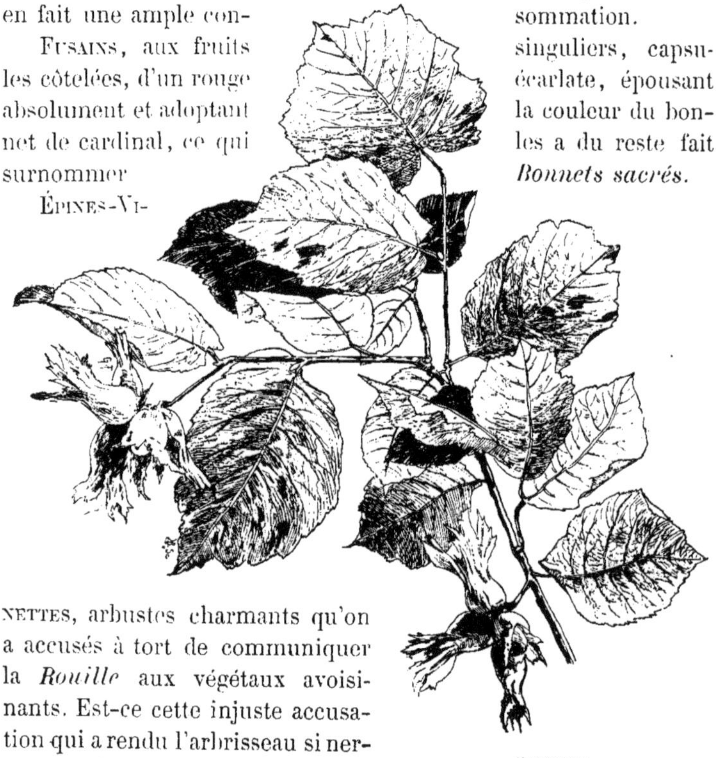

NOISETIER

Épines-Vinettes, arbustes charmants qu'on a accusés à tort de communiquer la *Rouille* aux végétaux avoisinants. Est-ce cette injuste accusation qui a rendu l'arbrisseau si nerveux, si irritable ? Touchez légèrement les étamines de sa fleur et vous les verrez aussitôt se replier vers le pistil en un mouvement rapide.

Vers mai-juin, les fleurettes jaunes apparaissent aux aisselles des feuilles comme celles du groseillier. Elles sont ensuite remplacées par de longs fruits ovales, verts d'abord, rouges ensuite. Vert, le fruit peut suppléer aux câpres; mûr, il supplée au citron et peut faire d'excellentes confitures.

L'épine-vinette ne dépasse guère une hauteur de un à deux mètres; ses rameaux portent à leur base une longue épine, parfois trois, émergeant en sens différents. La racine, le bois, l'écorce fournissent une teinture jaune. En somme, l'arbrisseau est plutôt utile que nuisible!

SORBIER

Le BOIS-GENTIL, que des gens malavisés, jaloux sans doute d'un nom trop flatteur, ont vulgairement surnommé *Garou*, *Mouillon*, se montre de préférence dans les bois montueux qu'il parfume au printemps de ses pyramides, fleurettes roses bientôt chassées par des drupes rouges renfermant un principe vénéneux.

L'EGLANTIER, la souche de nos roses les plus belles et les plus compliquées, est un arbrisseau des plus gracieux. Ses rameaux épineux, s'élançant crânement de droite et de gauche, s'agrippent aux arbres et aux buissons où ses aiguillons le maintiennent, s'enroulent autour ou retombent en courbes élégantes, rasant le sol pour remonter ensuite si quelque support ne se trouve à sa portée. Ses longues tiges, garnies de feuilles ovales dentelées, se parent au printemps de délicates fleurs blanches ou rosées, simples, de formes exquises, mais d'une désespérante fragilité, un souffle les détruit. Inutile de songer à cueillir la jolie fleur, aussitôt séparée de sa tige, les pétales se détachent. Elle est tout à la fois timide et sauvage. Quand vous l'aurez civilisée, lorsque par « l'écussonnage » vous l'aurez aristocratisée et que de simple églantine elle sera devenue rose titrée, elle consentira à orner votre corsage ou à parfumer vos bouquets; pour l'instant elle entend rester sur sa tige, vivre dans les taillis où elle a pris naissance.

Citons encore la Bugrane *épineuse*, aux fleurs purpurines, aux feuilles à désagréable odeur.

*
* *

Gare les épines, nous voici sur la lisière du bois, domaine des Acacias.... je dis « acacias » par habitude, car ces acacias ne sont point du tout des acacias et n'appartiennent en aucune façon au genre dont ils ont usurpé le nom. Acacia n'est ici qu'un pseudonyme sonore masquant la personnalité du vulgaire Robinier. — Ses feuilles sont pinnées; ses fleurs blanches, odorantes, pendent en grappes; ses branches, son tronc, sont armés de longues épines acérées dont la piqûre est douloureuse.

Le Robinier? vous l'avez vu cent fois, mille fois. C'est à lui qu'incombe généralement le rôle de border les voies des chemins de fer, non par goût, mais par devoir; le végétal a des racines nombreuses se ramifiant en tous sens, elles soutiennent les terres de leur charpente naturelle et les protègent contre tout éboulement.

Comme si les pointes acérées du faux acacia ne suffisaient pas à défendre la lisière du bois, les Prunelliers y ajoutent les leurs, plus longues, plus aiguës, plus dures encore. Il est rébarbatif en diable, ce prunellier. Il n'est fait que de longues épines d'où émergent d'abord des fleurs solitaires, très-odorantes, puis des feuilles glabres, allongées, et enfin des fruits violacés ayant absolument l'aspect de prunes, mais toutes petites, ne dépassant guère la taille d'un gros pois. Fruit d'une acidité à vous donner le frisson, mais d'où l'on extrait une liqueur excellente nommée : *Prunelle*. Ce nom est aussi celui du fruit que, dans certaines campagnes, on broie et qu'on mélange ensuite avec de l'eau et du marc de raisin pour en former une boisson nommée « piquette ». Les gens du cru ont sans doute un gosier conformé autrement que le mien car ils trouvent non seulement rafraîchissant mais encore très agréable ce breuvage d'une âcreté à vous donner la chair de poule.

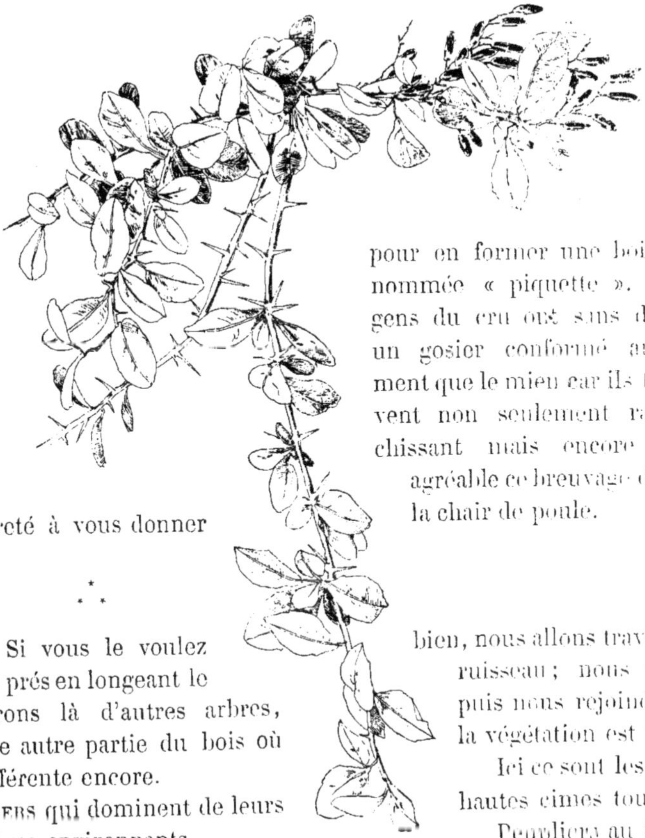

* * *

Si vous le voulez bien, nous allons traverser les prés en longeant le ruisseau ; nous trouverons là d'autres arbres, puis nous rejoindrons une autre partie du bois où la végétation est toute différente encore.

Ici ce sont les PEUPLIERS qui dominent de leurs hautes cimes tous les arbres environnants. Peupliers au tronc épais, aux branches resserrées, pointant droit vers le ciel comme un fuseau immense, une véritable flèche qui semble vouloir, rapide, monter toujours plus haut. Là, des peupliers encore, mais s'échevelant, écartant leurs branches, se penchant les uns vers les autres pour mêler leurs petites feuilles triangulaires, si finement piquées sur leur mince pétiole

ÉPINE VINETTE.

qu'elles frétillent constamment en un mouvement de va-et-vient.

Le peuplier a ses qualités et ses défauts. Son bois est blanc, léger, souple, très-malléable et pourtant très solide. Son extraordinaire rapidité de croissance le rend fort précieux, mais ses racines longues, se ramifiant partout, — racines solidement rivées au terrain car elles ont non seulement à nourrir mais à soutenir le colosse — gênent sensiblement les voisins, aussi les cultivateurs et les adonistes ne se soucient-ils point de le voir s'installer là où ils veulent récolter légumes, fleurs ou fruits. — L'arbre superbe n'est du reste point difficile sur le choix de son habitat. Le terrain le plus aride, comme le plus fangeux lui convient à merveille ; il préfère ce dernier pourtant, ses nombreuses racines y trouvent plus ample substance; aussi est-ce surtout au bord des rivières que l'arbre se développe superbement.

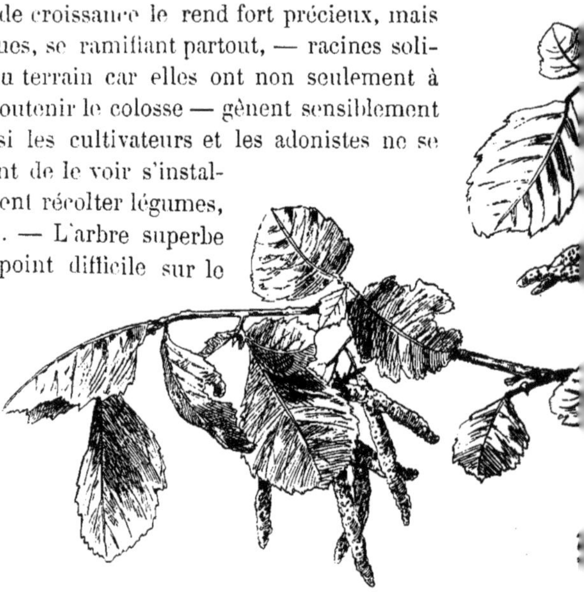

Il existe un grand nombre d'espèces de peupliers, une vingtaine au moins. Le plus connu est celui dont nous parlions tout d'abord: le *Peuplier Pyramidal ou Peuplier d'Italie.* Je ne sais pourquoi ce nom lui a été donné, en tous cas je doute qu'il soit plus répandu en Italie qu'en France où on le rencontre partout, où partout il coupe, de sa stature élancée, les silhouettes arrondies des autres végétaux et donne aux lointains de pittoresques aspects.

Parmi les autres espèces, on distingue : l'*Ipréau, Peuplier blanc* dit *Peuplier de Hollande* reconnaissable à ses feuilles arrondies, dentées, très foncées au-dessus, couvertes au-dessous d'un duvet éclatant de blancheur. Secoué par le vent, l'arbre papillotte sans cesse. Il monte haut et s'étale largement. C'est un arbre superbe, mais très redoutable pour ses voisins car, plus que tous ses congénères, il développe ses racines avec un sans-gêne absolu et en fait émerger des rejetons qui envahissent tous les environs.

AULNE

Le *Peuplier grisard* a les mêmes inconvénients que le peuplier blanc auquel il ressemble beaucoup, bien que de taille moins respectable, et avec lequel on le confondrait aisément n'étaient ses feuilles plus petites et moins blanchement duvetées.

Le *Peuplier noir* aux feuilles triangulaires aiguës, glabres, plus longues que larges. Son bois est plus dur, plus nerveux et moins aisé à fendre que celui des autres espèces. Il est recherché de certains artisans qui en confectionnent de solides et imperméables sabots plus durables que ceux creusés dans le bois du peuplier d'Italie.

Le Tremble — Chez celui-ci, et c'est à cette particularité qu'il doit son nom, l'agitation des feuilles est perpétuelle. Elles paraissent affligées d'un tic nerveux qui les fait brandiller sans cesse. C'est un frémissement ininterrompu. On dirait d'un amoncellement de papillons battant des ailes, et cela quelque temps qu'il fasse. Quand il fait du vent l'agitation devient frénétique, c'est de l'affolement; si la brise est légère l'émoi est moins grand, et alors que la température est lourde, que tous les végétaux semblent endormis, que pas une feuille ne bouge, que pas un pétale de fleur ne vibre, la petite feuille de tremble, ronde, dentée, pâle des deux côtés, continue à frissonner.

Quand nous aurons cité encore le *Peuplier du Canada* à feuilles en cœur aussi longues que larges et dont les dentelures sont légèrement poilues, le *Peuplier de Virginie*, qui ressemble au précédent et porte aussi le nom de *Peuplier Suisse*, nous vous aurons, je crois, assez longtemps arrêté auprès de la prolétaire famille.

*
* *

Les Saules, arbres à feuilles duvetées, soyeuses, longues et pointues s'attachant à de fines branches droites partant de la tête du tronc, comme des fusées de leur gargousse. Et ce tronc! quel aspect étrange, baroque, difforme! Court et épais, bossué, affligé d'excroissances qui lui déforment la tête comme des loupes déforment un crâne, ou évidé, creux, pareil à une carcasse dont on vient de faire l'autopsie et dans laquelle la vie est restée pourtant, car du squelette jaillit, miracle! une végétation vigoureuse. Des rameaux bien portants en surgissent et se couvrent dès le printemps de longs chatons qui sont ses fleurs, puis de lames argentées qui sont ses feuilles.

Vous arriva-t-il quelquefois de vous promener, le soir, vers les rives d'un ruisseau bordé de saules?... Rien de fantastique comme une théorie de ces arbres étranges vus au clair de lune; ils prennent alors des tournures d'une bizarrerie inquiétante. Parfois grotesques, ils font rire. Parfois menaçants ils font presque peur.

Pour peu que vous soyez poltronne, madame, — ou seulement nerveuse, — ces arbres, qui la nuit semblent des animaux apocalyptiques ou des Quasimodo en rupture de cathédrales, ont dû vous faire trembler souvent!

Mais tous les saules ne restent point camards et trapus. Il en est qui s'élèvent haut, semblent vouloir lutter avec les peupliers, leurs voisins, et, s'ils n'y arrivent, réussissent toutefois à devenir de fort beaux arbres. Il n'est point de végétal qui nécessite moins de soins et dont la propagation se fasse avec plus d'aisance.

Les espèces les plus connues sont : le *Saule blanc*, le *Saule osier*, dont le nom dit assez l'emploi, le *Saule marsault* et le *Saule pleureur*, dont nous dirons quelques mots par la suite.

Au bord des cours d'eau, dans tous les terrains humides, faisant bon voisinage avec les peupliers et les saules, croissent les AULNES (ou *Aunes*) aux feuilles obovales, obtuses ou tronquées, crénelées aux bords, gluantes lorsqu'elles sont jeunes, rugueuses lorsqu'elles ont atteint leur dimension normale. Sous les écailles de longs chatons cylindriques se cachent les fleurs mâles. Sous des chatons cylindriques, courts et plus petits, se dissimulent les fleurs femelles. L'arbre atteint une certaine grandeur, il en est qui dépassent vingt-cinq mètres

***

Voilà pour les arbres amis des prairies et des cours d'eau. Parmi les arbustes et les buissons nous rencontrerons l'AUBIER (ou *Obier*) portant d'élégants corymbes de fleurs blanches s'élançant parmi les feuilles découpées un peu comme des feuilles de vigne réduites. Ces fleurs se transforment en fruits rouges charnus.

L'Aubier présente des variétés, notamment l'arbuste charmant que, dans nos jardins, on cultive sous le nom de *Boule-de-neige*, nous le verrons plus loin.

Un arbuste commun dans le midi de l'Allemagne, — plus rare chez nous où on le rencontre pourtant au bord des rivières, — est le MYRICAIRE GERMANIQUE. Il est de la hauteur moyenne d'un homme. Ses feuilles ressemblent un peu à celles du Cyprès. Ses fleurs rosâtres, disposées en épis, rappellent par leur tenue celles de la Bruyère dont elles empruntent les couleurs pâlies.

***

Pénétrons maintenant dans cette partie du bois dont les contours foncés se découpent sur le bleu du ciel. Là, sur un terrain tout différent de celui que nous quittons, croissent des arbres d'une essence particulière, les *Conifères* :

Les Sapins aux espèces nombreuses dont la plupart, au tronc droit, épousent la forme pyramidale. Les uns dressent vers le ciel les pointes de leurs fruits secs, les autres les retournent vers le sol; ces fruits ont ici des écailles fines, unies, vraies pellicules échancrées au bout et serrées les unes contre les autres, et là des écailles rèches, pointues, piquantes, éparses sur un filet médian, cylindrique.

ÉGLANTIER.

Le sapin, d'un vert brillant quand les pousses sont jeunes, devient de ton foncé en vieillissant. Les feuilles très découpées, dentelées, échancrées profondément, sont une vraie dentelle végétale.

A chaque pousse nouvelle une branche verticale, qui est le prolongement du tronc, s'élève et hausse l'arbre, tandis que simultanément s'allongent horizontalement quatre ou cinq autres branches qui l'élargissent. Ces branches se disposent régulièrement, comme les bâtons d'un perchoir, mais font lentement leur apparition.

Le sapin est un des arbres les plus longs à pousser. Tandis que le peuplier est pressé de vivre, le sapin semble ne grandir qu'à regret; au bout de quelques années le premier a atteint une

taille respectable, le second n'acquiert sa hauteur qu'au bout d'un siècle.

Vous connaissez les différents emplois de son bois, on en fait des meubles, des planchers, des « sapins » pour rouler sur terre, des cercueils pour habiter dessous. L'Épicéa, au bois rougeâtre, à l'écorce brune, affectionne surtout les pays montagneux où il acquiert une vigueur surprenante. Disposé en pyramide comme le sapin, ses frondaisons se composent de feuilles aciculées, courtes, serrées sur les rameaux au milieu desquels, à l'époque de la floraison, brillent des chatons rouges, fruits du végétal. L'Épicéa est parmi ces arbres un résineux par excellence; c'est un de ceux qui fournit la résine en plus grande quantité. Son bois sert à la fabrication du papier.

PEUPLIER

Le Pin sylvestre, un de nos forestiers les plus communs forme parfois des forêts étendues que seules ses espèces garnissent; il est vrai que l'on compte plus de quarante sortes de pins dont la plupart sont des arbres de première grandeur, à branches horizontales ou inclinées, se disposant en cônes ou en pyramides. Les feuilles minces, étroites, allongées et pointues comme des aiguilles réunies en faisceaux, sont persistantes bien plus que celles des sapins et des épicéas et justifient pleinement le titre « d'arbres verts » qu'on a donné au végétal. Le fruit, la « Pomme de Pin », a la forme d'un cône épaissi, auguleux, aux écailles ligneuses, entregreffées au début mais s'écartant à la maturité; à la surface interne de chacune des écailles une sorte d'amande ailée se blottit; elle se détache une fois mûre. Dans certaines espèces, cette amande est comestible et dans maintes localités on l'emploie à la confection de friandises très appréciées, tel le nougat.

Le Pin est un arbre fort utile, c'est lui qui nous fournit l'essence de térébenthine, la poix noire, la colophane, d'autres matières encore.

Son bois est un des plus employés et tient une place primordiale dans les constructions navales. C'est à lui seul qu'incombe le soin de fournir les mâts de navires. Joignez à cela que, grâce à la facilité avec laquelle il s'accommode à peu près de tous les sols et de toutes les températures, il est parfait comme arbre d'agrément. Très beau du reste, il prend, suivant la famille à laquelle il appartient, des formes variées. Ici gardant la forme classique, la pyramide, là l'abandonnant tout à fait pour devenir *Pin parasol* (dit *Pin pignon*), aux branches contournées, tordues, pittoresques au possible.

Prenant des noms variés, suivant le pays où il se trouve, il s'appelle ici *Pin du Nord*, *Pin de Russie*, là *Pin de Genève*, *Pin d'Écosse*, *Pin de Hagueneau*, etc. Dénominations diverses qui toutes désignent le *Pin commun* ou *Pin sylvestre*, majestueux arbre atteignant parfois une quarantaine de mètres.

Croissent parmi la neige et s'élèvent aux cieux !...
. . . . Les Pins audacieux

Le Mélèze est facile à distinguer des précédents par ses feuilles, en aiguilles également. Disposées en rosettes le long des rameaux, d'un vert trop clair pour affronter les rigueurs de l'hiver, elles roussissent et tombent quand vient la saison froide; pourtant, étrange anomalie, cet arbre redoute les pays chauds, son domaine est la haute montagne, les roches voisines des glaciers, c'est là qu'il s'étale dans toute sa vigueur et prend un aspect grandiose; haut parfois de plus de 100 pieds, la base de son tronc droit, se terminant en flèche, atteint jusqu'à un mètre d'épaisseur.

Ses rameaux poussent horizontalement, vigoureusement et, frangés de feuilles, retombent mollement.

Les Vosges, les Alpes, le Jura fournissent des mélèzes en quantité. C'est de cet arbre que découle la précieuse substance connue sous le nom de térébenthine de Venise.

Le Cyprès, originaire d'Orient, arbre « tombal », au feuillage vert sombre fait de folioles qui se superposent en se recouvrant en partie comme les tuiles d'un toit, n'atteint jamais une bien grande hauteur.

Le cyprès est un arbre triste, un véritable arbre de deuil. C'est lui qu'on choisit de préférence comme ornement des cimetières. Mais peut-être prenons-nous la cause pour l'effet. N'est-ce pas précisément parce que c'est dans les cimetières que nous le remarquons qu'il nous semble si mélancolique? Ou peut-être encore parce que l'hiver, lorsque toute vie sommeille tristement sous une couche de neige ou dans un terrain fendillé par le froid, nous voyons les seuls cyprès ou les ifs dresser leur noire silhouette?... L'impression nous reste et se renouvelle chaque fois que nous rencontrons les uns ou les autres.

L'If *commun* (le type du genre) n'est pas plus gai, mais cela ne l'empêche pas d'être d'une vigueur extraordinaire; s'il se rencontre dans les jardins des morts il y étale une prodigieuse vitalité. Il ne dépasse guère une hauteur de 12 à 15 mètres — c'est raisonnable déjà, — mais ce qu'il ne prend pas en hauteur il le rattrape en largeur, épaissit son tronc dans des proportions exagérées, arrivant parfois à 7 mètres de tour. Avec un tempérament comme celui-là on vit vieux, aussi a-t-on vu des Ifs dépasser deux et même trois mille ans! Que de générations enterrées dans le sol où il plonge ses profondes racines! Dans cette terre où repose la Mort, quelles sources de vie il a puisées!

Le fruit de l'If est une baie rouge; ses feuilles sont disposées sur deux rangs comme les barbes d'une plume; son bois est, après le buis, le plus lourd et le plus compact.

Sans doute, pour dissimuler son mélancolique aspect, certains adonistes se sont évertués à donner à l'If les formes les plus inattendues; celui-ci prend fort bien la chose et se laisse tailler à merci; aussi en abuse-t-on et lui a-t-on parfois donné les allures les plus singulières mais aussi les moins pittoresques. Le parc de Versailles en renferme certains échantillons ; là ils ont quelque raison d'être, ils rappellent une époque à laquelle ce genre de « décoration » était fort à la mode, mais j'ai vu dans certains jardinets — notamment dans certains « cottages » d'Angleterre, — des fantaisies « botaniques » de ce genre qui touchaient au grotesque. Les Ifs étaient devenus des sortes de bilboquets, des séries de boules de diverses grandeurs accumulées les unes sur les autres, des pagodes chinoises, des temples indiens, des person-

PINS PARASOLS.

nages à grosses têtes sur des corps triangulaires ou des sujets à têtes triangulaires sur des corps cylindriques.... Et dire qu'il y a des gens qui trouvent ça ravissant !

*
* *

Parmi les Conifères, communs dans nos climats, citons encore l'aromatique Genévrier dont les baies très employées en pharmacie le sont également en cuisine où elles relèvent maintes sauces, et en distillerie où on en tire une excellente liqueur, le *Genièvre*.

Le Thuya d'Occident rappelle le Genévrier par son feuillage et son port et le Cyprès par ses fruits. Une de ses espèces, le *Thuya d'Arabie*, forme, dans son pays de prédilection, des forêts touffues et devient un arbre d'envergure respectable; il ne monte pas très haut mais élargit son tronc jusqu'à un mètre et plus de circonférence; c'est lui qui fournit la sandaraque.

Tous les arbres que nous venons de citer comportent des variétés nombreuses et des espèces diverses, mais les quelques échantillons que nous vous avons présentés suffisent, je pense,

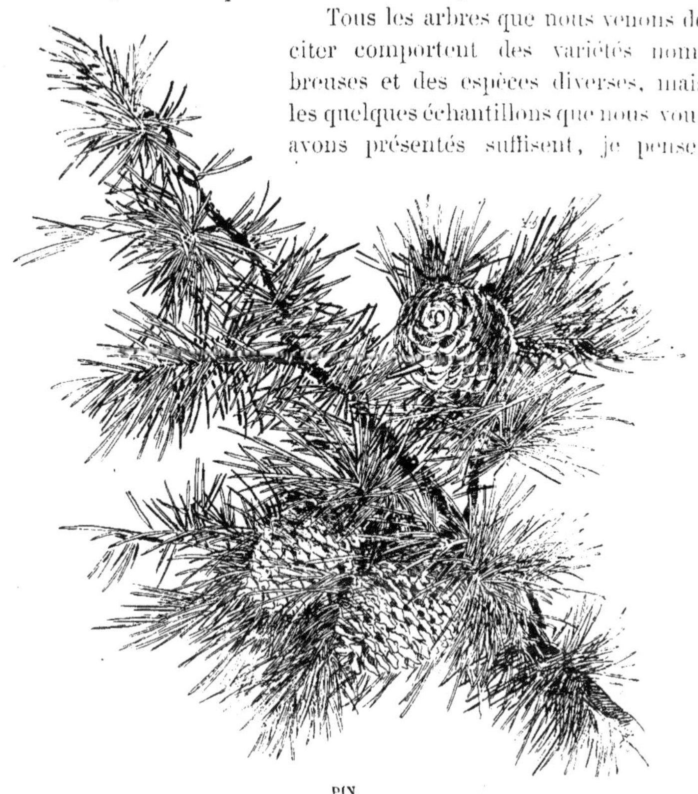

PIN.

pour vous éclairer sur leur compte. Du reste, il se fait tard, à force d'explorer en tous sens la forêt pour y trouver les sujets que nous cherchions, les heures se sont écoulées; le soleil est à peu près caché, ce n'est plus l'heure de rester dans les bois et nous arrêterons ici, si vous le voulez bien, notre hygiénique promenade, hygiénique, car vous n'ignorez pas que respirer l'arôme des sapins est chose fort recommandée par la Faculté!

APPENDICE AU CHAPITRE XXV. — ARBRES ET ARBUSTES FORESTIERS ET CHAMPÊTRES

NOM VULGAIRE	NOM SCIENTIFIQUE	FAMILLE	ÉPOQUE DE FLORAISON
Acacia-Robinier. Voyez Robinier.			
Aubépine	*Cratægus oxyacantha*	Rosacées	Mai-Juin.
Aubier	*Viburnum opulus*	Caprifoliacées	Mai.
Aulne	*Alnus glutinosa*	Bétulinées	Février-Mars.
Avelinier. Voyez Noisetier.			
Bois gentil	*Daphne mezereum*	Thymelées	Mars-Avril.
Bonnet sacré. Voyez Fusain.			
Bouleau	*Betula alba*	Bétulinées	Printemps.
Bugrane épineux	*Ononis spinosa*	Papilionacées	Eté.
Charme	*Carpinus betulus*	Cupulifères	Printemps.
Chataignier	*Castanea vesca*	Cupulifères	Printemps.
Chêne	*Quercus pedunculata*	Cupulifères	Printemps.
Cornier. Voyez Cornouillier.			
Cornouillier	*Cornus mas*	Cornées	Mars-Avril.
Coudrier. Voyez Noisetier.			
Cyprès	*Cupressus sempervirens*	Conifères	Fleurs insignifiantes.
Eglantier	*Rosa canina*	Rosacées	Printemps.
Epicéa	*Abies excelsa* ou *Pinus picea*	Conifères	Fleurs insignifiantes.
Epine blanche. Voyez Aub[illegible]			
Epine-Vinette	*Berberis vulgaris*	Berbéridées	Mai-Juin.
Fauteau. / Favard. / Foyard. } Voyez Hêtre.			
Frêne	*Fraxinus excelsior*	Oléinées	Avril-Mai.
Fusain	*Evonymus europæus*	Célastrinées	Mai-Juin.

NOM VULGAIRE	NOM SCIENTIFIQUE	FAMILLE	ÉPOQUE DE FLORAISON
GAROU. Voyez Bois gentil.			
GENÉVRIER	*Juniperus communis*	Conifères	Fleurs insignifiantes.
HÊTRE	*Fagus sylvatica*	Capulifères	Printemps.
HOUX	*Ilex aquifolium*	Ilicinées	Mai-Juin.
IF	*Taxus baccata*	Conifères	Fleurs insignifiantes.
MÉLÈZE	*Larix europæa*	Conifères	Fleurs insignifiantes.
MERISIER	*Cerasus avium*	Rosacées	Printemps.
MYRICAIRE GERMANIQUE	*Myricaria germanica*	Tamariscinées	Mai.
NOISETIER	*Corylus*	Cupulifères	Janvier-Février.
OBIER. Voyez Aubier.			
ORME	*Ulmus sampestris*	Ulmacées	Mars-Avril.
PEUPLIER	*Populus*	Amentacées	Mars-Avril.
PIN	*Pinus sylvestris*	Conifères	Avril-Mai.
PRUNELLIER	*Prunus spinosa*	Rosacées	Printemps.
ROBINIER	*Robinia pseudacacia*	Papilionacées	Mai-Juillet.
SAPIN	*Abies*	Conifères	Fleurs insignifiantes.
SAULE	*Salix alba*	Salicinées	Mars-Avril.
SORBIER	*Sorbus aucuparia*	Pomacées	Printemps.
SUREAU	*Sambucus nigra*	Caprifoliacées	Mai-Juillet.
TAMARIX. Voyez Myricaire.			
TREMBLE	*Populus tremula*	Salicinées	Mars-Avril.
TROËNE	*Ligustrum vulgare*	Oléinées	Juin-Juillet.
THUYA D'OCCIDENT	*Thuya occidentalis*	Conifères	Fleurs insignifiantes.

PLANTES CULTIVÉES

Vous n'exigez point de moi, je pense, l'énumération de toutes les fleurs qui égayent nos jardins de leurs nuances tendres ou violentes, qui les parfument de leur arome discret ou pénétrant, pas plus que vous ne me demandez de citer les noms de toutes celles qui embellissent nos serres? Tout au plus acceptez-vous qu'entre toutes nous en choisissions quelques-unes, celles qui vous charment ou vous étonnent; elles sont déjà nombreuses!!

Je voudrais commencer par votre fleur favorite, Mesdames, mais vos goûts sont si variés! — autant au moins que les nuances et les formes de ces fleurs, — et puis, n'êtes-vous point un peu changeantes et ce que vous aimez aujourd'hui vous plaira-t-il encore demain?... Tel que vous détestiez hier ne vous est-il pas aujourd'hui devenu sympathique?... Le choix de la fleur à laquelle il faut accorder nos suffrages serait donc assez difficile, si la fleur au nom charmant dont on a fait un nom pour vous, — fleur au parfum aussi doux que son nom, aux couleurs aussi exquises que son parfum, — si la Rose ne s'imposait à tous par sa beauté parfaite, incontestable, et du reste, incontestée. Beauté bien fugitive, hélas! C'est quand elle brille de tout son éclat qu'elle est bien près de se

SOUS BOIS.

faner, et c'est alors qu'elle s'étale dans toute sa splendeur, c'est alors que pleine de vie elle est plus près de la mort :

« Elle était de ce monde où les plus belles choses
Ont le pire destin,
Et rose elle a vécu ce que vivent les roses,
L'espace d'un matin !... »

Chercher à vous décrire la rose?... A quoi bon? Ma description ne rendrait que trop imparfaitement le modèle.

Bien que différant sensiblement suivant chaque espèce, la rose conserve toujours un type, une allure spéciale, un caractère bien défini, qui fait qu'on ne peut se méprendre sur son compte. Il vous sera souvent difficile de reconnaître dans telle fleur cultivée, « modifiée » la race à laquelle elle appartient.

Pour les roses, jamais d'hésitation ; qu'elles soient très petites ou très grandes, globuleuses ou échevelées, simples, doubles, triples ou quadruples; qu'elles portent d'innombrables pétales frisés, éparpillés ou serrés entre eux, ou qu'elles n'en possèdent que quelques-uns larges, s'enroulant les uns autour des autres ou se repliant comme de la fine batiste; qu'elles se dressent droites sur leurs tiges, ou que les branches croulent sous leurs poids; qu'elles soient en touffes serrées ou qu'elles grimpent sur leurs tiges qui serpentent; qu'elles restent d'un blanc immaculé ou prennent le ton chair; qu'elles passent par toutes les nuances du rouge, depuis le rose le plus doux jusqu'au pourpre le plus intense, ou par toutes celles du jaune, indécis comme le ton de l'ivoire, frais comme celui du soufre, brillant comme l'or ou éclatant comme l'aurore; qu'elles soient Roses Thé ou Roses du Bengale, vous ne vous y tromperez point; d'un coup d'œil, vous reconnaîtrez « LA ROSE ».

Qu'en lui ajoutant des pétales on lui ait ajouté des titres; qu'en modifiant ses couleurs ou ses allures on ait modifié ses noms, cela ne l'empêche pas d'être Rose malgré tout, Rose pour tous, car, — et c'est la seule, — son nom varie à peine en quelque langue qu'on le prononce. Les Latins l'appellent *Rosa*; les Russes, les Espagnols, les Italiens, les Portugais disent de même *Rosa*; Les Polonais changent l'orthographe, mais la consonance reste identique : *Roza*. Les Allemands, les Anglais, les Danois disent comme nous, *Rose*; les Suédois, *Ros*; les Hollandais, *Roos*; les Arabes, *Rod*.

Point de livre, quelque ancien soit-il, qui ne fasse mention de la rose.... Toujours elle fut un emblème, toujours on lui a adressé des hommages.... Mais de ceci nous causerons quand le moment sera venu; en ce chapitre, tâchons de ne point trop nous écarter du « point de vue botanique ».

A elles seules les roses mériteraient une nomenclature qui nous prendrait des feuillets et des feuillets. Tous les jours il en surgit une nouvelle variété. Dire que *toutes* sont très différentes les unes des autres serait exagéré; il faut bien avouer que parmi elles il en est beaucoup qui, tout en portant des noms différents, présentent vraiment des dissemblances si inappréciables que seul l'œil d'un botaniste pourrait les découvrir... et encore! il faudrait un botaniste spécialiste doué d'un œil bien exercé!...

Entre nous, je crois qu'on a bien un peu exagéré les sortes nouvelles (aussi bien pour la rose que pour tous les végétaux se prêtant à des variétés nombreuses), et qu'on se contente parfois de trop peu de chose pour qualifier telle fleur différente de telle autre....

Enfin! comme cela ne fait de mal à personne, mais qu'au contraire cela fait plaisir à bien des gens, ne nous gendarmons pas trop.... Il est si flatteur, n'est-ce pas, de voir son nom placé comme un titre après celui d'une fleur : *Rose Mme X...*, *Jasmin baron Y!...* Cela est une façon, plus jolie qu'une autre, d'arriver à la célébrité, et je n'y vois pas grand mal! Mais je trouve pourtant qu'on devrait ne réserver à la fleur que des noms de femmes. Ce serait, me semble-t-il, rester mieux dans le sujet.... Qu'avons-nous donc, nous autres vilains barbons, de commun avec la fleur? Tandis que vous, Mesdames!

Quoi qu'il en soit, nous sommes à la tête de plus de quatre mille variétés de roses! c'est respectable!

*
* *

Après la « Reine des Fleurs », à laquelle nous avons tout

d'abord présenté nos hommages, vers quelle plante jolie irons-nous?...

Le hasard nous guidera. En parcourant en tous sens les allées du jardin, en examinant les parterres, nous ferons ample moisson. A chaque pas, des amoncellements de pétales multicolores attireront nos regards; nous essayerons de voir à quels calices ils sont attachés.

ROSES.

Ceux-ci larges, vigoureux, superbes, qui s'enroulent, retombent ou se dressent autour du pistil, appartiennent à la majestueuse *Pivoine*; la plante semble vouloir, par la forme et l'allure de ses fleurs, imiter la rose dont elle n'a pas le parfum. Certaines espèces pourtant ont réussi à se rendre odorantes, comme cette chinoise qui a nom : *Pivoine à odeur de Rose.*

Dès avril, LA PIVOINE, de ses touffes de larges feuilles d'un vert foncé, fait jaillir de mousseux bouquets, crémeux, rosés, carminés ou nacarat, remarquables par leur volume et par leur éclat. Les pivoines, elles aussi, présentent maintes espèces ; se pelotonnent en grosses touffes ou surgissent comme des arbustes.

L'une des plus belles est la *Pivoine en Arbre*, originaire de la Chine où elle est vénérée, fort bien acclimatée chez nous où elle est admirée. Formant d'épais buissons rameux, s'élevant à 1 mètre ou 1^{m},50, elle nous gratifie de fleurs énormes, doubles ou semi-doubles, aux pétales allant du blanc le plus pur jusqu'au carmin le plus éclatant, groupés autour d'étamines nombreuses d'un jaune d'or.

* * *

Un moment d'arrêt, je vous prie, le sujet en vaut la peine. Il a nom : PAVOT. Mais ici il s'agit du Pavot cultivé.

Le *Pavot !* C'est-à-dire une des plus jolies plantes et, sans conteste, l'une des plus éminemment décoratives. Décorative par son allure générale, par le port de ses tiges, par les découpures variées de ses feuilles plissées, tuyautées, dentelées, contournées, merveilles de formes ; bleutées, verdâtres, jaunissantes, merveilles

MUFLIER.

de couleurs. Décorative surtout par ses fleurs superbes, simples, à larges pétales se groupant en coupes; doubles se serrant en touffes; triples se frangeant, festonnant, légers comme de la gaze, arborant toutes les couleurs (sauf le bleu), se panachant de tons divers. Oh! les superbes fleurs qui même à l'état sauvage (nous les avons vues), gardent leur élégance native. Hélas! comme la plupart des jolies choses, celles-ci durent peu; à peine leurs pétales se sont-ils largement ouverts, qu'ils tombent fanés ou emportés par la brise!

Tandis que le pavot assouplit ses tiges, les recourbe ou les penche, la Rose trémière dresse les siennes hautes et droites, telles des hampes où s'enroulent de multicolores oriflammes. Bouffettes blanches, jaunes, rouges, carminées, violacées, cramoisies, amarante, presque noires, panachées ou striées diversement, les fleurs se serrent les unes contre les autres sur des pédoncules si courts qu'elles semblent n'en point avoir; on les dirait épinglées le long de la tige comme des nœuds de ruban sur un corsage. Ici épanouies, là à peine entr'ouvertes, plus haut dormant encore enfermées dans leurs grelots verts, elles se dressent en pyramides au-dessus des théories de feuilles larges, un peu rugueuses, aux découpures bien accentuées et s'échelonnant sur la hampe où se rivent leurs longs pétioles.

Les Roses trémières, fleurs ornementales, appartiennent à cette douce famille des Mauves, aux fleurs blanches, roses, violacées ou rouges, réunies en panicules au sommet des rameaux; aux feuilles arrondies bien découpées, dentelées ou frisées finement, contournées en tous sens le long de tiges hautes, élégantes.

*
* *

Voici des plantes d'un autre ordre, plantes « imitatrices » pourrions nous presque dire.

C'est d'abord une fleur plutôt curieuse que jolie, elle porte le nom peu gracieux de Muflier, auquel on a adjoint ceux de *Mufle de veau* ou de *Gueule de lion*. Ces « mufles » ou ces « gueules » poussent en épis rouges, blancs rosâtres ou jaune soufre, ou en mélange de plusieurs tons. Appuyez sur le renflement que la fleur présente à l'arrière et vous verrez les pétales de devant s'ouvrir et se refermer sous la pression de vos doigts, comme une bouche qui baye, comme une gueule qui mâche.

Vous connaissez cette autre plante bizarre, plutôt laide, qui porte en cimier soit un haut panache pyramidal, soit une large crête frisée, l'un et l'autre semblant faits de peluche généralement d'un pourpre foncé; elle a nom Amarante. A ce nom s'ajoute la qualification de *Queue de renard* quand ses fleurs sont pendantes, en grappes rouges ou jaunes; *Gigantesque*, lorsqu'elle dresse à une hauteur de plus d'un mètre et demi ses épis cramoisis; *Tricolore*, lorsque ses fleurs bêtes papillotent entre les feuilles, pourprées à la base, jaunes au centre, vertes aux pointes; *Crête de coq* ou *Célosie*, si la fleur se dilate, s'aplatit, ondule ses bords, forme en somme une véritable crête dont la couleur varie suivant l'espèce.

Ces plantes viennent de lointains pays de l'Inde, des Philippines, de Ceylan.

*
* *

Les Calcéolaires sont plus étranges que jolies bien que, dans l'ensemble, leurs grappes de besaces multicolores soient assez réjouissantes.

Si ces petites poches à ouvertures béantes, ces petits sabots arrondis n'étaient teintés de couleurs vives, de pointillés divers : rouge foncé sur rouge clair, rouge clair sur jaune, jaune sur rouge, rouge sur blanc, que sais-je, plutôt que pour des fleurs on les prendrait pour de minuscules lanternes, accrochées dans le feuillage un jour d fête.

Le Calcéolaire nous vient de l'Amérique du Sud et se multiplie avec une singulière aisance; il en existe maintes variétés qui toutes portent comme fleurs une bouche plus ou moins ouverte, à lèvres plus ou moins boursouflées.

Comme des insectes à longues antennes, aux ailes rougeâtres, bleutées, blanches ou panachées, les Ancolies, dont nous avons vu des échantillons non cultivés, se balancent sur leurs longues tiges enfouies dans un amoncellement de feuilles aux formes découpées. Celle-ci, *Ancolie des jardins*, nommée *Gant de Notre-Dame* est le type du genre.

A côté les étoiles nacrées du *Tabac blanc*, qui brillent même la nuit, épandent leur fin arome.

Des myriades de petites rosaces de velours cramoisi pre, de pelujaune chase balancent, en tous sens tiges si fines, les si ténues, semblent une tulle sur lequel ces roréopsides, seraient broréopsides sont des américomme beaucoup de leurs ont quitté le nouveau monde où elles paraissent se plaire

et pourche d'un toyant, frétillent sur des à feuilqu'elles mousseline, un saces, des Cochées. Les cocaines qui, compatriotes, pour l'ancien

TABAC BLANC.

fort bien; elles se penchent les unes vers les autres, chuchotent entre elles... médiraient-elles de leur pays d'adoption?....

Auprès des fleurs graciles, voici les vigoureux HORTENSIAS. Ils forment de véritables buissons de feuilles d'un beau vert brillant, ovales, grandes, qui bravent parfois l'hiver; aussi de vrais buissons de fleurs, grosses têtes faites de myriades de fleurettes blanchâtres, rosées, bleutées, réunissant même les trois nuances sur une même touffe ou se teintant de rouge vif.

Plante fort belle et très ornementale, l'hortensia a l'avantage de fleurir beaucoup et longtemps. Ses fleurs, qui naissent vers juin, persistent jusqu'en novembre, époque où d'autres plantes enfermées en serre dorment encore, mais se réveilleront dès le printemps venu pour fleurir, elles aussi, avec ardeur. Telle, par exemple, cette famille si recherchée des AZALÉES dont les variétés multiples sont gratifiées de chatoyantes couleurs.

SALPIGLOSSIS.

* * *

Les AZALÉES. — Ces arbrisseaux nous viennent les uns du Caucase, les autres de l'Inde, d'autres encore de l'Amérique septentrionale. Ils forment d'admirables massifs. Leurs fleurs, aux calices largement ouverts, aux pétales recourbés, parfois odorantes, sont blanches, rosées, violacées, rougeâtres, rouge vif ou piquetées, tachetées des diverses nuances que font admirablement valoir des feuilles glabres, oblongues, velues et ciliées, de ton foncé, molles ou dures suivant les espèces.

Ces autres arbustes qui ont nom Rhododendrons et mélangent leurs feuilles longues et dures, disposées en étoiles autour des tiges, ont avec les Azalées certaines analogies de ton et même d'allures.

Originaires presque des mêmes endroits, ils fleurissent aux mêmes époques et tandis que les Azalées développent leurs bouquets, les Rhododendrons font éclater leurs touffes blanches, mauves, rouges. Plus vigoureux, ces derniers ont des feuilles plus grandes et plus épaisses, les corymbes de ses fleurs sont plus volumineux, ses rameaux plus hauts et plus forts.

*
* *

Le Zinnia, aux tons rouge vif et jaune d'or, fait partie de la catégorie des médiocres à qui la nature a donné le droit de vivre tranquillement sans trop d'éclat. Ses charmes ne sont pas suffisants pour séduire ; on passe près de lui, on ne s'arrête pas. Le Zinnia, fleur raide, rappelle un peu les dahlias dont il semble le cousin de lointaine génération.

Le Salpiglossis : ses fleurs sont de fines coupes aux bords très évasés et tournés en dehors ; leurs couleurs multiples resplendissent ; ici ce sont des tons d'opale, là des éclats de pourpre et d'ocre. Voici des pétales roux striés d'ornements jaune d'or, en voilà d'un tendre violet comme celui de l'améthyste ; des taches rouges s'étalent sur les bords comme une coulée de vin ; d'autres encore ont des colorations de chair diaphane ; ses précieux capitules, qui semblent fragiles tant ils sont fins, sont soutenus par de longues tiges minces portant alternativement des faisceaux de feuilles lancéolées qui dardent comme des langues de poissons ; c'est là l'origine du nom de la plante, d'ailleurs.

Les Salpiglossis ressemblent beaucoup, dans leur allure générale, au lis dont ils ont emprunté le pistil et les étamines

*
* *

De juin à juillet apparaissent de curieuses fleurs, les Cyclamens, aux tons rosés, violacés la plupart du temps, quelquefois blancs, souvent pourpres. Ces fleurs — aux pétales soudés autour d'un cercle qui a trouvé dans son étymologie (κύκλος) le nom générique de la plante — ressemblent aux volants de plumes lancés par des mains habiles d'une raquette à l'autre; les feuilles rondes, à peine découpées et maculées de taches plus sombres, sont les raquettes. Sans doute les génies de la montagne, où les cyclamens sont nés, soufflent en riant sur les tiges souples qui bercent d'une feuille à l'autre les fleurettes qu'elles supportent, pour se moquer entre eux des jouets que les hommes font voler, de ci de là, comme ils font voler leurs illusions.

La Scabieuse pousse dans les champs, au milieu des herbes folles qui vivent sans loi au gré de leur caprice et de leur fantaisie; c'est pour cela, sans doute, qu'elle a pris des habitudes de liberté et d'indépendance.

Ses tiges poilues, fourchues, portent des feuilles plus ou moins pointues, aux découpures assez profondes qui s'orientent en tous sens; des poils couvrent aussi ses feuilles; des fleurs bleues, violettes, rarement blanches, sont groupées généralement en trois capitules au bout des tiges.

L'aspect de cette plante est mélancolique, elle est en demi-deuil, avec sa robe mauve : aussi l'appelle-t-on la plante des veuves..., mais des veuves encore coquettes, car la fleur répand une pénétrante odeur de musc.

Auprès de la Scabieuse voici une fleur plus modeste, dont la mise inspire plus de véritable tristesse; celle-ci ne laisse point derrière elle de parfums subtils : c'est la Pensée.

Ses trois pétales larges, dont le centre est foncé, semblent de grands yeux mélancoliques à la prunelle très ouverte; yeux bleus, yeux bruns, yeux de toutes couleurs, de toutes tailles; c'est un regard d'outre-tombe qui console ceux qui viennent pleurer leur cher mort, c'est la pensée qui survit, c'est le souvenir...

Le Salvia, rouge comme une robe de cardinal, porte autour de tiges grêles des fleurs en pointe de flèches teintes de sang. Maigres et peu intéressants individuellement, les Salvias forment, en masse, un ensemble éclatant. Sous le soleil, ils flamboient magnifiquement.

Opposition flagrante, la plante d'à côté est de tons éteints, d'un blanc jaunâtre, verdâtre, c'est le Yucca.

Sa hampe s'élance droit d'une touffe de longues et nombreuses feuilles lancéolées, comparables à celles de l'iris, quoique d'un vert plus terne; ses fleurs aux pétales contournés, pointus, retombent en clochettes nombreuses comme des muguets démesurément agrandis et rappellent assez bien,

par leur disposition, le bruyant instrument nommé chapeau chinois.

Encore des fleurs d'or, des Renoncules.

Les étymologistes vous diront, — ces gens vont loin parfois pour chercher leurs étymologies, — que Renoncule dérive de *Rana*, qui signifie grenouille !

Le rapport entre la bête et la fleur? « Toutes deux vivent dans les endroits marécageux!!!... »

Yucca.

Cette « compagne de la grenouille » présente une grande variété d'espèces (150 environ). Les types les plus connus sont ces herbes folles qui croissent en sol humide et dont les couleurs éclatantes peuvent lutter avec certaines tulipes dont parfois elles rappellent les formes. Leur corolle jaune est faite de pétales régulièrement disposés autour du pistil; d'autres pétales plus inclinés, quelques-uns horizontaux, rayonnent autour. Le feuillage capricieusement découpé est généralement à trois folioles.

La plante s'appelle aussi : *Bassin*.. . Est-ce à cause de son indiscrétion à se multiplier sans qu'on l'en prie ?... Ce serait là une étymologie valant bien celle ci-dessus !

*
* *

C'est aux clochettes des Primevères sauvages qu'est dévolu le rôle de sonner les premiers jours du printemps. Ici nous avons affaire à des primevères cultivées dont les fleurs jolies, rosées, jaunes ou carmin se blottissent sous de larges feuilles admirablement dentelées, duvetées, sans doute pour braver les derniers aquilons qui soufflent encore quand elles sortent de terre.

Œillets de Chine

Enfin, voilà l'Œillet, au parfum poivré Son calice à une seule feuille est garni d'écailles. Des pétales contournés, recroquevillés, doux et souples au toucher, forment la corolle aux bords dentelés comme des scies, aux festons du plus fin découpage.

Peu de plantes présentent autant de variétés que l'œillet ; toute la palette a été mise à contribution pour peindre la délicate fleur, depuis le blanc d'argent jusqu'au pourpre presque noir, tous les tons y défilent tour à tour, tons unis ou striés, piquetés, tachetés ; œillets *Superbes*, élevant orgueilleusement leurs corymbes d'un blanc pur; œillets *de Chine*, velours tigrés de pourpre, de blanc, de brun presque noir, ou pauvre œillet *des Chartreux*, maigre, grêle, à feuilles étroites, étirées comme si elles étaient privées de nourriture, alors que les feuilles de l'œillet Superbe ou de l'œillet de Chine sont grasses de bien-être. Et l'œillet du *Poète* que nous allions oublier!

*
* *

Je ne voudrais pas dire trop de mal des IMMORTELLES, mais vraiment ces fleurs ne m'ont jamais fait l'effet de fleurs!... Tout au moins les prendrait-on pour des fleurs artificielles.

Rien en elles ne donne l'impression du végétal.

Assemblage de paillettes pointues, piquantes, diversement colorées, ces rosaces au toucher sec, cassant, semblent faites, non de pétales carnés, mais d'écailles en papier ou en taffetas; privées d'odeur, on les dirait aussi privées de sève, dénuées de tout principe vital.

Ces immortelles n'ont jamais vécu!

Fleurs désséchées, triste emblème, on les roule en couronne, on les pose sur les sépulcres, on les accroche aux croix mortuaires.

L'immortelle la plus connue, celle à fleurs jaunes, est originaire de l'île de Crète. Ses tiges simples, à feuilles linéaires, sont persistantes; ses fleurs se groupent en capitules. Mais il en est d'autres espèces :

L'immortelle *à Bractées*, australienne, présente des variétés blanches, jaunes. L'immortelle à *grands capitules* donne toute la gamme des roses et des violacés, du plus clair au plus foncé. Toutes conservent leurs couleurs pendant plusieurs années, même détachées de leurs tiges.

*
* *

PHLOX!... Ce mot qui a l'air d'une exclamation, qui semble plutôt l'onomatopée d'un cri... ou le nom d'un chien, est porté par une plante qui ressemble à la fois au lilas, au géranium et à l'hortensia,par ses fleurs disposées en bouquets sphériques blancs, violacés ou rouges, portés au bout de longues tiges droites à feuilles lancéolées réunies en faisceaux, plus ou moins grandes, plus ou moins acérées, suivant l'espèce. Phlox, du grec, flamme !... Pourtant ni la couleur ni l'allure de la fleur ne justifient ce nom et j'ai en vain cherché pourquoi il lui avait été donné.

En revanche j'eusse compris qu'on donnât un nom fulgurant à ce Géranium, car, parmi les fleurs rouges, il en est peu, je crois, qui puissent lutter d'éclat avec lui.

Fleur incandescente qui flamboie dans les parterres; mais aussi fleur nacrée, fleur de corail, fleur de rubis, car le rouge n'est pas le seul ton dont il aime à teinter ses girandoles : le blanc, le rose, le pourpre violacé, la couleur chair lui sont familières aussi.

Si la fleur est jolie, ornementale au plus haut degré, la feuille ne l'est pas moins.

Si les capitules aux franches couleurs sont variés, le feuillage d'où jaillissent les tiges qui les portent varie avec eux. Ici fleurs doubles, fleurs panachées, cymes où s'entassent les pétales en masse serrée, ou grappes dont les fleurs se juxtaposent; feuilles arrondies à festons réguliers, vertes ou cerclées d'une auréole roussâtre ou feuilles dentelées, chagrinées, unies ou velues.

La plante est si séduisante et de mœurs si faciles, que partout on la cultive; il n'est pas un jardin, fût-il grand comme un in-folio, qui n'en contienne au moins un pied ou deux; c'est une riche décoration produite à peu de frais.

Si les grosses tiges arrondies du géranium sont cassantes, elles ont cette propriété de repousser avec une étonnante facilité; brisez un pied, vous pouvez en replanter les tronçons, il est rare que ceux-ci ne reprennent pas racine; d'autres plants renaissent qui l'an suivant fleuriront.

Ce végétal, — dont les plus belles espèces et l'espèce type sont originaires du Cap de Bonne-Espérance, — était vraiment trop beau pour qu'on n'en tirât point profit pour la plus grande joie des adonistes, petits et grands. Aussi le cultiva-t-on avec les soins les plus constants, et grâce à eux, on arriva à en augmenter les espèces et à en multiplier les variétés.

Géraniums aussi, sans nul doute, ces bouquets blancs, roses, rouges, qui s'étalent là-bas en un tapis aux fulgurantes couleurs?...

— Non ! ces bouquets appartiennent à une autre plante, le PÉLARGONIUM qu'on a le tort de confondre avec le géranium ; erreur compréhensible du reste et fort excusable, car elle lui ressemble étonnamment.

En y regardant de plus près, toutefois, vous verrez que le pélargonium présente des dissemblances de détails, très caractéristiques. Les corolles sont toujours plus ou moins irrégulières ; le végétal porte, soudé avec le pédicelle de la fleur (dissimulé par conséquent) une sorte d'éperon creux dont le géranium n'est point armé. Deux indices qui vous permettront, à l'avenir, de ne plus faire de confusion.

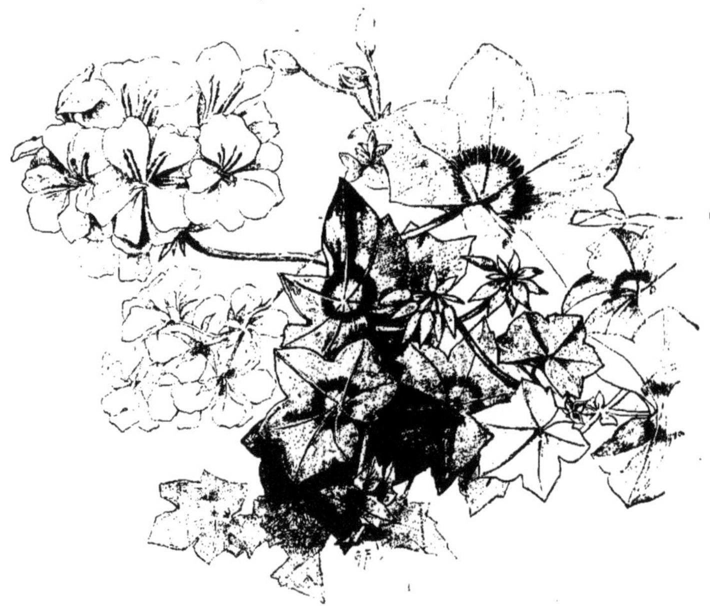

PÉLARGONIUM-LIERRE.

Les Pélargoniums ont eu le Cap pour berceau ; les nombreuses, très nombreuses variétés qui aujourd'hui ornent nos parterres (il en existe des milliers) proviennent d'un très petit nombre d'espèces dont les graines semées tous les ans ont donné des produits soumis à des triages successifs ; abrités en serre, où la lumière entre

BÉGONIA.

à flots, prudemment arrosés, entretenus avec une attention de tous les instants, caressés, choyés, les jeunes pélargoniums, reconnaissants des soins dont ils étaient entourés, ont bientôt donné des sujets remarquables.

Cette plante à fleurs rosées, à feuilles presque semblables de forme à celle du Lierre, mais dont les tiges cassantes sont articulées, est un Pélargonium-Lierre.

*
* *

Papillotage aveuglant aussi, vrai kaléidoscope, ce parterre émaillé de tons d'une étonnante finesse ou d'une vibrante intensité; on dirait des papillons de couleurs diverses étalant leurs ailes grandes ouvertes sur les superbes feuilles dentelées qui s'appuient sur de fortes tiges poilues, duvetées. Ces papillons sont les fleurs chatoyantes de riches BÉGONIAS aux sortes presque aussi nombreuses que celles de la rose.

Ils varient autant, — sinon plus — par leur feuillage que par leur floraison. Chez certaines variétés la feuille est l'élément décoratif primordial; sa caractéristique est une asymétrie voulue de forme dont elle ne se départit guère; séparés par une nervure médiane, les deux côtés sont inégaux, l'un ressort en un arrondissement très accusé au départ du pétiole, l'autre, arrondi aussi, ne le dépasse guère. Asymétrie de couleur : jamais l'envers d'une feuille n'est pareil à l'endroit.

Certaines de ces feuilles sont véritablement superbes; grandes, bien découpées, elles sont luisantes, d'un ton gris assez semblable au tain d'une glace; marbrées de brun, de carmin, de vert clair ou de vert foncé; striées ou tachetées, losangées par d'innombrables nervures, duvetées ou poilues; il en est d'un vert uni, bordées de carmin comme de passe poils.

Les unes en forme de cœur irrégulièrement dessiné sont à peine dentelées, d'autres le sont presque aussi profondément que des feuilles de vigne.

Si les feuilles sont variées, les fleurs du Bégonia ne le sont guère moins, comme couleurs, tout au moins.

Naguère on ne connaissait guère que les fleurs petites, généralement rosées ou rouges; aujourd'hui on a multiplié les variétés; les fleurs se sont agrandies, doublées, triplées et l'on est arrivé à obtenir des tons véritablement surprenants, impossibles à définir, des carmins noyés de jaune et d'orangé, des rouges d'un incomparable éclat, des blancs et des jaunes d'une inexprimable délicatesse.

Les nombreuses variétés du bégonia, — il en existe au moins quatre ou cinq cents, — n'ont guère fait leur apparition que depuis une vingtaine d'années.

La plante est originaire de l'Amérique tropicale et doit son nom à un gouverneur de Saint-Domingue, Michel Bégon, grand amateur de fleurs, grand protecteur de la botanique et des botaniciens au XVIIe siècle.

*
* *

Puisque nous en sommes aux plantes à variétés innombrables, à toilettes multicolores, égarons-nous un instant au milieu de celles-ci dont les sujets se disséminent un peu partout et partout font briller leur corolles aux formes gracieuses, aux fines nuances.

Ce sont des Anémones.

Comme la violette et le muguet, modestes comme eux mais ne possédant pas leur parfum, les anémones affectionnent les endroits largement ombragés ; c'est dans les grands bois, sous les hauts arbres qu'elles se plaisent à l'état sauvage. Mais elles sont trop jolies pour qu'on n'aille pas les y trouver pour les éduquer, car non seulement leurs délicates nuances, leurs contours bien dessinés, mais aussi la grâce de leur port et la légèreté de leur feuillage souple, découpé en dents de guipure, les font rechercher.

Les plus belles portent des fleurs doubles, arrondies, dont le centre est granité de pétales longs et bien étagés autour desquels se groupent, en large couronne, des pétales plus grands. Les unes sont cramoisies, d'autres violettes, d'autres blanches ; celles-ci sont de tons franchement accusés, celles-là atténuent leurs nuances, se teintent de mauve transparent, sont rosâtres ou laiteuses.

Nos bois parisiens ont leur anémone préférée : le bois de Boulogne a l'anémone blanche, le bois de Vincennes l'anémone violette.

Au retour du printemps, on trouve partout la *Sylvie*, anémone blanche et purpurine.

L'anémone *Pulsatille*, à la robe violet sombre, se plaît sur les coteaux découverts, elle fleurit sans culture ; très belle déjà, elle ne saurait lutter pourtant avec l'*Anémone des Fleuristes*, fleur exquise pouvant rivaliser avec les plus belles fleurs de nos parterres.

L'Anémone des fleuristes est une orientale qui vint d'abord dans le midi de la France, puis, flattée sans doute des hommages qu'en ce galant pays on prodigue à la beauté, elle consentit à s'y acclimater. Aujourd'hui elle arbore pour nous ses plus riches toilettes, manteaux de pourpre, écharpes cramoisies, fins tissus

PETUNIAS.

striés de blanc, de rouge, de rose; robes de la couleur du ciel ou du ton de la mer.

En Orient, son pays natal, l'anémone est, avec la rose, l'ornement le plus recherché des sérails.

Si aujourd'hui elle est également un des plus beaux agréments de nos parterres c'est à un de nos ambassadeurs (cela ne date pas d'hier) que nous le devons.

Les Orientaux, fiers de leur fleur, n'en voulaient à aucun prix propager la graine. L'ambassadeur, adroit, usa d'un subterfuge; il commit un larcin, bien inoffensif du reste et dont nous profitons encore aujourd'hui : habillé en costume de gala et, suivant la mode orientale, portant la robe, il fit traîner celle-ci sur un plant d'anémones en graines, entraîna des graines dans ses plis, les récolta soigneusement et les apporta en Europe.

De là le point de départ des belles variétés que nous possédons.

Plante aux colorations capricieuses, voici le PETUNIA, à fleurs élégantes ressemblant quelque peu à des coupes allongées, larges des bords, pointues du bas. Coupes presque unies ou frisottées, tremblottées comme du verre de Venise.

REINES-MARGUERITES.

Variée aussi est la famille des BALSAMINES dont les fleurs jumelles naissent sous l'aisselle des feuilles, le long des tiges et des rameaux dressant sous leurs corolles blanches, roses, violettes, ponceau, unies ou panachées, leur éperon court et droit.

*
* *

Maintenant voici des noctambules : Mesdames les BELLES DE

Nuit dorment le jour, elles ne commencent à s'étirer et à bayer que lorsque le soleil descend. Aussitôt qu'il a disparu elles se parfument d'odeurs exquises, se parent de leurs plus beaux atours s'enveloppent de couleurs jaunes, rouges, violettes ou panachées et sourient à la lune et aux étoiles. Si vous voulez admirer leurs clochettes multicolores et respirer leur arome, il faut vous munir d'une lanterne, car, dès la pointe du jour, ces dames rentrent chez elles et dorment à corolles fermées. — (La Belle de Nuit s'appelle aussi *Faux-Jalap*).

A défaut des Belles de Nuit vous pourrez vous rejeter sur les Belles de Jour; celles-ci brillent au grand soleil, leur jupe est violette sur les bords, striée de blanc ensuite, jaunâtre au centre.

Au fait, vous la connaissez bien cette plante, je vous l'ai entendu appeler : *Liseron*; liseron est en effet son nom réel, on l'appelle même familièrement *Liset*. Liset, liseron; suivant les cas vous ajouterez : *Satiné* quand les feuilles duvetées d'argent se parsèmeront de clochettes d'un blanc rosé; de *Provence*, quand, garni de volubiles, il fera grimper ses tiges pour aller à quelque support accrocher ses fleurs d'un rose éclatant; d'*Algérie*, lorsque, venant d'Afrique, il portera deux fleurs jumelles lilacées, d'un blanc pur à la gorge, etc.

A quelques pas plus loin, ces grandes marguerites doubles aux nombreux pétales blancs groupés en couronne autour d'un cœur ici à peine teinté de jaune et là d'un jaune éclatant sont des Anthémis.

Ces autres petites fleurs sont des marguerites également; leur nom « *Aster* » indique leur forme. — *Aster* : Etoiles, qui de l'Asie sont tombées chez nous et se constellent sur de longues tiges aux feuilles lancéolées où brillent leurs paillettes mauves ou violettes. Les Asters se divisent en espèces nombreuses au-dessus desquelles règne cette souveraine, plus belle, plus grande qu'elles toutes, *Aster* de première grandeur, que souvent vous avez admirée et qu'on appelle Reine-Marguerite. Ses pétales entremêlés, noyés de toutes les nuances, se groupent autour d'un chaton d'or, assemblage d'étamines.

Pour apparaître, cette reine ne se fait guère prier et c'est avec profusion qu'elle nous gratifie de ses fleurs variées; tous les terrains, tous les climats lui conviennent; alors que sous les desséchants rayons d'un trop ardent soleil d'autres courbent la tête, se fanent, s'anémient, la Reine-Marguerite continue à dresser ses capitules sans être le moins du monde incommodée. La Rose est la reine de toutes les fleurs; le royaume de l'Aster de Chine est moins étendu; vassale de la rose, elle ne règne que sur les marguerites, sur les asters.... Reine des Etoiles n'est point un titre à dédaigner!

Cette reine a une nombreuse progéniture, progéniture complexe au possible, mais robuste et justifiant le nom familial.

Certaines fleurs sont pyramidales, géantes, d'autres sont petites, toutes petites, naines. Certaines sont échevelées, d'autres enferment leurs rayons dans une forme régulière. Celles-ci ont des pétales de chair, celles-là des pétales de mousseline; pour les teindre, elles ont emprunté toutes les couleurs, depuis le blanc le plus immaculé jusqu'au pourpre le plus sombre. Seule une couleur est par elle délaissée, le jaune. Attachées à un rivet d'or, elles n'ont pas voulu se dorer comme lui, pour ne point nuire à son éclat.

* * *

Si la Reine-Marguerite a su varier ses allures et ses nuances, que dire du Chrysanthème, qui semble, lui aussi, une reine-marguerite?...

Chrysanthème: fleur d'automne(saut certaines variétés). Celui-ci attend que toutes les fleurs, ou à peu près, soient fanées, que leurs pétales soient tombés emportés par les premières bises, pour apparaître en touffes multicolores, exquises de tons. Non point des tons vifs, éclatants, mais des tons adoucis, un peu éteints; non point des roses frais, des écarlates, mais des roses passés, des rouges rompus; non point des tons de soleil, mais des tons de brouillard.

Le Chrysanthème est certainement une des fleurs les plus attrayantes qui soit, il possède cette qualité inappréciable de donner ses bouquets à profusion; c'est un amoncellement de paillettes blanches, soufrées, dorées, safranées, orangées, c'est un enchevêtrement d'aiguillettes saumonées, rosacées, violacées, magenta, laque brûlée.

Le Chrysanthème a je ne sais quoi de mystérieux; magnifique, il éveille pourtant des idées mélancoliques, peut-être parce que, seule plante bien vivace à l'époque du douloureux jour des Morts, nous sommes habitués à le voir semer ses pétales aux tons variés sur le noir des robes de deuil, puis recouvrir de ses touffes épaisses les dalles des tombeaux!

Et pourtant, le Chrysanthème est né aux pays du soleil! lui qui se pare de tons si doux vient des contrées ou rutilent les couleurs les plus vives, où hurlent les tons les plus criards. Le Chrysanthème est un Oriental, un Levantin. Le Chrysanthème est un Chinois, un Japonais!

Il nous vint d'abord de ces lointains pays, petit, un peu étriqué, se pelotonnant sur lui-même, comme un hérisson apeuré s'enroule dans ses piquants. Craintif en nos climats nouveaux pour lui, il n'osait donner libre essor à ses rayons. Aujourd'hui qu'il est acclimaté, il s'en offre à cœur joie. Fantaisiste, capricieux parfois, il dresse droit ses pétales, tels des javelots, les enroule les uns autour des autres comme des serpentins, les laisse retomber comme des volants ou les chiffonne comme de la mousseline; ceux-ci adoptent un ton unique, ceux-là se graduent de tons divers ou se strient sur les bords et au centre.

Tel Chrysanthème reste roulé en boule, tel autre s'étale, s'échevelle en indémêlable perruque. Il est des fleurs naines, des fleurs moyennes, des fleurs géantes; il en est de presque monstrueuses!...

Voyant que la plante était « malléable » qu'elle consentait à se laisser « manier » en tous sens, qu'intelligemment éduquée elle donnait des sujets d'une étonnante variété, les horticulteurs ont quelque peu forcé la note et en sont arrivés à offrir, comme échantillons de leur savoir-faire, des types véritablement phénoménaux.... Mais ceci, je l'ai dit déjà... n'y revenons plus,.. je finirais par me mettre à dos tous les jardiniers-fleuristes.

Si vous connaissez la fleur du chrysanthème, vous en connaissez aussi la feuille adroitement festonnée. Suivant les variétés, cette feuille se modifie plus ou moins ; sa couleur sombre et sa forme bien accusée font à merveille valoir les bouquets que portent les rameaux.

* * *

Des plantes cossues — presque des arbustes au majestueux feuillage — s'étalent bien à l'aise aux angles de la pelouse. L'une est le RICIN, l'autre la RHUBARBE. Deux noms qui font faire la grimace, car les deux plantes renferment une substance différente, mais à effets... analogues.

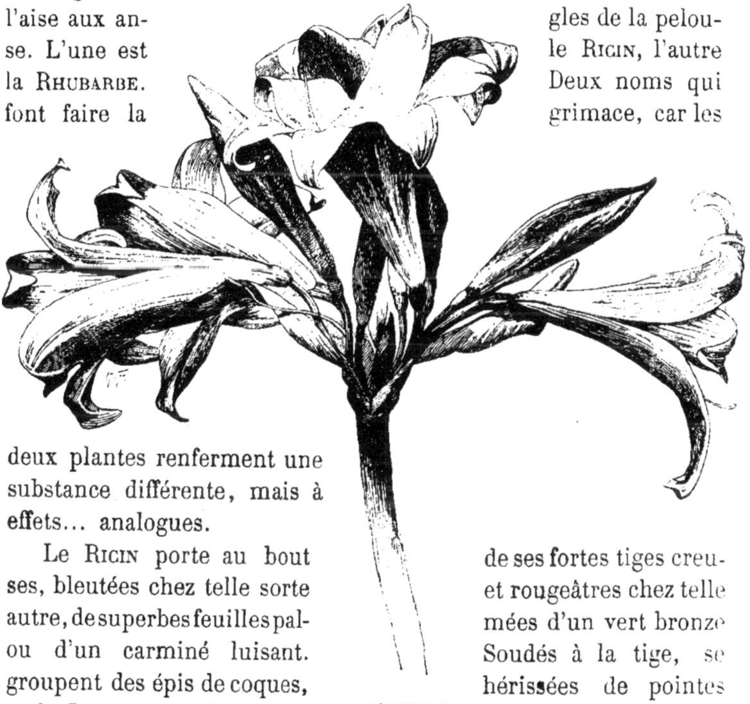

Le RICIN porte au bout de ses fortes tiges creuses, bleutées chez telle sorte et rougeâtres chez telle autre, de superbes feuilles palmées d'un vert bronze ou d'un carminé luisant. Soudés à la tige, se groupent des épis de coques, hérissées de pointes et de fleurettes, qui sont ses fruits.

AMARYLLIS.

La RHUBARBE a des feuilles plus grandes encore mais de formes tout à fait différentes, contournées, cloquées, d'un beau vert et portées sur des pétioles carminés qui finissent en nervures rayant ces feuilles en tous sens et profondément.

Plantes... « rafraîchissantes », je le veux bien, mais surtout plantes décoratives.

Entre elles, comme pour les séparer, une autre plante, décorative aussi, élève sa tige droite; de mignonnes clochettes roses l'enguirlandent à ses extrémités comme des timbales au bout d'un mât de cocagne. De larges feuilles d'un vert brillant, arrondies comme des panonceaux, garnissent copieusement l'arbuste.

Cette plante est unique ici, en vain en chercheriez-vous une autre en ce jardin !

C'est donc qu'elle est d'une bien grande rareté?... Nullement, mais c'est « de par la loi » que la plante reste solitaire ! Aucun particulier n'a le droit d'en posséder chez lui plus d'un pied !

Malfaisante alors?... Point du tout. Mais végétal appartenant aux Contributions Indirectes et pour lequel, en France, seul l'État a droit de culture.

Cette plante est le Tabac.

Que vous la trouviez jolie, ornementale, libre à vous; mais vous n'avez pas le droit de la cultiver, même comme ornement, sous peine de punitions et d'amendes qu'il vaut mieux ne pas encourir.

Tout au plus tolèrera-t-on que vous en ayez un ou deux pieds supplémentaires à cause des fumigations utiles en tout jardin, mais il vous est, en tous cas, interdit de les *ébourgeonner*.

*
* *

Franchissons mantenant le seuil des domaines qu'habitent les familles majestueuses, les souverains et les seigneurs.

Au milieu de toutes les autres la Fritillaire ou Couronne impériale lève sa tête ceinte du diadème. Des fleurs rouge safran sont les grenats de cette couronne, des feuilles panachées en sont les soutiens.

Comme des cloches renversées, les fleurs girouettent au moindre vent; serait-ce une allusion aux têtes couronnées ?

La couronne impériale brille au milieu de toutes les autres de mille éclats, mais sous ses riches vêtements elle recèle une odeur fétide; on s'éloigne pour l'admirer.

En revanche le parfum pénétrant des Lis éveille délicieusement notre odorat. Pureté de la ligne, harmonie de formes dans les pétales courbés, blancheur éclatante, souplesse, tels sont les caractères de cette belle plante dont les poètes ont abusé comme emblème de pureté virginale; nulle plante, il est vrai, n'eût pu mieux l'exprimer. Près de la fritillaire aux pourpres manteaux étincelants, la fleur immaculée brille de mille éclats; son teint est éblouissant de lumière et domine toutes les couleurs comme une chair au milieu de riches étoffes éblouit encore par sa triomphante clarté.

*
* *

Près des lis, cohorte virginale, voici le cortège brillant des chevaliers et des seigneurs.

Voici les Iris, aux parures et aux robes nuancées de diverses couleurs. Casquées des violets les plus sombres aux violets les plus clairs, leurs têtes orgueilleuses se dressent avec fierté.

Étrange fleur que l'iris! Ses pétales, au nombre de six, se divisent symétriquement. Les trois premiers sont dressés en berceau abritant le cœur de la fleur, les trois autres retombent en forme de langues. Les feuilles, rigides comme les pièces d'une armure, se fixent solidement autour de la tige et l'étreignent comme un corset jusqu'à la tête qu'elles font tenir très droite; leurs pointes menaçantes protègent le corps de la plante aristocratique dont l'élégante parure accompagne bien, sans jurer, celle de ses voisines.

Les Amaryllis aux merveilleuses fleurs, aux grands pétales gracieusement recourbés, penchés sur leurs longues tiges et rappelant un peu le lys, forment un ensemble étonnant d'allures et de nuances.

*
* *

Pourquoi, à cette fleur si délicate et si jolie, avoir donné un nom qui l'est si peu? *Eschscholtzie!* ce mot barbare, qui semble un éternuement, désigne pourtant cette large coupe d'une rare pureté de jaune, se graduant en plus foncé en se rapprochant du centre où pointent étamines et pistils jaunes également. Et comme ses tons dorés vibrent auprès des fleurs irisées qui les dominent! Non seulement la fleur, qui rappelle l'anémone par ses contours, mais encore la feuille est d'une délicatesse remarquable, d'une exquise ténuité.

JASMIN DE VIRGINIE.

Il est des Eschscholtzies doubles et de couleurs diverses, roses ou blanches; mais, tout au moins à mon avis, la jaune simple est la plus belle.

Symphonie en jaune : non loin, la Capucine, fleur couleur de soleil, fleur de velours ponceau et de peluche safranée, multiplie ses corolles aux pétales éperonnés, que des feuilles rondes à nervures blanches font si bien valoir. La capucine, une des plus charmantes grimpantes; sans contredit aussi, une des plus dociles, se laissant guider sans se regimber jamais pourvu qu'on lui donne de quoi soutenir ses tiges et accrocher ses vrilles.

C'est de plus une plante « classique » qui a donné naissance à maintes variétés, toutes de couleurs éclatantes.

* * *

Voici encore des mauves et des violets : d'énormes Clématites décorent la haute muraille de leurs étoiles d'améthyste, au milieu desquelles scintillent des flèchettes d'argent; d'autres grimpants viennent y nouer leurs souples tiges : Jasmin de Virginie, aussi appelé Jasmin Trompette, Bignone, et croulant sous le poids des grappes de clochettes jaunes et rouges, fleurs épanouies, et des nombreux boutons qui attendent leur tour; fleurs un peu en forme de fourneaux de pipes, mais pipes jolies dont les tuyaux, s'étoilant, se rivent à la même souche. Le jasmin de Virginie produit des variétés lilacées, safranées, rosées, toutes également belles, éminemment décoratives. Du reste, quoi de plus ornemental que les plantes grimpantes qui, pour notre plus grande joie, se chargent de masquer à nos yeux les froides murailles, les disgracieux appentis, d'enrichir de leurs élégants rinceaux les rinceaux nus des balcons et de glisser leurs fleurs brillantes entre les froids balustres des perrons?

CANNA.

Ici s'accroche la Vigne vierge aux pampres largement découpés, verts l'été mais devenant à l'automne du carmin le plus vif, mitigé parfois des jaunes cuivrés les plus chatoyants. Plante précieuse par la rapidité avec laquelle elle s'élance en tous sens, par sa beauté et par cette particularité que nul affreux insecte, puceron ou chenille, n'y viendra déposer ses œufs ou sa bave.

Le treillage où vous vous appuyez, est couvert presque entièrement d'autres plantes grimpantes se crampillant les unes aux autres en un fouillis bigarré de toutes les nuances :

Ici des *Papilionacées*, nom de famille savant et pourtant gracieux ; là des *Cucurbitacées*, nom tout aussi savant mais gracieux beaucoup moins.

Puis des Haricots d'Espagne aux ailerons écarlates chez les uns, blancs ou panachés des deux tons chez d'autres.

Le Pois de senteur, qui justifie par son odeur douce, — parfum d'oranger atténué, — son nom gracieux ; aussi, s'est-on empressé de le lui retirer pour l'affubler d'un autre, vilain, malsonnant ; ce pois de senteur est une Gesse. Pourquoi ?... je l'ignore mais cela est ainsi. Ces fleurs blanches, roses, brunes, violettes, cramoisies ou mariant entre eux tous ces tons, ces papillons posés capricieusement parmi les feuilles sur les longues tiges qui rampent ou grimpent sont, tout prosaïquement, des fleurs de Gesse !

*
* *

Quant à la collection des cucurbitacées, elle est riche, très riche. Le feuillage en est toujours d'une ampleur et d'une forme remarquables.

Je ne parle point ici des melons et des potirons, les géants de l'espèce que nous verrons au potager, mais de ces autres membres de la même famille qui se nomment : *Gourdes de pèlerin*, *Calebasses*, *Massues d'Hercule*, *Coloquintes*, dont les fleurs blanches ou jaunes renferment entre leurs frêles pétales chiffonnés le germe de ces fruits étranges, bizarres de forme et de couleurs, aux allures de poires à poudre, d'amphores, de flacons aplatis ou de bouteilles rondes, bariolés de rayures, de taches, ou se coupant net mi-partie d'un ton, mi-partie d'un autre.

Rien de joli comme toutes ces familles diverses grimpant à qui mieux mieux, se mêlant les unes aux autres, entortillant leurs tiges, nouant leurs anneaux en de telles étreintes, que véritablement on ne sait plus à quelle plante appartient cette fleur, à quelle tige est attaché ce fruit; écheveau végétal du plus piquant effet, mais écheveau indémêlable!

*
* *

Revenons aux parterres :

Pendant longtemps je n'ai pu souffrir la fleur du Dahlia.

Je ne connaissais alors, et bien des gens étaient dans mon cas, que ces grosses boules, rondes comme des pommes et teintes de toutes couleurs — (sauf de bleu, s'il vous plaît..., vous n'ignorez pas qu'une forte prime est réservée à qui découvrira le dahlia bleu); — or, je trouvais non seulement insipide la forme générale, mais assommants ces pétales niais tuyautés au petit fer comme des bonnets de campagnarde, disposés régulièrement comme les alvéoles d'un rayon de miel, réceptacles à insectes de tous genres, — repaires à perce-oreilles, insectes inoffensifs, dit-on, mais dont j'ai une sainte horreur — fleur bête, somme toute!...

Pardon! car ici je heurte évidemment les goûts de bien des gens en extase devant les dahlias cylindriques de leur jardin; affaire d'appréciation cela! c'est précisément ce qui me déplaît dans cette fleur qui plaît à d'autres, et la preuve c'est que c'est pour la perfectionner (toujours!) qu'on l'a ainsi arrangée.

Les auteurs du méfait vous diront : « Grâce à nos soins, nous avons changé complètement cette fleur qui était simple lorsqu'on nous l'a apportée du Mexique, en l'an 1802 de notre ère; à force de semis et de resemis, nous l'avons rendue double, panachée, admirablement sphérique, puis nous avons régularisé les pétales, nous avons obtenu qu'ils se roulassent en entonnoirs et en cornets avec une symétrie remarquable pour former la rosace que voilà!... Grand merci, messieurs! à votre macaron compliqué et fait au compas, je préfère cent fois le *Dahlia* tout d'une venue, tout rustre, tout simple, qui, comme une anémone dont il a un peu l'allure, laisse flotter ses pétales de tons variés, de couleurs panachées, autour d'un disque brillant.

Depuis quelques années on a « remodifié » encore l'allure du dahlia et les horticulteurs, qui m'avaient brouillé avec la pauvre fleur, m'ont remis avec elle en lui trouvant, et de ceci je les remercie, une tenue un peu moins compassée, une toilette plus digne de lui.

Je veux parler des variétés où les pétales, au lieu de se rouler en coquilles, comme ci-dessus, se libèrent, partent un peu comme ceux des reines-marguerites et des chrysanthèmes, et fournissent alors de remarquables fleurs.

Il en est ainsi de rouge feu ; c'est la sorte qu'on nomme, je crois le *Dahlia à fleur de Cactus* à laquelle il ressemble en effet et qui s'appelle aussi *Etoile du Diable*; il en est d'autres, de même forme, mais d'un rouge magenta, d'un ton violacé comme celui de certaines orchidées, de blancs crème et de jaunâtres, fleurs d'un effet d'autant plus merveilleux, que l'ensemble du végétal, le port de ses tiges, les découpures de ses feuilles sont remarquables.

Toutes les nuances unies, striées ou panachées, existent-elles en cette même forme?... Je ne les ai point vues, mais je souhaite les voir apparaître bientôt; elles détrôneront, j'espère, cette boule fleurie qui rappelle ces globes en verre étamé, blancs, bleus, rouges ou verts... dans lesquels on se mire en mirant les environs et qui font un des « plus beaux ornements » de certains jardins où ils reluisent posés sur des trépieds ou accrochés à des marquises!...

On ne connaissait, au début, qu'une espèce de dalhia envoyée au jardin botanique de Madrid, en 1789, par le directeur du jardin de Mexico, puis introduite en France en 1802. Cette espèce était le dahlia sauvage simple.

Ce fut un horticulteur anglais qui, vers 1810, trouva le dahlia double; depuis, la fleur a pris une notoriété inouie : on en compte *un millier* d'espèces, à peu près, auxquelles la culture a fait produire plusieurs milliers de variétés, lesquelles se reproduisent avec une telle facilité que toute nouvelle variété, si rare soit-elle, devient commune au bout de deux ou trois ans.

* *

C'est « Canna » que généralement vous nommez ces plantes à longues feuilles, vertes chez certaines, brunes chez d'autres. et qui s'enroulent autour d'une tige droite d'où s'échappe, au sommet, une grappe d'élégantes fleurs jaunes, rouges, piquetées ou panachées des deux tons; jaunes ou rouges vibrant avec une égale intensité; fleurs semblant des insectes d'or ou de grenat prêts à s'envoler ?

Canna est en effet le nom de la plante qui fait si bonne figure au milieu des parterres dont elle semble le plumet; mais vous me semblez ignorer que ce nom est le nom scientifique, et que, si vous agissiez avec elle comme avec la plupart des autres végétaux, vous la nommeriez tout bonnement : Balisier.

A côté des hautes tiges des dahlias et des balisiers, les Ficoïdes paraissent bien petits, bien ramassés sur leurs tiges; regardez-les de près et vous verrez que malgré sa petite taille la plante ne manque pas d'un certain charme : ses fleurs bien ouvertes sont élégantes, ses pétales nombreux sont variés de tons

GIROFLÉES.

Voyez celle-ci ; elle est d'une nature particulière et porte le nom caractéristique de FICOÏDE CRISTALLINE ou GLACIALE. Ses feuilles charnues et ses tiges sont partout couvertes de vésicules transparentes qui les font briller au soleil comme si elles étaient diamantées; on les croirait couvertes de rosée ou de givre.

Une autre sorte, la FICOÏDE COMESTIBLE, est surnommée *figue des Hottentots*, sans doute parce que son fruit se mange.... en Provence !

*
* *

L'air est embaumé, non point par les ficoïdes, ceux-ci brillent mais ne sentent point. C'est de ces gerbes diversement colorées, GIROFLÉES de tous genres, que s'échappe, comme de cassolettes, un parfum agréable, fin, un peu poivré, à la fois pénétrant et discret, qui n'est pas leur seul attrait; les giroflées possèdent en outre une qualité fort appréciable : épanouies dès le mois de mai, elles dressent encore au mois d'octobre leurs épis blancs, violacés ou rosés.

Moins longtemps durent les fleurs de la RAVENELLE (ou *giroflée jaune*), plus odorantes encore et de tons si brillants que la plante a été baptisée *Rameau d'or*. Ses fleurs cuivrées, simples ou doubles, plus ou moins pourprées, apparaissent au printemps en touffes serrées.

Senteurs plus violentes, plus fades aussi et qui seraient à peine supportables ailleurs qu'en plein air, celles qu'exhale l'HÉLIOTROPE mélancolique, aux couleurs ternes, aux fleurs d'un violet demi-deuil, aux feuilles sombres.

Bien insignifiants sont ces petits thyrses verdâtres, piquetés de minuscules aigrettes cuivrées ! ils appartiennent aux RÉSÉDAS. Ne pouvant briller par les couleurs ils se rattrappent en lançant d'exquises effluves, plus fines encore que celles de la giroflée, moins entêtantes que celles de l'héliotrope ; parfum bien personnel et ne ressemblant à nul autre !

*
* *

Comment se fait-il que le bizarre FUCHSIA, qui a l'aspect si chinois, ne soit pas né en Chine?...

Ne vous semble-t-il pas que cette fleur a du être cueillie à la pointe retroussée de quelque pagode?

Aujourd'hui on la rencontre partout; en pots sur les fenêtres, en caisses sur les balcons où ses pandeloques se balancent gaiement, joie des concierges, bonheur de Jenny l'ouvrière.

Cette plante, bien que ne venant pas de Chine, est originaire de lointains pays; elle nous arriva du nouveau continent vers la fin du XVIIe siècle; c'est un moine de l'ordre des Minimes, le P. Plumier, qui la découvrit et en fit hommage à Léonard Fuchs dont elle porte le nom prolongé [1].

Il a fait des progrès, depuis, le fuchsia! en passant par les mains des horticulteurs, il s'est, comme beaucoup d'autres, prêté à une foule de transformations. Ses fleurs, qui semblent de petites danseuses vêtues de casaques, basques retroussées et jupes plissées, ont pris non seulement des formes diverses, s'allongeant ou s'épaississant, — devenant danseuses maigres ou danseuses dodues, — mais encore des couleurs variées; ajoutez à cela que certaines ont compliqué leurs toilettes de volants inattendus; de simples, elles sont devenues doubles. Quant aux couleurs, malgré tous les efforts, ces dames n'ont point voulu jusqu'ici sortir des blancs, des roses, des violets et des rouges; elles ont le jaune en horreur, on ne sait trop pourquoi.

Les unes mettent le corsage rouge et la jupe pareille, d'autres ont le corsage d'un ton blanc ou rose, et la jupe, différente, violacée, rouge, etc.

Parmi les fuchsias, il en est qui poussent en arbrisseaux relativement grands et d'autres qui restent nains. Il en est à fleurs longues et grandes, d'autres à fleurs minuscules. Ici elles se réunissent en grappes, là elles pendillent solidairement. Fleurs complexes, vous le voyez, et qui, par cela même, comptent de nombreux amateurs.

*
* *

Ne séparons point l'une de l'autre deux fleurs qui, bien que portant à l'extrémité de leurs hampes droites des fleurs absolument

1. Le P. Plumier a publié, en 1703, un ouvrage : *Nova Plantarum Americanarum genera* dans lequel il fait la description du fuchsia.

dissemblables de formes, présentent néanmoins certaines analogies; toutes deux sont de la même famille, les *Liliacées ;* leur port, leur allure est pareille ; leurs feuilles, javelots plus ou moins affilés, s'élancent droites ; enfin, toutes deux excitèrent au plus haut degré l'enthousiasme de gens peu enclins d'ordinaire à ce sentiment, les Hollandais.

Vous avez deviné qu'il s'agit de la TULIPE et de la JACINTHE.

On les croit toutes deux originaires du Levant, mais les botanistes des Pays-Bas les ont tant et si bien naturalisées chez eux,

TULIPES PERROQUET.

qu'on a fini par les considérer plutôt comme des sujets hollandais que comme des fleurs levantines.

Tulipe viendrait, dit-on de *tulipant,* mot turc qui veut dire turban, le nom aurait été donné à la fleur parce qu'elle ressemblerait à cette coiffure.... Ceci me paraît une étymologie bien tirée par les cheveux !... Quant à jacinthe, son nom est une corruption du nom *Hyacinthe*.... Quel Hyacinthe?

Nous ne raconterons pas ici l'histoire de la tulipe, elle viendra en son temps ; contentons-nous d'admirer la variété véritablement prodigieuse de ses corolles qui sont plutôt d'élégantes coupes que de vulgaires turbans, n'en déplaise au sultan !

Je ne crois pas qu'aucune fleur soit arrivée à donner à sa parure une aussi grande diversité ; aucune n'a su, comme elle, créer des tons inattendus, amalgamer entre eux des nuances claires et foncées ; aucune n'a su, avec autant de fantaisie, lamer ses pétales, les flammer, les strier, les moucheter, les border audacieusement de bandes, de points, d'onglets de nuances criardes et pourtant harmonieuses.

Depuis quelque temps une tulipe tout à fait échevelée, aux pétales déchiquetés, a fait son apparition : *Tulipe Perroquet* est le nom assez bien approprié qui lui a été donné.

La jacinthe est plus modeste.

Bien que se parant d'à peu près tous les tons, elle n'entend pas que ceux-ci s'écartent de la note discrète ; ses rouges, ses violets, ses bleutés et ses jaunes, parfois très brillants cependant, restent atténués, moins francs que chez sa compatriote ; elle est plus distinguée, se parfume d'aromes très fins mais un peu trop pénétrants.

PENTSTEMON.

La tulipe, simple ou double, reste solitaire au bout de sa tige ; la jacinthe groupe ses fleurettes ;

accumulées, elles s'élèvent en pyramides. Ses clochettes sont simples ou doubles, parfois l'un et l'autre comme dans cette variété, *La Diane d'Ephèse* qui, sur une même hampe, porte quelques fleurs doubles tandis que les autres restent simples.

Bien que de culture assez facile, les tulipes et les jacinthes demandent néanmoins des soins constants; ces dernières s'accommodent fort bien, au lieu de terre, d'un peu d'eau. Dans maints appartements hollandais vous verrez des séries de carafes pleines d'eau, coiffées, en guise de bouchons, de jacinthes en fleurs.

L'oignon de jacinthe est posé sur le rebord de la carafe de façon que la couronne, d'où partent les racines, effleure le niveau de l'eau qu'on renouvelle tous les quinze jours et dans laquelle, pour empêcher la corruption, on peut ajôuter quelques grains de sel; la jacinthe se trouve là absolument à l'aise, ses racines se plongent avec délices dans le liquide et bientôt naissent les gracieux thyrses de fleurs qui embaument mais qu'il ne faut pas négliger d'aérer et d'ensoleiller, car, si la plante aime l'eau, elle est non moins friande d'air et de lumière. Malheureusement l'oignon est vide, perdu, après cette floraison forcée

A qui voudra collectionner des variétés de tulipes ou de jacinthes, nous conseillons de fouiller livres et opuscules à elles consacrées, ils ne manquent pas; ils y trouveront tous les renseignements voulus sur les mœurs, la culture, la multiplication des séduisantes fleurs.

*
* *

Pourquoi les Tulipes nous font-elles involontairement penser aux Glaïeuls?... La raison que les premières sont à racines bulbeuses et les seconds aussi, n'est évidemment point suffisante! — N'est-ce pas plutôt parce que les seconds, comme les premières, présentent une variété de tons vraiment déconcertante?

Je crois qu'à elles deux, ces fleurs ont épuisé toutes les ressources de la palette de dame Nature, — palette fort riche, pourtant, — et toutes les fantaisies décoratives.

Comme bien d'autres merveilleux sujets végétaux, les Glaïeuls nous sont venus du Cap où ils croissaient à l'état sauvage; on les a civilisés peu à peu et nous voici actuellement en présence d'espèces, de variétés, de sortes si nombreuses, si compliquées, que vraiment le plus fin connaisseur s'y perd!

*
* *

Ces arbrisseaux aux feuilles pointues, luisantes, qui de leurs rameaux dissimulent en partie les caisses des orangers, n'appartiennent point au Houx ainsi que vous paraissez le croire, mais bien au MAHONIA. Entre le feuillage des deux il y a évidemment une certaine ressemblance, et, pour justifier votre erreur, j'ajouterai que l'arbuste porte le nom de *Mahonia à feuilles de houx*.

Si une confusion est possible pour le feuillage, elle ne l'est point pour les fleurs, ni pour les fruits. Les fleurs en grappes serrées, d'un jaune clair mais très intense, se rouleront, pour devenir des fruits, en petites boules vert très clair qui se violaceront peu à peu et deviendront très foncées à maturité, tandis que le houx fournit des paquets de baies d'un rouge vif.

*
* *

On dirait vraiment que plus nous voyons de plantes et plus il nous en reste à voir! A chaque pas, de nouvelles fleurs surgissent et vraiment nous n'en finirions pas si nous voulions les examiner toutes.

Les pelouses, les plates-bandes, les parterres sont rutilants. Le soleil, à cette heure, lance obliquement ses rayons; il semble transformer ces clochettes, ces étoiles, ces calices, ces thyrses et ces pyramides, qui sont des fleurs, en bijoux finement ciselés enchatonnés de rubis, de topazes, d'émeraudes, d'améthystes aux facettes chatoyantes; des coraux, des turquoises, des émaux de la nacre et de l'ambre semblent là semés à profusion :

Les GAILLARDES, rouges et blanches, balancent leurs hautes tiges qui frôlent les clochettes des COBEAS de violet habillés.

Les ÉCHINOPES (nommés Boules azurées) hochent leur ronde tête mauve au-dessus de leurs feuilles pointues comme celles des chardons, fuligineuses en dessus, argentées en dessous.

La DAME D'ONZE HEURES (*Ornithogale*) a déjà replié sa robe blanche; levée tard, habituée à faire la grasse matinée, elle se couche tôt.

La CUPIDONE rougissante sourit sous son voile azuré en écoutant les doux propos du galant NARCISSE DES POÈTES, qui, pour lui plaire, s'est parfumé et a revêtu sa plus blanche tunique.

L'ÉMILIE est écarlate de honte et de fureur! Elle a eu l'imprudence d'appeler par son surnom : *Cornes du Diable*, son voisin le MARTYNIA qui s'en est vengé en lui rappelant qu'*Émilie* n'est qu'un pseudonyme usurpé pour cacher son affreux nom de CACALIE.... Fi !

Les PENTSTEMON roses et violacés semblent des digitales ayant ajouté une collerette.

Les ACONITS, porteurs de violents poisons, se cachent sous leurs casques bleus ou jaunes, azur ou cuivre.

Les AGIRATES (*Eupatoires*) agitent leurs houppes violettes faites de fines fleurettes vaporeuses.

Les ADONITES, aux fleurs saignantes, s'entourent de leurs feuilles découpées en fine charpie.

Prétentieusement, la CAMPANULE PYRAMIDALE, dont nous avons vu les cousins vagabonder le long des chemins, agite, contre ses corolles serrées en grappes, étamines et pistils comme battants dans des cloches.

L'HÉMÉROCALE fauve allonge indéfiniment ses tiges, elle veut que ses fleurs d'or puissent lancer dans les airs leur odorant parfum.

Les GODÉZIES ont leurs corolles tachées de vin, elles paraissent d'autant plus empourprées qu'elles s'étalent sans gêne sur les tapis d'ALYSSES blancs et jaunes : *Corbeilles d'or* et *Corbeilles d'argent* tissées d'un feuillage glauque qui n'en fait que mieux vibrer l'éclat.

L'amère GENTIANE, le rustique SAFRAN, les CINÉRAIRES violettes et pourpres, les JONQUILLES dorées poussent pêle-mêle.

La LUNAIRE fait tinter ses piécettes d'argent, monnaie n'ayant plus cours : *Monnaies du Pape*.

Et, tout autour, emmaillottant les pieds et cachant les racines, la JULIENNE bariolée pique ses fleurettes odorantes simples, doubles, claires ou foncées !

LES ROSES TRÉMIÈRES.

Voilà bien des fleurs !... Et pourtant ! cette nomenclature qui a dû vous paraître longue est d'une brièveté désespérante. Si l'on considère le nombre de fleurs poussant dans nos contrées seulement, celles que nous avons citées n'en représentent qu'une infinitésimale partie ! — Ajoutez à cela que chaque fleur, si minime, si insignifiante soit-elle, présente des variétés, peu nombreuses chez certaines mais innombrables chez d'autres !

APPENDICE AU CHAPITRE XXV. — PLANTES CULTIVÉES.

Pour rendre ce livre aussi complet que possible nous donnons, pour les plantes cultivées, outre les noms scientifiques et la famille à laquelle chacune appartient, quelques indications sur la floraison, la culture et les variétés, ceci par ordre alphabétique.

Il est évident que nous ne pouvons nous étendre sur la culture, ni citer toutes les variétés de chacune d'elles, ceci nous entraînerait trop loin et ferait double emploi avec les ouvrages *ad hoc* où toutes indications sont largement développées, ouvrages faits par les jardiniers, les fleuristes, les pépiniéristes auxquels, loin d'avoir quoique ce soit à apprendre, nous ne pourrions, au contraire (ce que nous avons fait, du reste), que demander d'utiles renseignements.

C'est assez dire que quiconque voudra cultiver avec certitude les plantes de toutes sortes devra consulter des ouvrages spéciaux. Considérant la plante à *tous* ses points de vue, notre livre ne peut s'appesantir sur le côté pratique qu'il ne peut qu'effleurer sans approfondir.

Les indications que nous donnons s'appliquent aux *types* de chaque genre ; nous ne saurions donner (toujours pour les mêmes raisons), des indications pour chaque variété d'une même sorte.

ACONITS. — *Aconitum* (Renonculacées). Vivaces, de pleine terre, multiplication par graines semées à mi-octobre par éclat ou division des touffes, février-mars ou septembre, octobre. Floraison juin-août. Terrain frais.

Variétés : *A. napel*, *A. bicolore*, *A. rubicon* à fleurs tamisées de rouge. *Aconit tue-loup*, à fleurs jaunes; toutes distillent également un même poison.

ADONIDES. — *Adonis* (Renonculacées). Floraison juin-juillet, multiplication par semis en place pour la *Goutte de sang*, plante annuelle. Semis en pots et repiquage ou éclats pour la *Printanière*, plante vivace.

Les ADONIDES, fleurs petites portant :

Adonides goutte de sang de 6 à 8 pétales d'un rouge vif à onglet pourpre foncé, à feuilles découpées finement.

Adonides printanières, de grandes et belles fleurs jaunes à 12 et jusqu'à 20 pétales et des feuilles rapprochées, palmées

AGÉRATES. — *Ageratum* (Composées) annuelles. Multiplication par graines sur couche, mars-avril, repiquage fin mai ou boutures hivernées sous châssis.

Les Agérates, houppes violettes faites de fleurettes assemblées, fines, souples, vaporeuses, hautes sur tiges ou naines, d'un violet accusé ou d'un violet bleuté, blanches ou rosées suivant l'espèce : *Agérate du Mexique* ou *Agérate nain*, bleu de ciel, etc., etc.

Alysses. — *Alyssum* (Crucifères). Floraison l'été, plantes vivaces, multiplication par semis et repiquage en pépinière, bouturage toute l'année pour espèces à fleurs doubles, ceci pour l'*A. Corbeille d'or*.

Alysses, *Corbeille d'or* ou *d'argent* à fleurs en paquets d'un blanc éclatant ou d'un jaune rutilant au feuillage blanchâtre, lancéolé ayant des variétés à feuilles panachées, à feuilles cendrées, à fleurs odorantes, ornement superbe qui nous vient de Crète.

Amarantes. — *Amarantus* (Amarantacées). Plantes annuelles, semis et repiquage suivant les espèces. Floraison de juin à septembre, terre meuble, fumée.

Variétés : *A. Queue de Renard* ou *Discipline de Religieuse*, *A. Gigantesque*, *A. Sanguine*, *A. Mélancolique*, *A. Tricolore*, de feuillages et de floraison diverses.

Amaryllis. — *Amaryllis* (Amaryllidées). Floraison août-octobre, plantes bulbeuses et vivaces, reproduction par division des oignons plantés immédiatement juin-juillet, pleine terre plutôt que pots, terre nouvelle tous les 3 ou 4 ans, sous châssis ou fumier l'hiver.

Amaryllis ou *Belladone d'automne* à fleurs roses odorantes, *A. agréable* blanche passant au rose, *A. à fleurs changeantes* blanches et roses passant à l'amarante, *A. Girandole* ou *Candélabre*, *A. de Virginie*, etc., etc.

Ancolies. — *Aquilegia* (Renonculacées). Plante indigène, vivace et rustique, floraison mai-juin, multiplication par graines semées mai-juillet. Terre substantielle, redoute l'humidité.

Variétés : *Ancolie commune des jardins*, appelée aussi *Gants Notre-Dame* est le type du genre qui a comme variétés *l'Ancolie de Sibérie* à fleurs bleues, l'*A. des Alpes* bleu plus tendre, l'*A. du Canada* à fleurs rouges, l'*Ancolie à fleurs dorées*, aux pétales jaune vif, les unes simples, les autres doubles.

Anémones. — *Anemone* (Renonculacées). Plantes vivaces, floraison du milieu d'avril à fin mai, multiplication par semis en pépinière mars-avril ou en juin-juillet pour variétés nouvelles, division de tubercules ou pattes avant plantation en conservant un bourgeon de chaque fragment. Terre légère, exposition demi ombragée.

Anémone éblouissante d'un rouge vif, *Anémone chrysanthème* aux pétales touffus, imbriqués comme dans la fleur dont elle porte le nom; variété qui nous donne la *Brillante* écarlate, la *Gloire de Nantes* d'un bleu violacé, etc. *Anémone étoilée* striée de blanc, de violet, de rose, la *Sylvie jaune* aux fleurs dorées, le *Chapeau de Cardinal*, l'*Œil de Paon*, l'*Hépatique* à fleurs roses, l'*Anémone du Japon* qui nous vient du pays des Mikados, cent autres encore.

Anthémis. — *Anthemis* (Composées). Certaines espèces annuelles sous-ligneuses, vivaces, floraison juin à septembre, multiplication par éclats ou boutures ou semis d'avril en juillet, pleine terre, sous couverture l'hiver.

Variétés : *Anthémis matricaire*, *Anthémis Camomille romaine*, *Anthémis d'Arabie* dont une variété troque sa robe jaune contre une robe pourpre.

Asclépiades. — *Asclepias* (Asclépiadées). Vivaces, floraison juillet-août, multiplication par éclats ou graines semées mai-juillet, puis repiquées en pépinière, mise en place automne ou printemps, terre fraîche, légère, exposition chaude.

Les Asclépiades portent sur de hautes tiges aux feuilles glabres, lancéolées, des ombelles pourpres à odeur de vanille quand elles sont *Asclépiades incarnates*; ont des fleurs rosées, des feuilles ovales duvetées, d'où leur nom *herbe à la ouate* quand elles sont *Asclépiades cotonneuses*; passent au safrané et recherchent la chaleur qui leur rappelle le climat de leur pays, car elles sont originaires des Antilles, quand elles s'appellent *Asclépiades tubéreuses ou Asclépiades de Curaçao.*

Aster. — *Aster* (Composées), vivaces, fleurissant tout l'été ou deux fois pendant la belle saison, depuis mai jusqu'aux gelées, multiplication par division des touffes en automne et au printemps, épuisent beaucoup de terre, demandent à être replantées et changées de place tous les 3 ou 4 ans.

Nombreuses sont les espèces de la rustique plante portant des petites fleurs dont le nom dit la forme : Aster, étoiles qui de l'Asie sont tombées chez nous, qui se constellent sur de longues tiges aux feuilles lancéolées. Étoiles lilas au centre doré comme l'*Aster Œil-de-Christ*, violettes à disque orangé comme l'*Aster Nouvelle Angleterre*, lilas à cœur de pourpre, comme l'*Aster très-élégante*, d'un blanc pur se noyant légèrement de rose comme l'*Aster horizontal*, plus modestes, à rameaux plus petits comme la pâle *Aster des Alpes* aux reflets bleus et celle *des Pyrénées* aux rayons mauves; il en est d'autres sortes encore, *Bicolore*, *Cineraire bleue*, etc.

La race est nombreuse : La *Reine-Marguerite* est une Aster de grande race, son nom technique est *Aster de Chine.*

Aster de Chine. — Voir Reine-Marguerite.

Azalées. — *Azalea* (Éricacées). Multiplication par marcottes, greffes et semis, floraison au printemps, pleine terre de bruyère, exposition mi-ombragée.

Variétés : *Azalées visqueuses* à fleur jaune teintée de rouge, *Azalées à fleurs nues* d'un rouge vif, *Azalées couleur souci*, *Azalées gracieuses*, *Azalées molles* venant du Japon, *Azalées glauques* blanches venant des marais de l'Amérique du Nord, *A. Pontiques* du Caucase jaunes ou orangées; toutes celles-ci sont rustiques. Parmi les Azalées de serre froide ou de plein air, citons : Les *A. Striées* venant de Chine, de couleurs diverses; les *A. Ponceau*, de même provenance; les *A. Crispées* à fleurs roses crépues et frangées; les *A. de l'Inde*, etc., etc.

Balisier. — *Canna* (Cannées). Vivaces, floraison juillet-octobre, multiplication par semis au printemps sur couche après immersion des graines dans l'eau pendant 8 jours, repiquage en juin, en place en mai l'année suivante, ou plantage par tubercules ayant passé l'hiver en lieux secs.

Variétés : *B. Comestible*, *Discolore*, de *Bonne-Année*, à *fleurs écarlates*, à *fleurs orange*, à *fleurs bordées*, à *fleurs de lis*, à *fleurs flasques*, d'autres encore, car il y en a beaucoup de variétés, la plante ayant été soigneusement cultivée.

Balsamines ou Impatiente. — *Impatiens Balsamina* (Balsaminées). Annuelles. Floraison juin-octobre. Semis avril-mai. Repiquage en pépinière. En place mai-juin.

Plusieurs sections les divisent, chacune se subdivisant à leur tour en variétés à fleurs unies ou panachées : *B. Camélias*, *B. doubles ordinaires*, *B. à rameaux*, *B. naines*, *B. glanduligères.*

Bégonias ou Bégonies. — *Begonias* (Bégoniacées). Pour les sous-frutescents ou de serre, multiplication par boutures de préférence aux semis ou écartement des tiges enracinées poussant parfois près la tige mère. Beaucoup arroser pendant la végétation, pas ou très peu après.

Pour les tubéreux, multiplication par tubercules conservés en endroit sec l'hiver. En avril, les mettre en godets sous châssis. Mettre en place en mai avec la motte de terre. Exposition mi-ombre.

Le genre *Bégonia* (ou Bégonie) constitue à lui seul toute une famille spéciale : les *Bégoniacées*. Cette famille se divise en deux groupes : 1° les *B. Caulescents*, c'est-à-dire pourvus d'une tige, et 2° les *B. Tubéreux.*

Nous avons dit qu'il existait plus de quatre cents espèces du curieux végétal, c'est dire aussi que nous n'en entreprendrons pas la nomenclature. Vous intéresse-t-il toutefois d'en connaître quelques-uns? En ce cas, en voici :

Parmi les Caulescents : *B. à deux couleurs*, grandes feuilles ovales, vertes en dessus, rouges en dessous, panicules de fleurs d'un rose vif; *B. à feuilles variables*, plante haute de près d'un mètre, à rameaux et tige rouges, à fleurs carmin en grappes; *B. à fleurs corail*, à longue inflorescence de fleurs retombantes; *B. luisant*, à fleurs carnées; *B. écarlate; B. à fleurs de fuchsia; B. vert émeraude; B. à reflets métalliques*, etc.

Parmi les Tubéreux : le *B. de Bolivie*, à feuilles lancéolées, à tiges longues portant des fleurs écarlates; *B. de Clarke*, à fleurs roses largement ouvertes; *B. dressé*, plante naine portant des fleurs orangées ou rouge vif.

Dans les bégonias à fleurs simples, nous trouvons : *l'Admiration*, fleur écarlate orangée; la *Rosieri*, fleur blanche: la *Phœbus* cramoisie.

Parmi les doubles : l'*Agnès Sorel* blanche, saumonée au centre; la *Brillante*, rouge ponceau; la *Chrysanta*, d'un jaune pur; la Golconde, d'un jaune paille, etc. etc.

Belles de jour ou Liserons tricolores. — *Convolvulus* (Convolvulacées). Annuelles. Floraison juin-septembre. Semer sur place. Multiplication par boutures. Graines en terre franche.

Variétés : *Liseron satiné*, fleurs blanches teintées rose; *L. de Provence*, roses, très larges; *L. d'Algérie*, bleues et blanches; *L. à feuilles d'olivier*, rose pâle.

Belles de nuit ou Faux-Jalap. — *Mirabilis Jalapa* (Nyctaginées). Vivaces. Floraison juillet-septembre. Multiplication graines sur couche au printemps. Mise en place fin mai. On peut conserver les racines et les replanter.

Variétés : *B. de N. à longues fleurs;* mexicaine à feuilles en cœur visqueuses comme toute la plante, fleurs blanches à tubes de 10 à 14 centimètres, odeur d'oranger la nuit.

Bignone, appelée **Jasmin de Virginie.** — *Bignonia* (Bignoniacées). Grimpante. Floraison mai-septembre. Semis de graines sur couche. Marcottes. Boutures sous châssis. Taille l'hiver.

Diverses variétés de *Bignone : B. à fleurs pourpres*, couleur lilacée; *B. de Chambrelayne*, fleurs dorées; *B. gracieuse*, safranées; *B. de lady Caroline*, rosées.

Cacalie. — *Cacalia* (Composées)s. Floraison juillet-octobre. Semis avril-mai en place.

Variétés : *C. écarlate*, annuelle, fleurs rouges, etc.

Calcéolaires. — *Calceolaria* (Scrofularinées). Bisannuelle. Il en est de ligneuses et d'herbacées. Multiplication des premières par boutures et éclats enracinés, les autres par division des touffes. Semis par graines pour variétés nouvelles.

Variétés : *C. violacée*, fleurs violettes et jaunes; *C. à feuilles rugueuses*, fleurs jaune d'or; *C. à feuilles de plantain*, fleurs jaune foncé.

CALEBASSE. Voyez GOURDE.

CAMPANULES. — *Campanula* (Campanulacées). Certaines espèces sont annuelles, d'autres bisannuelles, d'autres vivaces. Floraison juin-juillet et août-septembre suivant variétés. Semis au printemps. Repiquage.

Variétés : *Camp. Pyramidale*, dresse en grappes serrées ses fleurs blanches et violettes; tandis que la *C. à fleurs en tête* les réunit à l'extrémité de ses rameaux; voici la *C. gantelée* ou *gant de N.-Dame*, mêmes couleurs; puis la *C. noble*, elle nous vient du pays des magots, ses feuilles sont poilues, ses fleurs énormes sont d'un rouge violacé à pointillé plus foncé; voilà une sibérienne, la *C. magnifique*, à feuilles spatulées, crénelées, portant ses fleurs par trios rangés autour d'une longue hampe; à côté une grecque, la C. de Lorey, à fleurs bleuâtres ou blanches; puis une sicilienne, la *C. fragilis*, suspension charmante dont les fleurs se renouvellent sans cesse; *Campanules Miroir de Vénus*, *Campanules des monts Carpathes*, autant de variétés, autant d'allures diverses.

CANNA. Voyez BALISIER.

CANNE D'INDE. Voyez BALISIER.

CAPUCINES. — *Tropæolum* (Tropœolées). Certaines annuelles, d'autres vivaces. Semis ou boutures suivant les variétés. (Voir ouvrages spéciaux.)

Variétés : la *C. naine*, diminutif des autres; la *Pagarille*, plante de serre d'un jaune canari à pétales recourbés comme des ailes d'oiseau et fleurissant tout l'été jusqu'à l'hiver; la *C. de Loble*, d'un rouge superbe tamisé d'orangé, pousse tout l'été sans donner de fleurs, puis, l'hiver venu et rentrée en serre tempérée, elle se garnit de longues guirlandes cramoisies; voici des Capucines *brunes*, des *panachées*, des *roses*... Que sais-je?...

CHRYSANTHÈMES. — *Chrysanthemum* (Composées). Annuelles. Floraison juillet à septembre. Tout terrain, mais surtout terre franche légère. Multiplication de graines en place avril-mai.

Nombreuses variétés : *C. caréné; C. grandes fleurs; C. frutescent* fleurissant l'été, etc., etc. Couleurs très variées. (Voir ouvrages spéciaux.)

CINÉRAIRES. — *Cineraria* (Composées). Bisannuelles. Semis en pépinière juin-juillet en terre légère, demi-ombre. Repiquage en pots. En automne sous châssis. Multiplication par bourgeons aussi.

Variétés : *Cinéraire maritime*, vivace, fleur jaune vif; *C. Hybride grandes fleurs*, à fleurs variées, etc.

CLÉMATITES A GRANDES FLEURS. — *Clematis florida* (Renonculacées). Arbrisseaux. Floraison avril à novembre suivant espèces. Multiplication de marcottes séparées la deuxième année au greffe sur Clématite commune. Terre franche légère. Exposition chaude et sèche.

Variétés : *Clématites à feuilles de Smilax*, aux pétales bleutés au dedans, mordorés en dehors; *C. de la Caroline*, crémeuses à l'intérieur, sanguinolentes à l'extérieur; *C. Viticelle*, à fleurs mauves, roses ou pourpres; l'*Atragène* bleutée; la *Jackmann* violette; la monumentale *C. étalée*, cette japonaise aux fleurs larges comme des écrans; la *Coccinée à clochettes rouges;* une foule d'autres encore.

CORBEILLES D'ARGENT. Voyez ALYSSES.

Corbeilles d'or. Voyez Alysses.

Coréopsides. — *Coreopsis* (Composées). Annuelles. Floraison l'été pour la plupart des espèces (le *C. précoce* est vivace). Semis mars-avril. En place en mai ou en septembre en pépinière. Multiplication par graines et éclats.

Coloquinte. Voyez Gourde.

Cornes du Diable. Voyez Martynia.

Couronne impériale. Voyez Fritillaire.

Cupidone bleue. — *Catananche Cærulea.* Vivace. Floraison juin-août. Semis juin-juillet en pépinière. Repiquage. Mise en place en automne ou au printemps. Terre légère. Exposition chaude.

Variétés : fleurs rayons bleus, disque pourpre; fleurs blanches doubles.

Dahlias. — *Dahlia* (Composées). Vivaces. Floraison août-octobre. Multiplication par tubercules séparés fin mai en ayant soin qu'ils aient un bourgeon. Boutures greffe sur tubercule. Semis mars à mai sur couches, repiquage quand les plantes ont quatre ou six feuilles. Mise en terre en mai.

Très nombreuses variétés divisées par groupes suivant les couleurs. Puis viennent les petits Dahlias variables nommés : *D. Lilliput*, *D. Pompon*, *D. Miniature*, les Dahlias à *fleurs simples*, etc. etc.

Dame-d'onze-heure. Voyez Ornithogale.

Echinopes. — *Echinops* (Composées). Vivaces. Rustiques. En juillet, fleurs globuleuses. Toute terre. Exposition au soleil. Variétes à capitules plus gros et d'un bleu plus clair.

Émilie. Voyez Cacalie.

Eschscholtzies. — *Eschscholtzia* (Papaviracées). Bisannuelles ou vivaces. Floraison juin à octobre. Multlplication par semis en terre ordinaire. Mise en place mars-avril. Cette plante se sème elle-même.

Faux-Jalap. Voyez Belle-de-nuit.

Ficoïdes. — *Mesembrianthemum* (Mesembrianthémées). Annuelles ou vivaces, suivant variétés. Floraison juillet-novembre. Multiplication par semis sur couche en mars-avril ou en place plus tard, boutures.

Variétés : *F. glaciale* ou *F. Cristalline*, *F. comestible* ou *Figue des Hottentots*. Citons encore : la *F. Sabre*, aux feuilles ciliées, aux tiges poilues; la *F. d'après-midi*, à fleurs d'or; la *F. Denticulée*, aux feuilles triangulaires, aux fleurs roses.

Fritillaires ou Couronnes impériales. — *Fritillaria imperialis* (Liliacées). Terrain gras et frais ou terre de bruyère, à l'ombre. Multiplication par caïeux séparés tous les trois ou quatre ans. Juillet-août. Replantés en terrine en orangerie. La deuxième année, en août, mettre oignons en place.

Variétés : *F. Damier*, fleurs à carrés blancs, jaunes, rouges ou pourprés; *F. de Perse*, petites fleurs inclinées, violet bleuâtre terne, etc., etc.

Fuchsias. — *Fuchsia* (Œnothérées). Arbrisseaux. Floraison à toutes époques, suivant espèces. Multiplication par boutures. Semis pour variétés nouvelles.

Très nombreuses sont les variétés de Fuchsia : le *Roi des Fuchsias* (c'est son titre) est un arbrisseau à nombreuses fleurs roses en grappes paniculées qui font penser au lilas; le *F. éclatant*, originaire du Mexique, à grappes pendantes de fleurs vermillon aux corolles plus foncées; le *F. de Bolivie*, petite espèce à longues fleurs de corail aux anthères blanches.

Gaillardes. — *Gaillardia* (Composées). Vivaces. Fleurs au printemps et à l'automne

Terre légère. Multiplication d'éclats au printemps. Semis en pépinière en avril-mai. Boutures sur couche ou sous cloche en mai-juin.

Variétés : *G. peinte*, annuelle, fleurs rouges et jaunes, etc., etc.

GANT DE NOTRE-DAME. Voyez ANCOLIE.

GÉRANIUMS. — *Geranium* (Géraniacées). Vivaces. Floraison mai-octobre, suivant espèces. Multiplication par semis pour variétés, boutures ou division de tubercules. Tout terrain, mais de préférence demi-ombre.

Variétés : *G. strié*, blanc veiné de pourpre; *G. sanguin*, à grandes fleurs pourpres; *G. à feuilles d'Anémone*, aux pétales rosés; *G. d'Ibérie; G. tubéreux; G. à larges pétales*, etc., etc.

GENTIANE. — *Gentiana* (Gentianées). Vivace. Fleurs au printemps ou à l'automne. Multiplication de drageons et graines nouvelles en terre de bruyère ombragée en avril-juin, repiquage en place au printemps.

Variétés : *G. des Alpes*, fleurs bleues; *G. Croisette*, fleurs bleues; *G. à fleurs pourpres*, etc., etc.

GESSE. — *Lathyrus* (Papilionacées). Annuelle. Fleurs l'été. Semis en place mars-juin.

Variétés : *G. de Tanger*, à fleurs rouges; *G. à larges feuilles*, fleur pourpre rosé, etc.

GIROFLÉES. — *Mathiola* (Crucifères). Annuelles, bisannuelles suivant espèce. Floraison en mai-octobre. Semis fin avril sur couche, repiquage à bonne exposition, transplanter en juin, empotage fin septembre.

Variétés : *Giroflées annuelles, Quarantaines, Giroflées de fenêtre, Cocardeau.* Il en est une autre sorte : la *Ravenelle* ou *Giroflée jaune*, si justement appelée *Rameau d'or*, et dont les fleurs cuivrées, simples ou doubles, plus ou moins pourprées, viennent dès le printemps nous apporter leur odeur exquise et leurs gaies couleurs.

GIROFLÉES JAUNES. Voyez RAVENELLE.

GLAÏEULS. — *Gladiolus* (Iridées). Fleur bulbeuse. Floraison du printemps à l'automne suivant espèces. Tous terrains. Multiplication par division des caïeux plantés en septembre-novembre, hivernage sous châssis. (Voir ouvrages spéciaux.)

Glaïeuls nains et géants, simples et doubles, dorés et argentés, couleur de soleil, couleur de feu, tachetés comme des panthères ou rayés comme des tigres, à corolles simples, à corolles doubles; *Glaïeuls tristes*, à épis d'un jaune sombre à lignes ponctuées pourpres; *Glaïeuls florifères*, à tiges flexibles, pourpres et blancs; *Glaïeuls roses*, où l'on trouve : le *Magnifique*, rouge, rose, maculé blanc; le *Remarquable*, vermillon, maculé carmin.

Puis voici venir les GLAÏEULS DE GAND : l'*Adonis*, cerise à divisions jaunes, à taches carminées; l'*Ariane*, blanc et rose; le *Jupiter*, rouge, flammé de cramoisi, etc., etc.

GODÉTIES. — *Godetia* (Œnothérées) Annuelles. Fleurs l'été. Semis en avril-mai, en place ou pépinière.

Variétés : *G. Délicat*, fleur lilas foncé; *G. de Schamin*, blanc rosé, maculé pourpre, etc.

GOURDES. — *Cucurbita lagenaria* (Cucurbitacées). Annuelles. Semis en mai, chaude exposition, en fosse garnie de fumier, recouverte de terreau.

Variétés : *Calebasse, Gourde plate, Poire à poudre, Massue d'Hercule*, etc., toutes de formes variées.

GUEULE DE LION. Voir MUFLIER.

HÉLIOTROPES. — *Heliotropium* (Borraginées). Vivaces. Floraison juin-novembre. Semis en mars sur couche, repiquage sur couche, mise en place pleine terre quand les pieds sont assez forts, ou bouturage en automne sous cloche ou châssis. Terre franche légère, au midi bien aéré.

Variétés : le *Volterra*, le *Triomphe de Liège*, le *Roi des noirs*.

Hémérocales. — *Hemerocallis* (Liliacées) Terre franche, légère un peu ombragée. Multiplication par séparation des touffes, à relever tous les trois ans, mais replanter promptement.

Variétés : *H. graminée*, fleurs jaunes; *H. fauve*, à fleurs jaune brun; *H. jaune*, fleurs ressemblant au lis blanc, mais d'un beau jaune, etc.

Haricots d'Espagne. — *Phaseolus multiflorus* (Papilionacées). Fleurs l'été. Semis pleine terre.

Variétés : *H. à fleur bicolore; H. Caracolle*, fleurs lavées de rose sur fond blanc, etc., etc.

Hortensias. — *Hydrangea Hortensia*. Fleurs juin-novembre. Terre fraîche, demi-soleil. Multiplication de rejetons enracinés. Arrosements fréquents l'été.

Variétés : *H. à involucre*, à fleurs simples et doubles, lilas, roses, jaunes, etc.

Immortelles. — *Helichrysum* (Composées). Vivaces ou annuelles suivant espèces. Floraison avril-octobre. Orangerie ou pleine terre au midi. Semis en mars-avril sous couche, mise en place en mai, terre légère. L'Immortelle Jaune ne supporte guère le plein air que dans la région méditerranéenne. Multiplication par boutures, éclats ou semis sous châssis.

Iris. — *Iris* (Iridées). Renfermant plus de cinquante espèces, la plupart de pleine terre, quelques-unes d'orangerie. Multiplication par séparations des bulbes ou rhizomes et par graines. Floraison à diverses époques, suivant espèces. Les plus communes fleurissent au printemps.

Variétés : *I. à fleurs barbues, I. Flambe* ou *Flamme*, fleurs bleu violacé, jaunes ou blanches; *I. jaunâtre*, fleurs jaunes et pourpres; *I. à fleurs imberbes : I. des marais*, à fleurs jaunes; *I. fétide*, fleurs jaune sale maculé de pourpre; *I. magnifique*, fleurs de diverses couleurs, etc., etc.

Jacinthes. — *Hyacinthus* (Liliacées). Plantes bulbeuses. Diverses saisons, suivant exposition. Printemps en plein air. Multiplication par oignons, caïeux, etc. (Voir ouvrages spéciaux.)

Les variétés de Jacinthes sont classées par couleurs. Jacinthes de Hollande simples : blanches, comme *l'Anna* ou *la Neige;* jaunes ou orangées, comme *l'Adonie* ou *l'Aurore;* rouges ou roses, comme *la Félicité* ou *la Véronique;* bleues ou noires, comme *l'Argus* ou *le Dante*. Des doubles : blanches, *l'Héroïne, la Tour d'Auvergne*; jaunes, *Crésus, Gœthe;* roses ou rouges, *Belvédère, Cœur Fidèle;* bleues ou noires, *Franz Hals, Murillo*, etc., etc.

Jasmin de Virginie. Voyez Bignone.

Jonquilles. — *Narcissus Jonquilla* (Amaryllidées). (Pour les détails, voir *Narcisse*.)

Julienne. — *Hesperis matronalis* (Crucifères). Bisannuelle. Terre franche substantielle. Peu arroser. Multiplication par éclats ou boutures, pleine terre à l'ombre, ou division des tiges après floraison. Fleurs mai-juillet.

Variétés : *Naine d'Orient violette*, fleurit au printemps, etc.

Lis. — *Lilium* (Liliacées). Vivaces. Nombreuses espèces. Culture pleine terre de bruyère. Relever les oignons au commencement d'octobre et les replanter après enlevage des vieilles racines.

Variétés : Lis a fleurs blanches : *Lis commun; L. à longues fleurs*, plus beau que le précédent; *L. de Brown*, fleurs blanches à divisions lavées de violacé au dehors; *L. gigantesque*, fleurs en grappes lavées intérieurement de pourpre. Lis a fleurs jaunes : *L. orangé*, fleurs en ombelle rouge safrané; *L. superbe*, fleurs terminales nombreuses, plus de quarante, orangées, ponctuées de pourpre; *L. de Pompon*, fleurs pendantes, rouge ponceau; puis il y a les variétés diverses *à fleurs violacées*, *à fleurs nankin*, etc.

Liseron. Voyez Belle de jour.

Lunaire. — *Lunaria* (Crucifères). Bisannuelle. Floraison en avril-mai. Tout terrain. Multiplication de graines. Se sème elle-même.

Variétés : *vivace*, fleurs et fruits plus petits.

Lupin. — *Lupinus* (Papilionacées). Terre de bruyère et même terre siliceuse légère; terre fertile. Pour les espèces vivaces, semis en pots, puis repiqués en place; les espèces annuelles, semis en place.

Variétés de couleurs nombreuses.

Mahonia. — *Mahonia* (Berbéridées). Sous-arbrisseau. Multiplication de rejetons et graines. Terre fraîche légère.

Variétés : *M. à feuilles de houx*, fleurs jaunes; *M. à fleurs fasciculées*, panicules jaunes; *M. du Japon*, la plus grande espèce, etc.

Martynia ou Cornes du Diable ou Cornaret — *Martynia* (Sésamées). Annuelles. Semis en place sur vieille couche ou terreau.

Variétés : *M. à trompe*, grandes fleurs blanches piquetées à cornes, *M. jaune*, épis de fleurs jaunes.

Massue d'Hercule. Voyez Gourde.

Mauves. — *Malva* (Malvacées). Multiplication de graines semées en juillet. Repiquage au printemps suivant.

Variétés nombreuses : *M. frisée*, à feuilles frisées; *M. musquée*, fleurs roses ou blanches; *M. écarlate*, grappes de fleurs rouges, etc.

Monnaie du Pape. Voyez Lunaire.

Muflier ou Mufle de veau ou Gueule de lion. — *Antirrhinum* (Scrofularinées). Bisannuel ou vivace. Fleurs en mai-août. Semis juin-juillet à l'ombre. Mise en demeure à l'automne.

Variétés diverses : rouge violacé nuancé feu et rouge; pourpre cramoisi; panaché feu jaune et blanc; tout blanc, etc. etc.

Narcisses. — *Narcissus* (Amaryllidées). Pleine terre franche légère, terre fraîche. Multiplication de graines ou caïeux, séparés en juillet, replantés en octobre. Lever les oignons la deuxième ou troisième année.

Variétés : *N. à bouquet*, fleurs jaunes odorantes; *N. incomparable*, blanc jaunâtre; *N. des Poètes*, fleurs blanches à couronne bordée pourpre, etc.

Œillets. — *Dianthus* (Caryophyllées). Fleurs juillet-août. Cultures diverses suivant espèces. (Voir traité spécial.) En général, semis au printemps en terrine, terre franche bien passée mêlée d'un tiers de terreau, ou en terre de bruyère. Lever le plant quand il a cinq ou six feuilles, repiquer en terre franche ameublie de terre fumée.

Nombreuses variétés : *O. grenadin*, rouge ou rose; *O. de fantaisie*, coloris varié; *O. flamand*, fond blanc panaché de diverses couleurs; *O. remontant; O. ligneux; mignardin; O. superbe;* puis toute la série des *Œillets de Chine* et *du Japon*, etc. etc.

Ornithogale ou Dame d'onze heures. — *Ornithogalum* (Liliacées). Fleurs fin juin.

Pleine terre légère et substantielle. Séparer en juillet les caïeux et replanter en octobre. Lever oignons tous les deux ou trois ans.

Variétés : *O. d'Arabie*, blanches tachées de vert brun et de jaunâtre; *O. à feuilles rondes*, dont la sève constitue la *manne*, etc.

PASSEROSE. Voyez ROSE TRÉMIÈRE.

PAVOTS. — *Papaver* (Papavéracées). Semis en place février-avril ou fin septembre.

Variétés : *Pavots somnifères*, à fleurs multicolores; *Pavots coquelicots*, à pétales ponceau; *Pavots maculés*, dont la pourpre se strie de noir; *Pavots de Tournefort*, géants, habillés de rouge orangé; *Pavots à bractées*, pourpre, fleur dont le calice fait jaillir une longue bractée; *Pavots cambriques*, à robes de soufre; *Pavots safranés*, teintant les fleurs de tons aurore.

Les Pavots *somnifères*, *P. coquelicots*, *P. maculés* sont annuels. Les Pavots *de Tournefort*, *P. à bractées*, *P. cambrique* sont vivaces. Pour les deux premières : semis mai-juin, repiquage printemps ou automne. Le *cambrique :* semis en place en avril et juin-juillet ou mai-juin et plantation au printemps.

PÉLARGONIUM. — *Pelargonium* (Géraniacées) Floraison mai-octobre, suivant sorte et exposition. Multiplication par boutures en terre fraîche légère, augmentée de terreau. Abri sous châssis, pas de soleil. Empotage, rentrée l'hiver. Rempotage en pots plus grands en mars. Mise en place milieu mai. Semis pour variétés. (Consulter ouvrages spéciaux.)

Parmi les espèces du genre devenues presque classiques, citons :

Le *P. des Fleuristes*, à feuilles arrondies, à fleurs extraordinairement variées de taille et de coloris partant du blanc pour monter jusqu'au pourpre, fleurs unies ou maculées, striées de tons foncés, carmin brûlé ou pourpre noir. A lui seul, le P. des Fleuristes a fourni des milliers de variétés classées elles-mêmes en groupes distincts.

Le *P. à feuilles peltées*, aux tiges angulenses, articulées, portant des feuilles glabres, charnues et des ombelles de fleurs rosées.

Le *P. à feuilles zonées*, dont les tiges rameuses engendrent des feuilles en cœur à la base, rayées d'une bande brune et des fleurs en bouquets, blanches, roses ou rouges.

Le *P. à feuilles tachantes*, aux feuilles sinuées partant d'une tige épaisse, charnues, aux fleurs d'un éclatant écarlate.

Le *P. à fleurs en tête*, à feuilles molles, à fleurs pourpres.

L'Agatha, cramoisi, marginé de blanc.

L'Edmond About, rouge cramoisi, centre blanc, veiné pourpre.

La Nation, blanc de neige; *le Tonkin*, rose carmin; *la Roselane*, pétales supérieurs noir velouté, pétales inférieurs rose vif. Toutes ces variétés à fleurs simples. Parmi les doubles : *l'Album plenum*, blanc pur; *la Jeanne d'Arc*, d'un clair incarnat: *la Ville de Caen*, cramoisie, noire et violette.

Puis il est des Pélargoniums à fleurs ondulées, érigées, panachées, comme *l'Arlequin*, violet, strié de rose, maculé de marron; *le Feu d'artifice*, rose, strié de blanc, maculé de noir.

Des Pélargoniums hybrides, comme *l'Arago*, violet ardoise à macules noires; *le Lilliput*, rose orangé, macules marron.

Des Pélargoniums à feuilles de lierre, à feuilles panachées, etc. etc.

Nous n'en finirions point, si nous voulions non seulement citer les variétés, mais simplement les espèces, — il en est au moins six cents, — des variétés? on en connait plus de six mille!...

Vous voyez que le Pélargonium n'est point « quantité négligeable! »

PENSÉES. — *Viola Tricolor* (Violariées). Tout terrain, mais de préférence terres engraissées, un peu fraîches. Multiplication de graines. Bouturage pour les variétés de choix. Innombrables variétés à corolles de diverses grandeurs. Tous les coloris à l'exception du rouge vif et du bleu pur.

PENTSTÉMON. — *Pentstemon Campanulatum* (Scrofularinées). Multiplication de boutures, graines ou éclats. Fleurs tout l'été. Plein air l'été. Orangerie l'hiver.

Variétés : *P. à feuilles ovales*, fleurs bleuâtres; *P. à fleurs bleues*, longs épis; *P. à fleurs de Digitale*, fleurs blanches; *P. diffus*, à fleurs rouge violacé, etc.

PÉTUNIAS. — *Petunia* (Solanées). Fleurs tout l'été. Multiplication facile par graines, éclats et boutures. Terre meuble et légère. Semis mars-avril sur couche ou avril-mai à l'air libre.

Variétés *à fleurs violettes;* variétés hybrides, etc., etc.

PHLOX. — *Phlox* (Polimoniacées). Floraison en avril Multiplication par boutures ou division des touffes. Terre de bruyère, demi-ombre.

Variétés : *P. à tiges maculées*, grappes de fleurs lilas; *P. paniculé*, fleurs lilas en pyramides; *P. acuminé*, etc., etc.

PIVOINES. — *Pœonia* (Renonculacées). Floraison avril à juin, suivant espèce. Multiplication par éclats, boutures ou greffe en fente sur tubercule de la *P. officinale*. Semis en pépinière d'avril en septembre pour variétés nouvelles. Terre fraîche à toute exposition.

La Pivoine en arbre comporte des variétés nombreuses : l'*Athlète*, fleur carnée, rosée, lilacée; la *Carolina*, au ton saumon; la *Lambertine*, d'un blanc pur glacé de rose; la pourpre *Osiris;* la pâle *Blanche de Noisette*, etc., etc.

Puis, voici des espèces herbacées moins hautes, mais à fleurs superbes aussi : la *Pivoine blanche de la Chine*, dont le nom dit l'origine, comprenant, parmi bien d'autres : la *Confucius*, d'un rose foncé; la *Cornélia*, d'un violet clair; le *Bijou de Chusan*, grande fleur d'un blanc pur et bien d'autres encore.

La plus connue, originaire des Alpes, celle qu'on rencontre dans presque tous les jardins, c'est la PIVOINE OFFICINALE, dite PIVOINE DES JARDINS, nous donnant des fleurs blanches, des fleurs roses, des fleurs lilacées, des fleurs nacarat.

Nommons encore les PIVOINES A FEUILLES MENUES, fleurs sibériennes du cramoisi le plus éclatant, portées sur des tiges dont les feuilles sont de longues et nombreuses lanières.

Les PIVOINES A ODEUR DE ROSE, aux feuilles aiguës, labres à folioles, souvent adhérant à leur base, se teintant quelquefois de pourpre, et parmi lesquelles surgissent en été de superbes fleurs d'un carmin foncé répandant une odeur de rose très prononcée.

Les PIVOINES DE WITMANN, rustiques fleurs originaires du Caucase, — remarquables par leurs pétales simples d'un jaune pâle, — mais que la culture a modifiées et dont on a obtenu des variétés, diverses de formes et de couleurs, telles que l'odorante *Charlemagne*, au centre chamois, avec pétales d'un jaune rosé. La *Faust*, grande fleur bombée, aux pétales externes d'un lilas tendre, teintant de chamois clair les pétales internes plus étroits.

L'*Illustration*, rose teinté de jaunâtre; la *Sulfureuse*, avec pétales jaunes; la *Victor Hugo*, d'un carmin brillant, etc., etc.

Pois de senteur. Voyez Gesse.

Primevères. — *Primula* (Primulacées). Vivaces. Floraison au printemps en ombelles. Terre franche, légère, fraîche, ombragée. Semis de graines sitôt après maturité ou en mars pleine terre légère, terre criblée, au levant ou en terrine. Repiquage l'an suivant, même époque.

Variétés : *P. officinale* ou *Coucou*, à fleurs jaunes ou orangées; P. à grandes fleurs, diverses couleurs; *P. Oreille d'ours*, à maintes variétés.

Pulsatille. — Voir Anémones.

Ravenelles ou Giroflées jaunes. — *Cheiranthus Cheiri* (Crucifères). Bisannuelles. Semis sur un bout de planche en terre bien meuble. Repiquage en pépinière. Mise en place à l'automne.

Variétés : *Bâton d'or*, *R. brune*, etc., à fleurs doubles; *R. de Delille*, fleurs passant du violet roux au violet bleu, etc., etc.

Queue de renard. Voyez Amarante.

Reines Marguerites ou Asters de Chine. — *Callistephus* ou *Aster Sinensis* (Composées). Annuelles. Floraison de juillet à septembre. Semis sur couche ou terre légère abritée, en mars, avril, mai. Repiquage sur terreau à distance de 25 centimètres environ entre chaque plant.

Les *Reines-Marguerites* ont été divisées en plusieurs sections qui toutes comportent d'innombrables variétés.

Les *R.-M. naines* hâtives, à rameaux florifères ne s'élevant pas à plus de 30 centimètres.

Les *R.-M. Anémones* ou *à tuyaux*, au disque bombé, à fleurons tubuleux de ton pareil à celui des rayons.

Les *R.-M. doubles*, à pétales plats étagés sur plusieurs rangs.

Les *Pyramidales*, prenant toutes les dimensions, dressant leurs rameaux élégants qui portent des fleurs globuleuses imitant les Pivoines.

Renoncules. — *Ranunculus* (Renonculacées). Terre légère, douce, substantielle, fraîche. Exposition au Levant si possible. Semis suivant climats : dans le Nord, au printemps en pleine terre; autres pays, fin été.

Variétés très nombreuses : *R. d'Afrique*, à fleurs variées; *R. à feuilles d'Aconit*, fleurs blanches; *R. Bouton d'or*, on ne cultive que la double, fleurs jaunes, etc.

Réséda. — *Reseda odorata* (Résédacées). Vivace. Toute terre, on peut en former des arbustes durant plusieurs années et fleurissant tout l'hiver.

Variétés : à *grandes fleurs*, à épis très étoffés, à feuilles larges et plus cloquées.

Rhododendron. — *Rodhodendron* (Éricacées). Multiplication par greffes, marcottes ou graines. Floraison au printemps pour certaines sortes, en été pour d'autres. Plein air, terre de bruyère.

Variétés : *Rhododendron arborescent*, à rameaux horizontaux couverts de feuilles vert foncé au-dessus, argentées au-dessous, à fleurs en gros bouquets écarlates; *R. couleur canelle*, presque pareil, mais chez lequel l'argent du feuillage se brunit, devient roussâtre; le *R. de Falconer* et le *R. de Madden*, originaires des hautes montagnes de l'Himalaya, à la neige desquelles ils empruntent la couleur de leurs fleurs, qui parfois se rosent; le *R. glauque*, portant des corymbes pourpre clair; le *R. de Java* à fleurs jaunes; presque toute la gamme des nuances tendres, depuis le rose presque blanc jusqu'au rouge violet, sont l'apanage du solide arbrisseau.

Rhubarbe. — *Rheum* (Polygonées). Semis de graines sitôt à maturité en mars en terrine ou plate-bande de terre légère. Mise en place après la première année en terre saine et profonde. Multiplication aussi par séparation des touffes.

Variétés : *R. du Népaul*, à grandes feuilles ; *R. ondulée* ; *R. Groseille*, etc.

Roses trémières ou Passerose. — *Althœa Rosea* (Malvacées). Floraison de juillet à septembre. Plantes trisannuelles se multipliant : 1° par semis juin-août en pépinière, repiquage et mise en place en arrachant en motte à l'automne ou au printemps ; 2° par division des pieds ou bouturage, mêmes époques ; par greffe en fente sur racine d'une autre variété, au printemps ; terrain frais, plutôt ensoleillé.

Rosiers. *Rosa* (Rosacées). Fleurissent, suivant les espèces, pendant toute l'année. Multiplication par *semis*, *boutures*, *rejets*, *marcottes*, *greffe*. Terre franche, un peu fraîche, bien fumée. Situation aérée. Semis pris sur sujets doubles de belles formes pour obtenir des variétés nouvelles. Boutures pour sujets à bois tendre comme le *R. Thé*, *R. Noisette*, *R. Bengale*. Marcottage simple pour les espèces à bois tendre, aux incisions pour celles à bois dur ; se fait au printemps.

Greffe *en écusson* ou *en fente* sur Églantiers. Taille en mars ou après floraison.

Groupes et variétés :

Rosiers Noisette, plantes généralement vigoureuses, à rameaux épais, quoique très allongés, à écorce lisse et aux nombreuses épines. Les fleurs se réunissent en gros bouquets, sauf dans certaines variétés où les rameaux, plus frêles, portent des fleurs solitaires. Les couleurs sont très variées. Exemples :

Le *Bouquet d'or*, fleurs grandes et pleines, d'un jaune foncé ;

La *Chromatella*, très grande et pleine, passant du jaune très pâle au ton soufre ;

L'*Ophirie*, plus petite, d'un ton cuivre ;

Le *Triomphe de Rennes*, d'un jaune éclatant ;

Reine Olga de Wurtemberg, grande fleur cramoisie ;

Lady Emily Peel, hybride blanche, liserée de carmin ;

Boule de neige, de grandeur moyenne, d'un blanc pur.

Rosiers du Bengale, robustes, à écorce lisse, peu épineux, dont les fleurs se disposent en panicules, mais restent uniques sur les rameaux fins Cette espèce se cantonne dans les tons colorés, rarement ses fleurs restent blanches, elles sont, généralement, peu odorantes. Exemples :

La *Beau Carmin du Luxembourg*, fleur moyenne, pleine, veloutée d'un pourpre foncé ;

Le *Bengale sanglant*, larges fleurs rouge sang ;

La *Victorieuse*, grande, légèrement carnée ;

La *Némésis*, trapue, floribonde, cramoisie ;

Reine Blanche, demi-double, d'un blanc pur ;

Le *Pompon bijou*, hybride, petite, double, d'un rose clair.

Les Rosiers Thé, de structure généralement délicate, portent des rameaux minces, à écorce lisse, réfléchis, peu épineux. Chez ceux-ci, il y a une prédilection marquée pour les tons clairs, ordinairement blanchâtres, crémeux ou rosâtres ; leur parfum rappelle celui du thé. Les fleurs sont généralement solitaires, portées sur un pédoncule si mince que souvent il croule sous le poids et que la fleur retombe et semble fanée. Quand cette variété produit des rameaux forts et vigoureux, la tenue de la plante se modifie, les fleurs se réunissent en corymbe. Les Rosiers Thé sont une des sortes présentant le plus grand nombre de variétés. Prenons-en quelques-unes au hasard :

La *Beauté de l'Europe*, très belles fleurs jaune foncé;

La *Rose Adam*, grande, pleine, d'un rose clair;

La *Belle Lyonnaise*, jaune canari foncé;

La *Gloire de Dijon*, célèbre rose safranée à reflets saumon;

Maréchal Niel, d'un jaune vif;

Niphétos, grande fleur d'un blanc pur;

Reine Marie Pia, d'un rose foncé, au centre cramoisi;

Souvenir d'un ami, grande fleur globuleuse d'un rose superbe;

Triomphe du Luxembourg, très grande fleur rougeâtre au fond aurore.

Rosiers des quatre-saisons ou perpétuels ou Rosiers Portland, comprenant des variétés à rameaux dressés, hérissés de fines épines très nombreuses et très inégales, aux feuilles gaufrées, dentées, à nervures très marquées, produisant des fleurs parfois solitaires, parfois groupées et très odorantes, comme :

La *Rose du Roi*, pleine, de moyenne grandeur, d'un rouge vif;

La *Mogador*, d'un pourpre éclatant;

La *Marbrée*, grande fleur d'un beau rose, marbrée de blanc;

Général Drouot, mousseuse, rouge violacé;

Le *Pompon perpétuel*, petite, mousseuse, d'un rose tendre.

Puis, nous avons la section des Rosiers hybrides remontants, de formes très diverses et comprenant plus de sept cents variétés :

Le *Triomphe de l'Exposition*, d'un rouge vif;

La Ville Saint-Denis, rose foncé;

La *Perle des Blanches*, d'un blanc immaculé, sont des hybrides remontants, tandis que la *Rose Muscat*, rose remontante, se rapprocherait du groupe suivant :

Les Rosiers non remontants, dont la caractéristique sont des rameaux plus ou moins allongés, parfois volubiles, des fleurs plus souvent petites paraissant aux extrémités des tiges en plus ou moins grand nombre, et comprenant :

Les Rosiers toujours verts, comme la *Dona Maria*, d'un blanc pur;

Les Rosiers Banks, exemple : la *Rose de Fortune*, blanche également;

Les Rosiers de Provins, comme la *Tricolore de Flandre*, fleur panachée;

Les Rosiers de Provence : la *Mercédès*, blanche panachée de rose;

Les Rosiers multiflores : Rose de la *Grifferaie*, d'un pourpre carminé;

Les Rosiers a fleurs d'Anémone, en forme d'Anémone, fleurs petites, blanches, à pétales étroits;

Les Rosiers a feuilles de Ronce, comme la *Beauté des prairies*, d'un rose violacé.

Les Rosiers Ayrshires, Rosiers sulfureux, Capucines, Damas, et enfin les variétés si nombreuses de l'espèce que nous vantions en commençant :

Les Rosiers a cent feuilles : le blanc *Pompon de Bourgogne;*

Les Cent feuilles mousseux remontants, comme la *Gloire des mousseuses;*

Les C. F. mousseux non remontants, telle la *Rose mousseline*, d'un blanc osé.

Les Rosiers a petites feuilles, les Rosiers bractéolés, les rosiers étrangers, comme le Rosier du Japon.... Cent autres encore; mais nous arrêtons ici notre nomenclature, volontairement très incomplète, car ce n'est point un catalogue que nous entendons dresser; si même nous nous sommes appesantis quelque peu sur les diverses variétés des rosiers, ce n'a été que pour faire mieux sentir son rôle prépondérant. Ceux qui voudraient connaître tous les noms de tous les Rosiers les découvriront aisément dans maints ouvrages botaniques, dont certains traitent exclusivement du Rosier.

SAFRAN. — *Crocus sativus* (Iridées). Fleurs en septembre. Terre sèche et légère. Relever oignons tous les trois ans en juin-juillet. Replanter en octobre.

Variétés : *S. de Naples*, fleurs violet pourpre ; *S. printanier*, fleurs jaunes, marquées de violet ou de blanc, etc.

SALPIGLOSSIS. — *Salpiglossis* (Scrofularinées). Annuelle. Pleine terre. Semis en place. Se transplante difficilement.

Variétés : *S. à fleurs naines*, très variées.

SCABIEUSE. — *Scabiosa* (Dipsacées). Bisannuelle. Terre meuble. Chaude exposition. Semis en place au printemps ou en automne pour repiquer en pépinière au printemps. Floraison juillet-octobre.

Variétés : *S. naine*, à fleurs variées ; *S. du Caucase*, très vivace à capitules bleu tendre, etc.

SYLVIE. Voyez ANÉMONE.

TABAC. — *Nicotiana Tabacum* (Solanées). Annuelle. En juillet fleurs en panicules. Terre substantielle. Semer en place pour être repiqué.

Variétés : *T. glutineux*, fleurs à limbe violacé, tube jaunâtre ; *T. glauque*, montant jusqu'à 6 mètres, feuilles glauques, fleurs jaunes : *T. de Virginie*, à fleurs roses, etc., etc.

TULIPES. — *Tulipa* (Liliacées). Plantes bulbeuses. Au printemps. Multiplication par oignons, caïeux. (Voir ouvrages spéciaux.)

Variétés : la rare *Tulipe de Cels*, à fleurs jaunes et rouges ; la *T. de Clusius*, aux petites corolles roses et blanches ; *l'Œil du Soleil*, pétales d'un rouge éclatant, tachés de noir, encadrés de jaune ; la *Flamboyante*, la *Dragonne*, etc., dentelées, ondulées, rouges et jaunes.

Suivant le fond de la fleur, on divise les tulipes en : *Bizarres*, à fond jaune ; *Flamandes* ou *d'amateurs*, fonds blancs. Il existe des séries de Tulipes simples, hâtives, comme la pourpre *Belle Alliance* et le blanc *Caïman*, aux bords violets ; des simples, tardives, comme la *Candeur*, toute blanche, ou le *Monstre*, tout rouge ; des doubles hâtives, comme la *Couronne de Roses*, satinée d'un rose vif, le *Blason*, rose bordé de blanc ; des doubles tardives : le *Bouquet doré*, rouge strié de jaune ; le *Rhinocéros*, violet, etc.

VERVEINES. — *Verbena* (Verbenacées). Annuelle. Tout terrain, toute exposition. Semis au printemps ou à l'automne, repiquage en place ou en pépinière.

Variétés : *V. à fleur d'Ernie*, fleurs rouge violet ; *V. Mahonetti*, vivace, fleurs roses à raies blanches ; *V. gentille*, vivace, fleurs bleu clair, etc., etc.

VIGNE VIERGE. — *Cissus quinquefolia* (Ampelidées). Arbrisseau sarmenteux. Floraison insignifiante. Multiplication par boutures. Couchage. Tout terrain lui convient, mais mieux vaut terre fraîche, demi-ombragée.

YUCCA. — *Yucca* (Liliacées). Vivace. Floraison juillet-septembre. Pleine terre, toute exposition. Préserver les feuilles de la neige et du verglas.

Variétés : *Y. Faux Dragonnier*, à feuilles denticulées, *Y. à feuilles molles*, fleurs moins nombreuses ; *Y. filamenteux*, feuilles à filaments blancs pendants, fleurs nombreuses.

ZINNIA. — *Zinnia multiflora* (Composées). Fleurs juillet octobre. Semis. Repiquage.

Variétés : *Z. à grandes fleurs*, ordinairement rouges ; *Z. élégant*, fleurs diverses, roses, rouges, blanches ; *Z. du Mexique*, fleurs jaunes ; Z. orangé, etc. etc.

SEMIS ET PLANTATIONS MENSUELLES

Il nous paraît utile de donner, d'après des ouvrages spéciaux, une nomenclature des plantes annuelles et vivaces avec les mois correspondant à leur semis ou à leur plantation.

JANVIER

Semis sur couche ou en serre. PLANTES ANNUELLES OU BISANNUELLES : Aubergine à fruit écarlate. Aubergine blanche. Campanule variée. Capucine de Lobb. Giroflée quarantaine. Pétunia varié. Pied d'alouette varié. Pyrètre gazonnant. Réséda odorant. Silène varié. Thlaspis varié.

Semis sur couche ou en serre. PLANTES VIVACES : Ancolie du Canada. Ancolie des jardins. Auricule (oreille d'ours). Begonia semperflorens et tuberculeux. Coquelourde rose. Cuphæa pourpre. Cupidone bleue. Cyclamen. Dahlia double varié. Geranium zonale. Tom Pouce. Gloxinia. Héliotrope à grandes fleurs. Lychnis croix Jérusalem. Mimulus varié. Muguet de mai. Pavots vivaces à bractées. Perlagonium varié. Phlox vivace. Sauge coccinée. Verveine hybride. Violette des quatre saisons.

Semis en pleine terre. PLANTES ANNUELLES : Centaurée barbeau bleuet. Collinsia bicolore. Coquelicot double varié. Cynoglosse. Julienne de Mahon. Némophile varié.

FÉVRIER

Semis sur couche ou en serre. PLANTES ANNUELLES OU BISANNUELLES : Adonide d'été. Campanule variée. Cobée grimpante. Coreopsis. Giroflée quarantaine. Pétunia. Phlox de Drummond.

Semis sur couche ou en serre. PLANTES VIVACES : Ageratum (Eupatoire bleue). Alysse corbeille d'or. Ancolie variée. Balisier (Canne d'Inde). Begonia semperflorens. Begonia tuberculeux. Cinéraire maritime. Commeline tubéreuse. Coquelourde rose du ciel. Cuphæa pourpre. Cupidone bleue. Gaura de Lindheime. Géranium zonale. Géranium Tom Pouce. Héliotrope à grandes fleurs. Gloxinia varié. Lychnis croix de Jérusalem. Lophospermum grimpant. Muguet de mai. Pavots vivaces à bractées. Pelargonium à grandes fleurs. Pentstomon gentianoïdes. Phlox vivace. Sauge coccinée. Sensitive (Mimosa pudica). Stipe plumeuse (graminée). Verveine variée. Violette des quatre saisons.

Semis en pleine terre. PLANTES ANNUELLES : Centaurée barbeau bleuet. Clarkia varié. Collinsie bicolore. Coquelicot. Cynoglosse. Eschscholtzie. Julienne de Mahon blanche et rose. Nemophile variée. Nigelle de Damas. Nigelle d'Espagne. Pavot varié. Pied d'alouette nain. Pois de senteur. Thlaspis blanc. Thlaspis violet.

MARS

Semis en serre ou sur couche. PLANTES ANNUELLES OU BISANNUELLES : Amarante crête de coq. Abronie en ombelles. Acroclinium à fleurs roses. Ammobie ailée. Aubergine variée. Balsamine variée. Basilic varié. Belle de jour. Cacalie écarlate. Calandrine élégante. Callirhoë pourpre. Campanules variées. Caracole grimpante. Clintonie charmante. Choux d'ornement. Cobée grimpante. Datura. Digitale. Dracocéphale de Moldavie. Enothère pourpre. Eucharidium à grande fleur. Eutoca visqueux à fleurs bleue. Giroflée. Gypsophile. Immortelle annuelle variée. Ipomée quamoclit. Leptosiphon. Linaire. Lunaire. Mimulus. Nierembergie grêle. Nyctérinie à fleurs de sélagine. Œillet d'Inde et tagetes. Oxalis rose. Perilla de Nankin. Phlox de Drummond. Pétunia varié. Pyrètre gazonnant. Ricin. Seneçon. Sensitive. Zinnia.

Semis sur couche. PLANTES VIVACES : Aconit napel. Ageratum (Eupatoire bleue.) Alysse corbeille d'or. Alysse odorant ou maritime (corbeille d'argent). Ancolie des jardins. Anémone des fleuristes. Arabette printanière. Arabette des Alpes. Aubrietie pourpre. Auricule (oreille d'ours). Begonia semperflorens. Begonia tuberculeux. Benoite du Chili. Cinéraire maritime. Clématite à feuilles entières. Commeline tubéreuse. Coquelourde rose du ciel. Cuphæa pourpre. Cupidone bleue. Cyclamen varié. Fraxinelle variée. Galane barbue. Gaillarde peinte. Gaura Lindheimer. Géranium zonale. Héliotrope varié. Matricaire double. Pavots à bractées. Pelargonium. Penstemon gentanoïdes. Sauge coccinée. Sensitive. Stipe plumeuse. Verveine hybride. Violette des quatre saisons.

Semis en pleine terre. PLANTES ANNUELLES OU BISANNUELLES : Adonide d'été. Barbeau bleuet. Capucine naine et grande, panachée, brune d'Alger. Clarkia. Coquelicot. Collinsie bicolore. Collomia écarlate. Coreopsis. Eschscholtzie. Julienne de Mahon rose et blanche. Lin rouge. Lupin varié. Mélilot. Nemophile varié. Pavot double varié. Pied d'Alouette Pourpier. Réséda. Scabieuse. Souci. Volubilis.

AVRIL

TOUT CE QUI N'A PAS ÉTÉ SEMÉ DANS LES MOIS PRÉCÉDENTS PEUT L'ÊTRE PENDANT CE MOIS.

Semis sous châssis ou sur couche. PLANTES ANNUELLES, BISANNUELLES et VIVACES : Abronie en ombelles. Alonzoa de Warscewicz. Asclepia de tubéreuse. Aubrietie. Balisier (Canne d'Inde). Caracole. Cinéraire maritime. Cobée grimpante. Coloquintes diverses. Coquelourde. Delphinium hybride. Héliotrope. Géranium zonale. Loasa.

Lobélie. Lophospermum. Maurandia. Mimulus. Pelargonium. Poinciana de Gill. Rhodanthe de Mangle. Rudbeckie. Thumbergia ailée. Tournefortia (faux héliotrope). Torenie Fournieri. Trachélie bleue. Trichosanthe (Herbe aux Serpents). Wigandie.

Semis en pleine terre. PLANTES ANNUELLES OU BISANNUELLES : Adonide. Aconit napel. Agrostis. Argémone. Balsamine. Basilic. Belle de jour. Belle de nuit. Brachycome. Brize. Cacalie. Campanule. Capucine Carthame des teinturiers. Chrysanthème des jardins. Clarkia. Collinsia. Coquelicot. Coreopsis. Cosmos. Courge. Crépis. Cynoglosse. Datura. Digitale. Dolique. Dracocéphale. Eccremocarpus grimpant. Enothère. Eschscholtzie. Ficoïde glaciale. Giroflée quarantaine. Gilia. Godetie Gypsophile. Haricot d'Espagne. Immortelle. Ionopsidium acaule. Ipomée variée. Julienne de Mahon et des jardins. Ketmie. Larme de Job. Lavatère. Lin varié. Lunaire annuel. (Monnaie du Pape). Lupin. Malope. Martynia. Myosotis. Nemophile. Nigelle. Nolana. Œillets de Chine variés, d'Inde, de poète. Pâquerette. Pavot. Pensée. Pervenche de Madagascar. Pétunia. Phlox. Pied d'Alouette. Pois de senteur. Pourpier. Reine Marguerite. Réséda. Ricin. Salpiglossis. Sanvitalia. Scabieuse des jardins. Seneçon. Soleil double. Stipa. Tabac. Tagetes. Thlaspis. Volubilis. Zinnia.

Semis en pleine terre. PLANTES VIVACES : Ageratum (Eupatoire bleue). Ancolie, Alstroëmere du Chili. Alysse corbeille d'or. Benoite du Chili. Croix de Jérusalem. Chrysanthème d'automne. Dahlia double. Epervière orangée. Fraxinelle. Galane barbue. Gaillarde. Gaura de Lindheimer. Lin vivace. Matricaire. Mauve. Muflier. Penstemon. Primevère des jardins. Rose trémière. Sainfoin d'Espagne. Sauge coccinée. Valériane d'Alger. Verveine.

MAI

ON PEUT FAIRE TOUS LES SEMIS QUI N'ONT PAS ÉTÉ ENCORE EFFECTUÉS

Semis sur couche. PLANTES ANNUELLES, BISANNUELLES OU VIVACES : Amarante crête de coq. Bégonia. Cinéraire hybride variée. Œillet flamand. Œillet remontant. Penstemon. Primevère de Chine. Wigandie.

Semis en pleine terre. PLANTES ANNUELLES et BISANNUELLES : Amarante queue de renard. Amarante pourpre. Amarante gigantesque. Balsamine variée. Brachycome à feuilles d'ibéride. Cacalie écarlate. Calandrinie élégante. Campanule variée. Capucines grandes et petites. Centaurée Ambrette. Callirhoë pourpre. Digitale. Dracocéphale. Enothères diverses. Epervière. Euphorbe panaché. Ficoïde. Haricot d'Espagne. Ipomée variée. Ipomopsis élégant, Maurandie. Momordique balsamine. Mauve. Persicaire orientale. Pétunia varié. Phacelie bipinnée. Podolepis carné. Polémoine bleue. Pourpier. Reine-Marguerite variée. Réséda. Scabieuse. Soleil double. Souci double. Tabac. Volubilis varié. Zinnia.

En pleine terre. PLANTES VIVACES : Aconit napel. Ageratum. Ancolie du Canada. Buglosse d'Italie. Lychnis croix de Jérusalem. Œillet double. Pensée. Primevère des jardins. Sainfoin d'Espagne.

JUIN

Semis sur couche. PLANTES ANNUELLES OU VIVACES : Auricule ou oreille d'ours. Bégonia. Calcéolaire. Cinéraire hybride variée. Pelargonium. Penstemon. Primevère de Chine. Rose-trémière ou Passerose.

Semis en pleine terre. PLANTES ANNUELLES OU BISANNUELLES : Balsamine double. Basilic. Belle de nuit. Benoite. Capucine. Cobée grimpante. Gentiane. Giroflée. Haricot d'Espagne. Œillet d'Inde. Persicaire d'Orient. Pétunia hybride. Phlox. Plantin d'eau. Pourpier. Réséda. Sensitive. Souci. Zinnia.

Semis en pleine terre. PLANTES VIVACES : Acanthe. Aconit napel. Asclepsias. Cinéraire maritime. Lophospermum. Matricaire. Muflier. Œillet double des fleuristes. Œillet flamand. Œillet de fantaisie. Œillet remontant. Pensée. Primevère des jardins. Véronique. Valériane. Zauschernia.

JUILLET

Semis en plein air. PLANTES ANNUELLES OU BISANNUELLES : Chrysanthème à carène. Calcéolaire. Campanule. Capucine. Centaurée. Giroflée jaune. Julienne de Mahon. Œillet d'Inde. Œillet de Chine. Pétunia. Pourpier. Persicaire d'Orient. Réséda. Soleil. Tabac. Tagetes. Zinnia.

Semis en plein air. PLANTES VIVACES : Acanthe. Ancolie. Aconit. Benoite du Chili. Coquelourde. Cuphæa. Cinéraire hybride. Fraxinelle. Gaillarde. Lin vivace. Muflier ou Gueule de loup. Œillets variés. Pensée. Primevère de Chine. Passerose ou Rose-trémière. Pélargonium. Valériane. Véronique. Violette des quatre saisons.

AOUT

Semis en plein air. PLANTES ANNUELLES OU BISANNUELLES : Adonide. Calcéolaire. Centaurée. Clarkia. Coquelicot. Coréopsis. Cynoglosse. Crépis. Erythrine crête de coq. Eschscholtzie. Gilia. Nigelle. Œillet d'Inde. Pavot. Pied d'alouette. Phlox. Réséda.

Semis en plein air. PLANTES VIVACES : Benoite du Chili. Cinéraire hybride. Gaillarde peinte. Gaura de Lindheimer. Lin vivace. Muflier. Œillets doubles. Pensée. Pélargonium à grande fleur. Primevère de Chine. Passerose (Rose-trémière). Sauge variée. Valériane. Violette des 4 saisons.

SEPTEMBRE

Semis en plein air des PLANTES ANNUELLES OU BISANNUELLES *fleurissant à la fin de l'hiver et au printemps* : Adonide d'été. Agrostis élégant. Ammobium ailé. Belle de jour. Barbeau ou bleuet. Brizes diverses. Chrysanthème de jardins. Clématite. Campanule. Coréopsis. Cynoglosse. Collinsia bicolore. Crépis. Digitale. Enothère. Eragrostis. Eschscholtzie. Gilia. Giroflée. Gypsophile élégant. Immortelle. Lin à grandes fleurs rouges. Julienne de Mahon. Lagure gros minet. Lamarkia doré. Larmes de Job. Mimulus. Nemophile. Nigelle. Œillet de poète. Œillet de Chine. Orge à crinière. Phlox. Pied d'Alouette. Pois de senteur. Réséda. Thlaspis blanc et violet. Tournefortie (faux héliotrope). Scabieuse. Seneçon élégant. Silènes variés. Uniola.

Semis en plein air. PLANTES VIVACES : Alysse corbeille d'or. Ancolie. Buglosse d'Italie. Coquelourde. Gaillarde peinte. Gaura de Lindheimer. Géranium. Lin vivace. Lobelia divers. Matricaire. Muflier. Myosotis. Pensée. Phlox vivace. Pied d'Alouette vivace. Rose-trémière (Passe rose). Rudbeckie. Silène de Schafta. Statice armeria (gazon d'Olympe). Stipe plumeux. Thlaspis toujours vert. Valériane d'Alger. Verveine. Violette odorante.

OCTOBRE

Semis sous châssis. PLANTES ANNUELLES OU VIVACES : Coquelourde. Géranium. Gypsophile. Œillet double. Pétunia. Phlox de Drummond. Primevère des jardins. Rose-trémière, Rudbeckie. Tournefortie. Verveine hybride et d'Italie.

Semis en plein air. PLANTES ANNUELLES et BISANNUELLES. Abronie à ombelle. Acrolinium. Adonide d'été. Alysse odorant ou maritime. Brachycome. Calandrine à ombelle. Campanule variée. Canche élégante. Centaurée variée. Chænostoma. Clarkia. Clintonia. Collinsie. Collomia. Coquelicot. Coreopsis. Cosmidium de Burridge. Crépis. Cinoglosse. Digitale. Enothère. Eryngium panicaut. Eschscholtzie. Eucharidium à grandes fleurs. Eutoca visqueux. Ficoïde. Gilia. Giroflée variée. Godetia. Hugélie bleue. Immortelle annuelle. Ionopsidium. Ipomopsis élégant. Julienne de Mahon. Leptosiphon. Limmanthe à grandes fleurs. Lin à grandes fleurs rouges. Macre châtaigne d'eau. Mauve d'Alger. Mimulus. Nemophile. Nigelle de Damas et d'Espagne. Nierembergie grêle. Nycterinia. Œillet de Chine. Œillet de poète. Œillet d'Inde grand et nain. Oxalis rose. Pâquerette double. Pensée double. Podolepis. Pois de senteur. Pied d'alouette. Pervenche de Madagascar. Réséda. Scabieuse des jardins. Schizanthe. Seneçon. Silène varié. Souci. Tagetes luisantes. Thlaspis. Viscaria oculata. Véronique. Whitlavie à grandes fleurs.

Semis en plein air. PLANTES VIVACES : Alysse corbeille d'or. Buglosse d'Italie. Gaillarde peinte. Gaura de Lindheimer. Glaciale. Lin vivace. Matricaire. Muflier. Pavot à bractées. Pensée. Pois de senteur. Valériane d'Alger et toutes les plantes non semées le mois précédent.

NOVEMBRE

CONTINUER LES SEMIS D'AUTOMNE QUI N'ONT PAS ÉTÉ FAITS LES MOIS PRÉCÉDENTS

Semis sur couche. PLANTES ANNUELLES, BISANNUELLES et VIVACES : Campanule. Clématite. Cobée grimpante. Coquelourde. Giroflée variée. Maurandia de Barclay. Œillet de poète Œillet de Chine. Œillet mignardise. Pensée anglaise. Pétunia, Réséda. Silène d'Orient. Valériane. Verveine hybride et d'Italie.

Semis en pleine terre. PLANTES ANNUELLES, BISANNUELLES et VIVACES : Alysse corbeille d'or. Barbeau bleuet. Collinsia bicolore. Coreopsis élégant. Coquelicot double. Crépis. Cynoglosse. Eschscholtzie. Gaillarde peinte. Gilia. Godetie. Julienne des jardins. Julienne de Mahon. Malope. Muflier. Nemophile. Nigelle. Œillet d'Inde varié. Passiflora grimpant. Pavot. Pied d'alouette grand et nain. Poids de senteur. Scabieuse. Silène. Thlaspis odorant. Thlaspis violet, foncé nain.

DÉCEMBRE

Semis en plein air. PLANTES ANNUELLES et BISANNUELLES : Coquelicot. Cynoglosse. Julienne de Mahon. Nemophile. Pied d'alouette nain et grand. Pois de senteur. Pois vivace. Silène pendant rose.

On peut semer sous châssis : Auricule. Capucine de Lobb. Œillet mignardise. Pervenche de Madagascar. Réséda odorant. Réséda à grandes fleurs, etc.

PLANTES DE SERRES

Pénétrons dans les serres!...

Je ne pense pas que nous y séjournions longtemps car cette température surélevée devient vite écœurante; les effluves que répandent toutes ces plantes diverses, se combinant aux ondes de la chaleur moite, ne tarderaient pas à faire naître la morose migraine.

Et pourtant, quel enchantement pour les yeux!... Nulle tapisserie, aucune de ces célèbres « verdures », si belles pourtant, n'arriverait à décorer des murailles d'une façon aussi magistrale que ces feuillages multiformes s'entre-croisant en tous sens sur les parois de cette serre.

Les grands palmiers, Dattiers, Phœnix aux troncs tuberculeux, vont, de leurs majestueuses touffes de feuilles coupantes comme des glaives, toucher la voûte vitrée qu'elles semblent vouloir percer de leurs pointes acérées.

Les Lataniers étendent leurs palmes, éventails grands ouverts.

Les Caoutchoucs étalent leurs feuilles ovales, vraies palettes.

Luttant de hauteur, plus robustes encore, les Bananiers déploient, comme des tentes vertes, leurs larges feuilles qui se replient et dont les pétioles rouges, se continuant en nervures, semblent les montants et les traverses.

D'élégants BAMBOUS font, tout autour, frétiller leurs feuilles flexibles. Bambou! gigantesque graminée qui semble le grandissement follement exagéré d'une de nos graminées à nous. La tige gracile est chez lui devenue un mât en roseau, épais et dur; de chacun de ses nœuds surgissent les feuilles légères qui ont pris des proportions démesurées. Dans son pays, le bambou pousse comme ici nos hautes herbes; en Chine et au Japon il est si commun qu'il sert à tous les usages et qu'on le considère comme l'arbre national.

BÉGONIAS A LARGES FLEURS.

* * *

Des acacias de toutes familles et de toutes provenances disposent diversement leurs gracieux rameaux aux myriades de petites feuilles légères, fines, gracieuses ; ceux-ci, des MIMOSAS, suspendent joyeusement à leurs tiges des amoncellements de grappes aux odorants grelots d'or. Ceux-là, ACACIAS VELUS, laissent, comme les saules-pleureurs, retomber leurs rameaux soyeux émaillés, eux aussi, de grappes jaunes et parfumées. Certains portent leurs fleurs en capitules, certains autres les portent en chatons. Les uns sont armés d'aiguillons et d'épines, d'autres en sont totalement démunis.

PASSIFLORE.

Parmi les mimosas, laissez-moi vous faire remarquer cette plante curieuse, irritable, timorée au possible, que certainement vous connaissez de nom : la SENSITIVE, titre qui lui convient tout autant que celui de MIMOSA PUDIQUE qu'elle porte également.

Actuellement, les palmes bien ouvertes le long des tiges étalent à l'aise leurs nombreuses feuilles, mais veuillez, madame, toucher l'une d'elles du bout des doigts seulement; l'attouchement sera bien doux, bien délicat, et cependant la Sensitive est d'une nervosité telle qu'elle tombera aussitôt en pâmoison; la feuille touchée par vous se repliera et pendra fanée le long de sa tige comme si votre caresse l'avait tuée; toutes les autres feuilles du végétal, froissées aussi, s'abaisseront en un mouvement sympathique pour leur compagne.... Mais rassurez-vous! la Sensitive n'est point morte. Comme certaines d'entre vous, sous le coup d'une émotion, elle s'est évanouie, mais peu à peu, sans l'aide de sels ni de révulsifs, elle reprendra ses sens et tout à l'heure, en repassant, vous la retrouverez complètement remise de sa secousse.

A quelques pas est un arbuste qui vient de lointains pays : ESCALLONIE est son nom, la Nouvelle-Grenade sa patrie; du milieu de ses feuilles glanduleuses, visqueuses, s'élèvera bientôt un panicule droit, serré, fait de fleurs blanches.

Tout à côté fleurit un superbe fuchsia d'espèce particulière : le FUCHSIA CORYMBIFÈRE; c'est du Pérou qu'il nous apporte ses larges feuilles nervées de rose (elles atteignent environ 20 centimètres de long), attachées à des tiges solides, s'élevant haut, et d'où retombent en cascades des grappes merveilleuses de fleurs, cramoisies chez celui-ci, rosées chez celui-là. En somme ce fuchsia est un arbuste remarquable.

On peut en dire autant du reste de son compatriote l'HÉLIOTROPE A GRANDES FLEURS; celui-ci atteint près de deux mètres de haut, c'est satisfaisant; ses larges bouquets de fleurs sont d'une envergure proportionnelle; mais, comme elles aiment, en serre, à fleurir toute l'année, elles ne portent sur elles qu'un parfum discret, sans doute pour ne point trop gêner les voisines.

*
* *

Nous avons vu des millepertuis des champs, des millepertuis des jardins; je vous présente le millepertuis de serre, ou tout au moins n'est-ce qu'en serre qu'il consent à fleurir chez nous, c'est un Asiatique que nous nommons MILLEPERTUIS DE CHINE. Ses fleurs, qui ont grande analogie avec celles de ses homonymes, sont de dimensions respectables et teintées d'un jaune rutilant comme le drapeau de son pays.

Ces touffes de feuilles ovales, près desquelles s'ouvrent grandes de superbes corolles d'un rouge éclatant, appartiennent à une sorte de lin, non point le lin que vous voyez dans nos champs, mais le lin d'Algérie, dit LIN A GRANDES FLEURS.

Et voilà le LIN DE LA NOUVELLE-ZÉLANDE, à fleurs tubulées, à divisions extérieures carénées d'un jaune ocré, les intérieures, beaucoup plus longues, restant d'un jaune d'or. C'est cette plante qui fournit la fibre textile nommée *Soie végétale*.

Puis voici des variétés de plantes vues déjà en plein air, *Pélargoniums*, *Pétunias*, *Salvyas* azurés, dorés, cramoisis, des *Bégonias* à larges fleurs doubles, des *Selagines* à fleurs lilas, etc.

*
* *

Là est un LANTANA, arbrisseau à feuilles rudes, à odeur aussi violente que désagréable, portant des corymbes de fleurs, jaunes d'abord, se mordorant ensuite.

A côté, étalant ses tiges à fleurs bleu clair portées sur de longs pédoncules, est l'ISOTOME à fleurs axillaires; n'essayez pas d'en briser une tige, car de celle-ci sortirait un suc laiteux, aux émanations si âcres et si pénétrantes qu'il en résulterait pour vous un accès de toux fort désagréable.

Ces feuilles en forme de spatules, glauques en dessus, rouges en dessous et se groupant en rosette, sont celles de la CALENDRINE DU CHILI; ses fleurs sont de jolies grappes violacées portant aigrettes d'or.

Encore une plante aux variétés infinies dont la principale

beauté, la seule même, réside dans le feuillage, car les fleurs sont insignifiantes ; nous voulons parler du CALADIUM aux feuilles pointues, presque en forme d'écu héraldique. Les unes portant *gueules* au centre et *sinople* sur les bords D'autres pointillées d'*argent* ou de *sinople* sur champ de *gueules*, d'autres encore inversant les *émaux* et les *métaux*. Feuilles vertes, rouges, blanchâtres, à pointes, à stries, à mouchetures, feuilles très singulières et de niellés inattendus.

***

Le long des colonnettes qui supportent l'armature de la serre, et se glissant autour de cette armature elle-même, voilà des grimpantes CAPUCINES DE LOBLE aux longues guirlandes faites d'innombrables fleurs, ici d'un jaune clair, là d'un rouge écarlate, plus loin d'un ton marron mitigé de pourpre ; cette capucine consent à pousser en pleine terre mais quant aux feuilles seulement, elle ne veut fleurir qu'en serre.

Les vrilles des passiflores tire-bouchonnent de concert avec les vrilles des capucines. PASSIFLORE, fleur curieuse aux doux tons bleutés, blancs ou rosés dont le nom : *fleur de Passion*, est dû à la disposition des organes qui semblent représenter les instruments de la Passion.

Entre les cinq pétales qui forment la corolle et les cinq étamines, sont disposées trois rangées de filaments pointus, c'est la couronne d'épines ; trois stigmates élargis dominent le pistil, ce sont les clous ; enfin les anthères des étamines représentent les marteaux ; les vrilles de la plante sont les cordes. L'explication est tout au moins ingénieuse, elle est due à un historien espagnol, Pierre de Cierza. En tous cas la fleur est charmante.

***

Voici maintenant une collection de végétaux étranges que je ne vous donne pas comme modèles d'élégance. Ils furent fort à la mode naguère ; je crois qu'ils ont quelque peu perdu de leur vogue, ce que je comprends, car ces plantes, nommées vulgairement

Plantes grasses et scientifiquement CACTUS, sont, en réalité, tout à fait dénuées de .. grâce !

Celle-ci, un MELOCACTUS, est un amoncellement de boules cannelées de diverses grandeurs, accolées les unes aux autres, tels des kystes poussant sur d'autres kystes, et entièrement hérissées de

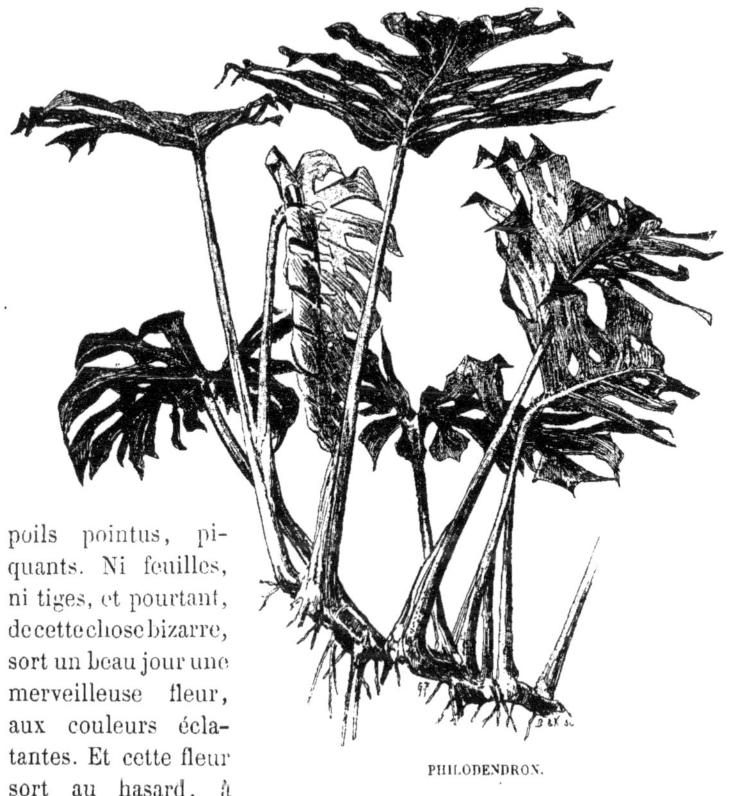

PHILODENDRON.

poils pointus, piquants. Ni feuilles, ni tiges, et pourtant, de cette chose bizarre, sort un beau jour une merveilleuse fleur, aux couleurs éclatantes. Et cette fleur sort au hasard, à droite, à gauche, de guingois, pourquoi ici plutôt que là?...

On se demande vraiment pourquoi cette splendeur sur cette difformité! Est-ce simple caprice de la capricieuse nature ou celle-ci a-t-elle voulu dédommager ce laideron, en lui donnant une fleur exquise, comme elle dédommage le bossu en lui donnant de l'esprit? ..

*
* *

Voici encore des plantes grasses fort bizarres, elles se classent généralement sous la dénomination de Cereus, c'est-à-dire *cierge*, dénomination assez mal appropriée, car, si elle convient aux unes, elle ne va guère aux autres.

Si, parmi ces plantes, il en est qui poussent en longues tiges droites, cannelées, disgracieuses, toujours piquetées d'épines et qui, au pis aller, justifieraient leur nom — surtout si l'on voulait considérer la fleur rose, rouge ou violacée qu'elle porte au sommet comme la flamme de ce cierge — il en est d'autres qui s'étirent, s'allongent, sinuent en tous sens, rampent et semblent des serpents enroulés les uns aux autres, serpents dont les flancs projettent des excroissances d'un cramoisi éclatant qui sont des fleurs. Tel est, par exemple, le *Cierge fouet.*

En voici une autre sorte qui ne possède qu'un fin duvet et des aiguillons insignifiants, c'est le Cierge a grandes fleurs, il portera une fleur, jaune en dehors, blanche en dedans, fleur non seulement remarquable par sa forme et sa taille inattendue, mais encore par l'exquise odeur vanillée qu'elle exhalera; mais vous n'en jouirez guère, fugitive, elle s'ouvrira ce soir seulement, répandra son parfum cette nuit et se fanera aux premiers rayons du jour.

Cet autre « cierge » est plat, crénelé, rouge sur les bords, il monte droit à plus d'un mètre et se garnit de fleurs rappelant celles du nénuphar, il a nom Cierge de Hooker.

*
* *

Voici maintenant la série des Nopals ou Raquettes ; ce dernier nom indique la forme; il s'agit de rameaux ovales, aplatis, véritables raquettes épineuses se collant de côté les unes aux autres, et d'où émergent des fleurs rosacées.

Ces « raquettes », pas plus que les « cierges », ne justifient toujours leur nom, car il en est à tiges cylindriques ou anguleuses, de port tout différent.

Puis voilà la collection des Epiphylles ; ils se distinguent des cierges en ce qu'ils ont leurs tiges fortement comprimées. Dans leur pays natal ces végétaux vivent en faux parasites sur les arbres, sur les rochers, parmi les mousses, et produisent un fruit bulbeux d'une fort agréable saveur.

*
* *

Enfin nous arrivons à la famille fort nombreuse des MAMILLAIRES ; ses membres sont tous de forme oblongue ou arrondie et se couvrent de mamelons coniques ou cylindriques, voire polyédriques, qui se rangent en spirale et se coiffent d'une touffe d'épines ou de soie ; leur floraison est insignifiante. Les fruits, en forme d'olives, sont rouges.

Voici un échantillon de l'espèce, le MAMILLAIRE BICOLORE, portant 25 épines blanches et 3 ou 4 aiguillons rigides, longs et piquants ; à côté, cette plante, qui simule parfaitement un affreux serpent replié sur lui-même, est de la même caste.

Là, ces masses charnues, globuleuses, sillonnées de cannelures comme de rides profondes, portant des renflements cotonneux d'où pointent des épines sont les ECHINOPSIDES ; puis, à côté, des ECHINOCACTES à fleurs jaunes ou nuancées de divers tons.

... Mais nous avons assez excursionné parmi ces plantes toujours « grasses » et toujours étranges, étonnant par la beauté inattendue de leurs fleurs blanches, roses, violacées, jaunes, ou panachées.

Passons maintenant, si vous le voulez bien, dans le « compartiment » voisin, réservé à des végétaux de nature bien différente !

Mais auparavant laissez-moi vous faire remarquer deux plantes encore. La première aux feuilles épaisses hérissées de piquants solides, semblant plutôt un redoutable instrument de défense qu'un végétal, est l'ALOÈS ; ses qualités médicinales vous sont connues.

La seconde est une singularité. Son nom ?.... PHILODENDRÉE en français, PHILODENDRON en langue savante. Ses feuilles qui semblent des palmes dont on a coupé les pointes à coups de ciseau et dont on a percé les surfaces à l'emporte-pièce sont hissées sur de longs et épais pétioles se groupant à la base sur une tige fixée en terre et allant toujours ou vers la droite ou vers la gauche, dans un sens unique; de ces pétioles partent des racines adventives, de droite et de gauche qui se fixent bientôt au sol, véritables pattes qui soutiennent la plante, la font marcher; puis de nouvelles pattes poussent avec chaque nouvelle feuille et la plante avance, avance, gagne du terrain et cela avec une étonnante rapidité.

CAMÉLIA.

* * *

Entrons maintenant chez les camélias.

Aimez-vous beaucoup le CAMÉLIA?... J'avoue que, pour ma part... « Ses couleurs sont superbes, dites-vous? — Ce blanc est d'une limpidité, ce rose d'une fraîcheur, ce rouge d'un éclat! — Et voyez ce panaché de blanc et de rose; vraiment, vous ne trouvez pas cela merveilleux?... »

Pas du tout! Au risque de vous déplaire, je vous dirai franchement que je trouve le camélia une plante bête et insipide.

Chaque fois que je l'ai regardé j'ai involontairement pensé aux figures de cire qui sourient niaisement dans les montres des perruquiers; la fleur elle-même me fait l'effet d'une fleur stéarinée, aux pétales maquillés; quelque chose comme une rose figée dont elle a la prétention d'imiter la forme!

En somme c'est une fleur qui, à mon sens, n'a de la fleur ni la grâce, ni la souplesse, ni la transparence; qui se pique sottement toute droite sur sa tige, comme un macaron sur du papier; dont le feuillage, sans élégance, vernissé, est raide comme s'il était en zinc.

La fleur fut, néanmoins, très à la mode! Tout « Habit noir » se respectant un peu, n'eût osé faire son entrée dans un salon sans arborer le camélia à la boutonnière; l'un allait du reste fort bien avec l'autre, la forme de l'un n'étant guère plus « amusante » que celle de l'autre.

CATTLEYA (ORCHIDÉE).

... Mais ceci est une appréciation personnelle que je n'entends nullement imposer. Le camélia, ne m'a rien fait en somme et je ne chercherai jamais noise à qui l'aime.... Ils doivent être nombreux ceux-là, si l'on en juge par l'importance qu'a prise la culture de l'arbrisseau qui le produit!

*
* *

C'est vers le milieu du XVIIIe siècle que la plante, née au Japon, fut introduite en France par Cameli, qu'on récompensa en donnant son nom à la fleur; mais ce camélia primitif fut dédaigné lorsque apparurent les camélias doubles. Aujourd'hui il ne sert plus que de sujet pour la greffe des variétés nouvelles, tout comme l'églantier pour la rose.

Des variétés nouvelles, excusez du peu, on en compte plus de mille !... Décidément c'est moi qui ai tort !

Ajouterai-je que le camélia se laisse tailler suivant le bon plaisir de celui qui le soigne; on est libre de choisir la forme extérieure qu'on jugera la plus « pittoresque » ou la plus... « artistique? »

* * *

Puisque je suis en train de médire, laissez-moi vous avouer encore ma façon de penser sur une plante d'un tout autre genre mais dont, à travers le vitrage, j'aperçois là-bas certains échantillons :

Les Lupins, ces pois tout de frais habillés, tout pimponnés, font, je le sais, la joie de bien des gens, mais pas du tout la mienne ! Leurs feuilles régulières n'ont pas le moindre inattendu, leurs fleurs, pyramides symétriquement disposées, se tiennent droites, raides. Les tons en sont d'un « crémeux » exagéré; on dirait des sucreries, des dragées, des pralines; quant au parfum, il semble sortir plutôt d'une officine de parfumeur, que d'une corolle de fleur.

« Fleurs d'une beauté et d'une élégance remarquables ! » s'écrient certains catalogues horticoles.

Beauté fade, élégance pommadée... trop beaux ces lupins maquillés !

* * *

Épeler une à une toutes ces herbes, toutes ces fleurs, tous ces arbustes!... Vous n'y tiendriez pas, d'autant que la chaleur commence à vous incommoder.... Allons dans la serre à côté mais non sans avoir, au préalable, respiré quelques bouffées d'air frais. Les plantes que nous trouverons sous le vitrage voisin sont d'un genre tout différent, ce sont des Orchidées.

*
* *

Les Orchidées sont des plantes à l'organisation curieuse, aux formes généralement singulières. Les unes sont des *forestières*, les autres des *champêtres ;* nous en avons vu, du reste, en parcourant les bois et les prés.

Celles qui sont enfermées là sont exotiques.

Il en est de très remarquables de tournure, de couleur et parfois de parfum ; il en est de tout à fait bizarres, ressemblant plus à des insectes qu'à des fleurs ; il en est aussi de baroques et même de disgracieuses, affectant des formes de trompettes, de casques, de bonnets à brides ou sans brides, de cornes, de sabots, de gueules béantes, de singes suspendus à des branches (tel l'*Orchis singe*), que sais-je encore ?... Certaines orchidées poussent en touffes, d'autres échelonnent leurs feuilles, les unes portent des fleurs solitaires, les autres des fleurs en grappes ou en bouquets.

Quelques mots sur leur conformation, avant d'entrer leur rendre visite.

*
* *

Les orchidées terrestres sont ordinairement gratifiées de deux bulbes d'où s'échappent les racines. L'un d'eux donne naissance à une tige, c'est le plus épais des deux ; bientôt il s'amollit, devient flasque et périt ; toute sa vitalité passe alors dans l'autre qui, sous son enveloppe, conserve les rudiments de la plante qui l'an prochain se développera ; une tige jaillira et portera feuilles et fleurs.

Il est des espèces dont les bulbes sont charnus et succulents, certains fournissent une fécule nutritive, tel le Salep d'Orient, par exemple.

Et maintenant, pénétrons dans la serre.

*
* *

Tout à l'entrée, enroulée à un tronc d'arbre qui lui sert de soutien, est une orchidée grimpante dont vous appréciez fort, je n'en doute pas, la gousse exquise qui sert à parfumer maintes crèmes et maints gâteaux dont vous êtes friandes, Mesdames! Cette orchidée à nom VANILLE AROMATIQUE.

Elle est Brésilienne. Ses tiges, vous le voyez sont sarmenteuses, garnies de racines aériennes à l'aide desquelles elle s'applique contre son support; ses fleurs, d'un blanc verdâtre, sont en grappes terminales et feront place à ces longues gousses dont nous parlions tout à l'heure et qui, dans leur pays, atteignent jusqu'à 30 centimètres de long! — Heureux pays, dites-vous?... et que de crèmes!...

Voyons quelques échantillons d'orchidées aussi différentes que possible les unes des autres.

Voici une AÉRIDE; sa tige aux racines nombreuses, épaisses, porte des feuilles planes échelonnées comme les barreaux d'un perchoir; d'entre elles partent des grappes retombantes de fleurs blanches dont le labelle rose est bordé de blanc.

Une large étoile blanche, qui semble d'ivoire, et affublée d'une queue trois fois plus longue qu'elle : c'est l'ANGREC A QUEUE, fleur curieuse portée sur une tige s'élançant d'un flot de rubans qui sont des feuilles.

Ici des CATTLEYA de tons divers : mauves, rosés, blancs, jaunes, aux larges corolles à labelles gradués.

Là, des CHYSIS aux pétales blancs, teintés parfois de jaune, et s'assemblant autour d'un centre qui paraît une mâchoire entr'ouverte.

De la corbeille qui se balance au-dessus de nos têtes retombent des stalactites de fleurs jaunâtres, elles appartiennent au CYCNOCHE.

* * *

Nous voici parmi les CYPRIPÈDES, plus curieux que jolis, plus baroques qu'élégants!

Celui-ci, CYPRIPÈDE A QUEUE, lance, d'un plumet de longues feuilles, une tige droite qui tout à coup se sépare en deux comme une fourche; à chacune des dents de cette fourche est attachée une sorte de coquille coiffée d'un bonnet pointu comme celui d'un Triboulet, et d'où pendent deux brides, deux serpentins, dépassant deux fois la hauteur de toute la plante qui semble ainsi porter plutôt des marottes que des fleurs. C'est tout à fait comique. Cette autre, *Cypripède* également, se nomme Sabot de Vénus, elle exhale un parfum exquis, — ce qui n'étonne pas de la part de Vénus, — mais a une forme qui donnerait à penser que la déesse avait les pieds bots.

Tous ces Cypripèdes, du reste, portent sabots diversement teintés et me paraissent rechercher plutôt la note drôle que la note gracieuse; ils y ont réussi. Les Dendrobions sont étranges aussi ; certains paraissent des oreilles grandes ouvertes, d'autres des gosiers béants au milieu de pétales largement étalés. Ces fleurs, portées en grappes sur des tiges articulées, généralement retombantes, forment un ensemble singulier, mais remarquable malgré tout. Les nuances en sont variées et toujours, comme dans la plupart des orchidées, d'une finesse remarquable. Les Phalénopsides forment une espece curieuse, ils émettent d'innombrables racines d'un blanc bleuté et d'innombrables inflorescences pendant aux extrémités de tiges capricieusement sinuées; fleurs merveilleuses de nuances et de formes inattendues.

CYPRIPÈDES.

Puis voilà des Saccolabiers aux grappes de fleurs purpurines, touffues, serrées, groupées comme des carottes bottelées ; à côté des Sélénipèdes, singeant les *Cypripèdes ;* puis des Oncidium, que sais-je encore !...

Je m'aperçois que vous regardez toutes ces fantaisies végétales plus que vous n'écoutez mes discours !... En ceci je vous approuve grandement, car l'ensemble de toutes ces étoiles, de ces grappes, de ces fuseaux, de ces thyrses et de ces... sabots, aux tons merveilleux, aux parfums exquis parfois, est plus attrayant pour les yeux que l'histoire — forcément monotone — de chacune d'elles ne l'est pour les oreilles. Je vous laisse donc admirer, ou vous étonner à l'aise, j'admire et je m'étonne avec vous, mais... je me tais !

APPENDICE AU CHAPITRE XXVIII. — PLANTES DE SERRE

Acacias. — *Acacia* (Mimosées). Genre comprenant une foule d'espèces à feuilles simples ou composées. Arbres de serres. Multiplication par graines sur couches, sous châssis ou dans une serre à bouture. Terre de bruyère. Plantes rustiques dans les régions des orangers.

Espèces a feuilles simples :

A. *Acacias à fleurs en têtes globuleuses, capitules solitaires.* — Exemple : *A. à feuilles de Genévrier*, rameaux pendants, fleurs jaune pâle au printemps (serre froide) ; *A. Hybride*, rameaux dressés épineux, mars-avril fleur en capitules jaune citron ; *A. à feuilles rondes*, fleur jaune d'or en capitules ronds, etc., etc.

B. *Acacias à fleurs en têtes globuleuses, capitules en grappes paniculées*, comme : *A. bleuâtre*, fleurs jaunes en avril-mai ; *A. velu* ou de *Saint-Hélène*, fleurs jaunes en boules, odorantes, rameaux soyeux comme le saule pleureur, etc.

C. *Acacias à fleurs en chatons : A. verticillé*, ayant la tournure du Genévrier, fleurs jaunes mars-mai ; *A. glauque*, rameaux pendants aplatis, fleurs jaunes, etc.

Espèces a feuilles composées :

A. *Acacias sans épines.* — Exemple : l'*A. de Constantinople* ou *Arbre de soie*, feuilles grandes, bipennées, fleurs blanc rosé, en têtes paniculées, août-septembre ; *A. pubescent*, fleurs jaunes, très petites en grappes.

B. *Acacias à épines* ou *aiguillons : A. de Farnèse* ou *Casse du Levant*, petites fleurs jaunes, en capitules, odorantes, fin de l'été, etc., etc.

Aérides. — *Aerides* (Orchidées). Genre d'orchidées à espèces nombreuses, végétant et fleurissant suspendues en serre chaude humide, l'air seul les nourrit.

Variétés : *A. à fleurs roses*, grappes dressées à fleurs roses, tachées de rouge, labelle coloré davantage ou tache de sang au milieu; *A. crispé*, fleur blanche, labelle rose, bords blancs.

Aloès. — *Aloe* (Liliacées). Plantes de culture facile. A traiter comme les Cactées. Serre tempérée l'hiver ou orangerie. Lieu sec. Pas d'arrosage.

Variétés : *A. Corne de Bélier*, fleurs rouges; *A. féroce*, très épineux, fleurs safranées; *A. Toile d'araignée*, feuilles couvertes de fils blancs, fleurs verdâtres en épis, etc.

Angrec a queue. — *Angræcum caudatum* (Orchidées). Feuilles rubanées canaliculées. Fleurs verdâtres. Serre chaude, caisse remplie de sphaigne ou mélange de terre bourbeuse et de mousse.

Variétés : *A. à long éperon*, fleur ivoire à odeur de lis, même culture.

Bananier. — *Musa* (Musacées). Serre chaude. Terre légère substantielle. Multiplication par œilletons enracinés qui croissent à la base. Après fructification, arrachage. Renouvellement de la terre et mise en place d'un nouveau sujet jeune.

Variétés : *B. du Paradis* ou *Figuier d'Adam*, originaire des Indes; *B. des Sages*, plus haut que le précédent, donne les fruits appelés : *Figues*, *Bananes*; *B. textile*, des Iles Philippines, très vert, donnant des fibres dont on fait des tissus, fruits non comestibles.

Bambou. — *Bambusa* (Graminées). Serre tempérée. Multiplication de rejets enracinés.

Variétés : *Bambou arondinacé*, de l'Inde, atteignant 12 à 15 mètres; *B. noir*, de Chine, plein air, multiplication par séparation des rejets plantés en pots et terre de bruyère, placés sur couche tiède jusqu'à racines suffisantes; *B. lisse*, le plus grand et le plus épais; *B. Métake*, du Japon, le moins beau, mais très rustique, aime le bord des eaux.

Cactus. — *Cactus* (Cactées). Plantes grasses, comprenant diverses espèces :

Les *Cierges* (*Cereus*). Tiges charnues. Fleurs tubuleuses. Terre franche, légère; serre tempérée. Multiplication de boutures de tiges ou rameaux dont on laisse d'abord sécher la plaie.

Les *Echinocactes* (*Echinocactus*). Globuleux à côtes tuberculeuses.

Les *Echinopsides* (*Echinopsis*). Masses charnues, globuleuses devenant oblongues en vieillissant. Multiplication par œilletons croissant autour.

Les *Epiphylles* (*Epiphyllum*). Genre voisin des cierges, mais à tiges fortement comprimées. Multiplication par graines et boutures.

Les *Raquettes* ou *Nopals* (*Opuntia*). Tiges ou rameaux articulés, originaires du Mexique ou d'Amérique.

Les *Melocactus*, à tiges, presque globuleuses, cannelées et surmontées d'un pompon laineux où naissent les fleurs.

Les *Mamillaires* (*Mamillaria*). Formes rondes ou oblongues, couvertes de mamelons. Terre légère, substantielle. Multiplication par graines ou boutures.

Toutes ces sortes comportent maintes variétés. Pour détails, consulter ouvrages spéciaux.

Caladium. — *Caladium* (Aroïdées). Serre chaude, fréquents arrosements pendant la végétation. Multiplication de rejetons et graines. Vivaces par les tubercules qui servent à les multiplier.

Variétés : *C. à feuilles en cœur*, spathe blanche; *C. odorant*, feuilles ondulées, marginées, fleur, blanc verdâtre, odorante; *C. peint*, feuille ondulée, tachetée de blanc; *C. violacé*, feuilles vertes au-dessus, rouges dessous, etc., etc.

Calandrine. — *Calandrina* (Portulacées). Semis en avril-mai. Floraison juillet-septembre. Terre légère. Multiplication par graines très fines.

Variétés : *C. en ombelle*, fleurs violet rose en grappes; *C. à grandes fleurs*, fleurs rose violacé en grappes allongées, etc.

Camélia, type : Camélia du Japon. — *Camellia Japonica* (Ternstrœmiacées). Arbrisseau. Plein air dans les pays chauds, serre dans le nord. Multiplication par semis, boutures ou marcottes par incision sous châssis, là où il est en plein air. Greffe en placage en juillet pour les sujets en pots. Taille au printemps. Pour détails, voir ouvrages spéciaux.

L'arbrisseau vit en plein air dans les pays chauds, dans le midi et dans certaines régions de l'ouest de la France; dans nos climats on l'élève en serre. Sa culture nécessite de grands soins et les Manuels d'horticulture lui consacrent généralement de longs chapitres.

Camélias : le *C. alba plena*, d'un blanc pur; le *C. Mathotiana*, grande fleur carmin à reflets cerise; le *C. Martha*, très grand, blanc pur; le *C. Duchesse de Berry*, blanc à fleur renonculée; le *C. Festiva*, imbriquée jusqu'au centre, rouge cerise, bordée de blanc; le *Léopold premier*, rouge cramoisi; *C. Corradino*, pétales déchiquetés, d'un blanc rosé;. *C. Jubilé*, couleur chair, veiné, strié de rose, cœur jaune clair; *C. Reine des Beautés*, rose très clair; *C. Virgine de Colle Beato*, fleur blanche à pétales roulés en spirale.

D'autres, puis d'autres et d'autres encore à noms ronflants ou compliqués... parfois quelque peu prétentieux.

Capucine de Lobb. — *Tropæolum Lobbianum* (Tropœolées). Herbacée, rameuse. Pousse en plein air, vigoureusement en été, mais ne donne de fleur que l'hiver en serre. Multiplication par boutures et graines. Terre franche légère. Fleurs rouge éclatant.

Variétés : à fleurs blanc jaunâtre.

Cattleya. — *Cattleya* (Orchidées). Serre chaude, en terre de bruyère mélangée de mousse ou en caisse suspendue pleine de sphaigne.

Variétés : *C. d'Ackland*, fleur vert olive moucheté rouge, labelle rouge vineux, jaune au milieu; *C. à fleurs jaunes*, dirige fleurs et feuilles vers la terre, etc., etc.

Cereus. — Voyez Cactus.

Chysis. — *Chysis* (Orchidées). A variétés nombreuses. Serre chaude. Même culture que les Cattleya.

Cierges. — Voyez Cactus.

Cycnoche. — *Cycnocnes* (Orchidées). Même culture que les Chysis. Variétés nombreuses.

Cypripède. — *Cypripedium* (Orchidées). Multiplication par éclats, etc. Variétés nombreuses.

Dattier. — Voyez Phœnix.

Dendrobion. — *Dendrobium* (Orchidées). Culture en corbeille suspendue, terre bourbeuse, etc. Nombreuses variétés.

Échinocactes. — Voyez Cactus.

Échinopside. — Voyez Cactus.

LES CLÉMATITES

Echinocactus. Voyez **Cactus.**

Escallonie. — *Escallonia* (Saxifragées-Escalloniées). Arbrisseau. Fleurs nombreuses en août-septembre. Culture en pots, terre fraîche mélangée de terre de bruyère.

Variétés : à *grandes fleurs*, montant à 1 mètre, fleurs rose carmin en ombelles ; *E. à fleurs rouges* (serre froide).

Fleur de passion. — Voyez **Passiflore.**

Fuchsia Corymbifère. — *Fuchsia Corymbiflora* (Œnothérées). Originaire du Pérou. Arbrisseau de 3 à 4 mètres. Fleurs en grappes rouges. Variétés à fleurs blanches. Multiplication par boutures.

Héliotrope a grandes fleurs. — *Heliotropium grandiflorum* (Borraginées). Fleurs en juin-novembre. Terre franche, légère, très arrosée. Multiplication par graines ou mieux boutures sur couche tiède au printemps ou en été.

Variétés : *Triomphe de Liège. Roi des noirs*, etc.

Grenadille. Voyez **Passiflore.**

Isotome. — *Isotoma* (Lobéliacées). Bisannuelle Floraison l'été. Multiplication par boutures et graines sur couches en mars, repiquage et en place fin mai.

Variétés : *I. Petrea*, annuelle, à fleur blanche en étoile.

Lantana. — *Lantana* (Verbénacées). Arbuste ligneux. Floraison l'été, petits corymbes serrés, terre franche, très arrosée. Multiplication de graines ou de boutures sur couche ou châssis.

Variétés nombreuses : *L. du Mexique*, fleurs orangées; *L. à fleurs blanches; L. Bicolore*, fleurs blanches et pourpres, etc.

Latanier. — *Latania* (Palmiers). Des îles de France et Bourbon. Feuilles en éventail. Multiplication de graines.

Variétés : *L. de Bourbon*, à feuilles plus étalées, au pétiole épineux.

Lin a grandes fleurs. — *Linum grandiflorum* (Linées). Fleurs rouges l'été en panicules lâches. Multiplication de graines en terre meuble bien fumée. Variétés à fleurs roses.

Mamillaire. — Voyez **Cactus.**

Mélocactus. Voyez **Cactus.**

Millepertuis de Chine. — *Hypericum Sinense* (Hypéricenées). Grandes fleurs jaune doré de septembre à décembre. Multiplication de graines et rejetons.

Mimosa. Voyez **Acacia.**

Mimosa pudique. Voyez **Sensitive.**

Nopal ou Raquette. Voyez **Cactus.**

Oncidium. — *Oncidium* (Orchidées). Rameaux florifères. Nombreuses variétés. Culture en pots, terre bourbeuse ou sur écorces.

Orchidées. Voyez **Ærides, Angrec, Cypripède, Cycnoche, Cattleya, Chysis, Dendrobion, Oncidium, Sélénipède,** etc., etc.

Palmier. Voyez **Dattier, Phœnix, Latanier,** etc.

Passiflore. — *Passiflora* (Passiflorées). Plantes sarmenteuses, grimpantes. Fleurs l'été. En pleine terre en serre, mais elles épuisent vite le sol. Les tenir en caisses ou pots en renouvelant la terre. Rabattre la tige après floraison.

Variétés : a feuilles entières, comme la *P. quadrangulaire*, à fleurs odorantes, pourpres en dedans, fruits de la grosseur du melon ; a feuilles

LOBÉES, comme le *P. à grappes*, fleurs rouges en grappes, rouge minium à bractées de même couleur, etc., etc.

Les *Passiflores* s'appellent aussi *Grenadilles*.

PHALÉNOPSIDE. — *Phalænopsis* (Orchidées). Terre tourbeuse, mélangée de mousse. Nombreuses variétés.

PHILODENDRÉE A GRANDES FEUILLES. — *Philodendron grandifolium*. Tige radicante, feuilles sagittées. Serre chaude plutôt humide.

PHŒNIX. — *Phœnix* (Palmiers). Feuilles raides pennées. Régime pendant naissant à l'aisselle des vieilles feuilles. Multiplication par bourgeons ou graines. Terrain très arrosé, température moyenne de 22 degrés.

RAQUETTE ou NOPAL. Voyez CACTUS.

SABOT DE VÉNUS. — Voyez CYPRIPÈDE.

SACCOLABIER. — *Saccolabium* (Orchidées). A grappes, terre tourbeuse et mousse. Nombreuses variétés.

SÉLAGINES. — *Selago* (Sélaginées). Tige frutescente. Fleurs très petites, bleu clair, en juillet-août. Terre franche légère mêlée de terre de bruyère, en pots.

SÉLÉNIPÈDE. — *Selenipidum* (Orchidées). Se rapprochant des *Cypripides* ou *Sabots de Vénus*. Culture en pots sur fragments de tourbe concassée entremêlés de feuilles et mousse décomposée.

SENSITIVE. — *Mimosa Pudica* (Mimosées). Plante herbacée. En été, petites fleurs violet rougeâtre. Semis sur couche ou sous châssis, de bonne heure, seulement une graine dans un pot pour ne pas transplanter. Serre chaude.

VANILLE. — *Vanilla* (Orchidées). Originaire du Brésil. Tiges charnues, sarmenteuses, grimpantes. Grandes fleurs en grappes, blanc verdâtre. Fruits, gousse pulpeuses. Serre chaude, Terre substantielle, humide pendant la végétation.

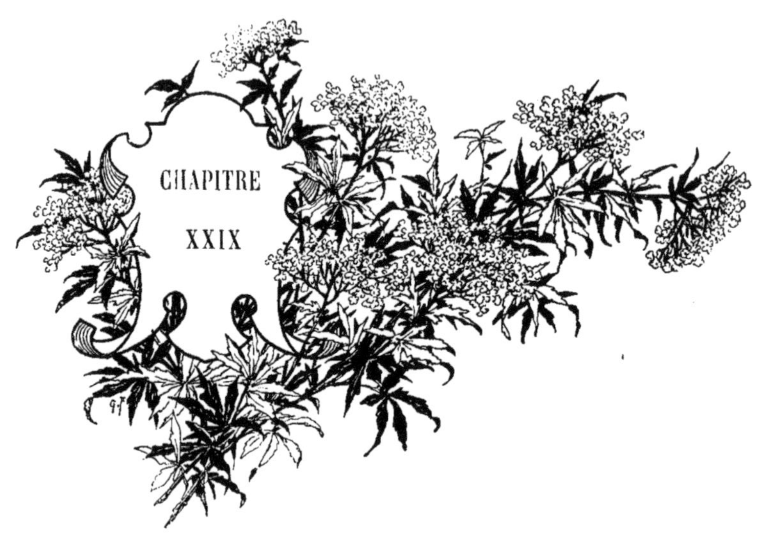

ARBRES ET ARBUSTES D'AGRÉMENT

Après avoir bravé la chaleur étouffante des serres, un tour dans le parc nous paraît tout indiqué, d'autant que nous y trouverons maints arbres touffus, maints arbustes gracieux qui valent bien, à leur tour, un coup d'œil.

Pénétrons tout d'abord sous cette haute voûte de feuillage mordoré, tout empapillotté d'odorantes fleurettes d'un blanc verdâtre, à aigrettes jaunes, et se balançant sur de longs pédoncules qui s'échappent d'une foliole membraneuse. A la senteur qu'elles exhalent, vous avez reconnu le bienfaisant Tilleul ; son parfum est si tenace que, même après la cueillette et malgré la dessiccation, il persiste longtemps encore. Quant à l'arbre, il est robuste, croît lentement mais sûrement et vit des siècles.

*
* *

Au bout de cette allée est un gigantesque tronc d'où se ramifient en tous sens des branches énormes, étendant au loin leurs rameaux touffus couverts de feuilles d'un ton frais, découpées un peu en forme de lierre, et entre lesquelles se suspendent des fleurs légèrement jaunâtres, vert-de-grisées, mouchetées de plaques cuivrées; clochettes gracieuses où pendillent de longues étamines, fleurs qui rappellent assez la tulipe pour qu'on ait baptisé l'arbre qui les porte du nom de TULIPIER; mais ces fleurs il ne les donne qu'alors qu'il a un certain âge, vingt-cinq ou trente ans.

Le Tulipier est un des beaux arbres de l'Amérique du Nord;

CATALPA (une grappe de fleurs).

ici il atteint une taille respectable, mais dans son pays il devient gigantesque, monte à plus de 35 ou 40 mètres et prend un diamètre proportionné.

Plus loin sont deux arbres qui se ressemblent et qui pourtant ne sont ni de la même famille ni de la même origine. L'un est le CATALPA; il nous vient des îles Carolines, ses feuilles en cœur sont grandes, larges, d'un beau vert; ses fleurs sont de copieux bouquets de clochettes blanches, aux marlis retroussés, frisottés, et dont l'intérieur est piqueté de pourpre vif et lamé de jaune d'or;

prise dans son ensemble la grappe est remarquable, prise séparément chaque fleur qui la compose est une petite merveille.

L'autre est le PAULOWNIA; un japonais; ses feuilles opposées sont également échancrées en cœur à la base; à l'automne, ses fleurs sont en boutons et, singulière fantaisie, resteront telles tout l'hiver pour fleurir au printemps avant le développement des feuilles nouvelles; elles sont d'un bleu violacé, piquées de brun, lignées de jaune et se rassemblent en pyramides comme celles du marronnier, mais exhalent, en plus, une odeur accusée qui semble un parfum de violette. Le Paulownia est un arbre neuf chez nous, car il n'y fit son apparition qu'en 1834, au Jardin des Plantes où son premier rameau est dû à M. de Cussy, qui en rapporta les graines.

Et voici un arbre qui est à la fois originaire de l'Amérique et de l'Asie où on le retrouve sous maintes formes, arbres et arbustes; c'est le MAGNOLIER, dont le bois blanc, tendre et spongieux, est enfermé dans une écorce odorante presque autant que ses fleurs aux 9 ou 12 pétales épais, charnus, d'un blanc pur à étamines d'or. Le fruit du magnolier est conique, à écailles d'entre lesquelles, à maturité, s'échappent des graines écarlates qui restent suspendues par un fil adhérent à leur ombilic. C'est le Père Magnol, professeur de botanique à Montpellier (commencement du XVIIIe siècle), qui fut le parrain du genre *Magnolia*.

*
* *

Sur nos boulevards, sur nos promenades, dans nos squares et dans nos parcs, vous êtes habitués à voir les arbres que voilà :

MARRONNIER D'INDE, aux feuilles palmées si bien découpées, si jolies de forme, aux flamberges de fleurs blanches ou roses posées sur leurs tiges comme des girandoles dans un lustre.

Mais c'est surtout à l'arrière-saison que l'arbre est superbe de tons, il panache d'abord d'un jaune vif le bord de ses feuilles, les fonce ensuite, les cuivre, puis les bronze, tandis que ses grappes de coques, hérissées comme des porcs-épics, éclatent et laissent tomber, avec un bruit sec, les fruits d'acajou qui y étaient emprisonnés.

VERNIS DU JAPON, arbre qui monte jusqu'à 20 mètres parfois, et porte à ses rameaux des feuilles dentelées, pennées, à folioles nombreuses, et des fleurs mâles en panicules, d'une odeur désagréablement fade, presque écœurante, surtout pendant les grandes chaleurs.

PLATANE, très bel arbre aussi, à l'écorce bigarrée, aux feuilles découpées comme des feuilles de vigne qui ne seraient qu'ébauchées; ses fruits sont des pendeloques rondes qui brandillent au bout de longues queues comme des boucles à des oreilles.

A côté, un FAUX PLATANE ou SYCOMORE; les feuilles, sensiblement plus foncées en dessus qu'en dessous, portent aux nervures principales un duvet cotonneux; les fruits nombreux, à grandes ailes, proviennent de grappes de fleurs d'un vert jaunâtre.

Le Sycomore fait partie de la grande famille des ÉRABLES, composée d'arbres de haute taille, pour la plupart, et fort recherchés pour les plantations des avenues, l'ornementation des parcs et des grands jardins. Les fleurs, printanières, sont nombreuses et se rassemblent en grappes ou en corymbes légers. Les feuilles sont belles, bien lobées; joignez à cela que l'Érable est de croissance rapide, comporte des espèces et des variétés nombreuses et vous ne vous étonnerez pas qu'il soit fort prisé des pépiniéristes. Faut-il ajouter que son bois d'un grain fin, serré, veiné diversement, blanc, gris ou miroité de teintes diverses, est très utile dans maints travaux de tous genres, dans l'ébénisterie et notamment dans la fabrication des instruments de musique?

Le fruit de l'érable se nomme *Samare*, il est fait de semences sèches, ovoïdes, maintenues par paires sur un même pédoncule et portant des ailes membraneuses qui les font voler au loin où elles vont se transplanter.

* * *

Près du bassin où les cygnes, allongeant leurs longs cous blancs cravatés de noir et de jaune, avancent sans bruit et, dirait-on, sans mouvement, comme s'ils étaient poussés par la brise, se penche tristement cet arbre triste nommé SAULE PLEUREUR.

Ses branches éternellement retombantes paraissent, en effet,

CATALPA (fleurs séparées)

des larmes immenses qu'on s'étonne de voir rester si longtemps suspendues; il semble qu'on va les voir enfin glisser dans l'eau en formant de larges encyclies.

On ne cultive en Europe que le Saule pleureur femelle; est-ce parce qu'il regrette son compagnon qu'il est si navré?...

Il porte pourtant le nom ronflant de *Parasol du Grand Seigneur !*

*
* *

Voici maintenant des arbres de moindre importance, quant à la taille, tout au moins.

L'Arbre de Judée d'abord, ou *Gainier commun*, au tronc et aux branches tortueuses se couvrant au printemps, avant la pousse de ses feuilles en forme de cœur, de myriades de fleurettes d'un rose tendre qui s'attachent partout, aux vieilles branches à l'écorce rugueuse comme aux nouvelles pousses à l'épiderme lisse encore, et les masquent de leurs bouquets nombreux; on dirait un arbre saupoudré de pétales jusque dans ses moindres recoins.

L'arbuste voisin qui, pour l'instant, est couvert de fleurs blanches mouillées de rose, fait partie de la famille des Aubépines; « *Cratægus* », disent les horticulteurs.

Pour l'instant il est seulement joli, mais à l'automne, il deviendra éclatant, rutilant, et justifiera absolument son nom de Buisson ardent. Des amoncellements de fruits couleur feu s'agglomèreront en masses serrées le long de ses branches et le feront ressembler à une torche flamboyante.

A côté est un BOIS DE SAINTE-LUCIE, joli nom donné au MAHALEB. Les feuilles ovales s'attachent à des branches qui viennent, en rosace, se réunir sur la branche plus grosse; vu d'en dessus cet arbre paraît fait d'étoiles feuillues d'où pendillent des fruits tout petits, diminutifs de merises, dirait-on. Il paraît, je recommande ceci aux cuisinières, qu'une feuille verte ou deux feuilles sèches de Sainte-Lucie, mises dans une perdrix en broche, lui donnent un fumet remarquable.

Puisque la Sainte-Lucie nous a fait parler « cuisine », laissez-moi vous présenter ce buisson dont le feuillage est tout à la fois culinaire et héroïque. « LAURIER », tout court quand on le tresse pour couronner les héros, « LAURIER SAUCE », quand c'est le cordon bleu qui en parfume ses ragoûts!

Gloire et gourmandise réunies!

BAGUENAUDIER.

Le voisin, un MÛRIER BLANC, n'intéresse point nos palais, mais fait les délices de « ceux » des vers à soie (tout au moins ce qui leur en tient lieu!). A part cela, l'arbre n'a rien qui le recommande particulièrement à notre attention.

* * *

De grosses têtes blanches, fleurettes accumulées, qu'accompagne un joli feuillage d'un vert brillant, voilà la BOULE-DE-NEIGE, catégorie des *Viornes*.

A côté, les grappes jaunes des FAUX ÉBÉNIERS frétillent sous les feuilles curieuses qui allongent à plat leurs trois folioles attachés à de longues tiges raides d'où pendront, après la chute des fleurs, des gousses qui renfermeront les graines.

Et maintenant un arbuste bruyant : le BAGUENAUDIER, dont les gousses, presque transparentes, éclatent en pétarade quand on les presse sous les doigts ; pétarade sans effet, amusette fort prisée des enfants ; origine, sans nul doute, du verbe « baguenauder », qui s'applique aux occupations frivoles et inutiles.

Le baguenaudier, du reste, n'a rien de bien remarquable ; ses fleurs disposées en grappes sont jaunes, plus teintées au centre chez le *Baguenaudier ordinaire* ou *Faux Séné*, rouges chez le *Baguenaudier d'Éthiopie*.

Plus loin, de longs serpents grisâtres se tortillent, se nouent en spirales les uns dans les autres, montent, se perdent dans des touffes de feuillage, reparaissent... et de leurs flancs s'échappent des serpents plus petits qui s'allongent, s'allongent encore, lançant de place en place des rejets argentés, bronzés ou verts qui sont des feuilles toutes jeunes, adultes, ou dans la force de l'âge.

De longues grappes violettes, plus nombreuses que les feuilles, retombent en élégants pendentifs, effaçant presque les tons chauds de celles-ci de leurs papillotements d'un mauve exquis.

Il en est ainsi au printemps, il en sera de même à l'automne, car la plante, GLYCINE frutescente d'un certain âge déjà, fleurit deux fois l'an. Arrivée à l'angle du mur où elle s'appuie, elle lance vigoureusement ses branches dans le vide pour aller bientôt les accrocher au mur voisin, formant entre les deux une voûte finement ciselée, délicieusement colorée.

Il est une autre sorte nommée la *Glycine de Chine* qui porte des fleurs blanches ou bleutées très odorantes.

*
* *

Alternativement les LAURIERS-ROSES aux bouquets blancs, jaunes et roses, les ORANGERS aux odorants pétales nacrés, les GRENADIERS aux clochettes flamboyantes, sont rangés en ligne, enfermés dans leurs hautes caisses vertes qui garantissent leurs pieds du trop grand froid ou de trop d'humidité.

Le laurier-rose, arbrisseau distingué de port et d'allures, portant de délicates fleurs élégantes de formes et charmantes de tons, est devenu, on ne sait par quelle anomalie, un arbrisseau presque roturier; c'est sans doute la facilité avec laquelle il s'élève, le peu de soins qu'il nécessite, qui sont cause de sa décadence. Aujourd'hui, il est devenu l'ornement favori des cafetiers et des marchands de vins; couvert de poussière, sentant l'absinthe et le vermouth, il persiste néanmoins à s'épanouir en couronnes simples ou doubles.

SYMPHORINE.

L'oranger et le grenadier ont gardé leurs rangs; l'un consent à répandre son parfum, l'autre à faire briller ses couleurs, mais à la condition qu'ils seront entourés de soins. Du plein air, oui, mais à la belle saison; ils entendent l'un et l'autre rentrer dans l'orangerie ou le jardin d'hiver dès que la moindre gelée blanche annoncera la saison froide. Fleurir sera, dans nos climats, la seule concession que ces arbrisseaux, enfants des pays chauds, voudront bien nous faire; ils n'iront point jusqu'à transformer pour nous leurs fleurs blanches en fruits d'or, leurs fleurs rouges en fruits de grenat; cela ils le réservent pour leur pays natal, là seulement l'oranger donnera des oranges, le grenadier fournira des grenades.

Des végétaux de diverses sortes parfument l'air.

Ici c'est le SERINGAT, arbrisseau touffu qui, au mois de juin, se couvre d'étoiles blanches, intérieurement cerclées de jaune, et répandues sur les rameaux en nappes neigeuses, éblouissantes; charmante tromperie qui ferait croire à une seconde venue du printemps, tellement la parure du seringat rappelle celle des pommiers en fleurs.

Puis les JASMINS, qui se divisent en un nombre assez respectable de variétés grimpantes, étoiles plus légères, aux pointes plus minces de beaucoup que celles du seringat, d'une odeur plus fine aussi, étoiles jaunes chez celui-ci, blanches chez celui-là, et couronnant un tube grêle attaché à un fin pédoncule.

* * *

En gammes blanches ou violacées, les LILAS penchent leurs grappes en fer de lance qui s'élargissent en cœur. C'est la luxuriante palette des violets, depuis le violet bleuâtre aux reflets d'azur jusqu'au violet pourpre; là, des violets fins, délicats, distingués, transparents comme des pierres fines; ici des violets plus rouges, plus vineux, plus communs, dont on respire le parfum avec moins d'envie comme si le rapport devait être intime entre le plaisir des yeux et celui de l'odorat.

La nature semble avoir eu plus de tendresse pour le lilas que pour tout autre arbuste. Il est dans toutes les mains parce qu'il annonce avec le printemps l'es-

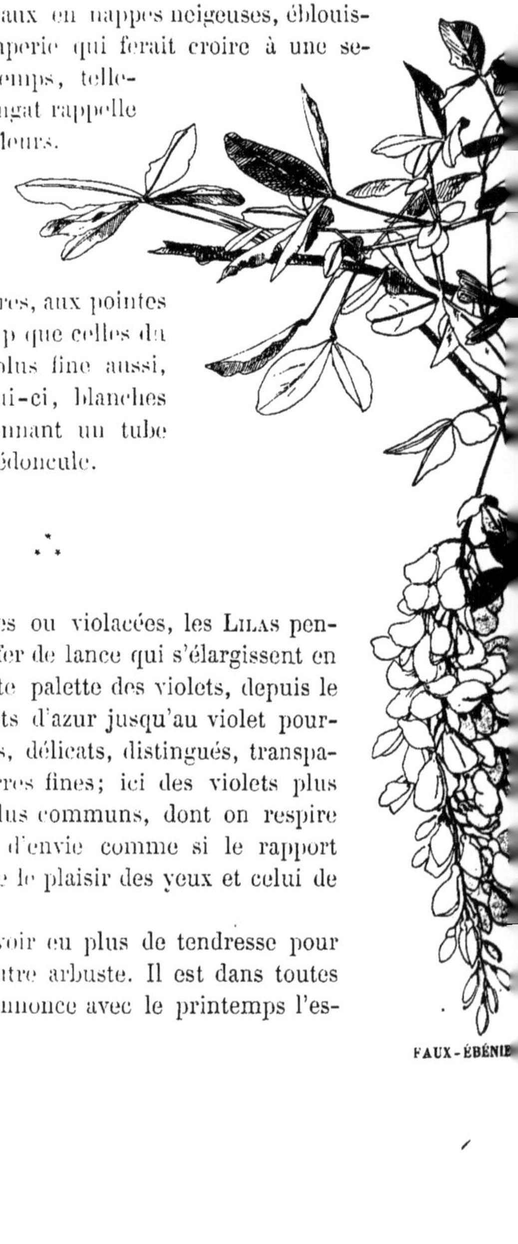

FAUX-ÉBÉNIE

poir de l'été; il est le souvenir rapporté des journées d'avril que le soleil a remplies de sa brillante gaîté; il est le parfum exquis qui charme par sa finesse; il est la fraîcheur par son feuillage d'un vert brillant. Ses fleurs disposées en thyrses autour du pédoncule floral, sont les grelots qui sonnent les douces folies des premiers beaux jours.

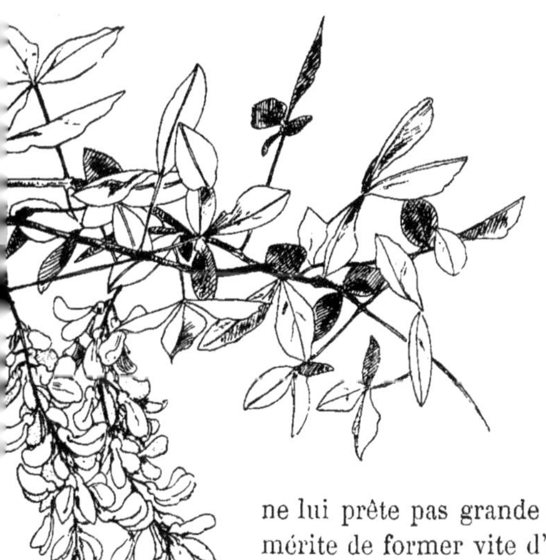

* * *

Ces taillis sont composés d'arbres de très moyenne grandeur.

Tout autour se groupent des touffes de SYMPHORINE, arbrisseau que vous voyez un peu partout, qui pousse avec tant de facilité, qu'il en devient presque encombrant; on ne lui prête pas grande attention, mais il a le mérite de former vite d'épais buissons.

Le végétal est très joli, assez étrange et fort décoratif. Ses feuilles petites, d'un vert terne, n'en font que mieux valoir les grappes de fleurs et de fruits poussant tout à la fois; fleurs en petits épis de minuscules clochettes rosées, au bas desquels s'attachent des baies, verdâtres d'abord quand elles sont petites, blanchissant au fur et à mesure qu'elles enflent pour devenir éclatantes lorsque, à maturité, elles atteignent la grosseur d'une cerise. On dirait des perles disproportionnées accrochées dans la verdure. Symphorine, charmante barrière qui nous masque la vue du potager et ne nous permet d'apercevoir, du verger, que les hautes branches des arbres croulant sous le poids de leurs fruits.

APPENDICE AU CHAPITRE XXIX. — ARBRES ET ARBUSTES D'AGRÉMENT.

Arbre de Judée ou Gainier commun. — *Cercis* (Légumineuses). Fleurit en avril-mai. Terre légère, exposition au midi. Multiplication de semis en rayons. Couvrir l'hiver, repiquer au printemps.

Variétés : *du Japon*, fleurs roses; *du Canada*, fleurs et arbres plus petits.

Arbre de Sainte-Lucie. Voyez Bois de Sainte-Lucie.

Baguenaudier ou Faux Sené. — *Colutea* (Papilionacées). Arbuste indigène. Fleurit l'été. Multiplication par graines ou drageons. Terre franche, légère, un peu ensoleillée.

Variétés : *B. ordinaire* ou *Faux Sené*, fleurs en grappes jaunes; *B. du Levant*, rouge pourpré; *B. d'Alep*, fleurs jaunes, fruits rougeâtres.

Bois de Sainte-Lucie. — *Cerasus mahaleb* (Coryophyllées). Fleurit rouge en mai-juin. Multiplication de graines ou de marcottes. Terre franche profonde, réussit en terrain crayeux.

Variétés : à feuilles marginées de blanc.

Boule-de-Neige. Voyez Viorne.

Catalpa. — *Bignonia Catalpa* (Bignoniacées). Fleurs en juillet et août. Terre franche, légère, mi-soleil. Semis en mars en terrines sous châssis ou en avril pleine terre sableuse humide, repiquer en pépinière deuxième année et mettre en place la quatrième. Multiplication aussi par boutures ou rejetons buttés.

Variétés : *C. de Bunge* de la Chine; feuilles à mauvaise odeur, mais beaucoup de fleurs; *C. à fleurs de Seringat* à fleurs blanches et à fleurs jaunes.

Cytise. Voyez Faux ébénier.

Érable. — *Acer* (Acérinées). Fleurs au printemps. Semis de graines en rigoles recouvertes de feuilles ou de mousse. Semées de bonne heure, au printemps, elles lèvent dans l'année; semées plus tard, elles ne lèvent que l'an suivant; sol frais, léger, substantiel. Les érables renferment diverses espèces : Érables d'Europe, comme l'*É. Plane*, à fleurs jaunes; l'*É. de Crète*, à fleurs blanchâtres, etc. Érables d'Amérique : *É. rouge*, fleurs rouges; *É. à sucre*, fleurs jaunâtres, etc. Érables d'Asie : *É. de Tartarie*, à fleurs d'un blanc rosé, etc., etc.

Faux Ébénier ou Cytise Aubours. — *Cytisus laburnum* (Papilionacées). Fleurs en mai. Terrain sec, même crayeux. Exposition un peu ombragée. Multiplication par semis au printemps en terre meuble, mise en place l'année suivante avec son pivot.

Variétés : à *feuilles panachées*, à *feuilles de chêne*, etc.

Faux Platane. Voyez Sycomore.

Faux Sené. Voyez Baguenaudier.

Gainier commun. Voyez Arbre de Judée.

Glycine frutescente. — *Wistaria frutescens* (Papilionacées). Arbuste grimpant, Fleurit deux fois : printemps et automne. Multiplication par marcottes et rejets. Tailler long. Tout terrain, mais préfère exposition au midi.

Grenadier. — *Punica Granatum* (Granatées). Culture au pied d'un mur avec couverture l'hiver. En caisse, comme orangers. Terre légère, substantielle. Multiplication par greffe sur jeunes sujets.

Variétés : *G. à fleurs doubles, G. nain,* etc.

Jasmin. — *Jasminum* (Jasminées). Fleurs à diverses époques suivant espèce. Terre franche ou de bruyère. Pleine terre au midi contre un mur. Multiplication par boutures et marcottes.

Variétés : Jasmin a fleurs simples : *Jasmin d'Arabie,* à fleurs blanches odorantes; *J. multiflore,* fleurs agglomérées blanches, odorantes; Jasmin a feuilles pennatilobées : *J. de l'Ile de France,* grandes fleurs, serre chaude; *J. commun,* fleurs blanches odorantes; Jasmin a fleurs jaunes : *J. jonquille, J. d'Italie, J. à fleurs nues,* etc.

Laurier. — *Laurus* (Laurinées). Mai, fleurs jaunâtres. Pleine terre, exposition abritée, couverture l'hiver. Multiplication de graines en terrines sur couches chaudes, en orangerie ou sous châssis l'hiver.

Variétés : *Laurier-noble, Laurier-sauce, Laurier-camphrier,* etc.

Laurier-rose. — *Nerium* (Apocynées). Été et automne, floraison. Terre à oranger bien fumée, très arrosée l'été. Multiplication par graines, marcottes, boutures, greffes. Pleine terre dans les pays du midi.

Lilas. — *Syringa vulgaris* (Oléinées). Arbrisseau. Fleurs en mai.

Variétés : simples et doubles : *L. rouge Trianon,* pourpre, passant ensuite au violet; *L. de Rouen,* thyrses allongés très fournis; *L. Emodi,* à fleurs blanchâtres, etc., etc.

Magnolier. — *Magnolia* (Magnoliacées). Fleurs en juillet-novembre. Terre franche, profonde, fraîche et légère. Multiplication par semences et boutures.

Variétés : a grandes fleurs, fleurs de 20 centimètres en moyenne. Magnolier a feuilles persistantes : *M. crispé,* M. à feuilles rondes, etc. Magnolier a feuilles caduques : *M. glauque, M. Arbre de Castor, M. Parasol,* etc.

Mahaleb. Voyez Bois de Sainte-Lucie.

Marronnier. — *Æsculus Hippocastanum* (Hippocastanées). Fleurs en mai. Multiplication facile par graines en place ou en rigole, repiquer en pépinière. Tout terrain, mais de préférence frais et substantiel.

Variétés : *à fleurs rouges.*

Mûrier blanc. — *Morus alba* (Morées). Terrain ordinaire. Variétés sans intérêt.

Oranger. — *Citrus Aurantium* (Aurantiacées). Multiplication par semis, greffe, etc. (Voir ouvrages spéciaux.)

La culture, variant suivant les climats, renferme des variétés nombreuses : les *Bergamotiers,* les *Limoniers,* les *Cédratiers,* les *Mandariniers,* etc.

Paulownia. - *Paulownia* (Scrophularinées). Fleurs dès le printemps. Terre fraîche et fertile. Multiplication par semis et boutures de racines.

Platane. — *Platanus* (Platanées). Fleurit en mai. Tous les terrains, mais préfère les terres franches, légères, profondes, abritées. Multiplication de graines, couchages et boutures faites l'hiver aux bois de l'année et petit talon de l'an précédent

Variétés : *Pl. d'Occident,* à feuilles plus grandes, à pétioles rougeâtres.

Sainte-Lucie. Voyez Bois de Sainte-Lucie.

Saule pleureur. — *Salix Babylonica* (Salicinées). Terre fraîche. On ne cultive dans nos climats que le S. pleureur femelle.

Seringat odorant. — *Philadelphus coronarius* (Philadelphées). Fleurs en juin très odorantes. Tous les terrains.

Variétés : *à grandes fleurs; S. du Mexique*, grandes fleurs odorantes.

Sycomore. — *Acer Pseudo Platanus* (Acérinées). Voir Érables, à l'espèce desquels le Sycomore appartient.

Symphorine. — *Symphoricarpos* (Caprifoliacées). Fleurs en août-septemhre. Pleine terre. Multiplication par graines, traces ou marcottes.

Variétés : *à fruits rouges* et *à fruits agglomérés.*

Tilleul. — *Tilia* (Tiliacées). Eté, nombreuses fleurs odorantes. Terrains frais sablonneux. Multiplication par graines, marcottes, greffes.

Variérés : *T. des bois*, rameaux velus, boutons courts; *T. argenté*, grandes feuilles blanches, cotonneuses au-dessous, etc.

Tulipier. — *Liriodendron* (Magnoliacées). Juin-juillet, fleurs odorantes. Multiplication par semis en automne, elles lèvent au printemps suivant; semés au printemps, ne lèvent que la deuxième année. Semis en terre de bruyère, en planches ou terrines; couvrir de litière, repiquer la deuxième ou troisième année, mettre en place quand il est jeune.

Variétés : à feuilles jaunes d'or et à feuilles à bords jaunes.

Vernis du Japon. — *Ailantus glandulosus* (Zanthoxylées). Tous terrains, mais de préférence en terre légère, abritée, un peu humide. Multiplication de graines, rejetons ou racines coupées en morceaux, plantées en rigole en terrain léger et frais. Fleurit en août.

Viorne ou Boule-de-neige. — *Viburnum opulus* (Caprifoliacées). Petites fleurs en mars-avril-mai. Terre franche, légère, exposition ombragée sans humidité. Multiplication de rejetons et marcottes simples.

ARBRES ET ARBRISSEAUX FRUITIERS

Voici d'autres essences d'arbres. Le produit de ces bienfaisants végétaux nous intéresse plus que les végétaux eux-mêmes. Est-ce à dire qu'en dehors des fruits qu'ils nous donnent, ils soient à dédaigner et n'aient pas aussi leur beauté ?... Nullement, et parmi eux il en est de remarquables, dont l'allure, le port, nous satisferaient grandement, même s'ils devaient rester stériles.

Pouvez-vous rien rêver de plus exquis, de plus ravissant, que ces bouquets immenses qui, dès le printemps, surgissent de toutes parts? Bouquets blancs, rosés, carnés, cramoisis, dont les amandiers, les pommiers, les cerisiers, les abricotiers, les pêchers font les frais?... Amandes, fruits à pépins, fruits à noyaux rivalisent de coquetterie dès qu'avril apparaît. De tous ces arbres qui l'hiver semblaient des carcasses, de toutes ces branches qu'on eût cru mortes, mais n'étaient qu'endormies, surgissent des bourgeons qui grossissent, et de leurs corselets qui éclatent, s'échappent de gais pétales aux tons frais.

Les squelettes revivent, leurs ossatures de bois semblent vibrer en s'étoilant de milliers de fleurettes aux aigrettes poudrées d'or; les branches dénudées s'aperçoivent, aux premiers rayons de soleil, de leur nudité et sachant que pinsons et fauvettes vont revenir, se cachent bien vite sous d'épais voiles blancs ou roses et devancent la venue des feuilles qui sommeillent paresseusement encore sous l'écorce !

Aujourd'hui les fleurs se sont envolées ; des baies aux tons chauds les ont remplacées. Les cerises cramoisies pendillent aux branches, les prunes se violacent, les pommes commencent à s'arrondir, les poires se modèlent et les abricots se dorent, tandis que les pêches, vertes encore, attendent de plus brûlants rayons pour carminer leurs joues duvetées.

*
* *

Un coup d'œil à chacun de nos arbres fruitiers, voulez-vous ? Allons d'abord à l'un de ceux qui réunissent le plus de suffrages : le Pêcher.

Son fruit est un des plus beaux, sa chair est savoureuse. Drupe sphérique creusée d'un sillon qui commence à l'attache du pédoncule et se continue jusqu'à l'endroit où se trouvait le style, la pêche varie de formes et de couleurs suivant l'espèce. L'une est de couleurs éclatantes, cramoisie sur fond vert pâle, comme la *Montreuil ;* jaune orangé teinté de rouge, comme la *pêche de Bordeaux ;* grisâtre, mais à chair couleur de vin, ou blanche comme neige dans les *pêches de plein vent*, les pêches de vigne.

Les feuilles de pêcher sont longues, étroites, pointues, alternes, dentées ; les fleurs sont du rose le plus beau.

Le pêcher à fruits si tendre, si délicat, résiste pourtant aux hivers les plus rigoureux, en tant qu'arbre toutefois, car, hélas ! la gelée compromet souvent, dans son germe, le fruit trop précoce. C'est à l'Asie tempérée que nous devons cet arbre précieux, mais son acclimatation chez nous datant, apprécie-t-on, d'à peu près vingt siècles, nous pouvons maintenant, à juste titre, le considérer comme notre compatriote ; il a bien gagné, je pense, ses lettres de grande naturalisation.

*
* *

Comme allure, peu d'arbres peuvent le disputer au Pommier.

Il vous a une façon de tortiller son tronc d'abord, ses branches ensuite, qui défie toute concurrence ; il les roule sur elles-mêmes, les noue, pour les faire tout à coup filer droit comme des flèches ; il les bifurque à angle aigu, les fait retomber, les lance de nouveau, finit par les emmêler de façon inextricable ; si bien que le crayon qui veut les dessiner finit par ne plus pouvoir les suivre.

Si l'on devait parler des arbres par rang d'ancienneté, c'est certainement par le pommier qu'on commencerait, car, dès la création, il acquit sa célébrité grâce à Adam et Ève... aidés du serpent.

L'histoire ne nous dit pas de quelle espèce était cette première pomme, était-ce une *reinette,* une *calville* ou une mignonne *pomme d'api?*... C'est un point qui sera difficile à éclaircir, surtout à présent que les variétés se sont augmentées à l'infini !

L'arbre est indigène. Son origine?... je vous l'ai dit : le Paradis terrestre !

Je n'ai pas à vous décrire la pomme, Mesdames, vous l'avez certes croquée trop souvent pour ne la point connaître.

Quant à la feuille sous laquelle elle pousse, elle est d'un vert luisant en dessus, mat et plus clair en dessous ; la fleur, berceau du fruit, est blanche chez certaines espèces, rosée chez certaines autres. Le pommier est doué d'une grande vitalité et peut atteindre jusqu'à deux siècles d'existence ; c'est assez coquet déjà !

Le Poirier ressemble quelque peu au pommier comme feuillage et comme floraison, mais guère comme allure ; il est beaucoup moins pittoresque, bien que certaines espèces, pourtant, forment de très beaux arbres. Des sortes de poires il en est plus encore que de sortes de pommes et j'approuve grandement, pour ma part, les soins dont on entoure cet excellent fruit, car nul — à mon sens, même la pêche — ne peut avec elle lutter de saveur.

* * *

Allons secouer ce vieux Prunier ! Il nous tombera sur la tête, sur les épaules, une pluie de belles drupes d'un bleu mat, duvet léger qui s'effacera au moindre attouchement et découvrira l'épiderme violacé, luisant, de la prune.... Mais non, laissons ce prunier et allons au voisin ; ses fruits sont ronds, d'un vert chaud piqueté de plaques rougeâtres ; ils ont nom : Reines-Claude ; c'est-à-dire, prunes exquises auprès desquelles toutes les autres semblent dénuées de saveur.

Le prunier est, lui aussi, un ancien ; c'est Caton le Vieux, dit-on, qui l'introduisit en Italie ; toutes ses espèces ont pour ancêtre le prunier domestique qui vit le jour en Orient. Sa feuille n'a rien de marquant, elle est ovale, glabre en dessus, pubescente en dessous. La fleur, blanche, ne pousse point en bouquets, mais reste presque solitaire.

* * *

FLEURS DE POMMIER.

Vous n'avez qu'à étendre un peu la main au-dessus de la tête pour atteindre ces jolies pendeloques rouges qui ont l'air de se pencher vers vous ; cueillez-les, ce sont des Cerises ; les moineaux et autres oiselets les ont jugées succulentes car les plus belles portent, en larges fentes, la trace de leur bec gourmand !

Comme pour tous les fruits, on a cherché à multiplier en infinies variétés ces gracieuses petites baies aussi jolies que bonnes ; les unes sont blanchâtres, légèrement rosées, d'autres sont d'un rouge vif, d'autres plus carminées, d'autres presque noires ! Beaucoup d'entre elles portent des noms, tout drôles, tout gentils, ou tout originaux : *Bigarreau*, *Moque-Oiseau*, *Griotte*, *Bigaudelle*, *Guigne*, *Gobet Capolin* du Mexique, *Ragouminier* du Canada, *Marasca* dont on fait le marasquin.

Les cerisiers sont divisés en trois sections : MERISIERS, BIGARREAUTIERS et CERISIERS proprement dits. Tous ont le suc gommeux et leur écorce se dirige circulairement. Les feuilles sont simples, stipulées, pétiolées ; les fleurs, qui naissent toujours sur le bois des années précédentes, sont blanches, disposées en ombelles. Le cerisier doit son nom à Cerasonte (*Cerasus*), ville du Pont, d'où Lucullus, qui s'y connaissait, apporta, dit-on, le cerisier en Italie.

CERISIER.

*
* *

Il est rare de trouver de bons ABRICOTS. La plupart du temps ils sont cotonneux, sans saveur, et pourtant ! quel excellent fruit lorsqu'il est de bonne nature.

Je me souviens d'un jardin non loin de Paris, où deux abricotiers fournissaient des fruits, gros presque comme des oranges et de couleur plus belle encore, tamisés qu'ils étaient par de larges traînées cramoisies.

L'arbre lui-même (je parle de l'abricotier de plein vent) est très pittoresque de forme, ses branches capricieusement se développent ;

les feuilles attachées à des pétioles rougeâtres sont vertes en dessus, bleutées en dessous; les fleurs, qui dénotent déjà par leur ton orangé la couleur du fruit, sont charmantes mais d'une sensibilité grande; la moindre gelée les fane; adieu alors les beaux fruits, ils sont morts avant d'être nés, et c'est grand dommage.

L'abricotier, que certains botanistes prétendent venir des montagnes du Caboul, parait être originaire d'Arménie, si bien qu'il a reçu le nom de *Prunier d'Algérie*.

*
* *

Autre genre de fruits: les Nèfles grisâtres, renfermant des graines dures qui semblent être plutôt des osselets enserrés dans une chair, que d'aucuns prétendent succulente, que pour ma part je trouve insignifiante. Ne me parlez pas, du reste, de fruits qu'on ne peut manger que presque pourris; on a beau vouloir masquer cette pourriture dans le nom de *Blettissement*; un fruit « blet », comme un fromage « avancé », comme un gibier « faisandé », n'en sont pas moins, malgré le déguisement des mots, dans un état voisin de la putréfaction, et cela n'est pas propre! — Merci bien!

Ayez toutefois des néfliers dans votre jardin; l'arbre est original; son tronc tordu aux branches nombreuses, épineuses à l'état sauvage (c'est alors qu'il est le plus beau), perdant épines quand on le cultive, ne manque pas de pittoresque. Les fleurs sont grandes, presque solitaires, à bractées persistantes qui laissent sur le fruit l'empreinte de leur calice.

Le néflier peut se greffer sur *épine*, sur *poirier*, sur *cognassier*. Le Cognassier est un arbre peu élevé, presque un arbrisseau, à feuilles simples, cotonneuses en dessous. Ses fleurs, assez grandes, sont d'un rouge vif ou d'un blanc rosé; il en sortira ces fruits d'un jaune doré, recouverts d'un duvet ouateux, ces *coings*, dont l'odeur est tellement pénétrante qu'un seul d'entre eux, laissé dans une pièce close d'appartement, se fait sentir dans toutes les autres.

Parmi tous les arbres, le Figuier est l'un des plus curieux, l'un des plus intéressants, l'un de ceux dont les caractères sont des plus singuliers.

Les figuiers comportent maintes espèces, toutes exotiques. Alors que chez les autres végétaux c'est la fleur qui renferme les germes du fruit, c'est, chez le figuier, le fruit qui renferme et dissimule la fleur.

Pendant longtemps, le mode de fécondation du figuier fut un mystère pour les botanistes.

L'arbre est très beau, ses feuilles très grandes, bien découpées, couvrent les rameaux où se suspendent les fruits.

Le figuier vit pendant des siècles et des siècles, sinon par le tronc, du moins par les racines qui ont la propriété de faire jaillir de nouvelles tiges quand on coupe les anciennes. Nous avons eu, du reste, occasion de parler, dans un de nos premiers chapitres, de cet arbre étrange, nous n'y reviendrons point ici ; contentons-nous de dire, ce que vous savez, que son fruit est très recherché ; il se teinte, suivant l'espèce, de tons bleutés ou rougeâtres, violets ou jaunes, il blanchit ou reste vert; non seulement ce fruit est agréable et rafraîchissant, mais encore il est très sain et se transforme, dans certains cas, en médicament adoucissant.

*
* *

Voici maintenant des arbres dont les fruits sont des amandes : le Chataignier que nous avons vu dans nos forêts et devant lequel nous passerons, cette fois, sans nous arrêter, puis l'Amandier et enfin le Noyer.

L'Amandier monte haut, il atteint dix mètres et plus. De son écorce gercée émergent au printemps des fleurettes blanches, presque les premières à faire leur apparition parmi les arbres fruitiers. Il est originaire d'Asie et de Barbarie d'où il vint chez nous, croit-on, vers le milieu du xvie siècle.... Il fit bien, car il nous gratifia ainsi d'une coque contenant une chair délicate et fine aussi agréable à croquer fraîche que sèche, à l'état nature qu'enroulée dans un vêtement sucré qui la transforme en praline.

L'amandier est un arbre fort gracieux, ses feuilles sont légères et de formes élégantes ; ses fruits, au brou d'un vert gris sont duvetés, ils s'accrochent solitairement ou en paquets le long des rameaux. Ajouterai-je que son bois dur, veiné de bandes verdâtres, est fort apprécié pour de petits travaux d'ébénisterie.

Le NOYER, plus robuste, perd en grâce ce qu'il gagne en vigueur. Comme son voisin l'amandier, il est d'origine asiatique. Ses feuilles sont d'un vert brillant, clair, mais exhalent une odeur violente qui peut devenir malsaine si on la respire trop longtemps. Se reposer à l'ombre d'un noyer n'est pas prudent, le moindre malaise qu'on en puisse retirer est une violente migraine.

ABRICOTIER.

La noix, vous le savez, a la coquille solide — ce qui n'empêche pas maintes gens de vouloir les casser avec les dents au grand dommage de celles-ci; — elle est en outre emmitouflée dans une écorce verte qui renferme une matière tinctoriale violente, le *brou de noix*, qui a la propriété de teinter de brun presque noir toutes les matières où on l'applique et de « culotter » les doigts qui cassent la coque verte pour mettre à nu la noix. Cette noix renferme une amande capricieusement festonnée, d'un goût exquis, mais dont il faut au préalable enlever l'épiderme jaune paille, d'une amertume intolérable. La délicieuse amande est, vous le voyez, prudemment enfermée sous sa triple enveloppe.

A quelques pas végète un OLIVIER; il ne fait guère bonne figure ici, il dépérit; il a évidemment le mal du pays et pleure son beau soleil de Provence et le chant des cigales!

L'Olivier est un des arbres les plus célèbres, c'est l'un des plus anciennement civilisés, il remonte aux premiers âges de la civilisation. Dans les pays dont le climat lui plaît, il croît avec abondance; plus il approche de l'Europe méridionale, de l'Asie et surtout de l'Afrique et plus il monte haut; dans ce dernier pays, il devient arbre de haute futaie. C'est un arbre éminemment utile. De son fruit allongé, au noyau à deux loges, s'extrait la première, la meilleure des huiles.

Utile par son fruit l'olivier l'est également par son bois dur, bien veiné, susceptible d'un beau poli.

Il y a plusieurs espèces d'oliviers poussant en différents pays mais l'Olivier commun, celui que nous cultivons en Europe, est, croit-on, originaire d'Asie; on suppose qu'il fut introduit en Provence — où il se trouve maintenant tout à fait chez lui — six siècles avant J.-C., par les Phocéens, fondateurs de Marseille.

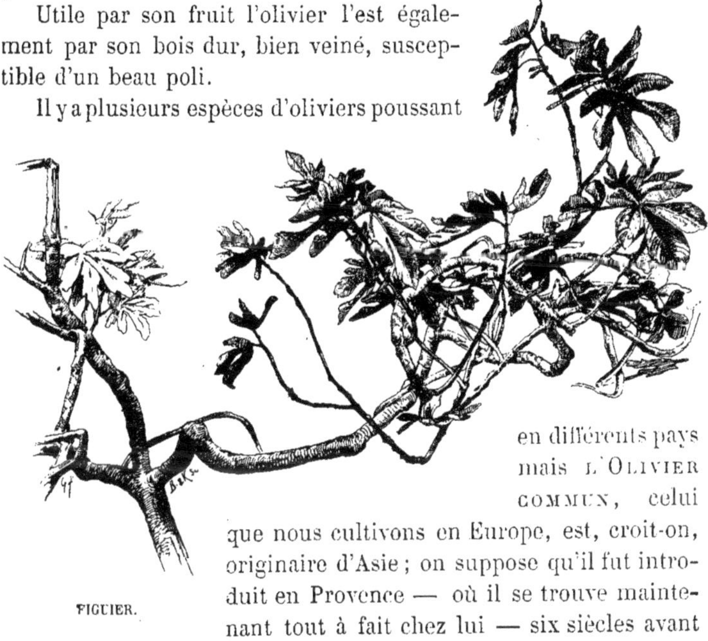

FIGUIER.

*
* *

ARBRISSEAUX

En tête des arbrisseaux, les dominant tous par rang d'ancienneté et par des qualités remarquables, se place tout naturellement la Vigne.

La connaissance de sa culture remonte au commencement du monde ; ce fut, dit-on, Noé qui la planta ; ce fut aussi lui qui en éprouva le premier les capiteux effets.

Par une douce manie, habituelle chez maints auteurs, on donne l'Orient comme berceau de la vigne ; elle serait originaire de l'Asie et ce furent, d'après ces auteurs, les Phéniciens qui la transplantèrent en Grèce et sur les côtes méditerranéennes, d'où elle passa en Italie, puis en Gaule et enfin dans toute l'Europe.

Comme tout auteur est toujours contredit par un autre auteur, il en est qui prétendent — non sans raison — qu'au contraire, la plante précieuse est née en occident d'Europe et ils appuient leur dire sur cette remarque irréfutable, qu'on la rencontre à l'état sauvage dans certains cantons du midi de la France et en Espagne, ce qui n'a jamais lieu en Asie.

Ce serait donc aux premières migrations des Pélasges, des Ligures et des Atlantes que les Orientaux seraient redevables de la vigne !

Je n'ai garde de me mêler à la discussion ! Il m'est douloureux, toutefois, de retirer au père Noé l'honneur d'avoir inauguré la plante merveilleuse et ma foi comme, tout compte fait, rien ne me prouve le contraire, je m'en tiens à la vieille légende.

Je ne vais point abuser de votre patience en vous décrivant la plante ! De quelque pays que vous soyez, vous la connaissez, vous l'avez vue dans les vignobles s'enrouler autour des « pesseaux », accrocher ses pampres aux murailles. Vous avez pu admirer le dessin remarquable de ses feuilles, la fantaisie de ses vrilles, les tons mordorés ou cramoisis de ses grappes, les contorsions capricieuses de ses tiges sarmenteuses. Enfin vous avez mille fois goûté aux fruits sucrés ou dégusté leur jus sous forme de bordeaux bienfaisant, de bourgogne capiteux, ou de pétillant champagne! Ce que je pourrais ajouter ne servirait donc à rien !

*
* *

Cet arbrisseau?... On dirait presque d'une vigne en diminutif; c'est un Groseillier ; ses feuilles cherchent à se découper comme les feuilles de la vigne, ses grappillons, rouges ou blancs, voudraient avoir l'allure des grappes de raisin; mais là s'arrête la ressemblance, la saveur de ce fruit ne ressemble en rien à la saveur de celui-là : autant l'un est sucré, onctueux, autant l'autre est sûr, acide. Excellentes, réduites en confitures, les groseilles ne sont guère supportables, mangées telles qu'elles, que pour des estomacs solides et des palais cuirassés !

Nous parlons ici des groseilliers en grappes, car il est d'autres espèces dont le port est tout différent; tel est, par exemple, le *Groseillier à maquereau* dont les fruits plus gros, poilus, d'un vert rougeâtre poussent solitaires, dont les feuilles ressemblent plutôt à celles de l'aubépine et dont les branches sont garnies de longs aiguillons.

Quant au Cassis, il ressemble à s'y méprendre aux groseilliers ordinaires, avec cette différence que son fruit est noir et d'un goût fade ; aussi n'est-il généralement employé que pour faire la liqueur qui a pris son nom.

* * *

On a cantonné en groupes, là-bas, les Framboisiers ; c'est que ceux-ci, aux racines goulues, effritent le terrain et nuisent aux autres plantes, aussi, par prudence, on les a isolés. Ils s'en trouvent bien du reste, vivent en compagnie et nous offrent leurs fruits rouges ou blancs si parfumés, dont le suc se marie si bien, en confitures, à celui des groseilles en neutralisant leur acidité.

Les plates-bandes sont bordées d'une plante à laquelle il faut prêter votre attention, elle monte peu, rampe, étale au loin de longues tiges feuillues; soulevez ces feuilles, vous trouverez, au-dessous, des pyramides rouges d'un arome et d'un goût incomparables; ces pyramides sont des Fraises; n'ayez peur d'en cueillir, les fruits enlevés seront vite remplacés; remarquez qu'il y a tout autour d'autres pyramides, plus petites, vertes encore, ou blanchâtres qui, elles, ne demandent qu'à rougir; puis de jolies fleurettes blanches à cœur jaune qui attendent leur tour pour se transformer, elles aussi, en fruits délicieux !...

— Fini, les fruits ! Nous sommes à deux pas du potager,

cherchons-y quelques légumes; rassurez-vous, la revue n'en sera pas bien longue et les explications sur chacun le seront moins encore.

APPENDICE AU CHAPITRE XXX. — ARBRES ET ARBRISSEAUX FRUITIERS.

ABRICOTIER. — *Armeniaca vulgaris* (Drupacées). Fleurs en février-mars avant les feuilles. Semer de beaux noyaux mûrs; on les met à stratifier; on plante à l'automne à 55 centimètres de profondeur. Couvrir de paillis ou fumier l'hiver. Terre bien ameublie, ni trop argileuse ni trop humide. En place immédiatement pour plein vent. En pépinière pour le transplanter. Espalier au levant, en terres froides au midi. Se greffe sur l'amandier.

Variétés : *A. Albergier*, *A. de Tours*, *A. de Hollande*, *A. royal*, *A. de Versailles*, etc., etc.

AMANDIER. — *Amygdalus communis* (Amygdalées). Fleurs avant les feuilles en mars. On sème comme l'abricotier, terre calcaire, profonde. Pour semer en place, mettre deux amandes à 6 ou 8 centimètres l'une de l'autre. Plein vent, espalier.

Variétés : A. A COQUES DURES : *A. commun*, *A. Molière*, etc.; A. A COQUES TENDRES : *A. à la Dame*, *Princesse fine*, *Sultane*, etc.

BIGARREAUTIER. Voyez CERISIER.

CERISIER. — *Cerasus* (Rosacées). Mêmes conditions que le prunier. Se greffent sur les Merisiers ou sur Bois de Sainte-Lucie.

Variétés : MERISIERS et GUIGNIERS : *Guigne noire hâtive*, *G. grosse blanche*, *Merise blanche*, *Reinette noire*, etc.; BIGARREAUTIERS : *Bigarreau blanc*, *B. des Vignes*, *B. rouge hâtif*, etc.; CERISIERS proprement dits : *Anglaises*, *Belle de Châtenay*, *Courte-queue*, *Montmorency*, etc., etc.

CASSIS. Voyez GROSEILLIER.

COGNASSIER. — *Cydonia communis* (Rosacées). Fleurs en avril-mai. Sol frais, léger. Exposition chaude. Semis de graines. Semis, marcottes ou cépées, suivant climats. Il y a des Cognassiers *maliformes*, gros, nommés : *Coings-Pommes*, et des *C. piriformes*, nommés *Coings-Poires*.

Variétés : *C. de Chine*, *C. de Portugal*, *C. du Japon*.

FIGUIER. — *Ficus carica* (Urticées). Souvent deux récoltes par an en pays chaud. Sol sablonneux, doux; exposition au midi, protégé par un mur ou une montagne. Multiplication par rejetons poussant sur pied. Mise en place, de suite s'ils sont forts, sinon en pépinière.

Variétés : *F. Madeleine*, *F. Violette*, *Dauphine* ou *Mouissonne*, *F. jaune Angélique*, *F. de Marseille*, etc., etc.

FRAISIER. — *Fragaria* (Rosacées). Vivaces. Tous terrains. Chaleur modérée. Plutôt terre fraîche un peu abritée du soleil. Multiplication par coulants ou filets replantés.

Variétés : F. COMMUNS, comme le *F. des bois*, *F. des Quatre Saisons*, etc.;

F. ÉTOILÉS, comme le *Vineux;* F. CAPRONNIERS, comme la *Belle Bordelaise;* les ÉCARLATES : les *Ananas*, les *F. du Chili*, etc., etc.

FRAMBOISIER. — *Rubus Idæus* (Rosacées). Culture à part à cause des autres végétaux auxquels il nuit. Changer de place tous les quatre ou cinq ans ou engrais. De préférence, sol frais, demi-ombre. Multiplication par drageons plantés de novembre à mars.

Variétés : *Gambon*, *Merveille*, des *Quatre Saisons*, *César*, etc., etc.

GROSEILLIER. — *Riber Rubrum* (Grossulariées). Préfère la terre douce, sableuse et fraîche. Culture facile. En février, taille du bois mort, rabattage des branches. Multiplication par semences et boutures en automne ou février ou marcottes et éclats des vieux pieds. Replantage tous les cinq ans.

AMANDIER.

Variétés : *Groseilles blanches de Hollande*, *Gondouins blancs*, *Gondouins rouges*, *Versaillaise rouge clair*, *G. à fruits noirs*, *Cassis*, *G. épineux* ou *à maquereau*, *Groseilles lisses*, *Groseilles hérissées*, etc., etc.

MERISIER. Voyez CERISIER.

NÉFLIER. — *Mespilus Germanica* (Pomacées). Semis mettant deux ans à lever. Propagation par marcottes, greffe sur épine. Néflier des bois, Cognassier ou Poirier. Tout terrain non marécageux lui convient et toute exposition.

Variétés : *N. à gros fruits*, *N. à fruits monstrueux*, *N. sans noyaux*.

NOYER. — *Juglaus regia* (Juglaudées). Floraison en avril-mai. Terrain argilo-sableux, même pierreux, mais humide. Semis, greffe.

Variétés : *N. commun*, *N. coque tendre*, *N. fertile*, *N. à grappes*, *N. à gros fruits; N. à fruits longs*, *N. anguleux*, *N. tardif*, etc., etc.

Olivier. — *Olea Europæa* (Oléinées). Culture dans le midi. Terre sèche, légère, aérée. Un olivier venu de graine ne produit vraiment que vers la quinzième année. Taille périodique. Consulter ouvrages *ad hoc*, cette culture étant spéciale.

Variétés : *O. Aglaudeau, O. Amelon, O. Picholine, O. Lucquoise, O. Turquoise*, etc., etc.

Pêcher. — *Amydalus Persica* (Rosacées). Terre douce, profonde, substantielle, plutôt légère. Semis et soins de l'abricotier. Espalier, éventail, plein vent. Se greffe sur l'amandier de préférence.

Variétés : P. duveteuses a chair non adhérente au noyau, exemples : *l'Admirable de Gaillon, la Belle Bauce*, etc. ; P. duveteuses a chair adhérente : les *Pavies jaunes, de Pomponne, tardive, la Persée*, etc. ; P. lisses non adhérentes : *Grosse violette, Brugnon d'Italie*, etc. ; P. lisses adhérentes : *Brugnon musqué, Brugnon violet hâtif.*

Poirier. — *Pirus* (Rosacées). Fleurs en avril. *Espalier, plein air, formes diverses.* Préfère un terrain profond et frais sans être humide. Consulter ouvrages spéciaux. Les variétés de Poiriers sont nombreuses. On compte plus de trois mille noms de Poires dont chacune a, en moyenne, cinq ou six synonymes. Il en est de célèbres, comme les *Louise-Bonne*, les *Beurrés*, les *Bergamotes*, les *Bon-Chrétien*, les *Doyenné*, les *Catillac*, mille autres encore.

Pommier. — *Pirus malus* (Rosacées). Terre franche, douce, un peu humide. Fleurit en mai. Semis de pépins de marc de cidre qui donnent de bons sujets à greffer. Également beaucoup de variétés célèbres comme les *P. d'Api*, les *Reinettes*, les *Calville*, les *Court-Pendues*, les *Pigeonnet*, etc., etc.

Prunier. — *Prunus* (Rosacées). Tous les sols, à condition de n'être ni trop sablonneux, ni trop marécageux. De préférence, terre franche, légère. Semis et culture comme les Abricotiers. Plein vent, espalier.

Variétés : *Prune abricotée, Brignole, P. d'Agen, P. de Monsieur, Quetsche, Reine-Claude, Mirabelle, Perdrigon blanc, Sainte-Catherine, Surpasse-Monsieur*, etc., etc.

Reine-Claude. Voyez Prunier.

Vigne. — *Vitis Vinifera* (Sarmentacées ou Ampélidées). Un sol léger est celui qui convient le mieux. Exposition chaude. Palissades, cordons, espaliers, etc. La culture de la vigne est toute spéciale, consulter à cet égard des ouvrages qui en traitent longuement, la vigne étant une de nos richesses. Nombreuses variétés de raisins renommés : les *Chasselas*, les *Corinthe*, les *Muscat*, etc.

AU JARDIN POTAGER

J'avoue qu'une promenade au milieu des carrés de choux et des plants de carottes n'a rien de précisément palpitant; mais, enfin! les légumes comme les fruits, comme les fleurs, comme les grands arbres, font partie du règne végétal, nous ne pouvons donc les passer sous silence, Et puis, ils ne sont point tant à dédaigner, demandez plutôt aux « Végétariens ». Ceux-ci, me direz-vous, ne s'y intéressent que quand ces légumes sont dans leur assiette, accommodés à la maître d'hôtel ou baignant dans la sauce blanche, et nullement quand ils sont « sur pieds ». D'autres ne voient le légume qu'avec leur accompagnement « classique ». Ils ne comprennent le petit pois qu'avec le pigeon, ne voient le chou que comme litière pour la perdrix, le haricot avec le mouton, l'oseille avec le veau et l'épinard avec le jambon!... Tout cela est succulent, je vous l'accorde, mais il faut bien avouer pourtant, que, considérés à un tout autre point de vue, le vulgaire légume n'est point dénué d'intérêt! Vîtes-vous parfois des carrés d'artichauts ou des champs de potirons?... Je vous certifie que l'un et l'autre sont éminemment décoratifs et d'un remarquable effet.

L'Artichaut est ce chardon immense dont les feuilles argentées prennent une expansion énorme, dont la tige droite, enroulée de palmes aux découpures profondes, semble une colonnette gothique finement ciselée, — l'artichaut entra, du reste, pour une grande part, dans l'ornementation gothique, — sur cette colonnette s'appuie un merveilleux chapiteau, un capitule écailleux, bouton fleuri qui est l'artichaut, dont vous mangez la chair fine et délicate. De ce capitule sortira un gros fleuron fait d'aigrettes du violet le plus pur, c'est la fleur.

ARTICHAUT.

D'abord petit, maigre, chétif, l'artichaut fut ensuite élevé, perfectionné et devint la majestueuse plante que nous connaissons.

On croit l'Andalousie et le nord de l'Afrique ses pays d'origine. Il paraît avoir été d'abord transporté à Naples et à Venise vers la fin du XVe siècle et n'aurait fait son apparition en France que 50 ans plus tard.

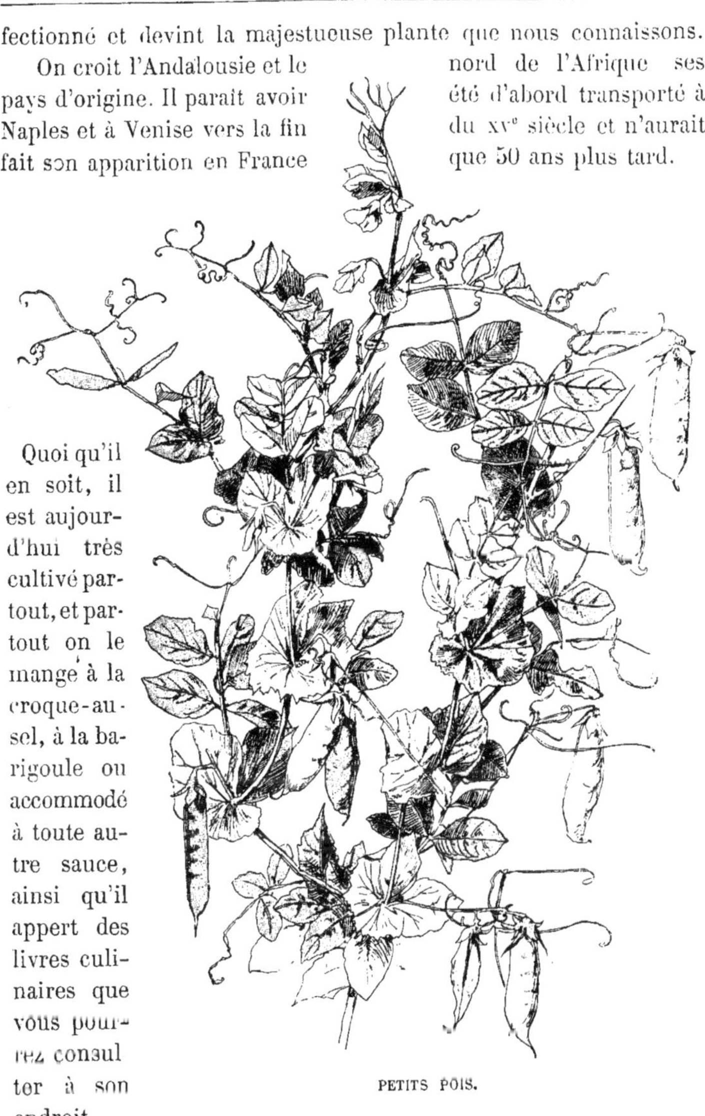

PETITS POIS.

Quoi qu'il en soit, il est aujourd'hui très cultivé partout, et partout on le mange à la croque-au-sel, à la barigoule ou accommodé à toute autre sauce, ainsi qu'il appert des livres culinaires que vous pourrez consulter à son endroit.

De même race est cette autre belle plante nommée CARDON, plus vigoureuse encore que l'artichaut, mais dont les qualités nutritives résident dans les larges côtes qui nervent les feuilles.

*
* *

Le Potiron est le géant des légumes; on dirait d'une monstrueuse orange tombée d'un arbre fabuleux et aplatie par sa chute. Extraordinaire cucurbitacé, blotti sous de grandes et belles feuilles à pétiole poilu, il fut d'abord grande et belle fleur à corolle d'un jaune éclatant, aux pétales pistillés (car les fleurs staminées ne produisent point de fruits), piqués dans un calice globulaire verdâtre qui enfle, enfle, rejette les pétales jaunes dont il emprunte la couleur, grossit encore, jaunit davantage, devient une sphère aux tons orangés; son poids ne lui permet plus alors de rester suspendu, il s'affale sur le terrain, continue à engraisser, devient ventru, obèse, omnipotent, gonfle encore aux rayons du soleil avec lequel il semble vouloir lutter d'éclat et de grandeur.

Telle est la vitalité de l'étrange végétal, que ses tiges sarmenteuses et rampantes s'étendent en peu de semaines à 8 ou 10 mètres du point d'où elles partent et que ses volumineux fruits — en admettant que le potiron soit un fruit — arrivent parfois à atteindre un poids de 100, 150, on en a même vu arriver à 200 kilogrammes !...

Le potiron a pour cousins germains les Courges brodées ou marron,... les Giraumons, potirons en diminutif, les Citrouilles de diverses sortes, etc., etc., des marmousets à côté de lui !

Un de ses parents aussi, le Melon, cette autre sphère aplatie aux deux pôles, côtelée, dans certaines espèces, à écorce lisse chez ceux-ci, verruqueuses chez ceux-là, à chair saumonée la plupart du temps, blanche d'autres fois, mais toujours très sucrée. Excellent produit, en somme, réputé comme étant très lourd; mais bast! il est si succulent qu'on risque volontiers, pour lui, la désagréable indigestion.

Chez beaucoup de cucurbitacés, qu'ils soient courges, potirons, melons ou gourdes, le feuillage se ressemble et les fleurs aussi; celles-ci sont plus ou moins grandes, blanchâtres ou jaunes, celles-là plus ou moins découpées, de dimensions plus ou moins vastes, mais leur ressemblance est flagrante, « l'air de famille » est indéniable !

Signalons encore, parmi ses « membres » comestibles : le Concombre aux nombreuses espèces dont la plus connue, le *Concombre commun*, est asiatique. Vous avez vu ces fruits longs, qui semblent d'énormes chrysalides suspendues sous de jolies feuilles capricieusement festonnées. Pseudo-chrysalides brunes, vertes ou blanches suivant la race ; granuleuses, côtelées, se cueillant avant maturité pour être conservées dans du vinaigre lorsqu'elles poussent sur la plante nommée *Concombre à Cornichons !*

Lui ressemblant quelque peu comme allure bien que de famille différente — c'est une solanée — voici l'Aubergine tout de violet habillée et dont les fruits, de saveur toute particulière, à la fois doux et piquants, font les délices de bien des gourmets. L'aubergine est une américaine dont la culture chez nous demande de grands soins.

*
* *

Un enchevêtrement de gaules disposées comme des échafaudages où s'enroulent des tiges, des feuilles, des fleurs et d'où pendent des gousses, nous indiquent le domaine des pois et des haricots.

Le Pois, l'exquis petit pois sucré, se cache dans son enveloppe d'un vert tendre, cachette bien imparfaite car la cosse est presque transparente et le petit pois s'y modèle en relief en dessinant ses formes. Les tiges grimpantes accrochent leurs longues vrilles à leurs supports ou s'emmêlent les unes dans les autres. Tout à la fois, des gousses plates encore et ne renfermant que des grains lilliputiens, embryons des pois, et des gousses renflées, éclatant presque sous la pression des pois mûrs, se balancent sous le feuillage bleuté, tandis que des fleurs, petits papillons blancs, attendent leur transformation.

Le Haricot est originaire de l'Amérique du Sud, il n'est guère connu en Europe que depuis quatre siècles, et a donné naissance à des variétés très nombreuses qui portent, suivant leur caste, étendard blanc, rose ou rouge. Plus grand que le petit pois, ses feuilles, plus robustes et plus larges, ont la forme de cœurs pointus d'un vert plus accusé et produisant des gousses plus longues, plus épaisses, plus cossues.

Les haricots sont conduits sur *rames* ou cultivés en touffes se soutenant d'elles-mêmes. Les premiers sont grimpants, les autres sont dits haricots nains.

Quand bien même ils ne donneraient point de « produits comestibles », les pois et les haricots devraient être cultivés uniquement pour le plaisir des yeux, car leurs plants sont fort élégants.

*
* *

Point n'en dirai autant du Chou, par exemple, bien que celui-ci cherche à assembler ses feuilles comme la rose assemble ses pétales : mais, malgré tout, il reste disgracieux et de plus, chose impardonnable, il a l'air bête... comme chou !

Qu'il soit *Chou rouge*, *Chou blanc* ou *Chou vert*, son allure ne change guère avec sa couleur; il a beau crépeler ses feuilles et devenir *Chou frisé*, se hausser sur un long pédoncule garni de ses pareils en réduction et s'appeler alors *Chou de Bruxelles*, il n'en reste pas moins chou ! Seul le *Chou-fleury* met quelque fantaisie; au lieu de porter dans ses

POTIRON.

feuilles la surabondance de nourriture puisée dans le sol, il la porte dans sa véritable tige, qu'il gonfle à son extrémité et transforme en une sorte de masse charnue, en un mamelon d'un blanc de lait qui prend de faux airs de bouquet enveloppé dans de larges feuilles; bouquet sans odeur mais d'un goût parfait.

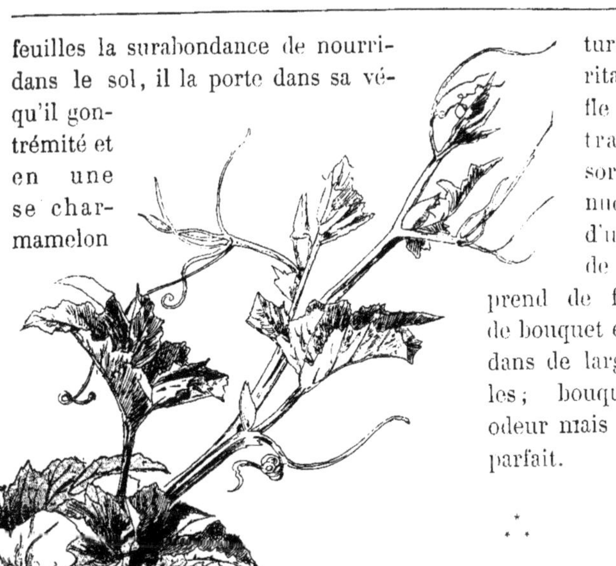

* * *

Ce régiment de hallebardiers à têtes d'albinos, rangés en lignes serrées n'est, ni plus ni moins, qu'un régiment d'Oignons montés en graines et dépassés par les têtes plus hautes des Aulx, au même point de floraison.

L'ensemble n'est point précisément joli, mais il est, en tout cas, fort original; et puis ce n'est point la partie que vous voyez qui vous intéresse le plus, mais bien celle que vous ne voyez point, celle qui, enfoncée sous terre, vous donne le bel oignon mordoré ou l'ail... odoriférant!

Plus loin, c'est un alignement de sabres bleutés sortis de leur blanc fourreau : ces sabres sont des Poireaux; à côté scintillent des lames plus petites, plus pointues; elles appartiennent aux Ciboules et aux Échalotes.

* * *

La douce petite Carotte rose, dissimulée à fleur de terre, trahit sa présence par ces gerbes de feuillettes vertes, finement découpées comme celles du persil ou du cerfeuil.

Comparez, du reste, car voici du PERSIL et voilà du CERFEUIL ; les feuilles de l'un sont moins fines que celles de l'autre; mais, pour peu que vous hésitiez à les reconnaître, l'odeur, bien différente chez chacun d'eux, vous guidera et vous ne pourrez vous y tromper.

Je vous ai dit, dans nos promenades à travers les sentiers, qu'une plante malsaine, la ciguë, cherche encore à compliquer les choses et à mélanger ses tiges empoisonnées aux tiges comestibles; je vous ai dit aussi les tares qui la trahissent aisément, mais je vous mets de nouveau en garde contre toute erreur, d'autant que Ciguë, Persil, Cerfeuil fleurissent de même et portent ombelles blanches.

*
* *

Si vous vouliez considérer les légumes au point de vue ornemental, vous verriez que beaucoup d'entre eux sont vraiment remarquables de formes; et tenez, ces plantes que vous touchez du pied ne les trouvez-vous pas superbes? Leurs feuilles, qui partent d'un même point et retombent en gerbes, sont nettement découpées, bien dentelées, d'un vert franc allant en se graduant peu à peu en approchant du pied qui devient vert clair, puis blanc; ce ne sont là pourtant que de vulgaires CÉLERIS.

Les anciens avaient su apprécier les formes du céleri qui leur servirent maintes fois de modèles pour leurs merveilleux enroulements sculptés; le végétal n'avait point subi encore de transformations; il était de saveur repoussante et possédait même des propriétés malfaisantes que la culture lui fit perdre depuis, mais son allure n'en était pas moins belle.

*
* *

Passons, sans nous y arrêter, devant ce carré où des touffes de verdure sont symétriquement rangées comme un semis de bouquets sur un tapis. Rien d'intéressant à signaler là, ce sont : CHICORÉES et SCAROLES, LAITUES nouées de ligatures de paille, ÉPINARDS d'un vert cru, OSEILLES au suc acide, ESTRAGON, ce sibérien au nom ronflant mais à la saveur parfumée; plus loin des touffes de feuilles arrondies, légèrement fripées, sont les panaches des jolis petits RADIS roses, cachés sous terre, ou des NAVETS à la saveur à la fois piquante et douce.

Les rameaux fins et menus des plants d'ASPERGES et des FENOUILS qui masquent à demi les arrière-plans, semblent plutôt une gaze légère d'un vert transparent que du feuillage. Des baies rouges y sont parsemées comme des pois sur une voilette, ce sont les graines des asperges ; des ombelles jaunâtres se brochent de-ci de-là, ce sont les fleurs des fenouils.

L'asperge, autrefois, était le type de la famille des *Asparaginées*, elle n'est plus à présent qu'une tribu de la classe des *Liliacées*. Intéressante seulement par sa succulente tige à tête violette, verte ou blanche, elle est fort insignifiante comme plante. Quant au fenouil, il est cultivé pour ses feuilles, ses tiges et ses graines; les unes et les autres, à forte saveur d'anis, sont employées en cuisine et en pharmacie. La graine du fenouil desséchée est une des quatre graines désignées, en pharmacie, sous le nom de *semences chaudes*.

*
* *

Les fleurs jaunes, qui brillent là-bas, sont celles du SALSIFIS dont la racine noirâtre est excellente, une fois bien grattée et bien cuite.

De ses fleurs rosées la PIMPRENELLE borde ce vaste carré, où grimpent des plantes à feuilles ailées portant de longues gousses fortement renflées et suspendues aux tiges triangulaires comme des ferrets à des rubans. Ce sont des FÈVES, celles-là mêmes que naguère on glissait dans le gâteau des Rois, mais qu'aujourd'hui, par amour du progrès mais sans égard pour nos dents, on a remplacé par d'affreuses petites poupées en porcelaine, ce qui fait que Béranger devrait ainsi, de nos jours, modifier son vers :

Grâce à la « *poupée* » je suis roi ;
Nous le voulons, versez à boire ! ! !

Mais si l'on dédaigne à présent la fève crue dans les gâteaux maintes gens continuent à l'apprécier cuite dans leur assiette.

*
* *

Entrons chez les *Solanées* :

Comme de la vigne, plantée presque comme elle, un végétal aux feuilles pinnées joliment découpées, teintées au-dessus d'un vert profond, au-dessous d'un vert gris, s'agrippe à de hauts échalas. Tout d'abord des fleurettes jaunes ont apparu, puis elles se sont fanées et sont aujourd'hui devenues des globes brillants, côtelés, les uns d'un vert clair, d'autres jaunissant, d'autres en pleine maturité, d'un violent écarlate ; ce sont des POMMES D'AMOUR

RADIS (Fleurs).

LE MARRONNIER

dont le nom charmant a été remplacé par celui, tout prosaïque et de consonance désagréable de TOMATE; pourquoi n'avoir pas, à la jolie plante, laissé son joli nom?...

Rappelant un peu la tomate par son feuillage, son allure et ses fleurs, le PIMENT balance ses pendeloques dont il varie la tournure suivant le plant où il les attache; ici ce sont de longs fruits rouges en forme de cornes, là des fruits plus longs encore, plus rouges aussi, puis en voici de jaunes, s'allongeant de plus en plus, et de verts restant ventrus: il en est de doux et de piquants, de fades et de poivrés.

POMME DE TERRE (Fleurs).

* * *

Nous arrivons au roi des *Légumineux*, à mon sens tout au moins : la POMME DE TERRE ! si succulente à toutes sauces ou sans sauce du tout...

Regardez la fleur et le feuillage, auxquels on ne prête pas assez d'attention.

Vous êtes habitué à voir la pomme de terre sous forme de tubercule d'un ton poussière plus ou moins teinté de jaune, de violet ou de rouge, mais faites-moi le plaisir de vous approcher et d'examiner la plante, vous y trouverez de jolies feuilles d'un vert luisant dominées par des aigrettes de fleurs blanches, rosées ou violacées, couleurs correspondant généralement à celles des fruits. Les pétales chiffonnés, plissés, de ces fleurs, se groupent autour d'un stigmate d'un jaune d'or.

La pomme de terre est originaire des contrées intertropicales de l'Amérique, elle y croît spontanément, depuis la Caroline jusqu'au Chili. Dans la première moitié du XVIe siècle, elle fut apportée en Galicie où elle devint indigène. A la fin du siècle dernier, la France était le seul pays d'Europe où l'on repoussât la culture du précieux tubercule qu'on considérait comme impropre à une bonne alimentation.

Grâce à Parmentier, ce ridicule préjugé tomba et ce fut la pomme de terre qui en 1793, en 1816 et 1817 sauva de la disette, le pays qui l'avait d'abord dédaignée. On lui paie aujourd'hui une dette de reconnaissance car c'est en grand qu'on la cultive et qu'on la soigne.

On peut même la classer parmi les plantes faisant partie de la *grande culture* dont nous allons dire quelques mots qui termineront la longue nomenclature, — trop longue, mais incomplète pourtant, — des plantes de nos climats.

APPENDICE AU CHAPITRE XXXI. — AU JARDIN POTAGER.

NOTA. — Pour la culture des légumes, comme des céréales, etc., consulter des ouvrages spéciaux qui abondent en renseignements que nous ne pouvons donner ici.

AIL. — *Allium Sativum* (Liliacées). Vivace. Planter les caïeux février-mars ou octobre pour produits au printemps suivant. Terre un peu forte, mais saine.
Variétés : *Ail d'Espagne* ou *Rocambole*, *A. d'Orient*.

ARTICHAUT. — *Cynara Scolymus* (Composées). Vivace. Terre profonde, fraîche, fertile. Multiplications par œilletons pris sur les pieds.
Variétés : *Gros vert de Laon*, *Violet hâtif de Provence*, *Gros Camus de Bretagne*, *A. de Venise*, etc., etc.

ASPERGE. — *Asparagus officinalis* (Liliacées). Sa racine, nommée *griffe* ou *patte*, est vivace; elle produit tous les ans de nouvelles tiges qui meurent fin été. Terre légère, plutôt sablonneuse, mais très saine. Semis en octobre ou de mi-février à mi-mars, soit à la volée, soit en rayons espacés, ce qui vaut mieux.

Variétés : *A. hâtive d'Argenteuil*, *A. moyenne*, *A. tardive d'Argenteuil*, etc.

Aubergine. — *Solanum Melongena* (Solanées). Annuelle. Semis en février et mars sur couche et sous cloche ou châssis. Repiquage en pots séparés à replacer sur couche couverte d'une cloche. Dépoter quand les froids ne sont plus à craindre et mettre en bonne exposition.

Variétés : *A. longue hâtive*, *A. naine*, *A. panachée de la Guadeloupe*, etc.

Carotte. — *Daucus Carota* (Ombellifères). Bisannuelle. Terre bien préparée par de profonds labours en toute saison (sauf l'hiver). Semis soit à la volée, soit en lignes espacées. Bien sarcler et éclaircir.

Variétés nombreuses : *Courte hâtive*, *Demi-courte*, *Obtuse de Guérande*, *Jaune longue*, *Blanche transparente*, etc , etc.

Céleri. — *Apium graveolens* (Ombellifères). Bisannuel. Semis de janvier à juin; de janvier en mars, sur couche ou sous cloches ou châssis; graine légèrement recouverte et souvent bassinée; repiquage sur couche; mise en pleine terre en avril.

Variétés : *C. Plein blanc*, *C. Turc*, *C. Rave commun*, *C. Blanc d'Amérique*, etc., etc.

Cerfeuil. — *Scandix Cerefolium* (Ombellifères). Annuel. Semis toutes époques de mars en septembre; au premier printemps, au pied d'un mur au midi; en été au nord et à l'ombre. A toutes autres époques n'importe quelle exposition. La graine mûrit dans l'année et se garde trois ans.

Variétés : *C. musqué*, *C. frisé*, etc.

Chicorée. — *Cichorium* (Composées). Semis en pleine terre avril; avant, sur couche ou sous châssis.

Variétés nombreuses : *C. frisée de Meaux*, *C. fine d'Italie*, *C. mousse*, *C. endive*, etc., etc.

Puis, les *Scaroles* diverses, sortes de chicorées.

Chou-fleur. — *Brassica oleracea botrytis* (Crucifères). Se cultive à diverses époques : automne, pour récolter au printemps; hiver, pour l'été; printemps, pour l'automne. La première, semis sous châssis, à froid, janvier-février; la seconde, sur couche chaude et repiquage au printemps; la troisième, en pleine terre.

Variétés : *C. F. impérial*, *C. F. Lenormand*, *C. F. Géant de Naples*, etc.

Choux (diverses sortes). — *Brassica oleracea* (Crucifères). Vivace pour quelques variétés. Suivant les variétés, semis en août, en février sur couche, mars en pleine terre, etc.

Les choux se subdivisent en divers groupes : Choux pommés : *Cabus à feuilles lisses*, *Milan à feuilles cloquées;* Choux a grosses côtes : *Choux de Bruxelles*, *Choux verts*, *Choux-raves*, etc., etc.

Ciboule. — *Allium fistulosum* (Liliacées). Vivace, mais traitée comme bisannuelle. Multiplications par graines en terre légère, substantielle, en février et mars, pour replanter en avril ou vers le 15 juillet.

Variétés : *C. de Saint-Jacques*, *Ciboulette*, *Civette*.

Citrouille. Voyez Courge.

Concombre. — *Cucumis sativus* (Cucurbitacées). Annuelle. Suivant les variétés, culture en plein air et sans abri. Races tardives, chaleur artificielle. Semis sur couches de décembre à mars en pleine terre, mi-avril à mai dans des trous fumés.

Variétés : *C. de Russie*, *C. blanc de Bonneuil*, *C. grec*, etc.

COURGE. — *Cucurbita* (Cucurbitacées). Chaleur et humidité. Faire germer graines sur couches ou sous cloche en mars dans des pots de terreau, puis mettre à l'air, dépoter et mettre à bonne exposition avril-mai, pleine terre, ou semis en place fin avril à mi-mai.

Variétés : *Potirons*, *Giraumons*, *Citrouilles*, *Courges musquées*, *C. bouteille*, etc., etc.

ÉCHALOTE. — *Allium Ascalanicum* (Liliacées). Multiplications par plantation des bulbes en février et mars ou octobre et novembre.

Variétés : *E. de Jersey*, *Grosse E. d'Alençon*, etc.

ÉPINARD. — *Spinacia oleracea* (Chénopodées). Annuel. Semis de mars à fin octobre, terre bien fumée et ameublée, fraîche. Situation ombragée l'été.

Variétés : *É. de Flandre*, *É. de Hollande*, *É. monstrueux de Viroflay*, etc.

ESTRAGON. — *Artemisia Dracunculus* (Composées). Vivace. Multiplication par éclat des pieds en avril et mai. Terre bien labourée. Couvrir l'hiver les souches de terreau par crainte des gelées.

FENOUIL. — *Fœniculum*. Semis sur place en rayons de fin hiver à commencement automne.

Variétés : *Fenouil commun*, *F. d'Italie* ou *F. de Florence*.

FÈVES. — *Faba Vulgaris* (Légumineuses). Annuelles. Semis au printemps, de février à fin avril, en bonne terre riche et saine. Récolte fin mai et mois d'août.

Variétés : *Fève de marais*, *F. de Séville*, *F. Julienne*, *F. violette*, etc., etc.

GIRAUMON. Voyez Courge.

HARICOT. — *Phaseolus vulgaris* (Papilionacées). Annuel. Le haricot aime les terres douces, légères, un peu fraîches, bien engraissées. Se sème à diverses époques, suivant l'espèce, mais la grande saison est la première quinzaine de mai. Semer par touffes dans les terres légères, en ligne, grain à grain dans les terres fortes.

Variétés nombreuses : H. A RAMES, A PARCHEMIN, comme le *Soissons*, le *Liancourt*, le *H. riz*, etc.; H. A RAMES, MANGE-TOUT, comme le *H. Prédôme*, le *Coco blanc*, le *H. beurre*, etc.; H. NAINS, A PARCHEMIN, comme le *Bagnolet*, le *Flageolet blanc*, le *H. rouge*, etc.; H. NAINS, SANS PARCHEMIN, comme le *Beurre blanc nain*, le *jaune du Canada*, etc. Puis vient le genre nommé HARICOTS DOLIQUES qui dans les pays chauds fournit maintes espèces comestibles : le *H. à longue gousse*, le *H. asperge*, etc.

LAITUE. — *Lactuca Sativa* (Composées). Semis 15 août au 15 septembre, replantage fin octobre au midi, couvrir de litières ou paillis l'hiver. Les laitues de printemps se sèment en mars, se replantent en avril. Terre franche, légère, substantielle.

Variétés : LAITUES POMMÉES : *L. Morine*, *L. Passion*; LAITUES ROMAINES : *R. ballon*, *R. verte d'hiver*; LAITUES A COUPER : *L. frisée à couper*, *L. Parisienne*, etc.

MELON. — *Cucumis melo* (Cucurbitacées). Terrain très fertile; température élevée. Culture sous cloche ou couche. Semis courant janvier, repiquage un mois après.

Variétés : MELONS BRODÉS : *M. Ananas d'Amérique*, *M. maraicher*, etc.;

Melons Cantalous : *C. à chair verte, C. de Bellegarde, C. noir des Carmes*, etc. Du même genre : la *Pastèque*, le *Melon d'eau*.

Navet. — *Brassica Napus* (Crucifères). Bisannuel. Semis de mi-juin à mi-août et jusqu'au commencement de septembre dans les terres légères. Température humide, peu chaude.

Variétés : Navets longs : *N. des Vertus Marteau, N. de Freneuse*; Navets ronds : *N. jaune Boule d'or, N. Turnep*; Navets plats : *Rave d'Auvergne, N. jaune de Malte*, etc.

Oignon. — *Allium Cepa* (Liliacées). Vivace, plante traitée comme bisannuelle. Culture variée suivant climats. Terre substantielle, plutôt légère. Voir ouvrages spéciaux.

Variétés : O. blancs : *O. de Nocera, O. blanc globe*; Oignons jaunes : *O. jaune de Cambrai, O. de Madère rond*, etc.

Oseille. — *Rumex Acetosa* (Polygonées). Vivace. Semis à la volée en planche ou en bordure au printemps et mieux à l'automne. Multiplications par l'éclat des pieds. Tout terrain, mais de préférence léger et profond.

Variétés : *O. à feuilles cloquées, O. épinard* ou *Patience*, etc.

Persil. — *Apium petroselinum* (Ombellifères). Bisannuel. Semis de février en août, bonne terre bien meuble, à l'automne au pied d'un mur au midi pour récolte au printemps.

Variétés : *Persil frisé, P. à feuilles de fougère, P. de Naples*, etc.

Piment. — *Capsicum* (Solanées). Semis sur couche février-mars ou sur terreau en avril, replantage fin avril, commencement de mai sur plate-bande au midi, en pots à même exposition ou enterrés dans une couche.

Variétés : *P. de Cayenne, P. jaune long, P. doux d'Espagne, P. Tomate*, etc., etc.

Pimprenelle. — *Poterium sanguisorba* (Rosacées). Vivace. Semis en bordure au printemps ou à l'automne. Multiplications mêmes époques par éclats des pieds.

Poireau. — *Allium Porrum* (Liliacées). Bisannuel. Terre substantielle, amendée. Semis en février-mars-juillet, déplanter et replanter par temps pluvieux.

Variétés : *P. gros de Rouen, P. monstrueux de Carentan, P. d'hiver du Brabant.*

Pois. — *Pisum Sativum* (Papilionacées). De préférence sol sain et léger; le meilleur est une terre neuve ou n'ayant pas produit depuis plusieurs années. Semis en touffes ou rayons.

Variétés : A écosser a rames : *P. Émeraude, P. express, P. sabre*, etc.; A écosser nains : *Nain hâtif, très nain Couturier, P. Perle*, etc.; Mange-tout a rames : *P. beurre demi-hâtif, Corne de bélier*, etc.; Mange-tout nains : *Nain capucin, Nain breton*, etc.

Pomme d'amour. Voyez Tomate.

Pomme de terre. — *Solanum Tuberosum* (Solanées). Cultures diverses suivant espèces et climats. Les P. de T. de saison se plantent en avril-mai par tubercules de la précédente saison à distance de 30 à 60 centimètres. Voir ouvrages spéciaux.

Variétés : Tubercule jaune long : la *Royale*, le *Flocon de neige*; Tubercule rouge ou violet long : la *Quarantaine violette*, la *Vitelotte*; Rondes rouges ou violettes : *P. Blanchard, P. violette grosse*; Jaunes rondes : *P. bonne Wilhelmine, P. jaune ronde hâtive*, etc., etc.

POTIRON. Voyez Courge.

RADIS. — *Raphanus Sativus.* Annuel. Semis presque toute l'année : sur couche hiver et premier printemps; pleine terre autres saisons. Terre piétinée. Les gros radis se sèment plus tard.

Variétés : RADIS DE TOUS LES MOIS : *R. rond rose, R. écarlate*; GROS RADIS : *R. blanc rond d'été, Rave des marais, Radis blanc de Russie, R. rose d'hiver de Chine*, etc.

SALSIFIS. — *Tragopogon porrifolius* (Composées). Bisannuel. Semis à la volée ou en rayons en février-mars-avril. Terre substantielle profondément labourée, ameublie et pas nouvellement fumée.

Variété : *Scorsonère.*

SCAROLES. Voyez Chicorée.

TOMATE. — *Solanum lycopersicum* (Solanées). Semis de bonne heure, couche ou châssis; repiquage pleine terre au midi lorsqu'on ne redoute plus les gelées. Fixage à des échalas quand les plants ont environ 35 à 40 centimètres.

SEMIS ET PLANTATIONS

Comme nous l'avons fait pour les plantes d'agrément, nous donnons ici une nomenclature des légumes à semer ou planter chaque mois.

JANVIER

Planter : Estragon, oseille, pomme de terre Marjolin.

Semis sur couche : Aubergine, carotte hâtive, céleri plein, chicorée frisée, chou-fleur tendre, concombre, laitue gotte, laitue crêpe, melon cantaloup, radis rond, tomate rouge hâtive.

Semis en pleine terre : Chou Bacalan, laitue à couper, laitue romaine, laitue babianne, épinard, cerfeuil, poireau, radis rond et long.

FÉVRIER

Planter : Asperge, ciboulette, ail, échalote, estragon, pomme de terre, topinambour.

Semis sur couche : Artichaut, aubergine, cardon, céleri, chicorée frisée, chou-fleur, concombre, haricot, laitues de printemps, melon, piment tomate.

Semis en pleine terre : Asperge, carotte, cerfeuil, chicorée sauvage, ciboule, épinard, fèves, laitue pommée, laitue romaine, oignon, oseille, panais, persil, pimprenelle, poireau, pois, radis, rave, salsifis, sariette, scorsonère, chou pain de sucre, chou Bacalan, chou cœur de bœuf, chou quintal.

MARS

Planter : Ail, artichaut, asperge, ciboulette, échalote, pomme de terre, topinambour, chou marin.

Semis sur couche : Artichaut, aubergine, basilic cardon, céleri, chou-fleur, concombre, haricots hâtifs, laitues du printemps, melons divers, piment, tétragone, tomate.

Semis en pleine terre : Arroche, asperge, betterave, carotte, cerfeuil, chicorée, choux pommés divers, choux de Milan divers, cresson, épinard, fève, gesse, laitue d'été, laitue romaine, lentille, morelle, navets hâtifs, oignon, oseille, panais, persil, pimprenelle, poireau, poirée, pois, radis et raves, rhubarbe, salsifis, sariette, scorsonère.

AVRIL

Planter : Artichaut, asperge, câprier, estragon, fraisier, oxalis, pomme de terre, chou crambé.

Semis en pleine terre : Anis, arroche, artichaut, asperge, basilic, betterave, cardon, concombre, courge, carotte, céleri, cerfeuil, chervis, chicorée frisée, chicorée-scarole, chicorée sauvage, choux pommés divers, choux de Milan divers, choux de Bruxelles, chou-fleur tendre, chou-fleur demi-dur, cresson, fraisier, haricots, laitues, lentilles, melon, navets hâtifs, oignon, oseille, panais, persil, pimprenelle, piment, poirée, pois, pourpier, radis, salsifis, scorsonère, tétragone, tomate.

MAI

Semis en pleine terre : Arroche, artichaut, asperge, betterave, cardon, céleri, cerfeuil, chervis, chicorée frisée, chicorée-scarole, chicorée sauvage, choux pommés divers, choux de Milan frisés, choux de Bruxelles, choux-raves et navets, choux rutabagas, choux-brocolis, chou-fleurs demi-durs et durs, concombres, courge, cresson, épinard, fenouil, fraisiers, giraumon, haricots, laitues pommées, laitues romaines, melons divers, morelle, navet, oseille, panais, persil, poirée, poireau, pois, pourpier, radis, salsifis, scorsonère, scolyme d'Espagne, tétragone (épinards d'été).

JUIN

Semis : Carotte, céleri, cerfeuil, chicorées diverses, choux de Milan frisés, choux pommés, choux de Bruxelles, choux-raves, choux-navets, chou-fleurs, chou-brocolis, concombre, cresson, épinard, fraisier, haricots, laitues pommées, laitues romaines, navets et raves, panais, persil, poirée, poireau, pois, pourpier, radis, raiponce, salsifis.

JUILLET

Semis : Arroche, carotte, chicorée frisée, chicorée-scarole, chou-navet, chou-brocolis, chou pommé, cerfeuil, épinard, laitue, navet, persil, pois, rave, salsifis, scorsonère, radis, panais.

AOUT

Semis : Carotte, chicorée frisée, chicorée-scarole, chou d'York, chou Bonneuil, chou Bacalan, chou pain de sucre, cerfeuil, cresson, épinard, laitue pommée, laitue romaine, mâche, navets longs, navets ronds, oignons divers, oseille large, persil, raiponce, radis rond, radis noir, rave, salsifis, panais.

SEPTEMBRE

Planter : Artichaut, fraisier, oseille, chou crambé.

Semis : Angélique, carotte, chicorée, chou Bacalan, chou Bonneuil, chou d'York, chervis, cerfeuil, ciboule, épinard, laitue, mâche, navet, oignon, oseille, persil, roquette, radis, rave, salsifis, scorsonère.

OCTOBRE

Planter : Artichaut, chou crambé.

Semis : Carotte, chou Bacalan, cerfeuil, ciboule, épinard, fèves, lentilles, laitue pommée d'hiver, laitue romaine d'hiver, mâche, oignon, oseille, persil, pois Michaux, pois Prince-Albert, et les autres variétés de pois, radis, raves, fraisiers, oseilles.

NOVEMBRE

Planter : Ail, échalote.

Semis : Carotte, ciboule, cresson, chou Bacalan, épinard, lentilles, laitues d'hiver, fèves, pois Michaux, pois Prince-Albert, pois nains, et les autres variétés de pois, raves, radis ronds.

DÉCEMBRE

Semis : Cresson, épinard, laitue, fèves, mâche, poireau, pois, radis.

GRANDE CULTURE

CÉRÉALES. — FOURRAGES, ETC.

En tête des céréales se placent tout naturellement les BLÉS.

BLÉ, nom générique désignant tout aussi bien la plante qui produit la graine dont on fait du pain que ce grain lui-même : « un champ de blé, un sac de blé » : champ où pousse la plante, sac où est renfermée la graine.

La culture du blé remonte aux siècles les plus reculés. Les Grecs, qui idéalisaient tout, en attribuent la bienfaisante invention à la déesse Cérès, protectrice des moissons.

Le FROMENT, céréale dont le grain, réduit en farine, l'emporte sur tous les autres à égalité de volume par son poids, à égalité de poids par la quantité, tout aussi bien que par la qualité, de ses parties alimentaires.

Trop souvent vous avez vu des champs de blé pour que la moindre explication soit nécessaire ici, vous avez admiré leurs épis dorés se balancer au soleil, droits, raides sur leurs tiges avant maturité; se courbant plus tard sous le poids des graines précieuses.

Ensuite vient le SEIGLE dont les épillots, solitaires sur chaque dent de l'axe de l'épi, diffèrent de ceux du froment en ce qu'ils ne renferment que deux fleurs portant une arête au sommet de la valve externe de leur glumelle. Les épis grêles sont munis de longues barbes effilées.

Puis le SARRASIN ou BLÉ NOIR, originaire de la haute Asie et qui fut importé en Europe par les Sarrasins d'Espagne ou Maures, d'où son nom.

Sa tige rameuse est rougeâtre, rouge incarnat sont aussi ses bouquets de fleurs que remplaceront des baies noires triangulaires; moulues, ces baies donnent une farine dont on fait, dans certaines campagnes, un pain noir assez savoureux, mais lourd et indigeste.

LES BLÉS.

Et enfin l'ORGE dont les fleurs se disposent trois par trois sur l'épi qui les porte. Plante éminemment utile, ses graines servent à maints emplois : réduites en farine on en fait un pain qui, à vrai dire, est moins nourrissant, moins agréable et

LES AVOINES.

aussi plus grossier et plus indigeste que le pain de froment ou de seigle.

Les brasseurs emploient l'orge pour la fabrication de la bière, les tanneurs pour la préparation de certains cuirs, enfin la plante a des qualités médicinales fort appréciées.

Comme céréales citons encore le Maïs dont les hauts épis à grains serrés, durs, nus, lisses, enfermés dans des alvéoles surmontant des tiges articulées, sont engainés dans de larges feuilles un peu comme les ananas le sont dans les leurs. A l'époque de la floraison, les tiges sont surmontées de hauts panaches de fleurs qui se balancent au moindre vent. Fleurs mâles, car les fleurs femelles, croissant aux aisselles des feuilles, calfeutrent leurs épis d'une spathe membraneuse sur laquelle retombe un amas de styles filiformes qui donnent à la plante l'aspect d'une tige à laquelle une chevelure serait restée accrochée. Parfois pourtant des fleurs femelles se mêlent aux panicules des fleurs mâles, comme parfois aussi on voit certaines de celles-ci couronner les épis de celles-là.

Le maïs commun, seule espèce propagée en Europe, — le Chili, la Californie en renferment d'autres sortes — renferme autant de fécule que le froment et beaucoup plus que la pomme de terre, aussi est-elle à juste titre considérée comme un aliment précieux.

Le maïs reçoit des préparations multiples, on en fait des farines, des bouillies, des plats divers. La fameuse *Polenta* italienne n'est faite que de maïs. Les *gaudes* jurassiennes également. Coupé en vert il donne un excellent fourrage pour les bestiaux.

*
* *

Après les céréales, les fourrages :

L'Avoine d'abord, cette charmante graminée aux légères pendeloques dont les graines, enfermées dans une enveloppe barbue fournissent une nourriture aussi appréciée des chevaux et des bestiaux que des volailles.

La Gesse ou Lentille d'Espagne présente beaucoup d'analogie avec les pois par son mode de végétation, par l'abondance de ses produits et par ses qualités nutritives fort appréciées surtout des moutons qui la dévorent tout aussi bien sèche que fraîche.

La Luzerne, originaire de Médie fut, dit-on, importée chez nous lors de la domination romaine, c'est dire que sa culture dans nos champs ne date pas d'hier. Excellent fourrage également. La luzerne présente cet avantage de pousser avec une telle vitalité que dans certains pays du Midi on en fait jusqu'à sept récoltes par an. Rien de joli à voir comme un champ de luzerne lorsque ses fleurs bleutées sont en pleine floraison.

Le Sainfoin, outre ses qualités fourragères, présente en outre l'avantage de pousser dans n'importe quel terrain, de s'y maintenir pendant nombre d'années et de modifier un mauvais sol qu'il rend propre à recevoir des plantations de froment.

Le Trèfle aux feuilles ternaires, aux fleurs de nuances diverses blanches, roses, cramoisies, toujours réunies en pompon. Il existe une quarantaine d'espèces de trèfles, annuels ou vivaces, presque tous sont une nourriture parfaite pour les bestiaux.

Avoine, trèfle, sainfoin, gesse, luzerne sont les plantes fourragères principales, mais il en est bien d'autres que nous ne ferons que citer. Parmi les graminées : le *Brôme des Prés*, la *Fétuque*, la *Houlque*, les *Paturins*, les *Vulpins*, etc.

Parmi les légumineuses : les *Ajoncs*, la *Fèverole*, le *Lentillon*, la *Serradelle*, la *Vesce*, etc.

Puis des fourrages de natures diverses tels que la *Buglosse*, la *Chicorée sauvage*, la *Navette*, qui a d'autres propriétés que nous verrons par la suite, comme aussi la *Betterave*, les *Carottes*, les *Raiforts*, etc., les *Navets*, les *Pommes de terre*, etc.

*
* *

Puis des plantes dont l'utilité est si flagrante qu'elles sont cultivées sur une grande échelle : plantes textiles comme le lin ou le chanvre, oléagineuses comme le colza ou la navette, tinctoriales comme la garance ou la gaude, etc.

Les plantes textiles d'abord :

Le Lin. Il comporte une soixantaine d'espèces au moins, les unes herbacées, les autres frutescentes appartenant à l'Asie et à l'Europe; certaines d'entre elles sont remarquables par la beauté de leurs fleurs.

Le *Lin cultivé* est non seulement une plante éminemment utile, mais encore une plante fort jolie. Sa tige, cylindrique et creuse, s'élève droite, ne dépassant guère 50 à 60 centimètres, elle est garnie d'une série de feuilles étroites, pointues, se fixant alternativement sur toute la longueur, et se couronne d'une charmante fleurette à cinq pétales, d'un bleu tendre légèrement violacé. Le fruit est une capsule presque sphérique, qui s'appointe à la partie supérieure, et renferme une semence marron aplatie que vous connaissez certainement et dont peut-être vous avez apprécié les qualités précieuses.

Le « cataplasme de graine de lin » est classique, bien qu'un peu abandonné à notre époque « antiseptique ». Les vertus laxatives de cette graine de lin sont universellement reconnues... n'insistons pas.

Comme le chanvre, le lin renferme dans ses tiges des fibres qui se filent d'abord, se tissent ensuite, se transforment en fine toile ou en transparente dentelle; le produit du lin, vous le voyez, est d'essence moins grossière, plus « aristocratique » que celle du chanvre, son huile aussi est plus fine et plus limpide.

Le Chanvre. — Il est originaire de l'Asie, mais c'est depuis des temps immémoriaux qu'on le cultive en Europe.

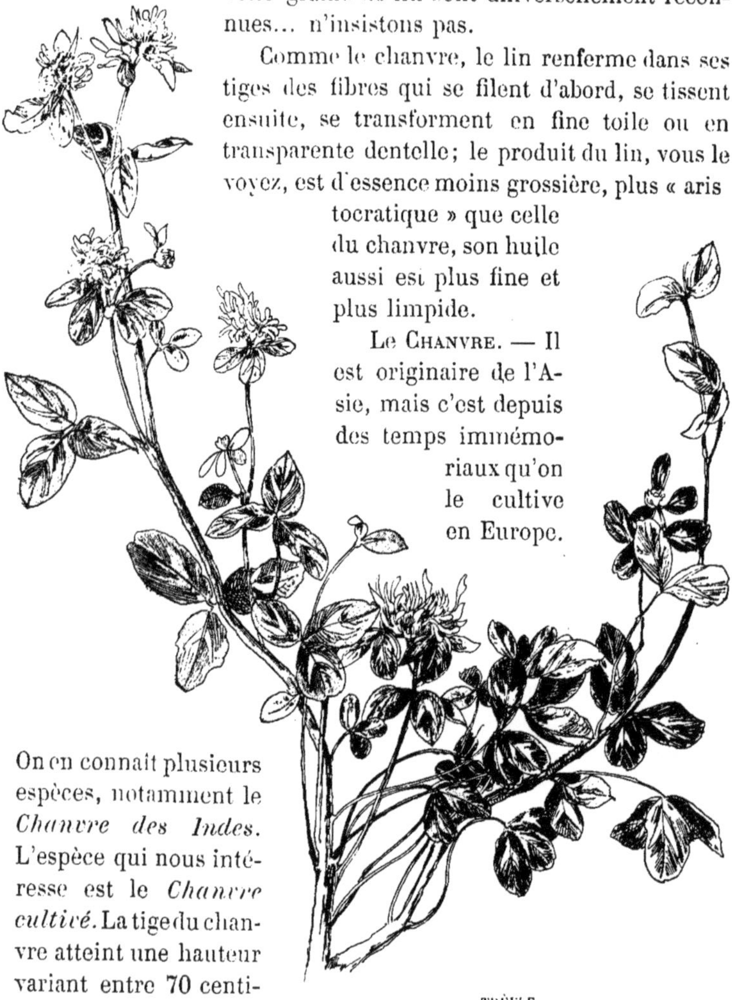

TRÈFLE.

On en connaît plusieurs espèces, notamment le *Chanvre des Indes*. L'espèce qui nous intéresse est le *Chanvre cultivé*. La tige du chanvre atteint une hauteur variant entre 70 centimètres et 3 mètres; les fleurs, jaunâtres, sont insignifiantes, les feuilles, longuement pétiolées, dentelées, étroites, sont digitées à cinq ou neuf folioles. Le fruit, renfermant une huile propre à divers usages, est une toute petite noix grise à coque fragile, dont les oiseaux chanteurs se montrent très friands !

La RAMIE n'a pas, à beaucoup près, l'importance du chanvre et du lin, et pourtant c'est un textile qui rend les plus grands services dans les pays tropicaux et dans la partie chaude des zones tempérées.

La ramie n'est connue que depuis peu de temps ; on la nomme aussi *Ortie de Chine* ou *de Java* ; on en cite trois espèces qui ne sont peut-être que des variétés d'une même plante. Ce végétal n'est guère cultivé que dans le midi de l'Europe ou en Algérie.

Les feuilles sont larges, presque arrondies, blanchâtres, mates en dessous ou argentées, suivant l'espèce.

* * *

Parmi les plantes textiles, nous citerons pour mémoire : l'*Alcée* ; la *Mauve en arbre* ; le *Mûrier à papier*, etc.

Parmi les plantes de grande culture, nous voyons le COLZA.

CHANVRE.

Celui-ci fait partie du genre « chou »; il a pour caractères principaux des feuilles lisses, d'un vert glauque, présentant tout d'abord des aspérités et des poils nombreux qui disparaissent au fur et à mesure de la croissance du végétal. Les feuilles radicales, légèrement découpées, sont pétiolées, tandis que celles de la tige sont sessiles; les fleurs, jaunes ou blanches, suivant l'espèce, sont opposées en croix. Le colza fournit une huile réputée pour l'éclairage dont les résidus, nommés *tourteaux*, constituent une nourriture excellente pour les bestiaux et un engrais abondant pour les terres.

La Navette, que nous avons vue comme fourrage, fournit également des graines oléagineuses. C'est une variété du chou-navet; ses fleurs, petites, ordinairement jaunes, parfois blanches, parfois violettes, suivant l'espèce, dégagent une odeur très forte qui attire les insectes. L'huile qu'on extrait des graines de navette sert à l'éclairage, à la préparation des laines, à la fabrication de certains savons.

Nous pouvons citer encore, comme oléagineux, le Pavot, dont on tire une huile comestible d'une consommation très répandue et qui fait le sujet d'un commerce considérable; elle est connue sous le nom d'huile d'*oliette* ou d'*œillette*. Plusieurs départements du Nord cultivent le pavot sur une grande échelle.

Nous avons eu occasion de décrire ailleurs cette jolie plante, ajoutons que ses graines (celles du pavot blanc) sont considérées comme calmants et somnifères parfaits.

Le Soleil ou Tournesol fournit, lui aussi, une huile qui est employée aux usages domestiques en Russie; il est douteux qu'on l'admette jamais en France.

* * *

En fait de plantes tinctoriales, nommons d'abord la Garance, rameau garni de fleurs, corolles jaunes quintilobées, et de fruits, baies violacées. La garance est originaire de l'Orient. Autrefois sa culture était très répandue en France.

Ses racines desséchées et pulvérisées fournissent une teinture d'un rouge superbe et d'une solidité à toute épreuve.

La Gaude, plante tinctoriale, fait partie du genre Réséda, dont elle n'a pas, toutefois, le parfum exquis, mais elle remplace le côté agréable par le côté utile; ne pouvant flatter notre odorat par son parfum, elle flatte notre vue par la teinture dorée qu'elle distille.

Ses tiges s'élèvent à près d'un mètre de haut; ses fleurs, comme celles de son parent le Réséda, sont en forme d'épis terminaux.

Le Carthame ou Safran batard renferme dans ses fleurs deux substances colorantes parfaites, l'une d'un jaune doré, l'autre d'un rouge éclatant, connue sous le nom de vermillon d'Espagne; on en fait le fard que les comédiens et... d'autres qu'eux, emploient souvent avec excès.

La plante, une orientale, est acclimatée dans nos contrées; on la cultive avec succès dans nos provinces méridionales. Sa tige, droite, cylindrique, dure et lisse, à feuilles simples, portant en tête un capitule à aigrette d'un jaune plus ou moins rougeâtre, ne monte guère à plus de 40 centimètres. La graine de Carthame, qui fournit une huile abondante, est, dans son pays d'origine, donnée aux volailles comme nourriture, aux perroquets comme friandise.

Signalons encore l'Indigotier, qu'on a en vain cherché à acclimater en France.

Le *Tournesol* ou *Croton des teinturiers*, l'Orcanette ou Rémil, etc., etc.

*
* *

N'oublions pas, dans la catégorie des plantes utiles, la Betterave, qui tient une place prépondérante. Elle comporte une quantité d'espèces diverses.

Les Betteraves peuvent être considérées sous plusieurs rapports egalement utiles : nourriture pour l'homme, nourriture pour les animaux, extraction de la potasse de ses tiges et de ses feuilles et enfin, c'est là surtout que réside sa grande valeur et c'est là l'objet de sa culture la plus importante, pour l'extraction du suc de sa racine que les raffineurs transforment en sucre. La qualité de celui-ci dépend plus, paraît-il, du sol, du genre de culture et des conditions atmosphériques, que de la variété de betterave. Étant donnée la quantité de sucre que l'on consomme, vous pouvez juger de la quantité de betteraves que l'on cultive.

Citons la Réglisse aux épis de fleurs jaunes, à la racine sucrée dont on tire ce suc si universellement connu !

*
* *

Quelques mots sur le Houblon, la plante des brasseurs. Si le Raisin nous donne le vin et la Pomme le cidre, c'est au Houblon, aidé de l'orge, qu'est réservé le soin de nous fournir la bière.

Le Houblon est une très jolie plante grimpante; à l'état sauvage vous avez vu souvent ses rameaux accrochés aux haies ou aux buissons.

Cultivée, la plante change peu d'aspect; ses feuilles palmées, à trois ou cinq lobes, ont quelque analogie avec celles de la vigne; elles s'attachent par de longs pétioles aux tiges creuses, anguleuses, velues et volubiles, allant de gauche à droite; on leur donne comme

Tournesol.

supports des échafaudages faits de perches de plusieurs mètres de haut autour desquelles elles peuvent s'agripper à l'aise. Le Houblon est dioïque, c'est-à-dire que les fleurs mâles et les fleurs femelles sont attachées sur des individus distincts. Les fleurs mâles, groupées en pendantifs irréguliers, s'échappent de l'aisselle des feuilles. Les fleurs femelles, de la grosseur d'un pois, forment un petit capitule arrondi. Les fruits sont ces petits cônes imitant de loin la forme des fruits du sapin, écailleux comme lui, mais à écailles minces, fines, membraneuses; à la base de chacune se cachent de petits akènes enveloppés de poussière jaune à saveur amère qui communique à la bière ce goût si caractéristique et contribue à la défendre contre les altérations qu'éprouvent la plupart des solutions végétales fermentées. La culture du houblon nécessite des soins tout spéciaux, on ne peut l'entreprendre avec succès que sur des sols riches, nécessitant des préparations et soins constants et fort dispendieux. C'est surtout dans les pays du Nord que cette culture est répandue.

Si vous le voulez bien, nous arrêterons ici notre revue des Plantes de tous genres, d'autant plus que nous aurons, par la suite, à revenir sur certaines d'entre elles lorsque nous aurons à parler de ceux qui les emploient et du rôle qu'elles jouent dans les arts ou l'industrie.

APPENDICE AU CHAPITRE XXXIII. — GRANDE CULTURE.

Les plantes traitées en ce chapitre n'intéressant que les grands cultivateurs, il nous paraît inutile de donner ici des renseignements sur la façon de les cultiver. Nous nous bornons donc à donner, avec leurs noms scientifiques, celui des familles auxquelles elles appartiennent.

AJONC. *Ulex Europæus* (Papilionacées).
AVOINE. — *Avena* (Graminées).
BETTERAVE. — *Beta vulgaris* (Chénopodées).
BLÉ NOIR. Voyez Sarrasin.
BROME DES PRÉS. — *Bromus Erectus* (Graminées).
BUGLOSSE. — *Lithospermum Sericeum*.

CAROTTE. — *Daucus Carota* (Ombellifères).
CARTHAME. — *Carthamus tinctorius* (Composées).
CHANVRE. — *Cannabis Sativa* (Cannabinées).
CHICORÉE SAUVAGE — *Cichorium Intybus* (Composées).
COLZA. — *Colza* (Crucifères).
CROTON DES TEINTURIERS. Voir Soleil.
FÉTUQUE DES PRÉS. — *Festuca Pratensis* (Graminées)
FÉVEROLE. — *Faba vulgaris equina* (Papilionacées).
FROMENT. — *Triticum* (Graminées).
GARANCE. — *Rubia tinctorum* (Rubiacées).
GAUDE. — *Reseda luteola* (Résédacées).
GESSE. — *Lathyrus sativus* (Papilionacées).
HOUBLON. — *Humulus Lupulus* (Cannabinées).
HOULQUE LAINEUSE. — *Holcus Lanatus*.
INDIGOTIER. — *Indigofera* (Papilionacées).
LENTILLE D'ESPAGNE. Voyez Gesse.
LENTILLON. — *Ervum lens minor* (Papilionacées).
LIN. — *Linum usitatissimum* (Linées).
LUZERNE. — *Medicago sativa* (Papilionacées).
MAÏS. — *Zea Maïs* (Graminées).
NAVET. — *Brassica Napus* (Crucifères).
NAVETTE. — *Brassica Napus Sylvestris* (Crucifères).
ŒILLETTE } Voyez Pavot.
OLIETTE }
ORGE. — *Hordeum vulgare* (Graminées).
ORCANETTE.
PATURIN. — *Poa Pratensis* (Graminées).
PAVOT. — *Papaver Somniferum* (Papavéracées).
POMME DE TERRE. — *Solanum Tuberosum* (Solanées).
RAMIE. — *Urtica Sinense* (Urticées).
RAIFORT. — *Cochlearia Armoracia* (Crucifères).
RÉGLISSE. — *Glycyrrhiza Glabra* (Papilionacées).
SAFRAN BATARD. Voyez Carthame.
SAINFOIN. — *Hedysarum onobrychis* (Papilionacées).
SARRASIN — *Polygonum Fagopyrum* (Polygonées).
SCARIOLE ou SCAROLE. Voyez Chicorée sauvage.
SEIGLE. — *Secale Cereale* (Graminées).
SERRADELLE. — *Ornithopus Sativus* (Papilionacées).
SOLEIL. — *Helianthus* (Composées).
TOURNESOL. Voyez Soleil.
TRÈFLE. — *Trifolium pratense* (Papilionacées).
VESCE. — *Vicia Sativa* (Papilionacées).
VULPIN DES PRÉS. — *Alopecurus pratensis* (Graminées).

DEUXIÈME PARTIE

DIVERSES APPLICATIONS DES PLANTES
LES ARTISTES — LES SAVANTS
LES UTILITAIRES (MÉDECINS, ETC.)
LES HORTICULTEURS ET LES JARDINIERS, ETC.
LES INDUSTRIELS
PLANTES TROPICALES EN USAGE CHEZ NOUS

CEUX QUI S'OCCUPENT DE LA PLANTE

« La plante ! oui, un élément décoratif, un ornement agréable, une source de fructueuses études pour les savants et de beaux revenus pour les fleuristes, mais que voulez-vous, je n'aime pas la fleur, je la regarde comme une vieille connaissance que j'ai l'habitude de rencontrer, comme je rencontre tous les matins, en allant à mon bureau, les mêmes figures que je regarde d'un œil indifférent !!! »

Telles étaient les paroles que j'entendis dans le chemin de fer un beau matin que j'allais à la campagne me griser des parfums que les fleurs épandent abondamment autour d'elles, me réjouir les yeux par la vue des magnifiques variétés des verdures qui, sous leurs ombres, enfouissent de vieux manoirs reflétés dans l'eau, espérant oublier un instant les heures passées au travail qui fatigue souvent, en remplissant ma mémoire de souvenirs campagnards qui reposent toujours.

Tout plein des enthousiasmes que je me promettais, je me révoltais de ces propos arides tenus par un monsieur sec dont le nez à l'arête pointue supportait un lorgnon cachant des yeux ternes et brillant seulement de rapides reflets sur les verres du pince-nez. Beau parleur, phrasant sans aucun sens critique, jetant un regard circulaire dans le compartiment, pour demander l'admirative approbation de ses paroles, il perdait pied depuis qu'il avait fait cet aveu étrange, et bien que ne l'ayant jamais vu j'allais lui dire carrément ma façon de penser quand mon voisin, qui connaissait un peu l'antipathique interlocuteur, prit brusquement parti contre lui; ses paroles furent l'expression complète de ma pensée.

« Vous n'aimez pas la plante, dit-il ; j'espère pour vous que ce n'est là qu'une boutade et que vous ne croyez pas ce que vous dites !... Mais, ne pas aimer la plante c'est ne rien aimer ! c'est vivre dans la nature sans système nerveux, sans cellules cérébrales ! La plante, c'est l'oxygène que vous respirez sous la forme d'une exquise odeur et qui vous fait vivre comme elle; c'est l'ondoyante nappe colorée qui harmonise tout, fait chanter les gris ; c'est la lumière que le soleil éparpille de mille façons, c'est l'emblème que vous accommodez à toutes vos fantaisies, c'est votre parure, c'est votre nourriture, votre mobilier, votre bonne flamme qui sèche l'humidité et dissipe l'ennui du bureau dont vous parliez tout à l'heure. La plante c'est la nature tout entière, c'est l'être animé qui vit auprès de vous, comme vous participant de tous les bienfaits et de toutes les misères répandues sur le globe en égale quantité.

« Vous n'êtes donc point philosophe pour ne pas rêver devant une plante? point poète pour ne pas rester sous les ombrageuses frondaisons des forêts où l'on va chercher en été quelque fraîcheur, sans divaguer, sans occuper la folle du logis, de rêves chimériques. Les violettes ne vous grisent donc point de leur souffle de printemps.... Malheureux qui n'avez jamais effeuillé de marguerites !

« Je vous navre? tant pis, mais que voulez-vous, je les aime, moi, les plantes, quelles qu'elles soient, et à tel point qu'elles ont soulevé ma fureur contre votre antipathie,... ce dont je ne vous garde point rancune cependant. »

L'interpellé ne savait trop que répondre, mais je savais bien que penser....

*
* *

Est-il possible de ne pas aimer la fleur quand elle vit si communément avec nous, comme nous, pour nous. Elle fait partie de notre existence, de nos désirs, de nos besoins en se mettant au service de toutes les branches de l'intelligence humaine. Les artistes, les savants, les industriels, etc., utilisent ses ressources, étudient ses habitudes.

— Un enfant resta un jour étonné, sans savoir pourquoi, devant les magnificences de la nature, dont il ignorait même le nom; il éprouvait à leur vue un plaisir indéfinissable, involontaire.

Les fleurs le surprenaient et le ravissaient, sa joie toute sensitive était provoquée par une impression agréable sur son œil, il tendait les bras vers les plantes... quelquefois pour les briser, mais surtout parce qu'elles l'attiraient, qu'elles lui étaient sympathiques. Plus tard lui vint l'idée du « beau », que le développement de son esprit analysa et commanda; à ce moment-là sa curiosité le poussa à connaître la plante, à voir ce qu'il « y avait dedans », puis la philosophie calmant son imagination folle, il voulut connaître les causes après les effets.

Il devina que la plante est sensible, qu'elle naît, se nourrit et meurt comme lui; que comme lui, être organisé, elle a sa place dans le monde et le droit d'y vivre. Il l'aima parce qu'elle avait égayé ses premiers pas d'abord, puis surpris et intéressé ses premières rêveries; alors il l'entoura de soins, contribua à sa reproduction, lui fournit tous les moyens de bien vivre. Puis, quand il l'eut éduquée et qu'il découvrit ses ressources, il tâcha de l'utiliser....

Cet enfant, c'est l'humanité tout entière, qui mit de longs siècles à connaître la plante : son intelligence se développait comme un arbre vigoureux à l'écorce robuste et sur le tronc poussaient des branches et sur les branches d'autres branches encore, — et c'est ainsi qu'elle engendra les artistes qui se chargent spécialement d'étudier la plante au point de vue morphologique, de l'interpréter, de la symboliser. — Les savants qui doivent l'observer dans toutes ses manifestations, ses développements l'étudier dans sa structure proprement dite, dans ses phénomènes de germination, de nutrition, de respiration, de reproduction....

Elle fit des jardiniers, des horticulteurs, des fleuristes, des pépiniéristes, des arboriculteurs pour la soigner, diriger son éducation, la protéger contre les saisons et les malfaisants de toutes sortes. Elle fit enfin des médecins et des pharmaciens qui connurent ses propriétés bienfaisantes et s'en emparèrent; des industriels, des chimistes qui découvrirent ses propriétés colorantes, qui surent distiller l'arome exquis que la fleur porte en elle pour en faire des parfums.

...De vieux manoirs reflétés dans l'eau

*
* *

Et voilà une subdivision tout naturellement indiquée :

Les artistes.

Les savants.

Les amateurs.

Les utilitaires.

Nous verrons plus loin ce qu'ils ont fait, voyons d'abord ce qu'ils sont, comment ils vivent auprès de leurs sujets de prédilection.

*
* *

L'imagination populaire habituée à se représenter toujours des types définis, comme le Petit Poucet enfoui dans des bottes plus

Sous les ombrageuses frondaisons des forêts.

hautes que lui, le diable avec des cornes et l'ange avec des ailes, éternellement les mêmes dans les images coloriées d'Épinal, idéalise aussi l'artiste, le savant, le jardinier, l'industriel :

L'artiste, pour bien des gens, c'est le fantaisiste aux longs cheveux flottants, à labarbe inculte et la pipe aux dents, chapeau à bords énormes, enfoncé crânement sur la tête; un volumineux pantalon de velours flotte autour de deux jambes très maigres, — car l'artiste ne saurait être gras, d'après la tradition, — il est « dans la dèche » ou « dans la purée », termes expressifs qui le caractérisent.

L'artiste habite au sixième dans une mansarde, atelier aux murailles vierges d'étoffes sinon de toiles, où l'on rôtit en été, où l'on gèle en hiver.

Il va souvent à la campagne, vagabondant à son gré, le dos voûté sous le poids d'un chevalet, d'un pliant, d'une boîte et quelquefois d'une ombrelle... comme un âne chargé de reliques, car la tradition populaire dit aussi quelquefois que s'il n'a pas de talent, il s'en croit et fait plus de bruit que de besogne; il part à la recherche du motif, voire du délicat lit de gazon où l'on dort bien au frais en fumant des pipes.... Quand il est un peu plus arrivé, pour se mettre au goût moderne et parce qu'il le peut, c'est à bicyclette qu'il file pour chercher le « joli effet »....

Malgré tous ses travers, bon garçon, insouciant, rieur et plein d'illusions. Il a vingt ans.... C'est Schaunard ou Cabrion.

Mais le voilà blanchi, devenu sage, la barbe et les cheveux soignés, le grand chapeau, vieux souvenir, remplacé par le huit reflets.

La boutonnière fleurie du ruban rouge, il prône dans son atelier somptueux au milieu des visites nombreuses qu'il reçoit de sa clientèle, de ses élèves (car il est de l'Institut), de ses amis (car il est influent). Il gagne beaucoup, beaucoup d'argent... mais parle avec émotion de ses vingt ans qu'il regrette toujours.

Le savant pour le peuple n'a pas de jeunesse. Il est tout de suite un vieux monsieur, très sévère, très isolé et souvent distrait. Enfermé tout le jour dans une pièce, où, près de flacons à demi remplis, traînent des pièces anatomiques, il fixe sans arrêt sur le microscope son œil attentif tandis que clignant de l'autre, il fait une grimace qui le rend plus laid encore : car il est laid, sous son crâne dénué de cheveux, derrière ses grandes lunettes dont les branches lui barrent les joues. L'image se plaît à le représenter encore cuisant des choses étranges dans d'infernales marmites ou scrutant avec joie près de la lumière crue de la fenêtre un résidu laissé dans une cornue. C'est Faust, c'est Nostradamus.

Le peuple donne toutes ses sympathies au jardinier; il le voit, un chapeau de paille très jaune sur le front, un tablier très bleu sur les jambes, enfonçant des deux mains, sous le soleil brûlant qui lui noircit la peau, une bêche dans la terre ou maniant adroitement un sécateur. Tout est rutilant autour de lui, Épinal lui réserve toutes les richesses de sa palette, les arbres sont verts à faire frémir et les toits rouges à donner chaud.

Enfin, pour lui, l'utilitaire est tantôt l'industriel, homme « comme il faut » et dont le cœur est souvent aussi sec que la bourse est garnie, aussi faut-il lui rappeler ses devoirs « en se mettant de temps en temps en grève ».

LES ARTISTES.

Il est tantôt le médecin, homme bienfaisant, cravaté de blanc, qu'on ne paie pas « depuis quinze ans » comme me disait une vieille campagnarde : — « Dame, pourquoi c'est-y que je l' paierions puisqu'à c't' heure il ne réclame pas son argent, c'est toujours ça de gagné! » Pauvres gens aux cyniques naïvetés, « c'est toujours ça de gagné » aussi, quand, en courant les chemins pour vous soigner, il « attrape la mort » comme vous disiez encore !

— L'utilitaire est aussi le cultivateur, le teint hâlé au soleil, les muscles saillants et les veines bleues bombant la peau comme de fortes racines bombent le sol. Comme le jardinier, il sue à larges gouttes et le soir quand il fait fête dans le pays et que quelques malheureux lampions éclairent tristement quelques baraques et un « chevaux de bois » poussif aux lamentables gémissements d'orgue de Barbarie, le paysan met sa blouse et va s'échauffer sous la tente du bal à une lourde chorégraphie. Les cordes grincent comme si la chaleur suffocante attendrissait les boyaux, tandis que le piston aux appels canailles pousse faux sa note de quadrille; mais cela ne fait rien et l'on s'amuse quand même. Est-ce que le peuple est gené par tout cela, heureux qu'il est de ne pas avoir les inquiétudes et les besoins nombreux d'un esprit auquel l'instruction a gâté le plaisir en lui ôtant la simplicité? Et l'on boit ferme dans les guinguettes, et l'on tape fort les verres sur la table! Les gobelets se croisent avec les injures, les quolibets et les rires gras et tout cela est pittoresque comme des Teniers : un sentiment de liberté et d'abandon pénètre dans les cabarets et anime tout; la vie est souriante ce soir-là après les pénibles endurances de la journée.

LES SAVANTS....

. . . .

Mais Schaunard est mort sans postérité, Faust est devenu rococo et le savant sait rire pendant une longue jeunesse.

Comment l'artiste, le savant, le jardinier et l'industriel, comprennent-ils la plante et s'en occupent-ils? L'artiste, lui, n'a souci que de sa forme qu'il choisit belle entre tous les types, de sa couleur qui se montre à lui de mille façons différentes. Son rôle est de la traduire telle qu'il la voit, ou plutôt de l'interpréter et de la rendre le plus heureusement par les moyens relativement restreints des couleurs qui pâlissent de jalousie devant l'éclat de la nature.

Le peintre entre pour une grande part dans le goût qu'on réserve à la plante, tantôt spécialiste de la fleur, il la représente en des aspects variés, passant en revue la plupart des types que nous connaissons, tantôt il est décorateur : il enguirlande les murailles, couvre les panneaux, fait courir des festons fleuris sur les frises ou bien, interprétant la fleur d'une façon plus ornementale, décore tout ce qui peut supporter de la décoration, non seulement les

LES UTILITAIRES.

murs, les colonnes et les chapiteaux, pour l'enrichissement desquels le sculpteur ornemaniste vient à son aide, mais pour l'illustration du livre, le bibelot d'art, l'industrie, que sais-je? Il exploite la flore toujours et sans cesse il l'utilise.

L'artiste est enfin paysagiste; il s'essaie à rendre l'aspect de la nature, forêts, plaines et vallées, de toute manière, par tous les temps, à toutes les heures, avec tous ses multiples effets.

Et c'est pour cela que l'artiste contribue énormément au goût que nous avons des fleurs et des plantes puisqu'il la met constamment sous nos yeux.

Le savant apporte dans la connaissance de la plante, une grande part de collaboration, mais d'une façon moins tangible et beaucoup plus fermée au « *vulgum pecus* ». Nous avons assez dit comment il l'étudiait, ce qu'il étudiait, pour n'avoir pas à y revenir.

Par son observation constante, il trouve des rapports, des analogies qu'il rapproche de plus en plus avec ceux des animaux, à tel point qu'il fonde de véritables lois presque pareilles chez tout être organisé : sur ses expériences s'embranchent d'autres expériences qui permettent de découvrir d'autres lois encore. Ces expérimentations sont mises en pratique par l'industriel qui exploite tous les trésors de la science après que le savant les lui a montrés.

Dans les chapitres suivants, nous allons voir comment chacun d'eux utilise ses connaissances et comment il en fait des applications.

LES ARTISTES

Le premier homme qui eut des perceptions intelligentes et put expliquer ses émotions, fut frappé de l'immensité des forêts, du manteau verdoyant qui couvrait l'étendue ouverte devant lui.

Plus subtil ensuite dans ses observations, il sut bientôt goûter la délicatesse d'une fleur, la variété de ses coloris; ses moyens, trop sommaires encore pour lui permettre d'en copier les finesses de tons, lui suffirent néanmoins à exprimer ses formes.

Le premier homme sensitif eut donc des aspirations vers le beau.

Quand son entendement fut plus clair, plus logique et qu'il l'appuya d'un peu de philosophie, il se créa un idéal. Il vit dans la forme humaine des beautés qu'il n'avait point encore discernées, des ensembles plus compliqués se présentèrent plus nettement à ses yeux, il les perçut d'abord, puis il les comprit et les analysa. Son intellect d'artiste se développa.

Mais avant tout, quand il sut regarder, il fut frappé par les magnificences de la nature, par ses productions infinies, par ses plantes innombrables. — Aussi retrouvons-nous, avec quelque curiosité, des traces de formes végétales tracées maladroitement, mais avec soin, sur des os de rennes ou des armes ayant appartenu à quelque troglodyte....

*
* *

Mais sautons rapidement quelques siècles pour en venir à l'époque où l'homme, en possession de toutes ses facultés créatrices, en pleine civilisation, voue à la plante un culte vénéré.

*
* *

Nous sommes en Égypte, 4000 ans avant J.-C.

Ici, la plante fut le modèle qui fit découvrir à l'Égypte le principe de la colonne.

Le tronc d'arbre, organe supportant tous les autres, à la base plus élargie, amène tout naturellement l'idée de soutien.

Les tiges, attachées étroitement les unes aux autres, évoquent l'idée de piliers à cannelures....

Comme dans la nature qui l'entoure, tout est grand, monumental dans l'art du pays égyptien. Le ciel éternellement bleu, le sable doré du désert brûlant à l'infini rend l'indigène rêveur, contemplatif; il voit par les grandes lignes majestueuses, il s'efforce de symboliser ce qu'il voit.

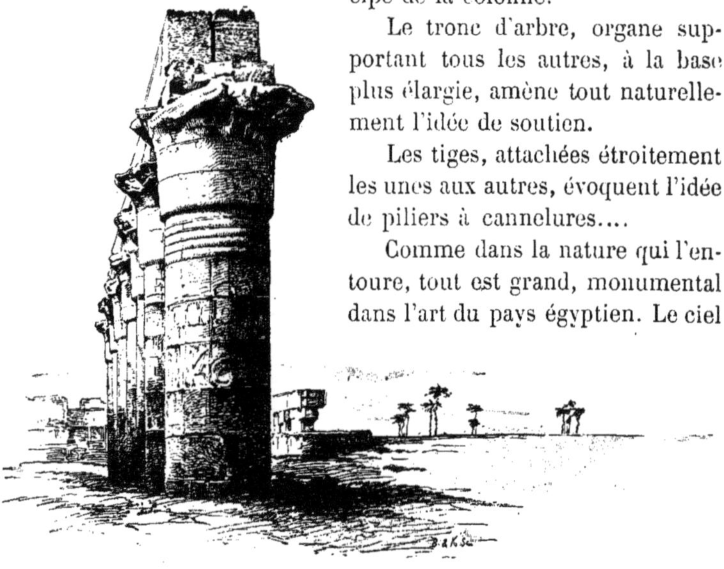

COLONNADE ÉGYPTIENNE.

Le lotus pousse en abondance, il l'interprète, le place partout où il peut en faire le coussinet de ses colonnes en les tronquant.

L'Égyptien crée un art spiritualiste : son âme est le miroir qui réfléchit les images terrestres, il en garde l'impression et les traduit par des moyens simples, volontaires qui ont pour résultat une fermeté et une ampleur extraordinaires.

*
* *

Les Assyriens subissent l'influence de l'Égypte. Leur dessin est exécuté avec une rare perfection; ils affectionnent les jeux de fond en brique émaillée.

La fleur est ici fort schématisée. Elle se réduit à des cercles divisés ou à des petites formes groupées comme des pétales; la marguerite semble figurer assez souvent. Des fleurs de profil avec leur calice fermé sont représentées dans certaines bordures peintes.

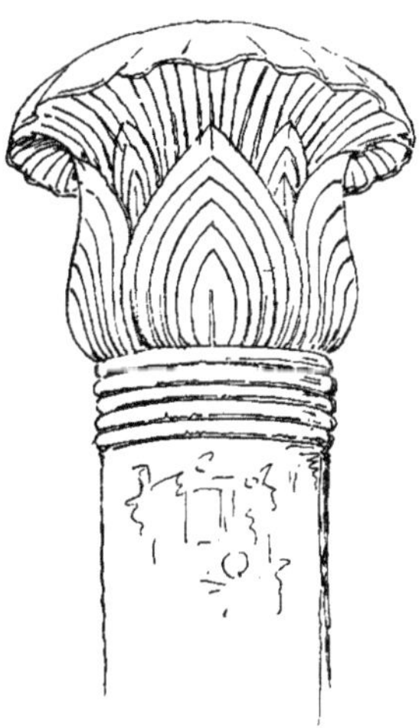
CHAPITEAU ÉGYPTIEN.

La poussée vigoureuse de la sève qui monte aux arbres, les feuilles qui poussent au printemps pour mourir quand viennent les pluies et laisser l'année suivante la place à une autre génération, frappent leur observation; ils prennent comme symbole de génération un arbre sacré qu'ils représentent fréquemment. Le tronc est divisé régulièrement par des ligatures, les feuilles sont figurées en forme de palmettes.

*
* *

Babylone, la colossale cité aux énormes murailles, aux cent portes d'airain qui livrèrent passage à une foule nombreuse dévorée par les passions en même temps que par l'activité, Babylone, ce paradis dont les jardins suspendus toujours émaillés de fleurs éclatantes, étaient remarquables par la splendeur de leurs beaux arbres, Babylone eut ses artistes pour aimer les grandes frondaisons, ses jardiniers admirables pour faire éclore des gerbes et des bouquets au pied des lascives citadines qui s'enivraient de leurs parfums.

Comme s'il avait voulu garder pour lui les splendeurs babyloniennes et ne laisser à la postérité que le souvenir des jardins suspendus au-dessus de l'Euphrate, le passé a tout

ARBRE SACRÉ ASSYRIEN.

ORNEMENT ÉGYPTIEN

détruit; de la cité antique il ne reste que ruines sans aucune trace décorative des antiques jardins.

L'orgueil des Babyloniens fut assez justifié par l'appellation qu'on leur donna « d'une des sept merveilles du monde », et ce titre leur a suffi pour figurer dans l'anthologie des artistes qui aimèrent la plante et lui vouèrent un culte.

*
* *

Auprès des pays asiatiques tels que l'Assyrie, la Perse et la Médie qui eurent leur caractéristique et furent un peu les éducateurs des Grecs, il y a des peuples, — les Indous, les Chinois et les Japonais — qui marquent dans l'Histoire décorative leur place très personnelle. Au niveau des peuples les plus anciens par leur fondation et leur civilisation, ils ont triomphé du long chapelet des siècles écoulés, et gardent, sur les ruines de l'antiquité, l'expression encore vivante d'un art moderne qui ne s'éteint pas.

La Chine est une nation remontant dans la nuit des temps.

Sa civilisation était déjà avancée à une époque très reculée. Nous ne savons pas grand' chose sur l'interprétation florale des Chinois anciens, car l'habitude qu'ils avaient de construire leurs édifices en bois est cause qu'il ne nous en est presque rien resté, sauf quelques temples creusés dans la montagne qui seuls peuvent nous donner une idée de leur décoration.

Sans entrer dans l'explication des formes architecturales, nous pouvons dire toutefois que tous ces monuments étaient surchargés d'ornementation.

La fleur, traitée d'une façon fantastique, très grande, très exagérée, était sculptée finement et parfois rehaussée de vives couleurs et de dorures; ici point de dessins scrupuleusement exacts ni de coloration juste; point non plus d'art architectural; nous sommes dans un domaine de rêve, d'imagination abondante que les sujets mythologiques inspirent. Seule une extrême fantaisie préside à toutes les compositions ornementales dont le détail est poussé aussi loin que possible.

*
* *

De nos jours les Chinois sont restés de remarquables ouvriers d'art, trouvant de charmantes conceptions dans les bibelots qu'ils créent, et sachant donner une luxueuse variété à leurs objets. Leur imagination est toutefois quelque peu torturée. Ils pressurent et déforment pour éviter les lignes droites et les angles, comme les Chinoises écrasent leurs pieds dans des chaussures trop étroites. C'est le caprice spontané, qui puise son inspiration dans la nature directement, sans réflexion, sans connaissance de l'ombre et de la lumière, ni de la perspective.

Le Chinois crée sous l'impulsion d'une sensation vive que lui auront donnée la forme d'une fleur, la coloration d'un buisson et il trouve des ingéniosités d'arrangement, des richesses de coloris charmantes qu'il traduit très heureusement dans certaines applications d'industrie, comme la céramique et les tissus

Leur art décoratif entre actuellement en décadence. Il atteignit surtout son apogée vers 1450.

*
* *

Puisque nous nous trouvons si loin de l'antiquité, à laquelle nous reviendrons tout à l'heure, profitons-en pour dire quelques mots d'un art qui dérive du chinois sans lui ressembler: l'art japonais.

MOTIF DE DÉCORATION JAPONAISE.

Le Japonais est beaucoup plus près de la nature, l'observe beaucoup plus scrupuleusement et l'étudie davantage.

Il rend sous toutes ses formes et ses aspects, les plantes et les fleurs qui vivent avec lui; il semble même s'amuser à pousser le souci de l'exactitude jusqu'à l'exagération

LES POTIRONS

Beaucoup moins conventionnel que son éducateur le Chinois, il ajoute à la minutie du dessin la finesse de la couleur.

Il est rarement brutal dans ses colorations et sait varier sa palette à l'infini, se dégageant des rites chinois qui s'enferment dans cinq couleurs parce qu'elles représentent des symboles, dont il ne veut pas sortir.

Enfin, le Japonais a une ornementation plus réglée, mieux dessinée. Il recherche le modèle et possède des notions de perspective; s'il est plus savant il a aussi plus de charme et plus d'art que le Chinois.

* * *

L'Inde fut toujours moins isolée que la Chine, et cependant elle conserva avec une jalousie extrême toute son organisation sociale, sa religion, ses rites et ses coutumes, à tel point que les Anglais, maîtres et dominateurs, n'ont pu réussir encore à extraire du pays conquis la vieille souche traditionnelle.

Aussi l'art indou se ressent-il de cette immobilité et n'a-t-il pas subi de modifications fondamentales.

La décoration d'architecture est tellement abondante qu'elle dissimule les formes générales, les lignes de la construction. Les fûts des colonnes sont surchargés de feuillages disposés avec une rare perfection. Les volutes, les rangs de perles ne leur sont pas inconnus. Toutes les dispositions florales sont employées.

Les temples, peints de vives couleurs, ont un éclat féerique. Des rinceaux courent sur les architraves, des épanouissements de fleurs forment les chapiteaux, des guirlandes délicatement sculptées étreignent le fût des colonnes tandis que la base s'étale en de magnifiques feuillages.

Si nous laissons de côté l'art architectural, ne considérant que l'art décoratif, nous sommes frappés de la continuité des éléments ornementaux.

Les fonds sont couverts par une profusion de motifs pareils qui enrichissent la surface par leur répétition.

La flore est ici toute conventionnelle avec quelques tendances cependant à se rapprocher de la nature. Elle est même parfois traitée d'une façon pittoresque permettant de retrouver le type réalisé.

Les Indiens ne modelaient pas leurs fleurs, ils se contentaient de tracer des silhouettes dans lesquelles ils posaient des tons à plat.

*
* *

Du pays indien, venant de la chaîne du Caucase, un peuple, sous la conduite du roi Phénix, était venu s'installer à Génézareth sous le nom de Chananéens, Philistins, et sur les bords de la Méditerranée fondait des colonies Africaines et Européennes.

Les Phéniciens furent les précurseurs, les éducateurs artistiques des Grecs. Ils avaient rapporté de leur pays d'origine le goût des luxueuses décorations.

Nous n'avons malheureusement aussi peu de souvenirs de ces pays que de l'île de Chypre occupée par les Phéniciens.

Les ornements floraux de l'île de Chypre étaient surtout composés de guirlandes serpentant sur des plates-bandes de perles, d'oves, de dentelures régulièrement disposées.

Aux pieds de Cythère la mer venait battre. Ses bords étaient couverts d'oliviers, de myrtes et de cyprès et ce furent par ces plantes principalement que les sculpteurs furent inspirés.

*
* *

Nous voici arrivés en Grèce, l'admirable pays qui fut le berceau universel de toutes les civilisations, les lettres et les arts, le pays éminemment créateur qui sut s'assimiler les éléments que lui fournît l'Égypte pour les transformer en un art essentiellement original et abondant.

Sans entrer dans l'explication des productions artistiques, tant dans l'architecture que dans la peinture et la statuaire, nous pouvons dire que l'ornement grec, dérivé de l'Égypte, est moins hiératique, beaucoup moins symbolique surtout et se rapproche plus de la nature ; aussi a-t-il plus de liberté, de grâce et de souplesse. La plante, formant une des sources principales de l'ornement, est prise dans la nature suivant ses grandes proportions et le caractère de ses lignes. L'imitation servile des détails est rejetée.

En empruntant à la nature quelques-uns de ses types, les Grecs ont créé de véritables formules décoratives.

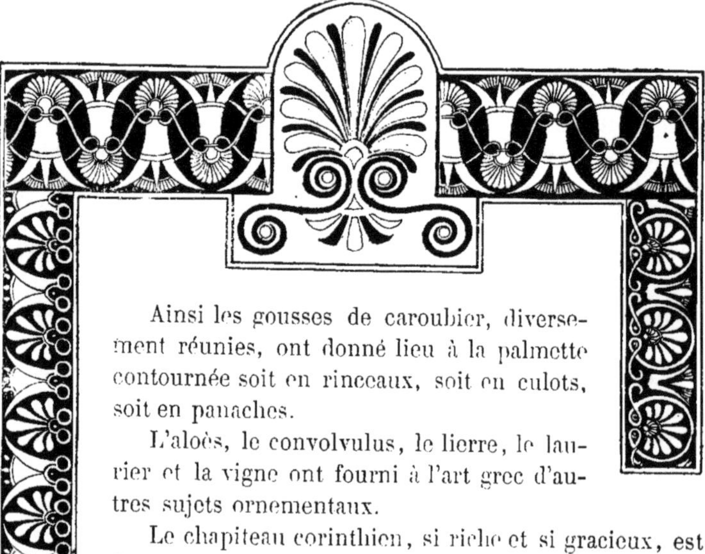

Ainsi les gousses de caroubier, diversement réunies, ont donné lieu à la palmette contournée soit en rinceaux, soit en culots, soit en panaches.

L'aloès, le convolvulus, le lierre, le laurier et la vigne ont fourni à l'art grec d'autres sujets ornementaux.

Le chapiteau corinthien, si riche et si gracieux, est fourni par la feuille d'acanthe. Bien d'autres exemples pourraient être donnés des plantes inspiratrices des ornements grecs. Les oves ne semblent-elles pas des châtaignes à peine sorties de leur coque entr'ouverte? — Leurs cannelures même paraissent affecter à leur extrémité supérieure la forme du sommet de certaines plantes.

La couleur grecque est tout à fait conventionnelle et employée en grande abondance jusque sur les murs extérieurs des temples.

* * *

Avant de parler de Rome, qui fut nourrie en art par l'exemple des Grecs, citons un peuple qui servit en quelque sorte de trait d'union aux deux puissants maîtres du monde : l'Étrurie, composée de trois éléments, indigène, pélasgique et étrurien; — cette race fut sans doute ancestrale des Toscans; — en tout cas, elle fournit à Rome les artistes qui firent leurs premières constructions.

C'est dans l'orfèvrerie surtout qu'ils appliquèrent toutes les ressources d'un art qu'ils portèrent jusqu'à la perfection. Les fleurs et les fruits y figurent en grande abondance. Des glands, des rosaces se mêlent aux animaux fantastiques pour former toutes sortes de bijoux : des colliers, des bracelets, des pendants d'oreille, des bagues et des bijoux de culte.

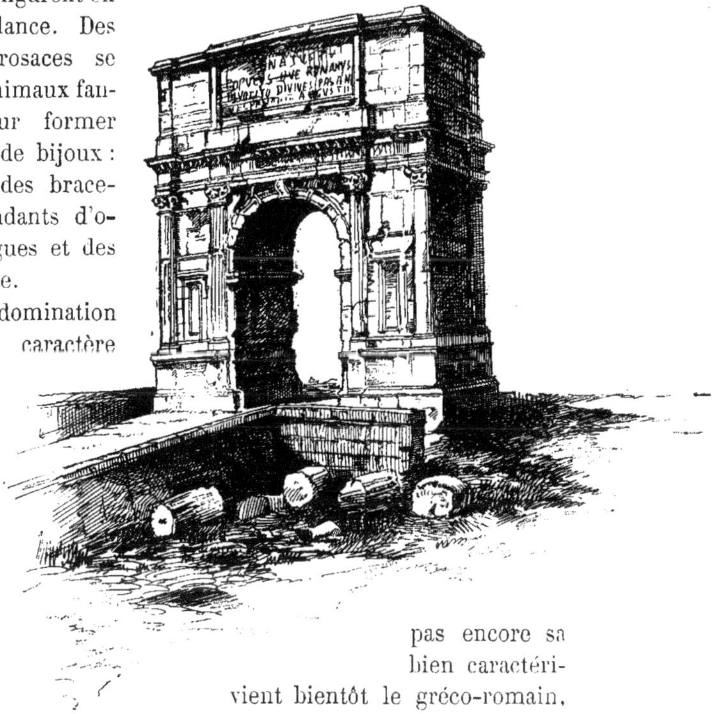

Sous la domination romaine, le caractère particulier attaché à l'art étrusque s'efface un peu, subit l'influence du dominateur qui ne possède pas encore sa personnalité bien caractérisée; il devient bientôt le gréco-romain, première étape de l'art romain proprement dit. La Grèce conquise par les armes, était devenue conquérante par les arts.

A côté des peintures décoratives de Pompéi qui ont une allure tout à fait grecque, un art nouveau, application polychromique, apparaît et prend un essor considérable; c'est la mosaïque. Là toutes les formes les plus capricieuses sont figurées : des festons, des rinceaux s'enroulent gracieusement; plus particulièrement, les ceps de vigne y sont représentés ainsi que des fruits becquetés par des oiseaux.

Comme chez tous les peuples civilisés, l'art atteignit, à partir du règne de Néron, quand il se dégagea complètement de l'imitation grecque, une perfection extraordinaire.

La nature n'a point de secrets pour ces remarquables dessinateurs, pour ces sculpteurs prodigieux; tout est représenté dans leurs immenses productions dont on retrouve encore de nombreuses traces.

Les Romains ont créé des types de décoration dans les différents ordres de leurs chapiteaux.

Dans l'ionique, les coins des volutes sont ornés de feuillages aux courbes harmoniques.

L'ordre corinthien présente une très grande richesse avec ses feuillages dont les folioles sont symétriques et recourbées en crochet; ils sortent du tore en s'épanouissant comme un bouquet, les moulures de la corniche sont taillées d'oves de feuillages et de raies de cœur.

Dans l'ordre composite, qui est celui de l'arc de Titus, le persil a été interprété de façon très heureuse au-dessus du laurier et la cimaise de la corniche est rehaussée de trois sortes de feuillages; aussi cet ensemble est-il d'une richesse énorme, trop surchargée même.

Dans les maisons et les temples, les arcs de triomphe et les mausolées, la même surabondance d'ornementation réapparaît avec sa noblesse, sa grandeur et sa majesté qui furent dans l'histoire de Rome les caractères principaux.

*
* *

Auprès des peuples civilisés, comme les Grecs et les Romains, vivait une race dont l'origine est sans doute asiatique, la race celtique qui devait donner naissance à la Gaule.

Les premiers types de cette race n'eurent aucun art et tracèrent maladroitement, à l'intérieur des cavernes qu'ils habitaient, des formes grossières, ébauches naïves des animaux qui les entouraient et qu'on a beaucoup de mal à reconnaître; jamais ils ne représentèrent la plante.

Les Celtes, au contraire, proscrivent la représentation des animaux et des figures pour chercher exclusivement dans la vie végétale la source de leur ornementation.

Leurs tombeaux, leurs bijoux même ne sont décorés qu'avec la fleur. Ils créent un entrelac, je dis ils créent, car il ne ressemble en rien aux entrelacs latins.

C'est d'ailleurs un des uniques ornements celtiques, du reste fort ingénieux. Inspiré des branches dont il a la souplesse, il s'enroule gracieusement et toujours d'une façon logique.

Les Gaulois, qu'on confond trop souvent avec les Francs, barbares Germains, étaient civilisés; aussi, malgré la domination latine, l'ornement gaulois garde-t-il son caractère original. L'étude de la fleur semble y être poussée avec soin. Des courbes fort harmonieuses sont tracées avec aisance, figurant les pétioles contournés de certaines plantes.

Dans certains ornements, on trouve comme motif initial les vrilles de la vigne.

Le gland est assez souvent figuré dans la décoration de cette époque; des feuilles lancéolées aux dentelures pointues, d'autres sans dentelures, composent l'élément gaulois. La plante, harmonique dans son ensemble, conserve, malgré tout, un aspect pittoresque, « nature », très ingénieusement observé.

Les chapiteaux, aux lignes austères, sont habillés de feuilles recroquevillées, dont l'interprétation ne semble pas étrangère aux productions romaines.

*
* *

A l'époque où la Gaule montrait un sens artistique assez développé, l'Orient allait créer un art original qui devait se répandre en Occident pour y avoir une influence très grande; nous voulons parler de l'art byzantin qui eut son berceau vers l'an 320, à Byzance, où Constantin avait transporté le siège de l'empire romain.

Le style byzantin a réuni les deux grands courants gréco-latin et asiatique pour se canaliser en un art particulier qui devait à son tour se répandre jusqu'en Occident. Les fleurs palmées jaillissent des tiges, les silhouettes sont simples, généralement couchées d'un ton à plat qui se détache sur fond d'or; par ce moyen, la décoration est d'un luxe inouï.

Les interprétations des végétaux sont en général conformes à la nature et l'on sent dans cet art la connaissance technique de toutes les ressources.

FRAGMENT D'ORNEMENTATION MAURESQUE.

Les Byzantins emploient assez fréquemment la répétition et savent en tirer des effets superbes. Les chapiteaux de leurs colonnes sont très ornementés; ils prennent une forme cubique; chaque face est décorée d'entrelacs et de feuillages peu saillants, minces, aigus, ce qui donne de la légèreté aux enroulements délicats.

En un mot, le dessin et la couleur sont entièrement conventionnels. Le modelé est très faible mais c'est là justement que le style byzantin trouve son grand effet décoratif.

* * *

Un autre pays apporta son cachet d'originalité qui ne fut pas sans influence sur l'art décoratif postérieur : l'art arabe.

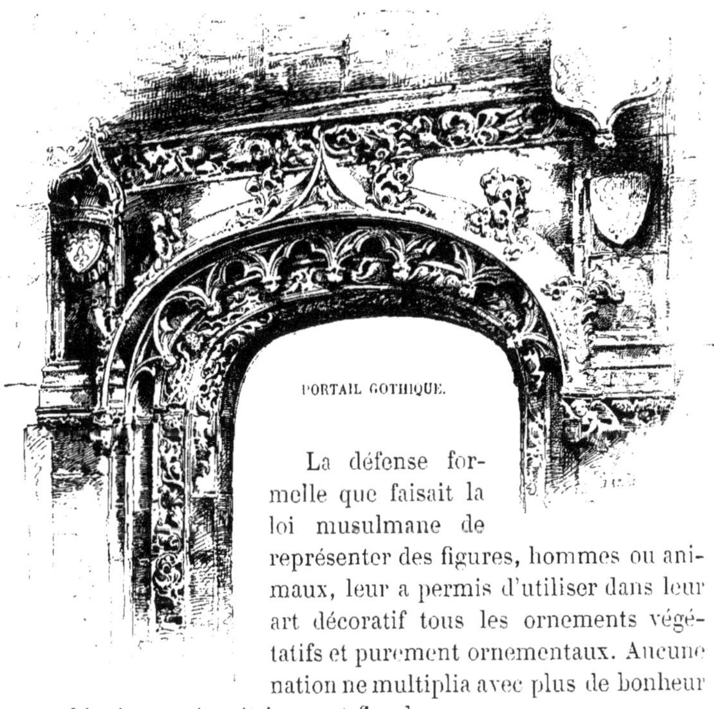

PORTAIL GOTHIQUE.

La défense formelle que faisait la loi musulmane de représenter des figures, hommes ou animaux, leur a permis d'utiliser dans leur art décoratif tous les ornements végétatifs et purement ornementaux. Aucune nation ne multiplia avec plus de bonheur les combinaisons géométriques et florales.

Les découpages extraordinaires de la pierre, s'enchevêtrant comme des jeux de patience, donnent une apparence de vie et de mouvement en permettant à la lumière de s'y jouer. Les ombres portées, fort nombreuses et petites, animent la surface par la vivacité des oppositions de valeur.

La pastèque, fruit très commun dans ces pays, sert de type pour inventer le dôme à côtes reproduisant géométriquement les divisions de la pastèque en coupe longitudinale. Les rosaces dérivent du même fruit coupé perpendiculairement à son grand axe avec les graines en motif de milieu et les huit lobes circonférentiels.

Le lotus, souvenir de l'Égypte que les Arabes avaient conquise, forme les merlons, petits murs espacés régulièrement au-dessus des murailles comme des créneaux et couronnant le mur extérieur des mosquées.

La fleur est donc un des ornements typiques de l'art arabe avec les jeux de fonds et des juxtapositions ingénieusement agencées de caractères, écrits déjà fort décoratifs par eux-mêmes, manifestation de l'art persan.

Un agencement assez personnel aux musulmans, c'est l'enroulement continu de tiges courbées rattachées à un centre commun et rayonnant jusqu'à la circonférence.

Quand les Arabes se sont implantés en Espagne, ils donnèrent leur art à ce pays, dont ils subissent cependant l'influence. Cet alliage de deux arts aux tempéraments divers forme le style mauresque.

Là, les grandes lignes de l'ornementation contiennent les principes d'une réelle construction; aussi, malgré la légère saillie des ornements, ont-elles une grande apparence de solidité.

Nous n'entrerons certes pas dans le détail de l'art mauresque qui comprend trois manières bien caractérisées; nous serions entraînés par une étude trop minutieuse et trop longue qui nous ferait sortir des limites de notre programme, car l'ornement, bien que floral, d'une délicatesse exquise et d'un travail incomparable, est surtout très géométrique. Jamais peuple n'a semé avec plus de profusion et de magnificence, la broderie fine de pierre et les agencements de bois en marqueterie aux ornements de toutes sortes.

*
* *

Revenons à l'architecture latine au point où nous l'avons laissée.

C'est à partir du IXe siècle que les productions occidentales prennent une originalité par la fusion des arts précédents auxquels s'ajoute l'art byzantin.

Le mode celtique prend une grande élévation sous le nom de mode roman.

A l'ornement végétatif s'adjoint alors la figuration des quadrupèdes et des oiseaux. Le dessin est énergique, la composition en est fort logique. L'épanouissement des fleurs est conforme aux lois de l'équilibre et de l'harmonie. L'ampleur des feuillages vigoureux largement découpés atteste la transformation définitive de l'art antique dont le roman dérive.

*
* *

Nous arrivons à l'art gothique ou ogival, magnifique épanouissement d'œuvres imaginatives, ingénieusement trouvées, d'une expression très intense.

La foi religieuse concentre toutes les facultés vers le même but : l'enrichissement des cathédrales, le souci de les rendre imposantes et majestueuses.

La nature vivante avec toutes ses productions, ses magnificences et même ses imperfections, est traduite de mille manières, comme si les artistes qui l'ont interprétée avaient voulu, dans des monuments à la formule impérissable, lui rendre un hommage. La cathédrale qui s'élève vers le ciel et domine les villes du bruit de sa puissante voix d'airain est vivante, éclose comme une plante aux courbes gracieuses, élancées.

Tous les feuillages sont représentés avec leurs découpures et leur variation; toutes les fleurs y figurent.

La flore d'abord conventionnelle se dégage de la formule, devient plus belle, plus pittoresque. Les pétales des fleurs se contournent, se fripent; au xve siècle sa richesse devient même exagérée, trop bruyante et nuit à l'harmonique ensemble. C'est le résultat d'une habileté considérable, car les artisans qui contournent la pierre se font un jeu des difficultés.

Malgré cela, l'art ogival est sévère dans sa logique, procédant du même principe des grandes lignes, de telle sorte qu'une simple balustrade peut donner l'âge d'un monument.

Le lierre, la vigne vierge, le quintefeuille, le nénuphar, le bouton d'or, le chêne, le fraisier, le roseau, la mauve frisée, le chou, le chardon, le houx, la chicorée, la marguerite, la rose, l'œillet, la pensée, d'autres encore sont les nombreux types floraux employés par le moyen âge.

*
* *

Le voisinage des vestiges de l'antiquité avait laissé dans l'esprit italien les traditions des anciens âges; aussi quand l'enthousiasme littéraire porta les esprits à la contemplation de la Grèce et de

Rome, les artistes s'ingénièrent-ils à les faire revivre également dans leurs productions.

Le mouvement partit de l'Italie et gagna bientôt la France. A la fin du xve siècle, les artistes italiens s'inspirèrent fortement de la flore romaine; leur ornementation grasse, bien soutenue, reste, quoique rude, fort agréable par sa coloration.

Bientôt le style s'affine, devient plus élégant, plus riche; de délicats rinceaux s'enroulent avec grâce. Les feuilles harmoniquement courbées, s'attachent vigoureusement aux branches souples que terminent des fruits. L'acanthe est, à ce moment, très utilisée.

FRISE GOTHIQUE.

Bientôt apparaît le rinceau en volute, ornement type de la Renaissance, et les copeaux enroulés sous le rabot qui donnent l'idée d'une nouvelle ornementation : les cartouches aux bords contournés. Mais, malgré l'apparence d'ornement pur qu'affectent ces formes nouvelles, c'est la flore qui inspire la plupart des courbes et des enlacements.

L'influence arabe se fait sentir et se mêle à la renaissance des arts antiques. Le goût des grands artistes du xvie siècle apporte des formules nouvelles et cet art, issu de combinaisons, entre de toutes pièces en France ; c'est le bouleversement de notre art naïf et original qui tendait à se développer, mais qui ne peut subsister sans modifications devant une révolution pareille et suit malgré lui le mouvement.

Le tempérament vif et assimilable des artistes français leur permet de soumettre les traditions du moyen âge aux exigences du style transformé. Ils savent donc combiner avec une adresse remarquable les éléments français avec les formes nouvellement acquises et créent ainsi, à côté de la Renaissance italienne caractéristique, la Renaissance française, décoration riche et abondante tout en restant empreinte de légèreté et de finesse.

La France avait appliqué et absorbé si bien l'art italien, en appropriant les élégances nouvelles à ses qualités natives, que loin de se diminuer, l'art décoratif prit un nouvel essor grâce à de grands artistes comme Jean Cousin et Jean Goujon.

La vogue des productions italiennes dura jusqu'à Louis XIII, un peu sous l'influence de Concini.

Au début du règne de Louis XIV, l'influence flamande se fit sentir et, de ces éléments fusionnés, l'art prit un air de majesté et de grandeur qui contribua à l'éclat du règne du roi Soleil.

Malheureusement, avec la préoccupation d'une ornementation trop riche, trop imposante, les défauts s'introduisaient, les formes étaient quelquefois bizarres, trop contournées, alourdies.

On ne se préoccupait point de traiter l'ornement suivant la matière à travailler, un seul mode d'ornementation présidait à la confection de tous les ouvrages fabriqués, sans aucun souci de leur caractère. La fleur était traitée en bouquets épanouis dans des vases, et présentée à son état naturel, lourdement, sans aucun effort d'interprétation.

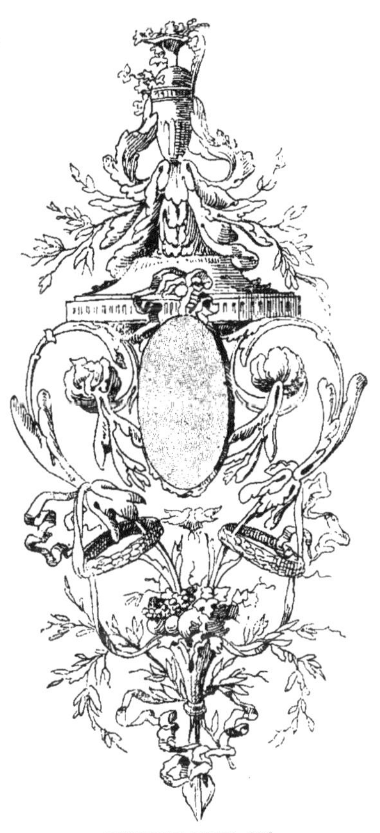
ORNEMENT LOUIS XVI.

Les palmettes grecques étaient reprises et prenaient un rôle important.

Cependant, si le goût n'était ni assez sobre ni absolument sûr, l'imagination était loin d'être tarie. Elle s'efforçait de trouver des agencements ingénieux et donnait toujours une grande richesse à tout ce qu'elle inventait.

*
* *

Le XVIIIe siècle abandonna complètement la sévérité des années précédentes, pour rechercher l'élégance, souvent prétentieuse mais toujours charmante. Aucune époque ne sut mieux utiliser toutes les finesses d'expression pour la décoration privée; sous l'apparence d'une grande frivolité, on y retrouve quand même une entente extraordinaire des lois de la décoration.

Tout est capricieux et spirituel, mièvre parfois, jamais pauvre. Si le goût n'est pas impeccable, il faut cependant reconnaître que les artistes de l'époque Louis XV ont eu de très grandes hardiesses et d'étonnantes habiletés.

La fleur est souvent remplacée par la *coquille*, élément caractéristique de Louis XV; la rocaille, comme elle est appelée, prend une importance énorme.

Les conceptions étaient si maniérées que le retour à un goût plus simple ne tarda pas à être en faveur : aussi, les formes du style Louis XVI sont-elles charmantes par leur allure simple; moins torturée; elles prennent une allure régulière et correcte qui les rendent distinguées et de bon goût.

*
* *

Une longue période, celle des révolutions et des guerres, arrête le mouvement artistique.

Après l'avènement de Napoléon Ier, il se crée un art qui emprunte ses formes à l'antiquité, mais plus lourdement; les lignes sont froides et monotones, sans intérêt.

On copie la fleur sans la traduire, on en fait des semis empreints surtout de banalité.

L'art décoratif reste stationnaire jusqu'à la néfaste guerre de 1870. Ce n'est guère que depuis 25 ans qu'un nouveau mouvement se prépare grâce aux efforts et à l'ingéniosité d'une pléiade d'artistes qui donnent en France des œuvres empreintes d'un certain cachet d'originalité.

Dérivé du moyen âge, mitigé d'oriental, de japonais principalement, l'art moderne s'est tout à coup développé durant ces dernières années. L'engouement du public vers tout ce qui touche la décoration permet à celle-ci d'ouvrir un champ plus vaste à ses productions qui constituent, par l'accumulation des idées nou-

PAYSAGE DE RUYSDAEL.

velles qu'elles apportent, le noyau tout formé d'un art qui certes, — nous l'espérons — verra sous peu son épanouissement complet.

* * *

La légende qui veut que les raisins de Zeuxis aient été si servilement copiés, que les oiseaux, croyant à la réalité, vinrent y picorer, est peut-être plus ou moins fondée : si elle tend à prouver que les artistes de la Grèce savaient fort habilement leur métier — ou que les oiseaux du même pays étaient fort bêtes, — elle nous apprend, en tout cas, que la plante, fleur ou fruit, tenta les peintres à une époque reculée.

Tous les pays, tous les siècles ont au moins un représentant.

La peinture du paysage, qui est relativement moderne, a eu et a surtout, beaucoup de disciples.

Rembrandt, dans sa *Chaumière au grand arbre*, idéalise le paysage; il saisit, dans le pittoresque désordre des plantes qui

PAYSAGE DE COROT.

poussent sur le chaume, le sentiment qui s'en dégage. Il n'imite point la nature, mais l'interprète, parce qu'elle a provoqué son émotion.

Ruysdael, au lieu de voir la gaîté de la nature, voit sa sombre tristesse avec ses lourds nuages d'orages, ses torrents furieux, ses arbres déracinés, tandis que Berghem, plus souriant, se plaît à contempler les ciels bleus, les aspects paisibles, les ruisseaux gais où s'abreuvent les troupeaux. L'école paysagiste flamande a une intense sensation.

Poussin et Claude Lorrain semblent l'avoir moins éprouvée. Leurs paysages, composés minutieusement par l'emplacement rigoureux des silhouettes d'arbres, se garnissent de ruines classiques accompagnées de lignes calmes et majestueuses ; c'est le souvenir de la Grèce et de Rome.

L'aspect est grand, sévère, mais perd un peu les accents du vrai, de l'effet qui a donné l'émotion. C'est trop styliser la nature, trop la convertir en système.

TABLEAU DE MILLET.

Quoique Poussin ne soit pas complètement sorti des conventions, il est cependant le grand artiste qui prépara par son indépendance, l'école paysagiste que le XIXe siècle développa en écartant d'elle tout procédé. Poussin possède au suprême degré l'harmonie qui coordonne toutes les parties d'un paysage. Il sait donner une poésie très intense à tout ce qu'il fait : il aime la nature et les arbres, on le sent continuellement dans son œuvre.

A côté de lui, Claude Lorrain, qui s'en inspire fort, trouve des effets, des intensités lumineuses extraordinaires, dans des aspects de soleil matinal au bord de la mer, ou des francs contrastes sur de somptueux édifices.

Après avoir cité : Dughet, qui fit des paysages de convention avec la formule de Poussin, mais sans génie; Desportes, qui accompagne ses chasses de fonds et de premiers plans de fleurs, sans grand intérêt; Watteau qui, avant que Jean-Jacques Rousseau ne révélât la vraie nature, l'avait comprise avec finesse, sachant donner à son paysage la fraîcheur et l'élégance qu'il donnait à ses figures; Oudry, Lapara, Bruandit, etc., nous passerons aux paysagistes de 1830 qui furent légion.

En effet, à ce moment, quelques jeunes peintres pris d'ardeur cherchèrent autour de Paris leurs inspirations.

Théodore Rousseau découvre dans la nature mille choses inédites. De l'aube au crépuscule, il éprouve d'immenses sensations qu'il traduit avec une forme nouvelle. Il inaugure véritablement le paysage moderne.

Fromentin résume la révolution qui se produit à ce moment dans les paysages, quand il dit :

« L'œil devint plus curieux et plus précieux. La sensibilité, sans être plus vive, devint plus nerveuse, le dessin fouilla davantage, les observations se multiplièrent : la nature, étudiée de plus près, fourmilla de détails, d'incidents, d'effets de nuances; on lui demanda mille secrets qu'elle avait gardés pour elle ou parce qu'on n'avait pas su ou parce qu'on n'avait pas voulu l'interroger plus profondément sur tous ces points. »

Corot, le poète exquis des paysages matinaux argentés de vapeurs, qui massent les arbres et enveloppent tout, débuta cependant par la copie minutieuse de toutes les feuilles dans des compositions où les morceaux classiques d'architecture dominaient; lui qui semblait se destiner au paysage de convention trouva par la suite de puissants moyens d'expression, une distinction de couleurs et une souplesse d'exécution merveilleuses qui le classent au premier rang des grands paysagistes français.

Auprès de lui, Millet montrait avec vigueur la vie des champs qu'il avait faite sienne, représentant les travaux des laboureurs, les occupations des paysans, moissonneurs, glaneuses, tueurs de cochons, par des moyens fort simples et par cela même très grands. Une poésie rêveuse accompagne toutes ses œuvres et l'Angélus, dont le commerce a exagéré sans doute la valeur, n'en est pas moins une œuvre très intense d'un artiste sincèrement ému par la nature qu'il aimait passionnément.

L'école formait des élèves qui profitaient des exemples. Jules Dupré rendait les aspects graves de la nature par des œuvres d'un fort caractère, avec moins de sensibilité que ses prédécesseurs ;

PAYSAGE DE DAUBIGNY.

Daubigny peignait les ombreux paysages des bords de la Seine avec finesse et Chintreuil apportait, avec un tempérament un peu chétif, des délicatesses charmantes.

Troyon trouve dans l'expression des animaux, les vaches principalement, des accents vigoureux sous de jolis effets de lumière. Adroit dans son art, il peint avec une grande dextérité qui le rend moins sincère que Corot ou Rousseau.

Avec des novateurs tels que ceux-là, le mouvement était donné définitivement, et la liste des paysagistes contemporains — les Français, les Harpignies, etc. — qui savent trouver l'expression de la nature, est immense.

Le grand paysage des forêts, les plaines, les champs colorés de fleurs, tous les effets, tous les aspects, sont, par eux, rendus avec bonheur.

Aujourd'hui les moyens de locomotion sont si faciles qu'autour de Paris, bicyclettes et chemins de fer déversent dans les pays « à motifs » des régiments de paysagistes. Que sont devenues les campagnardes habitations de Marlotte et de Cernay, où les Dupré, les Millet faisaient leurs demeures de toute l'année et travaillaient en sabots dans les cours de ferme?... Il faut aller loin, de nos jours, pour retrouver la « vraie » campagne où les fleurs sauvages poussent à leur gré et les arbres suivant leur bon caprice.

LES SAVANTS

L'étude de la plante est tellement complexe qu'elle renferme à elle seule une foule de connaissances qui s'y rattachent.

En effet, il faut d'abord considérer dans la plante, sa forme, sa structure et ses fonctions. Il faut deviner son origine et la suivre dans son développement jusqu'à sa mort.

Il faut enfin étudier ses organes dans ses plus minutieux détails.

Si l'on veut pousser plus loin la connaissance des plantes, il faut savoir les nombreuses familles qu'elles composent, les conditions climatologiques qui leur sont favorables, retrouver leurs caractères de ressemblances ou de dissemblances, distinguer les monstres des individus bien constitués.

Il est enfin intéressant de connaître les applications chimiques et industrielles.

« Botanique » est le terme général qui s'applique à l'étude de la plante.

La botanique se divise en plusieurs parties, suivant la branche dont on s'occupe plus spécialement.

L'*organographie* est l'étude de la plante comme chose passive et inerte ayant sa forme anatomique, ses tissus et ses différents organes qui subissent des phases diverses de l'origine à la mort, c'est la froide nomenclature de toutes les parties qui composent un tout.

Considérée comme un être vivant obéissant impérieusement aux lois de la nature, la plante fait l'objet de la *physiologie* qui passe en revue tous les phénomènes de l'être organisé, respiration, nutrition et reproduction.

L'organisation histologique et anatomique de l'individu végétal et ses fonctions physiologiques étant connues, il est intéressant d'en savoir les familles, les parentés et les différents habitats : cette branche nouvelle de la botanique s'appelle la *taxonomie végétale* qui classe les plantes d'après la valeur des caractères qu'elles présentent dans des classifications ayant chacune leur appellation spéciale.

*
* *

Les végétaux comme les animaux reproduisent individuellement des types qui leur ressemblent plus ou moins. Cette collection de types aux caractères communs forment des espèces.

Malgré les similitudes qui se présentent le plus souvent, il y a certains types qui, sous l'influence de conditions d'existence inégales, déterminent des différences; on les classe sous le nom de *variétés*; si, au contraire, ils ont des analogies sérieuses, ils forment un *genre*. Les genres qui entre eux se ressemblent le plus forment une *famille* : la réunion de familles semble constituer un *ordre* ; plusieurs ordres, une *classe*; plusieurs classes, un *embranchement*; tous les embranchements enfin déterminent le Règne végétal.

On voit donc que cette classification très logique est en même temps fort ingénieuse.

*
* *

Il fallait donner à chacune des branches de ces classifications des noms qui renfermassent en quelque sorte dans leur corps même leur signification et leur attribution. Il fallait un idiome particulier

Tous les noms des plantes sont empruntés au latin. Chaque espèce est désignée par deux mots; le premier, substantif, désigne le genre; le second, adjectif, désigne l'espèce.

Pour indiquer la variété, on ajoute un second adjectif au nom de l'espèce. Les caractères extérieurs d'une plante lui fournissent le nom de son genre *polysiphonia* (pl. tubes) ainsi que des noms de savants, *Jungermannia*, Jungermann, les lieux d'habitat, *èpidendron* (sur les arbres). Le nom de l'espèce se rapporte à une qualité : *viridis*, vert.

Pour déterminer les noms de famille, on prend d'une famille le nom le plus important d'un des individus en y ajoutant la terminaison acée, *Renonculacées*.

Quand la famille est trop vaste, on la subdivise en tribus qui reçoivent la terminaison en ées, *malvées*.

Pour désigner les organes de la plante, on emploie des mots du langage commun, ou des mots tirés du latin et du grec.

Connaissant les plantes par tribus et par familles, il faut en faire maintenant la statistique, la distribution sur le globe.

La Géographie botanique nous apprend donc la répartition dans l'espace des plantes actuelles, les conditions spéciales grâce auxquelles elles vivent dans tel ou tel climat.

* * *

Nous avons vu au début que : la répartition des espèces végétales dépend absolument de la constitution des terrains où elles vivent, du climat et de l'exposition de leur habitat.

L'intensité de la lumière et de la chaleur exerce en même temps son influence sur la plante, sur sa couleur même, car on peut constater que, dans les régions tropicales, les fleurs ont un éclat beaucoup plus vif.

Les obstacles matériels limitent également la région qui occupe chaque espèce sur le globe.

La sécheresse et l'humidité sont encore des causes importantes dans la délimitation des végétaux.

Un savant, M. Grisebach, distingue 24 régions bien tranchées subdivisées en provinces :

La zone arctique.

La région des forêts du continent européen-oriental et du nord de l'Asie.

La région méditerranéenne.

La région des steppes asiatiques.

La région de la Chine et du Japon.

La zone des moussons de l'Inde.

Le Sahara.

Le Soudan.

La Kalahari.

Le cap de Bonne-Espérance.

L'Australie.

La région des forêts de l'Amérique septentrionale.

RÉGION ARCTIQUE.

La région des prairies de l'ouest des États-Unis.

Le littoral de la Californie.

Le Mexique.

Les Indes Occidentales.
Les pays de l'Amérique méridionale sis au sud de l'équateur.
La région équatoriale du Brésil.
Le Brésil.
La région tropicale des Andes de l'Amérique.
La région des Pampas.
La région de transition du Chili.
La zone des forêts Antarctiques.

RÉGION DU JAPON.

Les îles océaniques situées entre les deux continents de l'est et de l'ouest.

Dans chacune de ces régions végétales un petit nombre de familles fournissent un caractère propre à chaque pays.

Les composées et les légumineuses abondent au cap de Bonne-Espérance, en Australie, etc.

L'Amérique septentrionale est caractérisée par les crucifères, les ombellifères, etc.

L'Asie intertropicale par les balsaminées, les jasminées, le Chili par les calycérées....

Mais nous n'en finirions plus si nous voulions établir la nomenclature de toutes les familles le plus souvent répétées dans chacune des régions : ce serait pénétrer dans l'immense domaine de la géographie où nous risquerions de nous égarer très vite et dans la cohorte infinie des noms en « acées », terminaison ironique qui nous engage à cesser cette ennuyeuse énumération.

Auprès de la géographie botanique, une autre science a pour objet l'étude de la distribution des plantes dans les époques géologiques. Elle permet d'étudier non seulement les transformations des plantes, leur âge, leurs conditions de germination, mais encore l'acclimatation à laquelle elles se sont accoutumées.

Cette science s'appelle la *paléobotanique*. Grâce à elle, on a pu reconnaître que les végétaux sont apparus à l'époque dévonienne, une des premières constitutions des terrains de l'écorce terrestre.

De cette période date l'existence des cryptogames, mousses, champignons, algues, ayant la conformation la plus rudimentaire. Bientôt apparaissent des végétations vigoureuses de fougères, d'équisetacées dont la tige rappelle la prèle commune qu'on trouve dans les champs. A l'époque de la houille formée de végétaux décomposés, on reconnaît des empreintes de troncs d'arbres, de feuilles, de petites branches et de fruits; les conifères apparaissent avec les espèces des araucarias.

Au terrain permien qui succède au terrain carbonifère, appartiennent les palmiers et les conifères qui constituent dès lors d'immenses forêts ; les dicotylédonées sont aussi abondantes que les monocotylédonées.

La végétation prend de plus en plus d'importance, les forêts sont abondantes; à la période jurassique s'attache une végétation spéciale, les conifères, les fougères et les prèles à colonne foisonnent.

Les cycadées atteignent leur période d'extension et les palmiers dressent très haut leurs stipes.

Des liliacées peuplent les champs, des algues se balancent au milieu des flots. La température est analogue à celle des régions subtropicales.

Vers le milieu de l'époque crétacée, il y a refroidissement de la croûte terrestre, la végétation des herbivores manque encore, ce qui explique l'absence complète des ruminants.

Avec la période du grès vert, se montre une végétation puissante d'arbres dont les genres ressemblent aux nôtres; les conifères, les cupulifères, les salicanées, les juglandées s'y trouvent en grande abondance. Aux révolutions opérées lentement succède un ordre, un équilibre merveilleux.

Les espèces commencent à être identiques aux nôtres. De vastes forêts de conifères couvrent le sol, les palmiers ombragent des contrées dont le climat semble à cette époque défavorable à leur croissance.

Le Groenland, dont la température était plus chaude qu'à présent, se couvrait de pins, de hêtres, de magnolias, de cyprès; le Spitzberg et l'Islande possédaient des tulipiers, des érables, des platanes.

La température prend une marche décroissante qui va en s'accélérant en Europe. Les types tropicaux disparaissent peu à peu de ce continent pour n'y laisser désormais que les types actuels, le chêne, l'orme, l'aune, le prunier, le laurier, le figuier, le platane, etc.

Voilà, en quelques mots, les origines végétales pour la recherche desquelles il a fallu tant d'années, tant de persévérance.

En faisant cette rapide nomenclature, grâce aux ouvrages fort intéressants qui existent en grand nombre sur toutes les branches scientifiques, on pense aux efforts considérables qu'il fallut faire pour expliquer ces phénomènes de la nature, et en découvrir les causes et les lois.

Quelle lente évolution, hâtée de temps en temps par le génie d'un Newton, d'un Pasteur ouvrant de nouvelles voies où s'engage la science de tous les coins du monde jusqu'à un nouveau ralentissement !

Que de découragements profonds succédant à de patientes et fiévreuses recherches que le succès ne couronne pas toujours ! Quel continuel exercice d'observation il faut au savant pour pouvoir émettre une hypothèse, en avoir l'intuition et constater les résultats de l'expérience.

Quand le savant a découvert les causes et institué des lois, il cherche à appliquer ses connaissances et ses découvertes....

En effet, les plantes renferment en elles des principes nombreux qui agissent différemment sur notre organisme d'une manière nuisible ou salutaire ou dont les effets sont nuls; l'étude des propriétés spécifiques des végétaux entre dans le domaine de la médecine et de la pharmacie, qui s'en occupent spécialement. Nous aurons l'occasion d'en parler dans un chapitre suivant.

En dehors des propriétés salutaires des plantes, il en est d'autres encore : les propriétés nutritives, dont l'étude comprend non-seulement l'alimentation, mais encore la connaissance des conditions nécessaires à la prospérité des plantes et à la destruction des parasites qui leur sont nuisibles.

Enfin les végétaux donnent des produits qui ont des rapports indirects avec l'homme. Ils sont l'objet de l'exploitation industrielle; les bois en matériaux de construction, les fibres textiles, les matières colorantes, les substances oléagineuses.

L'étude des plantes, on le voit, est féconde en connaissances

LE SAHARA.

générales, et en explications utiles. Il a fallu de longs siècles pour établir la science de la botanique.

* * *

L'antiquité n'a eu en botanique qu'un amas confus de connaissances. Aristote le premier posséda quelques notions exactes sur la racine et sur la graine.

Théophraste est le père de la botanique scientifique, car il fit un ouvrage assez complet dans lequel il décrivit toutes les plantes employées de son temps.

Pline se contenta de réunir dans un ouvrage d'histoire naturelle tout ce qui avait été fait jusqu'à lui.

Durant de longs siècles la botanique vécut des découvertes antiques, sans avancer d'un pas. On se contenta d'en faire une science d'érudition sans qu'aucune application, aucune idée nouvelle vînt se greffer sur l'arbre antique.

Le goût apporté par les artistes du moyen âge aux beautés de la nature, l'expression qu'ils apportèrent dans leur interprétation, ne fut pas sans effet sur la science, qui résolut d'abandonner les connaissances stériles pour puiser dans la nature les richesses qu'elle étalait à leurs yeux.

CYCLAMENS.

Les explorateurs revinrent documentés sur la flore des pays lointains, les botanistes étudièrent la plante dans tous ses détails et au xve siècle de grandes villes italiennes et françaises, puis enfin Paris, créèrent des jardins où l'on cultiva les plantes pour les étudier.

*
* *

La botanique scientifique commence avec Conrad Gessner qui révolutionna les connaissances qu'on avait jusque-là, en remplaçant l'ordre alphabétique par une classification fondée sur la structure de la fleur et du fruit. D'ailleurs c'est sur la classification seule qu'on peut fonder un système durable, car c'est la méthode qui range en groupes distincts les êtres de la nature en les renfermant dans un ordre qui facilite l'étude et fait comprendre rapidement les rapports.

Enfin la science ne pourrait qu'agir sur de vagues généralités, et rester dans la confusion, comme la botanique dans l'antiquité, si elle ne concevait pas un ordre, une succession, une analogie dans la nature; c'est ce qui fait dire à Cuvier : « Une bonne classification est un arrangement dans lequel les êtres du même genre seraient plus voisins entre eux que ceux de tous les autres genres, les genres du même ordre plus que de ceux de tous les autres ordres, et ainsi de suite. »

Or Candolle indique dans son ouvrage les conditions les meilleures que doit remplir une classification, non pas arbitraire et reposant sur des caractères accessoires, mais d'un fondement naturel qui reproduise autant que possible l'ordre de la nature.

La méthode qui selon lui a pour but de donner, à ceux qui ne connaissent pas le nom des plantes, un moyen facile de le découvrir par l'inspection de la plante elle-même, doit être basée sur quelque caractère inhérent à la plante, sa structure par exemple : car ce qui tient à sa position dans la nature, à ses usages, à son histoire ne peut frapper les sens.

Cette méthode doit reposer sur les parties solides, et non les sucs liquides puisque ceux-ci disparaissent avec la mort.

Parmi les organes solides on doit choisir de préférence ceux qui sont faciles à voir, qui se trouvent dans la plupart des végétaux, qui, tout en étant constants, donnent lieu à des variations faciles à saisir.

Les organes choisis doivent être visibles dans le même moment, afin qu'on ne soit pas obligé de suivre la série entière de l'existence de la plante.

C'est sur cette classification artificielle que Linné a fondé son système sexuel des plantes.

Cependant Linné, qui a suivi la méthode artificielle, a très bien marqué la différence qui existe entre celle-ci et la méthode naturelle introduite par A. de Jussieu en botanique, quand il disait :

« La méthode naturelle a été et sera le dernier terme de la botanique, le premier et le dernier but des désirs du botaniste. La méthode artificielle n'est qu'un succédané de la méthode naturelle. »

Effectivement, si la méthode artificielle est un moyen de reconnaître les plantes, la méthode naturelle établit la véritable nature et les véritables rapports : si la première montre les caractères visibles, elle ne suffit pas, car ce qui est visible n'est pas toujours le plus important. Elle classe les sujets après leur mort ; mais certains signes ne durent que pendant la vie.

Nous avons subdivisé notre chapitre en organographie, physiologie, géographie, etc., en classes ayant chacune leur grand intérêt dans la connaissance des plantes ; la méthode artificielle ne les mentionne pas et c'est à ces lacunes que la méthode naturelle porte le remède. L'exemplaire pratique de cette méthode est l'herbier.

*
* *

L'herborisateur est une sorte de bipède, assez commun dans nos contrées, portant comme signe distinctif une longue boîte arrondie, faite de fer-blanc et peinte en vert comme les feuilles auxquelles elle servira de prison. Sa tête est recouverte d'un chapeau aux larges bords pour l'abriter du soleil. Ses yeux sont quelquefois protégés par deux cercles de verre appelés lunettes, car son excessive attention à fixer la route qu'il suit le rend myope comme une taupe : en effet, le corps incliné en avant, les regards fixés sur les bords des routes qu'il arpente, des prairies qu'il parcourt, il marche sans relâche ; tout ce qui se passe autour de lui le laisse indifférent, hormis la proie qu'il cherche. Nulle plante n'échappe à son observation et on le voit tout à coup vivement intéressé par une herbe, une fleurette qui semble l'hypnotiser.

L'herborisateur porte souvent une loupe, la braque sur le butin qu'il a choisi comme pour le fasciner, saisit la pauvre fleurette ou l'herbe mignonne et l'engloutit dans sa boîte en fer-blanc, comme le chiffonnier jette le précieux chiffon dans sa hotte. Puis tout heureux de sa trouvaille, il continue sa route.

Très résistant à la fatigue, il marche sans redouter le soleil, la pluie ou les orages : il va volontiers où son désir le pousse, n'ayant pas de lieu préféré : tantôt on le voit au bord des chemins, tantôt près des rivières, dans les forêts, au sommet des montagnes, au fond des ravins.

Essentiellement diurne, sauf de rares exceptions, il rentre dans sa demeure quand le soleil se couche et là, retirant avec soin de son carnier le produit de sa chasse, il le plonge dans l'alcool ou dans l'eau bouillante, le retrempe dans l'eau froide; sortant ensuite du bain tous les échantillons récoltés, il écrase les corolles et les feuilles entre deux pages de buvard. Plus tard, quand ils seront bien secs, il les collera sur du papier fort, plaçant en dessous de chacun d'eux les pièces d'identité qui en marquent l'espèce, le lieu de naissance et les signes particuliers.

L'herborisateur, — j'entends celui qui herborise pour étudier, — fait sa classification par espèces, genres, familles, sachant d'avance la série des plantes qu'il va glaner pour compléter son herbier, lequel représente, quand il est complet, le genre végétal dont il aura disposé différemment les éléments suivant la méthode qu'il aura adoptée.

*
* *

Mais nous nous sommes beaucoup écartés de la botanique et des botaniciens dans l'histoire, revenons-y.

Après la réforme de Conrad Gessner, qui avait donné la clef, le champ est vite exploité.

Gessner avait eu la première idée du *genre*, Césalpin ajoute la *classe*, Magnol introduit la *famille* et Bauhin donne un catalogue des noms et de la synonymie de six mille *espèces*.

Il manquait une nomenclature et une classification rationnelle; Tournefort, en France, et Linné, en Suède, les donnèrent.

Le premier circonscrit les genres avec une rigueur scientifique. Il admet, dans le règne végétal, vingt-deux classes, qu'il distingue d'après les caractères de la corolle, ceux de la racine, de la tige et de la feuille.

Linné substitua aux longues phrases confuses, qui désignaient les espèces, la nomenclature binaire (substantif, *genre*; adjectif, *espèce*). Il réforma ensuite la classification de Tournefort.

Il établit son système sur les caractères des étamines, ce qui fut une révolution dans la botanique.

Nous avons dit plus haut les inconvénients de la méthode artificielle. Ils furent présentés par plusieurs savants, Magnol, Adanson qui fit une tentative sans succès.

Jussieu appliqua définitivement la classification naturelle en démontrant que tous les caractères n'ont pas la même valeur, et qu'il faut les diviser en caractères dominateurs et en caractères subordonnés. Ce furent là les bases véritables de la science naturelle.

UN HERBORISATEUR.

Nous avons donné au début les méthodes de Linné et de Jussieu. On se rendra compte de la différence de chacune d'elles en les parcourant.

Jussieu est donc le véritable créateur de la science botanique, qui fit des progrès assez rapides.

Le microscope, la découverte de la chimie furent de merveilleux moyens de recherches; sans interruption, on découvrit la structure cellulaire des végétaux, celle des vaisseaux; on donna l'explication de l'ascension de la sève par la capillarité ; les fonctions des feuilles furent dévoilées; on connut la respiration végétale.

Des études purent être faites sur la chlorophylle, nous en avons dit quelques mots à propos de la feuille.

Les connaissances tendent, de nos jours, à s'accumuler de plus en plus, grâce aux fructueuses recherches d'un grand nombre de savants, grâce aussi à la bactériologie que le génie de Pasteur a découverte et dans le détail de laquelle nous n'avons pas à entrer ici. Disons seulement que cette science est universelle et trouve partout ses applications puisqu'elle traite des poussières invisibles, végétations, moisissures, qui semblent être le passage entre les êtres inorganisés et les êtres organisés et représenter la loi de continuité, « *non datur saltus in natura* » des organismes en puissance qui se développent à l'air, des poussières de l'air qui, suivant Pasteur, contiennent tous les germes des proto-organismes.

CHAPITRE IV

MÉDECINS, PHARMACIENS, ETC.

La plupart des plantes (nous entendons ici parler surtout des plantes sauvages) sont employées en médecine; certaines ont même acquis, comme spécifiques, une telle notoriété, due à leurs vertus réelles, qu'on les cultive uniquement pour cela.

Dans cette culture, la recherche des variétés diverses n'a rien à voir, au contraire, car il faut conserver à la plante ses qualités, ses caractères primordiaux; ce sont, en quelque sorte, des sauvages qu'on apprivoise. Ces plantes forment des colonies végétales placées sous le protectorat des médecins ou des chimistes...

Nommer les plantes médicinales ou pharmaceutiques serait donc les citer à peu près toutes. Il en est qui furent célèbres autrefois, très employées, très vantées et qui aujourd'hui sont à peu près abandonnées!

Il en est dont les propriétés, toutes spéciales, sont peu usitées, d'autres qu'on emploie journellement

Lequel d'entre vous n'a point dans son tiroir quelques têtes de camomille, quelques feuilles d'oranger? Celles-là peuvent être prises sans crainte; si leur effet n'est point toujours très accusé, au moins est-il sans danger. Mais il en est d'autres, au suc si violent, qu'il n'en faut faire usage que « sur ordonnance »... Il en est, enfin, dont les facultés sont telles, qu'on ne les prend guère que lorsqu'on veut en obtenir un effet... tout spécial :

« Passez-moi la rhubarbe, je vous passerai le séné. »

⁂

On pourrait, en quelque sorte, classer les plantes médicinales en plusieurs divisions qui auraient chacune leurs subdivisions, etc.

Nous aurions ainsi les fébrifuges et les névritiques, les astringentes, les purgatives, les diurétiques, les soporifiques, les antispasmodiques, que sais-je?...

Comme fébrifuge on placerait en tête de ligne, le *Quinquina*, les *quinines*; dérivatifs d'un arbre que nous n'avons point dans nos climats, mais qui a pris naissance dans les pays où les fièvres, que ses vertus apaisent ou guérissent, règnent à l'état latent. Le quinquina, arbre précieux dont l'écorce renferme, outre la quinine, la cinchonine et le tannin, à doses diverses, suivant l'espèce de celui qui les produit.

ABSINTHE.

De longue date les Indiens connaissaient les propriétés fébrifuges du quinquina; c'est grâce à un Indien, du reste, que nous bénéficions aujourd'hui de la bienfaisante substance. Au XVIIIe siècle, la femme du vice-roi du Pérou, la comtesse del Cinchon, était atteinte d'une fièvre rebelle à tout traitement; le gouverneur de Loxa la guérit en lui faisant prendre de la poudre de quinquina, dont un indigène lui avait révélé les vertus.

Revenue en Europe, la comtesse rapporta de la précieuse poudre dont la réputation s'étendit bientôt, en Italie d'abord où les

Jésuites la popularisèrent, en France ensuite où Talbot l'introduisit en 1679.

*
* *

L'Absinthe!... On a bien crié, bien pesté contre cette pauvre absinthe. Est-elle vraiment si coupable et n'est-ce pas plutôt à ceux qui en exagèrent l'emploi qu'il faut s'en prendre?... « L'excès en tout est un défaut.... » Ici l'excès devient un vice, et un vice dangereux, qui plus est.

CAMOMILLE.

User de l'odorante absinthe avec ménagements, avec mesure peut, au contraire, être une excellente chose, car elle a maintes qualités, jugez-en :

Elle combat la fièvre, elle est un tonique actif et un vulnéraire parfait; elle tue les helminthes qui nous tourmentent et a des propriétés emménagogues fort précieuses. — A dose légère elle est apéritive; préparée en vin avec de l'écorce de saule blanc elle remplace parfaitement le quinquina. — Elle combat avec avantage la jaunisse, la leucorrhée, etc. — Additionnée de sel marin elle devient antiseptique (usage externe); mélangée à l'huile elle arrête, dit-on, la chute des cheveux. — Elle relève la saveur des vins, modère la fermentation des bières.... Que sais-je encore?...

Elle est toute prête à faire le bien, cette pauvre absinthe, et ne devient nuisible que pour ceux qui abusent d'elle... ce dont elle se venge en leur mettant la cervelle à l'envers.

Fébrifuge encore la *Camomille romaine*, à la saine odeur pénétrante; elle aussi a mille autres vertus et peu de plantes possèdent, autant qu'elle, des qualités médicinales variées :

Les fleurs de camomille (surtout incomplètement épanouies) sont stimulantes et adoucissantes tout à la fois, toniques, elles combattent l'hypocondrie, elles font la joie des estomacs rébarbatifs; qu'on les réduise en poudre, qu'on les marie à l'huile, qu'on les roule en pilules, elles restent toujours bienfaisantes.

L'*Ail*, la *Coriandre*, le *Bouleau*, les *Lichens*, le *Souci*, la *Tanaisie*, certains *Agarics*, etc., etc., ont maintes propriétés....

Mais... je m'aperçois que les subdivisions dont je parlais tout à l'heure seraient, décidément, chose assez difficile, ici tout au moins, car elles amèneraient fatalement des redites; le nom de la même plante paraîtrait en maints endroits et, comme dans les palmarès, on pourrait, à beaucoup d'entre elles, mettre la mention des bons élèves : « *Déjà nommée, trois fois nommée, dix fois nommée* »!... Car si certaines plantes sont réputées surtout pour telles propriétés (comme certains élèves pour telles capacités), cela ne les empêche pas d'avoir d'autres vertus nombreuses, comme les élèves susdits, d'autres aptitudes.

Maints végétaux sont à la fois toniques et astringents, fébrifuges et purgatifs et autre chose encore.

Continuons donc à parler de la plante ainsi que nous l'avons fait jusqu'ici, en disant les qualités de chacune au fur et à mesure que nous les rencontrerons sur nos pas ou sous notre plume... ou dans des traités *ad hoc*.

Rassurez-vous, nous ne vous infligerons point une nomenclature bien longue, nous puiserons parmi les plantes celles qui présentent des propriétés spéciales très accusées, celles que nous croirons pouvoir vous intéresser.... Je vous souhaite toutefois de n'avoir pas trop souvent à vous préoccuper de la plante au point de vue médicinal qui est, évidemment, le moins récréatif.

*
* *

Parmi les plus connues citons :

La *Gentiane* dont les racines amères ont, sur nos pauvres appareils digestifs si compromis pour la plupart, une action tonique dont les effets sont lents à venir mais ont, en revanche, l'avantage d'être durables. Elles produisent aussi des effets vermifuges et fébrifuges accusés.

Le *Lierre terrestre*, à la saveur balsamique un peu amère, à l'odeur légèrement aromatique est célèbre. — Tous les traités de médecine courants vantent ses vertus contre la toux agaçante, l'affreux catarrhe, l'asthme qui étouffe; c'est déjà pas mal, mais la bonne petite plante qui rampe vers vous renferme dans ses tiges des propriétés digestives, vulnéraires, et même diurétiques, qu'elles sont toutes prêtes à vous prouver. — Nous pouvons en essayer sans crainte, elles ne renferment aucun suc malsain.

A côté de l'adoucissant voici le révulsif : la *menthe* stomachique, carminative, antispasmodique; calmant les toux convulsives des enfants, elle calme aussi l'asthme des vieillards.... Tout en différant complètement de sa voisine, elle lui emprunte certaines de ses qualités qu'elle ajoute à ses qualités propres.

La *Mélisse* est une concurrente de la menthe. L'odeur aromatique de ses fleurs a quelque analogie avec celle du citron.

La mélisse est un cordial actif, un vulnéraire parfait. — Elle exerce une influence accentuée sur le système nerveux qu'elle fortifie, elle relève l'anéantissement et redonne la gaieté. — Dans les cas de vertiges, syncopes, etc., son intervention est souveraine. — L'eau de mélisse des Carmes est un des révulsifs les plus employés.

Aussi fade et inodore que la menthe est piquante et la mélisse parfumée, la *Mauve* renferme maintes propriétés qui, bien que différentes, sont fort appréciables : propriétés nutritives, émollientes, adoucissantes, rafraîchissantes et... relâchantes tout comme la *Guimauve*, sa parente, du reste.

Comme sinapismes, les semences des *Moutardes* ont une action violente; appliquées sur la peau elles déterminent une brûlure, légère au début, mais qui va en s'augmentant et se transforme en gonflement, soulèvement de l'épiderme, cloque, si on insiste. —

Les effets sont trop connus pour que nous ayons à nous appesantir davantage.

Certaines fougères ont des propriétés spéciales : la *Fougère mâle et femelle*, le *Polypode*, etc., sont de puissants anthelminthiques. Elles combattent énergiquement les vers et sont un poison violent redouté par le tœnia. — La *Capillaire*, l'*Adiante* servent à la confection de sirops excellents pour les rhumes. — Il paraît que les jeunes pousses de la fougère mâle peuvent se manger en guise d'asperges... je préfère ces dernières.

I. ADIANTE — II. POLYPODE. — III. FOUGÈRE.

La *Marrube* à l'odeur fragrante, agréable d'abord, fatigante ensuite, possède des qualités toniques et excitantes, elle est aussi vermifuge. — Dans certains cas de catarrhe, d'asthme, de coqueluche, de rougeole, elle est employée avec succès.

La *Matricaire*, qui a des vertus analogues, possède d'autres

HERBES FOLLES ET PLANTES SAUVAGES

propriétés encore, qualités emménagogues très accentuées, prétend-on. Comme antispasmodique, elle agit très violemment sur certaines parties du corps.

On a fait au *Nénuphar* une réputation que bien des gens contestent; ses propriétés réfrigérantes et antiaphrodisiaques, admises par les anciens, ne sont, en somme, point prouvées. — Nous n'insisterons pas.

La *Pulmonaire*. — Ce n'est point, ainsi qu'on le croit généralement, parce que cette plante est un remède par excellence contre les affections des poumons qu'elle porte ce nom, mais à cause des taches d'un blanc livide qui maculent les feuilles du végétal et qu'on a comparées aux abcès qui infestent le poumon. Quoi qu'il en soit, la plante a été vantée comme remède contre le catarrhe pulmonaire et les maladies de poitrine. Remède peu actif, en tout cas.

Vous connaissez la *Réglisse* dont la racine à la saveur douce fait le bonheur des écoliers; transformée en tisane, elle se boit froide sous le nom de coco, c'est le bock des pauvres gens par les chaleurs estivales. Excellente contre le rhume, cette bonne réglisse!

Les *Renoncules*, qui comportent maintes espèces, sont, en grande partie, utilisées en médecine comme purgatives, vomitives, résolutives. La plupart sont toxiques, c'est dire qu'il ne les faut employer que prudemment.

La *Ronce*, en décoction, est indiquée contre la diarrhée, en gargarisme contre les maux de gorge.

Très énergique comme digestive, la *Gratiole* est également signalée comme purgatif vermifuge et préconisée dans les cas de *delirium tremens*.

L'*Orge*, en décoction, s'emploie journellement contre les aphtes, l'angine, la diarrhée, la gastrite, etc., aussi contre les hémorragies intestinales, urinaires, pulmonaires. Cette décoction, pour être active, doit être faite avec les grains dépouillés de leur enveloppe, et baigner pendant huit ou neuf heures, de façon à laisser la matière amidonnée se dissoudre absolument dans l'eau.

L'*Ortie*, nul ne l'ignore, fait surgir sur la peau une insupportable irritation; c'est précisément à cause de cela que la médecine s'en est emparée. L'urtication produit d'excellents effets en cas de rhumatismes chroniques, paralysies, affections comateuses.

L'*Hysope*, herbe sacrée des Hébreux, a été en partie « consacrée » par nos esculapes comme tonique, stomachique, diurétique, sudorifique, expectorante, résolutive... un bon point à l'hysope !

Le *Jujubier* transforme son suc, adroitement trituré par nos « potards » en excellentes pastilles, en pâte sucrée que vous avez sucée bien des fois pour vos rhumes : la pâte de Jujube !

La *Jusquiame* a des effets divers suivant « ceux » qui l'emploient :

Prise telle quelle, elle nous tue.

Médicalement, elle purge, excite ou endort. Elle est antinévralgique et antispasmodique.

Les charlatans la vendent contre le mal de dents, prétendant que celui-ci est occasionné par des vers.... (par la chaleur, la graine de Jusquiame projette en effet des filaments blancs qui semblent des vers).

Elle sert de nourriture presque exclusive à une sorte de punaise à l'épouvantable odeur.

Les cochons en raffolent.

Elle laisse indifférents les autres bestiaux qui la broutent sans enthousiasme, mais sans inconvénient.

Les rats fuient s'ils l'aperçoivent ou la sentent.

Elle est funeste aux oies et à tous les gallinacés.

Elle est mortelle pour les poissons.

... Il y en a pour tous les goûts.

*
* *

Le *Pavot*. — Une célébrité des plus anciennes, des plus universellement connues. Plante superbe, incontestablement, et utile, non moins. Aussi l'a-t-on mis « à toutes sauces ».

Du suc qu'on en extrait, en incisant ses tiges et ses capsules avant complète maturité, on obtient cette matière terrible et bienfaisante, l'*opium*, dont nous reparlerons dans la suite, et dont on forme cet autre élément terrible et bienfaisant : la *morphine*.

Bien avant Hippocrate, les vertus hypnotiques, somnifères du Pavot étaient connues.

Adroitement et prudemment administrée, la morphine combat

certaines maladies, elle augmente l'action de l'estomac et du cœur et a la qualité si précieuse d'endormir la douleur.

En infusion, les têtes de Pavot, qui contiennent des milliers de petites graines guère plus grosses que des grains de sable (1), sont calmantes et soporifiques; on peut les prendre sous forme d'injections, de lotions, de lavements, de gargarismes, de cataplasmes. Antinerveux énergique, le pavot a calmé souvent des vomissements spasmodiques, des palpitations.

RICIN.

* * *

Deux autres célébrités : le *Ricin*, la *Rhubarbe!*

Des semences du premier on extrait cette huile épaisse, grasse, fade, dont les bons services sont si appréciés.

1. Linné a compté jusqu'à 32 000 semences dans une même capsule.

C'est avec la racine de l'autre qu'on fait cette poudre brune dont les effets sont pareils. Les deux plantes sont des plus anciennement connues.

Plus violente et demandant grande prudence dans son emploi, voici la *Coloquinte* dont la pulpe a des qualités éminemment drastiques. Sa saveur est aussi amère que celle de la Rhubarbe est fade.

* * *

Gare les haut-le-cœur!... Voici l'affreux *Ipécacuanha*,... affreux par les nausées qu'il occasionne, mais, rendons-lui justice, bienfaisant par le résultat qu'il rend.

Il nous vient du Brésil; c'est sa racine réduite en poudre qui produit les effets... rétroactifs que vous savez.

LIS.

Voulez-vous de quoi faire des tisanes et des infusions variées? Prenez le *Chiendent* rafraîchissant, la *Bourrache*, qui l'est non moins, et possède, en outre, des propriétés sudorifiques; le *Tilleul* qui calme; le *Coquelicot*, la fleur d'*Oranger* qui font dormir; la diurétique queue de *Cerise*; la *Centaurée* vermifuge, la *Chicorée sauvage* à la racine fébrifuge; à tous les pas nous trouverions, si nous voulions y regarder de près, mille plantes bienfaisantes, que sans danger vous pourriez faire infuser et boire ensuite.

*
* *

Voici maintenant, des plantes au suc vénéneux qui tue, mais que la science a su transformer en poison qui guérit :

La grande *Ciguë*, — qui fournissait aux Athéniens la substance destinée à faire mourir ceux que l'aréopage avaient condamnés — est employée avec succès par nos médecins pour combattre certaines névralgies, la sciatique, le tétanos, les convulsions, etc.; elle calme aussi et abrège la coqueluche; elle réussit à chasser la teigne et la gale.

La *petite Ciguë* et *la Ciguë aquatique*, bien que renfermant certaines propriétés, ne sont guère employées en pharmacie.

Sous des dehors aimables, sous sa jolie tunique mauve, la *Colchique* dissimule des poisons terribles. Sa bulbe, en été, exhale une odeur nauséabonde. Il est imprudent de trop manier la plante, car les émanations qui s'en échappent affectent la gorge, les poumons et vont même jusqu'à engourdir les doigts. Sa saveur est d'une âcreté telle qu'elle produit sur les muqueuses une sensation de brûlure et paralyse même momentanément les mouvements de la langue et les contractions du gosier.

Comme médicament externe, la Colchique détruit les verrues.

Comme médicament interne (qui ne doit être pris qu'à petites doses et sur indications strictes et précises), il sert contre l'asthme, l'hystérie, la chorée, les hydropisies, etc. Les médecins ont longtemps, vu sa violence, hésité à user de la Colchique comme remède interne; aujourd'hui, ses vertus incontestables la font employer journellement pour les attaques de goutte et de rhumatisme.

Autre poison violent, l'*Aconit* (*aconit napel*), demande, dans son emploi, autant d'attention prudente que le précédent.

Sa racine, dont l'aspect et même la saveur rappellent un peu le navet, produirait, si l'on avait le malheur de la confondre avec ce dernier, un engourdissement suivi de brûlures dans la bouche, dans la gorge, puis des vomissements, des vertiges, des syncopes et enfin la mort.

Le suc des feuilles sert de remède dans divers cas : pour les engorgements lymphatiques, les rhumatismes, certaines névralgies, etc.

L'aconit est réputé parmi les chanteurs car il a la vertu, précieuse pour eux, de combattre merveilleusement l'enrouement.

On retire de la plante un des poisons alcaloïdes les plus violents : l'*Aconitine*; puis un autre, moins actif : la *Napelline*.

Puisque nous en sommes aux poisons, citons encore :

La *Belladone* qui occasionne une violente excitation, un épouvantable délire accompagné de spasmes suivis de mort, mais qui, prise comme remède, (toujours *sur ordonnance*), produit d'excellents effets dans les cas de paralysie, les convulsions, les toux nerveuses; elle qui donne des spasmes quand on la prend inconsidérément, les calme quand on s'en sert méthodiquement.

C'est en outre un prophylactique de la scarlatine, un médicament dans certains cas de coliques, c'est aussi un des plus employés contre le tétanos.

La Belladone a la propriété de dilater les prunelles. Comme la coquetterie entend ne jamais perdre ses droits et, pour cela, brave bien des dangers, nombre de femmes ont adopté la coutume des femmes italiennes qui se servent de l'eau distillée de Belladone pour entretenir l'éclat et la blancheur de leur teint.

Cette hampe à clochettes qui est la *Digitale*, renferme elle aussi un poison moins violent peut-être que les précédents, mais néanmoins très dangereux.

C'est surtout dans les feuilles que se concentrent les propriétés les plus énergiques, utilisées avec grand succès pour la régularisation des battements du cœur. La Digitale est en outre un antipyrétique dans la fièvre typhoïde, un diurétique dans l'hydropisie.

* * *

Les *Euphorbes*, connues sous le nom de *Tithymales*, ont répandu sur tout le globe leurs espèces diverses; toutes contiennent un suc laiteux, corrosif violent. Celui de la petite Euphorbe qui croît dans nos climats et qu'on nomme *Rhubarbe des paysans* contient ce suc en quantité; c'est un violent purgatif, dangereux à employer car il produit des inflammations qui vont parfois jusqu'à l'ulcération.

Les mendiants de profession qui « la connaissent » s'en servent pour se faire naître à volonté des ulcères sur telle ou telle partie du corps; appliquée sur la peau, la substance que produit la plante détermine, en effet, la vésication.

Les diverses qualités des Euphorbes les désignaient comme médicaments précieux; aussi les emploie-t-on dans divers cas et sous diverses formes. La gomme-résine d'Euphorbe (suc de

GRENADIER.

diverses sortes d'Euphorbes) est employée comme vésicant et cathérétique. — La *Dentaire* ou *Dentelaire* : Les anciens lui attribuaient la vertu précieuse de calmer les maux de dents. De notre temps elle est purgative et (à petites doses) vomitive. Certains prétendent que la plante merveilleuse peut guérir les anciens ulcères — d'aucuns disent même les cancers! — En tout cas, elle guérit radicalement la teigne et la gale. Ces diverses propriétés lui ont fait donner divers noms : *Herbe aux racheux*, *Herbe aux cancers*, et aussi *Herbe au diable*.

La *Douce-amère* doit son nom, sans nul doute, à sa saveur d'abord fade, sucrée quand on en mâche les feuilles, puis, bientôt après, amère, âcre. Il n'est pas bon, du reste, de mastiquer ces feuilles car elles produisent des nausées, des picotements, des vomissements, un tas de choses fort désagréables.

Comme remède, la douce-amère est administrée dans les cas de maladies spasmodiques, de rhumatismes et même d'hydropisie. En cataplasme, elle calme les douleurs occasionnées par les tumeurs, les engorgements, etc.

Le suc de ses semences servait jadis à fabriquer un fard, fort apprécié des femmes toscanes, qui lui accordaient le pouvoir de faire disparaître les taches de la peau.

L'odeur de la Douce-amère attire les renards. Pourquoi?... On ne me l'a pas dit, mais cela est. Avis aux chasseurs!...

*
* *

Ma commère, il faut vous purger
Avec quatre grains d'Ellébore,

répond le lièvre à la tortue qui lui propose une gageure.

Ceci prouve que nos pères connaissaient déjà les propriétés de la plante :

ORANGER.

« Quatre grains ! » En effet, prise à forte dose, elle est vénéneuse.

De temps immémorial, on considéra l'*Ellébore* noir comme capable de guérir la folie; on l'emploie encore contre certaines affections mentales.

Le *Houblon*, tonique, dépuratif, combat aussi les fièvres intermittentes, le scorbut et diverses maladies de la peau.

Dans le Nord, sous le nom de *Jets de houblon*, on prépare

avec les jeunes pousses un mets exquis, qui n'a que le tort d'être très passager.

*
* *

Les *Roses* ont tenu à être non seulement belles, mais bonnes. Les pétales de certaines espèces : *Rosier de Provins, Rosier gallique, Rosier de France,* etc., ont, surtout après dessiccation, des propriétés astringentes et toniques. Leur arome agit sur le système nerveux presque instantanément. La Rose de Provins agit sur les intestins. Le Rosier à cent feuilles s'emploie comme collyre. — *La Rose des quatre saisons*, la *Rose muscade*, la *Rose de Damas* sont purgatives; l'*Églantier* l'est également.

L'huile d'essence de rose est placée au premier rang des cordiaux, des céphaliques et des antispasmodiques.

Les fleurs de *Lis* macérées dans l'eau-de-vie forment un remède connu pour son action bienfaisante sur les plaies, les coupures, les brûlures; l'huile qu'on retire des pétales est célèbre pour calmer les maux d'oreilles.

Le *Grenadier* a un certain succès employé en gargarisme contre le gonflement des amygdales; mais sa propriété principale est, par sa racine fraîche, de combattre avec un succès incontestable ce redoutable ennemi de nos intestins, l'odieux ver solitaire, qui n'a même plus l'excuse de l'être, solitaire; il est prouvé aujourd'hui qu'on peut être gratifié de plusieurs.... Grand merci !

L'*Oranger*, ce compagnon du précédent, a des propriétés plus douces : c'est un calmant parfait dans la plupart des malaises, il tempère les nerfs surexcités et fait dormir les gens privés de sommeil. Béni soit-il!

Le *Laurier*, à l'odeur balsamique, est un stomachique réputé. L'huile qu'on en extrait s'utilise en frictions dans les névralgies, le rhumatisme, la paralysie restreinte.

L'Acanthe est une des cinq plantes indiquées par les médecins comme émollientes; on s'en sert en cataplasmes, en fomentations, etc.

La *Bardane* s'emploie dans les cas de goutte, de rhumatisme, de catarrhe pulmonaire; elle réussit pour combattre certaines éruptions.

Le *Bouillon blanc* calme les démangeaisons occasionnées par les dartres et les ulcères. Ses fleurs, bouillies dans l'eau ou le lait, ont une vertu adoucissante sur les furoncles, panaris, etc.

La *grande Consoude* avait, chez les anciens, la réputation de réunir les lèvres des plaies, de consolider les fractures, de guérir les luxations et de réparer bien d'autres choses. Aujourd'hui, nous avons des méthodes plus sûres pour soigner fractures et luxations, et la grande Consoude ne s'emploie plus guère que pour combattre certaines affections catarrheuses, la dysenterie, etc.; c'est sa racine, contenant du mucilage et de l'acide gallique, qui sert de remède.

Le *Cresson de fontaine*... « la santé du corps!... », ainsi que l'annoncent les marchands à la hotte.... Et ils ont raison : le cresson a des propriétés tout à la fois dépuratives et fortifiantes; il redonne de l'appétit à ceux qui l'ont perdu; il raffermit les gencives, excite la salivation et favorise la transpiration cutanée.... Voilà des vertus suffisantes pour justifier son titre.

Le *Persil* est un remède populaire qui serait, dit-on, un poison pour les perroquets. Pour nous il reste bienfaisant non seulement en cuisine mais encore en médecine.

En décoction, les racines provoquent des sécrétions; aussi rendent-elles des services dans les engorgements du foie, le manque de circulation sanguine, etc. Les semences sont carminatives; ses feuilles réussissent dans les contusions, certaines tumeurs.

On extrait de la *Lavande* à la fraîche odeur parfumée, une huile appelée huile de spic ou d'aspic, insecticide actif. Les feuilles et les fleurs de la plante sont stomachiques, carminatives, cordiales.

En teinture alcoolique, la Lavande est un excellent remède contre la paralysie de la langue et l'amaurose.

L'eau-de-vie de Lavande est un très bon vulnéraire.

*
* *

Les *Lichens*, communs un peu partout, sur les murs, les écorces, les rochers, etc., nous rendent de grands services d'ordres divers, ils sont également très employés en pharmacie.

Le *Lichen de chêne*, doué de propriétés nutritives, est un adoucissant. Qui de nous n'a pris de la pâte de lichen pour calmer la toux?... Le *Lichen des murailles* (*Lichen des rochers*), le plus connu de tous, est astringent, fébrifuge.

Du *Lycopode* s'échappe une poussière jaunâtre, douce et onctueuse au toucher, qui, comme topique desséchant, est très précieuse. Elle cicatrise les ulcérations superficielles, les gerçures, etc.; toutes les mamans et toutes les « nounous » connaissent le lycopode pour l'avoir maintes fois employé contre les coupures, l'*intertrigo* qui surviennent aux jointures des bébés.

* * *

La feuille de *Lierre* adoucit les ulcères, les plaies envenimées; elle sert aux pansements des cautères.

Le *Lin*, précieux textile, n'est employé en médecine que pour ses graines qui renferment une huile et un mucilage de nature particulière dont les propriétés adoucissantes, émollientes... relâchantes, sont connues de tous. Qui n'a eu à employer la graine de lin? lequel de nous n'a été forcé de s'appliquer un cataplasme de farine de lin?... Autrefois c'était le remède par excellence pour les clous, les panaris etc., mais aujourd'hui que l'antisepsie a heureu-

GROSEILLIER.

sement fait d'éminents progrès, le cataplasme de farine de lin n'est plus employé que comme émollient posé sur des parties saines.

La *Salsepareille* dépurative, la *Saponaire* désinfectante, la *Sauge* tonique, sont des plantes précieuses et très appréciées pour leurs qualités amères et aromatiques qui ont grande action sur les fonctions de l'économie. Citons encore : les purgatives *Scammonées*, l'amère *Scrofulaire*, excitante et, à haute dose, vomitive.

Le *Sureau* aux propriétés adoucissantes, pris en décoction ou en inhalation. La *Tanaisie*, stimulante, stomachique, carminative, vermifuge. La *Valériane*, excitant l'appareil digestif... et les chats qu'elle

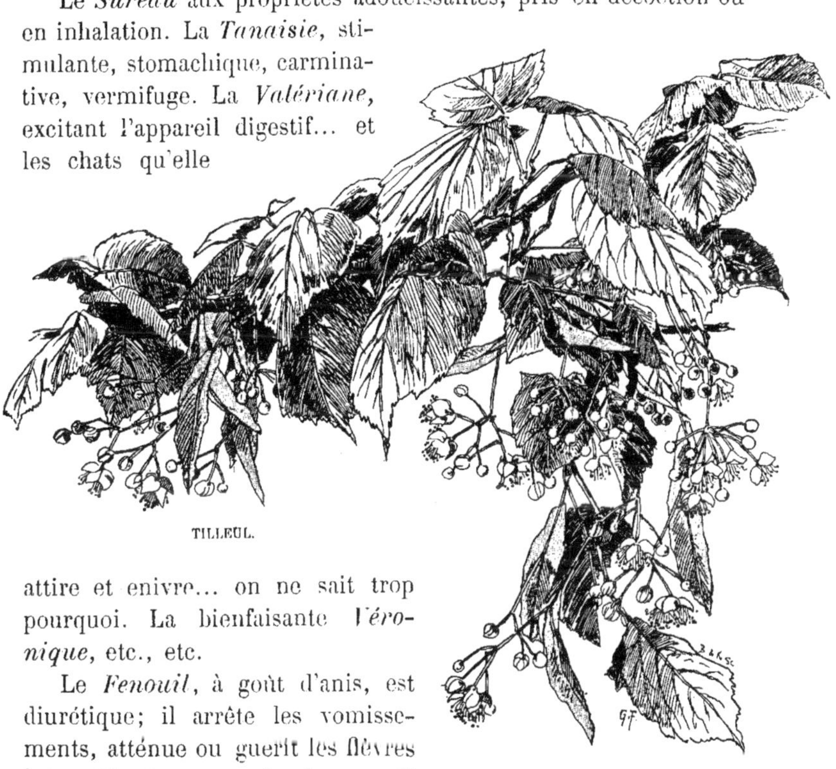

TILLEUL.

attire et enivre... on ne sait trop pourquoi. La bienfaisante *Véronique*, etc., etc.

Le *Fenouil*, à goût d'anis, est diurétique; il arrête les vomissements, atténue ou guérit les fièvres intermittentes et expulse les gaz. Il sert en outre de condiment dans l'art culinaire La plante sait joindre l'agréable à l'utile, elle a cela de commun avec bien d'autres plantes.

Saviez-vous que la *Figue*, cette figue exquise, possède maintes qualités calmantes? Prise en décoction, notamment dans du lait, elle dissipe les intolérables douleurs de gencives, l'esquinancie, les fluxions, etc. Les anciens employaient son suc laiteux contre la lèpre.

La Figue n'est point le seul fruit « guérisseur »; la *Fraise* combat avec succès la fièvre hectique, elle a rendu de grands services aux graveleux. Dans certains cas de fièvres inflammatoires, d'exanthèmes, d'hématurie, elle a été fort utile; ses racines et ses jeunes feuilles, prises en infusion, combattent la jaunisse; en décoction, elles servent de gargarisme contre les maux de gorge; en lavements, elles coupent la diarrhée.....

Et les confitures de Fraises?... Exquises !

La *Framboise* fait concurrence à la Fraise, les qualités de l'une sont presque identiques chez l'autre.

La *Groseille* peut être employée avec avantage dans les cas de fièvre, inflammation bilieuse, etc., et aussi dans ceux de rougeole, variole, etc.

Vous savez que c'est de l'amande des noyaux de *Pêche* qu'on extrait, en plus grande quantité, le terrible poison nommé *acide prussique*.

Les feuilles du pêcher sont purgatives, fébrifuges, diurétiques.

L'écorce verte qui enveloppe le fruit du *Noyer*, et qu'on appelle le *brou*, renferme du tannin et de l'acide gallique.

Le brou a des qualités toniques et astringentes ; transformé en liqueur, il est stomachique.

De l'amande de la noix on extrait une huile adoucissante, lubrifiante. Des feuilles, on fait des décoctions employées dans maints cas, et des cataplasmes qui réussissent, dit-on, à guérir plaies et ulcères.

Le *Peuplier* est employé en médecine pour ses bourgeons, dont l'odeur balsamique est très agréable; on leur attribue des propriétés diurétiques et sudorifiques; ils sont la base de l'onguent *populeum* connu de tous, et recommandé contre certaines inflammations et surtout contre les hémorroïdes.

Le *Marronnier d'Inde*, introduit en matière médicale au XVIIIe siècle, a, dans son écorce, des propriétés astringentes. L'écorce des jeunes branches, réduite en poudre, aurait, d'après certains auteurs, une efficacité remarquable contre les fièvres intermittentes.

La décoction de cette écorce guérit les engelures. Quant aux fruits, employés depuis les temps les plus reculés par les hippiatres, ils fournissent une matière qui, mélangée au son, sert de nourriture aux chevaux.

Le *Frêne* et le *Chêne* sont également employés en médecine.

Du Frêne découle un suc épais qui constitue la manne, purgatif doux que connaissent bien les enfants et que ne dédaignent pas les grandes personnes.

L'écorce du Frêne et celle du Chêne possèdent des propriétés fébrifuges si accusées, qu'on a appelé la première quinquina de France et la seconde quinquina d'Europe.

Le Chêne produit, lui aussi, une sorte de manne, mais qui n'a pas les mêmes propriétés que celle du Frêne ; elle active la cicatrisation des plaies.

Puisque nous parlons d'arbres, citons les *Sapins* et les *Pins*, dont les émanations sont recommandées aux malades à la poitrine faible. Les bourgeons de Sapin, pris en tisane, en infusion ou en sirop, ont d'admirables qualités pour combattre chlorose, scorbut, catarrhe, etc.

C'est du Pin que proviennent, nous le verrons par la suite, la térébenthine, le goudron et la célèbre créosote qui fut tant employée contre les maux de dents et pour la cautérisation des muqueuses, et le non moins célèbre acide phénique, dérivatif du goudron.

Le *Genévrier*, dont toutes les parties exhalent, quand on les brûle, une agréable odeur balsamique, produit des baies, condiment parfumé et fort apprécié en cuisine ; médicament très recommandé par certains médecins pour ses propriétés toniques et apéritives.

N'oublions pas le bienfaisant *Tilleul*, auquel on a donné le nom de *Thé d'Europe*.

Son odeur est suave ; ses gracieuses fleurettes, réduites en tisane, sont des calmants de premier ordre et ont une manifeste influence sur le sytème nerveux. Pour les indigestions, les frissons fébriles, les vomissements nerveux, le tilleul est souverain. Son mucilage concentré est très employé pour les brûlures, les plaies enflammées, etc.

L'*Arnica*, précieuse substance, est extraite d'une plante dont les nombreuses appellations : ***Arnique, Tabac des montagnes, Souci des Alpes, Herbe aux chutes, Herbe à éternuer, Quinquina des pauvres,*** indiquent les qualités.

Toute personne prévoyante possède son flacon d'arnica, car il faut toujours prévoir les contusions, les chutes, les blessures pour lesquelles, en compresses, il est un bienfaisant remède. Les feuilles et les racines infusées sont antiseptiques. En cataplasmes elles résolvent les tumeurs.

Les fleurs sont excellentes à employer dans les cas de fièvres muqueuse, putride, pétéchiale, etc. L'emploi de l'arnica est constant dans les dysenteries, la goutte, l'asthme, les catarrhes, etc., etc.

Allopathes, homéopathes, vétérinaires, tous s'en servent avec un égal entrain. Comme la teinture d'iode, c'est l'un des remèdes les plus employés.

C'est aussi aux plantes, au moins en grande partie, que nous devons ce liquide d'un beau brun, qui laisse sur la peau, pendant peu de temps, heureusement, un superbe ton acajou. L'Iode est trop connu pour que nous ayons à en parler ici, on sait combien son action est remarquable. Pris à forte dose, il est un poison corrosif agissant sur l'estomac et les voies digestives.

C'est Courtois qui le découvrit en 1812, et c'est Gay-Lussac qui le décrivit.

*
* *

Citons encore pour mémoire : le *Camphrier*, dont le nom nous dit surabondamment que c'est lui qui fournit le médicament cher à Raspail, qui le considérait comme remède universel; il y a là un peu d'exagération; on ne peut, en tout cas, méconnaître les vertus nombreuses et sérieuses du précieux produit, surtout calmant et antiputride; jouissant en outre de propriétés sédatives et sudorifiques, il pourrait devenir mortel, ou causer tout au moins de grâves désordres, s'il était pris, de façon interne, à une dose trop forte, 10 à 15 grammes par exemple.

*
* *

Disons deux mots d'une plante non cultivée ici, mais très connue en Afrique : le *Thapsia*, énergique rubéfiant qu'on emploie comme emplâtre; cet emplâtre attire des myriades de petits boutons qui occasionnent des démangeaisons intolérables. A dose élevée la plante est vénéneuse, aussi les Arabes la redoutent-ils pour leurs chameaux, très friands de ses feuilles.... Ils ne sont vraiment pas raisonnables, ces chameaux, car la plante amène chez eux des désordres graves, sinon la mort.

ARNICA.

Est-ce tout?...

Sont-ce là toutes les plantes curatives, adoucissantes, officinales, pharmaceutiques, médicinales?... Que non point. Je vous l'ai dit au début, presque toutes les plantes ont des propriétés plus ou moins accusées dont nous bénéficions et que la médecine applique sous diverses formes, mais notre nomenclature est assez longue déjà et nous ne pouvons que renvoyer, comme nous le faisons pour chaque sujet, à des livres spéciaux pour ceux que cela intéressera plus particulièrement!

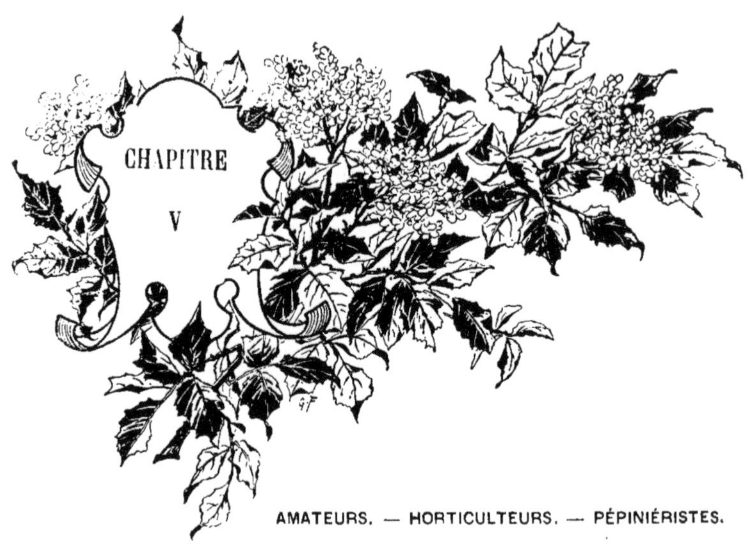

AMATEURS. — HORTICULTEURS. — PÉPINIÉRISTES.

JARDINIERS-FLEURISTES, ETC., ETC.

Les horticulteurs, les pépiniéristes, etc., s'occupent de la plante à un point de vue tout spécial.

Je ne parle pas des bénéfices qu'ils peuvent tirer de sa culture; je veux me placer à un point de vue plus élevé que celui du mercantilisme; ceci peut avoir pour eux un grand intérêt, mais n'en présente que fort peu pour nous

Du reste, il est maints horticulteurs-amateurs, fort érudits en matière botanique, et qui s'occupent des plantes uniquement par goût. Alphonse Karr, pour ne citer que lui, était de ceux-là.

L'horticulteur considère la plante tout autrement que le savant ou le poète — bien qu'il soit quelquefois les deux. Tandis que l'un dissèque, anatomise, tandis que l'autre admire et rêve, l'horticulteur soigne ses plantes, les élève, fait leur éducation. Tel un instituteur; comme celui-ci, il a d'excellents écoliers et des « cancres », des élèves soumis et de mauvaises têtes, des sujets studieux et des « bêtes à concours ! »

Certains sont absolument rétifs à toute éducation, d'autres progressent parce qu'on les y force, mais ne sortiront jamais de la moyenne. Enfin il en est qu'on chauffe, surchauffe... ils font des progrès rapides, remportent tous les prix; lauréats de tous les concours, ils sont devenus phénomènes... ou monstres!

Car, il faut bien le dire, il en est de l'horticulture comme du reste; on veut trouver du nouveau, on s'ingénie à faire ce qui ne s'est pas fait encore et, en matière « florale » comme en matière « picturale » ou « littéraire », on cherche la formule nouvelle!... Pas toujours drôle la formule nouvelle, mais qu'importe! Pour bien des gens, faire disgracieux n'a rien de déplaisant pourvu que ce soit neuf! et dans bien des cas la laideur, la monstruosité même, sont devenues des qualités fort appréciables!... Et les bons snobs de s'écrier : « Quelle œuvre!.. quel génie!... »

La fleur, heureusement, se prête de mauvaise grâce aux transformations trop exagérées et, à part quelques originalités, persiste à rester jolie malgré tout et tous.

*
* *

Quoi qu'il en soit, il faut bien avouer que l'horticulture a fait d'étonnants progrès et qu'actuellement nous possédons, grâce à de savants fleuristes, des espèces véritablement merveilleuses de formes et de nuances.

Pour s'en convaincre, il suffit de suivre un peu les expositions horticoles [1], les plus séduisantes qui soient. On y verra des sujets remarquables qu'on ne se lassera pas d'admirer; on y verra aussi bien des bizarreries et quelques monstruosités comme celles auxquelles je faisais allusion tout à l'heure, mais celles-ci n'en feront que mieux valoir ceux-là.

A défaut d'expositions, nos jardins publics, les serres du Jardin des Plantes [2], celles du Jardin d'Acclimatation renferment des spécimens de toute beauté.

1. Ces expositions sont organisées par la *Société nationale et centrale d'Horticulture*. Cette Société s'occupe de tout ce qui est relatif au perfectionnement de l'horticulture, à la naturalisation, l'acclimatation des végétaux exotiques, à l'amélioration des races indigènes, etc.

2. Les serres du Jardin des Plantes ne sont ouvertes au public que certains jours et sur présentation de cartes d'entrée qu'il est facile de se procurer en les demandant à l'avance au Conservateur. Les artistes qui veulent y travailler obtiennent sur simple demande et justification de leur qualité, une carte permanente.

Au Jardin du Luxembourg vous trouverez des variétés remarquables de Roses trémières et des collections de roses d'une richesse inouïe.

*
* *

La plus parfaite des Roses est la Rose à cent feuilles; c'est aussi la plus ancienne. Son origine remonte à la plus haute antiquité.

Quel fut celui qui le premier transforma l'églantier sauvage en rose merveilleuse? Nul ne le sait.

La transformation ne s'opéra pas tout d'un coup, mais peu à peu et par opérations successives.

D'autres espèces sauvages furent ensuite améliorées, et donnèrent de remarquables variétés; aucune d'elles, pourtant, n'atteignit la perfection de la Rose à cent feuilles!

Et pourtant celle-ci est maintenant presque dédaignée.

Pourquoi? Parce que certains botanistes et certains amateurs, sous prétexte de trouver du nouveau, ont abandonné sa culture, parce que, superbe, elle ne veut point se prodiguer et ne fleurit qu'une fois l'an.

Et il est des gens qui négligent des espèces merveilleuses, sous prétexte qu'elles ne remontent pas! Pourtant, la seconde floraison (chez les espèces qui fleurissent deux fois) n'est souvent qu'un pâle rejet de la première et des roses qui d'abord s'étalaient splendidement, ne sont plus que de médiocres fleurs rachitiques!

*
* *

Les innombrables variétés de roses ont été divisées par groupes; il eût été, sans cela, impossible de s'y retrouver; le plus savant horticulteur, du reste, ne pourrait vous faire la nomenclature des quatre mille sortes dont nous parlions tout à l'heure, et jusqu'ici, je ne sache pas que le « Bottin des Roses » ait été rédigé; il serait, du reste, forcément incomplet. En effet, ainsi que nous le disions plus haut, le baptême des roses est parfois quelque peu fantaisiste, et je tiens pour certain qu'une même rose fut baptisée et rebaptisée plusieurs fois par ses parrains et porte des noms aussi nombreux que certains comtes polonais. Une rose que vous n'avez vue nulle part fait-elle son apparition dans votre jardin?... Vite un nom nouveau, car cette fleur est nouvelle; et vous ne vous inquiétez pas de savoir si d'autres n'ont pas fait comme vous pour un même sujet. Telle rose qui d'habitude est d'un pur incarnat a pris chez vous une teinte atténuée, elle est d'un ton passé.... Encore une nouvelle sorte, car, trop heureux de votre « nouveauté », vous ne vous dites pas que ce changement de toilette n'implique pas un changement d'espèces, mais qu'il est dû à une raison accidentelle, nature du terrain, exposition trop ombreuse ou trop ensoleillée, que sais-je?...

VOITURETTE DE FLEURS.

* * *

Mais les diverses sortes de roses, comment ont-elles été obtenues? car enfin, si parmi la longue liste des roses, il en est de pareilles, quoique portant des appellations différentes, il en existe néanmoins une extraordinaire variété dont les sujets sont tout à fait différents les uns des autres.

Ceci, nous l'avons expliqué déjà. Quelques graines de pollen, poussière des étamines d'une rose, sont portées dans une rose d'une autre sorte et produisent un croisement; or, ces croisements peuvent être indéfiniment combinés, mais tous ne réussissent pas, tant s'en faut! Il en est ainsi pour la plupart des fleurs; le procédé reste le même, seuls les détails de culture varient.

Ces mariages entre fleurs donnent naissance à des sujets différents dont les graines produiront des fleurs semblables aux deux conjoints et d'autres fleurs qui offriront des mélanges divers de formes et de couleurs.

— Et comment multiplie-t-on les variétés?

— Par la greffe qui se fait sur des pieds d'églantiers et permet de renouveler ces variétés lorsque les sujets, étant vieux, ne produisent plus que des fleurs dégénérées, ou menacent de périr; l'églantier leur infuse son sang jeune et vigoureux, et le sujet renaît.

Mais celui sur lequel on greffe n'a qu'une action vitale qui ne produit aucune modification sur la couleur ou sur l'odeur. Certaines erreurs, à cet égard, sont curieuses à relever. Mme de Genlis donne une recette pour avoir des roses noires et des roses vertes, recette fort simple, mais qui n'a que le tort de ne donner aucun résultat : « Greffez un écusson de rosier sur un cassis ou sur un houx. » — Ce que l'on peut, ne fût-ce que par galanterie, pardonner à Mme de Genlis, ne saurait être excusé chez un homme autorisé, auteur d'un ouvrage très estimé, Valmont de Bomare, qui après Buffon, Réaumur, Linné, etc., publia vers la fin du XVIIIe siècle un dictionnaire d'histoire naturelle, où il raconte avec le plus imperturbable sérieux que « l'on voit communément en Italie des roses *bleues* et aux environs de Turin, un rosier aux pétales tachetées de vert »! Il ajoute que « l'on dit que le rosier à fleurs rouges enté sur le houx produit des fleurs *vertes*, la sève du houx forçant apparemment les filières du rosier! » [1]

Il est une chose certaine, une règle sans exception (tout au moins, je ne crois pas qu'aucune exception ait été citée), c'est que la fécondation n'a lieu qu'entre plantes de même espèce. Dans le règne végétal comme dans le règne animal, le mariage de la carpe et du lapin est très humoristique, peut-être, mais tout à fait illusoire.

*
* *

La passion de la fleur s'est développée depuis quelques années d'une façon prodigieuse; on en peut juger par le luxe des magasins de fleuristes, luxe non point dans l'aménagement de ces magasins,

1. La rose verte existe, mais ce n'est qu'une insignifiante originalité. La rose bleue est encore à trouver : elle produira à son inventeur une belle fortune.

mais dans les monceaux de merveilles qui s'y prélassent en épandant leurs parfums.

Partout où il y a fleurs, il y a gaîté.

Vous promenâtes-vous quelquefois aux halles, le matin de bonne heure, alors que les marchands des quatre-saisons, les « gagne-petit » y viennent faire leurs provisions de fleurs ou de fruits? Vous les reverrez tantôt, dans tous les quartiers de Paris, promenant leurs voiturettes toujours artistement parées de gerbes et de bouquets sous le poids desquels elles semblent crouler? Rien de plus joli que ces éclatants amoncellements multicolores, circulant à travers les rues comme des chars de fête.

Si une excursion aux halles, au jour naissant, vous semble trop matinale, Madame, prenez tout simplement comme but de promenade le Quai aux Fleurs; je vous réponds que vous éprouverez là de délicieuses sensations.

Tout le long des parapets, dont elles masquent les pierres grises, vous verrez s'étaler les plantes de saison; jeunes plants d'arbustes dont les racines sont emmaillotées dans des chaussons de paille, fleurs encornetées dans des entonnoirs de papier, disposées en bouquets ou serrées dans des pots! L'effet, croyez-moi, est exquis; ce tableau, tout composé avec son premier plan coloré, se détache en notes vibrantes sur les tours grises et sombres de la Conciergerie d'un côté, sur les silhouettes élégantes de l'Hôtel de Ville de l'autre. Les fleurettes nacarat, or ou argent, brillent dans leurs bourriches comme bijoux dans leurs écrins.

* * *

A part quelques exceptions, — les jours de grand marché surtout — vous ne trouverez point là les fleurs rares; celles-là sont trop aristocratiques — aussi trop fragiles — pour séjourner aux modestes étalages de plein vent; vous n'aurez affaire, en ce marché, qu'à de braves jardiniers qui font ce qu'ils peuvent, — ils peuvent pas mal déjà — et se contentent, pour la grande joie des gens modestes, de cultiver les plantes courantes, plantes jolies par nature et n'ayant besoin, pour rester telles, de nul maquillage.

∴

Du reste, il n'y a pas que le Quai aux Fleurs qui soit « fleuri ».

UN COIN DU MARCHÉ AUX FLEURS.

Si nous en parlons ici un peu longuement, c'est que vraiment, par sa situation, c'est un des plus ravissants coins de Paris.

Les amoncellements de fleurs qui gisent là, enserrant le fleuve de leurs chatoyantes corolles, semblent une immense couronne d'où émergent en cimier les flèches et les dômes de la capitale, dont les silhouetttes se découpent d'une façon tout à la fois majestueuse et pittoresque.

* * *

Bien jolis aussi, quoique n'ayant pas un cadre aussi vaste, les marchés hebdomadaires qui se tiennent au pied de la colonnade de la Madeleine, autour du monument de la place de la République, place Saint-Sulpice, etc.

Partout c'est la même abondance, la même gaîté [1].

Mais il n'est pas que les marchés parisiens qui soient attirants; moins riches peut-être, mais plus riants à coup sûr sont les marchés de province se tenant, presque toujours, sur la grande place de la localité. Là, les tentes en toile bise, verte, ou rayées de bleu et de rouge ont comme fond quelque antique cathédrale aux contreforts mousseux, encastrée dans une série de vieilles maisons aux formes aussi variées que les badigeonnages qui en recouvrent les murailles. Pour peu que les naturels du pays aient eu le bon goût de garder le costume du terroir, — usage presque abandonné de notre temps, hélas! — l'aspect devient tout à fait amusant. C'est un bariolage des plus réjouissants. C'est un amon-

BÉGONIA BAUMANNI

1. Nous croyons utile de donner ici la nomenclature des divers marchés aux fleurs et les jours où ils ont lieu :

Quai aux Fleurs, tous les jours; mais les grands marchés à cet endroit ont lieu les mercredis et samedis. Ces jours-là les kiosques de la place de la Cité sont en outre occupés. (Ce marché a été ouvert en 1809.)

Madeleine. Mardis et vendredis. (Ouvert en mai 1834.)

Place de la République. Lundis et jeudis. (Ouvert en avril 1836.)

Saint-Sulpice. Lundis et jeudis. (Ouvert en mai 1845)

Ces marchés sont les plus importants; citons néanmoins les autres marchés de quartier :

cellement inattendu des choses les plus hétéroclites. Les légumes, les fruits, les fleurs s'étalent en des parterres de ferraille, de cotonnades, de chaussures, de sabots, en des carrés de casseroles, de vaisselle aux enluminures criardes.

Si vous voulez voir des fleurs plus majestueuses, plus rares... et plus chères, rendez visite, à défaut des expositions dont nous parlions tout à l'heure, aux horticulteurs célèbres — il n'en manque pas — aux Vilmorin, aux Croux, etc.; dans leurs parterres vous verrez des merveilles; dans leurs serres, vous verrez des splendeurs. Roses de toutes variétés, glaïeuls éblouissants, œillets chamarrés, azalées damasquinées, rhododendrons aux inconcevables nuances, orchidées merveilleuses de formes et de couleurs, ou d'une bizarrerie outrée.

*
* *

Un horticulteur, tout en élevant chaque espèce intéressante, se spécialise plus ou moins dans la culture de telle ou telle sorte. Celui-ci collectionne surtout les dahlias, celui-là s'occupe de préférence des chrysanthèmes.

De passage à Nancy, j'eus l'occasion de visiter les jardins et les serres d'un célèbre horticulteur du cru, M. Lemoine; j'en sortis aveuglé, mais enthousiasmé, et heureux d'avoir glané là des renseignements tout à fait intéressants sur la manière de « perfectionner » la fleur.... Que dis-je? De « créer » des fleurs; de modifier les caractères de certaines d'entre elles, par exemple, de rendre odorante telle corolle, qui jusqu'ici était restée inodore. Je suis heureux de rappeler ici ce que j'ai dit, en sortant de chez le fleu-

Batignolles. Boulevard des Batignolles, intersection des rues de Constantinople et Lévis. Mercredis et samedis. (Ouvert en avril 1879.)

La Chapelle. Boulevard de la Chapelle, face à la rue Pajol. Mercredis et dimanches.

Clichy. Boulevard de Clichy, entre la place Blanche et la rue Fontaine. Lundis et jeudis. (Ouvert en novembre 1873.)

Passy. Angle des rues Duban et Bois-le-Vent. Mardis, vendredis et dimanches. (Ouvert en avril 1877.)

Observatoire. Boulevard Raspail, près la place Denfert-Rochereau. Jeudis et dimanches. (Ouvert en avril 1889.)

Ternes. Avenue des Ternes, entre la rue des Acacias et l'avenue Wagram. Mercredis et samedis. (Ouvert en août 1874.)

Place Voltaire. Mardis, vendredis et dimanches. (Ouvert en août 1874.)

riste en question et alors que j'étais encore sous l'impression toute fraîche de ce qu'il nous avait conté, à Georges F..., mon compagnon de voyage, et à moi[1] :

« Dès le matin, nous nous présentons chez l'horticulteur Lemoine, qui nous reçoit très aimablement et se fait un plaisir de nous faire visiter ses serres, ses jardins. Que de merveilles! grands dieux!... Un Théophile Gautier pourrait seul essayer de les décrire; quant à nous, il faut nous contenter d'admirer, d'admirer encore, d'admirer toujours. C'est une vraie féerie, une fantasmagorie de couleurs à donner la jaunisse à la Loïe Fuller, à faire sembler ternes les célèbres fontaines lumineuses.

« On y trouve des tons qu'on n'aurait pu rêver; toutes les gammes de couleurs imaginables et inimaginables se succèdent, se mélangent, depuis le blanc le plus blanc jusqu'au jaune le plus lumineux. Il y a là d'étincelantes collections de glaïeuls!

« Et des lilas!... lilas doubles et triples, s'il vous plaît! notre célèbre horticulteur a trouvé moyen d'ajouter à ces fleurs une seconde et une troisième couronne de pétales.

« — Sapristi, le splendide bégonia! me crie Georges, qui ouvrait des yeux énormes.

« — C'est le bégonia *Baumanni*, une espèce introduite de Bolivie, répond M. Lemoine; il a une qualité fort rare chez cette sorte de plante; respirez-en une.

« — Quel parfum!

« — C'est là le point que je voulais vous signaler; presque tous les bégonias sont inodores; vous avez pu juger par vous-mêmes que celui-ci fait exception. Croisé avec les bégonias du commerce, il a produit cette nouvelle race à fleurs odorantes; en voici des simples, un peu plus loin des doubles; et, tenez! en voilà une collection de simples et de doubles dans toutes les nuances du rose, puis des rouges et quelques blancs; mais cela ne me suffit pas, je veux obtenir, non seulement toutes les gammes de couleurs, mais encore, au moins dans certains produits, une odeur plus nette et plus agréable encore que celle du bégonia *Baumanni* même.

1. G. Fraipont : *Les Vosges* (montagnes de France), p. 20 à 33.

..... Les forêts où les bêtes dangereuses .....

« Tout ceci est dit avec la plus grande simplicité, presque avec bonhomie, comme s'il s'agissait d'une coupe de cheveux plus ou moins longue ou de la confection d'un pardessus.

« Des bégonias, il y en a toujours et toujours : des grands, des petits, des moyens; c'est un entassement multicolore sous une série d'échafaudages rustiques du plus pittoresque effet. Nous interrogeons à ce sujet notre aimable fleuriste.

« Il faut à cette famille de plantes une situation un peu ombragée, d'où la nécessité d'abriter les planches par ces échafaudages coupés d'allées.

« Tout en nous promenant dans ce jardin enchanté, où nous écoutions de toutes nos oreilles et regardions de tous nos yeux, sans cesser de causer, notre interlocuteur avise une grande caisse et, manipulant de majestueux héliotropes auprès desquels nous passions, il se met en devoir d'en récolter les graines; l'habitude!... Tel un dessinateur qui ne peut s'empêcher de crayonner tout en causant, ou un musicien de tapoter, de glisser des arpèges sur son piano, si c'est auprès de lui que l'on converse.

CLÉMATITES.

« M. Lemoine continue la récolte de ses graines; nous le remercions sincèrement des merveilles qu'il a bien voulu nous faire voir et que nous n'oublierons de longtemps, et nous le laissons à ses chères plantes qu'il aime tant, qu'il caresse tendrement, dont il fait si savamment l'éducation.

« Son fils nous accompagne et je réclame de son obligeance d'abord, de sa science ensuite, quelques explications générales.

« — Avant tout je dois vous dire que mon père a été élevé au milieu des fleurs; il y a toujours vécu. Il est né à Delme (pays annexé) en 1823, voilà donc soixante-dix ans que la flore et lui font l'excellent ménage que vous voyez; peut-être y a-t-il dans cette affection une question d'atavisme, car nos ancêtres etaient jardiniers.

« — Mais vous cultivez et cherchez à perfectionner toutes les espèces?

« — Laissant de côté les orchidées et la plupart des plantes de serre chaude, nous nous consacrons spécialement à la culture des plantes nouvelles. Il y a deux catégories de plantes nouvelles : les unes sont des espèces ou variétés découvertes par les voyageurs botanistes....

« — Vous dites : voyageurs botanistes?

« — Mais oui, et ce ne sont pas les moindres explorateurs, ceux qui, pour nous procurer un nouveau plaisir des yeux ou de l'odorat, vont parcourir dans tous les recoins des pays, souvent dangereux à bien des égards, fouiller des forêts où les bêtes nuisibles sont plus communes que les fleurs éblouissantes! Je dois ajouter, toutefois, que ces risques diminuent de plus en plus. La plupart des contrées du globe sont suffisamment connues de nos jours, et s'il y a là des périls de moins à courir, il y a aussi moins de chances de rencontrer des plantes inconnues dans nos climats; c'est pourquoi le nombre d'introductions de ce genre diminue de jour en jour, au moins pour les plantes de pays tempérés ou semi-tropicaux. Nous recevons des voyageurs, soit des graines, soit des plantes qui nous permettent de répandre ces nouveautés dans les cultures européennes. Une autre catégorie de nouveautés sont celles... que nous faisons nous-mêmes; elle est, de beaucoup, la plus importante pour nous.

« — ... Que vous faites vous-mêmes?... pardon de mon ignorance, mais enfin, avec quoi, diable! fabrique-t-on des fleurs, des plantes?...

« — Oh! ça n'est pas compliqué, vous allez voir : Nous prenons une espèce à l'état sauvage, nous la multiplions par semis, elle donne généralement naissance à des individus semblables à elle-même.

« — Jusqu'ici je comprends : il s'agit maintenant de civiliser votre plante, de prêcher la parole sainte, d'être missionnaire, en un mot.

« — Vous y êtes, absolument; et voici en quoi consiste notre mission : Si l'espèce sauvage dont nous nous occupons a été par nous longtemps soumise à la culture, réalisant artificiellement des conditions d'existence différentes de celles auxquelles dame Nature les a habituées, il *peut* arriver que les semis de cette plante finissent par varier légèrement.... Nos exhortations ont produit leur effet, et c'est alors que nous fixons, que nous accumulons les variations avantageuses pour notre sujet lui-même; ceci nous permet d'améliorer les espèces depuis longtemps cultivées.

« — Quelque chose comme l'éducation gratuite et obligatoire ?...

« — Parfaitement, obligatoire tout au moins pour tout sujet qui montre des dispositions. Mais, là ne se borne pas l'intérêt que nous portons à nos élèves, et nous ne nous contentons pas de nous occuper d'une espèce isolément, nous faisons des croisements entre espèces différentes.

« — Alors vous n'êtes point seulement maison d'éducation, mais aussi agence matrimoniale?

« — Parfaitement, et les unions dont nous sommes les auteurs sont généralement bien assorties; nous choisissons les deux fiancés avec le plus grand soin, et le mariage n'est célébré qu'autant que nous sommes sûrs des qualités de l'un et de l'autre.

« — Et les enfants qui naissent de ces unions?

« — Les enfants, les *hybrides* pour employer le terme propre, ont ceci de particulier qu'ils sont différents de leurs parents, tout en conservant avec eux un air de famille; nous cherchons surtout à n'obtenir que des hybrides de valeur, des nouveautés !

« — Les mariez-vous, à leur tour, lorsqu'ils ont atteint l'âge de raison?

« — Certainement, et ces mariages-là sont loin d'être stériles; les descendants accusent une très grande variation de formes, de couleurs; en métissant entre eux ces différents sujets, en les croisant avec l'une des deux espèces originelles ou avec d'autres, nous obtenons une mine de variétés entre lesquelles nous choisissons, de la façon la plus rigoureuse, ce qui peut nous conduire à une amélioration.

« Nous ne voulons pas vous fatiguer en vous citant les différentes nouveautés que nous avons ainsi obtenues; voilà bien des années déjà, que mon père a vu naître chez lui des espèces inconnues jusque-là....

« — Hélas! nous devons nous retirer... Le soleil descend là-bas, et pique d'or rouge les merveilles au milieu desquelles nous venons de passer de si bonnes heures; on dirait maintenant un amoncellement de saphirs, de rubis, d'émeraudes, c'est éblouissant! aussi,

Certain amateur de tulipes.....

est-ce avec regret que nous nous séparons, après avoir fait part, le mieux possible, à notre aimable cicérone, de notre sincère enthousiasme.

« C'est absurde, maugrée Georges, de s'amuser à barbouiller du papier avec de soi-disant couleurs! Et dire que, lorsqu'on a mis un rouge à côté d'un vert, un bleu à côté d'un jaune, on se croit coloriste!... je t'en fiche de la couleur!... Ce que nous venons de voir, oui, ça, c'est de la couleur! Pourquoi diable aussi n'ai-je pas eu la veine d'avoir un papa jardinier et une maman fleuriste? Moi aussi j'aurais inventé, marié des fleurs!... tandis que je n'ai rien inventé du tout et que j'ignore absolument si j'arriverai jamais à me marier moi-même!... »

* * *

Bien des gens se figurent que l'horticulteur n'est, en somme,

qu'un monsieur qui prend à son service des jardiniers pour semer, planter, repiquer, arroser, émonder, soigner, en un mot, des plantes de diverses catégories dont on n'a plus, ensuite, qu'à prendre des boutures ou à récolter des graines! Les quelques explications que nous venons de donner, d'après M. Lemoine, prouveront que l'*art* de l'horticulteur, — car le mot « art » n'est point déplacé ici — est un peu plus compliqué que cela.

L'horticulteur proprement dit — et il en est beaucoup en France où l'on aime tant la fleur! — est un savant botaniste, doublé d'un amateur et d'un chercheur. C'est grâce à lui que la fleurette devient fleur; grâce à lui que telle corolle, faite blanche par la nature, devient mauve, jaune, rose; grâce à lui, qu'elle se strie, se damasquine, se pointille; grandit démesurément comme le petit chrysanthème devenu grosse tête chevelue, comme la mignonne clématite devenue grande comme une soucoupe.

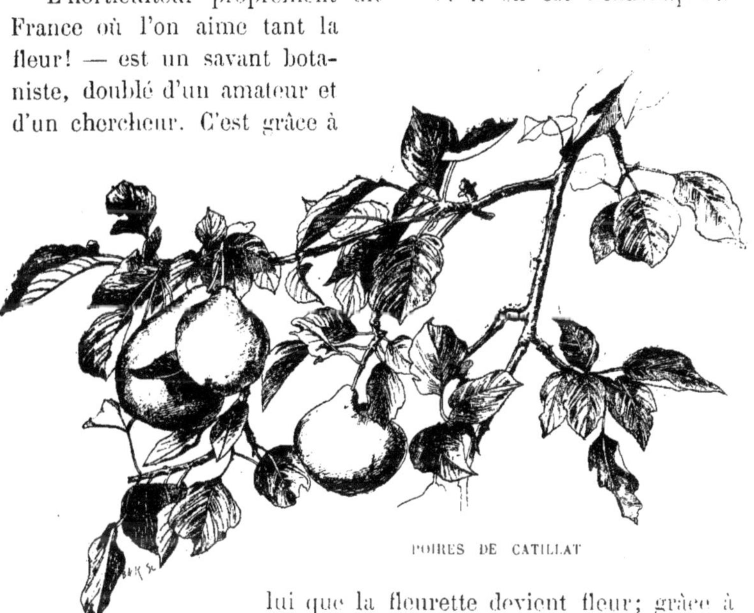

POIRES DE CATILLAT

Si, quelques feuillets plus haut, je me suis gendarmé quelque peu sur les transformations extravagantes qu'on a fait subir à certaines fleurs, je m'empresse de reconnaître que, pour la plupart des autres, les variétés trouvées sont remarquables.... On ne produit pas toujours des chefs-d'œuvre, et puis, enfin! il en faut pour tous les goûts et telle plante qui nous chagrine peut fort bien en ravir d'autres.

Les horticulteurs, que j'ai en grande estime, sont gens trop intelligents, du reste, pour m'en vouloir de varier parfois de goût avec eux, ou de me garder rancune d'une opinion opposée à la leur.

*
* *

Mais ils riront certainement avec moi de certains... fantaisistes, dont je tiens à dire quelques mots, et qui s'amusent à tenter sur des plantes des essais baroques.

Dans ses lettres sur les fleurs, Alphonse Karr cite, par exemple, un certain docteur, d'une sensibilité exagérée, qui s'attendrissait fort sur la pudicité de la sensitive, laquelle, lorsqu'on la touche ou lorsqu'il fait nuit, contracte ses feuilles comme presque tous les mimosas! Il parlait aussi de la douce sensibilité de la vigne qui pleure sous la serpette du jardinier. « Pleure-t-elle au printemps, demandait le docteur L..., les maux et les crimes que les abus du vin produiront à l'automne? ou pleure-t-elle à cause de sa maladie? ou témoigne-t-elle ainsi une horreur de l'eau qui lui fait rejeter toute l'humidité?... »

Le bon docteur ne s'accoutumait pas « à voir, tailler, c'est-à-dire, mutiler les arbres; il imagina, pour leur rendre cette opération moins douloureuse, de les endormir à l'aide d'éther et de chloroforme! » — Ceci n'est pas une plaisanterie; — le docteur existe ou tout au moins a existé.

« Et voici qu'à son tour (c'est encore le même auteur qui cite le fait) on a, en Belgique, tenté une autre expérience; un « amateur » a magnétisé les abricotiers de son jardin. Il ne doute pas de la possibilité de réveiller les abricotiers lorsque la saison sera assez avancée pour ne plus craindre les gelées!... »

Le « magnétiseur » en question voulait ainsi combattre « la mauvaise habitude qu'ont les abricotiers, dans la plus grande partie de la France, de s'endormir et de rêver quand vient l'hiver, puis de se réveiller à moitié par une matinée de printemps où il fait un peu de soleil et d'ouvrir leurs fleurs blanches; mais, peu de temps après, une petite gelée vient les surprendre et brûler les étamines de la fleur; la fécondation est impossible et il n'y a pas d'abricots!... » Et, à propos d'abricots, A. Karr donne ce passage de l'*Union médicale* de 1856, citée par le docteur Mabru : « A Saint-Quentin, le docteur Picard mesmérise des fleurs, des arbres et des fruits. Il a ainsi produit un abricot qui, après huit jours de magnétisation, avait acquis la grosseur d'un melon; douze personnes en mangèrent chacune une tranche et il en resta!... »

Il faut croire que ces expériences d'anesthésie et de magnétisme sur les végétaux n'ont guère produit d'effet, malgré les espérances de leurs médecins, car je ne sache pas qu'on en ait jamais entendu parler depuis — et cela ne date pas d'hier, vous l'avez vu — et que ces expériences aient été tentées à nouveau.

Nous les avons citées pour leur originalité. Les fantaisistes, les rêveurs et les... farceurs ne manquent dans aucune catégorie d'individus; il en est parmi les amateurs de fleurs comme partout ailleurs.

Les uns ont trouvé des secrets pour teindre et parfumer les fleurs, non point par des combinaisons de culture, des « mariages », comme ceux que nous citions à propos de notre visite chez M. Lemoine, mais par des moyens enfantins ou des procédés empiriques comme ceux-ci, par exemple : pour obtenir la couleur noire à communiquer aux fleurs, on se sert des fruits de l'aune; pour la couleur verte ou bleue, on emploie le suc de rue; on fait dessécher, on mêle, avec du fumier de mouton, une certaine dose de vinaigre et du sel, on triture le tout, on en fait une pâte qu'on étale sur les racines de la plante à colorer... et, allez donc! vous avez des fleurs de la couleur désirée. On varie les teintures et les pâtes pour varier les tonalités.

Certain amateur de tulipes — un Hollandais naturellement! — en faisait macérer les oignons dans des liqueurs préparées, dont les fleurs prenaient la couleur... disait-il!

Mêmes procédés pour obtenir les parfums; au lieu de matières colorantes, on se sert tout simplement de matières odorantes; on

1. *Les Fleurs*, A. Karr.

fait au besoin macérer à l'avance graines ou oignons dans ces essences parfumées. — ...Et il existait des traités entiers, donnant des procédés de cette force et certaines revues « scientifiques?? » en publiaient des extraits! Pour ma part, je regrette que les auteurs n'aient point jugé utile d'ajouter des indications d'heures spéciales pour procéder à ces opérations qui eussent, en plus, nécessité, ce me semble, quelques mots cabalistiques pour en assurer la réussite! Et dire, que maints lecteurs naïfs essayaient consciencieusement des moyens préconisés!...

Les « novateurs » étaient-ils de gais fumistes se moquant agréablement de leurs contemporains, ou simplement de pauvres diables au cerveau fêlé?... Je pencherais volontiers pour la première des deux propositions!

Et vous croyez peut-être que ceci remonte aux douces époques de la sorcellerie? Nullement! Cela date bel et bien de quelques années seulement.

Au reste, s'il fut toujours des farceurs, il fut toujours des gogos, — nous le voyons journellement — et c'est l'abondance de ceux-ci qui fait la multiplication de ceux-là.

De nos jours, vous pouvez lancer les recettes les plus abracadabrantes, vous trouverez toujours suffisamment de naïfs pour les ramasser!

*
* *

Mais revenons à nos horticulteurs, qui n'ont rien à voir avec tous ces gaillards-là; les moyens qu'ils emploient pour obtenir des fleurs modifiées de formes et variées de couleur, sont raisonnés, nous l'avons vu, et si, dans leur engrais, dans leurs terres, ils apportent certains éléments étrangers, ceux-ci n'agissent que comme nutrition plus ou moins copieuse et sont combinés suivant la nature et les besoins de chaque espèce, — modifications de régime qui sont, en quelque sorte, l'hygiène végétale.

Ne vous y trompez pas! rien n'est complexe et difficile comme l'élevage de certaines plantes, et l'on ne se doute pas des soins et des peines que nécessitent la culture de maintes d'entre elles avant que, définitivement acquises, elles soient aptes à paraître dans nos parterres.

*
* *

C'est vous dire qu'on ne s'établit pas horticulteur ainsi, tout de go; il ne suffit pas d'aimer les fleurs, on doit encore les connaître à fond; après avoir fait de sérieuses études théoriques, il faut les compléter par des études pratiques[1].

Si nous avons la joie de pouvoir aujourd'hui, sans grande peine et sans grands frais, garnir nos parterres et nos plates-bandes de mille fleurs superbes; si, à des escadrons de roses trémières, inconnues de vos pères et des miens, portant fanions aux plis doublés, triplés, de toutes couleurs, nous pouvons opposer des régiments de brillants pavots aux kolbachs frisés, des bataillons de roses, croisant comme baïonnettes, leurs épines, portant tuniques blanches, jaunes, saumon, roses, cramoisies, ponceau et des compagnies de géraniums formant la haie, et lançant d'aveuglantes fusées, c'est aux horticulteurs que nous le devons!...

Comme nous devons aux pépiniéristes ces fruits superbes, succulents, qui vous font venir l'eau à la bouche, poires et pommes de tous « formats » et de toutes saisons — abricots et pêches aux vêtements duvetés — cerises, énormes rubis ou grenats monumentaux, prunes mauves, dorées, piquetées, exquises Reines-Claudes crevant sous la poussée du jus!

Le pépiniériste fait, pour les arbres, ce que l'horticulteur fait pour les fleurs; il les élève, cherche des variétés nouvelles.

Il s'occupe, non seulement des arbres fruitiers, mais aussi des arbres utiles ou des arbres d'agrément.

Il est, bien entendu, — tout comme chez les horticulteurs, — des spécialistes.

Tel pépiniériste s'intéressera surtout à l'élevage de telles ou

1. Une école d'horticulture, ressortissant du Ministère de l'agriculture, a été établie au potager de Versailles. On y enseigne toutes les connaissances théoriques et pratiques de l'art horticole. On n'y reçoit que des externes qui ne peuvent avoir moins de 17 ans, ni plus de 27, et dont les études durent trois ans. Des avantages particuliers sont réservés aux élèves classés dans les premiers rangs aux examens de sortie. — Décision ministérielle, août 1875.

telles essences d'arbres. Celui-ci aura une prédilection marquée pour cet arbres à pépins, celui-là pour les arbres à noyaux, tandis que cet autre dédaignera les arbres fruitiers pour élever seulement des arbres d'agrément. Il en est enfin qui cumulent et sont, tout à la fois, pépiniéristes et horticulteurs.

*
* *

LES JARDINIERS

Le jardinier?... Ouvrez un dictionnaire, vous trouverez ceci ou à peu près : « *Jardinier, ière,* — subst. — celui, celle dont le métier est de travailler aux jardins, de les soigner, de les arranger, de les embellir. »

Le mot *jardinier* est pris là au sens strict; mais il peut être interprété d'une façon beaucoup plus large.

Par jardinier nous n'entendons pas seulement l'homme qui fume et amende les terres, racle les allées, bêche le sol, sème des graines, taille des arbres, arrache les mauvaises herbes, plante, transplante, arrose, émonde; celui-là est le journalier, l'homme à gages.

La profession de jardinier implique toute une hiérarchie de professionnels (dont le moindre est celui que nous venons de citer).

Entre l'horticulteur et le pépiniériste proprement dits, et le jardinier il y a une différence notable : le premier s'occupe, nous l'avons vu, d'élever, de perfectionner les végétaux de toutes espèces; fleurs, plantes d'agrément, arbustes, arbrisseaux, arbres fruitiers, etc.; de reproduire des plants de chacun d'eux; d'en récolter des graines et des oignons, d'emmagasiner les unes et les autres, et d'approvisionner les jardiniers.

Ceux-ci — qui sont souvent un peu horticulteurs et cherchent eux-mêmes des variétés nouvelles — ont pour mission de « composer » des jardins; ils s'intitulent *Jardiniers-Paysagistes*... Et les vrais, ceux qui vraiment sont capables de transformer un champ inculte en un jardin superbe sont fort rares.

Pour le jardinier proprement dit, il ne s'agit pas, bien entendu, de tout bouleverser, de créer des vallons là où il y a des montagnes, de transformer des déserts de sable en rivières d'eau courante, mais, au contraire, étant donnés la nature et le caractère du terrain existant, de profiter des caprices du sol offert pour l'embellir, jugeant qu'ici des massifs seront à leur place, que là des rideaux d'arbres produiront bon effet; il leur faudra choisir avec goût, non seulement les endroits où les parterres seront découpés, mais encore les plantes qui garniront ces parterres. Le jardin établi, le jardinier aura à surveiller la pousse de ses plantations, à soigner les plantes et, avec l'aide des journaliers qu'il emploiera (des ouvriers jardiniers, dont plus haut nous parlions), à faire procéder aux travaux divers de semis, repiquages, etc., bref, à tout ce qui concerne l'entretien et la culture de ses végétaux.

Il aura à faire ou à faire faire les diverses opérations, greffe, écussonnage, etc.

Disons, pour terminer, que la confection des jardins demande des aptitudes spéciales.

Il faut être architecte-dessinateur comme Le Nôtre (1), ingénieur comme Alphand (2).

C'est au premier que nous devons la création des Jardins des Tuileries, de Vaux, Chantilly, Saint-Cloud, la terrasse de Saint-Germain, le parc de Versailles, d'autres encore.

Au second revient l'honneur d'avoir créé maints squares, d'avoir transformé en parcs les bois de Boulogne et de Vincennes, les buttes Chaumont. Il dessina en outre les parterres des Champs-Élysées et du parc Monceau, et créa les pépinières et les serres de la ville de Paris.

Ni Le Nôtre, ni Alphand n'étaient des jardiniers, bien que l'un et l'autre aient créé des jardins, mais ils avaient comme collaborateurs des jardiniers proprement dits, depuis le jardinier en chef jusqu'au simple ouvrier jardinier. Hiérarchie qui existe toujours, naturellement, pour les promenades et les jardins publics, pour les serres et les pépinières de Paris.

1. André Lenôtre (fils d'un surintendant des Tuileries) était un célèbre architecte français qui se voua surtout au dessin des jardins. Il naquit en 1613 et mourut en 1700.

2. Alphand (Jean-Charles-Adolphe), ingénieur français, élève de Polytechnique, naquit à Grenoble en 1817. Fut nommé, en 1854, ingénieur en chef des embellissements de Paris, où il dirigea le service des promenades, des parcs, etc. Il mourut à Paris en 1891.

∴

Arranger un jardin — je parle ici du jardin particulier — n'est point chose aisée, bien que, à notre avis, le mieux arrangé est celui qui l'est le moins. — Paradoxe? — Non.

On a subdivisé les *jardins* en catégories diverses : les *jardins d'agrément* se subdivisant eux-mêmes en *jardins symétriques*, dits *jardins à la française* et les *jardins paysagers* ou *jardins à l'anglaise.*

LA TERRASSE DE SAINT-GERMAIN.

Les *jardins fleuristes* comprenant surtout des parterres.

Les *jardins potagers* où les choux, les carottes, les navets, les tomates, l'oseille et le persil mûrissent à la chaleur du soleil en attendant celle du fourneau.

Les *jardins fruitiers* réservés aux arbres à fruits et différant du verger, en ce que, dans celui-ci, les arbres, une fois plantés et greffés, sont livrés à la nature et poussent suivant leur fantaisie, tandis que dans les jardins fruitiers ils sont l'objet de soins particuliers; on les dresse en quenouilles, on les conduit en espaliers, etc., etc.

Les fruits sont meilleurs, paraît-il, mais, au point de vue pittoresque, combien le verger est plus joli! Quelle allure y prennent les pommiers, les poiriers, les pruniers livrés à eux-mêmes! Con-

UN COIN DU QUAI AUX FLEURS.
(D'après le tableau de l'auteur).

naissez-vous rien de plus réjouissant à voir que les vergers normands, vrais types du genre?

Quant aux jardins d'agrément, je le répète, les mieux arrangés sont ceux qui ne le sont pas!

Je ne vais pas jusqu'à dire qu'il faut laisser le chiendent et les orties envahir les corbeilles, mais j'ai en horreur ces jardins peignés, astiqués, d'où la moindre fantaisie est exclue, où les fleurs sont divisées par catégories, rangées, classées comme des bocaux sur des rayons.

Ne me parlez pas surtout de ces parterres découpés au compas et à l'équerre, parterres en losanges, en carrés, en ronds, en ovales, où de pauvres plantes sont astreintes à suivres des lignes droites, courbes ou sinueuses, dont on ne les autorise pas à sortir la moindre feuille, — tels des soldats dans leurs rangs, — et qui, dans leur ensemble, forment des dessins prétendus décoratifs, dessins fantaisistes, chiffres, armoiries du propriétaire.... Que sais-je?

Cela s'appelle de la *Mosaïculture*, c'est-à-dire ce qui est le plus opposé à la nature de la plante qui désire poser ses feuilles à sa fantaisie et porter ses fleurs suivant son bon caprice.

Mais... je heurte ici, évidemment, les goûts de maints adonistes et je préfère ne pas insister. Je dirai seulement que, à tous ces arrangements « antifloraux », je préfère cent fois, — j'ai eu occa sion de le dire souvent — je préfère cent fois, dis-je, les plates bandes et les parterres à la « bonne franquette » où les fleurs sont à leur aise, où la fleur jaune sautille de droite et de gauche parmi les fleurs bleues et les fleurs rouges qui trottinent à leur tour de-ci, de-là, sans préoccupation de symétrie aucune, où la reine marguerite effeuille ses pétales dans le gilet de velours du pétunia, où le réséda fait bénéficier de son parfum exquis, le salvia, ce cardinal qui en est démuni, où les fleurs de toutes ormes et de toutes couleurs vont voisiner les unes chez les utres.

Combien plus jolies que ces froids carrés vernissés de gazon anglais sont ces pelouses où le tapis vert est passementé de boutons d'or, de pâquerettes, de mignonnes fleurettes de tous genres!

*
* *

Mais revenons-en à la *Mosaïculture*, puisque la chose existe et que maintes personnes en raffolent.

Faisant abandon de mes goûts personnels, que je n'ai nullement l'intention d'imposer — bien que les sachant partagés par bien d'autres — disons quelques mots de cet « art?? »

C'est à l'exposition de 1867 que ce genre d'ornementation par la plante fut inauguré. On l'appelait alors purement et simplement mosaïque. Puis on chercha un autre nom : *Tapis-Parterre*, qui dégénéra en *Tapissericulture*... mot baroque, mais indiquant assez bien le caractère de la chose désignée, car les parterres ainsi disposés ont plutôt l'air de carpettes exposées sur des pelouses que des amoncellements de fleurs. Enfin, le terme de *Mosaïculture*, actuellement adopté, fut trouvé par M. J. Chrétien, qui en explique la naissance dans la préface d'un livre écrit par M. S. Mottet.

« La Mosaïculture, dit cet auteur, est l'art de former dans les jardins toutes sortes de dessins, avec des plantes, dans le but de rendre leur parterre aussi attrayant que possible [1]. »

Attrait discutable... mais passons !

Déjà au XVIe et au XVIIIe siècle on s'ingéniait à trouver des agencements de ce genre, ainsi qu'il résulte des exemples puisés dans des ouvrages de l'époque, agencements non point combinés avec des fleurs ou des plantes à feuillages colorés, mais avec des matières inertes, sable, brique pilée, charbon, etc. Quelques plantes aussi teintaient de leur ton propre des sentiers, des allées disposées en dessins plus ou moins compliqués.

Ceci me rappelle, qu'on me permettre cette digression, que lors d'un voyage à Bruxelles, il y a deux ou trois ans, je m'arrêtai stupéfait devant les « parterres » (??) de certains squares, notamment au Grand Sablon, si j'ai bonne souvenance.

Parterres des plus pratiques, car ils ne nécessitent aucun frais de jardinage et à peine d'entretien. Là, nul besoin de semis, de

1. *La Mosaïculture*, par S. Mottet.

plantations, de repiquages; les éléments de ces parterres sont?... sont des cailloux de formes et de couleurs diverses (au besoin on les fait teindre), et des briques taillées en coupes variées.

Ces nouveaux éléments « floraux » sont disposés en rosaces, en arabesques, en frises!...

Voilà du progrès ou je ne m'y connais guère! aussi je m'empresse d'en parler pour venir au secours de ceux que les plantations ennuient et que l'arrosage fatigue... ce moyen d'éviter l'un et l'autre est fort ingénieux.

Pour peu que vous ayez un peu de goût, vous pourrez adjoindre

UN VERGER NORMAND.

à vos cailloux aux tons mats, quelques verroteries adroitement disposées, lesquelles, brillant au soleil, seront vraiment d'un mirobolant effet!! et vous pourrez appeler cela de la « *Lithoculture* ».

Ces parterres exquis, inventés par un édile bruxellois (évidemment un économiste), subsistent-ils encore? Il serait facile de s'en assurer, mais en tout cas, s'ils sont démolis ou si les herbes folles, pour se venger, les ont aujourd'hui recouverts, je garantis que mon histoire n'en est pas moins absolument authentique.

⁂

Dans nos jardins, heureusement, les cailloux n'ont point, jusqu'ici, détrôné les fleurs et si l'on y voit des parterres arrangés symétriquement en étoiles, en losanges ou en spirales, ce sont les plantes qui en font les frais. Ces sortes d'arrangements, il faut bien le dire, ont fait la réputation de maints jardiniers.

Généralement, les fonds sont plantés régulièrement et combinés de façon à éviter l'apparence des lignes. Les cernés formant les dessins sont tracés par des plantes disposées en lignes droites et courbes suivant la nature de ces dessins.

Ces mosaïques végétales se font sur massifs bombés plus ou moins et dont le centre est occupé par un motif principal, ou miné par une plante qui en est le plumet.

Vous pouvez, à défaut de massifs, ou sans préjudice de ceux-ci, vous offrir en outre des bordures arrangées suivant les mêmes principes.

Les plantes à feuillages diversement colorés alternent avec les fleurs, bien qu'il y ait de ces massifs uniquement faits de feuillages blanchâtres, vert clair, rosés, violacés, bruns, ponceaux.

Au reste, pour peu que cela vous intéresse, nous vous renvoyons à des traités spéciaux où vous trouverez la nomenclature des plantes qui conviennent à ce genre de culture dont nous ne croyons pas utile de parler davantage.

QUELQUES RENSEIGNEMENTS « HORTICOLES »

Dans le courant de ce volume nous avons eu souvent occasion, de parler de diverses opérations dont nous n'avons point alors donné l'explication, pour ne point nous interrompre à chaque instant, et parce que nous nous réservions de leur consacrer un chapitre spécial. Nous y voici :

1° *Multiplication par graines.*

Semis. — Le mot s'explique de lui-même. Tout d'abord, et quel que soit le genre de semis qu'on veut faire, on doit s'assurer des qualités des graines. Il faut qu'elles soient bien mûres (ce qui se reconnaît au poids et à la couleur), bien pleines et point trop vieilles. En les mettant dans l'eau les mauvaises surnageront.

Les graines nues, comme celles de l'œillet par exemple, se sèment telles quelles. Les graines aigrettées, velues ou membraneuses seront au préalable frottées d'abord dans les mains, puis mêlées avec du sable fin ou de la cendre, pour éviter qu'elles se pelotonnent. Les graines très fines se mêleront avec de la terre bien sèche. Pour hâter la germination de certaines graines, des noyaux, notamment, on les place soit en pleine terre, soit dans des vases, et séparés les uns des autres par couches de terre de 3 à 6 centimètres; on ferme les vases qu'on enterre au pied d'un mur au midi, ou qu'on enferme dans une cave. Si, fin février, les noyaux ne germent point, on les arrose légèrement et en mars on les plante définitivement en place.

Les façons de procéder aux semis varient suivant la nature des végétaux et suivant leurs différents caractères.

En général la terre douce, fertile, légèrement humide est la meilleure. Les graines de plantes délicates demandent après semis, à être abritées sous du terreau ou du paillis.

Il y a plusieurs modes de semis : semis *à la volée*, en *rayons*, en *pépinière*, en *paquets* ou *potets*, en *terrines* et en *pots*, sur *couche* [1].

2° *Multiplication par oignons, racines, bourgeons*, etc.

Les oignons ou les bulbes que produisent certaines plantes donnent naissance à de petits caïeux qu'on enlève et qui servent à la reproduction. On ne les détache que complètement mûrs, quand les feuilles de la plante sont complètement desséchées. D'autres végétaux produisent de petits corps charnus à la place des graines, on les nomme *soboles*, ils se cultivent comme les caïeux.

Les *tubercules*, remis en terre, produisent de nouvelles plantes ; quand ils sont munis d'yeux, on peut les couper en autant de fragments qu'il y a d'yeux; chacun produira une bouture.

Les *rejetons* ou *œilletons* sont des rejets enracinés apparaissant au collet ou à la racine; on les sépare et on les replante.

Les *Éclats*. — Les végétaux à racines vivaces produisent des touffes composées de boutons, germes, etc.; on les sépare en les déchirant à l'aide d'un outil tranchant, et on les replante.

En plantant des tronçons de certains végétaux (le *Paulownia*, par exemple), en laissant à l'air une des extrémités, ces tronçons donnent naissance à de nouveaux rameaux.

Au chapitre *Racines*, nous avons expliqué les diverses sortes de tubercules, oignons, etc.

Multiplication par les tiges.

Certains végétaux produisent de longues tiges rampantes nommées *stolons* : le fraisier est dans ce cas. Ces stolons portent de place en place, à chaque nœud, des bourgeons qui, séparés et mis en terre, forment racine et par conséquent donnent naissance à de nouvelles plantes.

Le marcottage ou couchage.

On nomme marcottage (ou couchage) l'opération qui consiste à envelopper de terre l'extrémité inférieure des rameaux d'une plante pour la séparer de la plante mère et provoquer, par ce moyen, la production de nouvelles racines; c'est en quelque sorte une *bouture* non détachée de la plante.

Il est plusieurs procédés de marcottages :

Marcottage *simple*, par *strangulation*, par *torsion*, par *incision*, par *circoncision*, par *amputation*, par *cépée*, *souterraines*. Nous renvoyons à ce sujet nos lecteurs à la *note* ci-dessous.

1. Notre rôle n'est point d'expliquer tous les procédés, pas plus pour les semis que pour les greffes, etc., au sujet desquels nous donnons quelques renseignements généraux, renvoyant nos lecteurs à des traités spéciaux pour tous les renseignements pratiques et les explications détaillées. Dans *Le Bon jardinier*, par exemple, ils trouveront tous les détails voulus; nous y avons nous-même puisé maints renseignements sur les diverses opérations, les maladies, etc.

Bouturage.

Le *bouturage* est un des modes de reproduction les plus importants et les plus usités.

La bouture est une partie détachée d'un végétal et placée dans les conditions voulues pour faire naître des racines et devenir elle-même une plante nouvelle. Certaines boutures, comme celles du saule, du peuplier, etc., renaissent ainsi en plein air, sans abri, sans soins. Mais la plupart des végétaux exigent, pour leurs boutures, des soins assidus et l'application de procédés divers qui facilitent leur réussite. D'autres plantes sont absolument rétives à la reproduction par boutures.

En thèse générale, les conditions nécessaires pour les boutures sont l'humidité et une température convenables. Plus la plante est riche en tissus cellulaires, plus le bouturage a chance de réussite; c'est dire que les végétaux à bois sec et dur sont plus difficiles.

La présence d'un bourgeon sur une bouture n'est pas rigoureusement indispensable; néanmoins, dans les conditions ordinaires, il vaut mieux choisir comme bouture, des rameaux munis d'un ou plusieurs yeux.

Pour les végétaux de pleine terre, et dont les boutures se font à l'air libre, on procède :

Au bouturage *simple*, en *plançon*, avec *bourrelet*, *à talon*, *à bois de deux ans* ou *crossette*.

Pour les végétaux résineux de pleine terre, à feuilles persistantes, il vaut mieux bouturer sous cloches ou châssis; le bouturage à l'air libre est moins certain.

Les végétaux d'orangerie et de serre nécessitent :

La *bouture sous cloche*. — Un verre ordinaire, une cloche à fromage sont suffisants dans bien des cas, mais il est pourtant des plantes si fragiles qu'elles nécessitent, en outre, un châssis ou une double cloche.

De même que, si certaines préfèrent le verre blanc, d'autres demandent un verre teinté, commun, car elles redoutent une trop grande lumière.

Le bouturage, comme la plupart des opérations horticoles du reste, nécessite une grande habitude et des études pratiques.... Comme en toutes choses, on fait bien des « ratages » avant d'arriver à la réussite complète.

La Greffe.

La *greffe* (ou plutôt le *greffage*) est l'opération qui consiste à détacher d'une plante un *œil* ou un *scion*, et à le souder à une autre plante. Le fragment qu'on implante est la *greffe*, le végétal qui le reçoit est le *sujet*.

Bien que s'exécutant sur des parties ligneuses et sur des parties herbacées et même sur des plantes annuelles, le greffage n'a vraiment d'importance que pour la multiplication des arbres, surtout des arbres fruitiers. C'est grâce à lui qu'on peut conserver et multiplier les bonnes races qui, à son défaut, dégénéreraient et même disparaîtraient bientôt.

La greffe est fondée sur ce principe que, les parties vivantes d'une plante démunies de leur épiderme et maintenues en contact un certain temps avec celles d'une autre plante, finissent par adhérer et ne former qu'un même corps, cela s'appelle . *reprise de la greffe.*

Les conditions voulues pour la réussite sont tout d'abord, *identité spécifique* ou tout au moins *affinité d'espèce*, abondance des tissus lignaires ou cellulaires, richesse de sève de la greffe et du sujet aux points de contact.

On peut procéder à la greffe aussi bien sur les racines que sur les parties aériennes.

On procède à maintes espèces de greffes :

La greffe en *approche* que la nature produit souvent elle-même, entre branches ou racines. La greffe en *fente*, en *couronne*, en *écusson*, en *flûte*.

Dans les deux premières le bois est entamé et les parties ligneuses interviennent; dans la seconde le bois et l'écorce, dans les autres l'écorce et le cambium.

Il est des sous-variétés de greffes, telles que la greffe à l'*anglaise*, à la *Pontoise*, greffe *Faune*, etc.

L'Écussonnage.

L'*écussonnage* est le terme qui désigne la greffe en écusson. *Écussonner* (ou *inoculer*) c'est enlever à un rameau un *écusson*, fragment d'écorce muni d'un bel œil au centre et nommé *écusson* parce qu'on lui donne à peu près la forme de l'ancien écu de chevalier.

On insinue cet écusson entre l'écorce et le bois du sujet sur lequel on a fait une incision en T, les lèvres de l'incision s'écartent et recouvrent l'écusson dont la face se trouve fortement appliquée contre l'aubier du sujet.

Telles sont les opérations horticoles propres à la multiplication des végétaux.

Disons quelques mots de celles nécessitées par leur éducation.

Plantation à demeure.

C'est-à-dire planter à la place où il doit vivre le jeune plant suffisamment fortifié en pépinière.

Repiquage.

Le repiquage a pour but de favoriser la croissance d'un jeune plant semé avec d'autres et dont on le sépare pour qu'il puisse profiter à l'aise.

On lève les pieds à découvert, ou en motte ce qui est plus prudent, on repique en bonne terre, en laissant entre lui et les autres une distance calculée d'après l'ampleur de l'espèce.

Rempotage.

Les plantes qu'on fait vivre en pots, les plantes de terre, notamment, ont vite épuisé les éléments nutritifs du peu de terre où elles sont rivées. Il faut donc de temps à autre leur donner des récipients plus grands, raccourcir leurs racines, et diminuer leurs branches. Maints jardiniers prétendent que c'est à l'automne que cette opération doit se faire; d'autres, dans lesquels nous aurions plus de confiance (le *Bon Jardinier*, par exemple), donnent comme moment favorable, et c'est logique, le moment où la plante est sur le point d'entrer en végétation; c'est alors en effet qu'elle a le plus besoin de nourriture et d'espace. Au lieu de prendre une époque déterminée, générale pour toutes les plantes, il faudrait donc observer le moment où chacune va renaitre et la rempoter à ce moment.

De même faudra-t-il, suivant la nature, la vigueur de chacune, faire le rempotage deux fois dans l'année, une fois par an, ou tous les deux ou trois ans. Il va sans dire que plus une plante a de vitalité, et plus les rempotages doivent être fréquents.

Nous n'avons pas à nous occuper ici des moyens de varier les espèces, *sélection*, *hybridation*, *métissage*, etc.; cela devient de la science horticole, qu'il serait osé de notre part de vouloir aborder.

*
* *

Disons maintenant quelques mots de la taille des arbres.

Taille des arbres.

La taille des arbres, chirurgie végétale, s'applique surtout aux arbres fruitiers, car elle a pour but de leur faire donner plus de fruits, de leur faire prendre aussi une forme déterminée pour que les branches soient dans les conditions les meilleures pour recevoir lumière, chaleur [1].

La taille des arbres comporte diverses opérations :

L'Entaillage.

L'entaillage consiste à entailler transversalement sur une étendue plus ou moins grande, une partie d'écorce ou d'aubier, ce qui a pour but d'arrêter momentanément la sève pour affaiblir la partie entaillée au profit d'autres parties faibles. C'est en somme une saignée.

L'Éborgnage.

L'éborgnage, c'est enlever un ou plusieurs yeux jugés mal placés ou inutiles. Cela se fait généralement quand l'arbre est dénué de ses feuilles, mais l'opération est délicate, car il peut se faire que les yeux non enlevés, sur lesquels on a compté, ne réussissent pas. Attendre le développement des yeux est donc prudent.

L'Ébourgeonnage.

L'ébourgeonnage se fait tout l'été; c'est-à-dire quand les bourgeons ont quelques centimètres jusqu'à leur développement. Il consiste à enlever les bourgeons inutiles ou mal placés.

Le pinçage.

Le *pinçage* (ou *pincement*) est une des opérations les plus importantes. Elle se fait pendant tout le cours de la végétation et consiste à supprimer l'extrémité des bourgeons pour développer ou arrêter le développement de certaines parties ou les modifier. On dit pincer à *une*, à *deux*, à *trois* feuilles lorsque le pincement se fait au-dessus de la première, deuxième ou troisième feuille à partir de la base du bourgeon.

Le palissage.

Palissage veut dire attacher les bourgeons aux murs ou aux supports des arbres en espalier, au moyen de loques ou de joncs. Ceci ne doit se faire que pour des parties déjà développées, et de juin en août.

Le cassage.

Le *cassage*, c'est rompre les bourgeons qui doivent produire des parties fruitières. Le moment favorable est la fin de l'été.

1. Il y a des cours d'arboriculture, notamment au Jardin du Luxembourg.

Les incisions.

Les incisions annulaires ou longitudinales, c'est-à-dire l'enlèvement sur toute la circonférence d'une tige d'une lanière d'écorce ou une fente pratiquée longitudinalement dans l'écorce.

Le but est de faire grossir les fruits sous lesquels l'opération est faite, et d'en précipiter la maturité. Certains horticulteurs sont opposés à cette méthode

L'arqûre.

L'arqûre est employée pour modifier l'allure de certains arbres, elle consiste à maintenir courbées (arquées) certaines branches.

L'équilibre.

L'équilibre d'un arbre doit être maintenu. Quand une partie trop vigoureuse tend à le compromettre, il faut la pincer, supprimer des feuilles, la palisser en la serrant, l'abaisser vers le sol. Inversement on tirera en avant, on libérera le plus possible les parties faibles pour leur laisser tout leur essor. L'équilibre rétabli, on redonne à l'arbre la position voulue en replaçant les branches dans leur position normale.

La taille en vert.

La *taille en vert* est une sorte d'ébourgeonnage consistant à enlever une grande partie des bourgeons, qui doivent être supprimés lors de la taille à sec.

La taille des arbres demande une étude et des connaissances assez approfondies, car elle varie suivant les espèces. Les arbres fruitiers à noyaux ne se conduisent pas comme les fruits à pépins, et tel fruitier à noyaux demandera une autre manipulation que tel autre fruitier, à noyaux également.

Il faut donc à cet égard consulter des traités spéciaux.

LES MALADIES

Comme suite à notre chapitre sur les horticulteurs, il nous paraît utile de nous occuper rapidement des maladies et des ennemis des plantes.

Nous avons dit au début que, pas plus que nous, les plantes ne sont à l'abri des maladies. Citons rapidement les principales et leurs remèdes.

Chlorose ou panachure. — Altération des feuilles qui se marbrent ou se tachent; aujourd'hui on recherche les plantes qui en sont atteintes, et même on s'ingénie à trouver des moyens de la faire naître.

La *chute des feuilles*, occasionnée par excès de froid ou de chaleur, n'a rien de grave. Mais si elle résulte de la présence aux racines d'un parasite, il faut remplacer la plante après avoir assaini le terrain.

La *langueur* s'accuse par le flétrissement continue et graduel de toutes les parties, jaunissement des feuilles, etc. Il faut assainir la terre, rechercher s'il n'est pas un champignon parasite attaquant les racines, etc. Souvent c'est la nature du sol qui ne convient pas à la plante.

La *jaunisse ou ictère.* — Équivalent de ce qui normalement se produit à l'automne quand les feuilles jaunissent. En temps ordinaire c'est le symptôme d'une maladie quelconque, qu'il faut rechercher.

L'*étiolement.* — La plante se décolore, la consistance est molle et aqueuse. Donner de la lumière et favoriser la circulation de l'air.

Stérilité. — Quand elle a lieu sur des plantes d'autres climats, la chose est normale, ces plantes ne trouvant pas ici le degré de chaleur, souvent la nutrition suffisants.

Quand c'est sur des végétaux indigènes, elle dépend d'accidents atmosphériques qui ont compromis les ovaires ou entraîné le pollen, parfois d'insectes ayant dévoré les organes reproducteurs. L'agriculteur doit conjurer le retour du mal par les moyens préventifs à sa portée.

Toutes ces maladies sont causées par affaiblissement de la force végétative; il est des maladies spéciales à certaines espèces.

Le *tacon.* — Sorte d'ulcère ne s'attaquant qu'au safran, qui se tache, se décompose, se réduit en une poussière brune, maladie d'autant plus grave qu'elle est contagieuse. Le symptôme extérieur est le jaunissement, le flétrissement des feuilles.

Remède : L'arrachage et la destruction des oignons. Circonscrire le terrain attaqué pour éviter la contagion aux terrains voisins.

La *vigne* est sujette à plusieurs maladies, toutes fort graves.

L'*oïdium Tuckeri* ou *blanc des raisins*, qui couvre d'un duvet ténu, comme si elles étaient poudrées, toutes les parties attaquées. Quand il s'établit sur les raisins on croirait ceux-ci roulés dans de la farine. De remède radical, il n'en est point, le meilleur palliatif est la fleur de soufre projetée à l'aide d'un soufflet ou placée avec une houppe.

Le *mildiou, Mildew* ou *Peronospora*, champignon qui se développe avec une foudroyante rapidité, détruit les feuilles, et le raisin ne mûrit plus. On remédie à la maladie, et on peut l'arrêter même, en aspergeant les feuilles avec de l'eau de chaux additionnée de sulfate de cuivre.

Le *phylloxéra* (voir ch. suivant aux animaux nuisibles).

Maladie de la pomme de terre. — On la suppose (car le fait n'est pas absolument certain) occasionnée par un champignon parasite, le *botrytis*.

D'après les études nouvelles, la nutrition insuffisante des végétaux leur retire de leur vitalité, et ils n'ont plus la force de résister aux parasites. Le remède s'indique donc de lui-même : rendre au sol les éléments qui lui manquent, en un mot le rendre *complet* :

Mélange de phosphate fossile, sel marin, plâtre, etc.

Il va sans dire que la plantation des pommes de terre doit se faire avec des tubercules parfaitement sains.

La *morve blanche* détruit les Glaïeuls et les Jacinthes. Elle attaque d'abord l'extérieur, puis arrive au cœur de l'oignon, qui s'emplit d'une pulpe demi-liquide. Les plantes se flétrissent et meurent. Si le mal n'est pas trop avancé, on y remédie en enlevant les enveloppes malades, et en plaçant les oignons dans des pots avec de la terre sableuse exposés au midi, mais en les garantissant des rayons du soleil. On a chance ainsi de voir se former de nouveau caïeux qui produiront de nouvelles plantes.

Les lésions physiques des plantes sont nombreuses aussi et ont, naturellement, différentes causes.

La *foudre* qui fait voler en éclats troncs, branches et les découpe en lanières. Souvent aussi elle ne laisse pas de traces, mais il est rare qu'un arbre vraiment frappé continue à vivre.

Le *froid* est cause d'une foule d'accidents : la nécrose, les ulcères, la roulure, etc. Il n'y a guère à employer que les remèdes préventifs, car toute plante frappée de la gelée (à d'excessivement rares exceptions) est frappée à mort.

La *chaleur* torride, la *sécheresse* amènent la mort de bien des végétaux. Nul remède.

Les *poisons* que dégagent certaines industries, fabriques de produits chimiques par exemple, sont nuisibles, souvent mortels, pour certains végétaux. Le remède serait la disparition de la cause... remède souvent impossible.

Les *plaies*, les *blessures* peuvent être produites par bien des circonstances diverses et sont, naturellement de nature différente. Contusions, incisions, brûlures, déchirures, etc.

Les *déchirures* peuvent être produites par un effort donné à l'arbre en le secouant, par le vent, etc.

Si une déchirure est profonde, si la branche ne tient presque plus, il faut l'amputer; si la blessure n'est pas profonde, on peut la guérir en attachant solidement la branche entamée aux autres, après avoir ligaturé fortement avec des liens de chanvre, des bagues, etc.

Les *blessures sans perte de substance*, occasionnées par un instrument tranchant, se recouvrent avec l'onguent de Saint-Fiacre ou mieux, le ciment de Forsyth, qui durcit rapidement et persiste longtemps.

La *décortication circulaire* amène généralement la mort, si elle embrasse la circonférence d'un arbre. Employer — ils ne réussissent pas toujours — les moyens indiqués dans les cas précédents.

Contusion. — Si elle est assez violente pour avoir broyé l'écorce et atteint le bois, il est prudent d'employer l'onguent ci-dessus mentionné pour éviter toute complication.

Nécrose, c'est-à-dire bois mort, sec, enchâssé dans des tissus sains. Enlever la partie nécrosée en pratiquent obliquement la section de haut en bas; il est même bon de couvrir avec de la poix ou du goudron la partie sectionnée.

Les *bourrelets*, *les loupes*, etc. — Tumeurs accidentelles qui se produisent sur les branches et les troncs, par différentes raisons : tailles mal soignées, incisions, contusions, constrictions produites par un corps résistant, etc.; elles n'ont aucune gravité et sont plutôt des accidents de végétation, qui ne compromettent en rien la vitalité de l'arbre.

Le *couronnement ou décurtation*. — C'est le dépouillement graduel du sommet de l'arbre. Le chêne y est très enclin. Nul remède autre que l'abatage, car le mal est produit par la nature du terrain, formé, à une faible profondeur, de tuf ou de bancs calcaires, que les racines ne peuvent pénétrer.

Les *ulcères*, auxquels bien des arbres sont sujets, ne peuvent recevoir de remèdes efficaces que s'ils sont pris au début. Enlever toute la partie malade, et panser, comme nous l'avons indiqué pour les autres blessures.

*
* *

Il est une foule d'autres maladies produites par des parasites.

Passons rapidement sur les maladies qui atteignent les céréales; les moyens préservatifs font l'objet d'études très sérieuses que nous ne saurions développer ici :

L'*anguillule* est un ver microscopique qui s'attaque au blé. Peu de remèdes;

faire tremper les grains niellés dans de l'eau acidulée de 1 pour 150 d'acide sulfurique.

L'ergot est une maladie des semences des graminées, qui s'allongent en forme de petites cornes noires. Le seigle y est très sujet. Aucun moyen d'en empêcher le développement, mais on peut, en vannant, séparer les grains ergotés des autres, ce qui est indispensable, car l'ergot est vénéneux.

Le *rœstelie* s'attaque surtout au poirier, fait diminuer les fruits de volume et les rend pierreux; l'arbre dépérit. Guère de moyen; essayer, quand c'est possible, d'enlever la couche superficielle de la terre, et la remplacer par de la terre neuve.

La *rouille* se développe sur les feuilles des graminées; ce sont de petits points ovales, jaunes, pulvérulents légèrement bombés.

La *grosse rouille* ou *rouille Vilmorin* attaque souvent le froment; on dit alors que *les blés sont rouges*.

La *charbon* se rencontre souvent sur l'orge, le froment, l'avoine, etc. Les épis atteints ont une taille moindre et une couleur plus terne. Quand l'épi se dégage de ses enveloppes, il est noir et charbonné; l'emploi du sulfate de cuivre à 1/2 pour 100 d'eau, solution dans laquelle on fait tremper les grains, détruit tous les germes charbonneux.

Il est une variété de *charbon* qui s'attaque surtout au maïs, et qui se place sur toutes les parties de la plante, sauf les racines. Les tiges sont atteintes de tumeurs, parfois de la grosseur du poing. Il faut affecter le terrain à d'autres cultures.

La *Carie* qu'on a cru longtemps particulière au froment, se rencontre sur plusieurs sortes de graminées. Les épis qui en sont atteints sont droits, décolorés et les enveloppes du grain, écartées, laissent presque celui-ci à découvert. Le grain renferme une matière noire, d'une odeur très désagréable.

L'opération du *chaulage*[1] en arrête à coup sûr le développement.

Le *Vert de gris*, *Verdet* ou *Verderame* est un champignon verdâtre, qui s'installe sur le maïs. Il est vénéneux, et il est prouvé que c'est lui la cause de maladies graves, telle que la pellagre, chez les populations qui font du maïs leur principale alimentation.

La *pellagre* débute par une sorte de lèpre, qui recouvre toutes les parties du corps exposées à l'air. Elle produit des convulsions, la folie, la mort.

Il n'est nul moyen d'arrêter le développement du verdet. Retirer de la circulation, et brûler le maïs atteint, est le seul moyen qu'il ne faut pas hésiter à employer.

Dans notre chapitre des Parasites, nous avons cité certaines plantes vivant au détriment d'autres plantes, nous n'y reviendrons donc pas ici.

Il en est quelques autres comme les *Rhizoctones*, filaments qui se développent sur les bulbes, les racines de certains végétaux et les tuent.

La *mort des safrans* (*Rhizoctone des safrans*), agissent à peu près comme la morve blanche sur les Jacinthes. Pour que la maladie ne se propage pas, il faut isoler les cultures atteintes et, la récolte faite, bouleverser la terre à 15 ou 20 centimètres de profondeur, puis brûler de la paille ou des herbes sèches pour détruire les germes.

Le *Farum* (*Rhizoctone de la garance*) frappe la garance dans ses racines et la tue en peu de temps; même moyen que ci-dessus.

Le *Rhizoctone des luzernes*. Cerner d'un fossé et rejeter la terre en dedans. Mais les racines des luzernes étant profondes le moyen ne suffit pas, il faut en outre

1. Le chaulage est l'amendement des terres avec de la chaux.

faciliter l'écoulement des eaux en creusant des rigoles, et semer les luzernes surtout dans des terrains secs; avoir soin de détruire de suite les pieds qui se fanent.

Les asperges, les pommes de terre, les patates ont aussi leur Rhizoctone.

Le *Byssus* ou *Blanc des racines* se développe sur les racines des rosiers, pêchers, pommiers, etc. Sa couleur est plâtreuse, ses filaments forment une membrane enserrant les racines.

C'est ce que, dans notre chapitre des maladies, nous dénommions le *coup de soleil*, qui fait mourir subitement au printemps les pêchers, sans cause apparente.

Le seul moyen est d'arracher les arbres atteints et de les remplacer par d'autres, d'une autre sorte.

Nous croyons avoir dit les maladies principales auxquelles sont sujets les végétaux. Quelques mots, maintenant, sur une autre catégorie d'ennemis.

LES ANIMAUX NUISIBLES

Pour quiconque possède ne fût-ce que quelques fleurs dans un jardin grand comme une serviette, l'insecte est l'ennemi détesté, ennemi d'autant plus terrible que, non seulement il se reproduit généralement avec une inquiétante rapidité, mais souvent il se dissimule si bien, parfois sous terre, qu'on voit de pauvres plantes s'étioler, et mourir sans qu'on s'en explique la raison.

Dans un livre « sur les Plantes », il nous paraît donc utile de dire quelques mots de l'ennemi, et des moyens à employer pour s'en préserver ou le détruire si possible dès qu'il apparaît. Un des grands préservatifs serait de ne pas tuer les oiseaux insectivores; si ceux-ci commettent, à la saison des fruits, quelques déprédations, ils les rachètent au centuple en dévorant des millions d'insectes.

* * *

Nous ne citerons, bien entendu, que les animaux nuisibles les plus connus, car, s'il nous fallait les nommer tous, ceci deviendrait plus un cours d'Entomologie qu'un livre de Botanique.

Le *Hanneton* nous dispense de toute description; tout le monde connaît ses élytres brunes, son ventre noir dentelé de blanc. Il apparaît au printemps, reste suspendu aux feuilles dans le jour et volète la nuit. Les hannetons sont aisés à prendre, il faut secouer les arbres, les insectes tombent et on les brûle dans des fosses profondes garnies de chaux vive. Le hanneton provient de cette odieuse larve, autre ennemi plus terrible encore, ennemi souterrain dévorant les racines et qu'on nomme :

Ver blanc, appelé aussi *mans* ou *turc*. Il atteint la grosseur du petit doigt et fait des dégâts terribles; cette larve est d'autant plus redoutable qu'il n'y a d'autre moyen de s'en préserver qu'en en détruisant la cause, les hannetons. Il va de soi que si, en remuant la terre, on découvre un ver blanc, il faut le détruire aussitôt.

A l'état parfait le *Cerf-volant* n'est dangereux que s'il vous pince les doigts; mais la larve, plus grosse que celle du hanneton, creuse dans les tissus ligneux des arbres où elle vit, des galeries tortueuses qui leur causent grand dommage. Si ces galeries étaient en lignes droites, on pourrait y injecter des acides caustiques, mais le moyen est d'autant plus impratique que ces galeries sont encombrées des détritus de la larve.

Les *Cantharides*, ravissantes mouches vertes s'abattent en mai et juin sur les chênes, les frênes, etc., dont elles détruisent les feuilles en 24 heures. Elles sont faciles à prendre en secouant le matin les arbres où elles sont encore endormies. En les plongeant dans le vinaigre, elles meurent aussitôt. Il est bon d'étendre des linges pour les récolter, car elles sont très recherchées en pharmacie.

Les *Bruches*, petits coléoptères de la famille des charançons, s'attaquent, alors qu'elles sont à l'état de larves, aux fèves et aux pois. La graine creuse (si l'insecte en est sorti) ou une tache glauque (s'il y est encore), sont des signes certains. Les fèves ou pois atteints ne valent rien. Aucun moyen connu de préservation.

Le *Charançon des grains* et surtout sa larve, sont terribles pour les céréales. Les moyens proposés pour s'en prémunir ou s'en débarrasser sont nombreux, mais incomplets.

L'écorce de l'orme est attaquée par de petits insectes nommés *Scolytes destructeurs*, parfois si nombreux que des arbres superbes en meurent. L'insecte qui n'a que 4 ou 5 millimètres, est presque cylindrique, corselet noir brillant, élytres et pattes marron. Le seul moyen est d'enlever l'écorce externe et rugueuse des arbres.

De même sorte le *Scolyte typographe*, qui attaque les buis. Le moyen de s'en débarrasser est radical; abattre et brûler les arbres atteints.

Les larves énormes des *Capricornes* sont redoutables pour les arbres où elles sont installées, elles s'y creusent des galeries. L'oiseau nommé le *Pic* en est friand; mais ce seul moyen de destruction est bien insuffisant; on n'en connaît pourtant pas d'autre.

L'*Altise* (ou *Puce de terre*) colorée de bleu métallique, — petit coléoptère aux cuisses postérieures renflées — se rencontre surtout sur les crucifères, le chou, le colza, etc. C'est lui qui en perce les feuilles comme des écumoires; sa larve fait autant de dégâts. Il faut, pour s'en prémunir, saupoudrer les feuilles de cendre ou de chaux vive. L'insecte s'attaque surtout aux jeunes pousses.

Un ennemi redoutable de la vigne, qui en a pas mal déjà, c'est l'*Eumolpe*, connu suivant les localités, sous les noms de *Pique-Brocs*, *Gribouri*, *Berdin*, etc. etc. Il paraît sitôt les premières pousses des feuilles, les coupe, ainsi que les jeunes tiges; sa larve s'attaque même aux raisins. Les ceps touchés par l'insecte sont perdus. Hélas! seuls les oiseaux peuvent en débarrasser.

La *Cétoine dorée* au corps aplati, d'un beau vert brillant, s'attaque aux roses, aux pivoines.

La *Criocère de l'asperge*, à antennes et élytres vert bleu, dévore l'exquise primeur.

Les *Criocères du lis*, redoutable insecte rouge, qui s'attaque aux fleurs, tandis que son ignoble larve dévore tiges et feuilles, sont des insectes qu'on ne peut guère détruire qu'en les prenant un à un patiemment. Nul moyen préventif.

Le *Perce-oreille* ou *forficule* est redoutable pour les fruits. Vous connaissez ces vilains insectes allongés, au corps mordoré muni de pinces, et vivant en confréries nombreuses dans les lieux humides, sous les pierres, dans les tiges creuses, etc. Cette dernière particularité est même bonne à connaître car, en plaçant soit des tiges, des pots à fleurs, etc., aux endroits où on les soupçonne, ils s'y réfugient et on peut les détruire alors par tas en les brûlant.

Les *Sauterelles* et les *Criquets* sont surtout redoutables en Afrique; ils sont ici en trop petite quantité pour causer des dégâts notables, bien que ce soient de goulus herbivores.

La *Courtilière commune* est très redoutée, ses jambes sont énormes et les tarses des pattes de derrière sont aplatis, garnis de dents; on dirait des mains; les autres pattes se terminent en crochets. L'insecte se nourrit d'autres insectes, ce qui est bien, mais détruit, bouleverse tout, cultures, racines pour se les procurer... c'est un remède pire qu'un mal. Il n'y a guère qu'à inonder d'eau, puis d'huile, les galeries conduisant à son nid, elles sont faciles à reconnaître; elles se dénoncent par des surfaces orbiculaires (quelquefois de 30 centimètres de diamètre). Le nid est au centre.

Le *Termite* qui vit invisiblement dans le bois, aussi bien les bois de construction, les poutres des maisons que les bois vivants, accusent leur présence par la dessiccation des fruits et la flétrissure des feuilles. C'est un ennemi des plus redoutables faisant dans l'ombre d'épouvantables ravages.

Pour les arbres vivants on doit dégarnir le tronc jusqu'aux racines, détruire toutes les plantes grimpantes, aérer, faire en sorte que le soleil pénètre le plus possible, le soleil est l'ennemi de l'insecte.

La *Guèpe* est terrible pour les fruits, mais elle est aussi carnivore et peut fort bien, quand elle a mangé de la charogne, propager certaines maladies.

Il faut en rechercher les nids souvent cachés en terre, mais, en surveillant les allées et venues de l'insecte, on arrive aisément à les découvrir. La destruction est facile en y versant de l'eau bouillante, de l'essence qu'on enflamme ou une mèche soufrée enflammée.

La *fourmi noire* est la seule nuisible. Elle creuse de longues galeries sous les racines, et dévore également les fruits. Pour protéger les arbres fruitiers de leurs incursions, il faut le soir, par mauvais temps, en entourer la base de laine enduite de coton ou de glu. Autre moyen : suspendre à l'arbre ou déposer au pied, une bouteille avec de l'eau sucrée ou miellée, elles s'y font prendre. Pour les guèpes ce même moyen peut être employé.

Avec de l'eau bouillante versée dans la fourmillère la nuit, quand les insectes sont rentrés, on détruit facilement leur repaire.

Les *Pucerons*, que recherchent les fourmis, sont des insectes très petits, leur race est nombreuse et cause maints dégâts. Chaque espèce a sa plante de prédilection; celle-ci prend le Rosier, celle-là le Sureau, d'autres choisissent les grands arbres, etc. Fumigation à la nicotine, tel est le meilleur destructif.

Les *Galles*, excroissances se développant sur des végétaux, sont l'œuvre des insectes.

Tout le monde connaît la gale de chêne qui a l'aspect d'une pomme et la grosseur d'une petite cerise. La gale du Rosier prend quelquefois la grosseur d'une pomme.

On ne connaît guère de remèdes préservatifs. Les détruire quand on les rencontre est le seul moyen.

Un des insectes les plus redoutables, à cause de la plante à laquelle il s'attaque, est le *Phylloxera* qu'on a maintes fois décrit. Nous n'entrerons pas ici dans le détail de tous les moyens préconisés pour l'empêcher d'apparaître ou pour le détruire. On a écrit à ce sujet des volumes entiers, on a fait des recherches sans nombre. Il est triste de constater que jusqu'ici on n'a trouvé aucune solution radicale.

Les terres sont souvent infectées de *Cochenilles* de sortes diverses. *Cochenille du figuier*, de l'*oranger*, etc. Le pêcher aussi a sa cochenille. Remède : seringuage à l'eau de chaux.

Restent les larves des *papillons*, les *chenilles* horribles, etc. Trop nombreuses et trop diverses, malheureusement; le seul moyen de destruction est de prendre les nids et de les brûler. Pour certaines sortes, comme les *Processionnaires*, il faut, avant l'hiver, rechercher les paquets d'œufs pondus sur les troncs ou à la base des grosses branches et les brûler. Asperger les arbres enchenillés avec un mélange de 10 parties d'huile lourde de goudron et 100 parties d'eau est un moyen préconisé par M. Pissot, conservateur du bois de Boulogne, et qui réussit assez bien.

Les *Mites*, presque microscopiques (*acarus*), vivent sur les feuilles des arbres et les dessèchent. Remède : fumigation de tabac.

Les *Cloportes*, affreux insectes gris, au ventre blanc, affectionnant les lieux humides, font souvent du mal aux plantes de serre, notamment, dont ils coupent les plantules ou rongent le cœur. On les prend et on les détruit comme les perce-oreilles, ou bien on met a leur portée un sabot de cochon ou de mouton où ils se réfugient, et qu'on secoue au-dessus d'un baquet d'eau où les insectes se noient.

La race des *Mollusques* (*limaces, escargots*, etc.) est connue; pour les détruire il faut leur faire la chasse le matin et le soir, au printemps, par les temps doux et pluvieux. La chaux vive, l'eau de chaux les tue.

Voici un moyen indiqué par M. Marcellin Vétillard : Placer de distance en distance des paquets de son, les limaces s'y rassemblent, on les fait périr en couvrant de chaux vive.

MARAICHERS ET CULTIVATEURS

Quand vers deux heures du matin, au sortir d'un bal ou d'une soirée, on passe près des Halles, impatient d'aller dormir, les maraîchers, eux, commencent à s'éveiller.

Les Halles que l'électricité illumine de blafardes clartés de lune ont des aspects de gares de chemins de fer et s'animent peu à peu. D'interminables files de carrioles se sont rangées tout le long des trottoirs; le train de derrière, tourné vers l'asphalte, y verse d'un mouvement régulier, sans relâche, des cohortes de légumes, des légions de fleurs.

Les paniers, le ventre ouvert, se vident sur les pavés où s'alignent des champs de carottes, des buissons de salades. Les maraîchers viennent de tous les coins des environs, cahotés toute la nuit dans leurs voitures; ils ont dormi confiants dans leur cheval qui, paisible, conduit somnolent depuis des années, presque toutes les nuits, par le même chemin, l'alimentation de Paris. Ils s'éveillent à l'arrivée, anxieux de terminer leur étalage avant la criée, et les chevaux, indifférents à ce qui se passe, prennent leur tour de sommeil.

Dans les rues moyennageuses aux portes basses, aux pignons

pointus, s'allument les quinquets des mastroquets où l'on rafraîchit les gorges desséchées par le sommeil bouche bée.

Plus loin, sous les hautes travées, on avale des soupes.

Foulards jusqu'aux yeux, casquettes jusqu'aux oreilles, les fournisseurs de Paris préparent leurs marchés, s'interpellant en termes gras, s'abordant d'un rire épais, blaguant le soireux qui sort de chez un Baratte quelconque où l'ennui et l'ivresse se mêlent aux fumées des soupes à l'oignon, où les heures passent inutiles et lourdes jusqu'au jour alors qu'on se quitte, le teint vert et les yeux creux....

Pendant ce temps, les Halles n'ont pas chomé; tout est prêt pour la vente.

L'activité y est immense et cela n'est pas étonnant étant donné l'énorme approvisionnement.

Quand les producteurs qui amènent leurs cargaisons des environs ont tout déballé, les facteurs chargés de la vente en gros commencent leur office. La vente en détail vient après et se partage entre les fruitiers marchands, les marchandes des Halles de quartier et les particuliers assez matinaux pour venir faire eux-mêmes leurs provisions.

Paris est un Gargantua au ventre pansu, son appétit est énorme : il suffit, pour s'en rendre compte, de lire la statistique : « on peut évaluer la vente considérable des fruits et des légumes à 241 millions de kilogrammes par an ! »

Bon appétit, messieurs!

*
* *

La population parisienne n'a pas à se plaindre de sa nourriture et les pauvres même trouvent à vivre de l'excédent des riches. Aussi quelle somme d'efforts représente cette production que fait naître le maraîcher autour de Paris.

Indépendant et maître de son temps, de ses champs et de son choix, le maraîcher est cependant lié à sa terre par les efforts sans relâche qu'elle exige de lui. Courbé vers elle, il tend ses bras noueux qu'il met à son service; il est en même temps l'esclave du temps, des orages, des inondations, des sécheresses et de tous les fléaux qui luttent contre lui.

Le maraîcher semble avoir pris exemple sur le bœuf qui dans certaines contrées traîne la charrue d'un pas lent, lourd, paisible et patient. Il concentre ses efforts régulièrement à sa tâche, sans surmenage, mécaniquement et c'est en creusant tous les jours son trou, qu'il finit par l'agrandir.

Disons d'abord quelques mots des maraîchers que nous avons vu tantôt aux Halles.

VOITURES DE MARAICHERS.

Il faut à ceux-ci une dépense d'activité très grande pour obtenir, comme ils le font, cinq ou six récoltes dans l'année.

Pittoresquement groupés, hommes et femmes triment au soleil Les hommes la peau tannée ont la chemise ouverte sur la poitrine en sueur, les femmes, cotte relevée, abritent leur tête sous un mouchoir posé en cornette. Tout le monde travaille du même labeur.

Les sillons sont tracés au cordeau et sur ces traces des trous sont faits à distance régulière pour recevoir les plants. Une énorme superficie se couvre lentement et avec une admirable régularité....

Bientôt les feuilles s'étalent et les fleurs sont écloses. C'est une longue étendue verte émaillée de jaunes et de rouges.

Puis le fruit remplace la fleur, l'aspect a changé et l'on fait la récolte. Chacun s'attelle à une partie du champ à cueillir, divisant ainsi la besogne pour la rendre plus rapide. Les sacs se remplissent de pommes de terre ou d'autres légumes. La récolte des salades se fait d'abord en attendant les fleurs et les fruits.

La terre a donné sa première récolte.

Mais il n'y a pas de relâche. Tout redevient nu et il faut recommencer autre chose.... De vert qu'il était voici, par un mois de chaleur torride, le champ devenu rutilant. De vastes fleurs jaunes ont poussé, puis des fruits couleurs paille très espacés les ont remplacées. Ces fruits grossissent, de larges feuilles au bout de puissantes tiges, s'allongent, s'étagent, envahissent tout. Le fruit grossit de plus en plus, est énorme, devient écarlate : voici les Potirons; le champ scintille au soleil comme piqueté de larges taches d'or. Il faut cueillir la nouvelle récolte, la remplacer à nouveau.

C'est le monotone travail sans solution de continuité, l'école de persévérance et d'endurance.

Il faut non seulement labourer, sillonner, planter, bêcher, sarcler, arroser, récolter, souffrir du froid et du chaud, recommencer sans cesse, mais encore trier, empaqueter et transporter aux Halles.

Ayons de l'indulgence pour ceux qui travaillent ainsi; ils ne sont pas, hélas ! exempts de défauts graves qu'ils développent dans la fréquentation de la pègre qui roule sa misère le long des halles ; ils n'aiment pas le « Parigot » parce qu'ils ne comprennent pas que, s'il ne travaille pas la terre, il a d'autres moyens de travailler sans relâche et avec peine. Si le maraîcher a besoin de nous, nous avons besoin de lui : pensez un instant à une grève de maraîchers pendant un jour seulement; Paris serait affolé !

*
* *

A la grande culture se rattachent les céréales qui comprennent les blés, le froment, le seigle, le sarrasin et les fourrages comme l'avoine, le trèfle, la luzerne, le sainfoin.

J'ai toujours rêvé d'être le bourgeois fermier, le Carabas possesseur de terrains dorés jusqu'à l'horizon de grands blés, au souple aspect de velours, piquetés çà et là de coquelicots et de bluets et rayés des longues bandes pourpres des trèfles.

J'aimerais la ferme ensoleillée avec ses poules qui picorent dans la cour, sur les tas de fumiers, et les aboiements prolongés des chiens qui chantent à leur façon quand les cochons rentrent en grognant à l'étable et que le tintement des cloches annonce le retour du bétail.

J'aimerais, à l'heure de la soupe, voir réunis autour de la grande table, les moissonneurs aux joues enluminées, la poitrine gonflée de bon air, coupant de copieux morceaux de pain dans la miche commune; ou bien, faisant mon tour aux champs, voir quand vient la sieste, les gars allongés à l'ombre des arbres et sur le bord des routes agacer les filles rieuses.

J'aimerais encore ce mouvement, cette vie animée, quand les voitures arrêtées près des champs attendent leur charge pour partir vers la ferme; quand les meules, chef-d'œuvres d'équilibre, s'élèvent dans les champs rasés....

Mais n'aime-t-on pas toujours ce que l'on a pas? et s'il me fallait veiller au bien de tous, assumer les responsabilités et courir les champs sous le soleil qui transforme la tête en éponge, qui brûle la chair, arrête la respiration essoufflée, je verrais tout cela d'un moins bon œil sans doute. Quel beau métier!... en rêve!...

*
* *

Il y a deux espèces de céréales : les céréales de mars et celles d'octobre : ces dernières, d'ailleurs, sont d'un poids, d'une qualité inférieure aux premières.

Les agronomes disent que les céréales sont épuisantes pour la terre qui les nourrit. Elles ont des racines traçantes par lesquelles elles s'assimilent les substances alimentaires plus que par les feuilles. De plus, leurs tiges menues et frêles favorisent le développement des plantes gourmandes, si jolies à voir, mais si capricieuses par leur parasitisme.

Les fourrages jouent un rôle très important dans l'économie rurale et il est nécessaire que la proportion des prairies avec les terres labourables soit accrue en raison directe de la médiocrité du sol et de la difficulté qu'on trouve à subvenir aux besoins des bestiaux. C'est précisément là que doit agir l'intelligence du directeur de ferme, pour savoir distribuer ses terrains, préparer ses récoltes, connaître l'étendue qui revient à chacun, s'occuper de l'emploi du temps et de la direction du travail, veiller à tout et partout, au besoin mettre la main à la pâte.

Le rôle du grand cultivateur a donc une importance énorme et celui qui le remplit peut être considéré comme un précieux utilitaire.

*
* *

En dehors des céréales et des fourrages, il y a parmi les grandes cultures, celle de la betterave dont on extrait le sucre.

La betterave présente cet avantage qu'on peut la cultiver dans presque tous les terrains. Elle s'accommode un peu de tout, venant parfaitement dans les contrées humides où elle prend un grand développement, ne souffrant pas non plus des sécheresses, pourvu que le sol soit riche en éléments nutritifs : pour cela, il faut fumer le terrain, ce qui amène souvent des désaccords entre les cultivateurs et les raffineurs; les premiers ne voulant pas diminuer la récolte en fumant moins, les seconds prétendant que l'excès de fumier a son influence sur la qualité du sucre.

Malgré tout, c'est toujours dans les terres franches, fertiles, meubles et profondes, dans ces bonnes terres à blé, les prairies d'alluvion, qu'il est préférable de planter les betteraves dont on veut extraire le sucre.

Il y a plusieurs sortes de betteraves : la betterave du Palatinat qui renferme le moins de sucre; celle de Silésie qui en renferme le plus; puis la betterave à peau jaune et à chair blanche, moins connue et qui fournit également beaucoup de sucre.

A l'époque de la récolte, les betteraves sont arrachées puis décolletées, c'est-à-dire que le collet de la racine est coupé d'un seul coup : les betteraves ainsi préparées sont mises en petits tas dans le champ, puis chargées sur les voitures qui les transportent à la raffinerie.

Nous n'entrerons pas dans l'explication industrielle du sucre de betterave, car il nous faudrait parler un langage tout nouveau, parler de défécations, de chaudière à cuire en grains, de caramélisation, de cuites, cuites claires et cuites en grains (?), de preuves, crochets, petit cassé, grand cassé, turbines et autres choses peut-être très intéressantes, mais dont l'explication m'effrayerait en admettant que moi-même j'y comprenne quelque chose.

RENTRÉE DES BESTIAUX.

On pourrait aussi considérer comme culture industrielle, la récolte en grand des pommes de terre pour les féculeries.

Aux environs de Paris il y en a beaucoup, et je me souviens de ma surprise, en passant en chemin de fer à Antony, de voir des trains de marchandises entiers remplis de pommes de terre; j'étais effrayé d'une telle consommation, me demandant ce qui avait pu tout-à-coup développer à ce point le goût de ces tubercules chez les habitants d'Antony..... J'ignorais qu'Antony possède une féculerie.

CRESSONNIÈRES

Le moindre petit filet d'eau suffit pour établir une cressonnière : rien n'est plus simple. Il faut lui montrer le soleil le moins possible, si l'on veut du cresson venu favorablement.

Dans les cressonnières, des canaux sont creusés parallèles et, entre chacun d'eux, des chemins permettent de passer pour venir le recueillir et mènent aux cultures maraîchères.... Ensuite... mais qui n'a pas vu de cressonnière? qui n'a mangé du cresson?...

« V'là l' beau cresson de fontaine, en voulez-vous mesdames? »

On en trouve à foison, il orne les plats, nage dans les sauces qu'il parfume de sa saveur piquante, agréable; il est enfin, avec le persil, la dernière consolation qu'on donne au pauvre veau dont la tête pend lamentablement aux étalages des bouchers, l'inévitable bouquet de cresson au museau.

La culture du cresson exige beaucoup de soins et d'attention en hiver; une forte gelée peut tout compromettre. Le fond des fossés est recouvert de terre végétale et le cresson est planté par petites touffes en quinquonces, en mars et en août.

Pour faire la coupe, le cressonnier met une planche en travers du fossé, se couche sur cette planche et coupe le cresson avec une serpette : en été on coupe de trois en trois semaines; si la saison est froide, il faut attendre quelquefois trois mois.

Quand une cressonnière dépérit il faut la renouveler et, pour cela, arracher le cresson, labourer le fond, le ratisser et apporter de nouvelle terre végétale.

Certaines cressonnières sont fort importantes et constituent un revenu sérieux à celui qui les possède et pour l'entretien desquelles il emploie beaucoup de manouvriers.

Aux environs de Crépy-en-Valois, il existe une des plus fortes cressonnières de France.

LES INDUSTRIELS

Si certains savants se sont approprié mille plantes diverses pour en extraire les sucs qui devront, à des degrés différents, agir sur telle ou telle partie de notre organisme ou sur notre individu tout entier, sucs aux vertus diverses, purgatifs ou nutritifs, calmants ou excitants, cordiaux ou stupéfiants, toxiques ou antidotes, des chimistes et des industriels ont su leur trouver des applications qui, bien que nous intéressant d'une façon moins directe, n'en ont pas moins une notable utilité ou un grand agrément.

En se plaçant tout à fait en dehors du rôle prépondérant que la plante joue dans le concert général, de sa nécessité au point de vue de l'équilibre vital, — ce qui a fait l'objet de quelques feuillets au début de ce livre — on peut affirmer que tout végétal, quel qu'il soit, a son utilité propre.

— Pauvre petite herbe chétive, croissant dans la triste atmosphère des zones boréales ou arbre majestueux s'élevant sous le rutilant soleil des zones tropicales, tu nous sers également!

*
* *

Si les côtés utiles de la plante sont nombreux, ses côtés agréables le sont non moins.

Si les plantes sont une des bases de notre alimentation, si elles nous donnent le bois pour nous chauffer ou pour construire, si elles nous fournissent les éléments pour tisser les grosses toiles et les fines batistes comme pour tramer le papier, elles nous offrent aussi les teintures pour colorer les uns et les autres, les odeurs pour les embaumer.

HÉLIOTROPE.

Saveurs qui enchantent nos palais, nuances qui charment nos yeux, parfums qui flattent nos narines vous renfermez le tout, plantes bienfaisantes, dans vos multicolores cassolettes, dans vos feuilles aux innombrables découpures, dans vos bois aux fibres serrées ou souples.

PLANTES AROMATIQUES

Les plantes « parfumées » vous les connaissez, Madame. Mais vous êtes-vous jamais préoccupée des manipulations, des opérations, qu'il faut faire subir à ces plantes pour en extraire, à votre profit, votre parfum préféré : violette du czar ou corylopsis du Japon, scherry blossom, peau-d'Espagne, Chypre, Jasmelée, que sais-je?... Essences dont vous aromatiserez vos dentelles, sachets qui parfumeront votre linge, poudres qui atténueront le trop d'éclat de votre teint ou vaporiseront vos cheveux, car c'est une coquetterie raffinée que de rendre blancs de tout jeunes cheveux blonds ou bruns.

*
* *

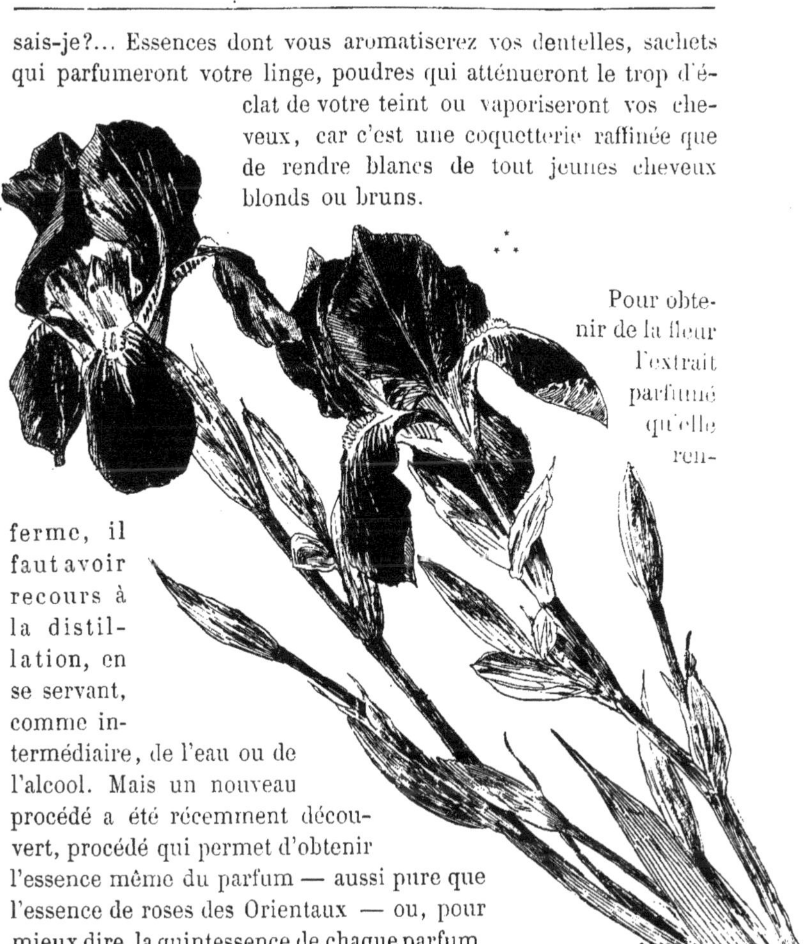

IRIS

Pour obtenir de la fleur l'extrait parfumé qu'elle renferme, il faut avoir recours à la distillation, en se servant, comme intermédiaire, de l'eau ou de l'alcool. Mais un nouveau procédé a été récemment découvert, procédé qui permet d'obtenir l'essence même du parfum — aussi pure que l'essence de roses des Orientaux — ou, pour mieux dire, la quintessence de chaque parfum.

Le principe odorant est dissous dans du sulfure de carbone ou de l'éther, la dissolution est évaporée ensuite et le parfum subsiste dans toute sa force....

C'est grâce à ce procédé, Madame, que vous avez aujourd'hui des parfums si subtils, si enivrants. Que celui qui l'a découvert soit livré à toutes vos bénédictions (1) !....

1. C'est le directeur de la Pharmacie militaire d'Alger, M. Millon, qui a trouvé ce nouveau procédé.

Grâce à lui, l'essence de Violettes conserve son odeur douce, l'Héliotrope maintient son parfum violent; le Réséda reste discret et l'Oranger fade.

Mais il existe un procédé que je ne vous dévoilerai pas, (par la très excellente raison que je ne le connais point), procédé qui étonne bien davantage et qui tient, ma foi, du surnaturel (??)...

Certains parfums annoncés à grand fracas proviennent de fleurs qui n'ont point du tout de parfum. .. Alors?... Alors, je ne voudrais pas mettre en doute la bonne foi des osmologistes qui les préconisent, mais je me demande si ces parfums-là ne sont pas confectionnés sans l'aide des fleurs dont ils usurpent le nom, semblables en cela à certaines confitures de fruits qui renferment tout, sauf le fruit dont elles portent l'étiquette.... Nul n'ignore que la plupart des confitures d'abricots du commerce sont faites avec des tomates ou du potiron.... C'est la foi qui sauve, après tout. La chimie a fait de si grands progrès!...

Puisque aujourd'hui on prétend que le noir charbon peut fournir d'excellent sucre blanc, il n'y aurait rien d'étonnant à ce que d'une plante inodore ou à mauvaise odeur on extrayât un parfum grisant!...

Il n'y a pas de mal à ça, après tout!

Et puis, j'y pense, à force d'exercer leur nez à analyser tous les arômes possibles, qu'est-ce qui nous prouve que certains « praticiens » n'ont pas développé cet organe au point de leur faire percevoir des odeurs que ni vous ni moi ne percevrions, tel un dégustateur dont le palais apprécie ce que vous et moi n'apprécierions pas? Tel l'Indien Apache qui entend, l'oreille à terre, des bruits que nous ne saisirions pas et voit, à la nuit noire, des choses que nous n'apercevrions point!...

N'importe! on aura peine, je crois, à détrôner les aromates francs et délicats de la Verveine, de l'Œillet, du Jasmin, de la Rose, de mille fleurs aux senteurs diverses, si nombreuses que vraiment en chercher d'autres me semble bien superflu.

Au reste, certaines plantes sont restées la base de la plupart des parfums. Les unes détenant leurs propriétés fragrantes dans leurs corolles, d'autres dans leurs feuilles, leurs fruits ou leurs graines; celles-ci dans leurs tiges, celles-là dans leurs racines.

Les essences de rose, de lavande, de jasmin, d'oranger, de bergamote sont restées prépondérantes en matière d'osmologie, comme le benjoin, cette odorante résine, l'iris, la mélisse, la menthe, mille autres....

Les eaux de Cologne, ayant pour véhicule l'alcool, sont aromatisées par le romarin, le cédrat, la bergamote, le néroli, le benjoin.

La lavande, la girofle, la cannelle, le romarin entrent pour une grande part dans la préparation des vinaigres de toilette.

L'eau de Portugal a pour base l'essence d'oranges, dites de Portugal.

Les eaux dentifrices renferment : menthe, girofle, gingembre, semences d'anis, cannelle, benjoin, etc.

Quant aux poudres que toutes, Mesdames, vous employez, elles sont de diverses natures. La poudre de riz, son nom le dit, est due à la plante chinoise, le riz, dont les grains épluchés avec soin, lavés, décantés à plusieurs reprises, sont séchés, pilés dans un mortier de marbre en poudre impalpable et tamisés à travers un linge fin.... Il s'agit ensuite de lui donner votre odeur préférée, grâce à une poudre cosmétique que vous choisirez :

Poudre à l'œillet, dans la composition de laquelle entrent d'abord des pétales d'œillets et de roses de Provins, puis du benjoin, du bois et des clous de girofle, de la coriandre, du musc, de la poudre de bergamote, etc.

Poudre à la Violette double, dont la racine d'Iris de Provence (un des grands premiers rôles de la parfumerie) est la base avec le bouquet de violette; viennent ensuite d'autres éléments, tels que la cannelle, la girofle, l'écorce d'oranges, etc.

Poudre au Jasmin. Celle-ci est plus nature; il vous suffira de prendre une certaine quantité de poudre non parfumée que vous étendrez dans un récipient bien fermé et que vous mêlerez à des fleurs de jasmin fraîchement cueillies, cela pendant vingt-quatre heures. Vous criblerez, pour séparer les fleurs, et vous recommencerez l'opération plusieurs fois avec des fleurs nouvelles jusqu'à ce que votre poudre soit bien imprégnée de leur odeur. Vous pourrez agir de même façon, du reste, avec toute autre plante dont vous préférerez le parfum : Rose, Jonquille, Réséda, Tubéreuse, etc.

La fameuse poudre à la Maréchale est un composite de fleurs d'oranger, de souchet, de roseau de Provence, de coriandre, de marjolaine, de musc, d'écorce de bergamote, de racine d'angélique, d'autres plantes encore; le tout pilé, passé au tamis de soie, conservé dans un vase de porcelaine hermétiquement bouché. Mais... tout cela vous importe peu, car très certainement, Madame, ne vous ingénierez-vous jamais à essayer de préparer vous-même les essences ou les poudres qui doivent vous parfumer; vous trouverez plus simple, et vous aurez raison, de les acheter toutes préparées par quelque éminent praticien; ce sera évidemment beaucoup plus coûteux, mais bast!... en matière de coquetterie, il serait superflu, je pense, de prêcher l'économie; puis ceci ne me regarde point, je parle de la fleur pour ce qu'elle vaut, non pour ce qu'elle coûte!

ŒILLETS.

* * *

Bien qu'entrant pour une certaine part dans la préparation des parfums, il est des plantes dont les qualités aromatiques sont employées à d'autres usages : Le Vétyver dont l'odeur chasse les insectes, la Lavande qui chasse les miasmes, l'Acacia (Robinier), que l'alambic transforme en une eau également bonne pour la toilette et... pour les plats sucrés. La Cannelle, la Girofle, la Verveine, la Citronelle, l'Angélique, le Dyctame, le Fenouil, le Laurier, la Marjolaine, l'Origan, le Romarin, le Thym, le Serpolet, la Sarriette, mille autres encore, dont l'énumération serait trop longue.

PLANTES TINCTORIALES

Les plantes renfermant des matières colorantes sont nombreuses également.

En tête plaçons la superbe *Garance*, délaissée, hélas! grâce aux progrès de la chimie, science qui certes a fait beaucoup de bien, mais aussi — chaque chose a son mauvais côté — nous a causé bien des maux. Quand il ne s'agit, comme ici, que d'une fabrication n'ayant aucun rapport avec l'hygiène et ne pouvant amener aucune suite fâcheuse, passe encore; mais pour certains industriels, que la conscience ne gêne guère, l'intrusion de la chimie en matière alimentaire a commis et commet encore de violents ravages.

NARCISSES.

D'aucuns n'ont pas redouté l'emploi de toxiques violents, pour colorer ou donner certaines saveurs à leurs produits!.. Cela s'appelle « infamie » et devient justiciable des tribunaux. — Mais j'en reviens à la garance détrônée, pour cause d'économie, par cette maudite aniline qui se fourre partout et qui, non contente de voir ses tons volatils remplacer en teinture les tons solides de la Garance, colore des vins, des gâteaux, des confitures, des bonbons, que sais-je?...

La Garance possède dans sa racine, nommée *Alizarine*, des propriétés colorantes d'une intensité extrême. Elle teint de rouge toutes les substances et cette teinture résiste aussi bien à l'action de l'air qu'à celles de la lumière et de l'eau.

Autrefois les peintres pouvaient sans crainte employer les laques carminées dont la garance était la base; aujourd'hui la plupart des laques sont dues à des alizarines artificielles extraites de la houille; les beaux roses ainsi obtenus ne durent même pas « ce que durent les roses!... » Et la chose est non seulement vraie pour les couleurs employées par les artistes, mais encore pour les couleurs d'impression qui sont d'une fugacité telle qu'elles s'évaporent dès que la lumière les frappe.

L'intensité de la matière colorante de la garance amène cet étrange phénomène organique de teinter en rouge les os des animaux — les hommes compris — qui en font usage, et cette coloration s'étend même au lait, à la bile, au sérum du sang, souvent à la graisse, parfois à la sueur!... Ce qui, du reste, n'amène aucun désordre dans l'économie.

Avoir l'intérieur teint en rouge, cela n'est pas gênant et tant que la garance n'aura pas poussé son amour de la teinture jusqu'à nous « faire voir rouge » nous n'aurons rien à dire. Au reste, ce n'est que « comme mémoire » que nous parlons de la pauvre garance dont les qualités fondamentales sont aujourd'hui méconnues et à laquelle on préfère la volage aniline.

La décoction de certains bois du Brésil donne, suivant la dose, des tons rouges, amaranthes, parfois gris.

Les baies mûres du sureau fournissent une teinture rouge.

Le rose le plus tendre est produit par l'infusion du *safran bâtard* ou *Carthame*; malheureusement il n'a pas beaucoup de fixité et chaque fleur contient fort peu de matière colorante, guère plus des cinq millièmes de son poids.

Les bleus sont dus à l'Indigo. On a cherché à cultiver dans nos régions du Midi l'Indigotier, non sans grands frais, mais sans grand succès. C'est du feuillage de l'arbre que s'extrait le principe de cette superbe couleur nommée : bleu indigo.

Le *Pastel* fournit une teinture qui, sans être aussi belle, s'en rapproche pourtant beaucoup.

La paille de *Sarrasin*, bouillie à l'eau pure, donne une teinture bleue qui présente, outre l'avantage de coûter fort peu de chose, celui d'être très fixe. Ce bleu sera plus ou moins intense suivant la quantité de matière employée. En adjoignant un peu de noix de galle, la couleur se fonce, puis passe au vert.

Les violets, les pourpres, les amaranthes sont en partie obtenus par des infusions de certains lichens nommés *Orseilles* et qui possèdent la propriété singulière de teindre en rouge les marbres gris ou blancs; cette coloration dure plusieurs années et pénètre à plus d'un centimètre d'épaisseur.

La *Gaude*, une des plantes les plus employées comme teinture, sécrète des tons d'un jaune superbe. Les baies de l'*Épine-vinette* produisent également une coloration jaune; le *Fustet*, joli arbrisseau, donne, en décoction, le jaune orangé; mais gare! cette décoction est un violent poison.

Les grains de l'*Hélianthe*, ou *grand soleil*, contiennent une couleur mordorée.

Vous connaissez la propriété colorante du *Brou de noix*, qui produit des bruns à différents degrés.

La *Noix de galle* donne également des bruns, mais aussi des noirs et des gris.

Vous connaissez assez, je pense, le rôle des couleurs pour savoir que le mélange des bleus et des rouges fait des violets, celui des rouges et des jaunes, des orangés, et que le mariage des jaunes et des bleus amène des verts.

— Il est d'autres plantes tinctoriales encore. Le *Tournesol* : de temps immémorial, les habitants du seul village de Grand-Gallarques (Gard) vont en juillet, parcourant jusqu'en septembre les départements des Bouches-du-Rhône, du Var, de Vaucluse, pour « ramasser les plantes de Tournesol » desquelles ils extraient par la pression la matière colorante d'un beau bleu appelé *bleu de Languedoc*.

La *Maurelle* produit un bleu, mais sans aucune consistance et qui ne résiste pas à l'eau froide.

La racine des *Caille-lait* renferme un principe colorant rouge.

L'*Orcanette* ou *Buglosse tinctorial* sert à la teinture au petit teint, grâce à son écorce rouge. Les anciens en composaient leurs fards, nous en colorons nos sucreries.

Une sorte de *Camomille*, nommée Camomille des teinturiers, fournit une teinte jaune.

Le bois des Mûriers et les graines du Nerprun donnent un jaune également.

Les matières colorantes provenant des végétaux sont les unes de nature résineuse; les autres sont des modifications de la matière qu'on en extrait.

Parmi les couleurs résineuses, citons encore la *Gomme-gutte*, le *Curcuma* qui sont jaunes.

Le *Sang-dragon*, le *Santal*, l'*Onosme* qui sont rouges, etc.

Les substances bleues sont généralement (certaines jaunes aussi), de nature extractive comme dans la Gaude, la Camomille, l'Épine-vinette, etc., dont nous avons parlé.

On pourrait diviser en deux sections les couleurs végétales bleues : celles de la fructification, fleurs ou fruits, dont la couleur est déjà formée pendant la vie de la plante, comme dans les fleurs de la *Violette*, de l'*Iris*, de la *Campanule*, de la *Centaurée*; dans les baies du *Sureau noir*, de l'*Airelle anguleuse*, etc., etc.

Celles de la nutrition, racines, tiges, feuilles. La couleur y est rarement à l'état latent pendant la végétation, et ne paraît se former qu'après la mort de la plante, grâce à des combinaisons chimiques, tel l'*Indigo*.

Parmi les légumineuses contenant des matières colorantes, nous pouvons citer entre autres : la *Coronille des jardins*, l'*Amorphe frutescent* ou *Indigo bâtard*, etc., etc.

Dans les crucifères, nous avons nommé le *Pastel*. Presque chaque espèce contient des plantes tinctoriales à un degré plus ou moins élevé.

Ce qui arrive après la mort, chez quelques plantes phanérogames, se produit pendant la vie chez certains cryptogames, des lichens par exemple et des espèces de champignons Bolets qui deviennent bleus quand on les coupe, produisant une couleur équivalente à celle du tournesol.

USAGES DIVERS ET PARTICULARITÉS DE CERTAINES PLANTES.

Parmi les végétaux, il en est qui non seulement ont une propriété unique, bien définie, mais qui servent dans diverses industries; leur préparation se modifie avec l'application qu'on en fait.

Les écorces de divers arbres, notamment du chêne, du bouleau, nous donnent le Tannin, très usité en pharmacie et devenant en outre une des bases de la tannerie. Ces écorces — surtout l'écorce de chêne — broyées, employées sous le nom de Tan, ont la propriété de boucher les pores de la peau, de la raffermir, d'en former, en un mot, le cuir, grâce précisément à cette matière astringente (le Tannin), dont nous parlions.

D'autres végétaux, comme le *Myrte commun*, le *Sumac* (ou *Redoul*), certains arbustes de la famille des térébinthacées, contiennent aussi des matières tannifères.

*
* *

La *Cardère à foulon* (ou chardon à foulon), cette jolie plante à capitules bleutés, qui porte les noms de *cabaret des oiseaux*, *miroir de Vénus*, est très employée par les fabricants de draps. Les têtes de la cardère sont

CAMPANULES.

hérissées de pointes se terminant en crochets et c'est à ceux-ci qu'est révolu le rôle d'enlever les poils excédant dans les étoffes. A cet effet, on fixe ces têtes sur la surface d'un cylindre, qu'on fait agir par rotation sur l'étoffe à préparer. Les tiges de cardères s'utilisent pour chauffer les fours ou brûler dans les foyers, mais elles ont l'inconvénient de crépiter et de projeter au loin des paillettes enflammées. L'abeille trouve ample moisson à faire dans les nombreuses fleurettes des cardères.

*
* *

Les cendres de tous les végétaux contiennent en proportions diverses de la potasse et divers autres sels solubles ou non.

La plupart des végétaux croissant au bord de la mer produisent de la soude par incinération, telles les Ficoïdes, les Ansérines, les Salicornes, etc., et surtout les nombreuses espèces appartenant à la famille des chénopodées et classées dans le genre *Soude*. Nous avons dit que l'Iode du commerce provenait des varechs.

*
* *

La *Figue* a des propriétés particulières : son suc coagule le lait : on s'en sert pour la confection de plusieurs encres à copier (encres sympathiques). Si l'on emploie ce suc tel quel pour écrire, les caractères disparaissent aussitôt, mais reparaissent si on leur fait subir l'action du feu.

*
* *

La *Fraxinelle*, à l'odeur pénétrante, exhale, par les temps chargés d'électricité, une vapeur qui prend feu si l'on en approche la flamme.

C'est du *Chanvre* que les Indiens extraient d'abord un breuvage enivrant, puis cette préparation si en usage en Orient et connue sous le nom de Hachich (ou Haschich) dont l'effet est un narcotisme pendant lequel se produisent des hallucinations, des illusions étranges, des rêves bizarres. L'ivresse produite par le Hachich dure quatre ou cinq heures dans toute sa force. Il est dangereux d'en user.

*
* *

Les baies du *Gui*, qui servent d'aliment à plusieurs oiseaux, servent aussi à les prendre. Les oiseleurs préparent une sorte de glu en laissant pourrir une certaine quantité de cette plante dans un endroit humide. On la broie, ensuite on en forme une bouillie qu'on triture avec de l'eau fraîche jusqu'à obtention d'adhérence.

*
* *

Le *Lycopode*, dont la poussière jaune est employée — nous l'avons dit — pour les gerçures, sert à d'autres usages.

Introduit dans le vin qui file, il fait disparaître l'altération.

Employé en pyrotechnie, c'est au Lycopode qu'est confié, au théâtre, le rôle d' « éclairs ». Le Lycopode est un cabotin, c'est lui qui, dans les mélodrames, est chargé, par sa déflagration rapide, d'imiter les brusques dégagements d'électricité, tandis que la classique plaque de tôle contrefait les bruits du tonnerre et que les pois secs dégringolant dans des caisses de zinc singent le crépitement de la pluie cinglante.

Avec le Lycopode, on compose aussi des torches à la lumière éclatante.

Les *Joncs* servent à faire des nattes, des paillasses, des chapeaux et des cannes.

*
* *

Nul n'ignore que l'*Amidon*, si utile, est une substance organique qui se trouve dans beaucoup de végétaux, notamment dans les semences céréales et les légumineuses, dans les tubercules de la pomme de terre, dans les fruits du chêne et du châtaignier, dans certains lichens, etc. Il apparaît sous forme de grains solides qui s'accumulent souvent avec surabondance dans les réservoirs nutritifs de la plante.

*
* *

C'est à la plante encore que nous devons la plupart des *huiles*, aussi bien les huiles comestibles que les huiles servant aux arts ou à l'industrie.

Huiles à manger : *Huile d'olives*, la plus fine, la meilleure; *Huile d'œillette* (ou de Pavots) qui vient ensuite; *Huiles de noix*, d'*avelines*, de *faînes*, d'*amandes* qui suivent; celles-ci ont un goût particulier, très prononcé, auquel il faut être habitué pour ne point les trouver exécrables..., ce qui est

OLIVIERS.

arrivé, en Bourgogne, à votre serviteur; point prévenu, il en goûta dans une salade, ce qui faillit amener les désordres les plus désagréables pour lui et les moins flatteurs pour son hôte!

Huiles à brûler : *Huiles de colza, de navette, de cameline, de chènevis.*

Huiles siccatives, utiles aux peintres, *Huile de lin*, la meilleure, *Huile de chanvre*, etc.

Huiles cosmétiques employées en parfumerie comme l'huile de *Roses*, *de Vanille*, etc.

Huiles pharmaceutiques comme l'*Huile de Croton*, médicament trop violent pour être employé autrement qu'à l'usage externe et qui provient des semences du Pignon d'Inde, etc., etc.

TISSERAND VOSGIEN.

LES TOURBIÈRES

Il y a dans les endroits marécageux, sur les rivages de l'Océan, de grands espaces qu'on appelle tourbières et dont on extrait la tourbe, d'apparence variable suivant les végétaux qui la composent. Tantôt elle est mousseuse et formée de végétaux rampants entrelacés, tantôt feuilletée et, dans ce cas, composée de feuilles superposées. La tourbe est donc formée par l'accumulation et la composition des plantes aquatiques au fond des marécages, des plantes terrestres à la surface. C'est une matière très combustible. Voici comment elle se forme généralement. Le gazon qui se trouve à la surface forme une croûte solide au-dessous de laquelle se trouve l'eau, remplie par les plantes ascendantes du fond, descendantes de la surface; leur enchevêtrement constitue un feutrage épais qui augmente sans cesse le volume de la tourbe. Les tourbières comprennent une très grande surface; en France, on en compte 1 200 000 hectares, dans la vallée de la Somme, entre Amiens et Abbeville et aux environs de Paris. Les procédés d'extraction sont fort simples. On met, quand on le peut, la tourbière à sec au moyen de pompes et de drainages; dans le banc on pratique une tranchée et on enlève la tourbe au fur et à mesure, comme les portions d'une galette, avec une bêche recourbée de chaque côté en angle droit. Si la tourbière reste submergée, on extrait la tourbe en plaçant un madrier sur lequel l'ouvrier travaille; on se sert d'une drague si la tourbière est boueuse.

En été, on fait sécher les briquettes de tourbes sur le sol de l'exploitation en les exposant au soleil deux par deux et appuyées l'une contre l'autre, pendant quinze jours environ, et le tour est joué; il suffit alors de les entasser pour la provision d'hiver.

La tourbe n'est pas seulement utilisée comme moyen de chauffage; elle sert encore d'engrais en la mélangeant avec des substances alcalines qui la rendent soluble.

Les cendres de tourbes sont aussi un excellent amendement des terrains où le calcaire fait défaut.

*
* *

LES TEXTILES

Nous avons cité, dans un de nos chapitres précédents, les plantes cultivées pour leurs propriétés textiles.

Ajoutons quelques mots sur l'emploi qu'on en fait :

Le *Chanvre* est, de temps immémorial, cultivé pour sa filasse dont on fait les toiles et cordages. Sa qualité dépend beaucoup du terrain où il a poussé, des préparations données à la terre, du temps où on l'a récolté. On lui fait subir d'abord l'opération du *Rouissage* [1] qui se fait de plusieurs façons. La première consiste à étendre par couches très minces, sur un pré bien fauché, les tiges qu'on retourne de temps à autre et qu'on a soin de couvrir de perches ou de claies à larges voies pour empêcher que le vent ne les éparpille. L'opération dure environ un mois, quelquefois plus si la pluie ou la chaleur sont venues la contrarier. Cette façon de rouir est la moins bonne. L'autre se nomme *Rouissage dans l'eau*. Il se fait dans des mares, des étangs ou des ruisseaux qui prennent, par ce fait, le nom de *Routoirs*. Mais le séjour dans l'eau, du Chanvre (ou du Lin qui doit subir la même opération), lui fait dégager une odeur non seulement infecte, mais des plus malsaines; aussi n'est-il permis d'établir des Routoirs qu'en des endroits désignés par les autorités locales et généralement à distance des habitations. Après le Rouissage, les tiges de chanvre sont soigneusement lavées et posées en faisceaux pour qu'elles s'égouttent.

On procède ensuite au *Teillage*, c'est-à-dire qu'on détache l'écorce pour en isoler la filasse qui passera sur le rouet, ou sur les machines perfectionnées qui la rendront apte à passer sur le métier à tisser.

A peu de chose près, le *Lin* subit les mêmes manipulations que le Chanvre. Comme lui, il renferme dans ses tiges des fibres qui se *rouissent*, se *teillent*; se filent d'abord et se tissent ensuite pour se transformer en fine toile ou en transparente dentelle. Le produit du Lin est d'essence — (étoupe au lieu de filasse) — plus « aristo-

1. Dans certaines localités on dit *Rorage.*

cratique » que le chanvre, bien que ce dernier fournisse des toiles d'une remarquable finesse.

« A ta quenouille au ruban blanc
« File, file pour ton galant. »
. . . .
« A ta quenouille au ruban vert,
« File la nappe à cent couverts. »
. . . .

Aujourd'hui, quenouilles et rouets primitifs ne portent plus

TOURBIÈRES.

de rubans; relégués en quelque coin, ils ont laissé la place aux machines compliquées qui débitent de la toile à flots. Cela est beaucoup plus pratique, sans nul doute, et beaucoup plus en rapport, je l'avoue, avec les besoins que nous nous sommes créés. Mais hélas! que le progrès chasse donc souvent le pittoresque!

Dans certaines campagnes on rencontre encore des artisans tissant la toile sur les vieux métiers de nos pères. Je me souviens avoir été rendre visite à quelques braves tisserands perchés sur les plateaux de montagnes vosgiennes.

« En pénétrant là, il semble que nous laissions un siècle derrière nous, tant les habitants, la demeure, et les procédés mêmes sont primitifs. L'habitation du tisserand est basse, mais la pièce où il travaille est claire et spacieuse; assis à son métier, il en fait mouvoir les pédales; les fils se croisent, se serrent, le balancier va, vient, les prend et les roule sur les cylindres. Le tisserand se courbe à chaque pression du pied, puis se relève sur le banc brillant d'usure.

JAPONAISE TISSANT LA SOIE.

« Bien des mètres de toile courent ainsi durant l'année, tandis que le métier mêle son tic tac à celui qui frappe les heures écoulées, comptant les aunes de tissu.

« Tout est vivant dans la chaumière et souvent le tisserand scande par ses chansons le mouvement de sa machine, pendant qu'autour de lui ses enfants jouent, font des culbutes en riant aux éclats et que la mère, assise à son rouet, dévide l'écheveau de fil qui va se transformer en toile (1). »

*
* *

La *Ramie*, dont nous avons cité le nom, porte également dans ses tiges des fibres textiles qui servent à tisser des étoffes légères;

1. G. Fraipont, *Les Vosges* (*Les Montagnes de France*).

les Chinois excellent à la fabrication de ces étoffes qui tiennent le milieu entre la soie et le coton. La Ramie, ainsi que nous le disions, est une urticée; certaines des orties de nos climats renferment elles aussi une substance filamenteuse, qui, soumise comme le Lin et le Chanvre à l'opération du rouissage, fournit une sorte de filasse propre à certains ouvrages.

Quand on songe que c'est au chanvre et au lin qu'est dévolu le soin de nous fournir toutes nos toiles, grosses toiles à voiles ou batiste fines, linges blancs et écrus, on se demande vraiment comment ces deux plantes précieuses peuvent pousser en assez grande quantité pour répondre à nos besoins!

A nos deux textiles (je passe sous silence la ramie, bien moins importante) vient, je le sais, s'adjoindre cet autre végétal précieux, inacclimaté chez nous, malheureusement : le *cotonnier*; mais ses produits, bien que devenus indispensables, ne sauraient néanmoins remplir le rôle du produit des deux autres qui, malgré tout, resteront les plus appréciés.

*
* *

Il nous faut citer à la suite des textiles le *Mûrier blanc,* qui a su se rendre utile non par ses qualités propres, mais parce que c'est lui qui nourrit la précieuse Chenille; autrefois, sous le nom de *Bombyx du mûrier*, elle était l'espèce type des Bombyx, mais, par une bizarrerie des savants, elle ne fait même plus aujourd'hui partie de la race des Bombyx! Ceci la laisse, du reste, fort indifférente, car son changement de nom ne l'a pas fait changer d'habitudes et l'insecte continue à fabriquer ses cocons soyeux, dont les Chinois et les Japonais ont tiré les premiers ces merveilleux tissus aux mille couleurs, ces franges souples et ces cordonnets aux chatoyants reflets.

Le Mûrier blanc originaire de la Chine est acclimaté maintenant un peu partout, il constitue une richesse pour les pays où il croît, puisque seul il peut nourrir le ver à soie, élevé, soigné dans nos magnaneries.

EXPLOITATION DES ARBRES

Nous n'insisterons pas sur l'utilité des arbres au point de vue de leurs bois. Sans compter les immenses services que certains nous rendent comme combustibles, soit employés tels quels, soit transformés en charbon de bois, etc., tous ont leurs applications bien définies pour la construction, pour des travaux divers; ils sont employés en menuiserie, en ébénisterie, en marqueterie. Certains, comme le sapin épicéé, sont entrés dans la fabrication du papier.

A propos de l'exploitation des bois, il nous paraît intéressant de dire quelques mots des bûcherons qui passent leur existence dans les forêts, abattant, transportant, sciant les arbres que les gardes forestiers ont indiqués et que d'un trait, les inspecteurs des forêts ont marqué comme victimes.

Tous ceux qui ont parcouru les Vosges ont vu à l'œuvre ces pauvres diables que, dans le pays, on nomme *schlitteurs* et *sagars* : les premiers transportent les bois, les seconds les débitent.

Nous avons eu occasion de voir de près les uns et les autres, de vivre quelque peu avec eux, et nous demandons la permission de citer ici les quelques lignes que nous leur avions consacrées alors (1).

« Une maison tout en planches est construite sur pilotis à deux pas du ruisseau dont les eaux, amenées de la hauteur par une sorte de rustique viaduc, — primitive construction formée d'un conduit en bois monté sur piliers de granit, — vont avec fracas se briser contre une roue à palettes qu'elles font tourner. C'est la scierie de Malfosse, encadrée de verdure et dissimulée dans la montagne. Tout autour de la maison, la sciure s'est répandue formant un moelleux tapis doré. Les planches qui soutiennent la maison, vermoulues en certains endroits, rongées par l'humidité, laissent voir des trous, blessures noires, dans lesquelles l'eau vient bouillonner. Des troncs d'arbres, des planches sont au hasard jetés par terre, ou adossés contre la scierie, formant un désordre qui indique le travail pressé, rapide, car il n'a pas de temps à perdre, le *sagar* (scieur).

« La roue produit un bruit assourdissant scandé par les crissements de la scie et les grincements des charpentes; nous entrons.

« Des poutrelles aboutées les unes aux autres forment le plafond qu'on touche presque avec la main. On se croirait volontiers dans la cale d'un navire; la roue en dehors bat l'eau de ses palettes : on a l'illusion des flots de la mer battant les flancs du vaisseau. La sciure tourbillonne en paillettes dorées à travers la pièce; entraînée par le courant d'air elle s'envole et va se dissiper au dehors. Le sagar est à son poste; il tient en main la roue conductrice comme le timonier son gouvernail. Et tout le temps la scie, mue de bas en haut, siffle essoufflée, coupant longitudinalement les poutres immenses qu'un chariot animé d'un mouvement de va-et-vient amène sous ses dents. Quand la planche est sciée, elle tombe d'un choc et le bruit recommence ainsi jusqu'à ce que la poutre entière soit « débitée ».

« Le chariot une fois parvenu au terme de son parcours, une sonnette, mue automatiquement, carillonne, avertissant le sagar qu'une planche est taillée; le chariot est ramené au point de départ et la manœuvre recommence, faisant tressauter, trembler la scierie sur ses bases; le bois paraît gémir de douleur, la scie semble grincer de rage. Et pendant ce temps, le sagar, comme s'il voulait

1. Ce qui a trait aux sagars et aux schlitteurs, tant comme notes que comme croquis, est extrait du vol. *Les montagnes de France.* Les Vosges, par G. Fraipont.

consoler l'une et exciter l'autre qui lui fait gagner sa vie, murmure sa chanson, dont nous citons deux ou trois strophes seulement :

INTÉRIEUR DE LA SCIERIE DE MALFOSSE.

Hé! bé ségar evo tè sègue bianche
Que danse et rlu poua l'aur de to molin
Que vu te fâr àvo tot' cé pianche
De si bé bò de chàne o de sépin.

Oh! sègue, sègue, sègue, pri bè Dèye
Oh! sègue, sègue, sègue, bé sègar
Oh! sègue, sègue, sègue, ho! trevêye
Oh! sègue, sègue, sègue, Dèye te gar.

Mi, j'o vû fâr po lâs éfan in bouyèye,
In brihhedo, in ormâr, dâ soyé,
Po lé nové mérié in bé chaléye,
Dâ ran, dâ conche, èco dâ chapamé.

Oh! sègue, sègue, etc.

J'o vû cor fâr po lo molin clas ôte,
In bé drasson èvo da piè rluhan
Et po lé mõ ké viè, jone dem' hòle
In nar vohhé don je n' sen mi égran.

Oh! sègue, sègue. etc.

« Voici la tradition littérale de ces couplets :

Hé! beau Sagar, avec ta scie blanche,
Qui danse et reluit par l'eau de ton moulin,
Que veux-tu faire avec toutes ces planches
De si beau bois de chêne ou de sapin?

Oh! scie, scie, scie, prie bien Dieu!
Oh! scie, scie, scie, beau sagar,
Oh! scie, scie, scie, ho! travaille,
Oh! scie, scie, scie, Dieu te garde.

Moi j'ai vu faire pour les enfants un berceau,
Une hotte, une armoire, des seaux;
Pour les nouveaux mariés un beau bois de lit,
Des réduits de porcs, des mangeoires, encore des cages à poules.

Oh! scie, scie, etc.

J'ai encore vu faire pour le moulin des ailes,
Un beau dressoir avec des pieds reluisants;
Et pour la mort qui vient, jeune demoiselle,
Un noir cercueil dont je ne suis pas désireux.

Oh! scie, scie, etc.

« Et pendant ce temps la machine aux dents solides continue jour et nuit à déchirer la pâture qu'on lui présente. Le sagar a loué la scierie, il en est l'entrepreneur avec la charge de scier tant de milliers de planches dans un délai donné. Il touche un bénéfice de tant par mille et a, de plus, la sciure et l'écorce. Aussi travaille-t-il sans trêve ni merci. Sa chaumière est située à côté de la scierie qu'il ne quitte point; heureux au milieu de la forêt par les beaux jours, il est obligé d'endurer de cruelles souffrances à la saison d'hiver, terrible saison en ces pays, où les neiges isolent souvent le sagar du reste du monde.... Impossible de sortir et, pendant de longs mois, il reste calfeutré là avec sa petite famille.

« Et les journées se passent au milieu de la fatigue du travail. Pas de chômage, pas d'interruption. Quand la nuit tombe, une lanterne s'allume dans le fond de la scierie, un homme de nuit remplace l'homme de jour et la petite maisonnette lumineuse semble un ver luisant au milieu de la forêt obscure et veille au pied des arbres, brisant le silence par le bruit de la scie, « âme de ce grand corps et lui donne la vie », communiquant son entrain, sa vivacité à la maison entière animée par le chant du sagar :

Oh! sègue, sègue, sègue, prie bè Dèye
Oh! sègue, sègue, sègue, bé ségar....

« La route que nous suivons est bordée, au pied des talus, d'amas de bois, de *tronces* rangées en piles, qu'en ce moment on charge sur un chariot attelé de bœufs, seul attelage possible en ce pays; des chevaux ne pourraient supporter les fatigues que comporte le charriage des bois au travers des forêts; il s'agit, non d'aller vite, mais d'aller sûrement et longtemps; les vigoureuses bêtes dont on se sert ici vont de leur pas tranquille et lent et peuvent fournir ainsi de longues traites, interrompues par quelques instants de repos au bord des rivières et des sources où elles se désaltèrent, pour reprendre ensuite leur route.

« Sur notre droite s'ouvre le *chemin de schlitte* que nous allons grimper maintenant à la rencontre de ceux que nous cherchons et que nous avons hâte de voir à l'œuvre, car le schlitteur est tellement inséparable de la montagne vosgienne, que parcourir celle-ci sans voir celui-là serait laisser, en notre voyage, une lacune grande; et puis ils nous intéressent ces rudes travailleurs qui seuls, perdus au milieu des forêts, y risquent constamment leur vie sans se plaindre jamais, y laissant même souvent leur pauvre corps, déchiré, meurtri, écrasé par le traîneau qu'ils n'ont pu maintenir et meurent là, isolés, loin de tout ce qu'ils aiment! Un faux pas, un faux mouvement et c'en est fait d'eux!...

« Une modeste croix de bois, auprès de laquelle une veuve et des orphelins viendront pleurer, leur indiquera l'endroit où le malheureux s'est brisé les os en cherchant leur gagne-pain.... Comme le souvenir du malheureux, la pauvre croix disparaîtra à son tour rongée par les insectes, couverte par les lichens et les mousses.

*
* *

« Une fois le schlitteur et son fidèle compagnon, le bûcheron, installés dans la montagne au milieu des grands arbres destinés à la hache et dont les troncs dépecés, taillés, devront être descendus dans les vallées, le schlitteur n'est pas prêt à se mettre à l'œuvre. Si le *schlittage* des bois lui incombe, le tracé des chemins par lesquels il doit se faire lui incombe également; il est libre de passer par où il voudra, c'est à lui de tracer sa route, ce qui est de toute justice, car seul responsable de la charge qu'il transporte et seul en danger pour la mener à bon port, il doit être seul aussi à juger du chemin le plus pratique.

« Avant toute chose, notre homme étudie donc la montagne, la parcourt en tous sens; il en examine les pentes avec la plus grande attention. Il s'agit pour lui de trouver une déclivité suffisante pour que le traîneau glisse sans efforts, mais point trop rapide pour que la *schlitte*, une fois chargée, n'entraîne pas celui qui la conduit.

« Aussi, parfois, est-il forcé de faire faire au chemin qu'il trace des détours énormes, contournant les collines, frôlant les précipices, traversant des torrents, sautant par-dessus des rivières; non seulement il faut défricher le terrain puis y enclaver des traverses de bois où le talon viendra trouver un point d'appui, mais encore construire des ponts et des passerelles en pente douce qui lui permettront de franchir tous les obstacles. Ces sentiers s'appelleront des chemins de *schlittes* ou sentiers de *rafton*.

« Le sentier est ouvert, la route est prête; il faut à présent construire le traîneau.

« Le schlitteur ne se fie qu'à lui-même pour ce travail; son traîneau doit être à la fois très solide — car il supportera de lourdes charges — et très léger — car, une fois ces charges amenées au bas de la montagne, il lui faudra remonter la schlitte sur ses épaules. — Le frêne sert pour le corps du traîneau, l'érable pour les brancards recourbés.

« Les routes à suivre sont souvent longues : certaines mesurent six, sept, huit kilomètres; aussi, pour ne pas trop multiplier leurs voyages, les schlitteurs chargent-ils souvent leurs traîneaux d'un poids formidable; mais, s'ils diminuent ainsi le nombre des voyages à faire, combien aussi en augmentent-ils le danger! Que la schlitte dévie, et celui qui la conduit est irrémédiablement perdu, à moins que, par un vigoureux élan, il ne puisse faire un saut de côté et lâcher le traîneau qui seul alors dégringole jusqu'au bas de la côte avec un bruit d'enfer; mais si le malheureux n'a pas pu se garer, la descente devient vertigineuse; poussé par la charge qu'il a derrière lui et à laquelle il est en quelque sorte rivé, il ne peut s'arrêter;

lancé ainsi au hasard à travers la montagne, il va s'aplatir contre un arbre ou un rocher, ou se précipiter dans un gouffre!...

« Pauvres gens! pauvres diables!

« Nous arrivons à la clairière, des schlitteurs chargent leurs traîneaux à l'entrée du sentier où ils vont s'engager tout à l'heure.

« Ces braves gens sont très calmes, rient, causent entre eux, n'ont point l'air de se douter du danger qu'ils vont courir.

« Sur le traîneau les troncs s'amoncellent, formant bientôt une

SCHLITTEURS DE TRONCS RETENANT LA SCHLITTE.

pile dont la hauteur dépasse deux fois celle de l'homme qui va la faire dévaler tout en bas de la montagne. Les cordes qui doivent maintenir l'échafaudage sont fixées... il n'y a plus qu'à partir.

« Des deux mains le schlitteur empoigne les brancards, d'un vigoureux coup de reins il démarre le traîneau qui s'ébranle et lentement descend le sentier. Nous accompagnons quelque temps le brave homme, côtoyant le chemin qu'il suit au travers des broussailles, puis nous le laissons continuer seul sa périlleuse descente. Pendant longtemps, nous entendons grincer désespérément la schlitte; bien qu'ayant été au préalable soigneusement graissée, elle gémit en glissant sur les travées qui craquent.

« Nous remontons dans la clairière, car on doits *chlitter*, non plus des rondins empilés, mais des troncs énormes.

« Nous rejoignons les bûcherons au moment où ils terminent l'installation des bois sur leurs traîneaux. Deux hommes, cette fois, s'y attellent et s'engagent dans un autre sentier. Ici le danger apparaît surtout aux tournants : il faut, par un vigoureux effort, faire virer le véhicule de façon que sa charge n'aille point heurter les arbres qui bordent le chemin.

« Deux traîneaux sont indispensables pour mouvoir les pièces énormes qui y sont solidement maintenues au moyen de câbles et de chaînes : le traîneau d'avant est pittoresquement appelé le *bouc*, celui de l'arrière est baptisé la *chèvre*.

« Et bientôt chèvre et bouc se mettent en route et se perdent au milieu des bois.

« Nous avons vu ce que nous désirions tant savoir; nous redescendons à présent, escaladant les roches, franchissant les ruisselets.

« En route, nous croisons le sentier au haut duquel nous apercevons le schlitteur parti le premier et qui continue lentement sa descente, les jambes arc-boutées contre les traverses; par moments, lorsqu'un rayon de soleil se faufile sur la route, des points brillants luisent comme des escarboucles : ce sont les clous énormes, en cabochon, qui garnissent les semelles du travailleur et l'empêchent de glisser... il est « ferré à glace » le schlitteur!... »

*
* *

Disons quelques mots des arbres et arbrisseaux qui ont des attributions particulières.

Le *Fusain* est connu de tous les gens qui ont dessiné ou dessinent, si peu que ce soit; c'est le bois jaunâtre et cassant de ses jeunes branches qu'on transforme, par la cuisson, en ce charbon souple qui a gardé son nom végétal : le fusain.

La *Bruyère* est des plus employées pour la fabrication des pipes. C'est une sorte de bruyère (l'Erica Scoparia), qui monte à deux ou trois mètres de haut, dont la racine est employée pour cet usage.

Dans un voyage d'études que nous fîmes dans le Jura, nous eûmes occasion de visiter Saint-Claude, cette merveilleuse cité, piquée au-dessus de vertigineux précipices, et dont la principale industrie (avec la diamanterie), est la boissellerie. C'est de Saint-Claude que sortent à peu près toutes les pipes de bruyère que l'Europe consomme et consume.

Les ateliers où se travaille la racine de bruyère sont des plus pittoresques. Là, point d'outillages compliqués, tout se fait à la main. Quelques fraises, ou scies circulaires, pour débiter les bois, quelques tours et c'est tout. Scieurs, calibreurs, ébaucheurs, râpeurs, polisseuses, hommes et femmes travaillent de concert dans les nuages de poussière rousse, atmosphère de ces ateliers de guin-gois, bâtis à la va-vite, soutenus par des enchevêtrements de poutres et de pilotis piqués au-dessus de la Vienne, torrent dont les eaux sont la force motrice de cet outillage primitif.

Une curiosité de l' « usine » que nous avons visitée est l'atelier d'un original inventeur, qui ne laisse pénétrer chez lui que lorsqu'on montre patte blanche... et encore. Par grâce d'état nous fûmes voir l'ingénieux artisan et son ingénieux outillage. L'atelier?... un croisillonnement compliqué de poutres et de cordages allant en tous sens, striant, bigarrant de leurs lignes la pièce longue et basse.

Ces poutres, ces traverses, ces cordes, constituent une sorte de « métier » à sculpter des pipes. Le principe de ce métier est basé sur celui du pantographe, c'est le même système : une tête grandeur nature est placée sur l'établi; sur toutes les saillies, tous les creux, le « sculpteur » fait passer une pointe dont les mouvements se répercutent en diminutif sur quatorze blocs de bois; comme les organes répétant ces mouvements sont armés d'outils tranchants, les blocs s'entament, se ciselent, se sculptent et sont la reproduction exacte, en petit, du modèle donné ([1]).

C'est simple comme idée, mais il fallait l'appliquer d'abord, savoir se servir de l'outillage, ensuite!... Il faut croire que ceci est moins aisé, car le bonhomme de Saint-Claude est le seul qui jusqu'ici soit arrivé à un résultat.

... Des pipes, des pipes, toujours des pipes, on marche dessus,

1. Voir *les Montagnes de France* (Le Jura) — (Les Vosges), par G. Fraipont. — Les gravures, p. 641 et 681, ont été faites d'après des croquis pris par l'auteur pour ces ouvrages.

il y en a plein des paniers, plein des caisses, il y en a partout, mais aussi vous figurez-vous (ici ce n'est plus à vous que je m'adresse, Madame, mais à ces affreux barbons qui fument pipes sur cigares et cigares sur cigarettes)... vous figurez-vous la consommation de pipes qui se fait annuellement?

Vous apprécierez vous-mêmes quand vous saurez qu'il sort de Saint-Claude 12000 à 13000 pipes par semaine!... Heureusement qu'on prêche con-

MERISIER.

tre l'abus du tabac, sans cela!...

Si la *Bruyère* et le *Merisier*, car le merisier entre pour une large part dans l'industrie des pipes, sont manipulés sur une grande échelle, à Saint-Claude, d'autres bois le sont tout autant pour la fabrication des jouets d'enfants, des couverts en bois, des robinets; les tourneries, les tabletteries sont nombreuses en ce pays.

Un des bois les plus travaillés est le *Buis*, qui sert à la confection de maints petits objets et notamment à celle des mesures linéaires, autre spécialité de Saint-Claude et des pays environnants, surtout de Longchaumois, et tout aussi intéressante dans son allure pittoresque.

Le *Buis* fournit un bois d'une dureté remarquable, sa densité est telle qu'il ne surnage pas et coule au fond de l'eau comme du métal. Son étymologie le dit, du reste : *Buxus*, venant lui-même du celtique *bou*, bois et *ys*, *yser*, *eysen*, fer. Bois de fer.

ARBRE A GUTTA-PERCHA

Bouys, écrivaient nos pères (voir le *Roman de la Rose*)

Ici ses branches toujours vertes, rameaux du dimanche avant Pâques, servent à la décoration des jardins, soit qu'on les laisse monter suivant leur bon plaisir, en les abandonnant à elles-mêmes, soit qu'on les taille, ou qu'on les guide pour en former des haies ou des bordures. Aussi n'est-ce point son bois qui est employé, il n'en a guère, mais celui de ses congénères qui vivent sous des latitudes plus favorables à leur croissance, très variée, suivant les climats. En Hollande, il reste sous-arbrisseau, à Paris il devient arbrisseau, arbre dans les Pyrénées, il s'élève au rang de grand arbre en Corse, en Sardaigne, où il atteint jusqu'à 30 mètres de haut.

Le bois, d'un beau jaune clair, exempt de gerçures et de caries, — nous parlons du buis en arbre — est d'une compacité qui le rend précieux; ses fibres sont serrées, unies, comme celles de l'ivoire.

Aussi est-il précieux, non seulement pour les maints objets dont nous parlions tout à l'heure, mais il est le seul qui se prête à la « gravure sur bois ». Le burin peut le travailler à l'aise, champlever les blancs les plus larges, réserver les détails les plus légers, les lignes les plus fines, sans crainte qu'elles ne se brisent.

Voilà des arbres, des arbrisseaux utiles par la nature spéciale de leur bois; il en est d'autres qui nous sont précieux à d'autres égards.

Les conifères, *sapins épicéas, pins*, ces derniers surtout, nous fournissent la précieuse Térébenthine et ses dérivatifs, suc résineux de la consistance du miel, qui coule spontanément de leur tronc. Pour la récolter en plus grande quantité, on fait à l'arbre des incisions par lesquelles s'échappe le suc qui se dépose dans un trou, pratiqué au pied. Dans certaines localités — quiconque a voyagé sur la ligne de Bordeaux a pu le constater *de visu* — on suspend à l'arbre des vases (pots à fleurs, etc.) dans lesquels coule la résine.

C'est aux mêmes conifères que nous devons d'autres substances encore:

Le Goudron végétal [1], qui provient des arbres trop vieux pour fournir de la térébenthine et qu'on entoure de feu pour en extraire le goudron.

Le Galipot, qu'on obtient par incision, matière à la saveur amère, à odeur de térébenthine et qu'on emploie pour la fabrication de certains vernis, de torches, de mastics, etc.

La Colophane, indispensable aux violonistes, provient de la distillation de la térébenthine.

La Créosote, employée en médecine, est extraite des goudrons.

L'Acide phénique, ce merveilleux antiseptique, a la même origine.

1. Le goudron s'extrait aussi de la houille.

La Poix, substance molle, fusible, inflammable, s'obtient par la combustion des filtres de paille qui ont servi à la préparation de la térébenthine et du galipot, et des éclats provenant des entailles faites aux arbres pour recueillir l'une et l'autre. La Poix blanche, ou poix de Bourgogne, se fabrique avec la poix commune, fondue au feu et passée au travers d'un lit de paille.

La Sandaraque, résine blanche utile en maints cas, découle du genévrier et de certains thuyas; séchée elle se réduit en poudre.

Ne quittons pas les conifères sans signaler certaines autres applications utiles : avec les feuilles de Pin, lavées et cardées, on fabrique une sorte de laine végétale dont on fait des flanelles hygiéniques, de la ouate, une étoffe nommée tissu des Pyrénées, etc.

Le bois de Pin fournit du charbon exquis et de ses fruits, ses cônes renfermant des semences au goût d'amandes, on confectionne des gâteaux délectables.

*
* *

Beaucoup de végétaux, surtout arbres tropicaux, produisent des résines dont l'emploi est journalier. Le mastic en larmes ou grains jaunâtres presque transparents, d'odeur douce, de saveur aromatique, est le produit du *Lentisque.*

La *Myrrhe,* gomme-résine jaune, transparente également, est le produit d'une sorte de mimosa originaire de l'Arabie et de l'Abyssinie. Lorsqu'on la brûle, elle répand des vapeurs violentes, très odorantes, ce qui, dès la plus haute antiquité, l'a fait placer au nombre des parfums les plus recherchés.

> Mais elle pleure encore, et de l'écorce humide
> La *Myrrhe* aux doux parfums distille un or fluide.

La Myrrhe a pour compagnon l'Encens dont on a longtemps ignoré la provenance et qui est une résine découlant d'un arbre indien, la *Brossvalie* dentelée. L'encens est une matière sèche, concrète, fragile dont vous connaissez la pénétrante odeur. Autres résines : l'*Assa fœtida* dont le nom dit assez que l'odeur n'a rien d'agréable, mais que pourtant les Persans et les Romains mâchent constamment, et l'*Assa dulcis* qui est la résine du Benjoin.

Le Caoutchouc est le suc, coagulé au contact de l'air, produit par divers végétaux de la zone équatoriale, surtout par plusieurs arbres de la famille des Euphorbiacées. Nous aurions fort à faire si nous devions énumérer ici les milliers d'applications de la précieuse substance dont nous ne pourrions guère nous passer maintenant. Demandez au cycliste dont les « pneus » ne sont que caoutchouc... et vent.

La Gutta-Percha, substance gommo-résineuse, est fournie par un grand arbre de la famille des Sapotacées, qui croît dans les îles de la Malaisie, surtout à Sumatra.

ATELIER DE PRÉPARATION POUR LE HACHAGE DU TABAC.

La laque, matière connue en Europe sous les diverses dénominations de laque en grains, en bâton, en écaille, en pains, est le produit indirect d'un arbre, le *Bibas*, originaire des Indes. Un insecte, (le coccus lacca), qui dépose ses œufs sur ses jeunes branches, sécrète cette substance pour les garantir. La laque, qui se récolte deux fois par an, sert à la confection de divers menus objets et entre dans la fabrication de la cire à cacheter, de certaines couleurs, de certains vernis.

***

Divers arbres contiennent une substance visqueuse, transparente qui découle naturellement ou dont on force l'écoulement par incisions. On les classe sous le nom de *Gommes*.

Le Cerisier, le Prunier produisent des gommes dont on se sert dans la fabrication des encres et des couleurs.

La gomme arabique est tirée de plusieurs espèces de Mimeuses, originaires de l'Arabie et des bords du Nil. Le nom de *Gommier* leur est donné génériquement. Le *gommier blanc*, le *gommier rouge* produisent la gomme arabique. Le gommier blanc est un des plus gros arbres des Iles. Son bois blanc, dur, difficile à travailler, sert à faire des canots. Le gommier rouge, particulier à la Guadeloupe, a au contraire un bois tendre qui se pourrit très vite.

TABAC.

La gomme du Sénégal dont l'emploi est similaire se récolte sur un arbre nommé le *nébued du Sénégal*.

Citons encore la gomme-copal, la gomme-gutte, la gomme-laque aux diverses propriétés, la terrible gomme-poison, suc du *Bohou upas de Malaisie*, poison si violent, si subtil qu'on prétend que la récolte en est faite par des condamnés à mort, auxquels on fait grâce s'ils résistent aux miasmes du terrible végétal.

TABAC, BIÈRES, VINS ET LIQUEURS

Si cette déplorable manie de fumer que tout le monde a prise et pour l'abandon de laquelle il faut une énergie de Titan, est un plaisir agréable, il est certain, il faut avouer, que c'est aussi un plaisir malsain fécond en vertiges de l'estomac, amnésie, etc.

Les compagnons de Christophe Colomb auraient certes mieux fait de laisser aux Indiens cette passion.... Il est peut-être un peu tard pour le leur dire!

* * *

Lisons la statistique : En 1887, les 2961089 habitants du département de la Seine ont consommé 603475 kilogrammes de tabac en poudre et 3450981 kilogrammes de tabac à fumer, soit par individu 204 grammes de tabac en poudre et 1166 grammes de tabac à fumer. Les recettes opérées par la Régie de 1811 à 1890, ont produit 12787314235 francs, somme sur laquelle il a été acquis par le Trésor 9653412392 francs. Si le Tabac ruine quelque peu nos estomacs, il enrichit pas mal la cagnotte de l'État!

Quand l'un des marins de Christophe Colomb rencontra un Indien qui aspirait un rouleau de papier, et faisait par sa bouche sortir des flots de fumée bleue, il en resta fort intrigué. Mais, comme l'homme est un grand enfant aimant à faire ce qu'il voit faire à d'autres, il voulut essayer à son tour et emprunta au sauvage sa cigarette. Celui-ci y consentit, mais dut s'en mordre les pouces, car l'Européen, malade et pris de nausées, se crut empoisonné et voulut, c'est le cas de le dire, passer l'indigène « à tabac ».... Le malaise disparu, notre marin essaya de nouveau, grimaça quelque peu, recommença et finalement, prenant goût à la chose, l'enseigna à ses compagnons.... A leur retour en Espagne ils fumaient tous.

Le Tabac s'introduisit bientôt en France grâce à Nicot, qui en offrit les premiers grains à Catherine de Médicis; dès son introduction, malgré les protestations de farouches réfractaires, son succès ne fit qu'accroître. On sait l'importance que le tabac a prise maintenant.

*
* *

Il y a plusieurs espèces de Tabacs : le Tabac mâle, le Tabac sauvage ou du Mexique, le Tabac de Virginie et le Tabac recourbé avec lequel on fabrique les cigares de la Havane, enfin le tabac d'Asie.

La méthode de culture est la même dans toutes les contrées; on doit donc attribuer les différences notables qui existent entre les tabacs à la qualité des terrains dans lesquels ils poussent, ainsi qu'à la manipulation.

Les Tabacs les meilleurs viennent de la Havane, du Mexique, du Brésil, puis de Cuba, de la Virginie, de Ceylan, des Philippines. Les Tabacs de Turquie, Tabacs du Levant, sont fort répandus; affaire de goût.

Le Japon, la Cochinchine, les Indes, le Tonkin fournissent des Tabacs médiocres.

*
* *

Les Tabacs européens ne s'exportent guère qu'en petite quantité, car ils se consomment dans le pays d'origine.

En Belgique, on cultive beaucoup le Tabac, chaque propriétaire est libre d'en tirer bénéfice.

En France, on doit demander une autorisation, et encore faut-il que les cultivateurs destinent leur récolte à l'approvisionnement de l'État ou à l'exportation.

Faisons un tour rapide dans la Manufacture nationale des Tabacs : nous assisterons à toutes les manipulations par où passe la plante.

Les feuilles de diverses provenances sont placées dans d'énormes

FABRICATION DES CIGARETTES A LA MAIN (MANUFACTURE DES TABACS).

tonnes. Les feuilles de chaque tonne sont ensuite minutieusement séparées et étalées. Ces feuilles préparées sont ensuite, suivant l'usage auquel on les destine, mêlées avec d'autres espèces; on roule le tout à la mécanique, pour en former une corde qu'on livre ensuite au hachage; les machines à couper, qui sont chargées de cette besogne, se composent de deux toiles sans fin, dont le mouvement contraire entraîne les feuilles en les comprimant.

Un couteau oblique, qui tout comme la guillotine marche de haut en bas, « raccourcit » les feuilles en découpant des lanières d'un millimètre, qui sont passées sur des tables formées de

FABRICATION DU CIDRE DANS LA RUE.

cylindres en fonte juxtaposés et chauffés. Cette opération est destinée à friser le Tabac : c'est sa table de toilette. De là il passe à l'épluchage, au séchage et au paquetage qui se fait mécaniquement; voilà pour les fumeurs de pipe et de cigarettes. Aux chiqueurs, on réserve une manipulation spéciale dans la préparation de la carotte formée de jus de Tabac concentré.

*
* *

Mais parlons un peu des cigares, « la plus noble conquête du monde nouveau sur l'ancien ».

Il n'y a pas très longtemps qu'on fume le cigare; cela ne date guère que du commencement du siècle. Aujourd'hui une moyenne de 20 000 femmes est employée à la fabrication du cigare depuis le cigare à dix centimes jusqu'au cigare de luxe, qui atteint parfois des prix exorbitants. Le roulage du cigare se fait encore à la main, car nulle machine n'a le tact que possèdent les doigts des ouvrières.

Les Tabacs de Sumatra, de la Havane sont employés pour les londrès; ceux du Brésil, du Mexique, pour les cigares bon marché. On compte une cinquantaine de sortes de cigares; on voit l'importance que cette industrie a prise. Les cigares surfins sont achetés directement à la Havane et conservés dans les manufactures pendant assez longtemps.

Une opération qui devrait, semble-t-il, dégoûter à jamais du Tabac ceux qui s'y livrent, est celle des dégustateurs dans les manufactures.

En effet, des experts sont chargés, après avoir examiné l'apparence extérieure de « goûter les cigares », et ils opèrent chaque jour sur 350 cigares en moyenne, de toutes les grosseurs, de tous les goûts depuis les plus doux jusqu'aux plus amers; ils arrivent à éduquer leur goût si bien, qu'ils peuvent apprécier même l'époque à laquelle la feuille a été récoltée.

*
* *

La fabrication de la cigarette ne date que de 1843. Le travail se fait mécaniquement au moyen d'une petite machine qui en débite 15000 en dix heures. Les cigarettes d'Orient seules se font à la main. Malgré le grand succès des cigarettes toutes faites, celles-ci sont délaissées du vrai fumeur qui leur préfère cent fois la cigarette roulée à la main; elle a meilleur goût, est moins serrée et d'un volume variant suivant le désir qu'on a de fumer peu ou beaucoup, enfin elle n'est pas fermée à la colle; ajoutez à cela que l'homme étant, par nature, un animal paresseux, hésite souvent à tirer de son gousset papier et tabac pour confectionner sa cigarette... autant de gagné sur l'ennemi!

D'ailleurs, depuis quelque temps, l'État fait des cigarettes roulées à la main : elles ne valent pas encore celles qu'on fait soi-même, et puis, chaque fumeur, ayant sa manie, veut *son* papier, car il est intransigeant dans le choix qu'il en fait. Aussi y a-t-il quelques centaines d'espèces de papiers, qui toutes se fabriquent avec des chiffons de toile; ce qu'il y a de plus curieux, c'est que ce papier souple se fait avec du chiffon dur. Des machines coupent le papier, réunissent les feuillets, etc., se chargent de tout le travail avec une extraordinaire ingéniosité.

*
* *

La bière fut connue de l'antiquité, en Grèce et en Égypte. On se représente assez volontiers Socrate et Platon, après une chaude discussion philosophique, attablés à la terrasse d'un Pousset grec, et buvant un bock glacé à l'immortalité de l'âme.

La bière, le vin d'orge plutôt, fut la boisson des peuples barbares, les Germains, qui la rapportaient de leur pays où pousse le houblon en abondance.

Elle fut la boisson préférée de nos pères, les Gaulois, et ne différait pas beaucoup de la nôtre. Les peuples germaniques et scandinaves continuent à en faire leur consommation quotidienne.

La bière n'existe vraiment que pendant la fermentation, autrement elle n'est plus potable et se décompose.

Quatre matières premières sont nécessaires à sa fabrication :

1° Une matière transformable en alcool : amidon d'orge;

2° Un principe amer : lupuline produite par les bractées du houblon ;

3° Un ferment organisé : la levure qui transforme la matière sucrée en alcool et en acide carbonique;

4° De l'eau pure, douce et peu calcaire.

Il ne suffit pas de tout mettre ensemble et d'agiter, car il faut suivre une méthode d'opérations.

Il faut d'abord « malter » l'orge en nettoyant les grains obte-

VIGNE.

nus par triage, puis en mouillant les grains dans de l'eau à 13°. La germination de l'orge se fait dans le germoir et, quand l'embryon a développé une radicule, qui atteint les deux tiers de la longueur du grain, l'opération est terminée. Vient ensuite la dessiccation à l'air chaud qui arrête la germination. On opère enfin la mouture du malt dans des concasseurs. Il faut alors brasser : d'abord on fait la trempe pour dissoudre les principes solubles, soit par décoction, soit par infusion.

Puis on fait cuire le moût en le portant à l'ébullition pendant quatre heures. Le liquide subit ensuite un refroidissement puis une décantation.

Enfin, on laisse fermenter et l'on obtient la plus merveilleuse bière qu'on puisse désirer.

Essayez avec ces explications et vous m'en direz des nouvelles.

* * *

Si la bière est la boisson du nord et de l'est, le cidre est celle du nord-ouest où sa fabrication est très importante, grâce à l'abondance des pommiers qui se cultivent dans cette région.

La préparation du cidre ne consiste pas (comme on fait autour de Paris) à jeter toutes les pommes, voire les poires, même d'autres fruits, qui n'auraient pas bonne figure à table ou au marché, dans un tonneau à demi rempli d'eau; par la fermentation cela donne une boisson très agréable au goût, mais très mauvaise à l'estomac, ce simili-cidre se décompose au bout de quinze jours et laisse dans le tonneau d'affreuses traces odorantes de son passage.

La fabrication du cidre est une industrie bien connue d'ailleurs, trop connue pour que nous la décrivions : elle consiste simplement en pressurage, entonnage et visites fréquentes aux caves pour empêcher les accidents produits par la fermentation. Il y a d'ailleurs beaucoup de rapports entre la fabrication du cidre et celle du vin.

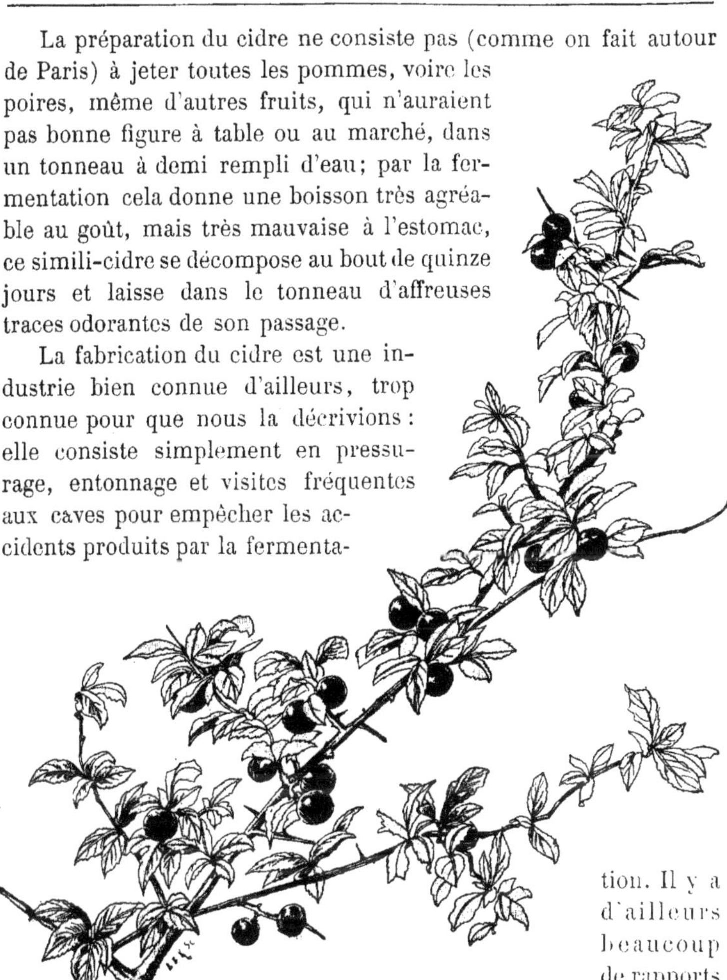

PRUNELLIER.

A la saison des pommes les petites villes normandes sont des plus pittoresques à voir. Les habitants font faire leur cidre dans les rues. Les larges pressoirs dressés reçoivent des lits successifs de pommes préalablement concassées dans des moulins à entonnoirs, système en grand, ou à peu près du moulin à café. Le pressoir, une fois garni de tout son contingent de fruits, est recouvert et la pressuration des pommes normandes se fait à bras, tout comme celle des raisins bourguignons.

*
* *

Vendanges!... Grande fète pour la cueillette des grappes dorées ou carminées sous le chaud soleil, que vendangeurs et vendangeuses portent du panier à la hotte, de la hotte aux larges cuviers que les bœufs porteront jusqu'au pressoir qui va tout à l'heure faire jaillir l'enivrante liqueur. Gaietés folles le soir, quand la tête tourne parce qu'on a goûté la récolte et qu'on danse, sous la grange à peine éclairée, au son d'une musette ou d'un violon : plaisirs que font revivre les mois de septembre.

Vins généreux qui allumez les bonnes trognes rieuses des vignerons, mettent le cœur en gaieté, chassent les tristesses et rompent des lances avec la mélancolie, vous serez le réconfort des hommes qui vous rechercheront toujours, depuis que notre ancêtre Noé, affolé d'ivresse, dormait la bouche ouverte pressant encore sur son cœur quelques grappes de la vigne qui lui avait donné tant de joies!...

Inutile, n'est-ce pas de vous dire comment le raisin se transforme en vin! Comment, après avoir été pressé, après avoir fermenté, le jus de la précieuse grappe est devenu le vin exquis

*
* *

Il y a une quantité de plantes dont nous avons eu l'occasion de parler dans le courant du livre et qui sont employées dans la distillerie, nous ne les citerons que pour mémoire. La distillation consiste à séparer un liquide volatil de substances moins volatiles que lui, et recueillies ensuite pour être utilisées. L'opération se fait en général dans des cornues.

Les anciens ne connaissaient point les liqueurs; l'hydromel que buvaient les Celtibères, les Grecs, les Égyptiens et les Romains, était plutôt un vin de liqueur.

L'art de concentrer par la distillation l'alcool et l'essence des plantes aromatiques ne remonte pas au delà du XVIe siècle.

Employée d'abord comme médicament, l'eau-de-vie passa ensuite sur les tables et devint une boisson favorite. Elle parut trop forte à certains et on eut l'idée de l'adoucir en la sucrant et en la parfumant.

C'est à partir d'Henri II que le débit des liqueurs fines devint considérable.

Parmi les plantes les plus employées à la fabrication des liqueurs, nous mentionnerons l'anis, avec lequel on prépare l'anisette, le kirsch fait avec des noyaux de cerise, le curaçao qui provient de l'écorce d'orange, le cassis fait avec le fruit de ce nom, la prunelle dont les baies du prunellier font les frais, le cacao, la fleur d'oranger formant les liqueurs du même nom; le rhum, le cognac ayant pour base le raisin, etc.

Il y a des quantités innombrables de noms de liqueurs : il y en a même de très extraordinaires comme appellations telles le *Parfait Amour*, le 107 *Ans*, l'*Huile de Vénus*, etc.

Tous ces titres dissimulent la plupart du temps les mêmes substances et c'est la concurrence seule qui a besoin d'inventer ces noms ronflants... ou ridicules.

CHAPITRE XI

PLANTES TROPICALES UTILISÉES CHEZ NOUS

Nous ne pouvons omettre, dans un livre sur les plantes, de dire quelques mots de certains végétaux auxquels nous devons de délicieux breuvages, breuvages d'autant plus précieux qu'ils sont à la portée de tous et que tous nous en usons : le Café, le Thé, le Cacao.

Le *Caféier* est un arbrisseau toujours vert de la famille des Rubiacées ; il n'atteint guère que cinq à six mètres. Son pays natal est la Haute-Abyssinie d'après les uns, l'Yémen d'après les autres ; il fut, dit-on, transporté en Arabie vers la fin du xve siècle et c'est aux Hollandais qu'on doit la première importation du Café en Europe.... Hourrah ! pour les Hollandais.

Diverses sortes sont connues aujourd'hui.

Le fruit du caféier est une petite baie ovoïde, grosse comme une cerise qui, d'abord verte, passe au rouge, puis au noir. Sous sa chair dure, peu épaisse, jaunâtre, se dissimulent deux noyaux parcheminés, accolés l'un à l'autre ; ces deux noyaux sont des grains de café.

On les dégage de la pulpe du fruit, soit par dessiccation à l'air libre, soit par fermentation à l'humidité, soit par l'action de moulins spéciaux qui déchirent cette pulpe et l'entraînent; cette opération s'appelle *grager*.

Les grains de café sont ensuite séchés dans une étuve à 25°.

Cent kilos de fruits fournissent environ 15 kilos de grains.

Les grains de café sont torréfiés ensuite (grillés, si vous préférez), opération qui a pour but de leur donner l'arome exquis que vous connaissez.

LE THÉ.

Le café est alors bon à employer, c'est à vous maintenant à en préparer un breuvage exquis .., et point de chicorée! s. v. p.

* * *

Le *thé* est à la fois un chinois et un japonais, qui ne vint en France que bien après le café.

C'est encore aux Hollandais que nous devons son introduction en Europe (milieu du XVIIIe siècle). Ils obtinrent des Chinois la précieuse plante en leur offrant en échange un de nos végétaux européens, la Sauge, que l'École de Salerne préconisait comme préservatif contre une foule de maladies.

Bien que n'en ayant point goûté avant cette époque, les Européens connaissaient le Thé de réputation puisque, « en 1641, Tulpius, médecin hollandais, fit une dissertation sur la plante. En 1657, Joucquet, médecin français, l'appela « herbe divine » et la compara à « l'ambroisie! »

Ceci ne fit qu'accroître le désir de faire une connaissance plus intime avec le délectable végétal; ce qu'on en disait faisait venir à tous l'eau à la bouche; aussi à tout prix fallait-il s'en procurer.... Mais la chinoise s'obstinait à rester en Chine, le voyage en Europe ne lui plaisait point du tout.

Vous qui buvez du thé à pleines tasses aujourd'hui, vous ne vous doutez guère des péripéties par lesquelles l'aromatique feuille a passé pour venir, du fond du Céleste Empire, s'infuser au fond de votre samovar!... Écoutez plutôt :

Le célèbre Linné fit tous ses efforts pour procurer cet arbrisseau à l'Europe; vingt fois il en sema des graines sans aucun succès.

Osbeck en avait apporté un pied de la Chine, mais, étant en deçà du cap de Bonne-Espérance, un tourbillon de vent s'éleva tout à coup, emporta ce pied de thé de dessus le gaillard d'arrière et le jeta dans la mer.

Lagutron apporta au jardin d'Upsal deux arbrisseaux, du vrai thé, croyait-il; ils se portèrent bien pendant deux ans, mais, lorsqu'ils fleurirent, on reconnut que c'était... du camélia!

Quelques années après, on était parvenu à apporter un pied de thé à Gothembourg; les matelots, pressés de descendre à terre, le mirent sur la table de la chambre du capitaine; pendant la nuit les rats le maltraitèrent et le mirent en un tel état qu'il mourut!

Enfin Linné engagea le capitaine Ekeberg à en mettre des semences fraîches dans un pot rempli de terre au moment où il ferait voile en quittant la Chine afin que, pendant le voyage, lorsque le vaisseau aurait passé la ligne, elles pussent germer; ce procédé réussit fort bien et le navire étant mouillé à Gothembourg toutes les graines levèrent. La moitié fut envoyée à Upsal et périt pendant le trajet; le capitaine y porta l'autre moitié le 3 octobre 1763; l'opération réussit enfin.

La Suède se glorifie donc d'avoir fait connaître à l'Europe le vrai thé de Chine cultivé par les Chinois et les Japonais de temps immémorial (1).

Dans les cultures, le *Thé* est un arbuste de petite taille, mais à l'état sauvage il peut devenir très grand. Cette « chinoise » ne serait, dit-on, pas née en Chine, elle n'y est que naturalisée depuis des siècles, mais son berceau serait l'Assam supérieur.

On connaît plusieurs sortes de thés : thé noir, thé vert, thé bou (ou boui), etc.

Les sortes les plus chères (150 fr. le kilo) se consomment en Russie et n'arrivent guère en France.

La manipulation des thés diffère. Les verts sont séchés rapidement après la récolte de façon à leur conserver leur couleur et leurs caractères. Les noirs, séchés plus de temps après la cueillette, subissent un commencement de fermentation, ce qui les modifie. Les aromes de certains thés sont corrigés par l'adjonction de plantes diverses : fleurs d'oranger, de prunier, de rosier très odorant, etc.

Plus de quatre millions d'acres anglais de terrain sont, en Chine seulement, consacrés à la culture du thé, ce qui représente un produit annuel de sept ou huit milliards... une bagatelle!

Le Thé est une boisson bienfaisante sauf pour les sujets nerveux ou pour ceux qui ont des palpitations de cœur.

La proportion de principe azoté que renferme la feuille est énorme, beaucoup plus forte que dans tout autre végétal puisqu'elle atteint 48 pour 100 Elle contient en outre du tannin, de la gomme, de l'huile essentielle, etc., ce qui donne à l'infusion son action stimulante, stomachique, etc.

Pas plus que pour le café, je ne donnerai de recette pour faire le thé. C'est la maîtresse de maison qui toujours se réserve le soin de préparer le bienfaisant breuvage et qui, avec mille grâces, sait l'offrir tout bouillant à ses invités.

1. *Le Naturaliste*. Henri Joret, ancien jardinier en chef du gouvernement du Sénégal.

*
* *

Le *Cacao* (qui a gardé le nom sous lequel le désignent les Caraïbes) est le produit d'arbres divers ; on en connait une dizaine d'espèces appartenant à la famille si nombreuse des Malvacées : les *Cacaoyers* (ou *Cacaotiers*). Ils sont originaires du Mexique.

Leur hauteur est de six à huit mètres. Les inflorescences paraissent généralement sur les troncs ou les branches âgées, ou bien encore à l'aisselle des feuilles tombées depuis longtemps.

Le fruit ovale, oblong, marqué de sillons longitudinaux, est coriace, cartilagineux à côtes rugueuses. Ce fruit (de 15 à 20 cent. de long) renferme une pulpe molle où se blottissent les graines. Ce sont ces graines qui servent à la fabrication du chocolat. Elles sont très riches en substances et contiennent : beurre de cacao, albumine, théobromine, amidon, glucose, acide tartrique, etc.

Ces graines sont grillées (on atténue ainsi leur saveur amère), puis pulvérisées, broyées avec du sucre et de l'eau, ce qui produit la pâte qui se solidifie ensuite dans des moules et que vous connaissez sous le nom de « chocolat »... que vous ferez retourner à l'état pâteux sous forme de crèmes exquises ou à l'état liquide sous forme d'onctueuse bavaroise.

*
* *

Quelques mots seulement, pour mémoire, sur des plantes tropicales auxquelles nous devons des épices fort en honneur dans nos cuisines.

Le *Giroflier*, grand arbre superbe de la famille des *Myrtacées*, et qui pousse notamment dans l'île de Java, nous gratifie de ce que nous avons baptisé : le *Clou de girofle*; or, ce clou est une fleur, la fleur du Giroflier; pour la récolter, il faut entourer l'arbre de hauts échafaudages en bambou. C'est toute une affaire que cette récolte et nos cordons bleus ne se doutent pas que de pauvres diables de sauvages ont failli se casser le cou pour aller chercher ces clous destinés à parfumer leurs sauces.... Qu'elles sachent donc que, pour en avoir un kilo, de ces clous, il en faut environ dix mille et que certains Girofliers en portent plus d'un demi-million....

Avons-nous dit que le girofle est non seulement utile en cuisine, mais qu'il l'est non moins en pharmacie et davantage encore en parfumerie ?...

***

La *Muscade*, petite noix dure, veinée, d'un ton gris roussâtre, dégage une odeur très prononcée, très aromatique, très agréable....

C'est une des épices les plus fines.

Ici encore ce sont les Hollandais les exportateurs.... Ces Hollandais sont-ils décidément des gourmets ou seulement des marchands adroits ?... Plutôt ceci que cela, je crois, car s'ils apportèrent la muscade en Europe, ils se dispensèrent d'en dire l'origine et, jusqu'à la fin du siècle dernier, on mettait de la muscade dans les plats sans savoir ni d'où ni comment elle y venait.... « Passez muscade !... »

MUSCADIER.

C'est grâce à un intendant des Iles Bourbon et Maurice, nommé Poivre, — un nom prédestiné — que l'on put pénétrer le secret si bien gardé par les Hollandais; il réussit à enlever aux îles Moluques des Muscadiers, des Poivriers, des Girofliers et à les faire planter dans notre colonie de l'océan Indien. Dès lors on sut que la muscade provenait d'un arbre grand et beau, appartenant à la famille des myristicées, montant à quinze et vingt mètres de haut. C'est Lamarck qui le premier le décrivit.

*
* *

Le *Poivre*!... Logiquement, j'eusse dû mettre celui-ci en tête, car c'est, parmi les épices, la plus employée; elle paraît sur toutes nos tables ayant à ses côtés le sel, autre condiment... Mais on ne pense pas à tout et mon poivre arrive en retard! C'est qu'il vient de loin, aussi, il habite les côtes du Malabar!...

Il est le produit d'une liane qui grimpe à dix mètres de haut, laissant pendiller ses grappes de fruits qui sont d'un brun noir et constituent cette épice brûlante connue depuis les temps les plus reculés puisque, au IVe siècle avant J.-C., Théophraste en nota l'existence.

Dioscoride dit que le poivre vient de l'Inde.

Pline a donné sur son compte des détails curieux, nous apprenant qu'à son époque une livre de poivre long coûtait quinze deniers, une livre de poivre blanc sept deniers et quatre deniers seulement le poivre noir.

Les Romains prélevaient à Alexandrie un impôt sur le poivre 600 ans après J.-C.

C'est un moine, qui fut d'abord commerçant : Cosmas Indicopleustes, qui, au VIe siècle, donna les premiers détails sur le poivre, décrit après par bien d'autres.

Pendant le moyen âge le poivre était l'épice la plus estimée.

Aujourd'hui poivre noir et poivre blanc — ce dernier obtenu en enlevant au poivre noir la couche extérieure de son péricarpe — sont devenus indispensables, mais, comme pour bien des choses, on est tellement habitué à le sentir dans tous les mets qu'on n'y fait plus guère attention... excepté quand on en a mis avec trop de profusion.

*
* *

La *Cannelle* (ou *Canelle*), dérive, dit-on, de canne, cannelures, à cause de la forme de ses écorces, et provient d'un arbre qui a pris son nom d'après le nom donné à son produit : *Cannellier*.

Son écorce fut, dès la plus haute antiquité, employée en médecine.

Au moyen âge elle fut connue sous le nom de *Cassia*. On prétend que le kinnamon des Hébreux, le cinnamomum des Latins n'était que la substance que nous appelons cannelle.

Ceylan est le pays de la meilleure cannelle et en fournit maintes espèces.

Le Cannellier ne fut connu en Europe comme végétal que vers le milieu du XVIIe siècle. C'est un arbre de belle allure, famille des *Laurinées*, au feuillage touffu et s'élevant jusqu'à dix mètres de haut et plus.

La cannelle dont vous vous servez est, nous l'avons dit, l'écorce de l'arbre qui est odorant, parfumé des pieds à la tête, de la racine à la feuille et dont on extrait des huiles aromatiques et une sorte de camphre provenant des racines. Le Cannellier est du reste de la même famille que le Camphrier.

*
* *

Un de vos aromates préféré est sans nul doute, Madame, cette longue gousse noire, dont vous dégustez la saveur parfumée dans les crèmes et les glaces et qui a nom *Vanille*. Celle-ci est une exotique encore, une *Orchidée* qui pousse à l'état sauvage dans les profondes forêts humides et chaudes tout à la fois du Mexique austro-occidental.

Mais on a soin aussi de la cultiver en grand dans ce pays, notamment à la Vera-Cruz. On la cultive encore aux Antilles, au Brésil, à Java, à Madagascar, et en maints autres endroits, car on sait combien leurs gousses vous sont chères.

Le parfum en est si intense qu'il en perce l'enveloppe; ce sont les parties internes seules qui le contiennent.

Ce parfum ne préexiste pas dans le fruit mûr et ne se développe que par la fermentation : c'est vous dire que les gousses exigent des manipulations diverses.

A la Guyane on les abandonne dans les cendres jusqu'à ce qu'elles se rident. Enduites ensuite d'huile d'olive on les fait sécher à l'air.

Au Pérou on leur fait prendre des bains d'eau bouillante, on les fait sécher, puis... ne frémissez pas!... on les badigeonne d'huile de ricin!

POIVRIER.

Au Mexique on les entasse sous des hangars à l'abri du soleil et de la pluie, on les fait suer quand elles se rident en les étendant en plein soleil sur des couvertures de laine.

Bref, chaque région a sa façon de préparer la suave vanille. Ces préparations ne vous importent que fort peu, je pense, pourvu que le parfum persiste!

* * *

La *Pistache* n'est point une épice, mais elle a néanmoins droit à quelques mots en ce chapitre :

Le *Pistachier* qui la produit est un arbre qui passe pour originaire de la Syrie, mais qui se cultive dans tout l'Orient. Son fruit

SCULPTEUR DE PIPES, A SAINT-CLAUDE.

presque sec, roux, ovoïde, contient un noyau qu'une seule graine emplit; c'est cette graine ou amande d'un vert clair, qui constitue la pistache, précieuse dans maintes préparations culinaires.

*
* *

Foule d'autres plantes tropicales sont employées, tel le *Bétel*, par exemple, mais, comme elles n'ont aucun cours chez nous, nous jugeons inutile d'en parler.

CHAPITRE XII

CURIOSITÉS DE LA SCIENCE

Que ce mot : « Science » n'aille pas vous effrayer, au moins!...

Rassurez-vous! c'est d'après Camille Flammarion que nous allons parler. Or nul n'ignore — car tous ont lu ses livres — que l'éminent astronome est doublé du plus spirituel des conteurs. Sa science n'a rien d'aride... pour les autres.

C'est donc une charmante causerie que nous avons eue avec lui, — et au cours de laquelle il nous a expliqué ses curieuses expériences en nous montrant ses « plantes à conviction », — que nous allons essayer de résumer ici.

Si nous ne réussissons pas à vous intéresser autant qu'il nous a intéressé nous-même, c'est que notre narration sera très au-dessous de la sienne.

* * *

— « Il est presque inutile de vous dire qu'en ma qualité d'astronome j'aime le soleil et que je suis de ceux qui ne s'étonnent point de « l'adoration des païens envers le feu brillant aux rayons duquel la vie de la terre entière est suspendue! La science moderne, mille fois plus poétique que toute la mythologie ancienne, confirme la divination de nos aïeux ([1])!

« Le soleil, astre enflammé d'un feu devant lequel nos fournaises les plus ardentes sont des fontaines glacées, éclatant d'une lumière devant laquelle l'électricité est une tache noire, lançant tout autour de lui des flammes de quatre et cinq cent mille kilomètres de hauteur qui retombent constamment en pluies de feu sur l'incandescent océan solaire qui toujours brûle, et projetant dans l'espace immense des rayons de lumière, de chaleur, d'électricité, de magnétisme, qui vont porter la vie sur tous les mondes !

« Pour traverser les 149 millions de kilomètres qui nous séparent du soleil, la lumière ne met que huit minutes et seize secondes. En arrivant sur la terre, cette radiation se transforme en éléments vitaux.

« Mais comment cette radiation agit-elle?... Quels sont les rayons lumineux ou caloriques qui exercent l'action la plus efficace dans les divers phénomènes de la nature?

« C'est là un problème que se posent depuis longtemps les climatologistes et les physiologistes et que j'ai cherché à élucider.

« J'ai donc annexé à l'observatoire de Juvisy une station de climatologie dans laquelle j'ai commencé une série d'expériences toutes spéciales. »

— Ici notre interlocuteur nous donne quelques explications scientifiques sur les différentes sortes de rayons, rayons lumineux et rayons caloriques, sur la séparation des couleurs du prisme, etc.

Dans le but d'analyser l'action de ces diverses sortes de rayons sur la végétation, M. Camille Flammarion a fait construire quatre serres, vitrées entièrement sur toutes leurs faces de verres de tons différents.

L'une est, comme toutes les serres, en verre transparent blanc ordinaire.

La seconde est en verre rouge.

1. Dans le *Bulletin de la Société astronomique de France* (juin 1896 et août 1897), M. Camille Flammarion a publié des articles fort intéressants au sujet des expériences dont nous parlons.

La troisième en verre vert.

La quatrième en verre bleu foncé. Ces verres *monochromatiques* soigneusement choisis avaient été, au préalable, examinés au spectroscope.

Ces quatre serres ont été placées l'une à côté de l'autre dans des conditions météorologiques identiques, en bonne exposition solaire, et elles sont aérées pour uniformiser la chaleur reçue.

Le même jour, à la même heure, dans un même terreau, des graines de *Sensitives* furent semées.

Elles germèrent et quelque temps après atteignirent deux à trois centimètres de hauteur.

On en choisit alors huit identiques, mesurant vingt-sept millimètres; on les plaça deux par deux dans des pots tout pareils en chacune des quatre serres.

Ceci fut fait le 4 juillet 1895; or, le 15 août suivant, des différences de hauteur, de couleur et de sensibilité commencèrent à se manifester, différences qui allèrent en s'accentuant de plus en plus.

Les Sensitives de la serre bleue sont restées stationnaires alors que celles de la serre rouge ont pris un développement stupéfiant : elles ont atteint une taille *quinze fois* supérieure à celle des premières. La lumière rouge a produit l'effet d'un merveilleux engrais.

La sensibilité de la plante, élevée dans les rayons rouges, s'est accrue dans les mêmes proportions, le moindre souffle suffisant pour fermer ses folioles et faire tomber inertes toutes ses branches.

La Sensitive cultivée dans le bleu était, au contraire, devenue tout à fait insensible.

La rouge a fleuri le 24 septembre.

La blanche a pris plus de vigueur mais ne s'est pas élevée; elle a donné des boutons mais n'a point fleuri.

Les couleurs du feuillage se sont également modifiées : la rouge a des feuilles plus claires que la blanche; la blanche est plus pâle que la verte; la bleue est plus foncée que toutes les autres.

*
* *

Ces premières expériences essayées sur la Sensitive furent renouvelées sur d'autres plantes, mais avec certaines modifications.

Des objections se présentaient, en effet, pour leur explication :

1° L'intensité lumineuse n'est pas la même dans les différentes serres : la blanche est la plus lumineuse, la bleue la plus obscure.

2° La température n'est point pareille non plus : la blanche est la plus élevée, la bleue la plus basse.

Pour tenter des expériences décisives, il fallait donc faire la part de chacun des facteurs en présence : couleur, lumière, chaleur;

— « Recommençant nos expériences l'année suivante (1896), nous dit M. Flammarion, nous avons donc cherché à égaliser les températures en modérant, par des écrans, la chaleur et la lumière reçues du soleil dans les serres les plus chaudes; nous y sommes sensiblement arrivés.

« Les résultats obtenus sur les plantes ont été les mêmes. Nous avons renouvelé nos expériences sur des Sensitives, elles ont donné les résultats de l'année précédente.

« La façon de se comporter d'autres plantes vouées au blanc, au rouge, au vert, au bleu, a été toute pareille.

« Dans la serre rouge, le végétal monte, monte, monte; dans la blanche, il engraisse; dans la verte, il reste moyen; dans la bleue, il dort. »

— Une laitue placée dans la serre rouge a perdu tous les caractères de sa race ; au lieu de rester salade pommée, comme toute laitue qui se respecte, elle est devenue canne, mât de Cocagne.... Cette laitue fut ridicule ! Quant à la bleue, décharnée, les feuilles pendantes, elle faisait peine à voir.

Les expériences, cette fois, étaient convaincantes et prouvaient bien que c'était aux radiations lumineuses seulement que les différences de croissance étaient dues.

Mais voici qui est plus curieux encore : par la culture des plantes sous des radiations différentes, la forme, la dimension, la couleur des feuilles et des fleurs et leur parfum même se transforment.

Et toutes ces transformations sont dues aux milieux lumineux seulement !

Des lilas (variété de Marly et de Perse) ont été transférés du plein air dans les serres de couleur alors que les panicules en boutons étaient fortement colorées déjà.

Dans la serre blanche, les fleurs sont devenues d'un blanc rosé, abandonnant ainsi presque toute leur coloration naturelle qu'elles ont perdu complètement dans les trois autres serres où elles sont devenues d'un blanc immaculé.

En mettant des lilas sous un capuchon, lorsqu'ils sont déjà plus ou moins colorés, on obtient des fleurs plus ou moins rouges; on peut, *sur un même pied*, produire toute la gamme depuis le blanc pur jusqu'au rouge violacé.

En enfermant des panicules, teintées déjà, dans des cloches de verre coloré, on obtient des fleurs allant du bleu pâle au rouge clair violacé.

Des expériences ont été faites sur une foule de végétaux. Elles ont permis de changer les colorations, les dimensions, les formes de plusieurs plantes à feuillage coloré, notamment du *Coleus*.

Le *Crassula* à fleurs rouges, cultivé dans l'obscurité au moment où son bouton n'est que légèrement coloré, n'offre plus qu'un mince filet rouge cernant une fleur devenue blanche.

Les feuilles pourprées de l'*Alternanthera amœna* deviennent complètement vertes sous les radiations rouges.

Les feuilles du *Géranium* perdent leur couronne de bistre. Sous les rayons rouges, la feuille reste grande, bien découpée et d'un vert pâle; sous les bleus, elle s'arrondit presque complètement et son vert devient foncé; elle reste petite et d'un vert pâle dans la serre verte.

Des résultats du même ordre ont été obtenus sur divers fruits.

Les plantes dont les colorations se produisent dans l'intérieur du sol : carottes, betteraves, etc., ne subissent aucune modification, leurs nuances étant évidemment indépendantes de la lumière.

*
* *

Nous disions que les parfums végétaux sont influencés également par l'action lumineuse; dans la serre rouge, l'odeur des fraises imprègne toute l'atmosphère.

Sur un même pied de Crassula, les fleurs épanouies en plein air, au soleil, ont peu de parfum (il en est de même dans l'obscurité), tandis que des fleurs placées sous des cloches de couleur ont un arome délicat rappelant beaucoup celui de la banane, qu'elles conservent si on les cueille pour les placer dans des vases où elles reprennent en partie leur coloration rouge.

Des expériences similaires ont été faites sur des arbres forestiers, le chêne, par exemple.

De jeunes chênes, ayant plusieurs années déjà, ont été cultivés dans des serres différemment colorées.

En avril, les feuilles apparurent presque simultanément, mais plus nombreuses en serres rouge et blanche.

Fin mai, le chêne bleu a toutes ses feuilles au nombre de douze, le vert en possède vingt et dès lors les deux arbres restent stationnaires tandis que le blanc acquiert des feuilles nouvelles et que le rouge développe considérablement ses ramifications et son feuillage.

Autres singularités : les petits chênes en question ont été placés en février dans les serres. Dès le printemps, ils se sont couverts de feuilles qui ont subsisté jusqu'à l'automne (novembre) dans les serres blanche, rouge, verte. Celles de la serre bleue persistèrent seules et gardèrent tout l'hiver leur coloration verte.

En avril suivant, lors de la poussée des nouvelles feuilles, les vieilles, un peu jaunies seulement vers les bords, existaient encore et ne commencèrent à tomber que vers la fin d'avril; toutefois la dernière ne tomba qu'au milieu de juin alors que l'arbre possédait douze feuilles nouvelles.

D'autres plantes : *Bégonias*, *Géraniums*, *Lobelias*, etc., etc., ont servi de sujets d'études, sujets plus ou moins sensibles, mais éprouvant tous, néanmoins, à des degrés différents, les influences des radiations colorées.

La place nous manque, malheureusement, pour dire ici toutes les choses curieuses que nous a dévoilées l'aimable savant auquel nous devons les intéressantes trouvailles dont je viens de dire deux mots... et qui ne sont pas les seules.

Des recherches ont par lui été faites également sur la transpiration des végétaux placés dans diverses conditions de température et de lumière.

Nous ne pouvons les développer ici.

La quantité d'eau transpirée par une plante varie dans des pro-

portions énormes suivant les radiations auxquelles elle est soumise.

Les expériences faites prouvent, en outre, qu'une fleur absolument blanche transpire deux fois moins qu'une fleur d'un rouge foncé.

*
* *

Ce serait bien mal connaître notre savant que de croire que des essais ayant donné d'aussi curieux résultats allaient s'arrêter aux végétaux seulement.

Des tentatives similaires furent faites sur des animaux, similaires furent les résultats....

Mais ceci sort de notre domaine; qu'on nous permette, toutefois, deux mots à propos des recherches sur les vers à soie, faites sur une petite échelle d'abord « mais dont les résultats, nous dit M. Flammarion, nous montrent dès à présent que cette voie nouvelle sera féconde en surprises ».

Ces recherches sont toutes récentes, elles datent de juin 1898; c'est donc une primeur que nous offrons ici.

Des vers à soie jeunes furent, par groupes de trois, placés :

1° Sous des verres rouges ne laissant passer que le rouge et l'orangé;

2° Sous des verres orangés absorbant le bleu et l'extrémité la plus réfrangible;

3° Sous des verres bleus, ne laissant passer que le bleu, l'indigo et le violet;

4° Sous des verres incolores;

5° A l'obscurité [1].

Les précieux insectes furent mis dans une même salle, à la même température et reçurent en abondance des feuilles de mûrier.

Dès la deuxième mue, les vers a soie de l'orangé paraissaient plus gros que tous les autres, puis venaient ceux du rouge et du bleu. Ces différences s'accentuèrent jusqu'à la dernière mue.

1. *Rapport sur les travaux de la station de climatologie agricole de Juvisy*, 1898, par Camille Flammarion, directeur de la station

Les vers ont filé leurs cocons à peu près simultanément; le 20 juillet, ces cocons furent pesés et donnèrent les résultats suivants :

VERRES.	COULEURS ABSORBÉES.	POIDS DES TROIS COCONS.
Orangé	Bleu indigo violet.	5gr,90
Rouge.	Jaune vert, indigo violet	5 ,00
Bleu.	Rouge jaune vert.	4 ,85
Noir.	Absorption totale	4 ,65
Air.	. . . .	4 ,40

*
* *

« Ce premier succès obtenu m'engagea, dit M. Flammarion, a continuer mes recherches :

« 720 vers âgés de 6 jours furent placés dans des casiers vitrés de couleur différente, en plein air et dans l'obscurité.

« L'observation comparative des résultats me démontra que la production maximum de la soie a lieu sous le verre incolore, puis vient le violet pourpre clair; le minimum se produit sous le bleu foncé où elle est les 0.75 de celle du verre incolore; à l'air libre elle est de 0.88.

« Mais voici qui est plus étrange : les diverses radiations ont une influence marquée sur la distribution des sexes, influence agissant dans le même sens que pour la production de la soie.

« A l'air libre et dans le rouge clair le nombre des vers femelle est de 50 pour 100. Il monte à 54 et 56 pour 100 sous le verre incolore et le violet pourpre et descend à 39 et 37 pour 100 dans le bleu.

« La différence est bien plus considérable encore si l'on examine le poids des œufs, qui varie presque du simple au double, du bleu au pourpre. »

Les recherches sur les vers à soie seront continuées et — qui sait? — on arrivera peut-être à produire, à volonté, des vers à soie mâles et des vers à soie femelles....

Résultat inouï! Expériences d'autant plus passionnantes qu'en vérité on se demande où elles s'arrêteront... *Chi lo sa?...*

*
* *

Si l'on essayait sur nous les expériences tentées sur des plantes et des bêtes, Dieu sait ce que l'on obtiendrait!...

Des choses étranges, à coup sûr!...

Et, pour appuyer mon dire, terminons par une anecdote que me conta M. Flammarion. Ayant commencé déjà ses expériences, et sous l'impression récente des curieux résultats obtenus, il eut occasion, à Lyon, d'en parler à un grand fabricant de plaques pour la photographie.

On sait que celles-ci ne peuvent se préparer à la lumière du jour et qu'elles ne tolèrent, pour être travaillées, que les rayons rouges.

Or, notre fabricant avait eu l'idée de faire faire, pour la préparation de ses plaques, des ateliers complètement vitrés de rouge :

« Les tout premiers jours tout alla bien et je me félicitais de mon idée.... Bientôt il fallut en rabattre.

« Au bout de quelques jours, je remarquai chez les ouvriers et les ouvrières des ateliers rouges, une étrange surexcitation qui alla en augmentant, en augmentant dans d'inquiétantes proportions.

« Ce n'étaient plus, dans ces ateliers ainsi colorés, que disputes, criailleries, qui bientôt devinrent querelles, hurlements et eussent dégénéré en folie furieuse si je n'avais, heureusement, reconnu là l'influence du verre rouge.

« Inutile d'ajouter que l'idée d'ateliers ainsi colorés fut immédiatement abandonnée... mes gens, décidément, y voyaient trop rouge et auraient fini par tout mettre à feu et à sang.... »

— Moralité : Si vous voulez avoir la paix chez vous, n'abusez pas du rouge.

TROISIÈME PARTIE

CONTES — LÉGENDES — RÉCITS — ALLÉGORIES, ETC.

CHAPITRE PREMIER

PRÉAMBULE

Dans les arts, la littérature, ayant une force expressive plus intense que tous les autres et plus complète, devait, dès son origine, puiser dans la nature ses sources les plus fécondes d'imagination et ses productions les plus riches; par le fait même qu'elle peut, par des moyens relativement simples, exprimer ses impressions les plus sensibles, elle s'adresse à tous plus facilement que la peinture et la sculpture, qui sont des traductions plus élevées.

Les faits sensibles se révèlent à notre esprit comme des phénomènes que notre intelligence élabore et transforme en idées.

Quand l'homme s'est trouvé en possession d'un nombre suffisant de sons articulés et significatifs, que le langage a été plus riche en mots — car il a dû être composé de peu d'éléments à son début — il a pu formuler d'une façon fort simple les impressions qu'il recueillait autour de lui.

Il est à supposer qu'avant tout instinct de copier la nature, l'homme a eu celui de l'exprimer par le langage qui fixe, éclaircit et simplifie la pensée.

De là est née, naturellement, la littérature qui s'est compliquée d'embranchements divers au fur et à mesure des connaissances acquises.

Pour le sujet qui nous occupe en ce moment, LA PLANTE, fleurs ou arbres, c'est à la poésie que revient la plus grande part, car c'est elle qui a trouvé les images les plus vives dans la nature, c'est elle qui a créé des symboles, qui a consacré de véritables formules devenues d'instinctives habitudes de langage. Elle a communiqué au peuple les idées issues de la contemplation de la nature, qu'il avait en soi, mais qu'il ne savait point exprimer en un langage particulier. Elle a inventé pour lui des analogies entre les plantes et les individus, pressentant, pour ainsi dire, que la science les établirait en axiomes; en un mot elle a saisi vivement dans la plante ses fonctions vitales, la croyant susceptible de souffrir et de sentir.

La littérature a donc idéalisé la fleur en lui prêtant des pouvoirs particuliers.

*
* *

Des qualificatifs joints au nom de la plante lui ont donné une physionomie spéciale, qui était pour l'écrivain une façon plus idéale d'exprimer ses idées.

« Pauvre fleur, fleur qui souffre » est un état d'âme : celui du poète qui parle....

Puis la couleur a suggéré des comparaisons, la forme a fait de même. Les épithètes souvent renouvelées sont restées comme de véritables formules « teint de lis et de roses », « visage aux blancheurs de lis », etc.

A toutes ces observations réitérées, à ces images répétées fréquemment se joignent toutes les impressions qu'inspire la nature dont les phénomènes puissants causent un étonnement considérable; les propriétés hygiéniques, soporifiques, que sais-je, que l'on trouvait dans les plantes, faisaient croire à des pouvoirs volontaires de leur part.

De là, à donner à la plante un pouvoir surnaturel, une attribution divine, il n'y avait qu'un pas, et c'est ainsi que les légendes se créèrent, que le monde féerique, successeur du monde mythologique, fut imaginé par les hommes qui crurent que, dans les plantes, les dieux et les magiciens savaient dissimuler leur puissance. Et c'est ainsi qu'ils prêtèrent aux fleurs un langage, une action bienfaisante ou mortelle suivant leur volonté, qu'ils transformèrent dans leurs récits les hommes en plantes ou réciproquement; en un mot, ils donnèrent une âme aux fleurs.

En même temps que la légende apparaissaient les symboles, qui sont les cousins de celle-ci, et certaines plantes devinrent sacrées.

*
* *

C'est un besoin pour l'homme que d'idéaliser ce qu'il voit; il résume, il classe en quelque sorte ses impressions par une idée abstraite.

Le bluet est très fin de couleur et se décolore vite : il exprimera la délicatesse. La rose superbe voudra dire beauté....

Dans les pages suivantes, nous verrons rapidement quelques-uns de ces symboles, quelques-unes de ces légendes, après avoir dit vivement quelques mots de la littérature qui les a suggérés.

LA FLEUR DANS LA LITTÉRATURE

Les peuples les plus primitifs ont eu des conceptions imaginaires et, lors même qu'ils n'avaient pas de littérature, ils gardaient par tradition les récits que les générations se passaient; ils trouvaient en outre, chez les prêtres de leur religion, la source de toutes leurs connaissances.

Au début donc, alors que les hommes étaient soumis à l'observation religieuse la plus absolue et qu'ils craignaient la nature dont ils ignoraient les moindres secrets, les récits chantés par des aèdes, et consignés plus tard par les poètes qui les enfermaient dans les règles, étaient pour la plupart surnaturels ou héroïques.

Aussi n'est-il pas étonnant que les êtres vivants (les fleurs et les plantes, pour nous, puisque c'est le sujet qui nous intéresse), aient été circonscrites, comme nous le disions plus haut, dans des formes symboliques.

Nous ne parlerons point des Égyptiens; nous connaissons leur littérature par les hiéroglyphes dont des hommes de génie ont trouvé la clé au commencement de ce siècle et qui sont surtout méthaphysiques par leur préoccupation de la vie future; nous parlerons de suite de la Grèce, véritable berceau de tout le mouvement intellectuel dont nous subissons encore les effets.

*
* *

Le siècle de Périclès, apogée de la Grèce, avait produit des hommes d'une haute intelligence, philosophes et poètes, qui commençaient à étudier la nature, cherchaient à expliquer les lois qu'ils attribuaient déjà, comme Socrate, à une cause divine.

A cette époque, l'agriculture était la principale occupation des habitants de l'Attique et la campagne était chérie par tous les Grecs : — « Fuyez les vains et pâles discoureurs qu'on voit errer nu-pieds « aux environs de l'académie, venez vous livrer aux travaux de « l'agriculture; vos peines seront récompensées, vous verrez vos « greniers remplis de toutes sortes de grains et vos caves garnies « de grandes cruches de vins excellents. » Tels étaient les conseils que donnaient les écrivains grecs au ve siècle avant Jésus-Christ. — Les jeunes gens, entraînés par les sophistes, orateurs aux phrases creuses et corrompues, négligeaient quelquefois les champs; les philosophes, par leurs écrits, tentaient de les y ramener : « Pendant les Panathénées, j'ai vu au gymnase des jeunes gens qui « disputaient sur la nature des choses, la vie des animaux, la « différence des arbres et des légumes entre eux : ils étaient surtout fort embarrassés pour découvrir à quel genre on devait rap- « porter la citrouille. Il y a d'abord eu un silence général. Ils « avaient la tête baissée et semblaient réfléchir, lorsque l'un deux « a prétendu que c'était un légume; un second a prétendu que « c'était une herbe; un troisième a soutenu que c'était un arbre. »

Mais à force d'être tournés en ridicule, les sophistes furent abandonnés pour les philosophes qui prêchaient les travaux de la campagne, et la Grèce resta florissante.

L'industrie avait fait renaître la fertilité sur le flanc des montagnes; quatre cent mille esclaves étaient occupés à fertiliser, par des arrosements, les champs artificiels créés avec des terres soutenues par des encaissements en maçonnerie.

La culture des jardins était fort répandue. Les bocagers et les treillagers racontaient à qui voulait les entendre comment ils employaient les tilleuls, le buis et le charme, et savaient transformer à leur volonté un arbre feuillu.

Jusqu'à la conquête romaine, la Grèce produisit bien des écrivains qui parlèrent de la nature en général ou de la plante en particulier.

Hésiode fit un ouvrage : *les Œuvres et les Jours*, que Virgile consulta pour ses *Géorgiques* et qui contient divers préceptes sur les mœurs, l'agriculture, les jours heureux ou malheureux, selon les préjugés du temps.

Quand parut le christianisme, aucun idiome ne convenait mieux que le grec, répandu partout, pour propager la religion. Les apôtres, pour quelques-uns du moins, ne l'ignoraient pas, et quelques savants prétendent que Jésus-Christ le possédait fort bien.

Dans l'Ancien Testament, interprété en grec, nous pouvons voir encore que la plante n'était point négligée. Dans le Livre des Rois, ch. IX, paragr. 33, on lit : « Salomon traita aussi de tous les arbres, depuis le *cèdre* qui est sur le Liban jusqu'à l'*hysope* qui sort de la muraille. »

***

Rome eut aussi ses poètes pour glorifier la nature et l'expliquer.

Dans un ouvrage d'une remarquable abondance, de jugements très audacieux, un poète traita de la nature.

Ce poète, Lucrèce, précède de quelques années Virgile, qui d'ailleurs lui rend hommage en glorifiant ses vers; son poème est intitulé : *De la nature des choses*. C'est une sorte de traité d'ontologie où il réduit tout à la matière ; mais à côté de questions philosophiques, il traite, dans le IIe livre par exemple, de l'infinie variété de la nature dans la production comme dans la destruction, et de cette éternelle jeunesse dont sourit et dont sourira toujours, selon lui, l'univers.

Virgile, peu après, a laissé dans le plus parfait ouvrage didactique qui ait été fait, une quantité de préceptes et d'instructions, trouvant dans l'harmonie du style et la richesse de l'expression les moyens d'atténuer la sévérité d'un tel ouvrage et de rendre agréable les règles les plus austères.

Le mot lui-même, « géorgiques » (γῆ, terre; ἔργον, ouvrage) a donc pour but les travaux de la campagne.

Le premier livre comprend : 1° le labourage, 2° les arbres, 3° les bestiaux, 4° les abeilles, avec les différentes manières de cultiver un champ suivant la qualité du sol, l'origine de l'agriculture en remontant jusqu'à Cérès; les différents instruments de labourage; les saisons qui conviennent aux divers travaux de la campagne; les pronostics du mauvais temps.

Le second livre traite des diverses manières dont les arbres sont produits, soit naturellement, soit artificiellement; leurs différentes espèces; le terrain qui convient le mieux à chaque espèce; la manière de discerner la nature du sol; la culture de la vigne; la culture des oliviers.

Nous citerons le troisième livre seulement sans l'analyser, car il a trait aux animaux de la campagne, ainsi que le quatrième, qui traite spécialement des abeilles.

Si nous en croyons le prince de Ligne, les *Géorgiques*, admirable poème, sont bien détestables comme traité.

Voici le passage d'une lettre du prince de Ligne sur Virgile : — « Le roi (Frédéric II) venait de nommer Virgile. « Quel grand poète! dis-je, mais quel mauvais jardinier.

« — A qui le dites-vous? dit le roi. N'ai-je point voulu semer, planter, cultiver, les *Géorgiques* à la main? Quel climat, d'ailleurs! Dieu ou le soleil me refuse tout. Voyez mes pauvres orangers, mes oliviers, mes citronniers, tout cela meurt de faim.... »

Lucrèce avait soulevé l'enthousiasme d'un autre poète, Ovide, qui fut l'auteur d'un des plus beaux monuments antiques : les *Métamorphoses*; il disait de lui : « Les chants du sublime Lucrèce périront, alors qu'un seul jour livrera la terre à sa destruction ».

Dans ce livre des *Métamorphoses*, qui est un grand poème, Ovide chante tous les principaux faits de la mythologie et des temps fabuleux depuis le chaos et la cosmogonie jusqu'aux premières traditions; il trouve là tous les épisodes qui donnent à la plante, comme nous le disions plus haut, une existence soumise aux fantaisies des dieux, qui d'un homme font tout simplement un narcisse ou d'une femme un piquant buisson d'épines.

*
* *

Si un délicat poète aima les fleurs, ce fut bien Horace. Dans de charmantes poésies, il célébra souvent les plaisirs de la campagne et les magnificences de la nature où il puisa la plupart de ses inspirations.

— « Conservons une âme égale dans la prospérité et dans l'adversité. Nous mourrons : qu'on apporte du vin, des roses et des parfums....

— « Dansons, livrons-nous à la joie. Qu'on apporte des roses et des lis, qui hélas, ne durent qu'un moment....

— « Autrefois j'aimais les beaux habits, les parfums et la table ; aujourd'hui c'est la tranquillité. J'aime un repas simple sur l'herbe fraîche, auprès d'un ruisseau....

— « ... Buvons, et couronnons de roses nos cheveux blancs. »

Il n'y a donc pas pour lui de plaisirs plus doux que la campagne, et les réjouissances ne sont complètes qu'égayées par des fleurs.

*
* *

Après Virgile, d'autres poètes s'essayèrent dans le genre rustique; ils furent bien au-dessous du maître dont ils essayaient de s'inspirer. L'un d'eux, Saléus Barsus, écrivit sur la nature d'insipides bavardages ; ceux-ci, par exemple :

« La nature elle-même a ses vicissitudes, elle varie sa marche réglée et elle développe l'année par les changements du feuillage. Les nuages pluvieux et menaçants ne voilent pas toujours la sérénité du ciel et l'éclat des astres. L'hiver a son repos et sèche au printemps son humide chevelure; le printemps fuit devant l'été; l'automne, féconde en fruits, presse le départ de l'été et disparaîtra devant les brouillards et les pluies. »

Il n'y a plus qu'à recommencer, « ... mais des nuages pluvieux et menaçants, » etc.... pour avoir la plus banale rengaine ; quelque chose dans le goût de : « Il était un petit navire.... »

*
* *

Un brave agriculteur ayant lu dans les *Géorgiques*, au passage des jardins : « L'espace me manque, je passe à côté du sujet, et je le laisse chanter à d'autres », se chargea de ce soin et rédigea, avec le plus candide aplomb, un *Traité de la chose rustique*, dont onze livres en prose et un en vers (le dixième). Il traite des jardins en maraîcher jugeant de beaucoup supérieur l'utile à l'agréable. Sa « littérature » ? sent le potager.

*
* *

Laissant de côté les littératures orientales qui abondent en légendes féeriques où la plante est mêlée, nous entrerons de plain-pied en France, à l'époque du moyen âge où florissaient, entre le xe et le xive siècle, les poètes, Troubadours dans le Midi, Trouvères dans le Nord.

Mais auparavant signalons la comédie célèbre — mais assez licencieuse — que Machiavel composa et dont l'intrigue réside sur les vertus attachées à la *Mandragore*.

Dans le Midi, le don de poésie « la gaye science » était le privilège des chevaliers, des châtelains et des châtelaines.

Des cours d'amour, tournois galants, excitaient l'émulation des concurrents qui offraient à la plus belle le don de leurs talents.

La fleur est le thème qui enguirlande la poésie des troubadours. Elle est l'emblème, le bien de la femme dont les beautés font pâlir l'éclat des pétales. Elle est dans les poésies un hommage continuel à la grâce. Aussi la légèreté, l'harmonie des mots, plus souvent que la richesse d'invention ou la force de la pensée, forment le fond des poésies méridionales.

On compte près de trois cent cinquante troubadours à la fin du xie siècle. Les plus célèbres sont : Sordello de Mantoue, Arnaud de Marœil, Bernard de Ventadour, Pierre Cardinal le Juvénal de Provence, Guillaume de Poitiers duc d'Aquitaine, Richard Cœur de Lion et Blondel son fidèle compagnon dont Grétry, dans sa délicieuse partition de *Richard Cœur de Lion*, a fait un personnage charmant.

Dans le Nord, les trouvères, pauvres ou bourgeois, vont, la harpe en sautoir, de châteaux en châteaux. Aussi possèdent-ils moins la courtoisie et la galanterie qui est la règle des chevaliers. Leurs œuvres moins imaginatives, sont plus âpres, plus expressives et peignent les mœurs avec plus de cruauté; leur tendance est plus satirique.

*
* *

Après eux vinrent des poètes, qui célébrèrent leurs belles en rimant pour elles d'amoureux vers où l'aspect de la saison était l'image de leur état d'âme.

Le temps a laissé son manteau
De vent, de froidure et de pluye
Et s'est vestu de broderie
De soleil luisant, clair et beau;
Il n'y a ni beste, ni oiseau
Qu'en son jargon ne chante ou crie :
Le temps a laissé son manteau
De vent, de froidure ou de pluye.
Rivière, fontaine et ruisseau
Portent en livrée jolie
Gouttes d'argent d'orfavrerie :
Le temps a laissé son manteau
De vent, de froidure et de pluye.

(*Rondeau de Charles d'Orléans.*)

*
* *

Au XIIIe siècle le célèbre *Roman de la Rose*, allégorie sur l'art d'aimer, fut commencé par Guillaume de Loris et terminé par Jean de Meung.

Au XIVe siècle un groupe de poètes se réunit pour former une sorte de constellation littéraire sous le nom de Pléiade. Il était composé de Ronsard, le pivot de cette association, Jean Dorat, Joachim du Bellay, Rémi Belleau, Jodelle, Baïf et Pontus de Thyard.

De leurs œuvres on pourrait extraire bien des citations où la nature est sans cesse en jeu, soit pour la prendre à témoin des tristesses d'amoureux, comme dans cette jolie pièce de Ronsard, la *Prédiction de Cassandre* :

Ciel, air et vents, plaine et monts découverts,
Tertres fourchus et forests verdoyantes,
Rivages tors, et sources ondoyantes,
Taillis rasez, et vous, bocages vers,
Antres moussus à demy-front ouverts,
Prez, boutons, fleurs et herbes rousoyantes,
Coteaux vineux et plages blondoyantes,
Gastine, Loir, et vous mes tristes vers
. . . .
Je vous supply, ciel, air, vents, monts et plaine,
Taillis, forests, rivages et fontaines,
Antres, prez, fleurs, dites-le-luy pour moy.

Soit comme dans Joachim du Bellay, pour y trouver une image saisissante :

Comme le champ semé en verdure foisonne,
De verdure se hausse en tuyau verdissant,
Du tuyau se hérisse en espie florissant,
L'espie jaunit en grain, que le chaud assaisonne
Et comme en la saison le rustique moissonne
Les ondoyants cheveux du sillon blondissant,
Les met d'ordre en javelle, et du blé jaunissant
Sur le champ dépouillé, mille gerbes façonne,
Ainsi, de peu à peu, creust l'Empire Romain
. . . .

La Pléiade éprouve le besoin de trouver dans la nature des impressions nouvelles, elle y découvre le secret de pièces gracieuses et tendres. Nous ne résistons pas au plaisir de citer quelques strophes d'Antoine du Baïf, sur le printemps :

La froidure paresseuse
De l'yver a fait son temps;
Voicy la saison joyeuse
Du délicieux printemps.
La terre est d'herbes ornée,
L'herbe de fleurettes l'est;
La feuillure retournée
Fait ombre dans la forest.
. . . .
Voyez l'onde clere et pure
Se cresper dans les ruisseaux,
Dedans, voyez la verdure
De ces voisins arbrisseaux.

La mer est calme et bonasse,
Le ciel est serein et cler,
La nef jusqu'aux Indes passe,
Un bon vent la fait voler.
. . . .

Dans Ét. Jodelle, la fleur est un hommage rendu aux cendres d'un ami.

Tien, reçoy le cyprès, l'amaranthe et la rose
O cendre bien heureuse et mollement repose.

Comme Baïf avait traité le printemps, Remi Belleau traite avril :

Avril, l'honneur et des bois
Et des mois;
Avril la douce espérance
Des fruicts qui, sous le coton
Du bouton
Nourrissent leur jeune enfance,
Avril, l'honneur des prez verds
Jaunes, pers,
Qui, d'une humeur bigarrée
Émaillent de mille fleurs
De couleurs
Leur parure diaprée.
. . . .
L'aubespine et l'aiglantin
Et le thym
L'œillet, le lis et les roses
En ceste saison
A foison
Monstrent leurs robes écloses.
. . . .

On voit, par ces extraits, que la fleur est l'amie de tous ceux qui rêvent, elle est l'ornement poétique par excellence.

*
* *

Malherbe, châtiant sévèrement le style de ses prédécesseurs, fit aux néologismes, aux mots sonores et aux introductions étrangères une guerre acharnée, tel Henri IV faisant la guerre à ses ennemis; il créa le véritable langage poétique, bien rythmé, et prépara le siècle de Louis XIV. Celui-ci a des représentants dans tous les genres, mais la langue élevée cherche moins ses pensées dans la campagne : elle les trouve dans le cœur de l'homme.

* * *

Dans la prose, auprès de sévères réformateurs comme Balzac, Voiture, un bel esprit, faisait les délices de Rambouillet par son esprit et son badinage. Coquet, léger, enjoué, il savait distribuer de tendres compliments, voltiger sur des pointes d'aiguille, enfler des bulles de savon, broder d'aimables gentillesses pour les dames qu'il faisait pâmer de joie en les comparant aux plus jolies fleurs.

Les qualités de grandeur, de majesté que le XVIIe siècle avait, a son apogée, employées avec tant de bonheur, devaient dégénérer et devenir de l'emphase ampoulée.

On parle de la nature sans la connaître, sans savoir la regarder; les extases poétiques de la nature sonnent faux comme des armures de théâtre... elles sont en zinc.

J.-J. Rousseau vint à son tour et donna avec d'autres le mouvement révolutionnaire qui agitait les esprits; il traduisit avec beaucoup d'éclat et un charme pénétrant, les impressions qu'il avait ressenties et trouvées dans la nature.

En même temps que lui, une école descriptive s'était formée, mais, dégénérée, elle ne produisit nul chef-d'œuvre.

Pour des sujets forcément monotones, il faut des ressources extraordinaires de pittoresque et de couleur, et c'est ce qui manqua aux poètes didactiques tels que Saint-Lambert, auteur d'un ennuyeux ouvrage sur les *Saisons*, Roucher qui fit les *Mois*, œuvre pour laquelle on a seulement de l'estime.

Un seul atteignit parmi eux un renom plus élevé, Jacques Delille, au talent facile, ingénieux et brillant, mais sans originalité ni sans invention. Auteur des *Jardins*, de l'*Homme des champs*, il fit une traduction des *Géorgiques*, reflet bien terne de Virgile, où toutes les ressources du métier poétique sont employées avec une prodigieuse habileté, mais où, sous de redondantes périphrases pleines d'emphase et d'affectation, se cache souvent la nullité ou la bassesse du mot propre; c'est du tour de force, non point de l'art.

Quelques lyriques, cependant, eurent d'heureuses inspirations.

Chênedollé, disciple d'André Chénier, joignit à l'enthousiasme des dons d'observation pénétrante. Il sut mettre dans une pièce détachée, entre autres, le parfum délicat, la pureté des lignes, la couleur brillante de la Rose qu'il décrivit. En voici quelques vers :

Au souffle embaumé des brises matinales
Déployant de son sein les couleurs virginales,
Emblème ravissant de pudeur et d'amour,
La rose, au front de mai, vient briller à son tour
Salut! reine des fleurs! salut, vermeille rose!
A peine le matin a vu sa fleur éclose,
Que les jeunes zéphyrs, d'un doux zèle emportés,
Racontent ta naissance aux bosquets enchantés;
Et le printemps ravi, que ton éclat décore,
Te remet la couronne et le sceptre de Flore.
Oh! tu mérites bien la douce royauté
Que la main du printemps décerne à la beauté!

Puis dans une autre pièce, il fait une pittoresque description du Val de Vire :

Vallons délicieux, fraîche et riche verdure,
Bondissante cascade à l'éternel murmure,
Doux prés, riants coteaux, magnifiques vergers,
Parés d'arbres en fleurs rivaux des orangers,
Vous, sauvages beautés, pittoresques abîmes,
Et vous, dont si souvent je gravissais les cimes,
Vieux rochers au front chauve ou couronnés de bois,
Après dix ans d'absence, enfin je vous revois!

Nous citerons, pour compléter cette série de poètes, Millevoye dont tout le monde connaît la *Chute des feuilles* qui a gagné toutes les sympathies parce qu'elle rappelle la maladie de consomption dont l'auteur mourut à trente-trois ans, mais qui est d'un lyrisme un peu trop pleurnichard :

De la dépouille des bois
L'automne avait jonché la terre,
Le bocage était sans mystère,
Le rossignol était sans voix.

*
* *

Au milieu du XIXe siècle, se classa l'école romantique qui rompit des lances avec l'école classique, fidèle aux traditions du XVIIe siècle, et fut prise d'un grand amour pour les choses de la nature qu'elle décrivit avec la plus grande liberté.

Le chef de cette école, Victor Hugo, trouva des termes saisissants pour exprimer les transformations de la nature, les féeries de la lumière et Lamartine rythma dans ses *Harmonies poétiques* des cadences mélodieuses.

* * *

En Allemagne, les poètes, de caractère contemplatif, entraînés par le mouvement révolutionnaire qui avait bouleversé les idées au XVIIIe siècle, eurent à leur tête des hommes, des représentants de génie dans Gœthe, Schiller, Henri Heine, — cet Allemand devenu Parisien, — Uhlan, Zedlitz, etc. ; mais pour bien juger les œuvres, il faut lire ces auteurs dans leur langue.

On voit, par cette courte nomenclature, que les poètes à différentes époques s'efforcèrent de renouveler leurs impressions par la contemplation des choses qui les entouraient, comme on vivifie un corps fatigué par une cure d'air pur. C'est dans la nature qu'ils trouvèrent leurs essors, qu'ils puisèrent l'énergie en même temps que la grâce.

Tous les littérateurs eurent leur faible pour les fleurs.

Ronsard les aima toutes, et en communiqua le goût à ceux qui le suivirent.

En 1641, des poètes se réunirent pour célébrer dans la Guirlande de Julie, — offerte par Montausier, — les charmes de Mlle de Rambouillet.

Ce n'est certes pas ce qu'ils firent de mieux, car la généralité des « fleurs poétiques » qui composent cette couronne (devenue célèbre on ne sait trop pourquoi) sont d'une fadeur et d'une banalité désespérantes!

Au XIXe siècle, les auteurs accusent leur prédilection : George Sand adore le rhododendron, Alph. Karr préfère le myosotis.

Balzac a imaginé le tussillage, Victor Hugo a un grand faible pour l'asphodèle, tandis qu'Eugène Sue ne rêve que fleurs tropicales, Auguste Barbier pense à la marguerite et Brizeux vante le genêt.

Maintenant la fleur, devenue l'ornement poétique, est chantée sous tous ses aspects et à tous les âges.

RACONTARS HISTORIQUES — TRADITIONS, ETC.

Quand vous humez avec délices une tasse de café, tout en lançant en spirales la fumée de votre cigarette, avez-vous jamais songé aux difficultés que café et tabac ont dû braver pour venir jusqu'à nous?

Ce fut au commencement du siècle dernier que le café apparut dans nos contrées.

Un caféier rapporté de Moka par les Hollandais fut envoyé à Paris. On le mit en serre où il produisit trois rejetons qui furent confiés à Declieux, enseigne de vaisseau, lequel, partant pour les Antilles, eut la garde du trésor.

Tout le long de la route il fallut faire de continuels sacrifices pour laisser à la plante la large part d'eau qu'elle réclamait.

Deux des bourgeons périrent. Pour le troisième..., mais laissons la parole à Declieux :

« Je partageais avec ma plante chérie ma petite ration d'eau. A peine débarqué à la Martinique, je plantai dans un endroit convenable cet arbuste précieux, qui m'était encore devenu plus cher par les dangers qu'il avait courus et par les soins qu'il m'avait coûtés. Au bout de dix-huit à vingt mois, j'eus une récolte très abondante.

Les fèves en furent distribuées aux maisons religieuses et à divers habitants qui connaissaient le prix de cette production et pressentaient combien elle devait les enrichir.

« Elle s'étendit de proche en proche. Je continuai à distribuer de jeunes plants. La Guadeloupe et Saint-Domingue en furent bientôt abondamment pourvus. Cette nouvelle production se multipliait partout. »

*
* *

Le Tabac, Le premier qui connut le tabac fut un Espagnol du nom d'Aviedo; parti pour l'Amérique quelque temps après la découverte de Christophe Colomb, il en parle en ces termes :

« Il y a ici une certaine plante, inoffensive en apparence mais vénéneuse, pour laquelle les Indiens ont une prédilection particulière et une sorte d'idolâtrie.

« Ils la cultivent dans leurs jardins et en font fréquemment usage d'une façon singulière. Ils en placent quelques feuilles dans un tube, puis les allument et en aspirent la fumée à l'aide de deux tuyaux qu'ils introduisent dans les narines. Par l'effet de cette fumée, ils tombent dans un état de torpeur et d'insensibilité. C'est ce qu'ils veulent. Leurs femmes alors les prennent et les déposent sur des hamacs. »

Que dirait maintenant ce brave Espagnol, s'il voyait les carottes de marchands de tabac à tous les coins de rue et des fumerons à toutes les lèvres sans qu'il soit besoin, tant l'atavisme a endurci chez nous les mauvaises habitudes, de nous transporter sur des hamacs pour « cuver » le narcotique.

Le tabac, d'ailleurs, était d'un usage sacré parmi les Peaux-Rouges. Dans les réunions solennelles, le chef portait le chalumeau à ses lèvres... ou à son nez, et gravement lançait une bouffée vers le ciel, vers la terre, vers les quatre points cardinaux, puis repassait l'instrument à chacun et les délibérations commençaient.

Encore maintenant les Indiens ont pour le tabac le plus profond respect; ils l'adorent solennellement. Quant aux Européens, ils se bornent à en faire une consommation énorme (nous avons plus haut donné une statistique), ce qui est une façon tout aussi rationnelle de prouver leur culte pour la plante.

*
* *

Il n'y a certes pas de plantes qui aient fait plus écrire et discuter que le Tabac.

Les uns fulminent contre ce « poison redoutable »; Balzac, qui d'ailleurs était un fumeur endurci, disait : « Le cigare infeste l'ordre social ». D'autres, au contraire, trouveront dans le plaisir de fumer un repos de l'esprit, une excitation cérébrale, « un moyen divin pour mettre à mort le temps, » suivant Musset, qui fumait comme une cheminée.

Les calomnies les plus vigoureuses ont été lancées contre le tabac; on l'a traité de toutes les façons. Les médecins signalent ses dangereux effets et Jacques Ier, dans une longue dissertation appelée Misocapnos, le condamne. Deux papes le proscrivent.

A son apparition, en Turquie, on traite l'usage du tabac comme un crime capital. En Russie, on coupe le nez aux fumeurs ou bien, pour adoucir leur supplice, on leur plante un tuyau de pipe dans les narines et ils sont condamnés à vivre en compagnie de cet insupportable instrument : l'histoire ne dit pas si le tuyau de pipe était culotté, ce qui eût rendu le supplice — de Tantale, celui-là — bien plus cruel.

Le résultat?

Depuis la première cigarette du potache qui, malgré les nausées, la trouve d'autant meilleure qu'elle lui est défendue, depuis la première pipe délicieusement culottée jusqu'au jour... où on la casse, chacun fume le matin, le soir, dedans, dehors, chez lui, chez ses amis, au café, dans le chemin de fer, à la ville, à la mer ou à la campagne ; le fumeur fume partout..., sauf devant vous, madame, à moins de permission spéciale.

L'Indien fume dans des calumets et le Levantin aspire des bouffées de tabac parfumé.

L'Asiatique s'enivre des senteurs de son narghilé, et les captives, pour chasser les longs ennuis du harem, aspirent avec indolence les flocons bleus qui sortent du chibouck.

La vieille Bretonne culotte des pipes en labourant son champ près de la mer et le petit Hollandais, haut comme une botte, ayant toutes les peines du monde à tenir son cigare entre les lèvres, fume comme papa et maman.

Sous sa tente glacée, la Laponne se réchauffe en bourrant sa pipe noire de quelques résidus de mauvais tabac, tandis que la Parisienne... du quartier Latin, en grille autant qu'on lui en offre....

Les Espagnols fument partout où ils sont; dans leurs chemins de fer il y a des wagons réservés... à ceux qui ne fument pas; la fermière Irlandaise fume dans sa cabane délabrée tandis que les nobles barrinias de Saint-Pétersbourg donnent dans leur salon la permission de fumer en roulant gracieusement elles-mêmes la cigarette entre leurs doigts.

Le voilà, le résultat des terribles anathèmes lancés contre le divin narcotique!

Quel tableau allégorique à peindre :

En bas au milieu d'un méli-mélo de tous les costumes nationaux et de toutes les couleurs de peau, un gigantesque narghilé après lequel tout le monde s'acharne enivré, et lançant dans l'espace de longs nuages bleus. En haut, les farouches adversaires du tabac s'éloignant à la hâte, vaincus, l'éternuement dans la gorge, les yeux humides, et comme exergue : *Tabacus omnes vincit*.

*
* *

Aucune plante n'eut certes autant de difficultés à s'introduire en France que la pomme de terre, et Dieu sait cependant les services qu'elle rend et combien elle est aimée.

On connaît l'héroïque obstination que mit Parmentier à implanter la pomme de terre en France.

Ce bon Louis XVI avait beau la patronner ouvertement, on ne voulait point l'admettre. Un M. de Machault avait écrit un traité intitulé : l'*École du potager*; voici ce qu'il dit de la pomme de terre qu'il appelle « truffe ou truffle » :

« Voici une plante dont aucun auteur n'a parlé et vraisemblablement c'est par mépris pour elle, car elle est anciennement connue. Cependant il y a injustice à omettre un *fruit* qui est la nourriture de beaucoup de gens. Je ne veux pas l'élever plus qu'il mérite, car je connais tous ses défauts.

. . . .

« Ce fruit est susceptible de divers assaisonnements, mais les gens *du commun* le mangent cuit simplement dans les cendres, avec un peu de sel. J'avouerai que c'est un manger fade, insipide et fort à charge à l'estomac : mais il a un certain goût qui plaît aux amateurs.... Un fait certain, c'est que ce fruit nourrit et que, par la force de l'habitude, il n'incommode point ceux qui y sont accoutumés.

« Il n'est pas inconnu à Paris, mais il est vrai qu'il est abandonné au petit peuple et que les gens d'un certain ordre mettent en dessous d'eux de le voir paraître sur leur table. »

L'auteur finit par dire, pour montrer sa bonne foi et ses intentions favorables, qu'il voudrait lui trouver un emploi, mais là, vraiment, ce n'est pas sa faute si elle n'est pas bonne à grand'chose.

« Je ne lui connais aucune propriété pour la médecine », ajoute-t-il.

En effet, dit spirituellement Alphonse Karr : ça ne purge pas, ça ne guérit aucune maladie — excepté *la faim*.

Parmentier ne se rebuta pas et voulut continuer son œuvre de philanthropie, voyant dans le tubercule une nourriture riche, bon marché pour les pauvres qui lui doivent la reconnaissance — et très agréable pour les riches qui lui décernent un remerciement. — Il obtint donc de Louis XVI que celui-ci parût avec un bouquet de fleurs de pomme de terre à la boutonnière. Cela ne produisit d'effet (l'effet n'eût point manqué si le roi avait été Louis XIV) que sur les gens de la cour qui étalèrent des fleurs de pomme de terre dans leurs salons; mais les naturalistes s'entêtaient à y trouver un principe vénéneux particulier aux végétaux appartenant à la famille des solanées.

Parmentier eut alors une géniale idée. Il cultivait à ses frais un champ de pommes de terre dans la plaine des Sablons : il les avait d'abord vendues à vil prix, puis données. Un beau jour, il fut proclamé à son de trompes que « l'interdiction la plus formelle était faite à quiconque d'entrer dans l'enclos » et des gendarmes furent postés, le sabre au poing, avec de sévères instructions.

Naturellement la plante devint précieuse, puisqu'elle était « fruit défendu », aussi vint-on audacieusement en dérober chaque nuit. C'est ainsi qu'on en arriva à reconnaître le bienfait de ce tubercule merveilleux.

La fleur de la pomme de terre servait de bouquet de cheveux, et l'on appelait cela, « parure à la parmentière ».... Le philanthrope qui avait subi tant de revers avait triomphé.

L'histoire de Parmentier est fort connue, mais ce qu'on sait fort peu c'est que le tubercule existait en France bien avant qu'il essayât de l'introduire à Paris.

Voici ce que vous pourrez lire comme nous dans l'*Histoire de Saint-Dié*, par Gravier :

« Cette plante fut introduite dans les Vosges par les vallées de Schirmeck et de Celles au XVIe siècle, avec les opinions de Calvin qui s'y propagèrent et y firent des progrès plus rapides que la pomme de terre. Les Vosgiens font honneur de cette plante aux Suédois, parce qu'en effet sa culture ne se répandit dans les Vosges que vers le milieu du XVIIe siècle et que jusqu'alors elle était restée circonscrite dans les jardins et tout au plus dans quelques chenevières. Quoi qu'il en soit, nous suivons ses progrès dans le pays, à l'aide des sentences et arrêts qui ont marqué son itinéraire.

« Le chapitre, témoin de la misère du pays causée par les ravages de la guerre, fut plus généreux que le curé de la Broque et n'exigea la dîme qu'après une culture libre de plus de cinquante ans. Les Galiléens invoquèrent la prescription et l'affaire fut portée à la cour souveraine. La cour balança longtemps entre l'humanité et le droit du seigneur.

« Cette plante adoptée successivement par les sujets des abbayes de Senones, Moyenmoutier et Estival, et par ceux des dames de Remiremont, ces quatre établissements religieux sollicitèrent, en commun, un arrêt de dîme ; mais un édit du prince, du 4 mars 1719, prévint l'arrêt, et la pomme de terre fut soumise à la grosse dîme de toutes les Vosges, seule partie de la Lorraine où cette plante était cultivée.

« La pomme de terre, comme substance alimentaire, fut un puissant moyen de soutenir l'existence des Vosgiens, souvent compromise pendant les guerres du XVIIe siècle et sous un climat austère où l'homme consomme beaucoup et où la nature ne déploie son luxe qu'en faveur des grands végétaux.

« En 1682 la population avait déjà, grâce aux succès de la pomme de terre, réparé une partie de ses pertes[1]. »

Un savant écrivain botaniste, né à Arras, et mort à Leyde en 1609, nommé Charles de Lescluse, avait connu la pomme de terre en même temps qu'elle s'introduisit dans les Vosges.

Il laissa de curieux ouvrages en latin dans lesquels il fait la description de plus de 600 plantes inconnues avant lui.

Il parle, le premier, de la pomme de terre, vantant sa valeur alimentaire.

Il avait vu et mangé des pommes de terre pour la première fois vers 1590, chez le légat du pape, en Belgique.

Dans l'entourage du pape, en effet, la plante fut connue peu après la conquête du Pérou.

Des Carmes espagnols avaient envoyé au pape des pommes de terre, et celui-ci avait ordonné à son jardinier de cultiver cette plante nouvelle.

Ch. de Lescluse appelle la pomme de terre *taroutoufla*. A Rome, on la désignait sous le nom de *tartufla*.

En Provence, beaucoup de paysans donnent encore le nom de *tartifles* à une variété de pommes de terre.

*
* *

Avec le tabac, c'est la tulipe qui a suscité le plus d'agiotages et constitué le plus de fortunes.

C'est au XVIIe siècle, et en Hollande surtout, que la fleur fit faire le plus de folies. Avoir des tulipes fut une mode qui ruina bien des gens. On faisait venir à grands frais et pour sommes fabuleuses des bourgeons de Constantinople; souvent les acheteurs étaient ruinés d'un seul coup, car les corsaires barbaresques s'emparaient des bâtiments chargés d'oignons de tulipes et l'armateur allait finir ses jours dans un jardin qu'il cultivait pour quelque Turc, son maître impitoyable.

Quand on avait quelque fortune, on n'était pas considéré si l'on ne dépensait son avoir dans l'achat de tulipes.

1. *Les Montagnes de France* : LES VOSGES, par G. Fraipont.

Des propriétaires proposaient d'un seul coup douze arpents de terre pour un seul oignon.

La vanité s'en mêlant, on n'en faisait même pas une spéculation, mais une satisfaction d'amour-propre. Ce fut une folie, une monomanie et ce trafic fit délaisser souvent les plus sérieuses entreprises. En 1635, des négociants employaient 400 000 francs à acheter quarante racines.

Une sorte entre autres, le *Semper-Augustus* valait 11 000 francs Ces chiffres sont tellement fabuleux qu'on a peine à y croire.

Il n'y avait donc, en 1636, que deux spécimens de Semper-Augustus. L'un d'eux fut acheté 9 000 francs, plus un carosse avec attelage de deux chevaux et complet harnachement.

Un écrivain de l'époque a publié la curieuse nomenclature de ce qui servit à acheter l'espèce *vice-roi*.

« Deux charges de froment; deux charges de seigle; quatre bœufs gras; huit porcs gras; douze brebis; deux barils de vin; quatre tonneaux de bière; deux tonnes de beurre; mille livres de fromage; un lit complet; un vêtement complet; une coupe d'argent ».... C'était pour rien !

X. Marmier raconte la plaisante histoire suivante. Nous la citons *in extenso* [1];

« Un matelot vint un matin annoncer à un négociant l'arrivée d'un navire qui lui apporte une cargaison des pays lointains. Le négociant, réjoui de cette bonne nouvelle, mais peu généreux, lui donne en le remerciant un hareng pour son déjeuner et se remet à écrire. Le matelot, en traversant le comptoir, aperçoit entre deux pièces de velours et de soie un oignon rose et blanc, frais et dodu, qui lui semble un agréable assaisonnement pour son maigre poisson.

« Il le met dans sa poche et s'achemine vers le quai, ne se doutant guère qu'il emportait une fortune, un Semper-Augustus qui ne valait pas moins de 6 000 francs.

« Un instant après le marchand cherche sa racine et ne la voyant pas, appelle ses commis, ses valets, se fâche, menace. Vaine colère ! Inutiles perquisitions ! Tout à coup on se rappelle le marin

1. *Légende des Plantes et des Oiseaux*, X. Marmier.

qui a passé par le comptoir. On court après lui et on le trouve assis tranquillement sur un rouleau de câbles, achevant de déguster la dernière parcelle de son oignon et très content de son déjeuner. Cléopâtre n'améliorait pas sa boisson en y faisant fondre une perle, ni Thomas Gresham en jetant un diamant dans la coupe qu'il voulait vider à la santé de la reine Élisabeth. Plus heureux que la reine d'Égypte, que le lord-maire de Londres, l'ignorant matelot, avec son Semper-Augustus, cette perle, ce diamant de l'armateur hollandais, avait au moins donné une saveur particulière à son hareng. Mais il expia sa gourmandise par un emprisonnement de plusieurs mois.... »

*
* *

Heureusement que cette folie cessa, car elle menait à la ruine. Les riches spéculateurs du XVIIe siècle seraient fort étonnés s'ils voyaient aujourd'hui les tulipes communément répandues dans la plupart des jardins.

La tulipe est la fleur qui personnifie la Hollande. Les Hollandais la cultivent en grand et l'aiment toujours : je le conçois; à ce prix-là, ils peuvent bien la chérir en souvenir de leurs ancêtres!

SUITE AU PRÉCÉDENT

C'est dans la fable qu'on retrouve, la plupart du temps, des enseignements sur les coutumes et les mœurs des peuples qui les racontaient.

Les fictions que la fable renferme cachent toujours des vérités.

Le *lotus*, grand nénuphar qui forme un des principaux motifs ornementaux de l'Égypte, était une fleur consacrée, il se retrouve sur tous les monuments, il est le principe même du chapiteau. Son culte était donc en honneur chez les Égyptiens où il était adoré.

Osiris, le dieu du jour (le soleil), portait un lotus sur la tête, tandis que sa femme, Isis (la lune), était assise sur une même fleur.

Peut-être la représentation de cette plante voulait-elle dire qu'aucun pays n'était préférable à l'Égypte, car on prétendait que les fruits du lotus étaient si délicieux qu'ils faisaient complètement oublier aux étrangers qui en mangeaient l'existence de leur propre patrie.

* * *

En Grèce, la mythologie tout entière n'est que l'explication des forces de la nature, et les fêtes célébrées, donnant une notion exacte des croyances, nous fournissent en même temps l'occasion de voir tous les symboles qu'elles renferment.

Ainsi Jupiter, le roi du monde, le dieu qui préside aux phénomènes naturels, est la représentation de la nature créatrice; ses transformations, qui feraient pâlir de jalousie le plus habile des magiciens, ne sont qu'une traduction des éléments naturels : tantôt il se change en pluie, tantôt en nuage, etc.

Bacchus personnifie le vin. Il est représenté sur un char traîné par des tigres et des panthères, emblème de la fureur que l'ivresse fait naître. Le dieu est couronné de pampres et près de lui se dresse un tronc de chêne pour montrer qu'il avait fait quitter aux hommes la nourriture du gland. Comme il avait enseigné la culture du figuier, on en place un rameau à ses pieds. Dans la main droite il tient un thyrse, hampe enroulée de feuilles de vigne. On le représente encore assis sur un tonneau, le front couronné de lierre, lequel, dit-on, dissipe les fumées du vin.

Flore était la déesse des fleurs; Pomone, celle des fruits.

Cérès représente les céréales. Dans l'antique Grèce, et à Rome, on célébrait les fêtes des Moissons comme on célèbre chez nous les Rogations. Les prêtres et le peuple allaient en masse dans les campagnes et l'on immolait un porc parce que cet animal, en fouillant la terre, empêche le blé de germer. Dans les temples consacrés à la déesse, celle-ci était représentée le front ceint d'épis et de fleurs, tenant dans une main le flambeau qui l'avait aidée à chercher sa fille Proserpine et dans l'autre une poignée de froment mêlé de pavots.

Il est difficile de mettre plus d'ingéniosité dans le symbolisme.

*
* *

Les Grecs, experts en l'art de créer des fables ingénieuses, racontent ainsi l'origine du chapiteau corinthien dont l'acanthe fait les frais :

Sur la tombe d'une jeune Corinthienne, morte à la veille de se marier, une main amie, celle de sa nourrice, posa dans une corbeille quelques objets que la jeune fille avait aimés pendant sa vie

LÉGENDE DE TRISTAN ET YSEULT.

et, pour les protéger, les recouvrit d'une tuile. Une acanthe poussa et de ses tiges et de ses feuilles enveloppa la corbeille, mais ces dernières, rencontrant bientôt les angles de la tuile, durent se recourber en forme de volutes.

Callimaque, sculpteur de Corinthe, passant par là, remarqua la grâce et l'inattendu de ces formes et y puisa l'idée du chapiteau dont l'invention lui revient. (440 ans avant J.-C.)

*
* *

La fleur accompagnait, pour ainsi dire, toutes les cérémonies, tous les faits quotidiens des Romains et des Grecs.

Il sadoraient les couronnes de fleurs. Partout, dans les assemblées délibératives, au théâtre, au cirque, sur le forum, tout le monde était couronné.

Les philosophes faisaient leurs conférences le front ceint de couronnes de fleurs; jeunes adolescents et vieillards octogénaires en étaient parés. Un festin n'était gai que si les tables et les convives étaient couverts de fleurs.

L'usage des fleurs sur la table ou des bouquets au corsage et dans les cheveux s'est conservé d'ailleurs jusqu'à nos jours sans qu'il ait jamais été en défaveur.

Les guirlandes enlaçaient l'architecture, et quand elles n'étaient pas en fleurs naturelles elles étaient sculptées à vif dans la pierre.

La tribune de l'empereur était magnifiquement fleurie aux combats d'animaux féroces.

Retirer sa couronne était un signe de deuil, et, quand on apprenait la mort de quelqu'un qui vous était cher, on ne manquait point de fouler ces fleurs aux pieds.

La rose surtout était l'ornement privilégié et elle a gardé en tout temps sa suprématie. Marc Antoine, quand il mourut, voulut qu'on le couvrît de roses.

Sur les tombes, les parents et les amis venaient offrir des mets de roses aux mânes de ceux qu'ils avaient chéris.

Partout la rose dominait et formait l'attrait principal des tables de festin

Quand le christianisme parut, il n'exila pas la rose et lui donna des attributions mystiques.

Des feuilles de roses jonchent encore le chemin là où passe la procession, cérémonie qui se fait de moins en moins; cette coutume dérivait des premiers siècles de notre ère.

*
* *

Une tradition curieuse dans l'antiquité voulait que, aux repas de noces, à Athènes, chaque convive portât une branche d'aubépine; à Rome, le marié en agitait un rameau en conduisant sa femme vers la chambre nuptiale.

Les Romaines avaient aussi l'habitude d'attacher des branches d'aubépine au berceau de leurs nouveau-nés.

Le laurier avait le pouvoir de préserver de la foudre et en même temps de faire voir la vérité en songe à ceux qui en plaçaient quelques feuilles sous leur oreiller.

La fève jouait aussi un rôle dans les traditions antiques.

Les Grecs se servaient de fèves pour le suffrage du peuple; la fève blanche signifiait absolution, la noire condamnation. Peut-être est-ce de là que provient, chez nous, le sens si redouté de la boule blanche ou noire en matière de suffrage.

Les magistrats étaient, à Athènes, élus au sort de la fève, origine de la fève des Rois.

L'usage qui veut que la fève désigne un roi le jour de l'Épiphanie s'est répandu partout et subsiste toujours.

Dans nos provinces, elle est fort en vigueur et amène des coutumes souvent fort curieuses.

Dans les Vosges, à l'Épiphanie, il y a autant de fèves que d'assistants, y compris les domestiques. Parmi toutes ces fèves, une seule est noircie.

Placées dans un panier recouvert d'une serviette, elles sont tirées par le plus jeune convive. Le possesseur de la fève noire est nommé roi ou reine suivant son sexe.

Si la fève revient à un domestique, on lui rachète sa royauté par un cadeau et l'on tire la fève de nouveau.

Au dessert, nouveau sacre de roi. Un gâteau, dissimulant une fève, est divisé en autant de morceaux qu'il y a de convives, et le possesseur de la fève est élu roi du dessert; étrange monarchie qui amènerait de singulières rivalités si elle n'était fort innocente.

Beaucoup moins gaie est l'habitude macabre, qui exige qu'au moment du tirage, tous se tiennent debout autour de la lampe. Si la tête d'un des assistants ne projette pas son ombre sur la muraille, il est sûr de son affaire, il mourra dans l'année....

Charmante façon de se divertir en famille!

Aujourd'hui, on a remplacé la bonne fève de nos pères par d'odieuses poupées en porcelaine.... Invention d'un dentiste qui manquait de clients, sans nul doute.

* * *

La fleur dans l'histoire joua toujours son rôle allégorique, comme elle l'avait fait à Rome et en Grèce; elle accompagna la religion de symboles, fut le souvenir d'un fait historique ou d'une tradition conservée de génération en génération.

En Gaule, le gui était une plante sacrée.

Dans la solitude des forêts et des cavernes, les Druides enseignaient leurs doctrines; leur science était grande, elle embrassait la morale, le culte, les lois, les traditions et la science.

Il fallait que tout l'enseignement fût appris par cœur, il était interdit de l'écrire afin que les mystères ne fussent point divulgués. Vingt ans suffisaient à peine pour posséder la science nécessaire pour être élu. Tous les phénomènes de la nature fournissaient aux druides les augures grâce auxquels ils dominaient la foule.

Vêtus de blanc, ils allaient en longue file cueillir les plantes possédant la vertu de guérir.

Le selago, préservatif souverain contre les maladies des yeux, était détaché de sa tige avec la main droite tenue cachée sous le long manteau.

L'anémone, considérée comme remède général du bétail, devait être, au contraire, cueillie avec la main gauche.

A la verveine, autre plante sacrée et tenue en grande vénération, les Druides attribuaient toutes sortes de vertus; il suffisait, disaient-ils, de s'en frotter le corps pour chasser la fièvre, trouver des amis dévoués, se rendre les dieux favorables. La plante servait en outre à purifier et orner les autels de Jupiter et à chasser les malins esprits.

C'est surtout la cérémonie du gui qui était faite avec le plus de pompe.

Les druides ne le récoltaient qu'à la sixième lune, après avoir préparé au pied du chêne, l'arbre sacré, un festin solennel et dressé l'autel du sacrifice; le Grand-Druide, vêtu de blanc, montait sur l'arbre et coupait avec une faucille d'or le gui que d'autres prêtres, placés en bas, recevaient respectueusement dans un manteau blanc en criant le mot consacré : « Aguilanneuf[1] ».

On immolait ensuite deux taureaux sans tache, dont les cornes n'avaient point encore été liées, et l'on priait les divinités pour qu'elles fussent propices.

*
* *

Nous avons vu plus haut que les poètes du moyen âge ne négligeaient point la fleur et la chantaient dans leurs œuvres.

A Toulouse, Clémence Isaure, femme d'esprit et de bon goût, réunissait ses amis pour leur lire ses productions; elle conçut un jour l'idée de rétablir les Jeux floraux, qui existaient déjà en 1322, mais étaient tombés en désuétude.

Ayant épousé un jeune cavalier nommé Lautrec, elle fut un moment détournée de son projet. Un auteur fort spirituel dit que « Clémence voulut que son époux s'occupât des soins du ménage, qu'il comptât avec la cuisinière, avec la blanchisseuse, le boucher, l'épicier, avec tous les fournisseurs, lui laissant le soin du marmot ».

Peut-être ces devoirs fatiguèrent-ils outre mesure le beau Lautrec, car il mourut bientôt; Clémence Isaure composa sur sa tombe une magnifique épitaphe en vers gascons.

Libre alors de toute préoccupation, la veuve désolée fonda six mois après, pour se consoler (en 1490), l'Académie des Jeux

(1) « Aguilanneuf » que nous avons transformé en : « Au gui l'an neuf ».

floraux, qui eurent un succès considérable et existent encore. Le prix de poésie était une rose simple, une violette, un souci d'or ou d'argent; d'autres disent que c'était une églantine d'or.

*
* *

La Renaissance aima moins les fleurs que le moyen âge, elle se servit beaucoup des fruits dans l'ornementation. Le siècle de Louis XIV négligea la fleur tout au moins ne la comprit-il pas.

Dans les grands parcs du Roi Soleil, la place réservée aux fleurs était bien limitée. Le roi les aimait peu sans doute, raison suffisante pour que les courtisans ne les aimassent point du tout.

Le Nôtre fit de beaux jardins, mais abusa de la géométrie. Rien n'est froid comme de pauvres fleurs emprisonnées dans des losanges ou des ronds; leur ordre méticuleux leur donne un air d'ennui et de tristesse.

Watteau peignit de délicieuses toiles dont les moutons bien frisés et les bergers en habits de soie et portant houlettes enrubannées faisaient les frais.

C'était charmant, mais on s'en lassa, et quand on s'aperçut un beau jour que l'auteur des *Confessions* vantait les brumes matinales sur les gazons clairs, on ne rêva plus que sentiers ombrageux et prairies parfumées. La fleur retrouva alors un règne prospère.

La Révolution répand du sang, mais elle aime les fleurs; Saint-Just veut que tous les ans la fête des fleurs soit célébrée dignement. Tous les députés fleurissent leur boutonnière et l'on va à la guillotine avec des bouquets au vêtement.

Si la rose joua un rôle intéressant dans l'antiquité, elle servit plus tard d'emblème et fut le signal de ralliement dans une guerre célèbre, la guerre des Deux Roses.

*
* *

Maintes coutumes existaient où la rose était en jeu. Pendant le carême, il y avait à Rome un Dimanche de la Rose, *Dominica in Rosa*. Le pape bénissait une rose et l'envoyait à quelque prince ou princesse de l'Europe comme marque d'estime. Cette rose, d'ailleurs, était en or.

« Du temps du Parlement, les ducs et pairs, dit Sauval, fussent-ils fils de France, devaient, au printemps qui suivait leur nomination, présenter des roses au Parlement. Cela s'appelait la cérémonie des roses. Le pair ou prince qui les présentait faisait joncher d'herbes et de fleurs toutes les chambres du Parlement et avant l'audience offrait un magnifique déjeuner. Il venait ensuite dans chaque chambre, faisant porter devant lui un grand bassin d'argent plein de bouquets de roses et d'œillets.

« Le Parlement ordonna, le 17 juin 1541, que Louis de Bourbon-Montpensier, créé duc et pair en février 1538, lui présenterait des roses avant François de Clèves, créé duc de Nevers et pair en janvier de la même année. »

D'où vient « la cérémonie des roses? » On l'ignore comme on ignore la date et la cause de son abolition. François, duc d'Alençon, fils de Henri II, s'y soumit encore vers 1580.

Puisque nous en sommes à la rose, on nous permettra de raconter l'historiette charmante d'un médecin de je ne sais quelle époque ni de quel pays, ma mémoire me faisant défaut sur les détails, qui prêta à la rose un langage très saisissant.

Il y avait donc une association de personnages pour lesquels la règle la plus absolue, à certaines séances, était le plus complet mutisme. Comment se comprenaient-ils et que pouvaient-ils faire?

En outre, le nombre des membres était limité. Un jour, le docteur qui nous intéresse fut, par un de ses amis, fortement sollicité pour faire partie de ce cénacle. Malheureusement, il n'y avait aucune vacance.

Cependant, désireux d'être élu, notre Esculape, fort embarrassé pour traduire tous ses désirs, saisit une coupe pleine jusqu'aux bords, puis, la présentant à son jury, il prit une feuille de rose et la plaça sur la surface : pas une goutte d'eau ne tomba.

La démonstration fut si intense et prouva d'une façon si saisissante qu'il y avait de la place pour le muet orateur sans gêner personne, qu'un tonnerre d'applaudissements retentit. Il faut croire que la règle de silence ne s'étendait pas aux claquoirs, — et il fut élu à l'unanimité.

LE POISON PAR LA PLANTE

Si la fleur a tous les attraits et tous les charmes, si elle a inspiré les artistes par sa beauté, elle n'a pas su, malheureusement, cacher assez les poisons qu'elle renferme, poisons mortels, foudroyants, tuant sournoisement et sans souffrance.

Agissant avec rapidité sur le cerveau, les toxiques végétaux suspendent les fonctions vitales et donnent sans secousse le dernier sommeil comme si la mort venait naturellement.

Poisons hypocrites, ils cachent le mobile de l'homicide; leur action certaine et leur emploi facile ont permis, depuis que le monde existe, aux hommes jaloux qui avaient intérêt à se débarrasser des « gêneurs », de les utiliser trop aisément.

Dans l'histoire, le poison de la fleur a joué un si grand rôle que nous devons en dire quelques mots.

Il a été d'autant plus facile, naguère, d'en faire un usage criminel, qu'on ne pouvait, scientifiquement, découvrir la cause d'une mort violente attribuée facilement alors à un désordre physiologique; en outre, pendant longtemps on ne put, sans sacrilège, disséquer un cadavre. La nécessité de l'autopsie avait été cependant sentie de tout temps par les médecins.

Dans l'antiquité, on ne pratiquait cette opération qu'en cachette, et quand le christianisme fut institué, le motif religieux fut invoqué.

Aussi les criminels, qui se rendirent coupables d'empoisonnement purent-ils agir tout à leur aise n'ayant aucune sanction à leur acte.

De nos jours cela devient plus difficile grâce à la législation qui ordonne l'autopsie, un des moyens les plus efficaces en médecine légale.

Il y a tout lieu de présumer que les poisons employés jadis étaient végétaux, car la chimie, n'étant véritablement une science que depuis Lavoisier, il est peu probable que les matières dont on s'est servi aient pu avoir une autre nature.

On avait certainement découvert la puissance funeste des plantes d'une manière empirique comme les peuples africains les découvrirent. Il est d'ailleurs bien difficile de connaître exactement la nature des poisons qui ont déterminé la mort de ceux que nous allons passer en revue, et s'il se glisse ici quelque erreur à ce sujet... ni vous, ni personne ne saurait l'affirmer

*
* *

En tout temps, dans tous les pays, les personnages les plus considérables par leur rôle, leur situation, étaient les plus exposés à une mort violente.

Les haines, à l'époque où la civilisation n'avait pas suffisamment établi les lois morales et le désir de dominer, étaient des causes suffisantes pour donner aux envieux l'idée du crime, aux tout-puissants l'impunité qui élargissait facilement leur conscience; le « rang » donnait aux grands des principes si élevés... qu'ils passaient aisément dessous.

L'autocratie séchait le cœur de ceux qui voulaient régner et tuait en eux le sentiment de famille. Un frère aîné n'était pas un enfant du même sang, mais un rival, un ennemi qui usurpait le droit d'être souverain.

De plus, au milieu de l'indécision des territoires encore ne formation, ignorant de leurs limites définitives, les guerres étaient incessantes et habituaient facilement à l'idée de mort et de carnage. Les lieutenants qui entouraient le chef finissaient par trouver injuste, puisqu'ils partageaient le sort et les fatigues de leur capitaine, de ne pas partager aussi le pouvoir, et ils se le donnaient souvent en se débarrassant de ce chef. D'ailleurs, le fer suffisait souvent à l'accomplissement de leur crime. Le poison, ne laissant point de traces, était réservé de préférence à ceux qui avaient intérêt à dissimuler leur crime.

Les souverains, dans l'antiquité, avaient à peu près tous la crainte de finir assassinés et s'entouraient de tous les moyens de défense; prévoyant la nécessité de mettre eux-mêmes fin à leurs jours, — comme le firent beaucoup de Romains, empereurs et patriciens, — ils préféraient le suicide à l'assassinat et avalaient un poison subtil qu'ils portaient toujours sur eux.

Héliogabale, célèbre par ses atrocités, avait préparé tout un attirail de suicides, cordons de soie, poignards à lame d'or, pavés de diamant ou poisons foudroyants enfermés dans des fioles de cristal serties d'or et de pierreries.

*
* *

La première empoisonneuse célèbre — et encore son existence est-elle purement mythique — est Médée la magicienne. Jalouse de voir son mari Jason la délaisser pour une autre, elle cache son ressentiment et envoie à sa rivale une robe empoisonnée.

Jason, époux fort volage, avait un fils d'une autre union; elle tente de l'empoisonner aussi....

Mais tout cela, nous l'avons dit, est du domaine de la légende; entrons dans l'histoire.

Le premier que nous voyons succomber aux ravages du poison est Socrate.

Tout le monde sait que la liberté de ses discours et la largeur de ses vues lui ayant suscité bien des ennemis, il fut accusé de corrompre la jeunesse.

A cette époque, la ciguë était l'échafaud de la république. L'exécuteur des hautes œuvres présenta donc au philosophe le breuvage mortel, qu'il absorba avec la plus grande fermeté.

Cent ans après lui, un autre personnage célèbre, une des plus grandes figures de l'antiquité, Alexandre, périt victime de la jalousie qui l'entourait. Il mourut brusquement au milieu d'un repas en poussant un grand cri. Les uns disent qu'il succomba à la fièvre. La plupart, et c'est l'opinion généralement admise, qu'il fut empoisonné par ses lieutenants.

A Athènes, un autre homme que son éloquence a rendu immortel, Démosthène, périt par le poison comme Alexandre, son plus mortel ennemi, auquel il avait voué une haine implacable parce qu'il vendait ses compatriotes comme esclaves, et contre lequel il trouva les plus magnifiques accents d'éloquence.

Antipater succéda à Alexandre et Démosthène parcourut les villes grecques pour les armer contre l'ennemi. Mais Antipater fut vainqueur, et l'illustre orateur, étant arrêté, prévint sa mort en portant à sa bouche un stylet empoisonné.

Citons encore, avant de quitter la Grèce, le nom de Philopœmen, « le dernier des Grecs » comme on l'a nommé. Après une longue carrière illustrée de victoires, il alla combattre son ennemi Dinocrate qui détachait Messène de la confédération ; fait prisonnier, il préféra trouver la mort en avalant un poison actif.

*
* *

A Rome, les exemples ne manquent pas non plus de morts occasionnées par les empoisonnements ; nous nous contenterons de les mentionner rapidement.

Annibal, général carthaginois et l'un des plus acharnés adversaires des Romains, après leur avoir fait subir de gros échecs et avoir réformé l'administration natale, dut s'exiler de son pays qu'une faction puissante vendue aux Romains dirigeait contre lui.

Rome chargea Prusias d'aller à Annibal lui demander sa tête L'illustre Carthaginois lui épargna cette lâcheté en s'empoisonnant « pour délivrer les Romains de la terreur d'un vieillard dont ils n'osent même pas attendre la mort ».

Un autre adversaire de Rome, Mithridate, roi du Pont, le plus grand ennemi après Annibal, ayant conçu le projet de prendre

Rome et ayant échoué, eut la douleur de voir son fils désirer sa mort.

Il voulut s'empoisonner, mais, élevé dans de farouches exercices, habitué à toutes les fatigues, il s'était en outre entraîné à supporter progressivement tous les poisons, à tel point qu'il réagit contre le plus violent de ceux-ci. Un esclave gaulois le délivra de la vie.

Citons cet imbécile de Claude, empereur malgré lui, qu'on trouva blotti suppliant derrière une tapisserie.

Il eut le malheur d'épouser Agrippine, femme ambitieuse qui résolut de se débarrasser de lui au bénéfice du monstre qu'elle avait mis au monde, Néron. Aussi, profitant de la gourmandise de Claude qui était fort friand de champignons, elle lui fit servir un plat de cryptogames empoisonnés ; l'empereur mourut victime de son épouse.

Néron est le digne fils de sa mère.

A l'époque, vivait à Rome une femme, Locuste, dont la profession était d'être empoisonneuse. Néron la logea dans son palais, la combla de bienfaits et, de concert avec Agrippine, lui fit essayer sur ses esclaves des poisons dont il voulait connaître la puissance.

Britannicus, fils de Claude, inquiétait Néron par son influence déjà grande sur les Romains. Les expériences sur les esclaves eurent pour résultat la mort de Britannicus, qui fut empoisonné, sans mystère, à la table impériale.

Tout le monde garda le silence, et les ministres, « fort attristés par la mort du jeune homme », reçurent chacun une part de salaire.

* * *

En Orient, la pratique du poison est fréquente. Les habitants des pays chauds connaissent les effets des plantes, effets bienfaisants, effets nuisibles. Ils préparent des remèdes salutaires, mais savent aussi composer des breuvages mortels.

Toutes les peuplades sauvages connaissent les herbes qu'il faut faire macérer pour empoisonner leurs flèches quand ils ne les trempent pas dans des marais bourbeux, vraies cultures de tétanos.

Dans les Indes, les stylets sont généralement empoisonnés et les riches dissimulent quelquefois sous le chaton de leurs bagues un foudroyant toxique qui met immédiatement fin à leurs jours quand ils se sentent perdus.

Le grand Mahomet, homme instruit, grand philosophe et grand conquérant, avait soulevé bien des haines et s'était fait bien des ennemis, bien des incrédules aussi. Son rôle de prophète lui porta malheur, car une vieille femme, aussi peu confiante que saint Thomas, voulut s'assurer si vraiment l'énergumène était d'essence divine : pour s'en convaincre, elle lui donna un breuvage empoisonné et il mourut victime de cet essai malheureux.

Le quatrième successeur de Mahomet, Ali Ben-Abou-Taleb, fut frappé d'un poignard empoisonné, et beaucoup plus tard, Zizim, prince célèbre par ses aventures, fils de Mahomet II, fut assassiné traîtreusement et de façon originale, à la mode italienne, par ordre du pape, qui espérait obtenir la récompense promise par le sultan pour la mort de son frère. Son barbier le rasa avec un instrument empoisonné.

La vieille femme incrédule ne porta décidément pas bonheur aux descendants de Mahomet dont elle avait prouvé l'essence mortelle.

*
* *

Citons, sans nous y arrêter, les légendes qui prétendent que Charles le Chauve fut empoisonné par son médecin juif, et que Charles IX mourut de même mort entre les bras de sa nourrice huguenote ; rappelons la famille des Borgia qui fit un usage si fréquent du poison que l'expression « poison des Borgia » est devenue typique.

*
* *

Au moyen âge la pratique de la sorcellerie fut très fréquent, et si elle ne fut pas un moyen de dissimuler des assassinats, elle fut souvent néfaste.

Les sorcières, fort expertes en toutes sortes d'expériences d'hypnotisme, n'étaient pas moins versées dans l'art de préparer des narcotiques puissants. Elles savaient choisir les plantes qui conviennent pour endormir leurs victimes et se livrer sur elles à toutes sortes de magies. Il est curieux de citer ici quelques lignes sur la préparation de leurs philtres diaboliques :

« Quant aux onguens, ils peuvent estre composez de certaines choses prises d'un crapaut, d'un serpent, d'un hérisson, d'un loup, d'un renard et du sang humain meslées avec *herbes*, *racines* et *autres choses semblables* qui ont vertu de troubler et décevoir l'imaginative. »

***

Le XVIIe siècle fut troublé par des procès extraordinaires d'empoisonnement, et il est fort probable que c'est aux plantes qu'empoisonneurs et empoisonneuses empruntèrent leurs plus puissants effets.

Un apothicaire allemand, Glaser, cherchait dans le fond de son laboratoire la pierre philosophale ; il était aidé par un Italien, Exili, pour qui la découverte de cette merveille n'était qu'un simple prétexte ; ce qu'il désirait surtout savoir, c'était la cuisine de l'alchimiste et la propriété de tous les herbages que l'apothicaire possédait dans son fonds.

Cet Italien parvint bientôt à composer une substance n'ayant ni goût ni odeur et qui provoquait la mort lentement sans laisser aucune trace.

Après avoir commis plusieurs crimes, il fournit ce poison au capitaine Sainte-Croix, complice de la Brinvilliers, qui l'aida à se débarrasser de ses ennemis. Le père de la Brinvilliers, lieutenant au châtelet, obtint une lettre de cachet contre Sainte-Croix et le fit enfermer.

Au sortir de la Bastille, l'empoisonneur recommença de plus belle. Il poussa dans la voie du crime la Brinvilliers, qui se débarrassa d'abord de son père dont elle soignait la vieillesse avec *une tendre sollicitude*, puis de ses deux frères et de sa sœur.

La passion d'empoisonner devenait une sorte de maladie nerveuse, une hystérie de maniaque, et la réussite des exploits donnait aux empoisonneurs l'envie de recommencer. La Brinvilliers, dans sa folie criminelle, allait jusqu'à envoyer à l'hospice de l'Hôtel-Dieu, sous prétexte de bienfaisance, des pains *empoisonnés*....

Il ne faisait pas bon d'être invité à sa table : bien des personnes furent victimes des abominables festins, festins dignes de Néron, qu'offrait l'odieuse créature.

Un beau jour, Sainte-Croix, qui mettait un masque de verre pour faire ses manipulations, tomba foudroyé par les exhalaisons des poisons qu'il préparait, son masque s'étant détaché par mégarde. L'empoisonneur mourut par son poison.

La police, en expertisant chez lui, découvrit tout un appareil de chimiste et, détail plus grave, des lettres compromettantes pour la Brinvilliers ; celle-ci, découverte, alla se cacher dans un couvent, à Liège ; mais Desgrais, habile policier fut mis sur sa piste ; sous le costume d'un moine, il réussit à pénétrer dans l'asile et à arrêter l'empoisonneuse qui fut brûlée vive en place de Grève.

Cette mort n'épouvanta point les émules de Sainte-Croix ; une vieille femme, moitié tireuse de cartes, moitié sorcière, la Voisin, se rendit, elle aussi, coupable d'empoisonnements pour le compte de grands seigneurs qui furent compromis dans ce retentissant procès, le maréchal de Montmorency, le duc de Luxembourg, la comtesse de Soissons, la duchesse de Bouillon l'échappèrent belle, en ne suivant pas au bûcher la Voisin et Exili qui était devenu son précieux collaborateur.

*
* *

Ce fut la duchesse de Bouillon qui provoqua la mort de la bisaïeule de George Sand, Adrienne Lecouvreur, célèbre tragédienne qui n'avait que des sympathies autour d'elle.

Rivale de l'actrice et fort vindicative, la duchesse de Bouillon envoya, sous forme d'admiratif cadeau, un coffret de bijoux qui répandait une exquise odeur de fleurs fines. Mais ce parfum dissimulait un poison violent qui frappa brutalement de mort la jolie comédienne.

Cette folie d'empoisonnement a heureusement diminué de nos

jours; non pas, peut-être, que nous soyons devenus meilleurs, mais parce que la justice est plus habile à découvrir les criminels.

Pourtant l'âme des Locuste et des Brinvilliers n'est point morte, et si leurs adeptes ne cherchent pas toujours dans la ciguë la perpétration de leur crime, ils peuvent le plus facilement du monde se procurer les poisons les plus actifs.

Trop souvent encore nous apprenons un empoisonnement, crime passionnel, invention moderne, ou crime d'un autre ordre. Hélas! aucune rigueur humaine ne peut empêcher le crime malgré toutes les belles théories qui prétendent améliorer la conscience de l'homme.

Beaux rêves, chimères qui s'enfuient sitôt apparues.

FABLES — CONTES — LÉGENDES

Nos pères avaient non seulement beaucoup d'imagination, mais encore beaucoup de chance, car les plantes, à les en croire, possédaient de leur temps des propriétés bien enviables, malheureusement disparues de nos jours, ce qui est grand dommage.

On va en juger par quelques spécimens, tirés des écrivains anciens qui nous content, d'un ton très convaincu, des histoires curieuses, balivernes charmantes et la plupart du temps très symboliques.

Josèphe, l'historien, nous parle d'une plante nommée *baaras*, dont les feuilles enveloppées dans un morceau d'étoffe s'échappent et ne se retrouvent point : ces fleurs brillent toute la nuit comme un flambeau et ne s'éteignent qu'à l'apparition du jour; malheur à l'audacieux qui tente de les arracher à leur tige car il meurt à l'instant, suffoqué par une violente odeur s'exhalant des racines.

Ne pourrait-on pas voir tout simplement dans cette description celle du feu follet vu d'un regard effrayé et superstitieux?

La Mandragore, dont la racine prétend rappeler la forme du corps humain, poussait des cris et pleurait quand on l'arrachait du sol.

Vénéneuse, elle servait aux sorciers qui, avec son suc, provoquaient un délire intense.

On nous parle encore d'une certaine plante qui s'enflammait au moindre contact, ce qui devait être d'une merveilleuse commodité pour avoir de la lumière chez soi et bien supérieur aux allumettes de notre manufacture nationale qui ne se résignent à s'enflammer — quand elles s'enflamment — qu'après de longs frottements.

Pythagore donne le nom d'une plante, la *Coracecia*, je crois, qui avait la propriété de faire geler l'eau dans laquelle on la plongeait, antithèse de la précédente !

Que d'amers regrets nous donne la nomenclature de si précieuses plantes !...

Mais nous n'avons pas fini de les énumérer.

Nos ancêtres, heureux mortels, trouvaient des remèdes à tout.

Ils avaient la fleur qui donne la santé, celle qui rend les amours éternelles.

Le *Sylphion*, que Pline mentionne et dont César fit une abondante provision, guérissait à tout jamais grâce à la résine qui en découlait, tous les maux possibles et principalement les maux de dents.

...Et le *Dudaïm* dont parlent les livres hébreux !!!

Plus de vieillesse, plus de décrépitude, plus de maladies ni de langueur, partant, plus de stations balnéaires, de médecins ni de pharmaciens, nul besoin de purges ou de tonifiants, un brin de cette herbe et vous voilà jeunes, robustes, pleins de santé. Toutes les femmes connaissent la maternité, car la vertu de cette plante est toute puissante.

Cette force qui vous est donnée, vous la déployez en exercices physiques qui développent l'esthétique des formes, vous vous livrez aux travaux intellectuels, avec, dans le cœur, des flots d'amour pour votre prochain, car la guerre n'existe plus.

*
* *

Pourquoi forger des armes quand on a l'*Achemys*, qui met immédiatement en fuite ceux qui le touchent? et le *Mouron Agagallis*, qui fait sortir des plaies, aumoins Dioscoride l'affirme, les flèches qui les ont produites? La plante avait en outre la propriété de vous faire rire aux éclats!

Mercure avait mis en garde le sage Ulysse contre Circé, l'enchanteresse, en lui donnant une herbe à la racine noire comme la nuit, à la fleur blanche comme du lait. Aussi, quand l'impitoyable Circé fit perdre la mémoire aux compagnons d'Ulysse, celui-ci leur administra une solide dose de *Moly*, l'herbe de Mercure, et ses compagnons revinrent à la raison.

Linné a retrouvé le moly sous la forme... d'ail et l'appelle *Allium moly*.

Les Circé modernes nous font bien perdre la raison — et les rentes par-dessus le marché, — mais malheureusement tous les molys du monde n'aident point à recouvrer plus l'une que les autres.

*
* *

Dans l'antiquité, les métamorphoses étaient chose fort commune :

La blanche fleur du Narcisse fut un jeune et beau Grec de Thespies qui mourut en contemplant dans l'eau son image reflétée. Se jugeant trop beau pour trouver digne de lui la nymphe Écho qui l'aimait, il excita la colère du dieu Amour, qui le transforma en fleur.

La rouge Anémone est née du sang d'Adonis mis en pièces par un sanglier qui n'était, d'après certains, que Mars lui-même jaloux de l'amour de Vénus pour le bel adolescent, et, d'après d'autres, un animal rendu furieux par Diane servant la vengeance de Mars ou voulant se venger elle-même sur Vénus de la mort d'Hippolyte.

Le Lis naquit, dit la fable, d'une goutte de lait que Junon laissa tomber sur terre.

La Rose blanche devint Rose rouge, teintée par le sang de Vénus blessée.

D'après Anacréon, elle doit sa couleur cramoisie aux dieux qui versèrent sur elle du nectar :

Lorsque Vénus, sortant du sein des mers,
Sourit aux Dieux, charmés de sa présence,
Un nouveau jour éclaira l'univers,
Dans ce moment la Rose prit naissance.

D'un jeune Lis elle avait la blancheur :
Mais aussitôt le père de la treille,
De ce nectar dont il fut l'inventeur
Laissa tomber une goutte vermeille,
Et pour toujours il changea sa couleur.
. . . .

PARNY.

C'est à la vertu de Daphné que nous devons le Laurier.

Pour échapper à l'amour d'Apollon, la nymphe implora son père, le fleuve Pénée ; celui-ci, pour la sauver, la changea en buisson de laurier.

« Puisque tu ne peux être ma femme, s'écrie Apollon désolé, au moins tu seras mon arbre. Tu me serviras toujours de couronne, laurier immortel tu environneras toujours et ma lyre et mon carquois, tu seras toujours l'ornement des vainqueurs et des victoires.

« Tu accompagneras partout les grands capitaines et ils se tiendront glorieux de te porter entre leurs mains dans le char de leur triomphe et de monter avec toi dans le Capitole.

« On te mettra à l'entour d'un chêne devant la porte du palais des empereurs, ainsi que leur plus fidèle garde.

« Comme mes cheveux ne blanchissent point et qu'ils conserveront toujours les grâces et les marques d'une éternelle jeunesse, tes feuilles porteront toujours les ornements du printemps, elles seront toujours vertes et les hivers et les tempêtes les respecteront éternellement [1].... »

*
* *

Les Peupliers sont des témoignages de l'amour fraternel :

Les sœurs de Phaéton furent si affligées de la mort de celui-ci que les dieux, par pitié, les métamorphosèrent en peupliers; leurs larmes, « qui s'endurcirent au Soleil, se changèrent en ambre, en tombant de ces nouveaux arbres, et le fleuve qui les reçoit les transporte par l'Italie, pour être l'ornement des dames » [2].

1. *Ovide*. Liv. I, Fable X.
2. *Ovide*. Liv. II, Fable III.

*
* *

La nymphe Leucothoé fut changée en « l'arbre qui porte l'encens ». Son père, furieux de l'amour qu'elle éprouvait pour le Soleil, la fit enterrer vive.

Le Soleil, par la force de ses rayons, perça la terre. Le corps de la nymphe, tout humecté de nectar, ayant communiqué son odeur à la terre d'alentour, jeta peu à peu des racines, et l'arbre qui porte l'encens en sortit avec ses branches.

La nymphe Clytie qui, par jalousie, avait devoilé les amours de Leucothoé et du Soleil, désolée de se voir délaissée par ce dieu, « ne trouva plus rien dans la compagnie des autres nymphes qui ne lui fût odieux et insupportable; et elle demeurait jour et nuit sur la terre sans avoir rien qui la couvrît que ses cheveux qui se répandaient sur son corps. Pendant neuf jours elle ne prit point de nourriture et pleura sans cesse, tournant seulement sa tête suivant qu'elle voyait aller le Soleil, afin de suivre au moins des yeux ce dieu qu'elle aimait toujours.

Bientôt son corps demeura attaché à la terre, ses membres furent convertis en feuilles et une fleur, semblable au Souci, prit la place de son visage. Elle se tourne toujours du côté où est le soleil, et Clytie, dans ce changement, conserve encore son amour [1] »

*
* *

La triste pyramide verdoyante qu'on nomme Cyprès, et qui fait partie de cette troupe d'arbres que la douce voix d'Orphée rendit sensible à ses plaintes, fut jadis un jeune Grec nommé Cyparisse; Apollon l'affectionnait et le changea en arbre pour le sauver de ses propres mains; Cyparisse, en effet, voulait se donner la mort par désespoir d'avoir, dans les terres de Carthée, tué un cerf consacré aux nymphes.

L'Hyacinthe naquit du sang d'un jeune adolescent tué par Apollon en jouant au palet avec lui. Et tandis que le dieu, dé-

1. *Ovide.* Livre IV, fables v et vi.

solé, « témoignait sa douleur par des plaintes amères, le sang d'Hyacinthe qui avait fait rougir les herbes, cessa visiblement d'être sang et il en naquit une fleur dont la couleur était plus vive et plus écarlate que l'écarlate. Elle avait la forme d'un lis, et en effet vous l'eussiez prise pour un lis, si ce n'est que le lis est blanc et qu'elle est de couleur de pourpre [1]. »

*
* *

Comme les animaux, les poètes ont fait parler les plantes.

A Dodone les Chênes causaient.

Ne sont-ce point les Roseaux qui ont dévoilé la punition infligée à Midas par Apollon pour avoir mal jugé le concours entre Pan et lui? Les roseaux murmuraient, se penchant les uns vers les autres : « Midas, le roi Midas a des oreilles d'âne! » ornement que celui-ci cachait soigneusement, comme bien on pense!

Que de critiques devraient dissimuler leurs oreilles si tous les jugements mal rendus étaient aussi sévèrement punis!

La Fontaine fit, à une époque plus rapprochée de la nôtre, causer entre eux le Chêne et le Roseau.

*
* *

Elles fourmillent, les légendes sur les fleurs, légendes de tous pays et de toutes époques :

*
* *

Est-il chose plus poétique que l'exquise histoire bretonne de Tristan et Yseult? Je ne crois pas qu'il soit possible de symboliser l'affection avec plus d'intensité.

Tristan est blessé à mort par le courtisan Melot. Yseult ne peut lui survivre et meurt près de lui.

Leurs tombes, placées dans une église du pays de Cor-

1. *Ovide*. Livre X, fable v.

nouailles, seront éloignées l'une de l'autre : ainsi a ordonné le roi Marke.

Une tige frêle, un Lierre, se fait jour et surgit de la tombe du preux chevalier; une tige pareille glisse entre les interstices de la pierre tombale qui recouvre celle qu'il aimait....

Et ces tiges grandissent, s'allongent peu à peu, grimpent contre les piliers, s'accrochent aux chapiteaux et vont enfin se rejoindre et s'entrelacer sous les voûtes du sanctuaire.

*
* *

La pâle fleur que les Allemands appellent la *Wegwarte* (attente du chemin) a surgi là où une jeune fille est morte de chagrin, à l'endroit où elle allait tous les jours attendre son fiancé parti pour un lointain voyage.

La fleur du *Vergiss-mein-nicht* (ne m'oubliez pas) [1] est un souvenir laissé par un fiancé qui, voulant cueillir au bord du Rhin une fleur pour celle qu'il aimait, glissa sur la berge, et avant de disparaître lui adressa son dernier vœu : « Ne m'oubliez pas!.... » La fleur du souvenir naquit là où mourut le pauvre amoureux.

*
* *

Dans les traditions populaires du Jura, Ch. Thuriet raconte que le fils d'Adam, Seth, voyant son père mourant, courut à l'Éden réclamer le remède souverain. L'ange qui en garde l'entrée, touché de ce témoignage d'amour filial, lui dit doucement : « Quand tu rentreras en ta demeure, ton père sera mort, et ton devoir sera de l'ensevelir, mais avant de le descendre au tombeau, mets-lui dans la bouche cette amande, elle produira le nouvel arbre de vie.... »

Seth suivit pieusement la recommandation.

Et de la tombe d'Adam une plante s'éleva, devint un arbre, qui longtemps fut respecté; puis de son bois dur on construisit un pont qui résista même au déluge; c'est de ce bois que les Juifs firent la croix du Christ.

1. Myosotis.

— Une coutume charmante subsiste encore dans certaines localités vosgiennes. A la minuit de Noël, des jeunes gens vont déposer sur l'abreuvoir de la fontaine du village des fleurs et des branches d'arbres verts. La jeune *baisselle* [1] qui y puisera la première eau le lendemain verra dans son seau l'image de son futur époux, grâce à Diane, déesse des bois et des forêts.

D'après une superstition vosgienne, la taille du roi et de la reine tirés le jour de l'Épiphanie indiquait la hauteur qu'atteindrait le chanvre poussant pendant l'année.

Pour ne pas se griser, ce même jour des Rois, malgré les nombreuses libations inhérentes à des fêtes de ce genre, on garnissait de lierre, plante consacré à Bacchus, les bouteilles, les lampes, la table et les sièges.

*
* *

Qui n'a entendu parler des célèbres *Herbes de la Saint-Jean*. dont les vertus, paraît-il, sont merveilleuses?... Toutes les plantes vénéneuses sont purifiées par la rosée qui les recouvre dans la nuit du 24 au 2 5juin, et cette rosée donne à d'autres plantes de magiques propriétés.

L'heureux mortel qui, en cette nuit enchantée, trouvera de la graine de fougère, deviendra invincible; il découvrira des trésors, connaîtra le présent et l'avenir!... Mais, voilà! le précieux talisman ne se montre que pendant le tintement des douze coups de minuit, il faut être là juste à temps; pour une personne habituée à l'exactitude, ceci n'est rien, mais, ce qui est plus grave, c'est que maître Satan — qui se fourre partout et s'occupe souvent de ce qui ne le regarde pas — veille au grain (à la graine serait mieux dire), et dame, comme on sait qu'il n'est pas commode, peu de gens risquent l'aventure!

Certaines autres « herbes de la Saint-Jean » très appréciées dans les Vosges, de messieurs les sorciers et de mesdames les sorcières, étaient plus compliquées à cueillir encore : il fallait (toujours à minuit) les arracher de la main droite en ne se servant que du

1. Mot de patois vosgien signifiant « jeune fille ».

pouce et de l'index et « sans regarder »; — il fallait vraiment être sorcier pour s'y reconnaître. — La cueillette ne pouvait se faire également que pendant les douze coups d'horloge.

Les paysans vosgiens détestent les sorciers et redoutent fort leurs maléfices; aussi imaginèrent-ils un « truc » fort simple : Ils veillèrent au cadran de la localité et arrêtèrent le battant de la cloche au deuxième ou troisième coup, ce qui ne permettait plus à nos gens de faire leur récolte!... Ils furent très vexés, les sorciers vosgiens (1)!...

*
* *

Le Glaïeul (Dragon-Rouge) était aussi très employé par les sorcières, car sa racine râpée, mêlée à de l'huile de suc de Pavot, formait une pâte dont on s'oignait le front, les aisselles, les jointures; cela vous plongeait dans un sommeil magique, dont le réveil était plus magique encore; on était alors si léger, léger, qu'une plume à côté eût semblé lourde; les sorcières prisaient fort cette légèreté, car sitôt les yeux ouverts — elles faisaient en sorte de se réveiller à minuit — elles enfourchaient leur bâton et pffff..., un souffle les envoyait en l'air. En prononçant quelques mots cabalistiques, elles se dirigeaient tout naturellement vers le lieu du sabbat (2).

*
* *

La Sauge, prétendent les Francs-Comtois, combat les douleurs morales avec autant de succès que les douleurs physiques.

*
* *

Dans le Tyrol, on reconnaît au Coudrier, non seulement le don de découvrir des sources, mais encore celui de protéger de la foudre. Également bon pour l'eau et le feu, ce Coudrier!

1. O. Fralpont, *les Montagnes de France* : LES VOSGES.
2. La substance dont il est question formait, en somme, une sorte de hatschich; on prétend que c'est par son absorption que la mère de Henri IV fut empoisonnée.

*
* *

Si l'on voulait chercher un peu parmi les contes de tous les pays, on en trouverait un grand nombre où entrent, pour une grande part, la plante, — fleur ou fruit, voire la graine, — comme par exemple dans ce conte norvégien — qui a son corollaire dans un conte breton — où une princesse demande à un géant où est son cœur? « Loin, loin, très loin d'ici, répond-il; au milieu d'un grand lac, il y a une grande île; au milieu de l'île un jardin, dans le jardin un arbre, sur l'arbre un oiseau, dans l'oiseau un *grain de mil*; dans le grain de mil : mon cœur!... » C'est peut-être un peu tiré de longueur pour arriver à la graine; mais bast! dans un conte cela est permis.

*
* *

Il est une chose assez curieuse à remarquer : des contes populaires dans des contrées fort éloignées et de mœurs très différentes, ont des analogies frappantes, mieux même que des analogies, des détails absolument identiques.

Dans un conte grec[1], la jeune fiancée d'un prince est changée en poisson d'or par une négresse qui prend sa place; voyant que le prince regarde avec envie le poisson, la négresse simule une maladie et dit que pour la guérir il lui faut un bouillon fait avec ce poisson. On tue celui-ci et là où le sang est tombé il pousse un *cyprès* que la négresse fait brûler et des cendres duquel renaît la princesse.

Dans un conte français du XVIIIe siècle, une reine est tuée par ordre de la reine-mère, sa belle-mère, et son corps jeté à l'eau. Un jour que le roi est à sa fenêtre, il voit un superbe poisson rouge, blanc et noir, qu'il ne cesse de contempler. La reine-mère fait tuer le poisson, de son sang jaillit un arbre,... même suite qu'au précédent.

Dans un conte indien, c'est en fleur d'or que se transforme une reine jetée dans un étang. On brûle la fleur, de ses cendres renaît

1. Emmanuel Cosquin. *Contes populaires de Lorraine.*

un *Manguier*, portant un fruit si beau qu'on n'ose le cueillir. Il tombe dans la cruche d'une laitière qui l'emporte chez elle et le cache. Il se transforme en jeune fille d'abord, en jeune femme ensuite... c'est la reine assassinée.

Dans un conte annamite, une jeune fille est tuée par une rivale, mais revient à la vie sous la forme d'un oiseau. La rivale fait tuer l'oiseau; là où ont été jetées les plumes pousse un *bambou*, que l'on coupe; de son écorce renaît un arbre *thi* portant un merveilleux fruit qui tombe dans la besace d'une vieille mendiante. Ce fruit bientôt reprend sa véritable forme, celle de la jeune fille tuée.

Dans un conte, tout à la fois roumain, valaque et serbe, deux jumeaux aux cheveux d'or, deux fils de roi sont, sitôt après leur naissance, cachés sous le fumier par une servante infidèle qui arrive à force de calomnies à faire chasser la reine et à prendre sa place. Là où les enfants ont été enfouis, deux *sapins* poussent La reine (l'ex-servante) feint d'être malade et ne guérira, dit-elle, que couchée sur des planches taillées dans ces arbres. On abat les sapins et avec deux planches on fait deux lits, l'un pour le roi, l'autre pour la reine.

Pendant la nuit, l'une des planches murmure à l'autre :

« Frère, combien c'est lourd! C'est la méchante reine qui couche sur moi!

— Frère, répond l'autre planche, comme c'est léger! c'est notre bon père le roi qui couche sur moi! »

La reine, qui a entendu, fait brûler les planches. Deux étincelles sautent dans de l'orge qu'on donne à manger à une brebis qui met bas deux agneaux à laine d'or. La reine en veut manger les cœurs; mais deux morceaux des brebis s'en vont au fil de l'eau et d'eux renaissent les enfants du roi.

Dans un conte populaire du Bengale, dans un conte russe, on trouve les mêmes analogies; mais nous ne voulons pas pousser plus loin les exemples.

* * *

Divers contes populaires, de pays différents, racontent les exploits d'un homme très fort; on a choisi pour le héros le nom de *Tord-Chêne*, ce qui, pour le conteur, indique le plus haut degré de la force. Le Tord-Chêne français se retrouve dans la Picardie, et en Flandre. Il devient *Tord-Sapin* en Suisse, *Tord-arbres*, en Hanovre et en Transylvanie, etc.

Dans certains contes analogues au conte lorrain, « l'Oiseau vert », mais narrés ailleurs, les métamorphoses des héros sont similaires. En Sicile, la jeune fille est changée en jardin et le jeune homme en jardinier. En Westphalie, ils deviennent l'un *buisson d'épines* et l'autre *rose*. En Bretagne, l'héroïne devient *poirier*, son fiancé jardinier. Jardinier il reste en Portugal, mais la jeune fille se transforme en *laitue*, etc., etc.

N'insistons pas davantage, ce qui précède prouve assez que la plante se glisse partout, même dans la fiction.

SUITE AU PRÉCÉDENT

Veut-on nous permettre, à présent, de dire, un peu plus longuement, quelques contes d'origines et de genres divers?...

UNE LÉGENDE SUR L'AUBÉPINE

Nul n'ignore que le diable, — qui joue un grand rôle dans les contes quand ce ne sont pas les dieux qui les remplissent, — a pour principale occupation de chercher partout des âmes pour peupler son enfer.

Depuis le temps que dure ce manège, il a fait une telle quantité de recrues que cela donne une fière idée des dimensions de ses appartements... et ce n'est pas fini!

Tous les jours, sous des noms divers, suivant les pays, Lucifer, Satan, Béelzébuth, Asouras, Loke, etc., lui et ses acolytes trouvent de nouveaux sujets à emmener.

Maître Satan prend un peu tout ce qui se présente, mais reste assez indifférent à l'arrivée de certaines espèces dont il s'occupe peu; les ivrognes invétérés, les voleurs de profession, les assassins, voire les joueurs et d'autres sortes encore, sont tout naturellement désignés comme ses invités à venir; il n'a point à s'en occuper et tout au plus envoie-t-il vers eux, de temps à autre, quelque petit cacodémon sans importance, histoire d'entretenir les relations....

Mais, lorsqu'il s'agit d'une bonne petite âme bien blanche, bien naïve, bien honnête, c'est là proie enviable; notre diable, après avoir envoyé rôder par là un de ses premiers lieutenants, un Asmodée expert en la matière, par exemple, opère lui-même.

Or, en ce temps-là, — ce temps-là était le moyen âge, — vivait une jeune damoiselle aussi belle que bonne, aussi vertueuse qu'aimable. — « Vrai morceau de roi », se dit Lucifer, et aussitôt il envoya son diable de confiance aux informations.

Celui-ci revint trouver son maître et lui dit : « Bonne affaire, Sire, mais difficile à mener à bonne fin! La jouvencelle a dans sa chambre, accroché en belle place, un souvenir de son fiancé, souvenir auquel elle tient presque autant qu'à son fiancé lui-même; or ce souvenir, vrai talisman, est une branche d'aubépine!...

A cette époque et dans ce pays — pays dont j'ignore le nom — toute la diablerie avait une peur épouvantable de l'aubépine; un pétale de la fleur, une exhalaison de son parfum, si imperceptible fût-elle, les faisaient rentrer leurs cornes et fuir de tous leurs pieds fourchus.

Le pourquoi de ce « trac » infernal? Je l'ignore, mais ceci est absolument véridique. Napoléon avait peur des araignées, Lucifer pouvait bien avoir peur de l'aubépine!...

« Diable! se dit le diable, c'est contrariant, cela, car je tiens beaucoup à l'âme de cette petite.... Comment faire?...

— Je crois avoir trouvé un moyen, répondit l'autre. La jeune fille a comme dame de compagnie une gaillarde qui m'a l'air d'aimer à rire; avec un peu d'adresse j'arriverai bien, je pense... il suffit d'y mettre le prix, s'interrompit notre démon en tendant sa main crochue,... j'arriverai bien à la mettre dans notre jeu. — On lui fera chiper l'aubépine, et tu pourras, Sire, pénétrer chez la belle sans crainte puisque sans danger.

— Pars donc, dit Lucifer, et prépare-moi la place. »

*
* *

Quelques jours après, l'envoyé revient.

— « Ça y est, Sire, vous pouvez partir à la conquête de la colombe. »

Lucifer met son plus bel habit de velours, dore ses cornes, qu'il dissimule sous une toque à plumes, tortille sa moustache et part.

Il arrive à la demeure de la jouvencelle, la dame de compagnie lui ouvre la porte.

Il entre, ayant soin de se rendre invisible....

— « Horreur ! s'écrie la jeune fille, quelle est cette épouvantable odeur?... Vite, vite, ouvrez toutes grandes les fenêtres!... »

On ne pense pas à tout! Or, Lucifer, on le sait, est imprégné d'une odeur de soufre que nul parfum ne parvient à chasser et qui, même lorsqu'il s'est rendu invisible, signale sa présence!

Sitôt les fenêtres ouvertes, notre diable se met à trembler de tous ses membres, claque des dents, prend ses jambes à son cou et file plus vite qu'il n'est venu vers son domaine, où il tombe essoufflé....

. . . .

Sous les fenêtres de la jeune fille, deux aubépines étalaient leurs branches couvertes d'étoiles odorantes. Leur vue et leur parfum avaient produit sur Lucifer l'effet habituel.

.... Et voilà comme quoi, grâce à l'aubépine, aimable damoiselle monta au paradis au lieu de descendre en enfer.

CONTE ÉGYPTIEN. — LES DEUX FRÈRES

Ce conte égyptien est célèbre. Son manuscrit, sur papyrus, écrit au XIVe siècle avant notre ère pour un prince royal, fils de Méneplitah, a été retrouvé dans un tombeau[1].

Nous le contons à notre tour, Mais aussi succinctement que possible.

Deux frères vivent ensemble. L'aîné, Anoupou, possède une maison et une femme; le plus jeune, Bitiou, ne possède que son talent de laboureur.

Un jour que tous deux étaient aux champs, Bitiou fut, par son frère, envoyé à la maison pour y chercher quelques semences oubliées.

Il trouva la femme de son frère occupée à sa parure. Elle l'accueillit comme Mme Putiphar accueillit Joseph, mais, aussi vertueux que ce dernier, Bitiou agit comme lui.

Une femme ne pardonne jamais à qui l'a dédaignée. Mme Anoupou ne pardonna pas et voulut se venger.

Quand son mari rentra, il la trouva étendue, les cheveux épars, les vêtements en désordre; elle accusa Bitiou de ce dont elle-même était coupable.

1. Il fut traduit d'abord par M. de Rougé, en 1852, puis, plus tard, par M. Maspéro.

Furieux, Anoupou veut tuer son frère, qui s'enfuit; Anoupou le poursuit; au moment où il va être atteint, le dieu Ra (le Soleil) les sépare en jetant entre eux une nappe d'eau où grouillent de nombreux crocodiles.

D'une rive à l'autre les frères se parlent.

Bitiou se justifie : « Je vais, dit-il, me retirer au Val de l'Acacia, je déposerai mon cœur sur la fleur de cet arbre et ma vie y sera indissolublement attachée. Si l'on coupe l'arbre, ma vie sera tranchée en même temps.

« Toi, mon frère Anoupou, tu chercheras mon cœur, et quand tu l'auras trouvé tu le mettras dans un vase plein d'eau fraîche et je ressusciterai.

« S'il m'arrive malheur, tu l'apprendras, car, dans ta cruche, la bière bouillonnera! »

Anoupou, désespéré, rentre chez lui, tue la femme menteuse, tandis que Bitiou dépose son cœur, ainsi qu'il l'a dit, sur la fleur d'un acacia auprès duquel il fixe sa demeure.

Mais les dieux touchés ne veulent pas le laisser seul et lui façonnent une compagne, la plus belle de toute la terre. Bitiou, bien que n'ayant plus son cœur sur lui, en devient éperdument amoureux et lui révèle le secret de l'acacia.

Mais voilà que le fleuve Nil s'éprend de la femme de Bitiou, et, un jour que ce dernier est absent, il quitte la rive et monte vers elle. Elle fuit et rentre dans sa maison.

Le Nil chante son amour au pied de l'acacia et lui dit qu'il veut s'emparer de celle qu'il aime. L'acacia ne consent à lui donner qu'une boucle de cheveux que le fleuve emporte et dépose à l'endroit où se tiennent les blanchisseurs du Pharaon. Le parfum pénétrant de ces cheveux se répand dans les vêtements du monarque, qui en est grisé.

On retrouve enfin la boucle de cheveux flottant sur le Nil et les magiciens appelés la reconnaissent comme appartenant à une fille des dieux et conseillent au Pharaon d'envoyer des émissaires à sa recherche dans toutes les directions.

Il en vient un grand nombre au Val de l'Acacia, mais Bitiou les met tous à mort, sauf un qui doit retourner apprendre la nouvelle à son maître.

Toute une armée est envoyée, elle s'empare enfin de la fille des dieux, qui est élevée au rang de Grande Favorite et dévoile au Pharaon le secret de son mari. Pharaon fait couper l'acacia et Bitiou meurt.

Le lendemain, Anoupou, rentrant des champs, veut boire, il s'aperçoit que la bière bouillonne dans la cruche ; il prend une autre cruche, le liquide bouillonne toujours. Il part au Val de l'Acacia et trouve le cadavre de son frère. Désespéré, il se met en route, erre pendant trois années ; enfin, l'âme de Bitiou, désirant revenir en Égypte, guide Anoupou, qui retrouve le cœur sous l'acacia. Il le met dans un vase plein d'eau limpide et Bitiou revient à la vie.

Mais il veut punir l'infidèle.

Il prend la forme du Taureau Sacré et part avec son frère à la cour de Pharaon ; heureux de sa venue, celui-ci fait en son honneur célébrer de grandes fêtes.

Un jour que la Grande Favorite se trouve non loin, le Taureau Sacré s'avance vers elle : « Femme infidèle et ingrate, tu as fait abattre l'acacia où mon cœur était placé afin de me tuer, mais tu n'as pas réussi. Je vis toujours, le Taureau Sacré est Bitiou ! »

Effrayée, la Favorite se sauve et demande à Pharaon, comme une faveur, de lui donner à manger le foie du Taureau. Il y consent, bien qu'avec grand chagrin, et après les fêtes d'offrande on coupe la gorge de l'animal ; mais celui-ci secoue son large cou et lance deux gouttes de sang qui vont tomber de chaque côté de la grande porte du palais et font surgir aussitôt deux magnifiques *Perseas* (1).

Suivi de toute sa cour, Pharaon va voir le prodige, mais la Favorite qui l'accompagne demande qu'on abatte les arbres et qu'on en fasse des planches.

Or, pendant qu'on coupait les arbres, un copeau sauta dans la bouche de la Favorite, qui l'avala.

Beaucoup de jours après naquit un enfant mâle.

Devenu grand, cet enfant, qui n'était autre que Bitiou revenu à une nouvelle vie, succéda au trône de Pharaon ; son premier acte d'autorité fut de châtier la femme dont il avait eu tant à souffrir pendant sa première existence.

1. Sorte de Laurier appelé *Laurier Avocatier* ou *Laurier Avocat* (Laurus Perbea).

HISTOIRE DE GAMBRINUS

Tout le monde sait que le roi de la bière a nom Gambrinus, mais connaît-on l'histoire de cette royauté ?

En tous cas la voici, fort abrégée, car les aventures de ce roi sont nombreuses et nous prendraient trop de temps à raconter en détail.

... Il y avait une fois — ainsi doit commencer toute histoire du temps jadis — un beau gaillard à la mine fraîche et rose encadrée d'une barbe superbe, et de couleur si éclatante que ses camarades l'avaient surnommé Barbe-d'Or, bien que son nom fût Gambrinus ou Cambrinus.

Notre homme était né à Fresnes, un petit village du Nord, non loin de Condé sur l'Escaut.

Point du tout de famille princière, ce roi futur n'était qu'un simple aide-verrier.

Plus d'une fille du pays eût bien voulu devenir Mme Gambrinus, mais lui n'avait d'yeux que pour la fille de son maître-ouvrier, Mlle Flandrine, superbe personne aux joues aussi roses que celles de son amoureux, à la chevelure aussi rutilante que la barbe de celui-ci.

Hélas! Barbe-d'Or n'était qu'un roturier, tandis que son maître-ouvrier était gentilhomme (tout le monde sait que les gentilshommes peuvent souffler le verre sans déroger ou ternir leur blason); n'étant point de race verrière, il ne pouvait prétendre à l'honneur d'être lui-même verrier un jour!...

... Se voyant dédaigné par Flandrine, Gambrinus jeta sa canne de verrier par-dessus les moulins, fuit la verrerie et s'en fut désespéré à la forêt voisine, décidé à en finir avec une existence qui lui était devenue à charge.

Il se munit donc d'une forte corde de chanvre, choisit un chêne robuste, grimpa sur une des maîtresses branches à laquelle il attacha solidement la corde par un bout, tandis qu'il s'enroulait l'autre autour du cou. Il envoya une dernière pensée à la dédaigneuse Flandrine et crac..., il allait se laisser choir, lorsqu'il aperçut debout devant l'arbre qu'il avait choisi pour potence un grand escogriffe, maigre et décharné au point d'en être presque transparent, qui le considérait tranquillement les deux mains dans ses poches.

... Nos deux personnages se regardèrent un instant en silence, puis l'étranger dit à Gambrinus :

« Continuez votre opération, il ne faut pas que je vous dérange!

— Rien ne presse, riposta l'autre.

— Pardon, mon brave Barbe-d'Or, mais je suis impatient de voir la grimace que tu vas faire en sautant ta dernière cabriole.

— Eh!... Vous savez donc mon nom, vous?...

— Je sais tout, mon fieu! fit notre homme en retirant son chapeau et laissant voir, émergeant du front, deux cornes courtes mais fort pointues!

— Mais ça est fort! alors vous êtes myn heer Beelzébuth!

— Pour te servir, fieu! j'attends ton âme pour l'emporter avec moi en enfer!...

— Ah!... bien alors, je ne me pends plus.... J'aime mieux attendre et vous donner mon âme plus tard, mais à la condition qu'en échange vous me donnerez l'amour de Flandrine tout de suite.

— Ça, Barbe-d'Or, c'est impossible : ce que femme ne veut le diable ne le peut, mais voici ce que je te propose : dans trente ans tu m'appartiendras et, en échange, tu réussiras dans toutes tes entreprises.... Ah! un conseil d'abord : joue, amuse-toi, bois sec, l'oubli de tes chagrins est à ce prix.

— J'essayerai, myn heer Satan, dit Gambrinus en roulant sa corde, puis, faisant sa révérence : Bien, merci, savez-vous! »

*
* *

Barbe-d'Or s'en fut alors partout où l'on jouait. A tous les concours d'arc, d'arbalète, de chants de pinson, aux jeux de quilles et aux jeux de balle, aux combats de coqs, il remportait tous les prix : plats d'étain, cuillers d'argent, vidrecomes en vermeil, jambons enrubannés, saucisses fleuries, tout était gagné par notre homme qui, outre cela, empochait des florins et des florins.

Il était tout cousu d'or!...

Mais, quoi qu'il fît, il ne pouvait oublier Flandrine; aussi alla-t-il la trouver et, déposant à ses pieds toutes ses richesses, il demanda sa main.

« Êtes-vous gentilhomme?... Non?... Alors retirez-vous, je n'épouserai jamais un roturier. »

Notre pauvre Gambrinus, plus désespéré que jamais, s'en retourna au bois avec sa corde. Au moment où il se passait le nœud coulant, il aperçut Beelzébuth qui le considérait en souriant.

« Va-t'en au diable, mauvais conseilleur! lui cria-t-il

— J'y suis, répondit l'autre, mais ne t'en prends qu'à toi si tu n'as point su te consoler; tu as oublié une de mes recommandations : Boire!... En suivant mon conseil tu aurais perdu le souvenir de tes chagrins!...

— Ça est peut-être vrai ça, myn heer Satan, je vais tout de même essayer savez-vous. »

Et Gambrinus roula derechef sa corde de chanvre et s'en retourna à Fresnes.

∴

Il emplit sa cave des vins les plus renommées, depuis le capiteux bourgogne jusqu'au pétillant champagne. Il but, but, but du matin au soir et du soir au matin. Mais, hélas! au lieu de l'oubli, c'est le désir qui lui venait; au lieu d'une Flandrine, il en aimait trente-six!...

Il essaya du cidre, se grisa de vin du Rhin, roula anéanti par les fumées des alcools : genièvre, cognac, kirsch, wisky... tout cela ne fit que l'exciter davantage. Ce n'était plus trente-six Flandrines qu'il voyait danser dans ses rêves, mais toutes les Flandrines du monde....

« Cette fois, j'en ai assez! » s'écria Barbe-d'Or, et tout d'une traite, au galop, il court au bois, se met la corde au cou et se jette dans le vide....

La corde casse, et notre pendu donne de la tête contre l'osseuse poitrine de Beelzébuth qui le prend à bras-le-corps en riant aux éclats.!

« Maudit, gredin, imposteur, lâche-moi! hurle Gambrinus; je veux me pendre, cela ne te regarde pas!... »

Beelzébuth ne sourcilla pas : « Allons, mon pauvre Flamand, nous allons te guérir, et cette fois pour tout de bon. Tiens! vois plutôt!... »

Gambrinus écarquille les yeux! L'arbre auquel il avait voulu se pendre avait disparu avec ceux qui l'entouraient; à leur place se dressaient de hautes perches enroulées de tiges souples, portant de jolies feuilles gracieusement découpées et des pendeloques semblables à de minuscules pommes de pin, mais dorées et réunies en grappes nombreuses. Une myriade d'hommes et de femmes cueillaient les grappes, les épluchaient, puis les hommes les transportaient tout là-bas dans une grande bâtisse en briques.

« Mais, qu'est-ce que ça est que tout ça, pour une fois mein herr? dit Gambrinus interloqué...

— Ça, mon fieu, c'est du *Houblon*, dit Beelzébuth en indiquant la plante, et la maison là-bas est une brasserie où l'on fabrique une boisson qui te guérira, toi et bien d'autres, des chagrins de toute sorte. Suis-moi!... »

Notre diable conduisit alors Gambrinus dans la brasserie, et le mit au courant de la fabrication du blond vin flamand : « Goûte maintenant, » fit-il.

A la première lampée, Barbe-d'Or fit une affreuse grimace : « Mais c'est amer comme fiel, votre boisson, mein herr!...

— Va toujours!... bois, bois encore!... »

Au fur et à mesure que le contenu des pintes disparaissait dans le large gosier de notre Flamand, le calme renaissait dans son cerveau.

— « Et maintenant, si tu veux vivre gai et heureux, retourne à Fresnes, brasse de la bière, fais danser les Fresnois; prends des cloches de sons divers, assemble-les, mets-les en mouvement et carillonne!... »

*
* *

En arrivant au pays, Gambrinus acheta un vaste champ, y planta du houblon, bâtit une grande maison en briques qu'il surmonta d'un beffroi, dans lequel il fit arranger des cloches.

Les Fresnois le crurent fou.

Quand tout fut prêt, notre homme brassa, brassa de la bière, en fit boire à ses compatriotes, qui trouvèrent cela horrible, épouvantable. Tous ceux qui en avaient goûté n'en voulaient plus entendre parler.

— « Ah! c'est comme ça, mes fieux, eh bien, attendez un peu! »

Et Barbe-d'Or grimpa à son beffroi, et dig, dig, din don, et don, don, dig din don!...

Tous les habitants de Fresnes s'arrêtèrent ébahis, puis, mis en folle gaîté, ils se mirent à danser; hommes et femmes, petits et grands, vieux et jeunes, boiteux et bossus, même les chiens, les chats, les poules, les oies, les lapins, tout dansait, tout se trémoussait aux dig din don endiablés du carillon de Gambrinus.

« ... Assez! assez! criait-on partout.

— Faites seulement! répondait le carillonneur qui dig-dindonnait de plus en plus. »

Essoufflés, n'en pouvant plus, les danseurs criaient de toute part : « A boire, à boire!... »

Gambrinus descendit alors, et leur tendit à tous des chopes pleines de bière.... Ils ne la trouvèrent plus si épouvantable que cela, cette fois, et bientôt ils y prirent goût tant et si bien, qu'on ne pouvait leur en fournir assez.

*
* *

La réputation de la nouvelle boisson s'étendit partout avec celle du nouveau carillon.

Partout des brasseries s'établirent et partout on monta des carillons.

On fit des bières blondes, des bières rousses et des bières brunes.

Il y eut des concours de francs buveurs et des concours de carillonneurs.

Le roi des Pays-Bas, pour reconnaître les services de son sujet, le nomma duc de Brabant et comte des Flandres.

Il fonda, dit-on, la ville de Cambrai.

Il était alors parfaitement heureux et devint admirablement gros. Toujours mi-riant, mi-somnolent, la pipe aux lèvres, il ne voyait plus guère la jolie frimousse de Flandrine qu'à travers les vapeurs de la bière et les fumées du tabac, et quand, le sachant comblé d'honneurs, elle vint le trouver, étonnée qu'il ne lui eût pas demandé sa main, il la reconnut à peine et lui offrit une pinte de bière, en souriant.

*
* *

Gambrinus, duc de Brabant, comte des Flandres et roi de la bière, fut un roi brave homme, buvant volontiers et culottant des pipes avec ses sujets.

Il mourut à l'âge de cent ans, ayant réussi, lorsque Belzébuth envoya un de ses huissiers pour réclamer son dû, à faire dan-

MARCHÉ DE FALAISE
(D'après le tableau de l'auteur.)

ser celui-ci au son du carillon et à le faire boire tant et si bien qu'il n'osa plus retourner auprès de son maître et se réfugia dans une bourse vide où il est resté blotti depuis ce temps-là ; d'où le proverbe : « loger le diable dans sa bourse ! »

Quand Barbe-d'Or mourut et que le diable, comptant sur son arriéré se présenta, il ne trouva plus qu'un fût de bière, ce qui le fit horriblement grimacer et le rendit plus laid encore.

*
* *

Comment un roi si célèbre est-il aujourd'hui presque oublié dans le pays qui devrait s'honorer de lui avoir donné le jour, tandis que dans le pays allemand le roi de la bière est fêté toujours et que seul le plus franc buveur (Bierkœnig), nommé au concours par les étudiants, a le droit de s'asseoir sous le portrait du monarque fresnois (1)?...

1. *Charles Deulin* a écrit avec l'humour qui le caractérise et en l'émaillant des détails les plus spirituels et de piquantes remarques, l'histoire détaillée du roi Gambrinus. Nous lui avons emprunté quelques renseignements sur ce monarque célèbre!..

CONTE CHINOIS

Les contes chinois tiennent une place importante dans l'histoire littéraire de la Chine. Presque tous leurs auteurs sont restés inconnus, mais leur réputation, de leur vivant, était telle, qu'on les désignait tous sous l'appellation « d'écrivains de génie » (*Tshaï-Tsen*).

Nous choisissons naturellement — sinon il n'aurait aucune raison d'être ici — l'un des contes où la fleur joue le rôle prépondérant.

Les contes chinois, fourmillant de détails parfois fort originaux et très typiques, sont assez longs; nous dirons celui-ci de notre mieux en l'écourtant le plus possible.

*
* *

Sous le règne de Yin-Tsang vivait, dans le petit village de Tchang-Yo, le fils de cultivateurs qui possédait quelques arpents de terre autour de sa petite maison. Bien que son nom fût Tsieou-Sien on ne l'appelait guère que Hoa-Tchy (le Fou des Fleurs).

Le fait est que notre homme avait pour les fleurs une passion folle; aussi, en peu de temps, son jardin était-il devenu une merveilleuse curiosité; toutes les fleurs les plus belles, les plus rares y poussaient à l'envi; les aimant bien, Hoa-Tchy savait les soigner.

Quelque nombreuses que fussent ses plantes, il les visitait une à une, les traitant comme des enfants, ayant pour elles une sollicitude de tous les instants, des attentions touchantes, des ménagements délicats.

Quand la boue avait sali quelque pétale il le lavait à l'eau claire, appelant cela le *bain des fleurs.*

Si l'une d'elles avait été arrachée par le vent ou coupée par quelque larron il recouvrait la blessure, c'était : la *guérison des fleurs.*

Lorsque venait la mauvaise saison emportant avec elle ses élèves chéris, Hoa-Tchy se désolait, sanglotait en les voyant se dessécher. Il ramassait les fleurs tombées, les entassait dans des vases qu'il enfouissait sous terre; il appelait cette cérémonie l'*inhumation des fleurs.*

Le jardin de Hoa-Tchy était si remarquable, qu'il devint une célébrité dans le pays tout comme son propriétaire qu'on n'appelait plus que Tsieou-Kong (Monsieur Tsieou); d'ailleurs lui-même s'était nommé « le vieillard qui aime son jardin. »

*
* *

Il vivait donc heureux au milieu de ses chères fleurs, mais hélas, un beau matin vint s'installer non loin de sa demeure un mauvais sujet, Tchang-Oey, fils d'un mandarin, chassé par son père à cause de ses débauches et qui amenait avec lui une société de sacripants de son espèce.

Un jour, en sortant d'une orgie, il passa avec ses compagnons devant le jardin de Tsieou en ce moment tout garni des pivoines les plus rares : l'*Étage d'or*, le *Papillon vert*, le *Grand Lion rouge*, le *Scintillant Lion bleu* rivalisaient d'éclatante beauté; le libertin voulut y pénétrer de force. Le vieillard s'y opposant, Tchang-Oey le menaça : « Tu ignores donc qui je suis, vieillard? Toute la ville me connaît; je me nomme Tchang-Nonouy (Tchang de l'intérieur du Palais) et il t'en coûtera cher si tu me résistes. Il me plaît de cueillir ces fleurs et je les cueillerai.

— Seigneur, assommez le vieux Chinois, tuez-le, martyrisez-le, mais tant qu'il aura un souffle de vie, vous ne toucherez pas à ses fleurs!...

— Insupportable bavard, tu vas voir! » s'écria le prince et, faisant un signe à ses compagnons, il se mit avec eux à arracher sans pitié les pivoines, leurs boutons et leurs feuilles.

« Misérables canailles, épouvantables bandits », hurlait le vieillard sanglotant à la vue des pétales jonchant le sol.... Puis, pris d'un accès de rage subit, il tombe les poings serrés sur Tchang-Oey; celui-ci, étant aux trois quarts gris et peu solide sur ses jambes, trébuche sous la poussée du vieillard, qui eût été assommé par les amis du prince si l'un d'eux, moins gris, plus âgé et plus raisonnable, et craignant quelque mauvaise affaire, n'eût réussi à calmer la bande en délire....

*
* *

Tsieou-Sien n'avait pas le courage de s'éloigner de ses fleurs mortes; penché sur elles il sanglotait : « Oh! fleurs, que j'ai tant aimées et que je n'ai cessé de protéger pendant toute ma vie, j'eusse tremblé à l'idée de toucher au plus frêle de vos pétales!...

« Et maintenant vous pleurez en désordre; vous êtes devenues semblables à un nuage de pourpre!

« Fleurs si jolies, vous avez cessé de vivre; vous êtes couchées comme si vous aviez été fauchées par la tempête et par la grêle!... »

— Pourquoi pleurer ainsi, pauvre Tsieou-Sien, pourquoi ainsi te désoler », murmura tout à coup une voix douce à l'oreille du vieillard ?...

Il se retourna. Une jeune fille de seize ans à peine, simplement vêtue mais merveilleusement jolie, était derrière lui !

« Qui êtes-vous et pourquoi êtes-vous entrée en mon jardin à présent dévasté ? dit Tsieou en tressaillant.

— Je suis votre voisine et je viens admirer vos pivoines en fleurs !... »

Le pauvre Chinois éclatant en sanglots, raconta sa néfaste aventure.

« Et c'est pour cela que vous vous mettez ainsi en peine ? Si vous le voulez, je vais faire revivre vos fleurs et leur rendre leur éclat !

— Pourquoi vous moquer du pauvre Chinois ?... Une fleur fauchée de sa tige ne saurait s'y resouder plus qu'une tête tranchée au corps d'un supplicié !...

— Détrompez-vous, dit la jeune fille, mes aïeux m'ont transmis le moyen d'opérer ce miracle. Allez me chercher de l'eau. »

Le vieillard stupéfait, après s'être prosterné, se mit en demeure d'obéir ; mais en route, pris d'un doute, il se retourna et poussa un cri d'étonnement.

La jeune fille avait disparu mais toutes les fleurs effeuillées qui jonchaient le sol étaient remontées sur leurs tiges, et elles étaient plus merveilleuses que jamais; les simples étaient devenues doubles, les unies s'étaient panachées. Chaque pied présentait à la fois les couleurs de toutes les variétés, couleurs cent fois plus intenses et plus vives qu'auparavant.

*
* *

Les voisins de Tsieou eurent vite appris le prodige et vinrent en foule aux portes du jardin, mais, connaissant la bizarrerie du propriétaire, ils n'osaient entrer.

Tsieou était un homme de grand bon sens. Il réfléchit aux étranges événements qui venaient de se passer.

« C'est parce que j'ai toujours sincèrement aimé les fleurs que les dieux qui veillent sur elles sont venus à mon secours, mais c'est parce que j'ai jalousement gardé pour moi seul la vue de tous ces trésors que le ciel m'a puni. Je sais aujourd'hui que les immortels me protègent, eux dont la puissance et la bonté sont sans bornes, aussi je ne fermerai plus mon jardin aux curieux. »

Grande fut la stupéfaction lorsqu'on vit le vieillard ouvrir sa porte à tous!

Cependant le fils du mandarin, furieux d'avoir été battu, assembla ses compagnons et leur dit : « Hier, ce vieux scélérat m'a terrassé, je veux ma vengeance. Allons en son jardin, dévastons-le; que pas une fleur ne subsiste sur sa tige, que pas un bouton ne reste en son calice, que pas une feuille ne se suspende à son pétiole! Arrachons, brûlons tout! »

Et tous se mirent en chemin vers la demeure de Tsieou.

En route, on leur apprit le miracle opéré la veille : « Ha! ha! ricana le prince, ce vieux fou aurait le pouvoir de faire venir les dieux?... Farce que tout cela; faux bruit qu'il fait répandre pour nous empêcher d'entrer chez lui! »

Mais, en arrivant, voyant les portes du jardin ouvertes et les allées pleines de curieux admirant les fleurs ressuscitées, il fallut bien se rendre à l'évidence.

« Quittons ce jardin, dit Tchang, j'ai un autre plan que voici : On poursuit en ce moment, et on condamne à des supplices terribles, quiconque s'occupe de sorcellerie. Dénonçons ce vieux chien de Tsieou et son jardin enchanté est à moi. »

Le plan fut mis à exécution. Tsieou fut arrêté. « Quel crime a donc commis le vieux chinois? » s'écria-t-il, tandis qu'on le garrottait.

Mais sans l'écouter, on l'accable d'injures, l'appelant vieux sorcier, bandit, et, sous bonne escorte, on le conduit en prison.

Hélas! se lamentait le pauvre vieillard étendu sur la paille, la cangue au cou : « C'est parce qu'une jeune immortelle a rendu la vie à mes fleurs chéries qu'on va me torturer!... Oh! déesse, si le vieux Tsieou t'inspire encore quelque pitié, viens à son secours. »

Il avait à peine fait cette invocation que la jeune fille apparut. Aussitôt la cangue se détacha du cou du prisonnier et ses fers tombèrent.

« Oh! puissante immortelle, dis-moi ton nom que je le vénère à tout jamais. »

— Je suis le Génie des Jardins. Tu as inspiré de la pitié à notre reine et, à cause de ta bonté, l'esprit qui préside aux fleurs a averti le maître du ciel; tes persécuteurs seront punis, et tu obtiendras dans quelques années ta récompense. Ta pitié pour les fleurs t'a acquis des mérites à nos yeux. Nourris-toi de fleurs seulement et tu arriveras à la perfection qui rend immortel. »

* * *

Le vieux jardinier fut déclaré coupable de sorcellerie. Mais au moment où les bourreaux se jetaient sur lui pour lui serrer les membres dans les instruments de torture, le juge eut un vertige violent, puis une syncope, et l'on dut surseoir à l'exécution.

Pendant ce temps, précédés des domestiques qui avaient ordre de préparer un festin, le fils du mandarin et ses complices s'étaient rendus au jardin enchanté.

Au moment où, ivres, ils roulaient dans les parterres de fleurs, une trombe s'élève; sous son souffle violent toutes les fleurs se redressent et se transforment en jeunes filles aux vêtements aussi brillants que les pétales des plus belles corolles.

L'une d'elles prenant la parole : « Nous sommes toutes sœurs des fleurs; les ennemis de Tseou, qui nous a toujours protégées, sont aussi les nôtres, unissons nos efforts pour les combattre. »

Et agitant leurs larges manches, elles produisent par leur balancement une horrible tempête....

Le prince et ses compagnons fuient épouvantés....

Le ciel est noir d'encre, on n'y voit goutte....

Et les larrons vont se heurter aux troncs d'arbres, se blessent aux branches, se déchirent aux épines, tandis que Tchang affolé se sauve et va tomber dans la fosse au fumier où il meurt étouffé.

* * *

Le lendemain, quand le juge suprême apprit ce qui s'était passé, il fut pris de terreur et, averti déjà par le vertige de la veille, sachant bien, du reste, que la condamnation du vieux Chinois était injuste, il le fit relâcher et lui donna même un décret, revêtu de son sceau, défendant à qui que ce fût de toucher à la plus humble fleur du jardin de Tsieou.

A partir de ce moment, le bon jardinier vécut heureux et tranquille parmi ses plantes chéries.

Il ne se nourrit uniquement que de fleurs tombées et, stupéfiant prodige, ses cheveux blancs redevinrent noirs, les rides de son visage disparurent et celui-ci redevint frais comme au temps de la première jeunesse.

* * *

Un jour qu'il était assis dans son jardin, considérant avec amour une pivoine fraîchement éclose, une brise douce vint le caresser apportant avec elle d'exquises mélodies et de pénétrants parfums inconnus jusqu'à ce moment.

Une jeune déesse, précédée de cigognes immaculées et de phénix couleur d'azur, descendit vers lui sur un nuage :

« Tsieou-Sien, tu es arrivé au parfait mérite. Le maître du ciel veut récompenser ton affection pour les fleurs et t'appelle dans ses jardins célestes. Suis-moi.... »

Tsieou monta sur le nuage et s'éleva lentement vers le ciel.

Alors sa cabane, ses arbres, ses plantes, tout ce qu'il avait chéri s'éleva avec lui.

Et du nuage on entendit une voix qui disait :

« Celui qui aime les fleurs et les protège accroît son bonheur et aura toutes les félicités!

« Celui qui les maltraite ou les détruit sera malheureux et puni des châtiments les plus sévères!... »

Le nuage se perdit parmi d'autres nuages et l'on n'entendit plus que les doux murmures de la brise.

* * *

Le village de Tsieou a changé son nom contre celui de *Ching-Sien-Li* (village de l'immortel monté aux cieux). On le nomme aussi « village des Cent-Fleurs ».

LÉGENDE DE L'ANCOLIE (HERBE A BONNE-FEMME)

Voici maintenant, sous forme de fable ou de parabole, comme on voudra, de la morale en action.

Dans certain village, une femme bavarde et pie-grièche était battue par son mari que ses criailleries avaient le don de surexciter.

Je ne sais pas exactement où ceci se passait, mais, comme il est des femmes bavardes partout, on pourra placer mon histoire où on voudra, elle ne sera dépaysée nulle part.

Donc, la commère à force de chercher querelle à son mari se faisait rosser d'importance par celui-ci — corrections qui n'avaient eu d'autre résultat que de la couvrir de bleus; partout des ecchymoses, voire des plaies, couvraient son pauvre corps.

Un capucin, besace tendue, vint à passer un beau jour.

« Mon père, dit la mégère, je veux bien vous faire l'aumône, mais donnez-moi en échange un moyen de guérir mes blessures et d'effacer la trace des coups que mon mari me donne. Je suis toute meurtrie, à peine si je peux encore bouger.

— Ma fine, répondit le moine, — un malin — voici une plante dont les vertus sont miraculeuses, à la condition de bien l'employer comme je vais vous le dire. Faites-en une infusion; dès que vous apercevrez votre mari, mettez-en une cuillerée dans votre bouche, vous ne l'avalerez ou ne la cracherez que quand il ne sera plus là. Au bout de peu de jours vous serez guérie et, mieux que cela, si vous continuez le remède, jamais plus votre mari ne vous battra; la plante est un baume souverain contre les coups »

*
* *

Quelques mois après, le capucin, en nouvelle tournée, revint voir sa malade qu'il trouva gaie, fraîche et dodue; elle lui remplit sa besace en le remerciant vivement.

« Continuez, ma fille, vous voyez que le remède est bon!... »

Et, en route, notre moine se disait : « Si j'avais conseillé à cette femme de ne rien dire, elle aurait crié plus fort que jamais. Pour lui faire tenir coite la langue, je lui ai fait garder bouche pleine.

Seul moyen de faire taire une bavarde... et encore! » fit le bon homme en se ravisant!...

Depuis ce temps, l'ancolie a changé son surnom de « herbe à Bonne-Femme » en celui de « herbe à Femmes-Battues ».

FLEURS QUI PARLENT

Bouquets de fiançailles, bouquets de jour de l'an, bouquets à deux sous, voilà pêle-mêle les fleurs qui se marient entre elles pour exprimer tout ce que veut dire leur donateur.

Bouquets amoureux, officiels, gais, tristes, menteurs, sincères, gracieux ou lourds.

Après une journée de joyeux soleil, voici que les couples vont cueillir les bouquets de boutons d'or et de pâquerettes qu'ils effeuillent ensemble : c'est le bouquet sentimental.

Là-bas, un tout jeune homme se glisse timide le long des trottoirs, un bouquet serré dans un mirifique papier à dentelles; il va offrir ces fleurs à celle qu'il aime. Il frissonne : comment sera-t-il reçu?... C'est le premier bouquet galant.

Puis voilà le bouquet politique qu'on doit accepter avec le filandreux compliment qui l'accompagne. Il faut le recevoir le sourire sur les lèvres et y répondre avec l'ennui dans l'âme.

« Papa et maman, je vous souhaite une bonne fête. » C'est le plus beau bouquet, le plus sincère, qu'on donne, tout petit, en sautant au cou de ceux qu'on adore.

Puis c'est la file ininterrompue des bouquets intéressés, assaisonnés — extérieurement — de souhaits de prospérité, de bonheur, etc. Intérieurement il est bourré d'indifférence parfaite pour le complimenté dont la pièce de cent sous obtient à peine une pensée reconnaissante.

Là, c'est le bouquet qui a glissé du corsage et qu'on ramasse et qu'on garde même lorsqu'il tombe en poussière.

C'est enfin le bouquet en deuil, celui qu'on dépose sur la tombe d'un parent aimé ou d'un ami cher, qu'on pleure, à qui on rend ce dernier hommage d'affection.

*
* *

La fleur est muette et pourtant elle parle dans un langage profondément expressif; elle dit les joies et les souffrances qui tourmentent le cœur. La fleur exhale avec d'énivrants parfums, un aveu un reproche ou un chagrin; elle rappelle les faits sanglants ou joyeux et, parcourant le monde, elle glane au hasard les racontars, les potins et les récits que sa curiosité recueille.

Elle exprime tous les souvenirs passés ou bien, par de justes observations, elle déduit d'un fait, un symbole logique. Ainsi le *blé de Turquie* exprime l'abondance. Pourquoi? parce que c'est celui de tous les grains ensemencés qui produit le plus abondamment.

Le *gui* a donné lieu à cette devise : « Je surmonte tout ». En effet, il croît sur les sommets les plus élevés des arbres auxquels il emprunte ses substances nutritives.

Est-il rien de plus coquet et de plus gracieux que l'*Acacia* aux grappes roses retombant sur de fragiles supports. Il exprime l'élégance.

Rien ne peut mieux exprimer la consolation ou l'espérance que le *Perce-neige*. Sa fleur est un sourire dans le linceul glacé qui couvre les membres décharnés des arbres. Sa virilité précoce est une promesse pour les mois qui viendront chargés de fleurs.

Le *Chèvrefeuille* veut dire affection, liens d'amour, car il est plante grimpante, car il enlace tendrement ce qu'il entoure.... Mais après tout, pourquoi la *Bryone* et toutes les plantes grimpantes n'expriment-elles pas la même idée, pourquoi l'*Aubépine* odorante ou l'*Églantier* avec ses jolies fleurs roses, ne significraient-ils pas élégance, charme, délicatesse, joliesse, etc. Pourquoi une théorie méticuleuse du langage des fleurs?

Il y a des gens qui poussent le scrupule et la patience jusqu'à faire une sorte de grammaire du langage des fleurs :

Le présent s'exprime en présentant la fleur à la hauteur du cœur, le futur à la hauteur des yeux.

D'autres font des horloges de Flore, et c'est avec ce tableau qu'on compte les heures en langage fleuri.

Linné, dit Taxile Delord, en a dressé un. Le voici :

Minuit.	Cactier à grandes fleurs.	**Midi.**	Ficoïde glaciale.
Une heure. . .	Laiteron de Laponie.	**Une heure.** . .	Œillet prolifère.
Deux heures. .	Salsifis jaune.	**Deux heures.** .	Épervière piloselle.
Trois heures. .	Grande Dicride.	**Trois heures.** .	Pissenlit taraxacoïde.
Quatre heures .	Crépide des toits.	**Quatre heures** .	Alysse alystoïde.
Cinq heures . .	Émerocalle fauve.	**Cinq heures** . .	Belle de nuit.
Six heures. . .	Épervière frutiqueuse.	**Six heures.** . .	Géranium triste.
Sept heures . .	Souci pluvial.	**Sept heures** . .	Pavot à tige nue.
Huit heures . .	Mouron rouge.	**Huit heures** . .	Liseron droit.
Neuf heures . .	Souci des champs.	**Neuf heures.** .	Liseron linéaire.
Dix heures. . .	Ficoïde napolitaine.	**Dix heures** . .	Hipomée pourpre.
Onze heures. .	Ornithogale.	**Onze heures.** .	Silène fleur de nuit.

Et, à ce propos, il raconte avec une verve et un esprit endiablés une histoire fort amusante; nous ne pouvons résister au plaisir d'en citer quelques extraits :

C'est une mère qui raconte à son fils comment elle a été éprise de son époux.

« ... J'aimais Jacobus et Jacobus m'aimait.... Malheureusement la volonté de nos parents nous séparait. Notre seule consolation était de nous écrire. »

Pour échapper au soupçon, Jacobus donne à celle qu'il aime, un *cours* de langage des fleurs.

Il avait dressé, à sa fantaisie, un calendrier où chaque mois, chaque semaine, chaque jour, était indiqué par le nom d'une fleur; calendrier que Mme Jacobus « potassait » avec fièvre.

« ... Jacobus se préparait à faire un voyage à Paris pour voir un de ses oncles de qui dépendait notre union. Je me rappelle encore le billet qu'il m'écrivit à cette occasion :

« L'Absinthe ne peut rien contre le véritable acacia. Tu le sais,

« j'ai arum serpentaire de l'airelle myrtille. Pas d'adoxa! anémone « hépatique, ton acacia est en agavé. Éloigne tout asphodèle jaune « et songe à l'armoise de nous revoir. Myrte à la hauteur du cœur « et myrte à la hauteur des yeux « for ever ».

« JACOBUS. »

« Je n'eus pas besoin de recourir au dictionnaire pour traduire immédiatement ce billet :

« L'absence ne peut rien contre le véritable amour. Tu le sais, « j'ai horreur de la trahison. Pas de faiblesse. Aie de la con- « fiance. Ton amour est en sûreté. Éloigne tout regret, et songe au « bonheur de nous revoir.

« Je t'aime et t'aimerai toujours. »

. . . .

« Votre père était de retour à Paris et mon tuteur me tenait renfermée. Je brûlais cependant de connaître les résultats de son voyage. Je séduisis un de mes gardiens et j'écrivis la lettre suivante à Jacobus :

« Pleine d'aloès soccotrin et de balsamine il me faut à tout prix « un balisier. Mon tuteur m'assure que vous m'avez livrée à « l'anémone. J'ai l'aubépine que c'est un infâme buglosse. Comme « j'ai souffert depuis notre jasmin de Virginie! Votre présence me « rendra le menyanthe. Nulle clématite ne troublera plus notre « orobanche majeure. Je vous attends dans les ruines du vieux « château, à salsifis jaune précis. »

Ce qui veut dire :

« Je suis pleine d'amertume et d'impatience. Il me faut à tout « prix un rendez-vous. Mon tuteur m'assure que vous m'avez « livrée à l'abandon. J'ai l'espérance que c'est un infâme mensonge. « Comme j'ai souffert depuis notre séparation ! Votre présence me « rendra le repos. Nul artifice ne troublera plus notre union. Je « vous attends dans les ruines du vieux château, à deux heures « précises.... »

L'amoureux ne vint pas et Mme Jacobus se crut décidément abandonnée.

« Le lendemain j'appris que les pâtres de la vallée avaient trouvé à l'aube un homme gelé dans les ruines du vieux château

Cet homme, c'était votre père. Au lieu de lui dire : Je vous attends « à épervière piloselle qui marque deux heures de l'après-midi, je « lui avais donné rendez-vous à salsifis jaune, qui marque deux « heures du matin.

Et d'après le calendrier des fleurs, c'était un cyprès d'ellébore noir, autrement dit, en français, un vendredi de janvier! »

*
* *

Des traités sur le langage des fleurs! on en voit à tous les étalages des quais : « Nouveau langage des fleurs a l'usage des dames et des demoiselles », car d'après les auteurs, c'est toujours le « nouveau » langage dont il s'agit, traînant pêle-mêle dans la boîte à dix sous avec le « Nouveau Guide pour se marier, la « Clé des songes », « Des usages et de la politesse dans le monde » et un tas d'autres fadaises écrites dans un style mirlitonesque aussi enfantin que prétentieux; cela est au vrai langage ce que la fleur en cocarde qui décore le bœuf gras est à la fleur naturelle?

Pourquoi des traités? Ce n'est pas cette langue-là que parlent les fleurs. Elles disent des vérités que tout le monde comprend parce qu'elles ont en elles une intense puissance d'expression.

Le chêne, cet arbre vigoureux aux branches robustes, que les orages réussissent à peine à briser, exprime tout naturellement l'idée de force.

Le lis aux blancheurs éclatantes, à la robe sans tache invoque l'idée de pureté, d'innocence. Mais, hélas! les criocères le dévorent: ce sont les vices, les passions qui le flétrissent et le tuent, l'empoisonnent. N'y a-t-il pas là une nouvelle allégorie?

La rose, qu'on a universellement nommée la reine des fleurs parce qu'elle en est la plus éclatante, la plus fraîche, la plus élégante, est le symbole de la beauté. Près d'elle est une de ses filles, au teint vif, à la parure moins sévère qui sourit au soleil : c'est là Rose-Pompon au corsage chiffonné..., c'est la grisette, avec sa bonne humeur et sa gaîté. La sœur de Rose-Pompon, la Rose-thé est pâle, languissante; elle frissonne au moindre contact : c'est la jolie femme nonchalante,

Qu'un effroi fait mourir, qu'un bonheur fait pâmer

*
* *

Là-bas viennent en foule les souvenirs de l'antiquité, l'histoire, les coutumes.

La fleur papote sans cesse. Elle dit tout ce qu'elle sait, les aventures de chacun. Bavarde, indiscrète, elle nous en conte de toutes les couleurs.

« Il paraît, dit une jolie fleurette, que les hommes, suivant l'exemple d'Apollon, ceignent de laurier la tête de ceux qui ont du génie et que de cette façon ils expriment l'idée de gloire; on m'a même dit que certains en abusaient un peu et se croyaient du talent parce qu'ils étaient fleuris; ils ne remarquent point combien cette coiffure leur sied mal!

« Les hommes ont d'abord couronné leurs Césars, ils couronnent maintenant leurs potaches, collégiens et écoliers, émus et fort embarrassés d'un si glorieux emblème, qui leur tombe sur le nez et leur cache les yeux.... Couronnes trop lourdes pour d'aussi petites têtes!...

« Je crois que maintes gens se parent de guirlandes pour cacher de longues, longues oreilles.... »

Et là-dessus les petites fleurs se mirent à rire.

« Vous parlez de gloire, reprit une frêle corolle, mais moi je pourrais parler de force car, là-bas, dans ce grand arbre, — ce peuplier noir portant les branches les plus vigoureuses qui soient, — j'ai vu Hercule tailler ses plus puissantes massues.

— Moi je connais....

— Figurez-vous....

— Au printemps.... »

Chacune des fleurs voulait raconter son histoire; c'était un brouhaha confus... mais le vent se mit à souffler, et les lambeaux de phrases se perdirent peu à peu....

*
* *

Le langage des fleurs peut trouver aussi ses symboles dans un fait historique, une coutume, une tradition.

Ainsi l'*Angélique* signifie inspiration, parce que les poètes lapons, avant de se livrer à l'improvisation, avaient l'habitude de se couronner d'angélique. Les anciens procédaient souvent de même.

Rien n'est plus libre en somme que la traduction qu'on peut donner du langage des fleurs.

Dans la Cour des Miracles, Clopin Trouillefeu, personnage que Victor Hugo a immortalisé dans *Notre-Dame-de-Paris*, simulait d'horribles blessures, des plaies qui, avec le dégoût, soulevaient la compassion des braves gens, cela, avec la complicité de la *Clématite* sauvage (herbe aux gueux), dont il se frottait vigoureusement les membres : la clématite est le symbole de l'artifice.

Nous avons raconté plus haut la folie des Hollandais pour la *Tulipe* qui leur coûta des monceaux d'or. La tulipe peut donc symboliser la magnificence, la prodigalité. Elle peut aussi, dans certains cas, représenter l'allégresse, la réjouissance, car les Persans célèbrent encore la fête des Tulipes, fête magnifique où chacun se coiffe de tulipes.

Rien ne peut exprimer l'espoir, le renouveau, la félicité comme l'*Aubépine*. Elle est la première venue au printemps, remplit les buissons de mille grâces. A Rome, elle présida aux fiançailles et garnit le berceau des nouveau-nés.

... Mais les fleurs ont une langue plus intime, plus confidentielle, celle que chacun invente pour exprimer ses désirs ou ses joies, ses tristesses et ses larmes; il y a donc des allégories qui, suivant les circonstances qui les ont créées, ne sont compréhensibles que pour les initiés : allusions à mots couverts qu'aucun traité ne peut apprendre et qui est le vrai langage des fleurs. A la personne aimée on enverra la fleur préférée; à celle qu'on déteste on pourra faire parvenir, — ce qui sera du « meilleur » goût, du reste, — la fleur qui lui est le plus antipathique.

*
* *

La couleur des fleurs a aussi son expression dont on peut extraire bien des emblèmes.

Le jaune est répandu à profusion dans la nature : il colore d'une façon éclatante les épis mûrs du froment et du seigle ; c'est l'or, c'est la richesse!

Le rouge est la couleur préférée par tous les peuples.

« C'est, dit Bernardin de Saint-Pierre, avec le rouge que la nature rehausse les parties les plus brillantes des plus belles fleurs. »

La fleur rouge a une expression de magnificence qui la fait dominer sur toutes les autres.

Le bleu est l'emblème de la pureté par sa discrétion, de la délicatesse par sa fragilité; c'est la couleur la moins répandue dans la nature.

Le violet, qui en dérive, exprime la tristesse, la mélancolie.

La pervenche, d'un bleu légèrement violacé, a fait tressaillir le cœur attristé de Jean-Jacques Rousseau; la pensée qui orne les tombes contient des larmes.

La scabieuse au pourpre obscur a été appelée, par un sentiment populaire unanime, la fleur des veuves.

La couleur la plus répandue dans la nature, où elle chante sur tous les tons, est le vert qui se gradue depuis le bleu jusqu'au jaune, en passant par tous les tons imaginables, du foncé presque noir au clair presque blanc, en parcourant la série des gammes les plus délicates.

Le vert égaye l'aspect de la nature. Il exalte le rouge, modère le jaune. Il éveille des idées aimables, des idées douces; il repose l'esprit comme il repose les yeux.

La couleur de la fleur est donc une sorte de langage, en rapport intime avec le sentiment ou les préférences.

FLEURS POLITIQUES

La fleur s'est aussi mêlée de politique ou, pour mieux dire, on l'a mêlée à la politique, honneur dont elle se serait fort bien passée.

Ne demandant qu'à être aimée, elle a fait naître des haines farouches; ne cherchant qu'à épandre son parfum, elle a fait verser des flots de sang.

La rose rouge et la rose blanche devinrent ennemies jurées et se firent une guerre acharnée d'autant plus odieuse que ce fut une guerre civile. Je fais allusion ici à la fameuse guerre des Deux-Roses qui eut lieu au XVe siècle entre les maisons d'York et de Lancastre se disputant le trône d'Angleterre.

Les partisans des Lancastres portaient, comme marque distinctive, la rose rouge, ceux de la maison d'York, la rose blanche.

Mais la fleur ne voulut pas perdre à jamais sa réputation et, ayant servi d'emblème de discorde, elle servit aussi d'emblème de réconciliation : Henri Tudor, un Lancastre, épousa Élisabeth d'York.

*
* *

Ce que fit la rose en Angleterre, l'œillet le fit en France. Ce fut moins grave peut-être, mais terrible néanmoins. En 1815, peu après la seconde restauration, l'œillet rouge devint l'insigne des partisans de Napoléon, l'œillet blanc celui des royalistes, surtout des pages et des gardes du corps.

Œillets rouges et œillets blancs eurent entre eux de sérieux combats, des querelles funestes se terminant souvent par des catastrophes.

L'histoire de Jules de Saint-Prix, jeune page de Louis XVIII, en est une preuve.

Il était, un jour, venu voir sa tante, dame d'honneur de la duchesse d'Angoulême. Celle-ci, remarquant qu'il ne portait nul emblème, lui dit : « Eh ! quoi, vous avez donc peur des Bonapartistes ?... »

La duchesse, entrant en ce moment, entendit le propos : « Le reproche de votre tante est injuste, chevalier, je sais que vous et les vôtres êtes, comme Bayard, sans peur et sans reproche ».

Et cueillant, dans un bouquet, un œillet blanc, elle l'accrocha au pourpoint du jeune homme.

« Merci, madame, dit-il en s'inclinant, que votre Altesse Royale soit assurée que je ne la ferai pas mentir. »

Le soir, le chevalier de Saint-Prix, en habit de ville et accompagné de plusieurs amis, se promenait au boulevard étalant à sa boutonnière l'œillet blanc qu'il avait reçu, lorsque passa un groupe d'officiers à la demi-solde et portant l'œillet rouge.

« Bien salissante, jeunes gens, la couleur que vous étalez là, s'écria l'un deux.

— Trop salissante, en effet, pour que vous la portiez », riposta Saint-Prix....

Les épées furent tirées.

Malheureusement l'officier qui avait suscité la querelle était un spadassin redoutable. Saint-Prix était plein de bravoure, mais incapable de lutter longtemps avec un pareil adversaire.

Le chevalier reçut un coup d'épée en pleine poitrine, au moment où une patrouille accourait pour séparer les combattants.

Les officiers s'échappèrent rapidement, tandis que le blessé, relevé par ses amis, était mis en voiture et dirigé sur l'hôtel des pages. Comme il descendait, sa tante passait en calèche; sans remarquer la pâleur livide de son neveu :

« Horreur! s'écria-t-elle, le malheureux nous déshonore, il porte l'œillet rouge!...

— Oui, madame, répliqua Saint-Prix d'une voix faible, rouge, mais toujours pur, c'est mon sang qui l'a teint!

— Grand Dieu! s'écria la comtesse éperdue, pauvre enfant, c'est moi qui l'ai tué! »

. . . .

Le jeune page mourut le soir même après avoir demandé qu'on mît à côté de lui, dans sa tombe, le funeste œillet!

*
* *

Le lis fut l'emblème de la royauté. Il fut aussi la marque infamante imprimée au fer rouge sur l'épaule des forçats!

La rose de France fut la fleur de la comtesse de Paris.

La violette, l'humble et modeste fleur qui ne demande qu'à passer inaperçue, devint un jour d'aberration une fleur séditieuse, elle se fit mettre en prison, eut des amendes à payer.... Elle est, maintenant, redevenue sage, tranquille, et peut, sans danger pour celui qui la porte, être arborée à la boutonnière. Elle n'indique plus que le printemps.

Le houx fut, en Écosse, un signe de ralliement.

La feuille de marronnier, cueillie au Palais-Royal, fut l'emblème des partisans de Camille Desmoulins.

Un beau jour, ça n'est pas bien vieux, l'œillet blanc renaquit, l'œillet rouge, ne voulant point rester en arrière, fit comme l'œillet blanc. Et voilà les fleurs partant en guerre les unes contre les autres.

Heureusement, de cet éparpillement de pétales, de ces trois « renaissances », c'est la Comédie, plus que la Tragédie qui surgit.

* * *

Souhaitons que les fleurs abandonnent désormais toute velléité politique. Elles ont un rôle plus charmant à remplir et se trouveront toujours mieux, et bien plus à leur place, sur le corsage d'une femme, à quelque classe qu'elle appartienne, qu'à la boutonnière d'un partisan, quelles que soient ses opinions.

LES FLEURS HÉRALDIQUES

La fleur fut aussi anoblie.

Bien que, parmi les figures ou pièces placées sur les écus des gentilshommes, elle n'ait pas la prépondérance, elle y tient néanmoins une place fort honorable.

N'est-ce pas elle qui meubla l'écu de France « *d'azur à trois fleurs de lis d'or?...* »

Certains auteurs prétendent, cependant, que cette fleur de lis n'est point une fleur, mais représente tout simplement une pointe de hallebarde, décrite, dans de très mauvais vers du reste, par Guillaume Le Breton.

D'autres disent que la fleur de lis est une fleur d'iris.

Ne nous mêlons point à la discussion, et contentons-nous d'adopter ce que l'usage a consacré.

La fleur de lis a figuré pour la première fois sur l'écusson des rois de France, disent les plus érudits de ceux qui ont écrit sur la science héraldique, au commencement du règne de Louis le Jeune qui régla les fonctions des hérauts pour le sacre de Philippe Auguste et qui fit semer des fleurs de lis sur tous les ornements qui servirent à cette cérémonie. Ce prince est le premier qui en chargea son contre-scel (1).

*
* *

De tous temps, les guerriers ont adopté des marques symboliques pour orner leurs casques et leurs boucliers. La plupart de ces ornements étaient, il est vrai, puisés plus dans la faune que dans la flore, mais celle-ci pourtant apparaissait de temps à autre.

D'après certains auteurs, on pourrait remonter beaucoup plus loin encore.

L'un deux, avec un sérieux touchant, ne nous fait-il pas remonter au paradis terrestre pour nous apprendre qu'Adam possédait des armoiries? Il est regrettable qu'il n'en donne point la description, mais il est bien évident que la pomme devait en être la pièce dominante!

Un autre, M. André Favin, plus explicite, nous attend à la sortie du susdit paradis pour nous raconter que les premiers éléments de la science héraldique sont dus aux fils de Seth qui prirent pour armoiries des figures naturelles : plantes, fruits, animaux, afin de se distinguer des fils de Caïn qui adoptèrent les instruments des arts mécaniques!...

Imperturbablement, on donna les « armoiries » des patriarches, des prophètes, des rois de Jérusalem, etc., « que le Féron, Bara, Fursten, etc., recueillirent comme *pièces rares et curieuses* (2) !!! »

Diantre, je le crois sans peine que ce doit être curieux et surtout rare!

*
* *

Raisonnablement, on peut admettre que les anciens ont choisi des marques symboliques pour distinguer les tribus entre elles.

Chez les Gaulois, les Druides portaient, comme emblème mystérieux, le Gui.

1. Petit sceau ajouté au grand sceau pour affirmer avec plus de force l'authenticité d'un acte et rendre le faux plus difficile.

2. Jouffroy d'Eschavannes. Science du blason.

Mais ces emblèmes alors ne constituaient point des marques héréditaires de noblesse, et ce ne fut guère qu'au XIIe siècle qu'ils apparurent tels, par simple caprice d'abord, réglés plus tard par un code héraldique.

Il est une coïncidence assez curieuse à signaler : presque exactement à l'époque où l'usage des armoiries naissait en France, le même usage apparaissait dans un lointain pays avec lequel aucune relation n'existait alors : le Japon.

La fleur de lis royale au Japon a son équivalente dans l'impériale fleur de *Kiri* dont l'origine est inconnue; une autre fleur nationale japonaise est le Chrysanthème dont l'adaptation au blason, datant de la fin du XIIe siècle, serait due à l'empereur Go-Tobba-Tenò.

Les armoiries japonaises ne semblent pas être emblématiques comme celles de la chevalerie française, mais paraissent créées suivant le caprice des familles qui en adoptaient les figures.

Vers le milieu du XVIIe siècle, toutefois, il fut décrété que tout membre de la noblesse militaire devra avoir des « armoiries réglementaires » (*Djô-mon*), originelles de la famille, et des armoiries exceptionnelles (*Kahé-mon*), désignant les diverses branches d'une même famille ou les familles autres possédant les mêmes armes. Certaines maisons japonaises ont des armes parlantes.

L'usage des couronnes, des cimiers, des supports, des devises n'existe point au Japon.

*
* *

Les armes de Grande-Bretagne portent deux fleurs, non point sur l'écu, mais agencées dans les ornements du support ou accrochées à la banderole portant la devise : *Dieu et mon Droit*, devise écrite en bon français sous ces armes anglaises !...

L'une de ces fleurs est le Chardon, l'autre la Rose

L'ordre du Chardon fut créé en 1540 par Jacques V, roi d'Écosse. Il ne comportait que douze chevaliers. Les cérémonies de l'ordre avaient lieu à l'église Saint-André, à Édimbourg, d'où le nom « d'ordre de Saint-André » qu'il porte aussi.

Supprimé à la mort de Marie Stuart, puis rétabli par Jacques II d'Angleterre (1687), il fut supprimé derechef lorsque Jacques II se réfugia en France. La reine Anne le rétablit en 1703; il fut continué par Georges Ier qui en modifia les statuts; le nombre des chevaliers, qui était de douze au début, fut porté à seize : trois écossais, treize anglais.

L'ordre du Chardon comporte un écusson ovale, d'or, à l'image de saint André, à la devise sur fond sinople[1] : *Nemo me impune lacesset*. Le bijou se suspend par un large ruban vert.

La rose est un souvenir de la fameuse guerre des Deux Roses dont nous avons parlé.

* * *

La science héraldique a adopté un langage spécial, pour indiquer les couleurs, les émaux, etc.; il en est de même pour distinguer les figures et les modifications que celles-ci subissent, placées sur un blason.

Nous ne nous occupons ici, bien entendu, que de ce qui se rattache à notre sujet, *la Plante*.

Les arbres figurant sur un écu sont :

Effeuillés, quand ils ne portent point de feuilles;

Arrachés, si on en voit les racines;

Futés, quand le fût est d'un autre émail;

Écotés ou Ébranchés, quand les troncs ont les branches coupées.

Tronqués, quand ils sont coupés des deux bouts.

On dit des fleurs de *lis* qu'elles sont *au naturel* lorsqu'on les représente telles qu'elles;

Elles sont au *pied nourri* quand on n'en voit que la partie supérieure;

Au *pied coupé* quand elles sont coupées net à la moitié.

Lorsque le fleuron supérieur est ouvert et qu'entre les fleurons des côtés apparaissent des boutons, on dit de la fleur de lis qu'elle est *épanouie*, terme qui peut s'appliquer à d'autres fleurs.

La *rose* se représente avec cinq feuilles intérieures, cinq pointes

1. Le sinople, en science héraldique, indique le vert.

entre ces feuilles, — épines disent les uns, feuilles prétendent les autres, — et un bouton au centre.

Les *trèfles* ont toujours une tige, tandis que les *tiercefeuilles* sont des trèfles sans queues. Les *quartefeuilles* sont des fleurons portant quatre feuilles et point de tiges. Les *quintefeuilles*, fleurs de pervenche à cinq feuilles pointues, prenant le nom d'*angenne*, quand elles sont arrondies.

La *grenade* porte une couronne à pointe, le fruit est fendu au milieu et laisse voir les grains. La tige porte quelques feuilles.

Les *noisettes* adoptent le nom de *coquerelles*.

Le *prunier sauvage*, celui de *créquier*; il prend, en blason, une figure bizarre.

Les *glands* sont *tigés et feuillés* lorsqu'ils ont feuilles, tiges, gobelets et fruits; ils sont *renversés* quand le gobelet est en bas, etc.

Voici quelques termes spéciaux désignant certaines plantes ou des variantes apportées à leurs formes. Toute fleur peut figurer dans le blason, nous n'en donnons que quelques-unes à titre d'exemples.

Isalgue. — Fleur formée de cinq trèfles à longues queues dont les bouts traversent une partie de cercle imitant un croissant renversé.

Redorte. — Branche d'arbre tressée ou tortillée.

Angemme ou *Angenne.* — Fleur imaginaire à cinq feuilles arrondies (nous avons cité le terme à propos de la quintefeuille).

Écot. — Tronc d'arbre noueux.

Florence. — Une croix dont les extrémités sont des fleurs de lis.

Rinceaux. — Branches entrelacées, croisées.

Panelle. — Feuille de peuplier.

Pampre. — Cep de vigne.

Palme. Branche de palmier.

Nervé. — Se dit des feuilles dont les nervures et les fibres sont d'un autre émail.

Englanté. — Terme désignant un chêne couvert de fruits.

Pampré. — Tiges et feuilles du raisin quand elles sont d'émail différent.

Feuillé. — Plante dont les feuilles sont d'un émail spécial.

Tigé. — Se dit des palmes et des fleurs portées sur leurs tiges.

Fleuré ou Fleuronné. — Quand les bords sont ornés de trèfles ou fleurons.

Fleurdelisé. — Pièce terminée en fleur de lis.

Ombré. — Se dit des figures (autres même que les plantes) qui sont relevées de noir pour les mieux indiquer.

Tracé. — Est le synonyme d'ombré.

Etc., etc....

LE LANGAGE DES FLEURS

Il peut être non seulement intéressant, mais parfois fort utile, de connaître les symboles que la plante a suggérés. Ils sont trop nombreux pour les citer tous, aussi trop variés; certains sont quelque peu enfantins, d'autres sont dus à la fantaisie de rêveurs.

Nous nous contenterons donc de donner ici les principales allégories admises, sans nous préoccuper de certaines anomalies — et même de contradictions — que nous enregistrons sans les discuter ni chercher à les expliquer.

Le laurier, par exemple, indique tout à la fois la perfidie et la vérité.

Le lis symbolise la pureté et le mensonge, la simplicité et la majesté.

La marjolaine, la grande douleur et le bonheur parfait.

Certaines allégories s'indiquent d'elles-mêmes par la nature, la forme, le caractère de la plante, les légendes, les traditions qu'elles rappellent.

D'autres sont fort obscures et nous ne nous chargeons guère de vous éclairer à cet égard.

L'ordre alphabétique nous paraît ici tout indiqué pour faciliter les recherches.

A

ABSINTHE	Absence. Peines de cœur.
ACACIA	Affection constante. Pudeur.
ACANTHE	Architecture. Beaux-Arts. Artifice.
ACHILLÉE	*Achille*. Guerre. Animosité. Soulagement.
ACONIT NAPEL	Chevalerie.
ADONIDE	Tristes souvenirs.
AIRELLE OU MYRTILLE	Trahison. Perfidie.
ALGUES	Incertitude. Instabilité
AMANDIER	Étourderie. Stupidité. Espérance.
AMARANTE	Fidélité. Bienséance. Immortalité.
AMARANTE, CRÊTE DE COQ	Affectation. Extravagance.
AMARYLLIS	Beauté éclatante. Fierté
ANANAS	Perfection.
ANCOLIE	Folie.
ANÉMONE SYLVIE (OU ANÉMONE DES BOIS)	Attente. Abandon. Chagrin.
ANGÉLIQUE	Inspiration. Extase.
ARISTOLOCHE	Étreinte.
ARUM	Ardeur. Piège.
ASTER A GRANDES FLEURS	Arrière-pensée.
ASTER D'AMÉRIQUE	Bienvenue.
AUBÉPINE	Espérance. Prudence.
AVELINE	Paix. Réconciliation.

B

BAGUENAUDIER	Frivolité.
BALSAMINE	Activité. Ardeur. Impatience. Résolution chancelante, etc.
BARDANE	Entêtement. Grossièreté. Importunité.
BELLADONE	Silence.
BELLE DE JOUR	Coquetterie.
BELLE DE NUIT	Repos. Timidité. Modestie.
BLÉ	Attribut de *Cérès*. Abondance.
BLUET	Fleur de *Saint-François-Xavier*. Délicatesse. Clarté.
BOUILLON BLANC	Bon caractère.
BOULE DE NEIGE	Froideur.
BOURRACHE	Brusquerie bienfaisante.
BOUTON D'OR	Danger des richesses. Perfidie. Éclat. Ingratitude. Méchanceté.
BOUTON DE ROSE	Jeune fille. Cœur ignorant.
BOUTON DE ROSE MOUSSEUSE	Doux aveu.
BRUYÈRE	Solitude.
BUIS	Stoïcisme.

C

CACTUS	Chaleur. Bizarrerie.
CAMÉLIA	Beauté. Constance.
CAMOMILLE	Calme. Énergie dans le chagrin.
CAMPANULE	Beauté négligée. Flatterie. Grâce. Attraits. Surveillance.
CAPILLAIRE	Délicatesse. Discrétion.
CAPUCINE	Passion. Patriotisme.
CARDÈRE	Misanthropie.
CÈDRE	Force. Incorruptibilité, etc.
CHAMPIGNON	Soupçon.
CHANVRE	Destinée.
CHARDON	Austérité. Vengeance.
CHATAIGNIER	Prévoyance. Volupté.

Chélidoine . . . Joies futures.
Chêne . . . . . . Arbre consacré à *Jupiter.* A *Antoine de Padoue.* Indique la bravoure, la force, l'hospitalité, l'intrépidité, la liberté, etc.
Chèvrefeuille. . Affection dévouée. Amour fraternel. Lien d'affection, etc.
Chicorée . . . . Frugalité.
Chiendent. . . . Adresse. Persévérance.
Chou . . . . . . Profit. Bêtise.
Chrysanthème jaune. . . . . Affection dédaignée. Vérité.
Cigüe grande . . Engourdissement. Trahison.
Cigüe petite. . . Niaiserie. « Vous me tuerez ».
Citron . . . . . Beauté sans bonté. Fidélité en affection.
Citronnelle. . . Douleur. Raillerie.
Citronnier . . . Fécondité. Piété. Victoire.
Citrouille. . . . Obésité.
Clématite. . . . Artifice. Pauvreté. Sûreté. Tromperie.
Clématite sauvage . . . . . Amour filial.
Cobéa. . . . . . Bavardage. Regrets.
Colchique. . . . Méditation.
Coquelicot . . . Consolation. Reconnaissance.
Corbeille d'or (Alysse), . . . Tranquillité.
Coréopsis. . . . Gaîté tenace.
Coriandre. . . . Mérite caché.
Cormier ou Cornouiller sauvage . . . . . Durée. Prudence.
Coudrier . . . . Charme magique. Réconciliation. Paix.
Cresson. . . . . Puissance. Stabilité.
Cyclamen . . . . Défiance.
Cyprès . . . . . *Pluton.* Deuil. Désespoir. Mort, etc.
Cytise (faux ébénier) . . . . . Noirceur.

D

Dahlia . . . . . Instabilité. Abondance inutile. Reconnaissance.
Datura ou Pomme épineuse . . . Charmes trompeurs. Déguisement.
Dent de Lion ou Pissenlit sauvage . . . . . Oracle. Prédiction.
Digitale. . . . . Travail. Consolation. Manque de sincérité.
Doradille. . . . Voyez Capillaire.
Douce-amère . . Vérité.

E

Ébénier (faux). . Voyez Cytise.
Echinops . . . . « Qui s'y frotte s'y pique ».
Éclaire. . . . . Voyez Chélidoine.
Églantine. . . . Affection décroissante. Anxiété. Poésie. Simplicité. Tremblement, etc.
Ellébore . . . . Bel esprit.
Épicea . . . . . Temps. Durée.
Épine noire. . . Difficulté.
Épine-vinette . . Aigreur.
Érable . . . . . Bêtise. Réserve.
Eupatoire. . . . Amour paternel.

F

Fausse Oronge. . Imposture.
Faux Acacia ou Robinier . . . Affection secrète.
Faux Ébénier . . Voyez Cytise.
Fenouil. . . . . Force. Digne de louanges.
Feuilles mortes. Tristesse. Mélancolie.
Feuilles vertes. Espérance. Gaieté.
Figuier. . . . . *Adam. Bacchus.* Douceur. Paresse. Discussion. Tentation. Reconnaissance.
Fleurs . . . . . Les fleurs en général sont les attributs de *Flore.*
Fougère . . . . Fascination. Sincérité. Rêverie. Durée.
Fraisier . . . . Estime et affection. Bonté. Délices.
Framboise. . . . Remords.

Fraxinelle . . .	*Junon.* Affection brûlante.
Frêne.	Grandeur. Prudence.
Fritillaire ou Couronne impériale	Majesté. Puissance.
Fruits	Attributs de *Pomone.*
Fuchsia.	Légèreté. Grâce. Gentillesse.
Fumeterre. . . .	Amertume. Mélancolie.
Fusain	« Votre image est gravée dans mon cœur ».

G

Gainier.	Vigueur nouvelle.
Genêts	Propreté. Ardeur.
Genévrier. . . .	*Apollon.* Asile. Secours. Protection.
Géranium	Ingénuité. Esprit chagrin. Véritable amitié. Mélancolie. Rencontre prévue. Sottise. Soulagement, etc.
Géranium rose. .	Préférence.
Géranium lierre.	Amour conjugal.
Géranium citron.	Rencontre imprévue.
Girofle.	Dignité. Luxe.
Giroflée . . .	Amour-propre. Beauté durable. Dépit. Liens affectueux. Candeur. Promptitude, etc.
Giroflée des murailles	Fidélité au malheur.
Glaieul.	Défi. Provocation. Indifférence.
Glycine.	Amitié douce et agréable.
Gouet.	Voyez Arum.
Gourde.	Capacité. Étendue.
Graminées. . . .	Dévouement. Utilité.
Grande Marguerite.	Oracle.
Grenade . . .	Proserpine. Concorde. Amitié sincère. Humilité.
Grenadier. . . .	Mauvaise foi. Bêtise. Suffisance. Union. Fatuité.
Groseilles à maquereau. . . .	Anticipation.
Gui.	« Je ne connais pas d'obstacles ».
Guimauve	Bienfaisance. Fadeur. Persuasion.

H

Héliotrope . . .	Enivrement. Fidélité. « Je vous aime ». Dévouement.
Hémérocale. . .	Aigreur.
Hépatique. . . .	Confiance.
Herbe aux gueux.	Voyez Clématite sauvage.
Hêtre.	Prospérité.
Hortensia. . . .	Froideur. Grandeur déchue. Indifférence.
Houblon.	Injustice. Amertume.
Houx	Prévoyance. Défense.
Hyacinthe. . . .	Prudence. Condescendance. Jeu.
Hysope	Propreté.

I

If.	Chagrin. Tendresse. Longévité.
Immortelle . . .	Souvenir durable. Toujours.
Iris.	Bonnes nouvelles. Confiance. Flamme. Ardeur.
Ivraie	Vice. Méchanceté.

J

Jacinthe	*Apollon.* Discrète amitié. Divertissement. Bienveillance.
Jacinthe des prés	Chagrin. Soumission.
Jasmin	Bonheur. Élégance. Officieux.
Jasmin blanc . .	Amabilité.
Jasmin de Virginie	Séparation.
Jasmin d'Espagne.	Sensualité.
Jonc	Souplesse. Docilité.
Jonc fleuri . . .	Attraction. Eau.
Jonquille. . . .	Désir. Accord. Langueur.

Joubarbe . . . . Vivacité. Activité. Frugalité. Bienfaisance discrète.
Jujubier . . . . Concorde. Soulagement.
Julienne . . . . Amusement. Départ. Attente. Plaisir de se voir. « On vous trompe », etc.
Jusquiame. . . . Imperfection. Défaut.

K

Ketmie . . . . . Délicate beauté.

L

Laitue . . . . . Refroidissement.
Laurier blanc. . Candeur.
Laurier franc. . Dédié à *Apollon. Daphné.* Gloire. Hiver. Orgueil. Perfidie. Persévérance. Arts. Poésie. Victoire. Récompense. Vérité. Clémence.
Laurier-rose . . Beauté. Danger. Douceur. « Gare à vous! »
Laurier-tym ou Viorne . . . . Petits soins.
Lavande. . . . . Vertu.
Lavande aspic. . Méfiance.
Lichen . . . . . Solitude. Abattement.
Lierre . . . . . Plante consacrée à *Bacchus*. Amitié. « Je meurs où je m'attache ». Fidélité. Poésie, etc.
Lilas. . . . . . Innocence, jeunesse. Première émotion. Affection naissante.
Lin. . . . . . . Destinée. Activité. Reconnaissance. Susceptibilité. Bienfaiteur.
Linaire. . . . . Fascination.
Lis. . . . . . . Chasteté. Pureté. Douceur. Affection brûlante. Majesté. Mensonge. Miséricorde. Simplicité. Souveraineté. Virginité.
Liseron. . . . . Humilité. Insinuation.
Lobelia. . . . . Malveillance.
Lotus. . . . . . Plante sacrée des Égyptiens. *Apollon*. Beauté toujours parfaite. Éloquence. Rétractation.
Lunaire grande. Honnêteté. Mauvais débiteur.
Lupin. . . . . . Imagination. Voracité.
Luzerne. . . . . Vie.
Lychnis des champs . . . . Irrésistible sympathie. Regards brillants. Esprit.
Lycopode. . . . Flamme passagère.

M

Magnolia . . . . Persévérance. Amour de la nature. Dignité.
Mancenillier . . Fausseté. Mensonge.
Mandragore. . . Délire. Fureur. Horreur. Rareté.
Marguerite . . . Souvenir. Amour. Oracle. Préférence.
Marjolaine . . . Consolation. Douleur. Bonheur parfait.
Marronnier d'Inde . . . . . . Luxe. Sensualité. Volupté.
Mauve . . . . . Douceur. Amour maternel.
Mélèze. . . . . Audace. Hardiesse.
Mélianthe. . . . Calme. Repos.
Mélisse. . . . . Charme. Plaisanterie. Gaieté.
Menthe. . . . . Vertu. Jalousie.
Menthe poivrée. Affection brûlante.
Mercuriale . . . Déception. Bonté. Apparences trompeuses.
Millefeuille . . Voyez Achillée.
Millet . . . . . Persévérance.
Mimosa . . . . . Nervosité. Sensibilité.
Mouron. . . . . Ingénuité.
Mouron rouge. . Rendez-vous.
Mousse. . . . . Amour maternel. Santé
Moutarde. . . . Indifférence.
Muflier. . . . . Présomption.
Muguet. . . . . Retour du bonheur.
Mûrier blanc . . Sagesse. Prudence.

Mûrier noir. . .	Dévouement.
Myosotis	« Pensez à moi. » Souvenance. Charité. Amour sincère.
Myrte.	*Apollon.* Académie. Allégresse. Amitié. Poésie. Union.
Myrtille	Voyez Airelle.

N

Narcisse	Vanité. Égoïsme. Fatuité.
Navet.	Charité.
Nénuphar. . . .	*Déjanire.* Froideur. Regrets. Pureté.
Nielle des blés .	Bon ton. Politesse.
Noisetier. . . .	Voyez Avelines.
Noyer.	Intelligence. Stratagème.

O

Œillet.	Affection vive et pure. Caprice. Énergie. Dédain. Ingéniosité. Hardiesse. Refus. Talent. Sensation.
Œillet adonis. .	Souvenance.
Œillet de montagne.	Aspiration.
Œillet de poète.	Finesse. Galanterie.
Œillet d'Inde. .	Aversion. Charme durable.
Œillet jaune . .	Exigence.
Œillet mignardise.	Enfantillage.
Olivier	*Apollon.* Age d'or. Clémence. Concorde. Immortalité. Paix. Sagesse. Raison. Tempérance. Victoire, etc.
Ophrys araignée.	Adresse.
Ophrys mouche .	Erreur. Indiscrétion.
Oranger.	Chasteté. Générosité.
Orme	Bienfaisance.
Ormeau.	Dignité.
Ortie.	Cruauté. Médisance.
Osier.	Franchise.
Oxalis	Joie.

P

Palmes.	*Anges.* Constance. Gloire. Espérance. Martyre. Tempérance. Victoire.
Palmier.	*Apollon. Apôtres.* Abstinence. Charité, etc.
Paquerette. . .	Résurrection. Innocence.
Paquerette double.	Affection.
Paquerette de noel.	Adieu.
Pariétaire. . . .	Chagrin. Misanthropie. « Laissez-moi à ma médiocrité. »
Passiflore . . .	Croyance. Culte. Religion. Passion.
Pavot.	Fleur consacrée à *Morphée.* Sommeil. Étourderie. Extravagance. Ignorance. Indifférence. Surprise, etc.
Pêcher.	Bonheur. « Je suis votre esclave. »
Pensée.	Méditation. Souvenir.
Perce-Neige. . .	Consolation. Espérance. Heureux présage.
Persil.	Réjouissance. Festin.
Pervenche. . . .	Fidélité. Doux souvenir. Première affection.
Petite Centaurée	Félicité.
Petite Sauge . .	Estime.
Peuplier	Courage. Lamentation.
Peuplier blanc .	Le Temps.
Peuplier noir . .	La Force. Le Courage.
Peuplier Tremble	La Peur. Gémissement. Lamentation.
Phlox.	Unanimité. « Je me plais là où vous êtes. »
Pied d'alouette.	Orgueil. Inconstance. Légèreté. « Lisez dans mon cœur. »
Piment	Compassion.
Pimprenelle. . .	Changement. Rendez-vous.

PIN. . . . . . . Douleur. Hardiesse. Pitié. Philosophie.
PISSENLIT . . . . Oracle. Prévision.
PIVOINE. . . . . Timidité. Honte.
PLATANE. . . . . Génie.
POIRIER. . . . . Affection. Bien-être.
POIS DE SENTEUR. Départ. Plaisir.
POMMIER (FLEUR). Printemps. Préférence.
POMME DE TERRE. Bienfaisance durable. Délicatesse.
PRIMEVÈRE. . . . Ame pensive. Séduction morale. Inconstance. Première jeunesse.
PRUNIER SAUVAGE. Indépendance.
PRUNIER CULTIVÉ. Fidélité. Promesses tenues.

Q

QUINTEFEUILLE. . Amour maternel. Amour de la famille.

R

RAISINS. . . . . *Eucharistie.* Automne. Septembre. Vendanges, etc.
RAMEAU DESSÉCHÉ. Amitié.
RÉGLISSE . . . . « Je me déclare contre vous. »
RÉGLISSE SAUVAGE. Adoucissement des peines.
REINE DES PRÉS . Inutilité.
REINE-MARGUERITE . . . . . Splendeur. Variété.
RENONCULE . . . Voyez Bouton d'or.
RÉSÉDA . . . . . Mérite modeste. Plus de qualités encore que de charmes.
RHODODENDRON. . Premier aveu.
RHUBARBE. . . . Avis.
ROBINIER . . . . Voyez Faux acacia.
ROMARIN. . . . . Souvenir. Baume consolateur.
RONCE. . . . . . Ignorance. Bassesse. Envie. Remords.
ROSE . . . . . . Fleur de *Vénus.* Majesté. Allégresse. Amour. Infidélité. Jalousie. Martyre. Timidité. Union, etc., etc.
ROSE A CENT FEUILLES. . . . Dignité. Grâce. Orgueil.
ROSE BLANCHE . . Discrétion. Innocence.
ROSE DE NOEL. . Calomnie. Folie. Manie. Scandale.
ROSE DU JAPON. . Plus belle que bonne.
ROSE POMPON . . Gentillesse.
ROSE SANS ÉPINES. Bonheur facile.
ROSE TRÉMIÈRE. . Ambition. Doux plaisir. Fécondité.
ROSEAU . . . . . Complaisance. Indiscrétion. Musique.
ROSIER . . . . . *Vénus. Sybilles. Vierges.* Printemps.
ROSSOLIS . . . . Surprise.
RUDBECKIE. . . . Justice.
RUE. . . . . . . Bonté. Dédain. Mœurs. Raison.

S

SABOT DE VÉNUS. Beauté capricieuse.
SAFRAN . . . . . « N'en abusez pas. »
SAINFOIN OSCILLANT . . . . . Agitation.
SALICAIRE . . . . Prétention.
SAPIN. . . . . . Élévation. Espérance dans le malheur.
SAPONAIRE. . . . « Vous excellez en tout! »
SAUGE. . . . . . Santé. Vertus domestiques. Estime.
SAULE. . . . . . Bravoure. Humanité. Liberté. Mélancolie. Prétention.
SAULE PLEUREUR. Mélancolie. Tristesse. Larmes.
SAULE RAMPANT . Affection trahie.
SAXIFRAGE. . . . « Plus je vous vois, plus je vous aime! »
SCABIEUSE. . . . Veuvage. Affection malheureuse. Deuil.
SENSITIVE . . . . Abattement. Pudeur. Nervosité outrée. Sentiments délicats. Toucher.
SERINGAT . . . . Mémoire. Désappointement.
SERPENTAIRE. . . Piège. Horreur.
SOLEIL ou TOURNESOL ou HE-

LIANTHE. . . . « C'est vous seul que j'aime. » Prière. Fausses richesses.
SOLEIL GÉANT . . Arrogance.
SOLEIL NAIN . . . Adoration. Dévotion.
SORBIER. . . . . Prudence.
SOUCI. . . . . . Chagrins. Soucis. Préoccupations. Inquiétude.
SUREAU . . . . . Zèle.
SYCOMORE . . . . Curiosité.

T

TAMARIS. . . . . Crime.
TANAISIE. . . . . Dehors trompeurs. Déclaration de guerre.
THLASPI. . . . . Indifférence. « Je brise les obstacles. »
THUYA. . . . . . Avarice. « Vivez pour moi ! »
THYM . . . . . . Activité. Rapidité. « Vous embaumez l'air que vous respirez. »
TILLEUL. . . . . Amour conjugal.
TOURNESOL. . . . Voyez SOLEIL.
TRÈFLE . . . . . *Trinité*. Empressement « Pensez à moi. » Repos. Prévoyance. Revanche. Doute.
TRÈFLE A QUATRE FEUILLES. . . . Bonheur. Chance.
TREMBLE . . . . Voyez Peuplier.
TROÈNE. . . . . Empêchement. Défense.
TRUFFE . . . . . Surprise.
TUBÉREUSE. . . . Volupté. Plaisir dangereux.
TULIPE . . . . . Affection sans espoir. Beaux yeux. Déclaration. Renommée. Magnificence.
TUE-CHIEN. . . . Voyez Colchique.
TUE-LOUP . . . . Voyez Aconit.
TUSSILAGE. . . . Fermeté. Justice.

V

VALÉRIANE. . . . Facilité. « J'en aurai la force. » Rupture.
VALISNÉRIE . . . Affection coquette.
VERGE D'OR. . . Précaution. « Protégez-moi ! »
VERNIS DU JAPON. Bienfaits célestes.
VÉRONIQUE. . . . Fidélité. « Votre image m'est toujours présente. »
VERVEINE . . . . Enchantement. Inspiration. Poésie.
VIGNE. . . . . . *Bacchus. Noë. Christ.* Automne. *Eucharistie.* Fureur. Fécondité. Ivresse.
VIPÉRINE . . . . Justice.
VIOLETTE . . . . Modestie. Humilité. Pudeur. Fidélité.
VIOLETTE BLANCHE Candeur. Bonheur. Innocence.
VIOLETTE DOUBLE. Affection partagée.
VIORNE . . . . . Rigueurs.
VOLUBILIS . . . . Caresses.

Y

YUCCA . . . . . Grandeur.

Z

ZINNIA . . . . . Simplicité. Pensée aux absents.

CONCLUSION

.... Ici l'auteur est embarrassé car jamais sujet ne fut si vaste et si en contradiction avec un mot qui signifie : « limite ».

Peut-on conclure sur La Plante que nous avons, dans les pages précédentes, essayé de connaître?... Elle nous a fait pénétrer tour à tour dans les domaines les plus variés.

La Science, l'Art, la Littérature, l'Industrie, que sais-je encore, l'ont accaparée, disséquée!... et mille choses restent à dire encore!

Si la plante a toutes les grâces, tous les attraits, si elle répond à tous les besoins de l'homme, il faut rendre hommage à celui-ci qui par son ingéniosité, ses vues subtiles et ses constantes observations a découvert les avantages qu'elle présente.

Si les savants et les artistes n'avaient point existé, la Plante eût été sur le théâtre du monde comme une cantatrice à la voix superbe, au port majestueux, chantant devant des banquettes vides.

L'homme fut l'imprésario. Il suffit qu'il la fit apprécier pour que la terre entière lui décernât ses applaudissements, lui témoignât sa reconnaissance et son admiration.

La fleur était un corps magnifique, l'homme la fit chanter et lui donna une âme.

FIN

ERRATA

Page 220. Sous la gravure, c'est FLEUR GRANDEUR NATURE qu'il faut lire
au lieu de : D'APRÈS NATURE.

Page 268. Sous la gravure Nénuphar, c'est GRANDEUR NATURE qu'il faut
lire au lieu de : *réduit d'un tiers.*

Page 317. Au lieu de : *Champignon des caves,*
lisez : Citrine et fausse Golmotte.

TABLE DES MATIÈRES

PREMIÈRE PARTIE.

DEUXIÈME PARTIE.

TROISIÈME PARTIE

FIN DE LA TABLE DES MATIÈRES

TABLE DES ILLUSTRATIONS

TABLE DES PLANCHES EN COULEURS

TABLE DES PLANTES CITÉES

A

B

N

O

P

Q

R

S

T

U

V

FIN DE LA TABLE DES PLANTES CITÉES.

57.736. — Imprimerie Lahure, rue de Fleurus, 9, à Paris.

www.ingramcontent.com/pod-product-compliance
Ingram Content Group UK Ltd.
Pitfield, Milton Keynes, MK11 3LW, UK
UKHW020236180726
13839UKWH00001B/3

9 782329 564104